DIBUJO TÉCNICO EN INGENIERÍA MECATRÓNICA

TEORÍA, TEST Y PROBLEMAS

Félix Ángel Cristóbal Irigoyen

DIBUJO TÉCNICO EN INGENIERÍA MECATRÓNICA

TEORÍA, TEST Y PROBLEMAS

Félix Ángel Cristóbal Irigoyen

Marcombo

Dibujo técnico en ingeniería mecatrónica

© 2024 Félix Ángel Cristóbal Irigoyen

Primera edición, 2024

© 2024 MARCOMBO, S. L.
www.marcombo.com

Ilustración de cubierta y maquetación interior: Félix Ángel Cristóbal Irigoyen
Corrección: Cristina Pazos del Olmo
Directora de producción: M.ª Rosa Castillo Hidalgo

ISBN: 978-84-267-3771-7
D.L.: B 8352-2024

Impreso en Servicepoint
Printed in Spain

Libro ecológico
Impreso con papel procedente de bosques gestionados de manera eficiente, libre de cloro.

ÍNDICE

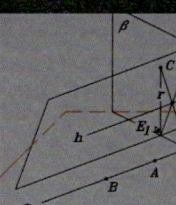

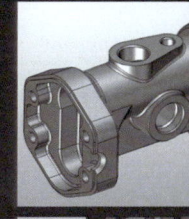
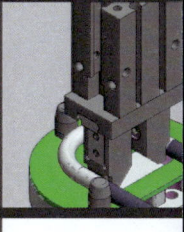

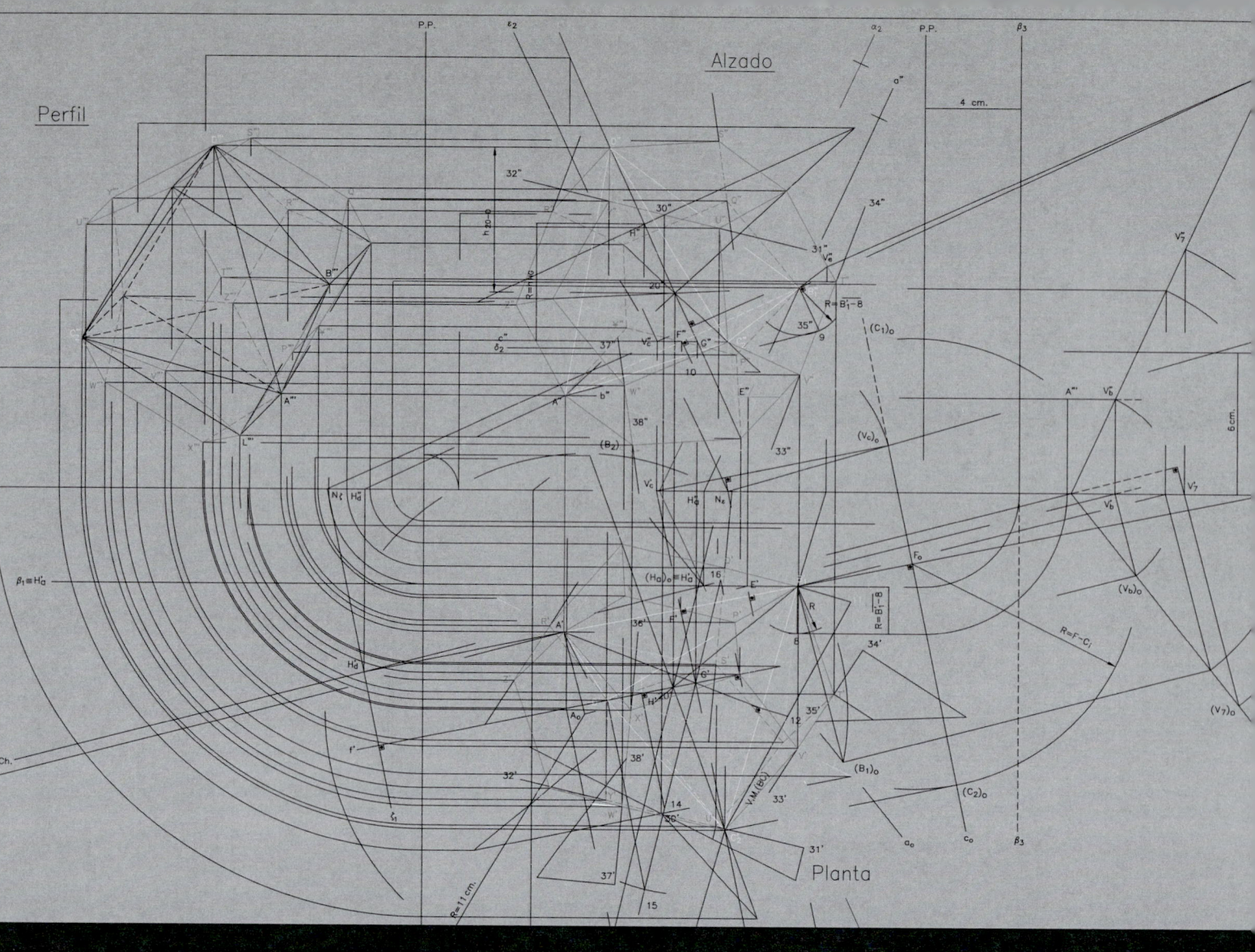

Prefacio

Este libro es el resultado de muchos años de experiencia profesional. De la práctica docente y, sobre todo, laboral en distintas empresas, tanto públicas como privadas, en el campo de la mecatrónica.

El objetivo principal de este libro es despertar en el alumnado el interés por la geometría descriptiva —tan compleja y tan empírica a veces—, la pasión por el dibujo técnico y, en especial, el gusto por la mecatrónica, con las pautas y criterios que la rigen. Y todo ello concentrado en poco más de trescientas páginas, difícil apuesta.

Que mis inquietudes sirvan al lector y mis fallos le ilustren. Errar no es caer, es no levantarse de nuevo.

El autor

Ejercicio, pregunta o cuestión de test adicional sin cambiar el enunciado (puede estar en cualquier parte de la lámina).

Ejercicio, pregunta o cuestión de test adicional al cambiar el enunciado (puede estar en cualquier parte de la lámina)

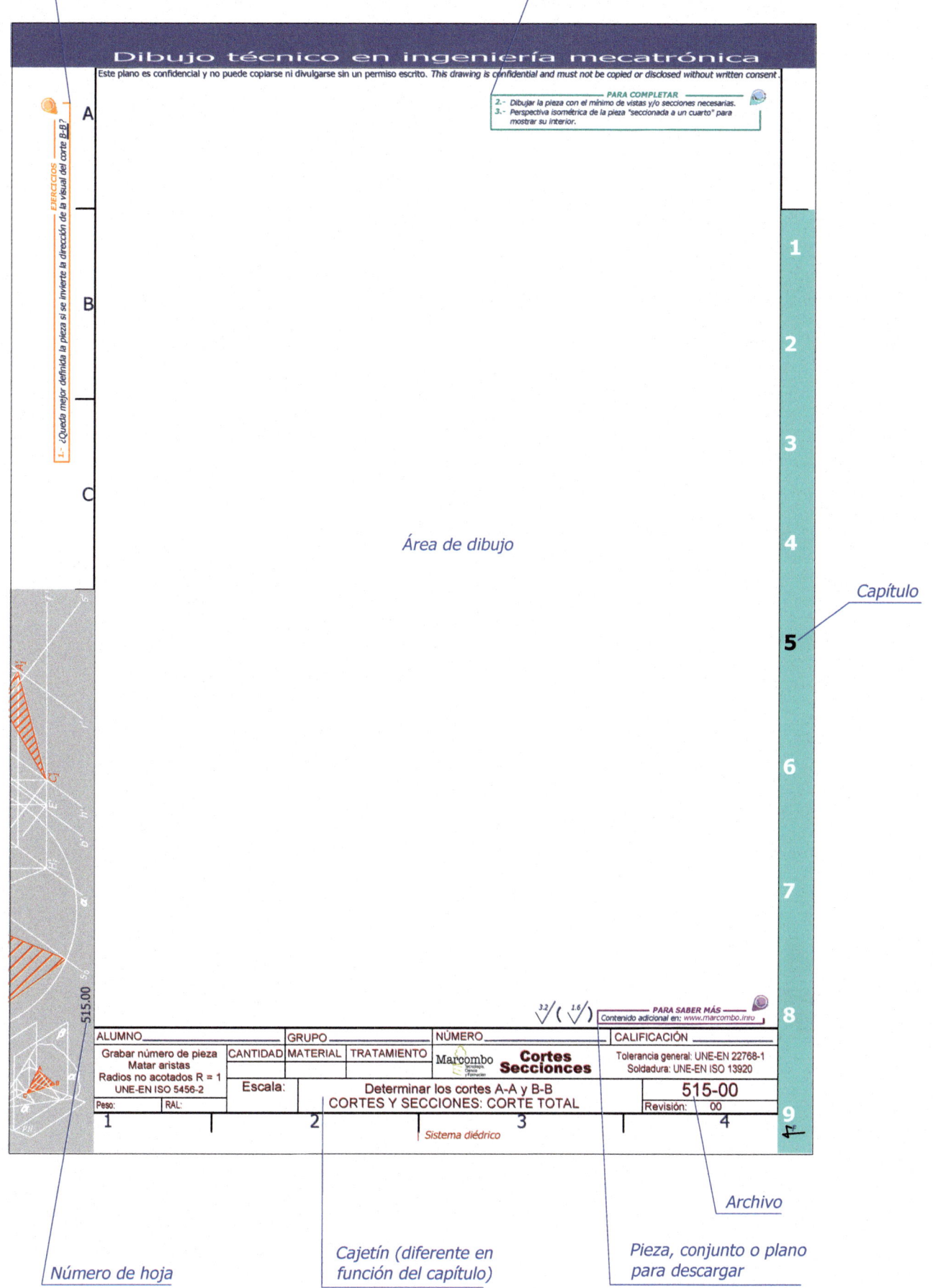

Dibujo técnico en ingeniería mecatrónica

Este plano es confidencial y no puede copiarse ni divulgarse sin un permiso escrito. *This drawing is confidential and must not be copied or disclosed without written consent.*

PARA COMPLETAR
2.- Dibujar la pieza con el mínimo de vistas y/o secciones necesarias.
3.- Perspectiva isométrica de la pieza "seccionada a un cuarto" para mostrar su interior.

A

EJERCICIOS
1.- ¿Queda mejor definida la pieza si se invierte la dirección de la visual del corte B-B?

B

C

Área de dibujo

1

2

3

4

5 — Capítulo

6

7

515.00

8

3.2 (1.6)

PARA SABER MÁS
Contenido adicional en: www.marcombo.info

ALUMNO		GRUPO		NÚMERO			CALIFICACIÓN	
Grabar número de pieza Matar aristas Radios no acotados R = 1 UNE-EN ISO 5456-2	CANTIDAD	MATERIAL	TRATAMIENTO	Marcombo	**Cortes Seccionces**		Tolerancia general: UNE-EN 22768-1 Soldadura: UNE-EN ISO 13920	
Peso:	RAL:	Escala:		Determinar los cortes A-A y B-B CORTES Y SECCIONES: CORTE TOTAL			515-00	
							Revisión:	00

1 · 2 · 3 · 4

Sistema diédrico

9

Archivo

Pieza, conjunto o plano para descargar

Número de hoja

Cajetín (diferente en función del capítulo)

1

Las soluciones de los problemas en diédrico –dado que los enunciados no tienen datos empíricos concretos– pueden tener diversas soluciones y particularidades.

EJERCICIOS

Verdadero o falso:
1.- El punto C esta en el segundo diedro sobre el segundo plano bisector.

EJERCICIOS

Verdadero o falso:
2.- El punto C esta en el primer diedro sobre el primer plano bisector.

0							NOMBRE	GRUPO	NÚMERO	FECHA	ESCALA	CALIFICACIÓN

Construcciones básicas en el sistema diédrico

ESCUELA:

Sistema diédrico

Razonar en geometría es razonar con figuras mal hechas.

David Hilbert

Ángulo que forma un plano cualquiera con los planos de proyección

EJERCICIOS

Verdadero o falso:

1.- El plano alfa forma con el P.V. el ángulo (v) y con el P.H. el ángulo (h).
2.- El ejercicio se puede resolver por cambios de plano.

P.V.

P.H.

$90°$

$30°$

$90°$

L.T.₁

$(\alpha_2)_1$

R

h

v

a

b

---- **PARA COMPLETAR** ----

3.- Resolver el ejercicio cuando el plano alfa tiene sus trazas en prolongación.
4.- Croquis explicativo en 3D indicando las operaciones realizadas.

1						NOMBRE	GRUPO	NÚMERO	FECHA	ESCALA	CALIFICACIÓN
Sistema diédrico											

Indicar si las proposiciones siguientes son verdaderas (V) o falsas (F), razonando en cualquier caso la solución adoptada. Téngase en cuenta que la cuestión solo será verdadera si cumple todo el enunciado de esta

ESCUELA:

1	2	3	4

Sistema diédrico

Este plano es confidencial y no puede copiarse ni divulgarse sin un permiso escrito. *This drawing is confidential and must not be copied or disclosed without written consent.*

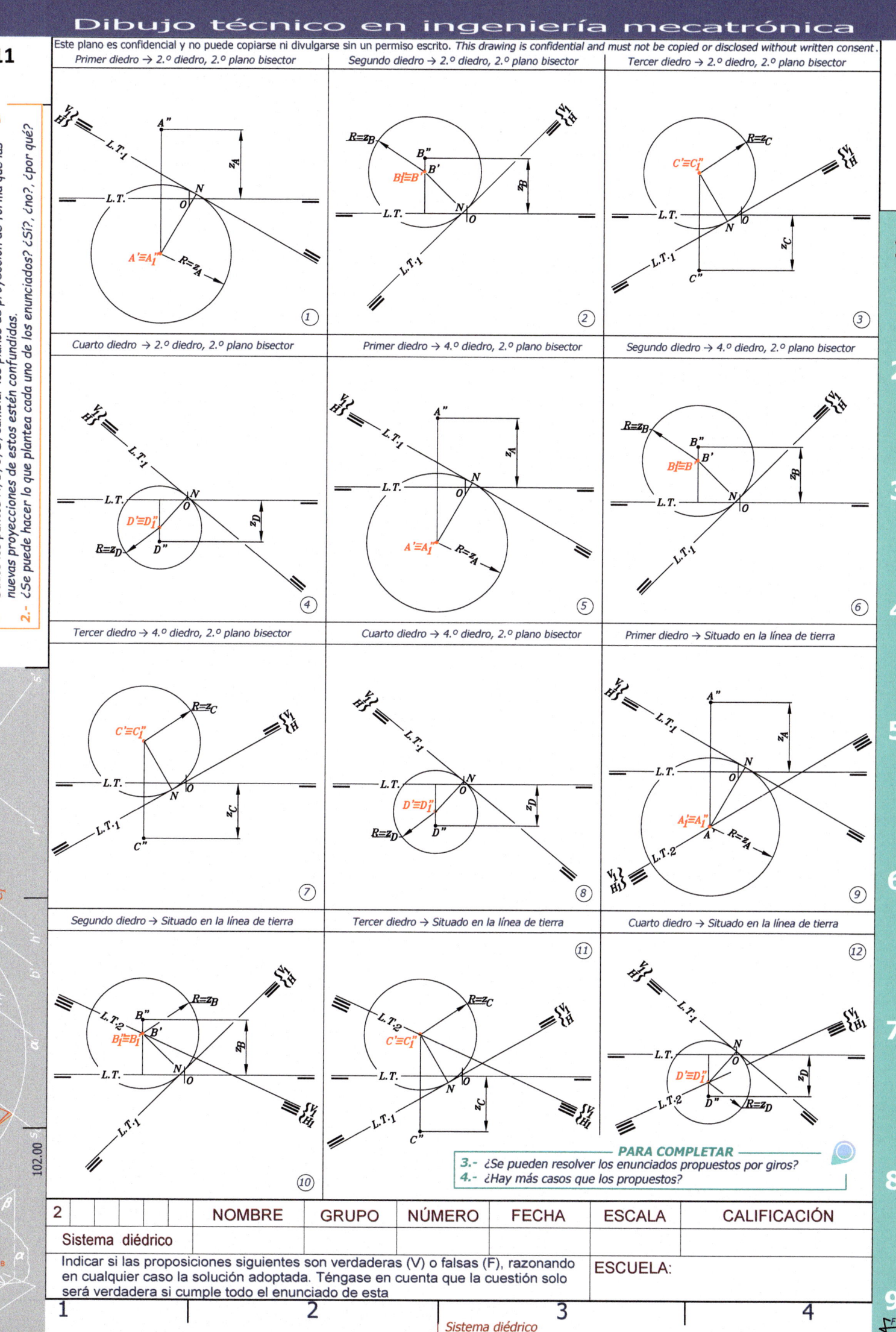

Primer diedro → 2.º diedro, 2.º plano bisector

Segundo diedro → 2.º diedro, 2.º plano bisector

Tercer diedro → 2.º diedro, 2.º plano bisector

Cuarto diedro → 2.º diedro, 2.º plano bisector

Primer diedro → 4.º diedro, 2.º plano bisector

Segundo diedro → 4.º diedro, 2.º plano bisector

Tercer diedro → 4.º diedro, 2.º plano bisector

Cuarto diedro → 4.º diedro, 2.º plano bisector

Primer diedro → Situado en la línea de tierra

Segundo diedro → Situado en la línea de tierra

Tercer diedro → Situado en la línea de tierra

Cuarto diedro → Situado en la línea de tierra

PARA COMPLETAR

3.- ¿Se pueden resolver los enunciados propuestos por giros?

4.- ¿Hay más casos que los propuestos?

2				NOMBRE	GRUPO	NÚMERO	FECHA	ESCALA	CALIFICACIÓN
Sistema diédrico									

Indicar si las proposiciones siguientes son verdaderas (V) o falsas (F), razonando en cualquier caso la solución adoptada. Téngase en cuenta que la cuestión solo será verdadera si cumple todo el enunciado de esta

ESCUELA:

102.00

Sistema diédrico

3 a.- La recta (r), se convierte por giros en la recta del segundo plano bisector (r_1).
3 b.- La cuestión anterior no puede darse con un solo giro de la recta (r) original.

3 c.- La recta (r) se convierte por giros en la recta de "perfil" (r_1).
3 d.- La cuestión anterior puede darse con un solo giro de la recta (r) original.

EJERCICIOS

Problema tipo : girar un segmento hasta que quede en un plano dado.

1.- Dibujar el croquis explicativo de la solución adoptada.
2.- ¿Se puede hacer lo que plantea cada uno de los enunciados? ¿Sí?, ¿no?, ¿por qué?

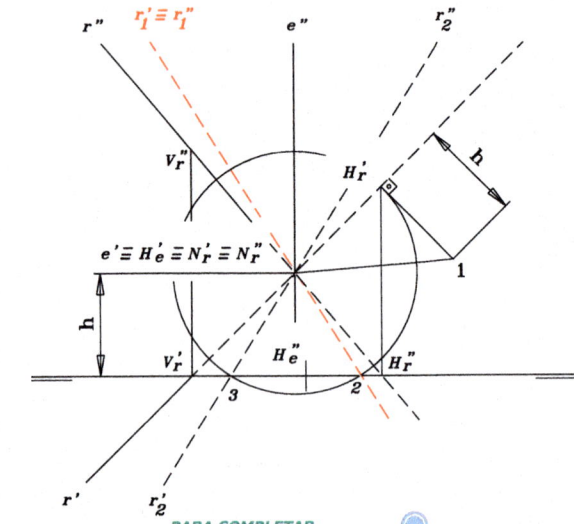

PARA COMPLETAR

<u>Verdadero o falso</u>
3.- Las rectas (r) y (r_1) se cortan.
4.- Las rectas (r) y (r_1) forman entre sí un ángulo de 30º.

$2 \equiv V'_{r_1} \equiv V''_{r_1} \equiv H'_{r_1} \equiv H''_{r_1}$
$3 \equiv V'_{r_2} \equiv V''_{r_2} \equiv H'_{r_2} \equiv H''_{r_2}$

PARA COMPLETAR

<u>Verdadero o falso</u>
5.- La recta (r) pertenece a un plano perpendicular al primer plano bisector.

$V'_r \equiv e' \equiv H'_e \equiv H''_e \equiv H''_{r_1}$

3 e.- Girar la recta (r) hasta que quede situada en el primer plano bisector.

3 f.- Girar la recta (r) hasta que quede convertida en una recta "frontal".

3 g.- Girar la recta (r) hasta que quede situada en un plano paralelo a la línea de tierra.

3 h.- Girar la recta (r) hasta que quede convertida en una recta "de punta".

3				NOMBRE	GRUPO	NÚMERO	FECHA	ESCALA	CALIFICACIÓN
Sistema diédrico									

Indicar si las proposiciones siguientes son verdaderas (V) o falsas (F), razonando en cualquier caso la solución adoptada. Téngase en cuenta que la cuestión solo será verdadera si cumple todo el enunciado de esta

ESCUELA:

1   2   3   4

103.00

13

Este plano es confidencial y no puede copiarse ni divulgarse sin un permiso escrito. *This drawing is confidential and must not be copied or disclosed without written consent.*

4 a.- Lugar geométrico de todos los puntos del espacio equidistantes de dos puntos.

4 b.- Lugar geométrico de todos los puntos del espacio equidistantes de los puntos A, B, C y D pertenecientes a un mismo plano.

4 e.- Lugar geométrico de todos los puntos del espacio equidistantes de los puntos A, B y C, no colineales (solución sin abatimientos).

4 d.- Lugar geométrico de todos los puntos del espacio equidistantes de los puntos A, B, C y D no pertenecientes a un mismo plano.

4 e.- Lugar geométrico de todos los puntos del espacio equidistantes de los puntos A, B y C, no colineales (solución por abatimientos).

4 d.- Lugar geométrico de todos los puntos del espacio equidistantes de los puntos A, B, C, D y E.

Problema tipo: lugares geométricos en el espacio.
1.- Dibujar el croquis explicativo de la solución adoptada.
2.- ¿Se puede hacer lo que plantea cada uno de los enunciados? ¿Sí?, ¿no?, ¿por qué?

4				NOMBRE	GRUPO	NÚMERO	FECHA	ESCALA	CALIFICACIÓN
Sistema diédrico									

Indicar si las proposiciones siguientes son verdaderas (V) o falsas (F), razonando en cualquier caso la solución adoptada. Téngase en cuenta que la cuestión solo será verdadera si cumple todo el enunciado de esta

ESCUELA:

1   2   3   4

Sistema diédrico

Este plano es confidencial y no puede copiarse ni divulgarse sin un permiso escrito. *This drawing is confidential and must not be copied or disclosed without written consent.*

14

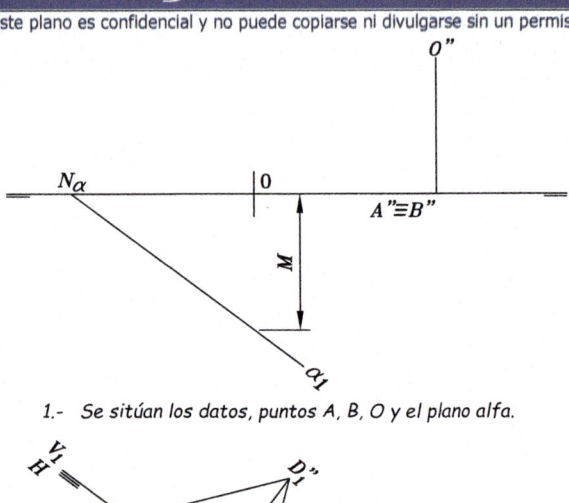

1.- Se sitúan los datos, puntos A, B, O y el plano alfa.

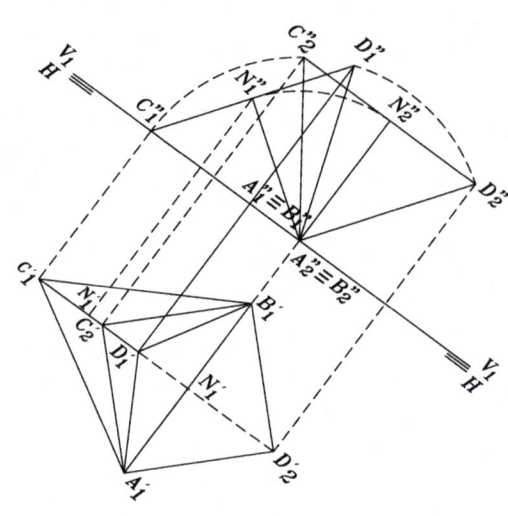

2.- Se cambia el plano vertical de proyección.

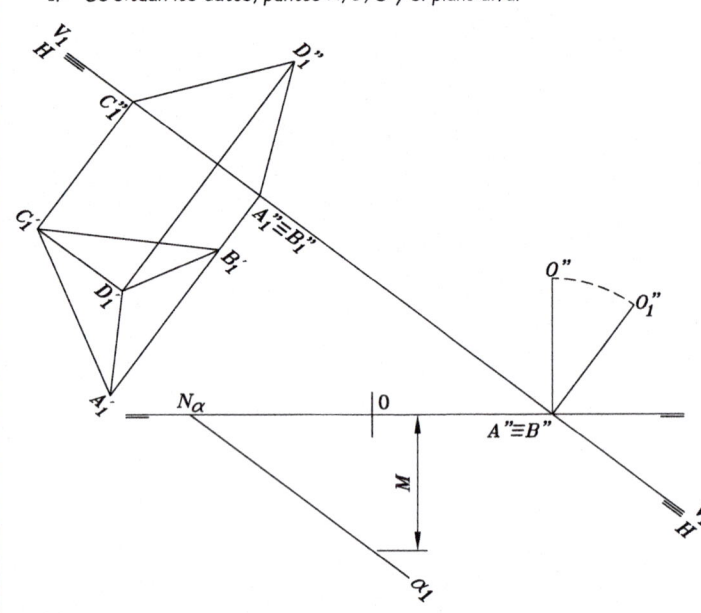

3.- Dibujamos un tetraedro de arista arbitraria, apoyado en P.H., y una arista perpendicular a la L.T.

4.- Giramos el tetraedro.

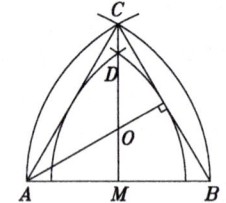

5.- Figura geométrica auxiliar

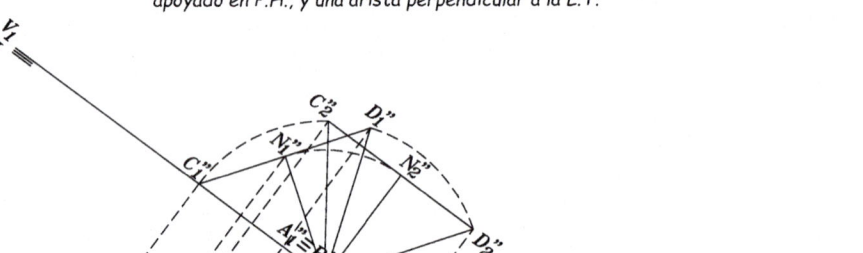

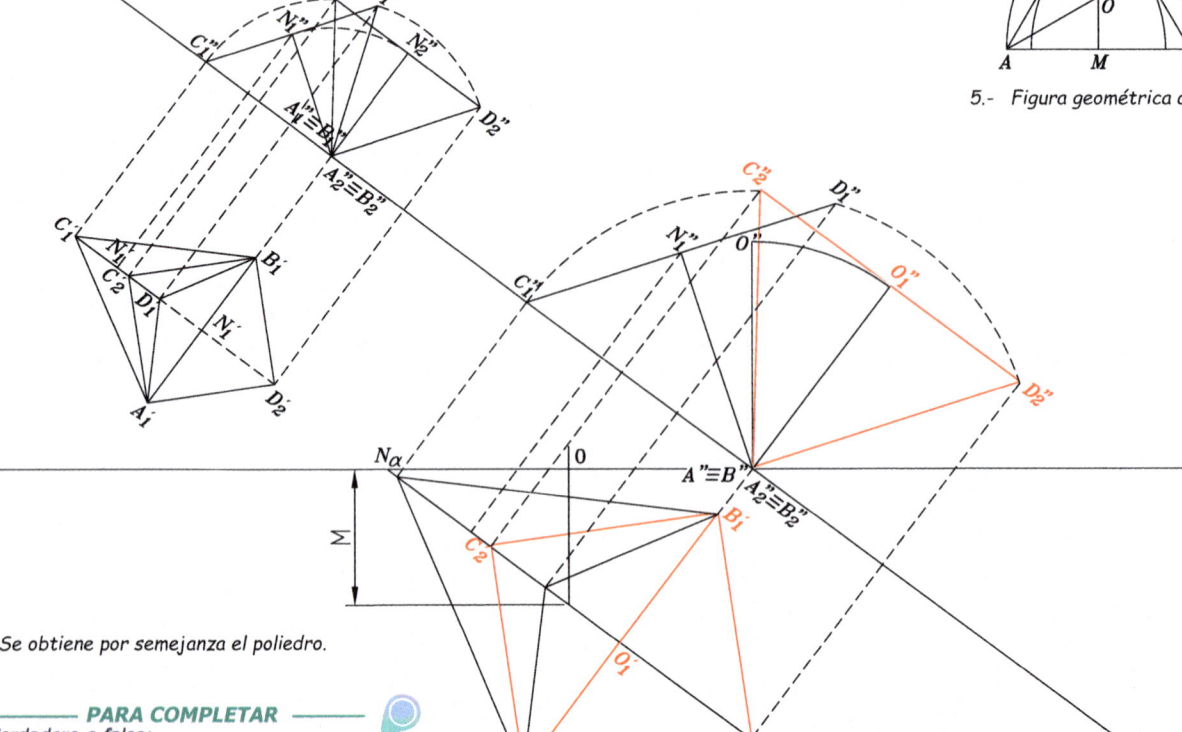

6.- Se obtiene por semejanza el poliedro.

——— PARA COMPLETAR ———

<u>Verdadero o falso</u>:
3.- El baricentro del poliedro está por encima del primer plano bisector.

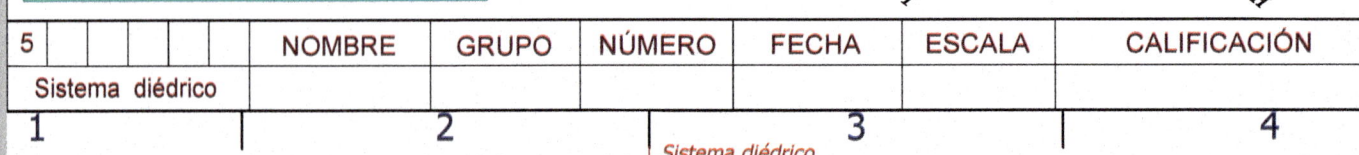

5							NOMBRE	GRUPO	NÚMERO	FECHA	ESCALA	CALIFICACIÓN
Sistema diédrico												

1	2	3	4

Sistema diédrico

15

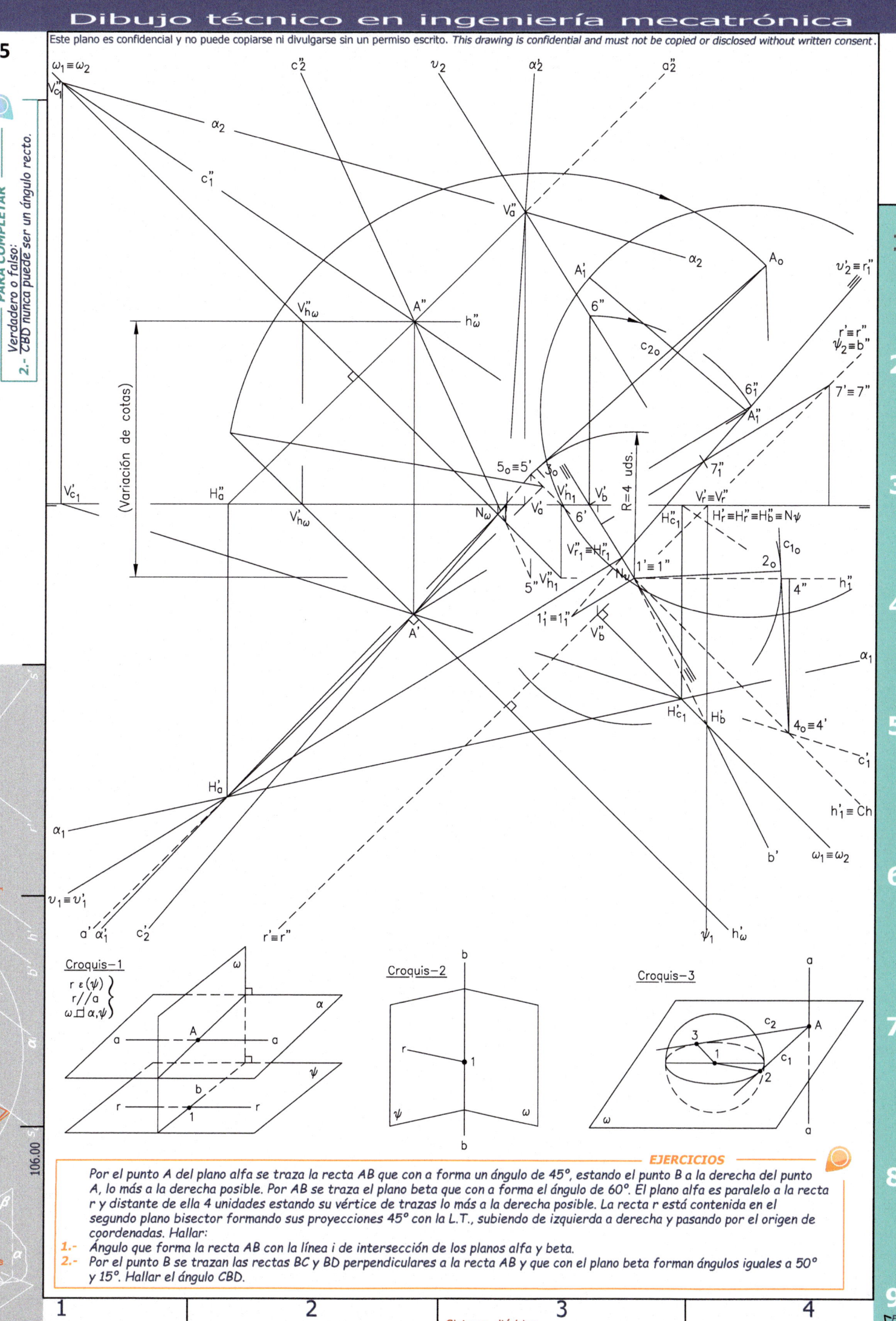

Croquis—1

$r \, \varepsilon \, (\psi)$
$r // a$
$\omega \sqsupset \alpha, \psi$

Croquis—2

Croquis—3

EJERCICIOS

Por el punto A del plano alfa se traza la recta AB que con a forma un ángulo de 45°, estando el punto B a la derecha del punto A, lo más a la derecha posible. Por AB se traza el plano beta que con a forma el ángulo de 60°. El plano alfa es paralelo a la recta r y distante de ella 4 unidades estando su vértice de trazas lo más a la derecha posible. La recta r está contenida en el segundo plano bisector formando sus proyecciones 45° con la L.T., subiendo de izquierda a derecha y pasando por el origen de coordenadas. Hallar:

1.- Ángulo que forma la recta AB con la línea i de intersección de los planos alfa y beta.
2.- Por el punto B se trazan las rectas BC y BD perpendiculares a la recta AB y que con el plano beta forman ángulos iguales a 50° y 15°. Hallar el ángulo CBD.

Este plano es confidencial y no puede copiarse ni divulgarse sin un permiso escrito. *This drawing is confidential and must not be copied or disclosed without written consent.*

1.- Se sitúan los datos (plano alfa que pasa por la L.T., punto A y recta r definida por los puntos B y C

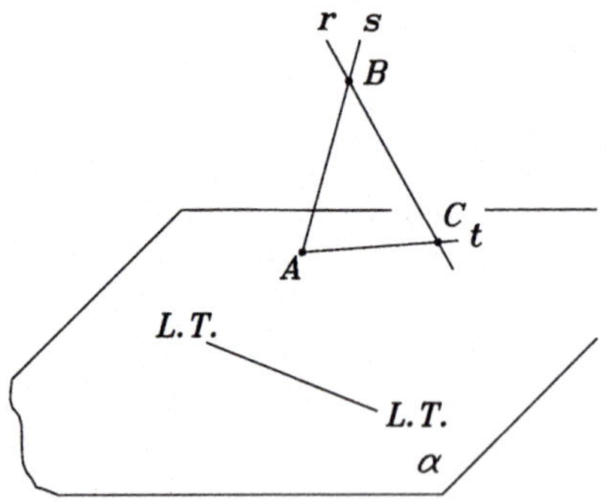

2.- Las rectas s y t definen el plano beta

3.- Intersección de los planos alfa y beta

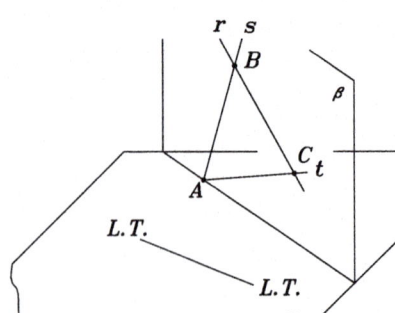

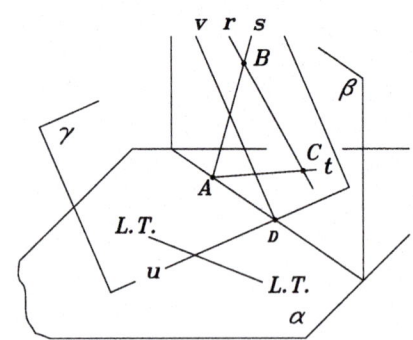

4.- Uniendo A con D se obtiene la recta w de intersección entre los planos alfa y beta

5.- En la intersección de las rectas r y w está el punto buscado I

6.- Comprobar el punto solución obtenido al pasar al segundo plano bisector

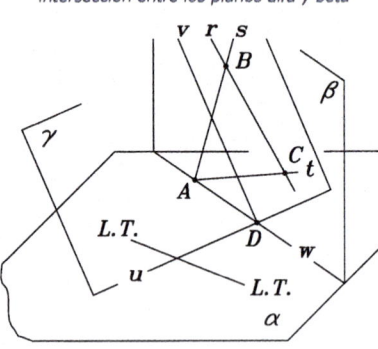

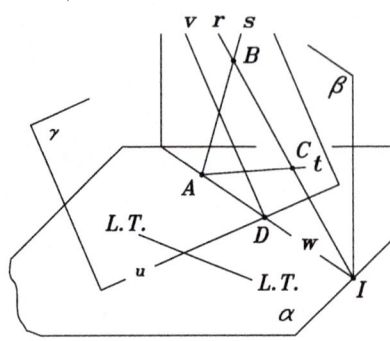

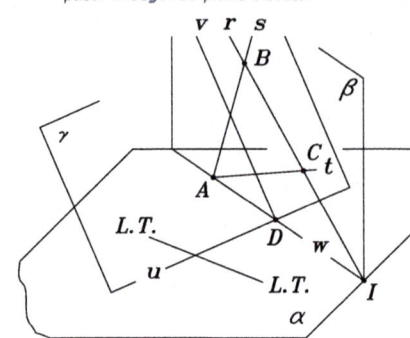

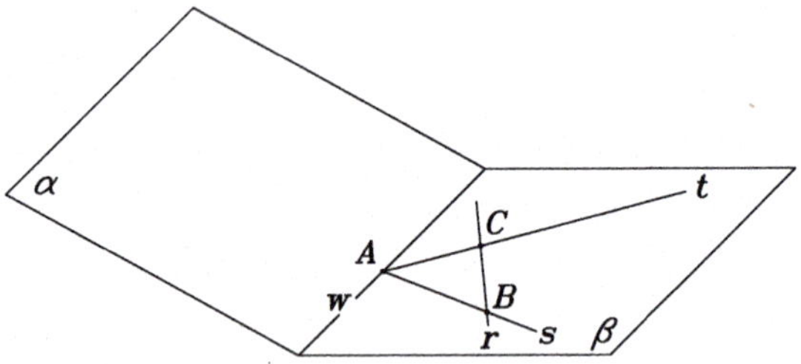

(Croquis problema en el espacio)

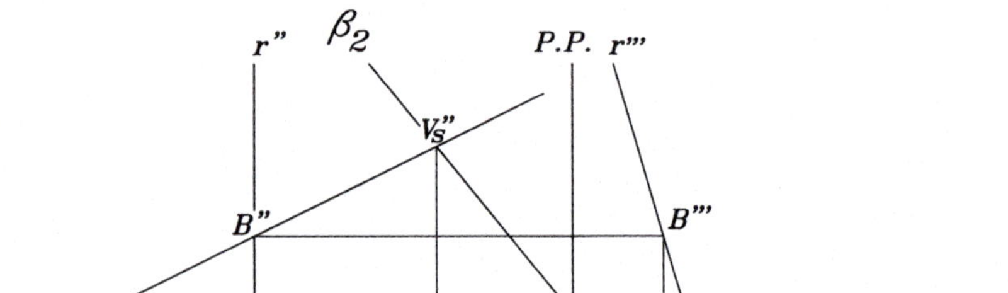

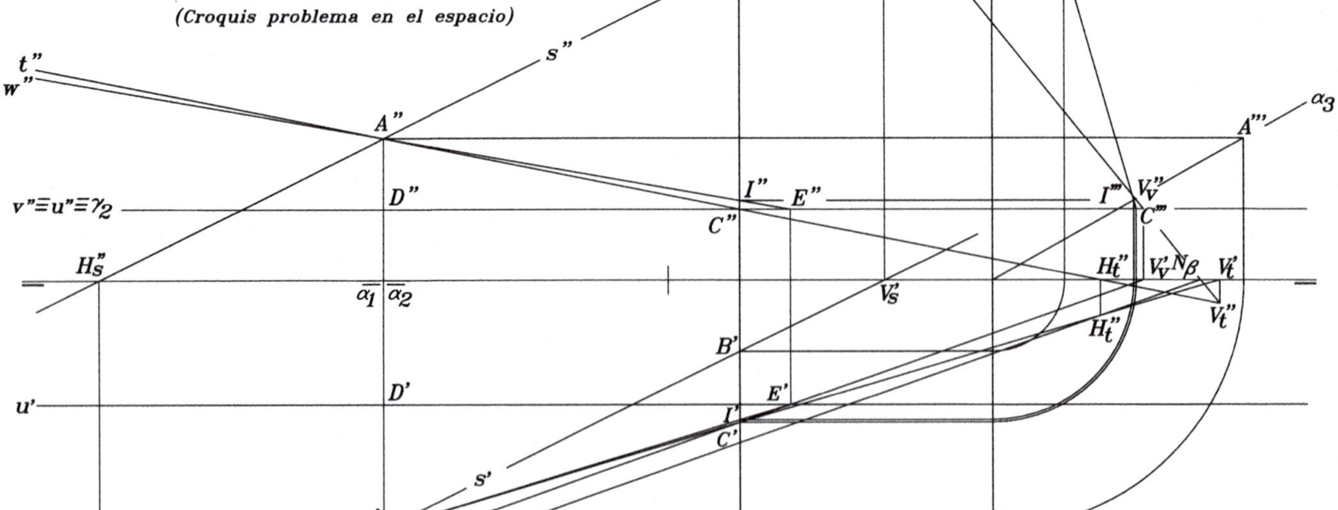

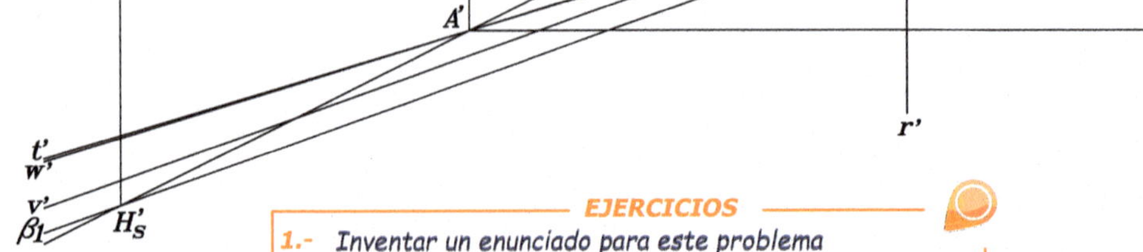

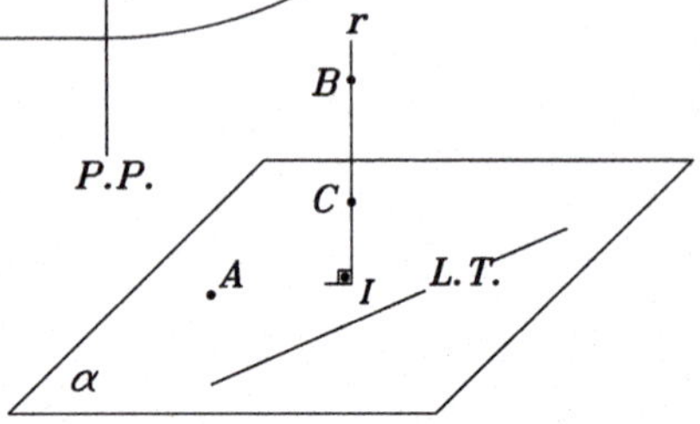

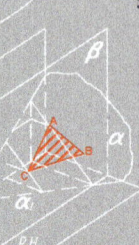

7						NOMBRE	GRUPO	NÚMERO	FECHA	ESCALA	CALIFICACIÓN
Sistema diédrico											
Indicar si las proposiciones siguientes son verdaderas (V) o falsas (F), razonando en cualquier caso la solución adoptada. Téngase en cuenta que la cuestión solo será verdadera si cumple todo el enunciado de esta									ESCUELA:		

Sistema diédrico

1   2   3   4

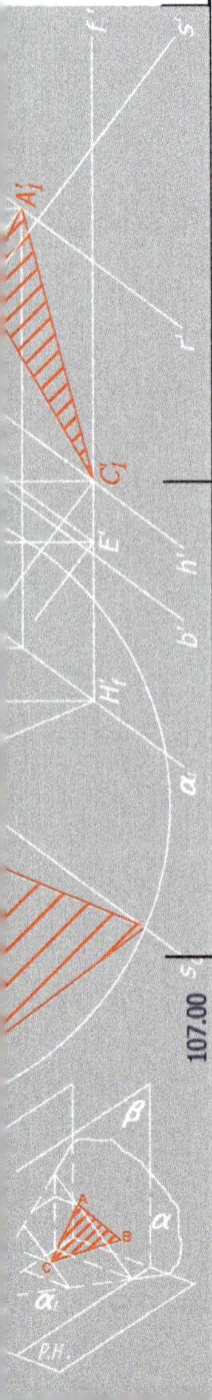

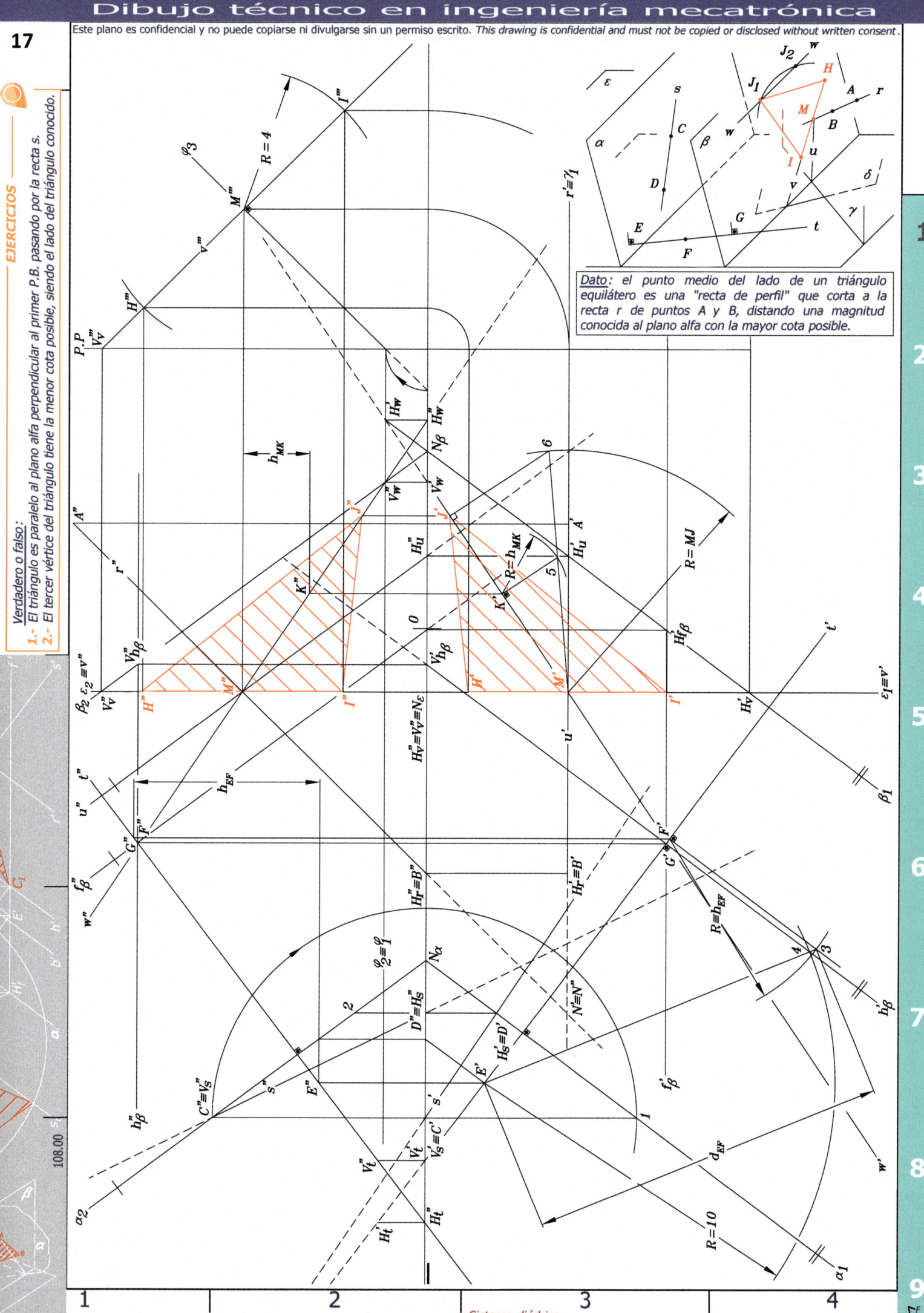

EJERCICIOS

Verdadero o falso:
1.- El triángulo es paralelo al plano alfa perpendicular al primer P.B. pasando por la recta s.
2.- El tercer vértice del triángulo tiene la menor cota posible, siendo el lado del triángulo conocido.

Dato: el punto medio del lado de un triángulo equilátero es una "recta de perfil" que corta a la recta r de puntos A y B, distando una magnitud conocida al plano alfa con la mayor cota posible.

EJERCICIOS

Verdadero o falso:
1.- El punto dado A está en la perpendicular n al plano alfa.
2.- El plano alfa pasa por la L.T. y contiene al punto dado B.
3.- La intersección de la recta hallada con el plano alfa es el punto I. (sin pasar al plano de "perfil").
4.- Podemos afirmar que: el punto solución obtenido al pasar al segundo plano bisector es dicho punto.

Problema tipo:
Trazar por un punto la perpendicular a un plano

Sistema diédrico

109.00

Este plano es confidencial y no puede copiarse ni divulgarse sin un permiso escrito. *This drawing is confidential and must not be copied or disclosed without written consent.*

EJERCICIOS

En el cubo ABCDEFGH se cumple (verdadero o falso):
1.- Los vértices P, Q y R están en el plano alfa.
2.- El vértice P, se sitúa sobre la arista AE a un tercio de esta lo más cerca del vértice A.
3.- Q, es punto medio de la arista BC.
4.- R, es el punto medio de la cara CDGH. La diagonal CH de la cara anterior, pasa por los puntos dado R y J.

CROQUIS-1

CROQUIS-2

CROQUIS-3

PARA COMPLETAR
5.- Determinar la verdadera magnitud del cubo así como la parte del desarrollo situada por debajo del plano alfa.

FIGURA GEOMÉTRICA AUXILIAR

Sistema diédrico

110.00

1   2   3   4

1 2 3 4 5 6 7 8 9

Este plano es confidencial y no puede copiarse ni divulgarse sin un permiso escrito. *This drawing is confidential and must not be copied or disclosed without written consent.*

EJERCICIOS

Verdadero o falso:

1.- El vértice opuesto al A (punto C) tiene el mismo alejamiento que este.

2.- El vértice A está sobre el plano alfa perpendicular al primer plano bisector.

3.- La arista lateral que pasa por A se apoya en la r formando, junto con el vértice de trazas del plano alfa, un triángulo equilátero.

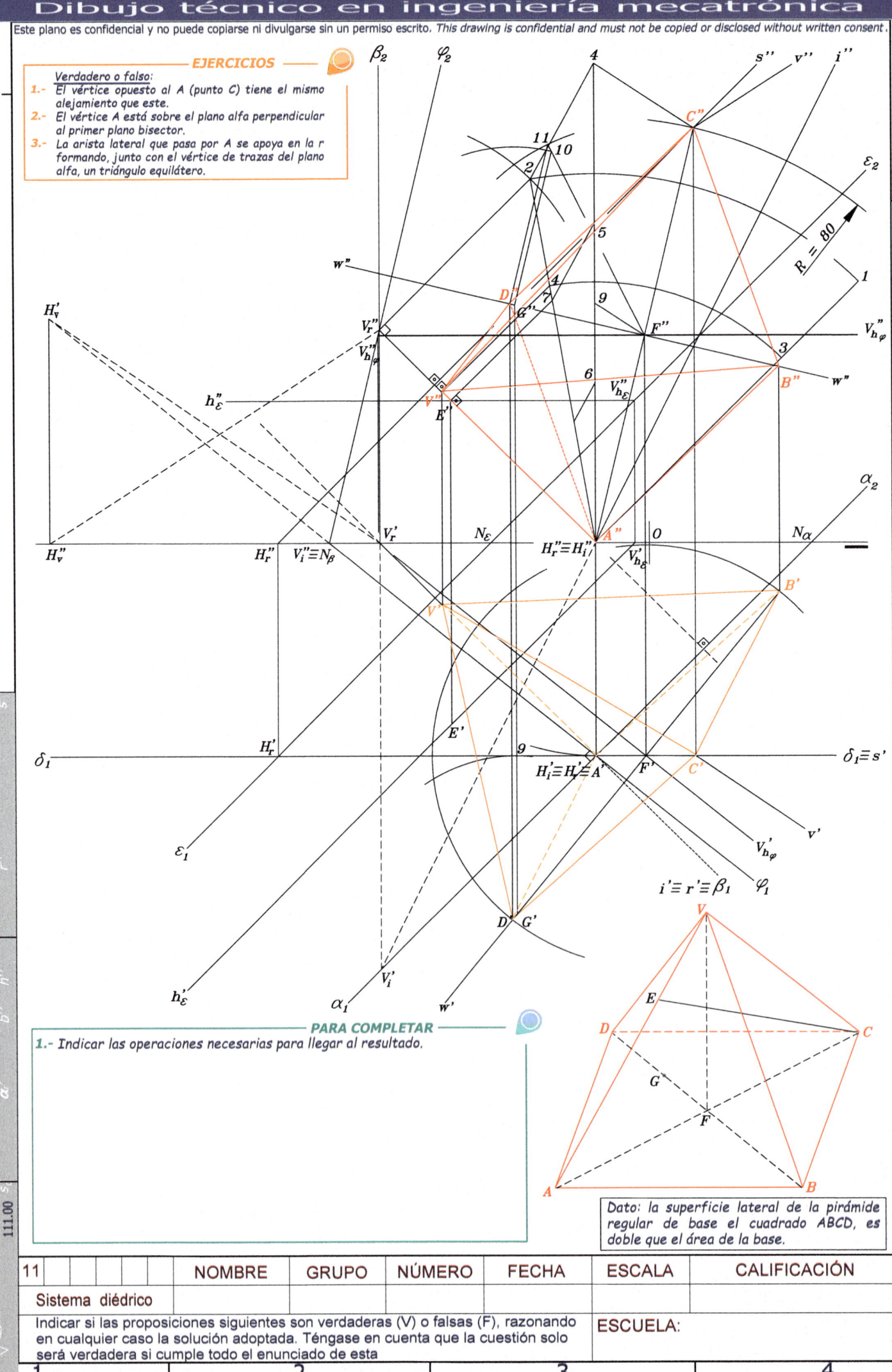

PARA COMPLETAR

1.- Indicar las operaciones necesarias para llegar al resultado.

Dato: la superficie lateral de la pirámide regular de base el cuadrado ABCD, es doble que el área de la base.

11		NOMBRE	GRUPO	NÚMERO	FECHA	ESCALA	CALIFICACIÓN
Sistema diédrico							
Indicar si las proposiciones siguientes son verdaderas (V) o falsas (F), razonando en cualquier caso la solución adoptada. Téngase en cuenta que la cuestión solo será verdadera si cumple todo el enunciado de esta					ESCUELA:	

1   2   3   4

Sistema diédrico

Este plano es confidencial y no puede copiarse ni divulgarse sin un permiso escrito. *This drawing is confidential and must not be copied or disclosed without written consent.*

21

Verdadero o falso:
1.- El segmento obtenido al unir los puntos B y F, corta a la recta "r" en el punto H.
2.- El baricentro de ambos triángulos está por encima del primer bisector.

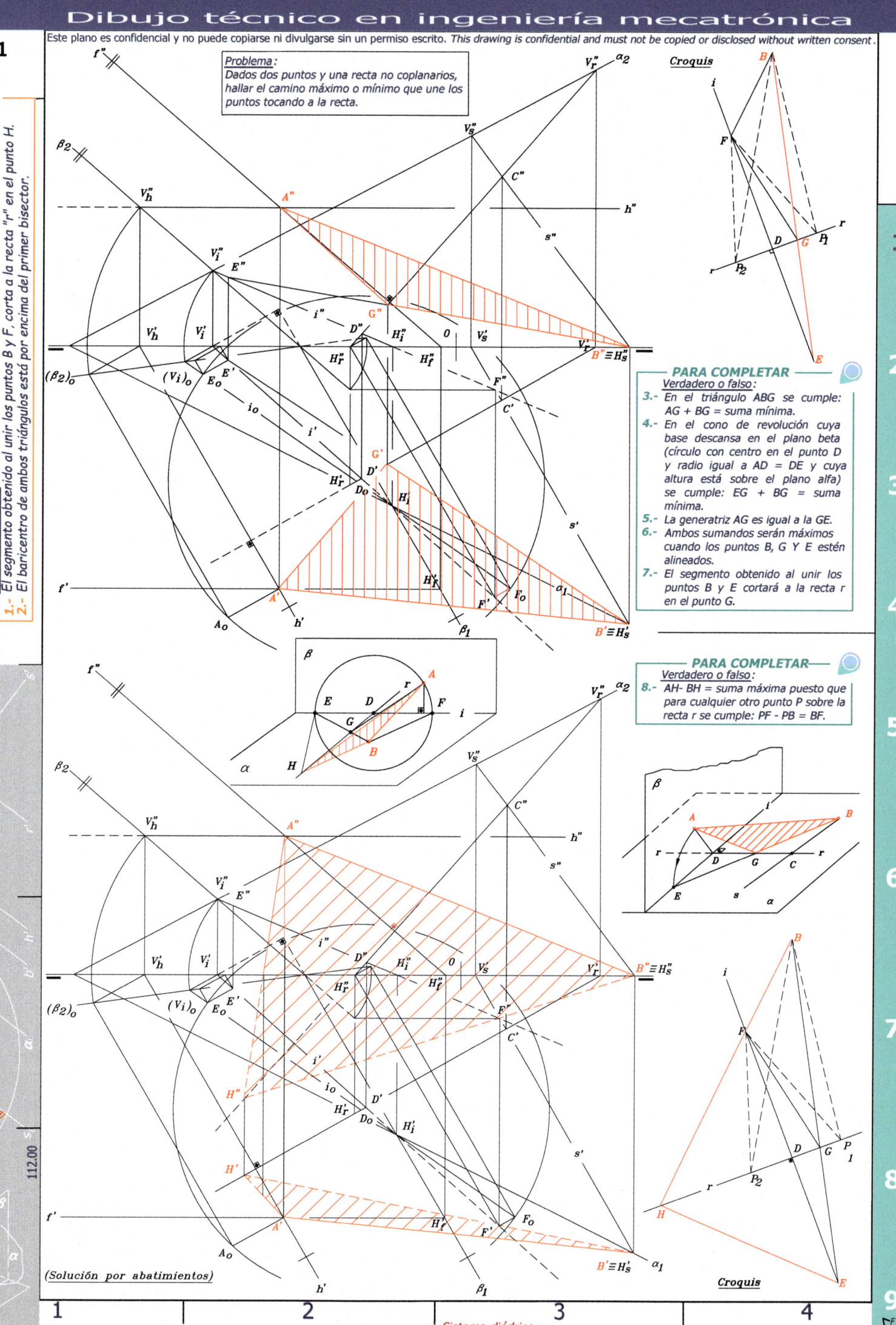

Problema:
Dados dos puntos y una recta no coplanarios, hallar el camino máximo o mínimo que une los puntos tocando a la recta.

Croquis

PARA COMPLETAR
Verdadero o falso:
3.- En el triángulo ABG se cumple: AG + BG = suma mínima.
4.- En el cono de revolución cuya base descansa en el plano beta (círculo con centro en el punto D y radio igual a AD = DE y cuya altura está sobre el plano alfa) se cumple: EG + BG = suma mínima.
5.- La generatriz AG es igual a la GE.
6.- Ambos sumandos serán máximos cuando los puntos B, G Y E estén alineados.
7.- El segmento obtenido al unir los puntos B y E cortará a la recta r en el punto G.

PARA COMPLETAR
Verdadero o falso:
8.- AH- BH = suma máxima puesto que para cualquier otro punto P sobre la recta r se cumple: PF - PB = BF.

(Solución por abatimientos)

Sistema diédrico

Croquis

Verdadero o falso:

2.- El segmento hallado M_1-N_1 no puede ser la solución del ejercicio.

3.- La solución al problema debe ser única.

EJERCICIOS

Una recta se mueve paralelamente a un plano alfa apoyándose en dos puntos M y N de dos rectas "r" y "s" que se cruzan. La recta "r" viene dada por los puntos A y B, mientras que "s" se apoya en los puntos C y D.

Verdadero o falso:

1.- El lugar geométrico del punto medio del segmento MN es el punto O. (El punto M está sobre la recta "r" y N sobre "s").

PARA COMPLETAR

3.- La demostración dada es correcta (¿verdadero o falso?).
4.- Resolver el problema en el sistema diédrico.

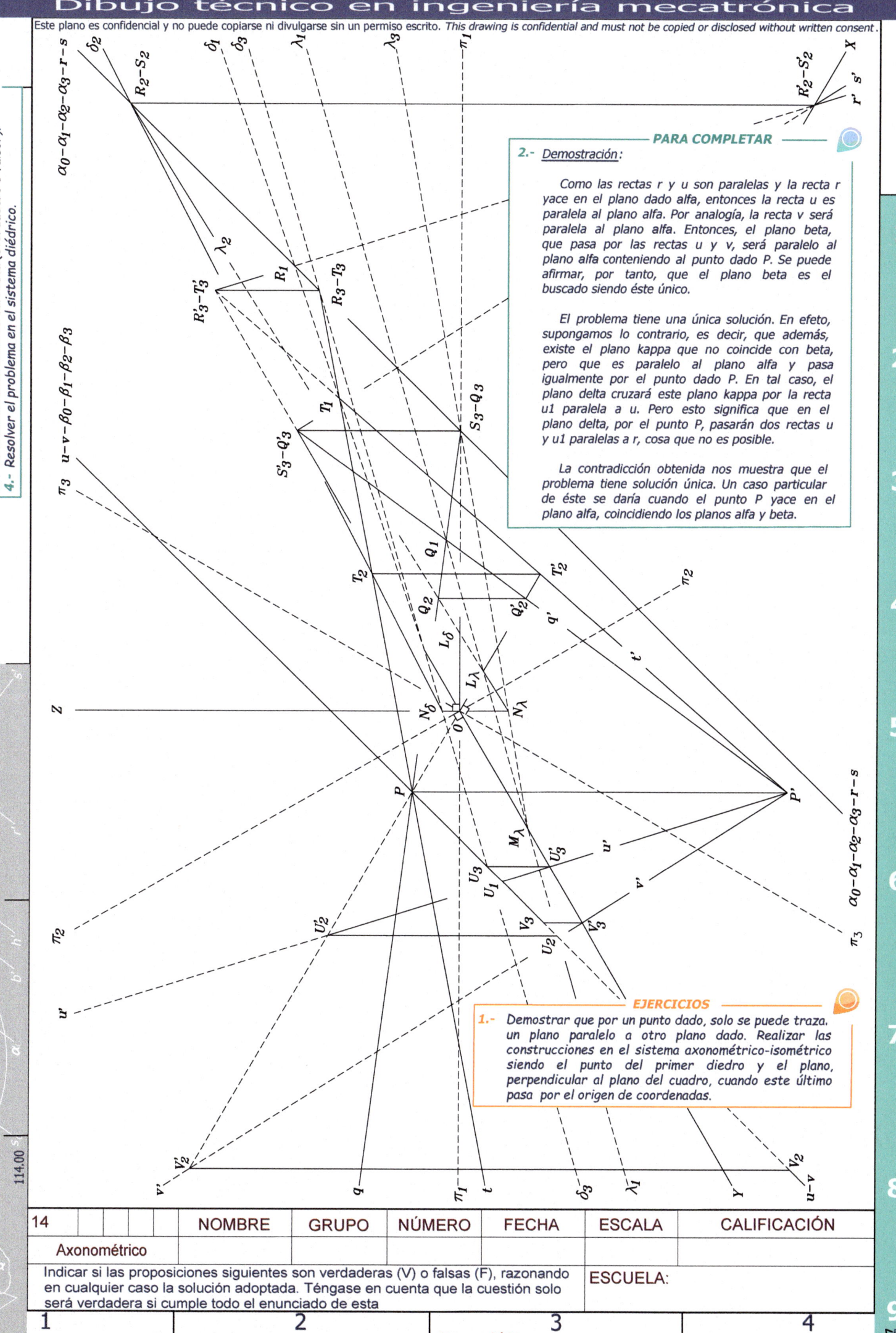

PARA COMPLETAR

2.- Demostración:

Como las rectas r y u son paralelas y la recta r yace en el plano dado alfa, entonces la recta u es paralela al plano alfa. Por analogía, la recta v será paralela al plano alfa. Entonces, el plano beta, que pasa por las rectas u y v, será paralelo al plano alfa conteniendo al punto dado P. Se puede afirmar, por tanto, que el plano beta es el buscado siendo éste único.

El problema tiene una única solución. En efeto, supongamos lo contrario, es decir, que además, existe el plano kappa que no coincide con beta, pero que es paralelo al plano alfa y pasa igualmente por el punto dado P. En tal caso, el plano delta cruzará este plano kappa por la recta u1 paralela a u. Pero esto significa que en el plano delta, por el punto P, pasarán dos rectas u y u1 paralelas a r, cosa que no es posible.

La contradicción obtenida nos muestra que el problema tiene solución única. Un caso particular de éste se daría cuando el punto P yace en el plano alfa, coincidiendo los planos alfa y beta.

EJERCICIOS

1.- Demostrar que por un punto dado, solo se puede trazar un plano paralelo a otro plano dado. Realizar las construcciones en el sistema axonométrico-isométrico siendo el punto del primer diedro y el plano, perpendicular al plano del cuadro, cuando este último pasa por el origen de coordenadas.

14					NOMBRE	GRUPO	NÚMERO	FECHA	ESCALA	CALIFICACIÓN
Axonométrico										

Indicar si las proposiciones siguientes son verdaderas (V) o falsas (F), razonando en cualquier caso la solución adoptada. Téngase en cuenta que la cuestión solo será verdadera si cumple todo el enunciado de esta

ESCUELA:

PARA COMPLETAR

1 a 18.- Explicar que sucede en cada uno de los croquis.
19.- ¿Hay más soluciones?

1.- Se sitúan los datos (rectas r, s y el plano alfa)

2.-

3.-

(Soluciones primera y segunda)

4.-

5.-

6.-

7.-

8.-

9.-

10.-

11.-

12.-

(Soluciones tercera y cuarta)

13.-

14.-

15.-

16.-

17.-

18.-

Trazar una recta paralela a un plano dado que se apoye en dos rectas dadas y tal que el segmento comprendido entre ellas tenga una longitud conocida.

Sistema diédrico

115.01

25

EJERCICIOS

1.- Determinar las proyecciones del cuadrado contenido en el plano alfa y cuyos lados forman 45° con r distando 8 unidades de un punto A. El plano alfa contiene al punto A y es perpendicular a la recta s. Se sabe que A equidista de las trazas de las rectas r y s estando su proyeccion vertical sobre la proyeccion horizontal de la recta s. La recta r es tal que siendo paralela al plano vertical es perpendicular a s.

Verdadero o falso:
2.- La recta s está contenida en el segundo plano bisector formando sus proyecciones 45° con la L.T. creciendo sus cotas hacia la izquierda.
3.- La recta de intersección del cuadrado forma 15° con el P.H.

Croquis problema

$$P.V. \parallel \beta$$
$$\overline{H_r D} = \overline{V_s H_s}$$

2º P.B.

2º P.B.

Sistema diédrico

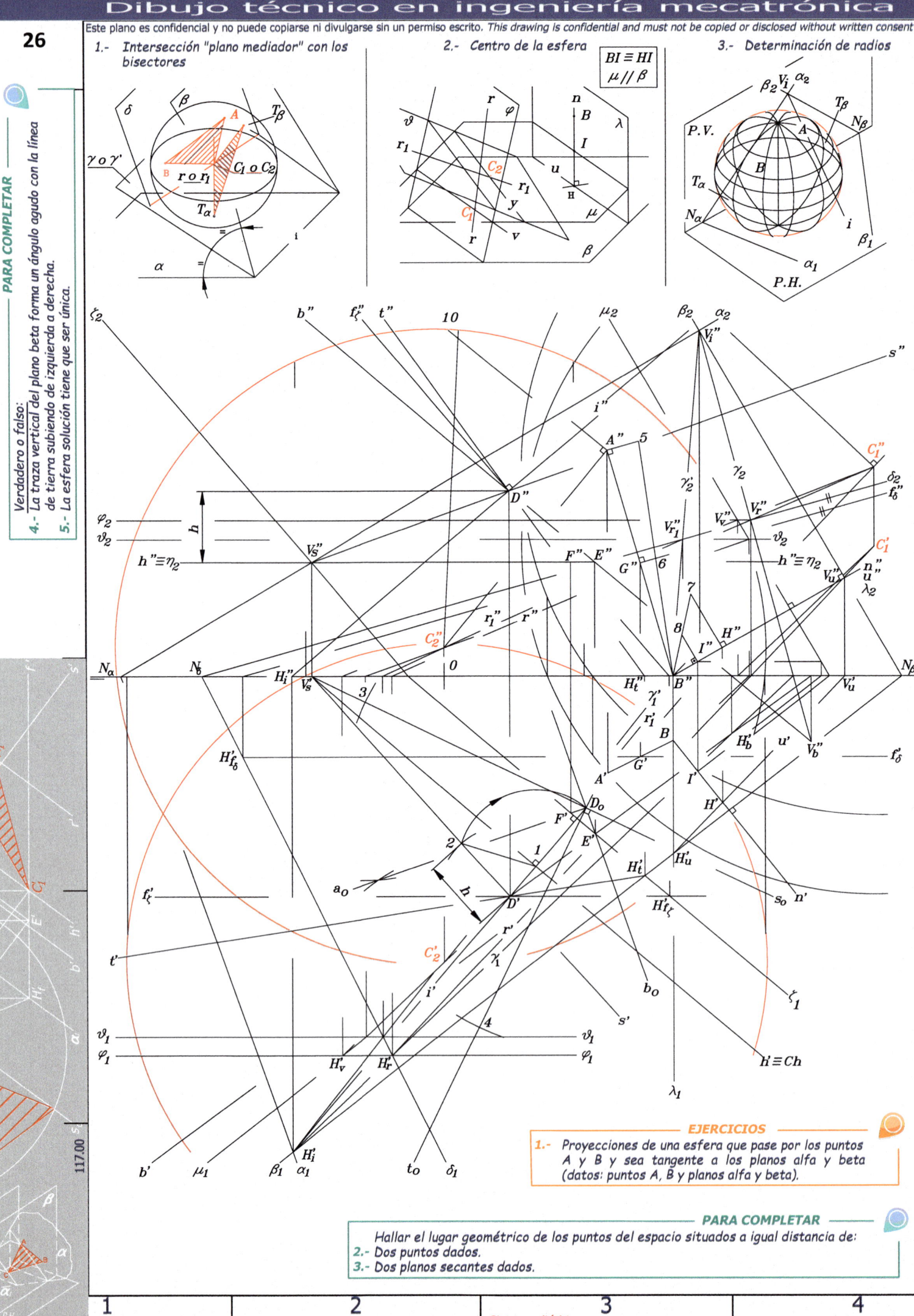

1.- Intersección "plano mediador" con los bisectores

2.- Centro de la esfera

$BI \equiv HI$
$\mu \parallel \beta$

3.- Determinación de radios

Sistema diédrico

— EJERCICIOS —

1.- Proyecciones de una esfera que pase por los puntos A y B y sea tangente a los planos alfa y beta (datos: puntos A, B y planos alfa y beta).

— PARA COMPLETAR —

Hallar el lugar geométrico de los puntos del espacio situados a igual distancia de:

2.- Dos puntos dados.

3.- Dos planos secantes dados.

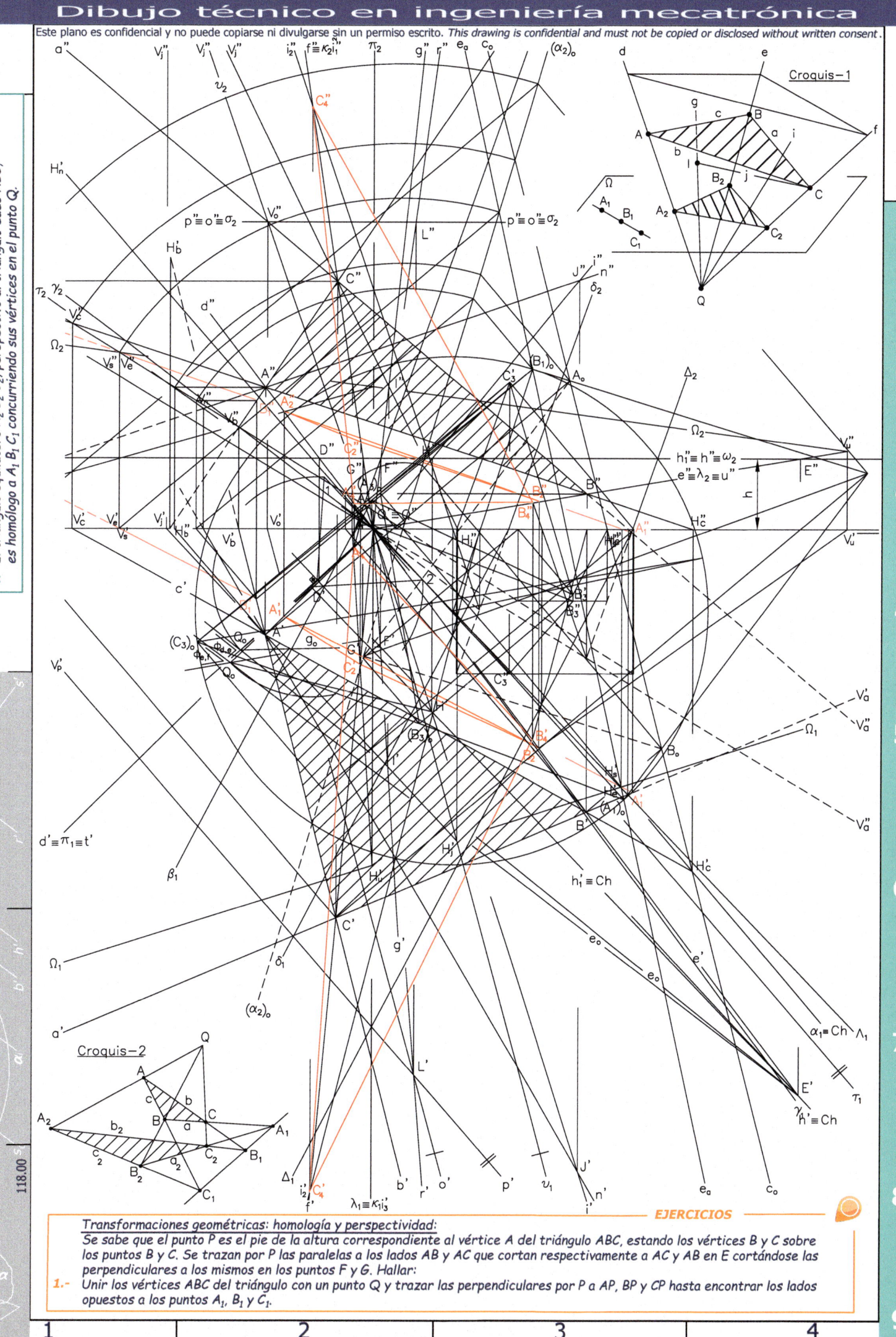

Croquis−1

Croquis−2

Transformaciones geométricas: homología y perspectividad:

Se sabe que el punto P es el pie de la altura correspondiente al vértice A del triángulo ABC, estando los vértices B y C sobre los puntos B y C. Se trazan por P las paralelas a los lados AB y AC que cortan respectivamente a AC y AB en E cortándose las perpendiculares a los mismos en los puntos F y G. Hallar:

1.- Unir los vértices ABC del triángulo con un punto Q y trazar las perpendiculares por P a AP, BP y CP hasta encontrar los lados opuestos a los puntos A_1, B_1 y C_1.

EJERCICIOS

27

118.00

Este plano es confidencial y no puede copiarse ni divulgarse sin un permiso escrito. *This drawing is confidential and must not be copied or disclosed without written consent.*

28

Verdadero o falso:

3.- La cuestión del enunciado (1) está mal resuelta.
4.- La cuestión del enunciado (2) no se cumple en el "caso general".

EJERCICIOS

Dadas en el espacio una recta r fija y una recta s variable que pasa por un punto fijo A. Determinar:

1.- Lugar geométrico del pie Q en s de la mínima distancia entre r y s.
2.- Lugar geométrico de los puntos medios de los segmentos RS que se apoyan en las rectas.

119.00

Sistema diédrico

1	2	3	4

Este plano es confidencial y no puede copiarse ni divulgarse sin un permiso escrito. *This drawing is confidential and must not be copied or disclosed without written consent.*

29

Verdadero o falso:
4.- El tetraedro dado como solución no es correcto.
5.- El centro de gravedad del tetraedro solución está por encima del primer plano bisector.

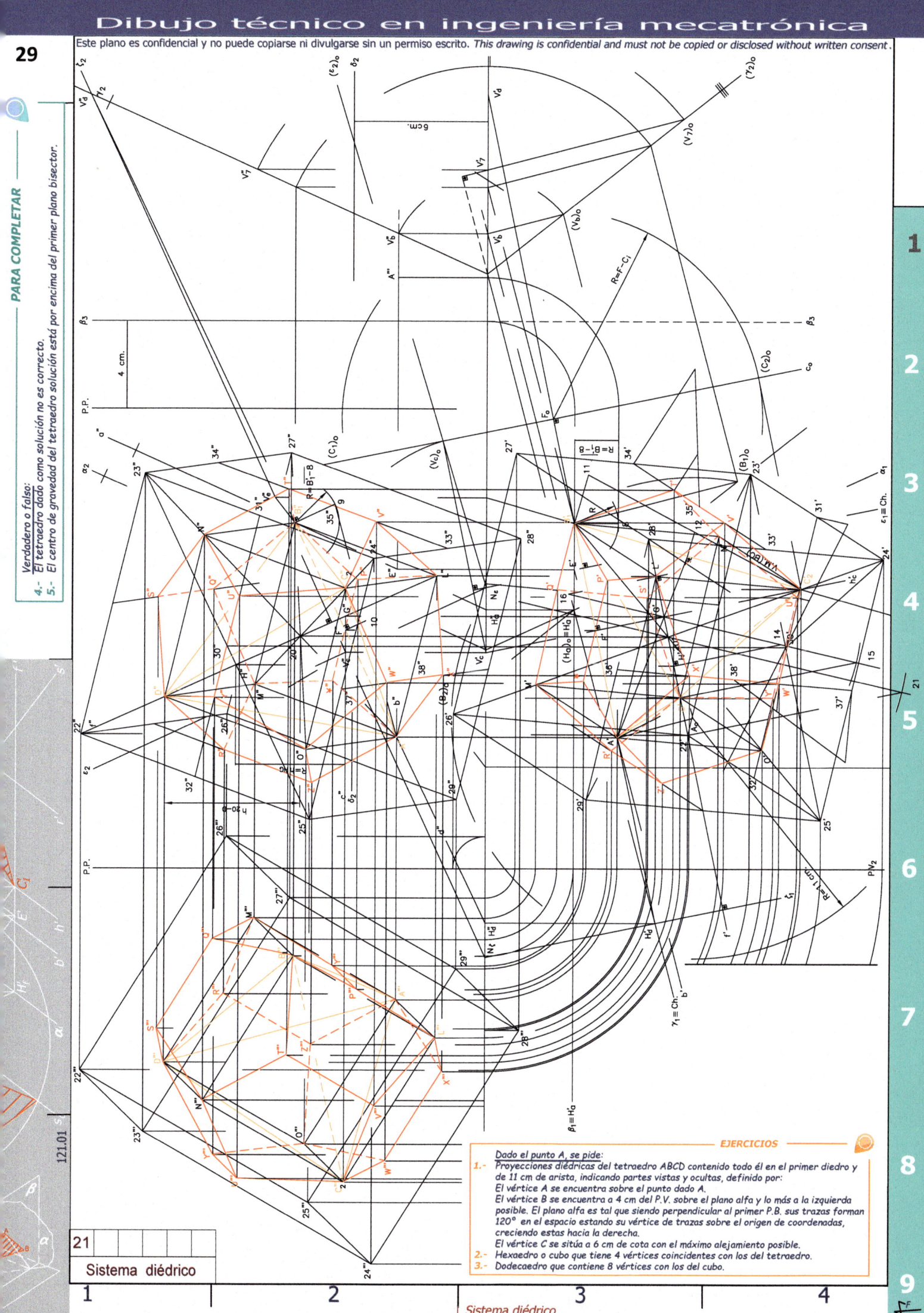

EJERCICIOS

Dado el punto A, se pide:
1.- Proyecciones diédricas del tetraedro ABCD contenido todo él en el primer diedro y de 11 cm de arista, indicando partes vistas y ocultas, definido por:
El vértice A se encuentra sobre el punto dado A.
El vértice B se encuentra a 4 cm del P.V. sobre el plano alfa y lo más a la izquierda posible. El plano alfa es tal que siendo perpendicular al primer P.B. sus trazas forman 120° en el espacio estando su vértice de trazas sobre el origen de coordenadas, creciendo estas hacia la derecha.
El vértice C se sitúa a 6 cm de cota con el máximo alejamiento posible.
2.- Hexaedro o cubo que tiene 4 vértices coincidentes con los del tetraedro.
3.- Dodecaedro que contiene 8 vértices con los del cubo.

21

Sistema diédrico

P.V.

α_2

1

α

$N\alpha$

α_1

2

P.H.

Origen de coordenadas

$1''$

3

$1'-2''$

4

5_o

$2'$

29

26

A $\tilde{N}$

X M

28

L P Z R

B 22 Q

W O

27

V D 23

C T Y S

U N

25

24

B
E
O M
C F D
$6\ cm$

α_2

$N\alpha$

$(\alpha_2)_o$

α_1

a

α

P.V. α_2

β δ

A'' α_1

$N\alpha$ A

P.H.

A'

$5\ cm$

$4\ cm$

b_o $(B_2)_o$ a_o

E_o

$(B_1)_o$ $R = 6$ A_o

a_o b_o

29

A [V.M. del cubo ABCDLMNO]

I

P

G K

[V.M. del tetraedro ABCD]

U J B

C

N

V *v.M. lado del Dodecaedro*

T 23

A 2
1 I
E H
D G B
J 4
3 F
26 C

D
F a
O C
A M
E B

A B
I H
F O K
G
J
D $R = FK$ C

Este plano es confidencial y no puede copiarse ni divulgarse sin un permiso escrito. *This drawing is confidential and must not be copied or disclosed without written consent.*

31

Verdadero o falso
2.- El plano gamma paralelo al anterior dista una magnitud conocida respecto al primero.
3.- La recta c es perpendicular al plano alfa por el vértice de trazas de este.

EJERCICIOS

1.- Por un punto dado trazar un plano paralelo a otro plano dado.

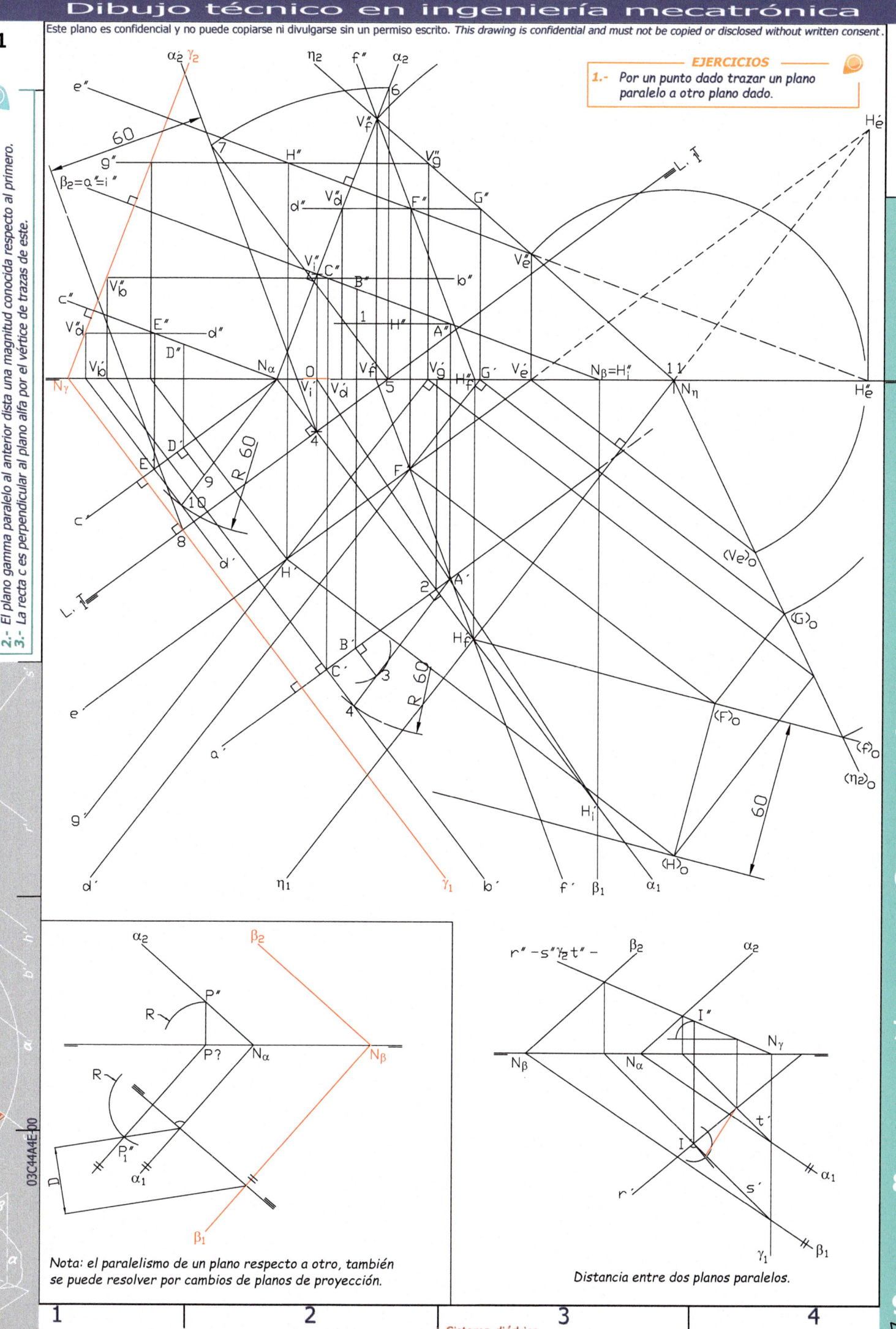

Nota: el paralelismo de un plano respecto a otro, también se puede resolver por cambios de planos de proyección.

Distancia entre dos planos paralelos.

03C44A4E 00

EJERCICIOS

Dados los planos alfa y beta:

1.- Proyecciones de una recta tal que cada uno de sus puntos equidisten respectivamente a los planos dados y a las trazas de su intersección.

2.- Lugar geométrico de los puntos del espacio equidistantes de los planos dados.

Resolver ambas cuestiones cuando:
- Los puntos pertenecen a dichos planos.
- Los puntos no yacen en dichos planos.

23					NOMBRE	GRUPO	NÚMERO	FECHA	ESCALA	CALIFICACIÓN
Sistema diédrico										

Indicar si las proposiciones siguientes son verdaderas (V) o falsas (F), razonando en cualquier caso la solución adoptada. Téngase en cuenta que la cuestión solo será verdadera si cumple todo el enunciado de esta

ESCUELA:

1   2   3   4

Sistema diédrico

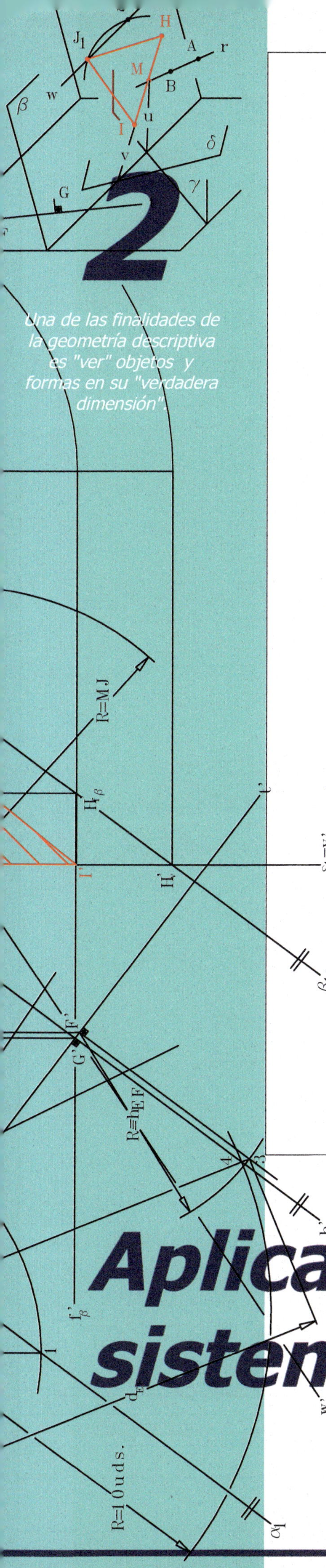

2

Una de las finalidades de la geometría descriptiva es "ver" objetos y formas en su "verdadera dimensión".

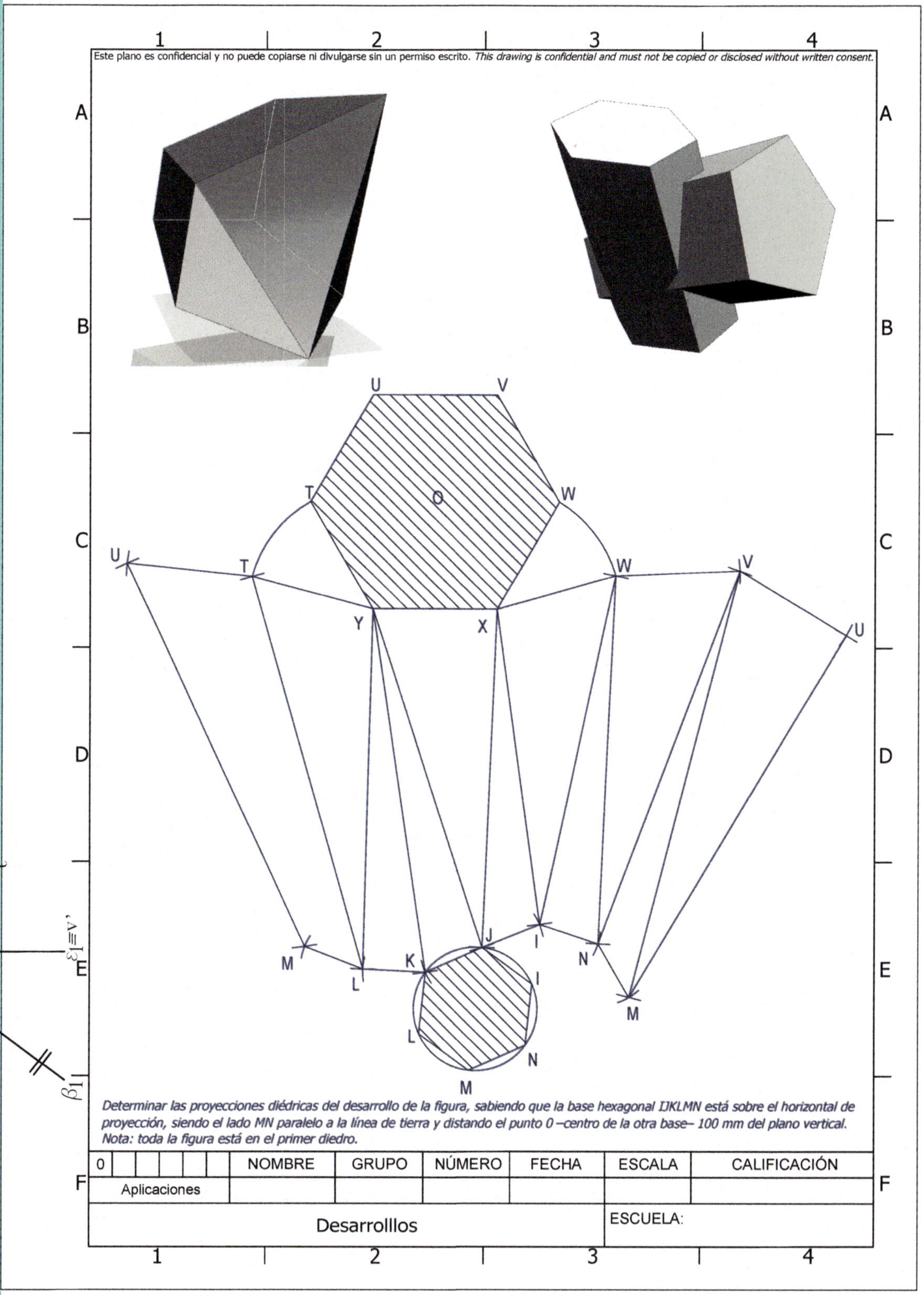

Determinar las proyecciones diédricas del desarrollo de la figura, sabiendo que la base hexagonal IJKLMN está sobre el horizontal de proyección, siendo el lado MN paralelo a la línea de tierra y distando el punto 0 –centro de la otra base– 100 mm del plano vertical.
Nota: toda la figura está en el primer diedro.

0							NOMBRE	GRUPO	NÚMERO	FECHA	ESCALA	CALIFICACIÓN
Aplicaciones												

Desarrolllos — ESCUELA:

Aplicaciones del sistema diédrico

La teoría es expléndida, ponerla en práctica tiene más valor.

James Cash Penny

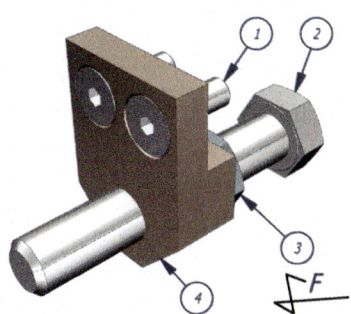

Dibujo técnico en ingeniería mecatrónica

Este plano es confidencial y no puede copiarse ni divulgarse sin un permiso escrito. *This drawing is confidential and must not be copied or disclosed without written consent.*

34

① 30° Ø 80 Ø 80 120 60 30

= 160 =

② 30° Ø 80 Ø 70 59 20° 30

1	2					NOMBRE	GRUPO	NÚMERO	FECHA	ESCALA	CALIFICACIÓN

Aplicaciones

Determinar los puntos de intersección
entre el cono y el cilindro

ESCUELA:

PARA SABER MÁS
Contenido adicional en: www.marcombo.info

Aplicaciones del sistema diédrico

201.00

P.H.

Este plano es confidencial y no puede copiarse ni divulgarse sin un permiso escrito. *This drawing is confidential and must not be copied or disclosed without written consent.*

35

③

EJERCICIOS
1.- Determinar la "verdadera magnitud" de la sección ACE.

④

EJERCICIOS
2.- Hallar la intersección de la recta con el tetraedro y con el cubo.

⑤

EJERCICIOS
3.- Determinar la "verdadera magnitud" de la sección ACE.

⑥

EJERCICIOS
4.- Determinar la "verdadera magnitud" de la sección ACI.

3	4	5	6		NOMBRE	GRUPO	NÚMERO	FECHA	ESCALA	CALIFICACIÓN
Aplicaciones										

Hallar los puntos de corte de las rectas con los cuerpos dados. Dibujar las partes vistas y ocultas de cada recta, indicando los cuadrantes por los que atraviesan

ESCUELA:

1   2   3   4

Aplicaciones del sistema diédrico

202.00

Este plano es confidencial y no puede copiarse ni divulgarse sin un permiso escrito. *This drawing is confidential and must not be copied or disclosed without written consent.*

⑦
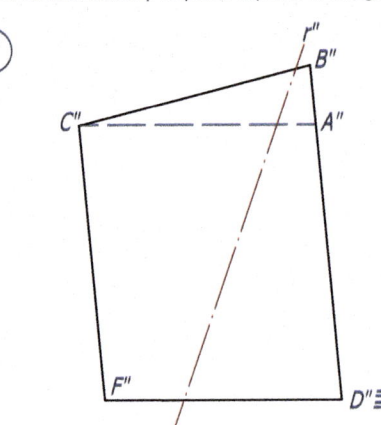
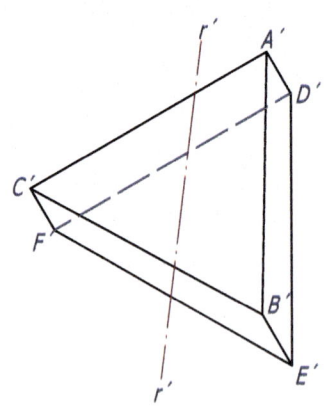

⑧

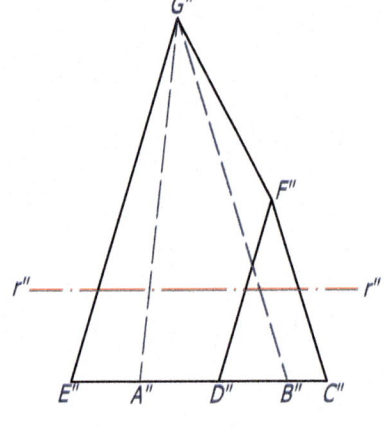
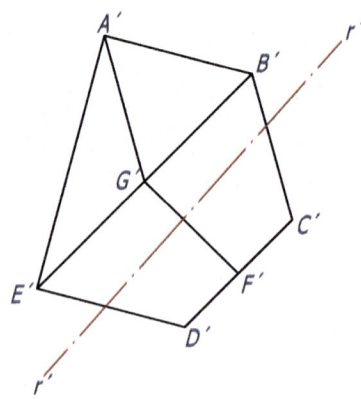

⑨
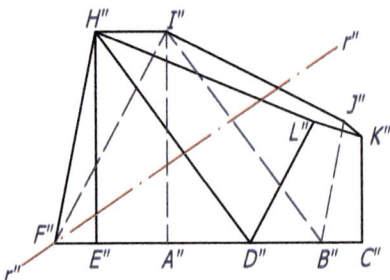
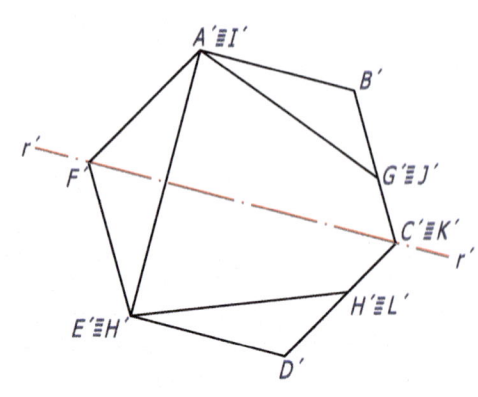

⑩

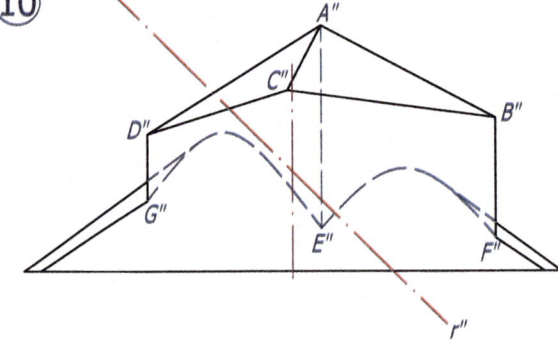
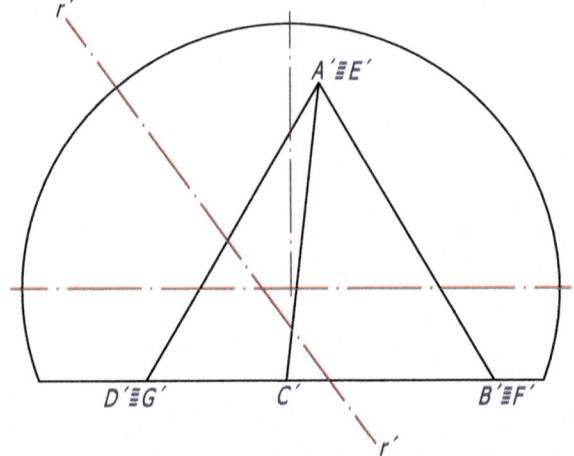

203.00

7	8	9	10		NOMBRE	GRUPO	NÚMERO	FECHA	ESCALA	CALIFICACIÓN
Aplicaciones										
Hallar los puntos de corte de las rectas con los cuerpos dados. Dibujar las partes vistas y ocultas de cada recta, indicando los cuadrantes por los que atraviesan								ESCUELA:		

1   2   3   4

Aplicaciones del sistema diédrico

PARA COMPLETAR

1.- Dibujar la intersección entre los cuerpos uno y dos.
2.- Desarrollo en chapa del conjunto de la figura (material: St-37, espesor de 1 mm).

(11)

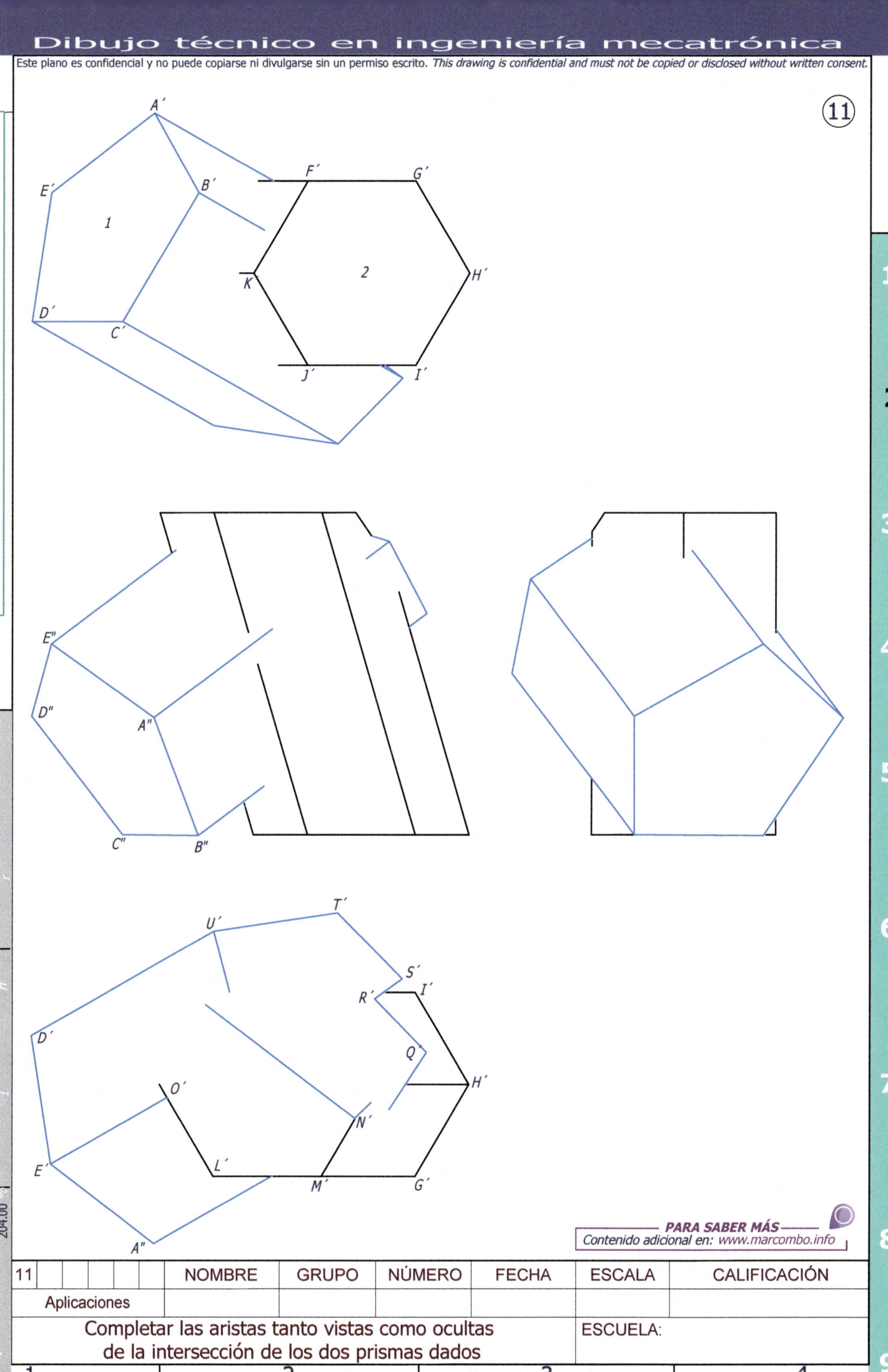

PARA SABER MÁS
Contenido adicional en: *www.marcombo.info*

11					NOMBRE	GRUPO	NÚMERO	FECHA	ESCALA	CALIFICACIÓN
Aplicaciones										
Completar las aristas tanto vistas como ocultas de la intersección de los dos prismas dados									ESCUELA:	

1	2	3	4

Aplicaciones del sistema diédrico

204.00

Este plano es confidencial y no puede copiarse ni divulgarse sin un permiso escrito. *This drawing is confidential and must not be copied or disclosed without written consent.*

PARA COMPLETAR — en chapa de 5 mm.

1.- Dibujar el desarrollo de la chapa lateral.
2.- Indicar signos de soldadura en el plano de conjunto dado.
3.- Manteniendo las bocas triangular y cuadrada, realizar el conjunto adaptador en chapa de 5 mm.

(Vista cara triangular) 12

(2400)

= 450 =

(12 x) Ø 21

20

80

60°

1660

(12 x) Ø 21

= 900 =

= 1600 =

95

95

1580

45°

80

45°

L 80 x 80 x 10

Corte B-B

10

5

50

B   B

L 80 x 80 x 10

Chapas
espesor 5

Material S235/S355
Material aporte: FM235
Cordones en ángulo

a

PARA SABER MÁS
Contenido adicional en: www.marcombo.info

205.00

12				NOMBRE	GRUPO	NÚMERO	FECHA	ESCALA	CALIFICACIÓN
Aplicaciones									

Desarrollos en chapa y estructurales: adaptador boca cuadrada a triangular

ESCUELA:

1   2   3   4

Aplicaciones del sistema diédrico

3

"Viualizar" en tres dimensiones cada una de las piezas dadas por sus proyecciones diédricas.

0					NOMBRE	GRUPO	NÚMERO	FECHA	ESCALA	CALIFICACIÓN
Vistas y visualización										
Vistas o perspectiva de las piezas									ESCUELA:	

Dibujo teórico

Todo lo sólido se desvanece en el aire.

Karl Marx

①

Perfil

②

1	2					NOMBRE	GRUPO	NÚMERO	FECHA	ESCALA	CALIFICACIÓN
Vistas y visualización											

Dibujar la perspectiva isométrica de las piezas

ESCUELA:

| 1 | 2 | 3 | 4 |

Vistas (dibujo teórico)

301.00

41

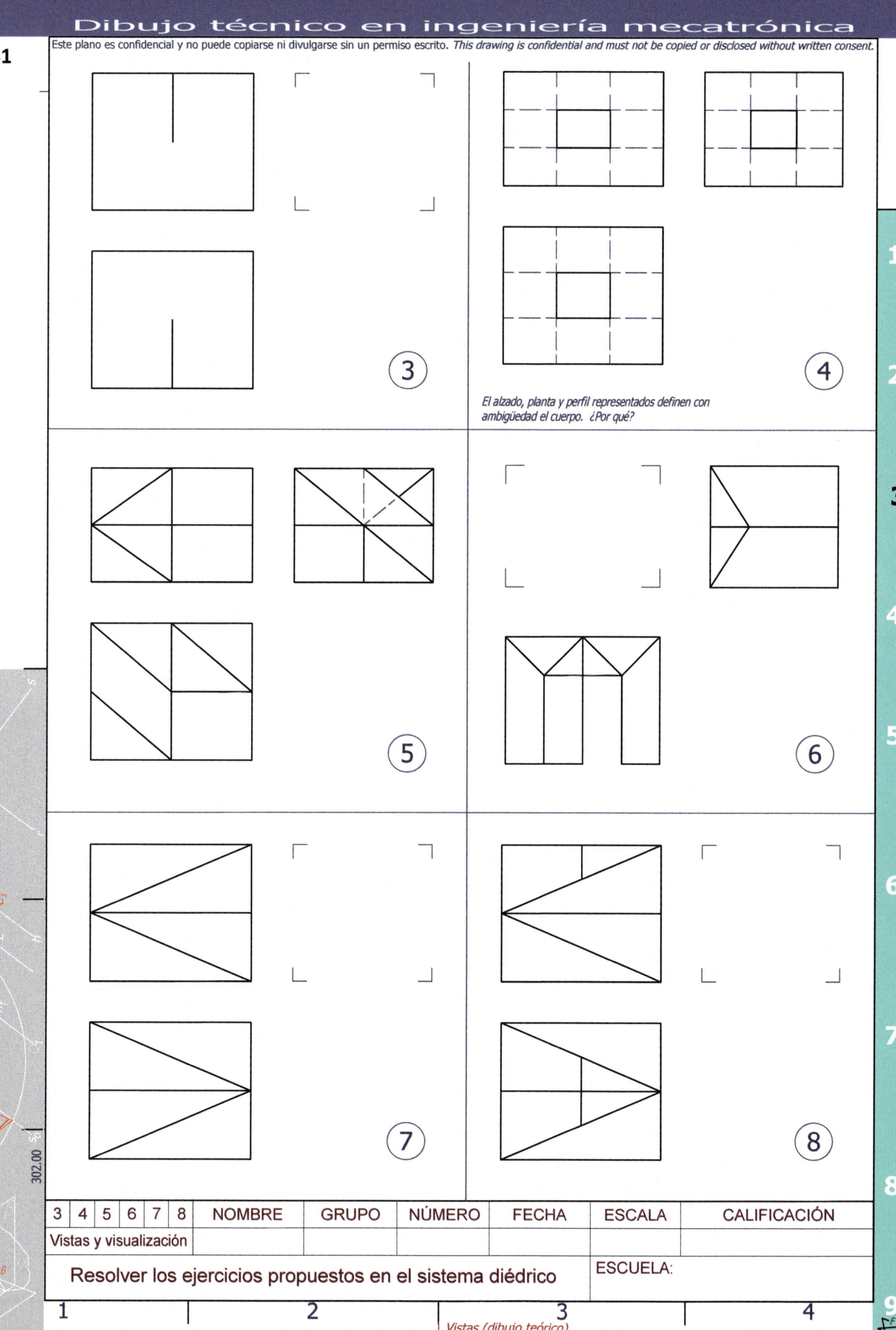

El alzado, planta y perfil representados definen con ambigüedad el cuerpo. ¿Por qué?

3	4	5	6	7	8	NOMBRE	GRUPO	NÚMERO	FECHA	ESCALA	CALIFICACIÓN
Vistas y visualización											

Resolver los ejercicios propuestos en el sistema diédrico

ESCUELA:

Vistas (dibujo teórico)

302.00

ALZADO

PERFIL

⑨

PLANTA

a

a

Completar las vistas de alzado y perfil izquierdo —parcialmente dibujadas— y visualizar la pieza, sabiendo que los perfiles izquierdo y derecho son iguales y simétricos respecto a la <u>línea a-a</u>, no siendo la pieza simétrica respecto a esa línea

ALZADO

PERFIL

⑩

PLANTA

303.00

Dibujar la perspectiva isométrica de la pieza

9	10				NOMBRE	GRUPO	NÚMERO	FECHA	ESCALA	CALIFICACIÓN
Vistas y visualización										

Resolver los ejercicios propuestos en el sistema diédrico	ESCUELA:

1   2   3   4

Vistas (dibujo teórico)

Este plano es confidencial y no puede copiarse ni divulgarse sin un permiso escrito. *This drawing is confidential and must not be copied or disclosed without written consent.*

43

(11)

(12)

11	12				NOMBRE	GRUPO	NÚMERO	FECHA	ESCALA	CALIFICACIÓN
Vistas y visualización										

Dibujar la perspectiva isométrica de las piezas

ESCUELA:

304.00

Vistas (dibujo teórico)

1 2 3 4

1 2 3 4 5 6 7 8 9

(13)

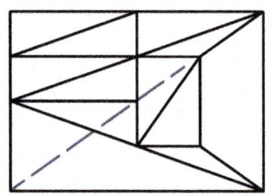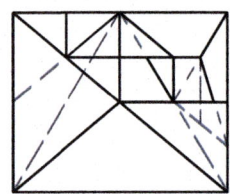

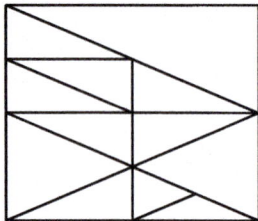

(14)

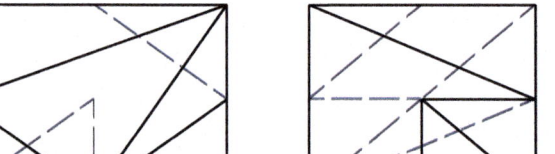

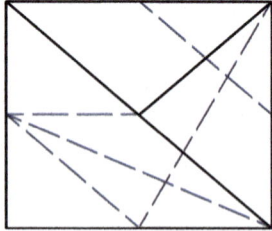

13	14				NOMBRE	GRUPO	NÚMERO	FECHA	ESCALA	CALIFICACIÓN
Vistas y visualización										
Dibujar la perspectiva isométrica de las piezas								ESCUELA:		

305.00

45

ALZADO

⑮

ALZADO

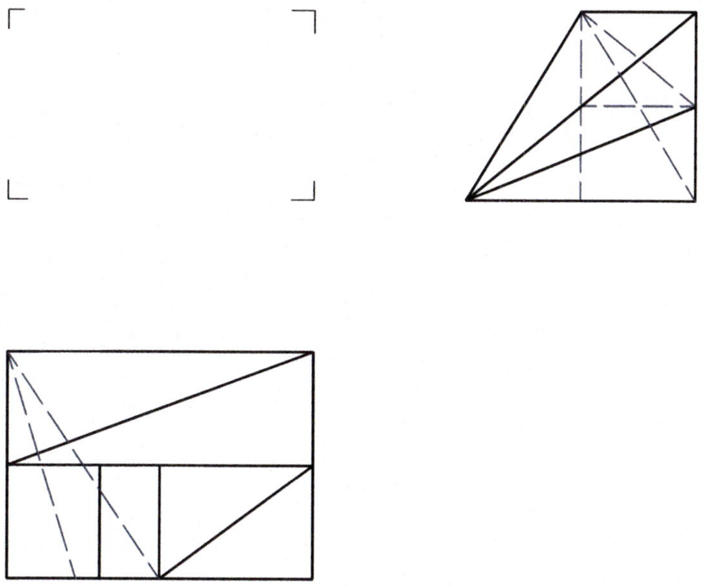

⑯

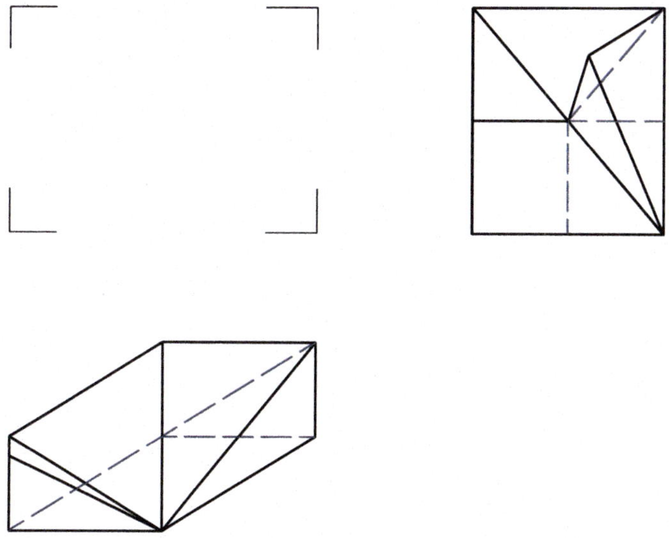

15	16				NOMBRE	GRUPO	NÚMERO	FECHA	ESCALA	CALIFICACIÓN
Vistas y visualización										

Obtener el alzado y la perspectiva isométrica de las piezas

ESCUELA:

1   2   3   4

Vistas (dibujo teórico)

306.00

Este plano es confidencial y no puede copiarse ni divulgarse sin un permiso escrito. *This drawing is confidential and must not be copied or disclosed without written consent.*

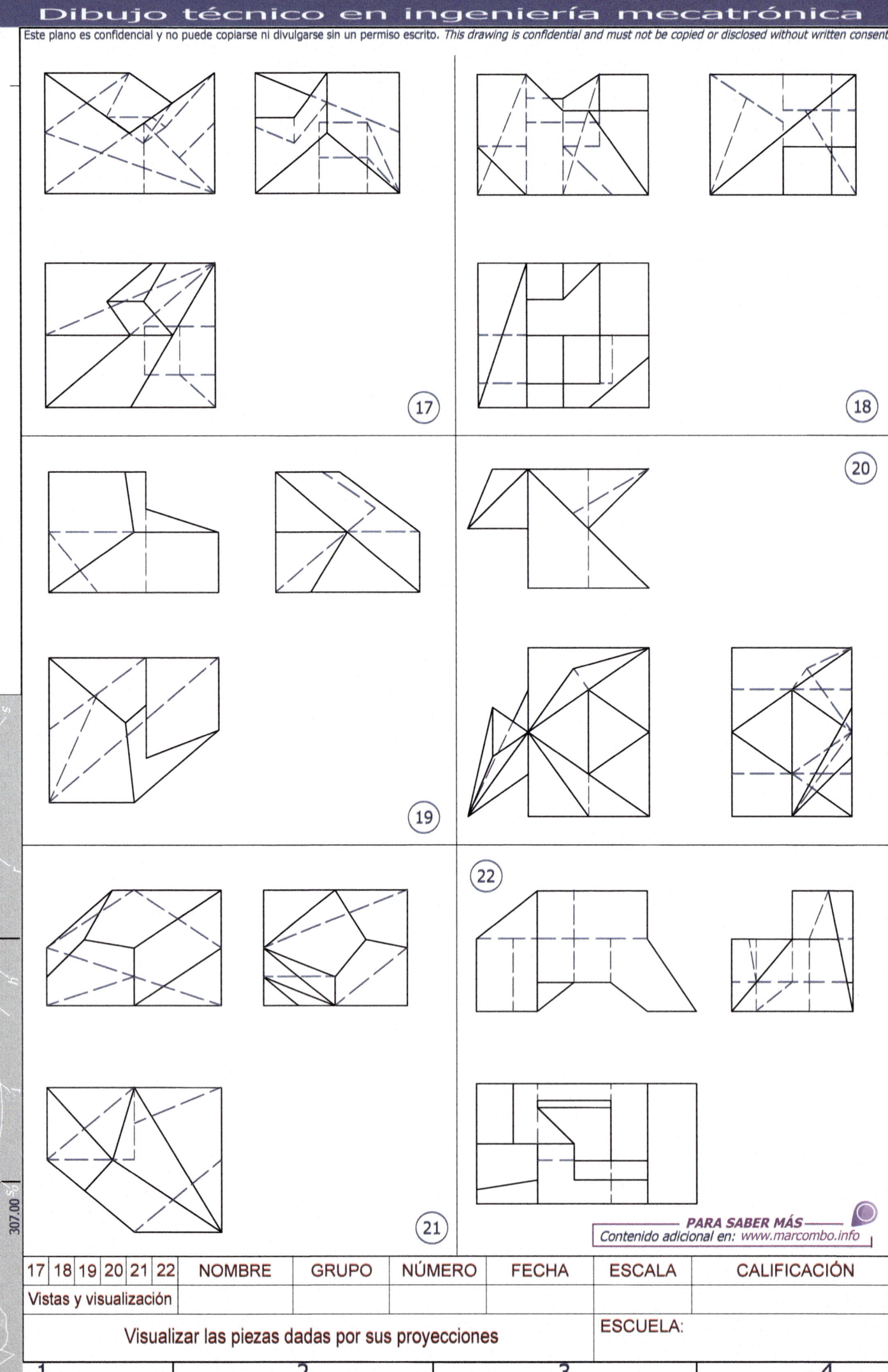

17	18	19	20	21	22	NOMBRE	GRUPO	NÚMERO	FECHA	ESCALA	CALIFICACIÓN
Vistas y visualización											
Visualizar las piezas dadas por sus proyecciones									ESCUELA:		

1	2	3	4

Vistas (dibujo teórico)

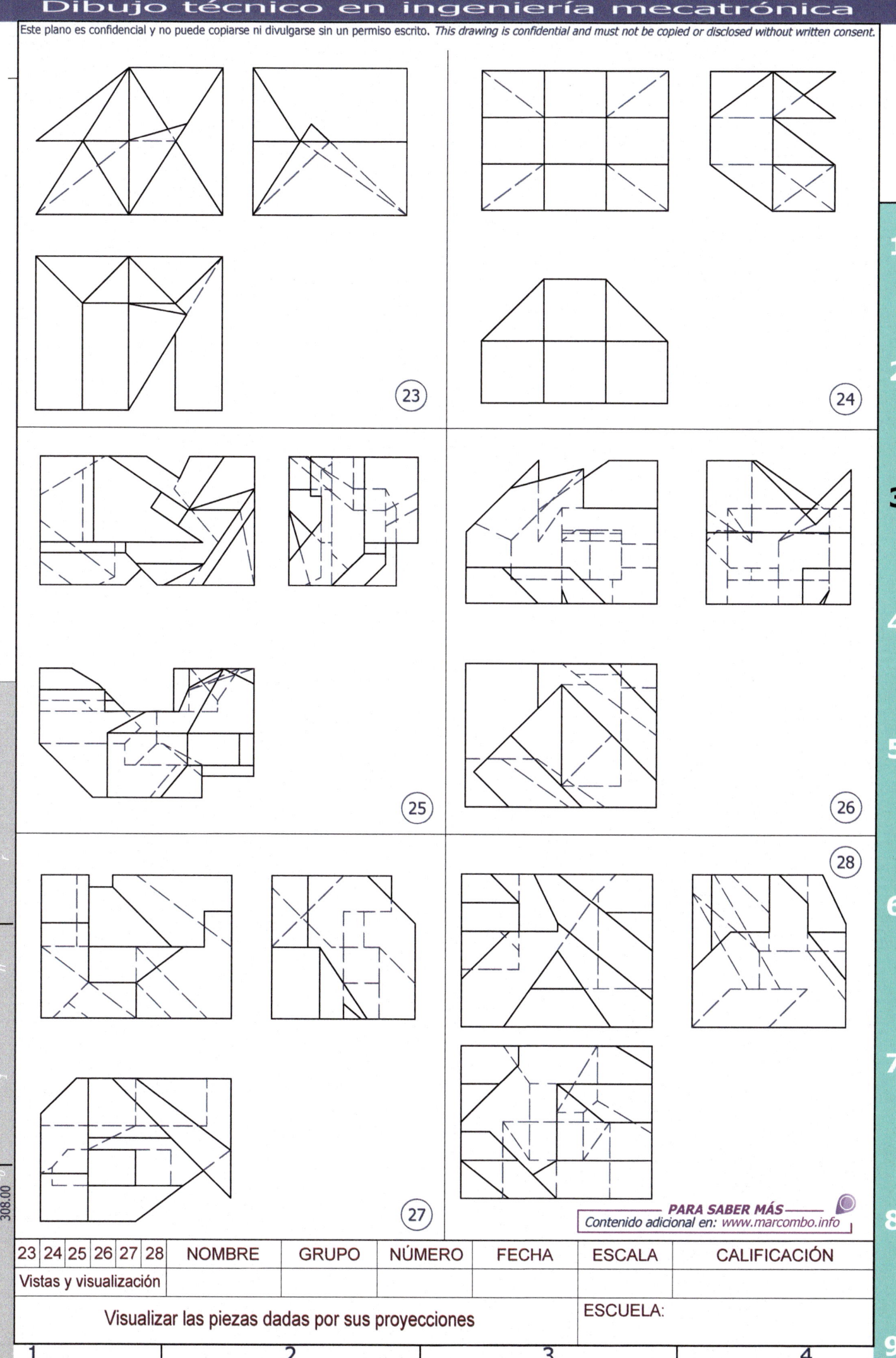

23	24	25	26	27	28	NOMBRE	GRUPO	NÚMERO	FECHA	ESCALA	CALIFICACIÓN

Vistas y visualización

Visualizar las piezas dadas por sus proyecciones

ESCUELA:

PARA SABER MÁS
Contenido adicional en: *www.marcombo.info*

1   2   3   4

Vistas (dibujo teórico)

48

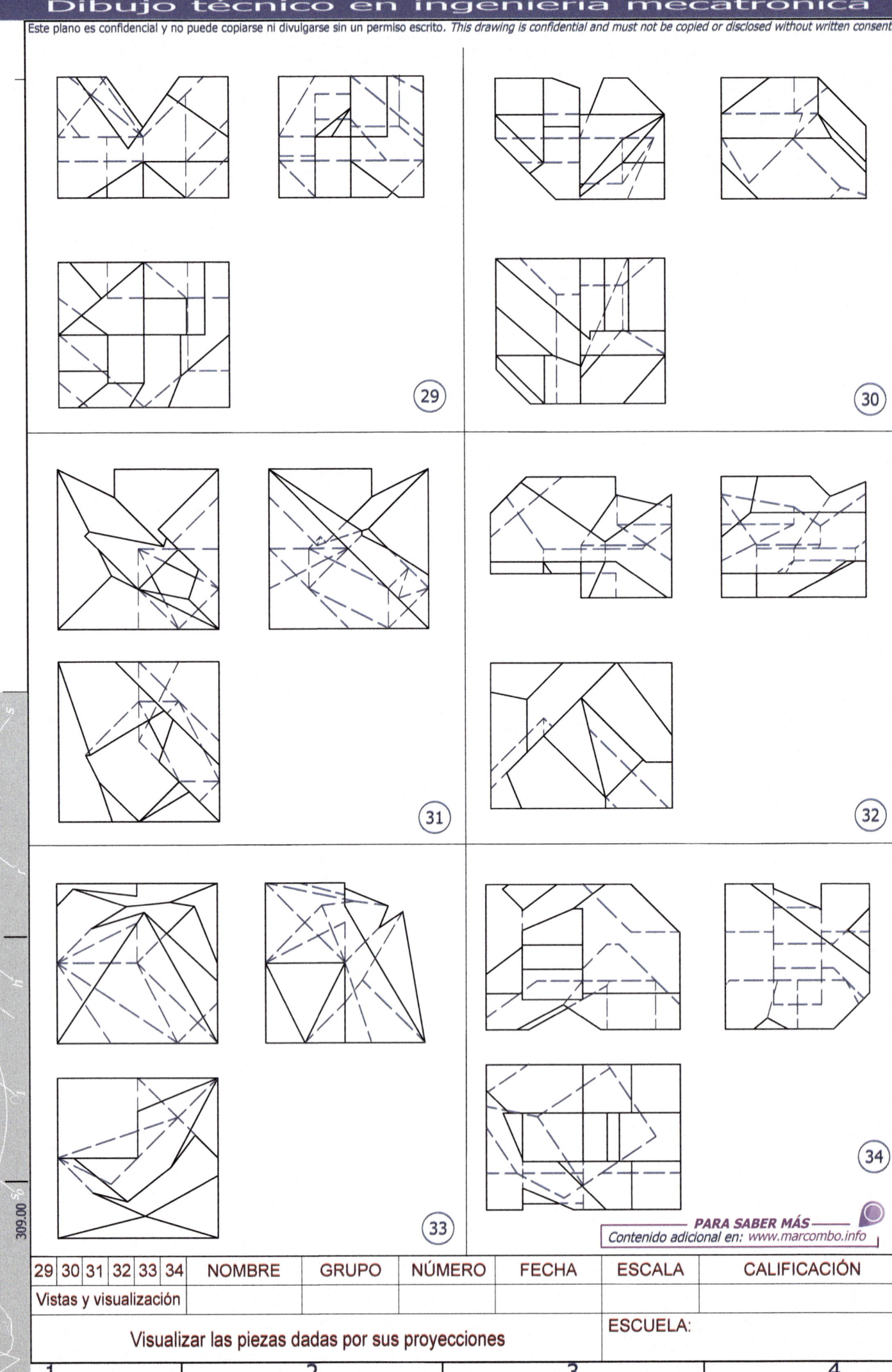

29	30	31	32	33	34	NOMBRE	GRUPO	NÚMERO	FECHA	ESCALA	CALIFICACIÓN
Vistas y visualización											
Visualizar las piezas dadas por sus proyecciones									ESCUELA:		

PARA SABER MÁS
Contenido adicional en: *www.marcombo.info*

1   2   3   4

Vistas (dibujo teórico)

309.00

35

36

37

38

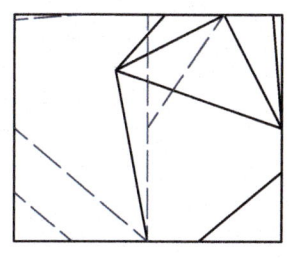

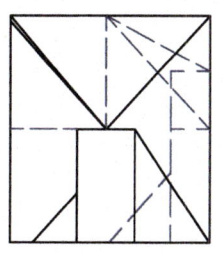

39

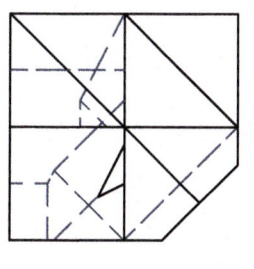

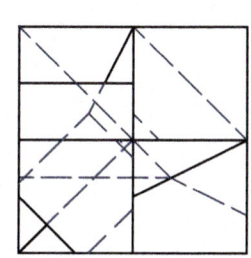

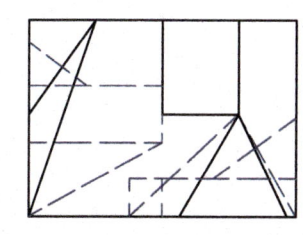

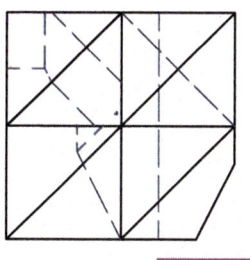

40

35	36	37	38	39	40	NOMBRE	GRUPO	NÚMERO	FECHA	ESCALA	CALIFICACIÓN
Vistas y visualización											

Visualizar las piezas dadas por sus proyecciones

ESCUELA:

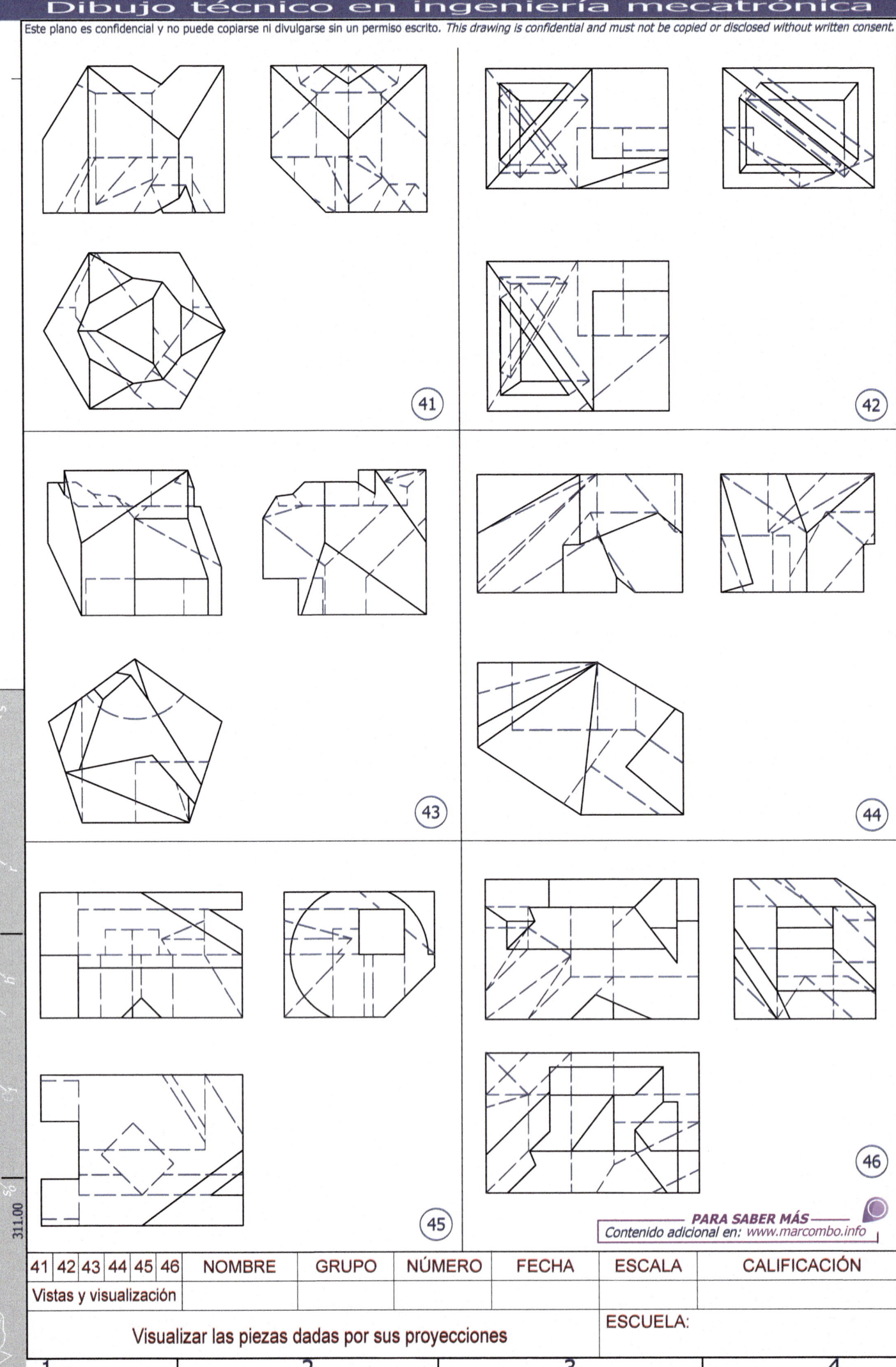

50

41
42
43
44
45
46

PARA SABER MÁS
Contenido adicional en: www.marcombo.info

41	42	43	44	45	46	NOMBRE	GRUPO	NÚMERO	FECHA	ESCALA	CALIFICACIÓN
Vistas y visualización											
Visualizar las piezas dadas por sus proyecciones									ESCUELA:		

1   2   3   4

Vistas (dibujo teórico)

311.00

Este plano es confidencial y no puede copiarse ni divulgarse sin un permiso escrito. *This drawing is confidential and must not be copied or disclosed without written consent.*

(47)

(48)

(49)

(50)

(51)

(52)

47	48	49	50	51	52	NOMBRE	GRUPO	NÚMERO	FECHA	ESCALA	CALIFICACIÓN
Vistas y visualización											

Visualizar las piezas dadas por sus proyecciones

ESCUELA:

312.00

Vistas (dibujo teórico)

1   2   3   4   5   6   7   8   9

1   2   3   4

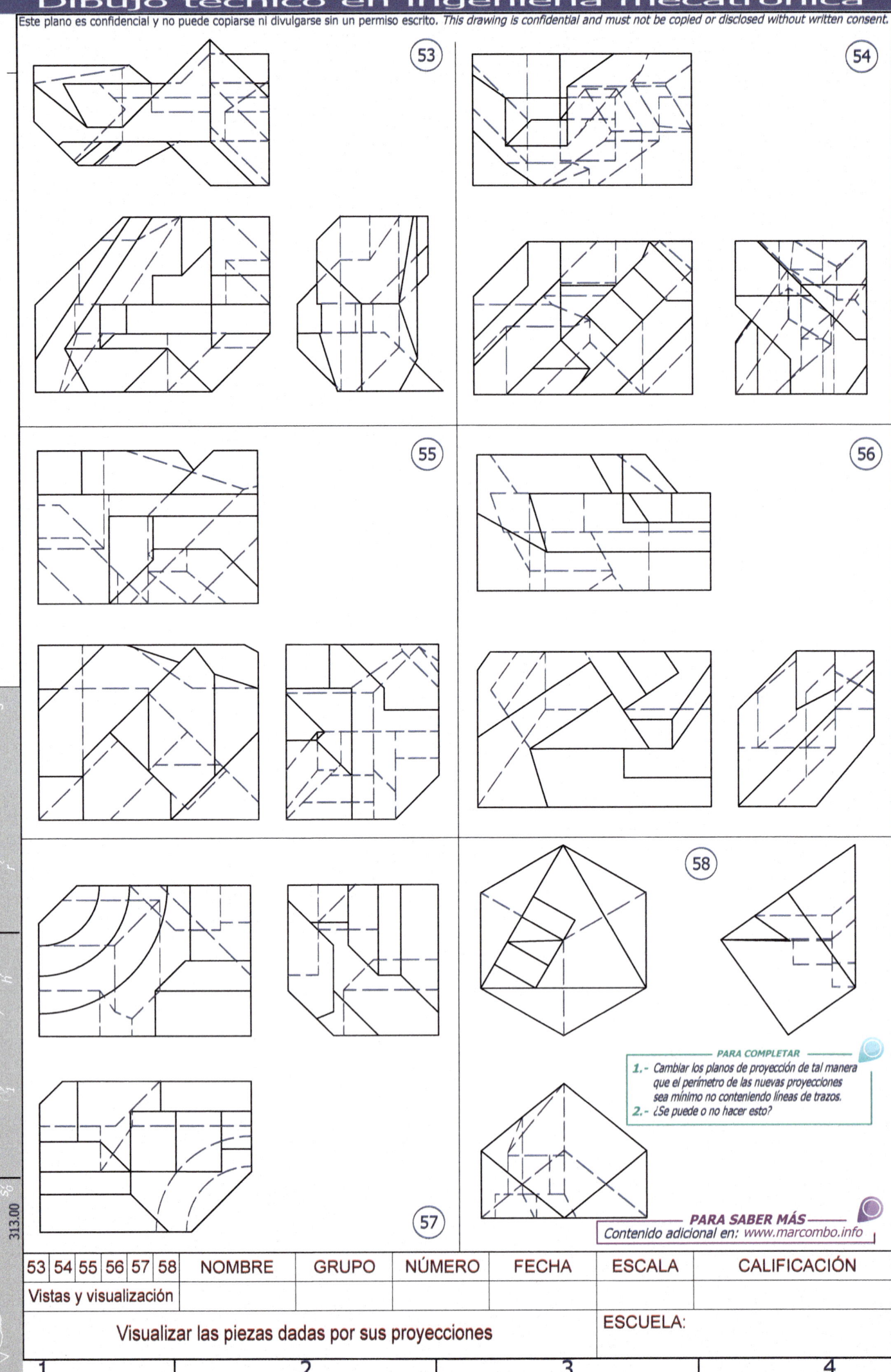

PARA COMPLETAR

1.- *Cambiar los planos de proyección de tal manera que el perímetro de las nuevas proyecciones sea mínimo no conteniendo líneas de trazos.*

2.- *¿Se puede o no hacer esto?*

PARA SABER MÁS

Contenido adicional en: www.marcombo.info

53	54	55	56	57	58	NOMBRE	GRUPO	NÚMERO	FECHA	ESCALA	CALIFICACIÓN
Vistas y visualización											

Visualizar las piezas dadas por sus proyecciones

ESCUELA:

313.00

Vistas (dibujo teórico)

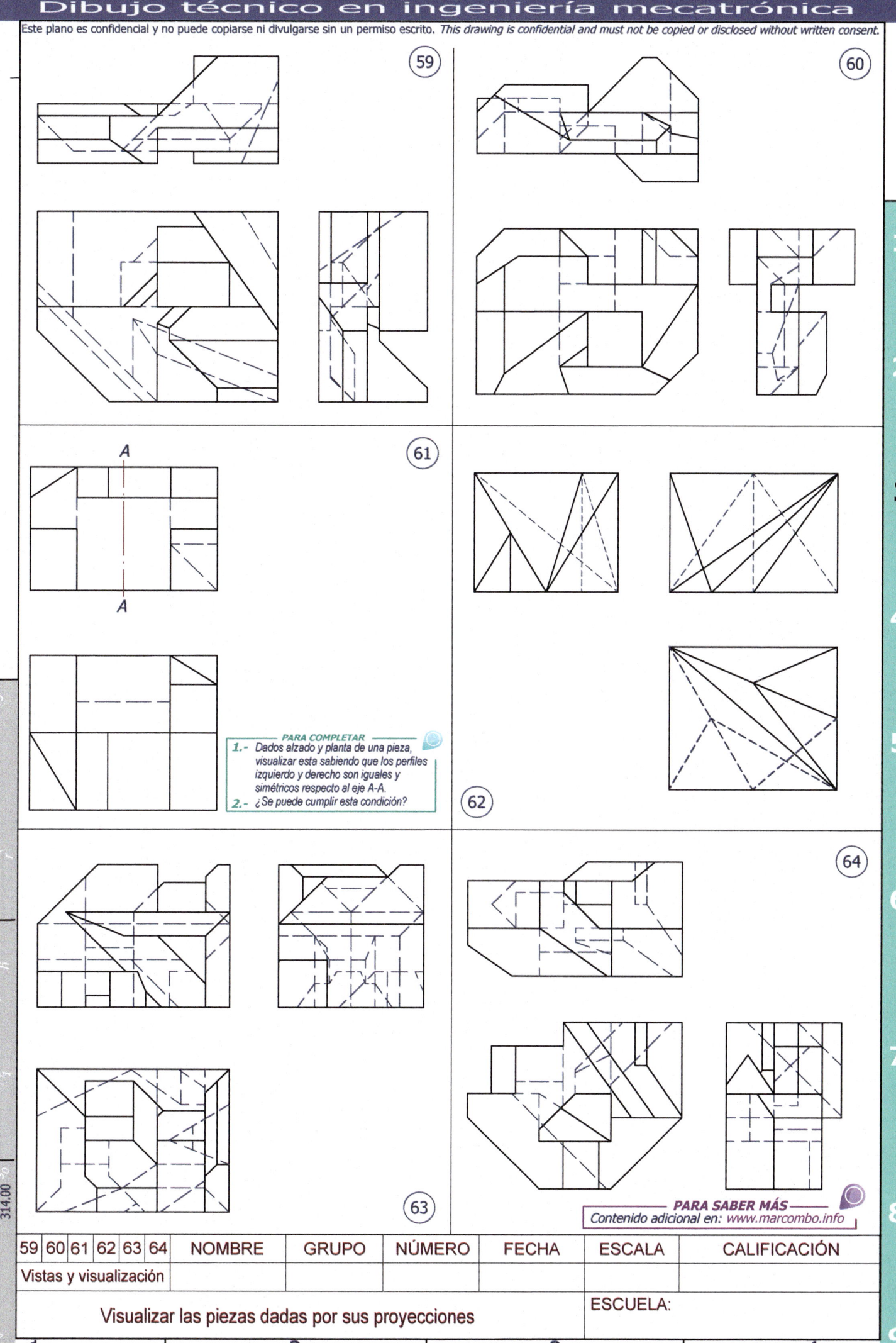

PARA COMPLETAR

1.- Dados alzado y planta de una pieza, visualizar esta sabiendo que los perfiles izquierdo y derecho son iguales y simétricos respecto al eje A-A.

2.- ¿Se puede cumplir esta condición?

PARA SABER MÁS
Contenido adicional en: www.marcombo.info

59	60	61	62	63	64	NOMBRE	GRUPO	NÚMERO	FECHA	ESCALA	CALIFICACIÓN
Vistas y visualización											
Visualizar las piezas dadas por sus proyecciones									ESCUELA:		

314.00

Vistas (dibujo teórico)

54

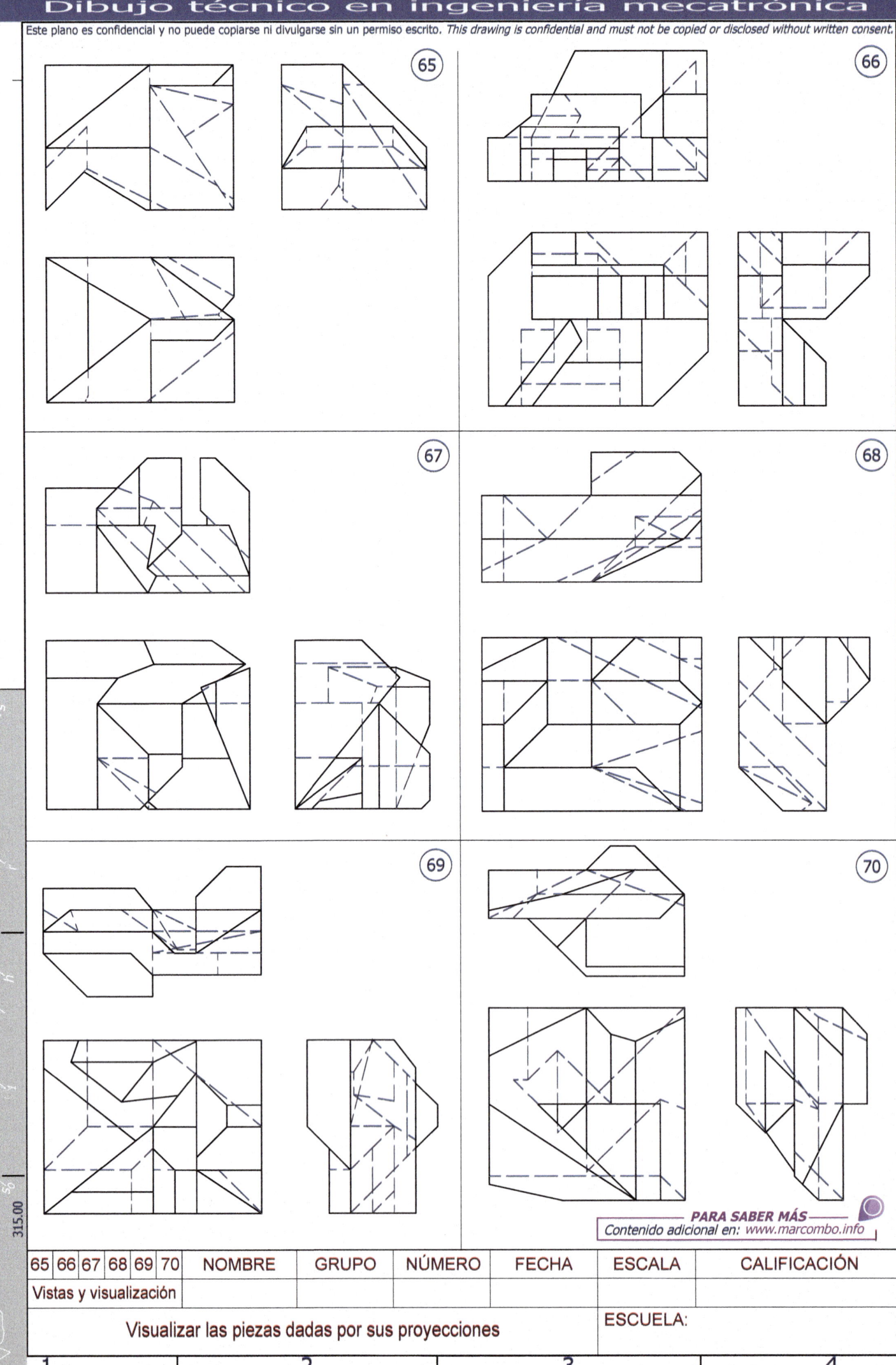

65 | 66 | 67 | 68 | 69 | 70

65	66	67	68	69	70	NOMBRE	GRUPO	NÚMERO	FECHA	ESCALA	CALIFICACIÓN
Vistas y visualización											

PARA SABER MÁS
Contenido adicional en: *www.marcombo.info*

Visualizar las piezas dadas por sus proyecciones

ESCUELA:

1   2   3   4

Vistas (dibujo teórico)

315.00

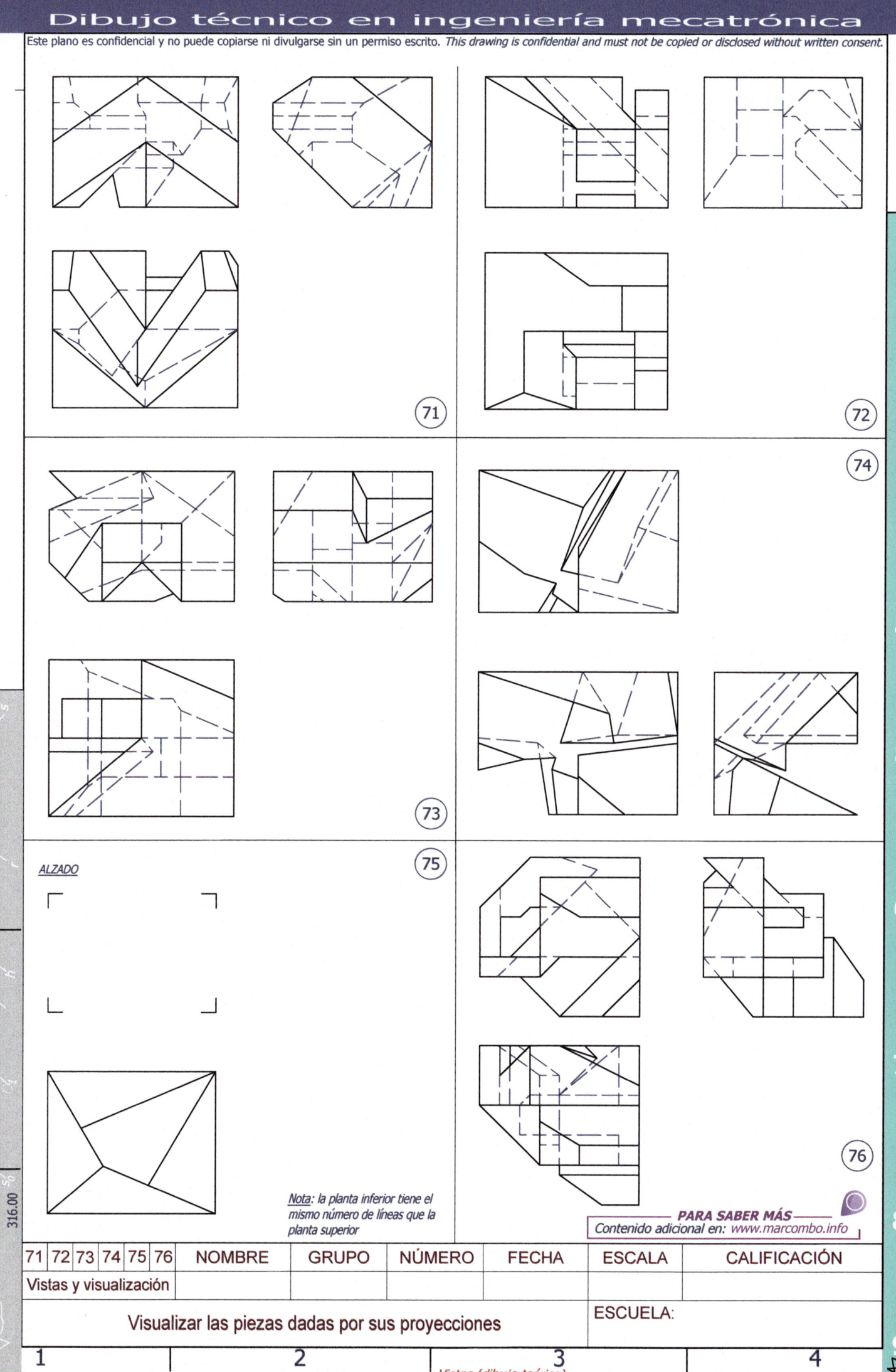

71

72

73

74

75

76

ALZADO

Nota: la planta inferior tiene el mismo número de líneas que la planta superior

71	72	73	74	75	76	NOMBRE	GRUPO	NÚMERO	FECHA	ESCALA	CALIFICACIÓN
Vistas y visualización											
Visualizar las piezas dadas por sus proyecciones									ESCUELA:		

316.00

1   2   3   4

Vistas (dibujo teórico)

56

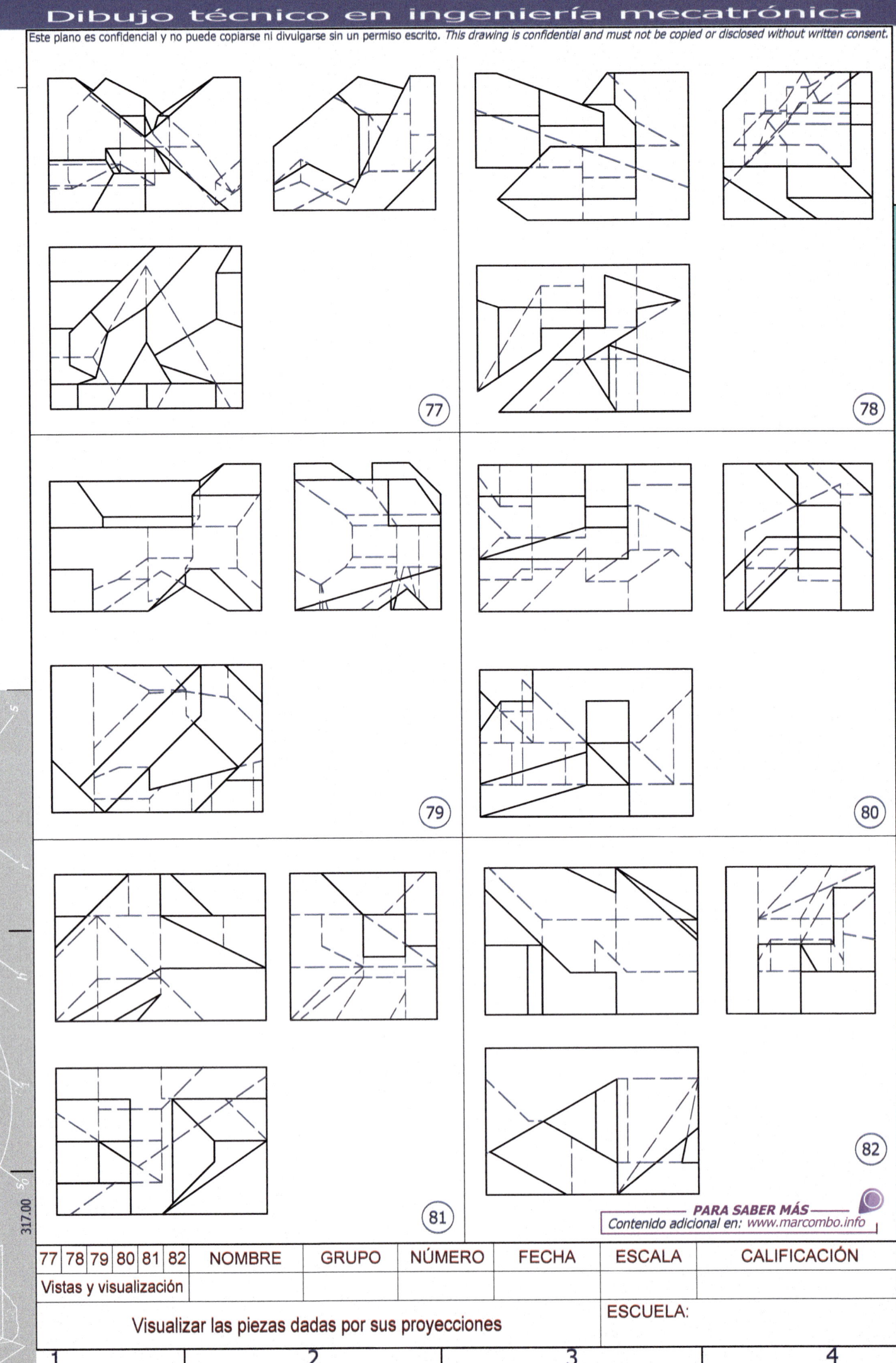

PARA SABER MÁS

Contenido adicional en: www.marcombo.info

77	78	79	80	81	82	NOMBRE	GRUPO	NÚMERO	FECHA	ESCALA	CALIFICACIÓN
Vistas y visualización											
Visualizar las piezas dadas por sus proyecciones									ESCUELA:		

Vistas (dibujo teórico)

317.00

P.H.

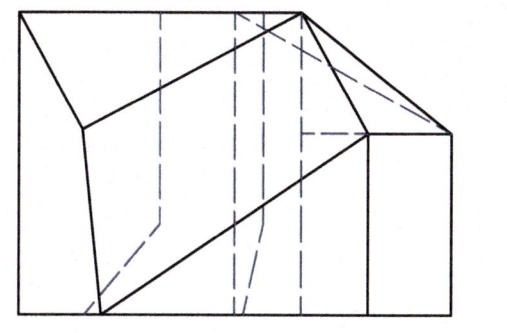
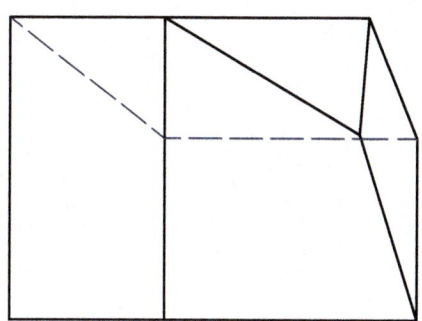

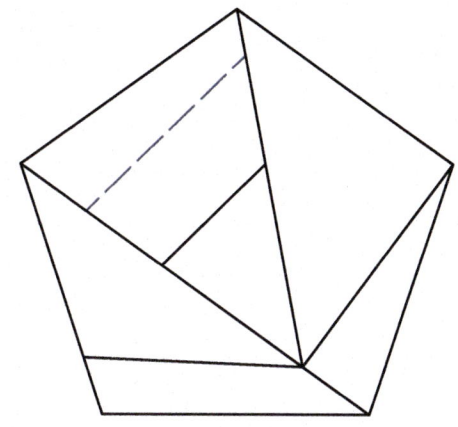

(83)

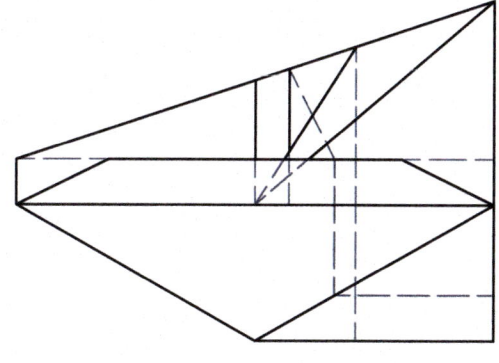
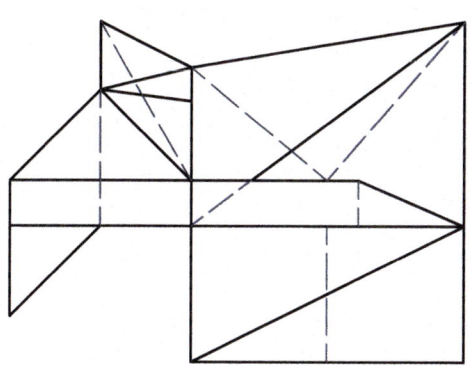

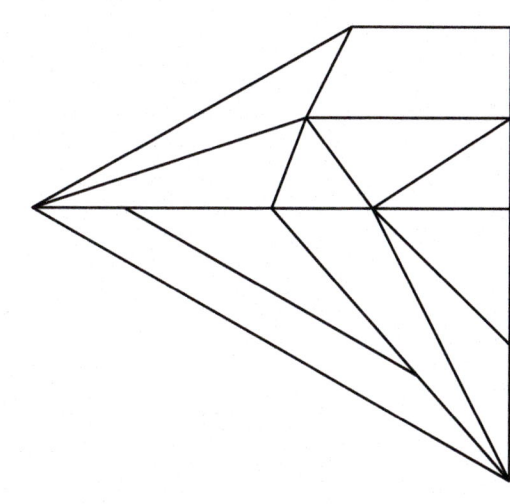

(84)

PARA SABER MÁS
Contenido adicional en: www.marcombo.info

83	84				NOMBRE	GRUPO	NÚMERO	FECHA	ESCALA	CALIFICACIÓN
Vistas y visualización										

Añadir las líneas ocultas que faltan

ESCUELA:

318.00

1   2   3   4

Vistas (dibujo teórico)

58

Nota: el número que aparece en cada vista hace referencia al número de líneas que faltan.

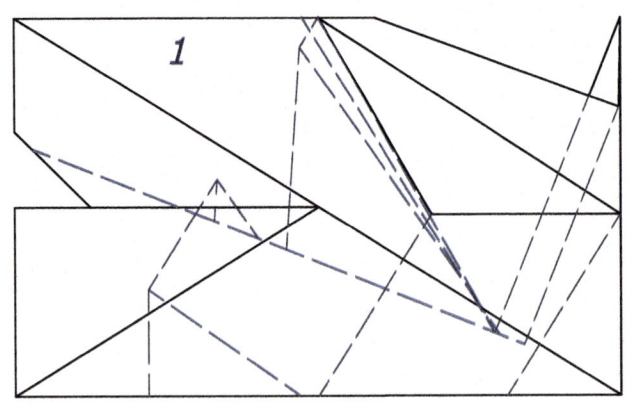

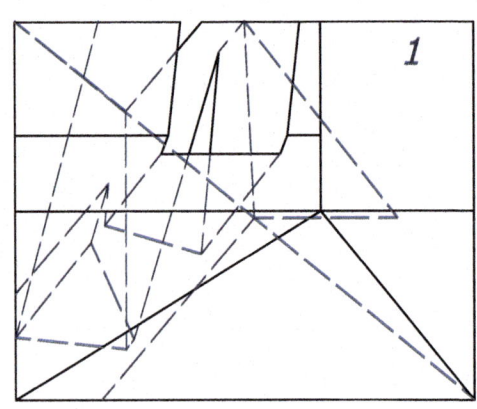

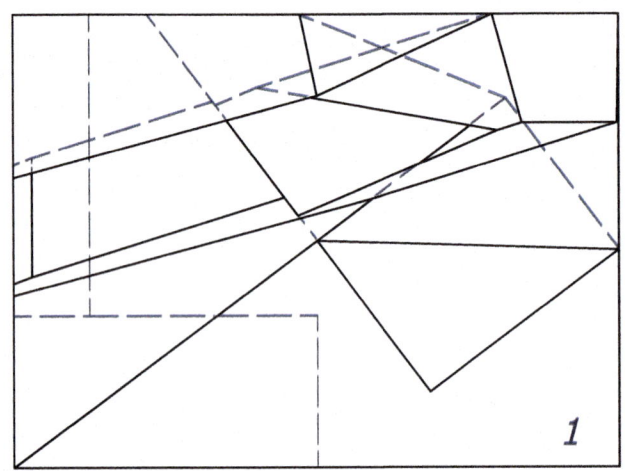

85

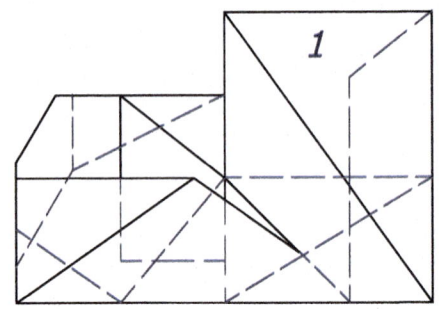

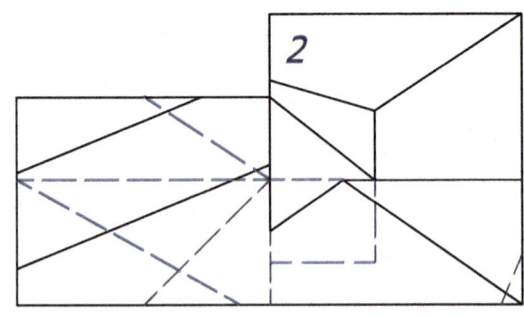

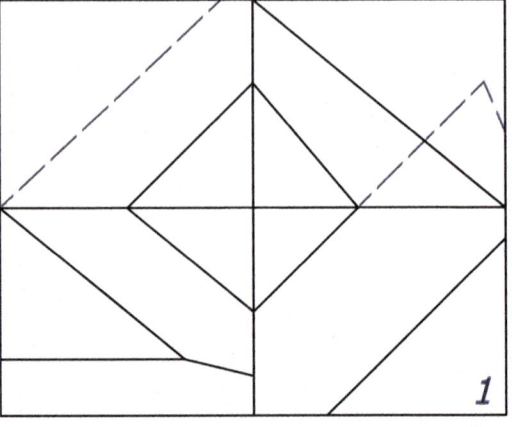

86

PARA SABER MÁS
Contenido adicional en: www.marcombo.info

85 86				NOMBRE	GRUPO	NÚMERO	FECHA	ESCALA	CALIFICACIÓN
Vistas y visualización									
Completar añadiendo las líneas ocultas que faltan							ESCUELA:		

319.00

1	2	3	4

Vistas (dibujo teórico)

Este plano es confidencial y no puede copiarse ni divulgarse sin un permiso escrito. *This drawing is confidential and must not be copied or disclosed without written consent.*

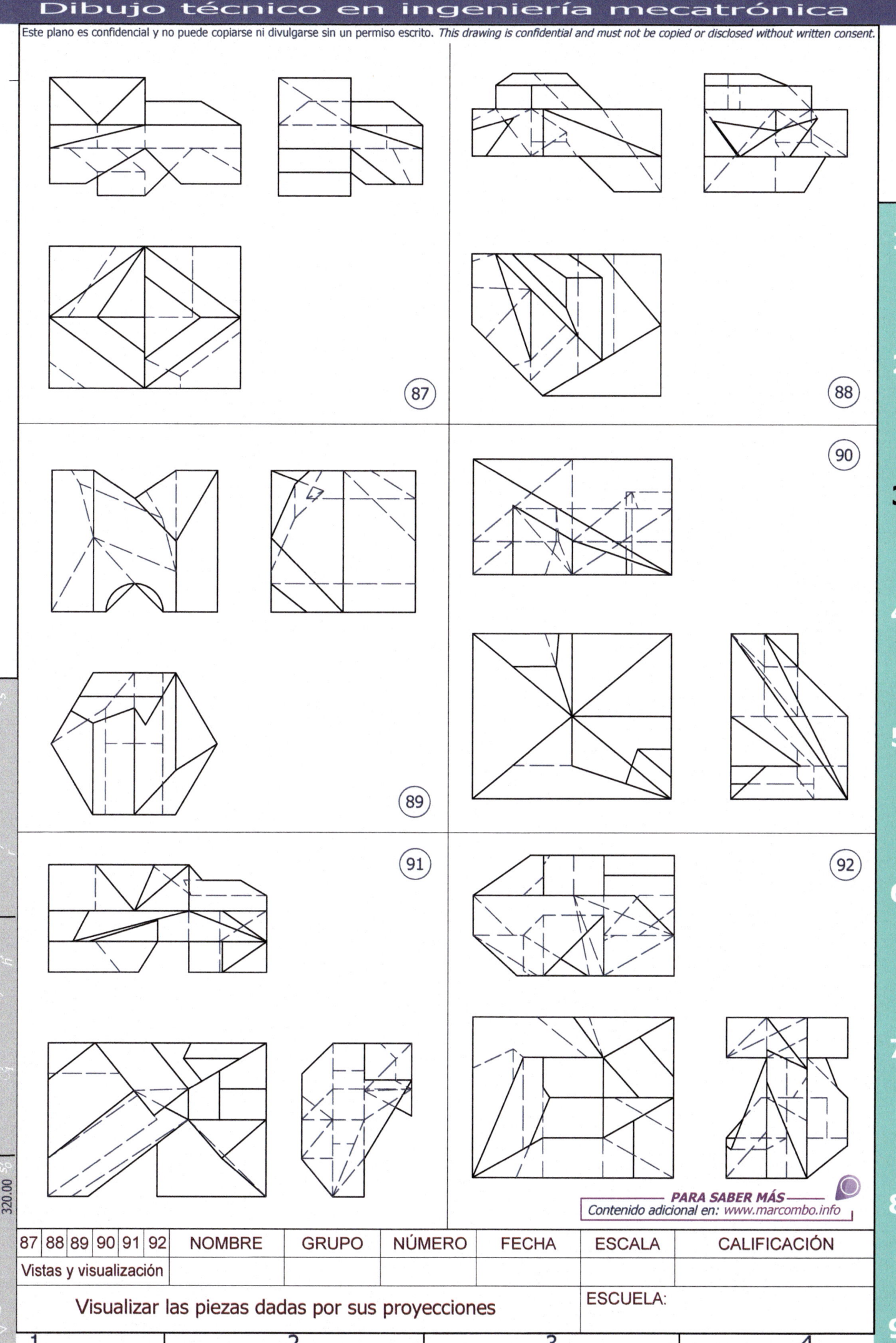

87

88

90

89

91

92

320.00

PARA SABER MÁS
Contenido adicional en: www.marcombo.info

87	88	89	90	91	92	NOMBRE	GRUPO	NÚMERO	FECHA	ESCALA	CALIFICACIÓN
Vistas y visualización											

Visualizar las piezas dadas por sus proyecciones

ESCUELA:

1   2   3   4

Vistas (dibujo teórico)

1 2 3 4 5 6 7 8 9

60

EJERCICIOS

1.- Dibujar croquis en 3D de la pieza en cada fase.

93

94

95

96

97

98

321.00

93	94	95	96	97	98	NOMBRE	GRUPO	NÚMERO	FECHA	ESCALA	CALIFICACIÓN
Vistas y visualización											

Dibujo fase a fase de una pieza

ESCUELA:

PARA SABER MÁS
Contenido adicional en: www.marcombo.info

1   2   3   4

Vistas (dibujo teórico)

P.H.

61

EJERCICIOS
1.- Dibujar croquis en 3D de la pieza en cada fase.

99

100

101

102

103

104

99	100	101	102	103	104	NOMBRE	GRUPO	NÚMERO	FECHA	ESCALA	CALIFICACIÓN
Vistas y visualización											

Dibujo fase a fase de una pieza

ESCUELA:

1 2 3 4

Vistas (dibujo teórico)

322.00

Este plano es confidencial y no puede copiarse ni divulgarse sin un permiso escrito. *This drawing is confidential and must not be copied or disclosed without written consent.*

105

106

107

108

109

110

PARA SABER MÁS
Contenido adicional en: www.marcombo.info

105	106	107	108	109	110	NOMBRE	GRUPO	NÚMERO	FECHA	ESCALA	CALIFICACIÓN
Vistas y visualización											

Dibujo fase a fase de una pieza

ESCUELA:

1   2   3   4

Vistas (dibujo teórico)

323.00

Este plano es confidencial y no puede copiarse ni divulgarse sin un permiso escrito. *This drawing is confidential and must not be copied or disclosed without written consent.*

63

111

112

113

114

115

116

111	112	113	114	115	116	NOMBRE	GRUPO	NÚMERO	FECHA	ESCALA	CALIFICACIÓN
Vistas y visualización											

Dibujo fase a fase de una pieza

ESCUELA:

324.00

1   2   3   4

Vistas (dibujo teórico)

1 2 3 4 5 6 7 8 9

Este plano es confidencial y no puede copiarse ni divulgarse sin un permiso escrito. *This drawing is confidential and must not be copied or disclosed without written consent.*

(117)

(118)

(119)

(120)

(121)

(122)

117	118	119	120	121	122	NOMBRE	GRUPO	NÚMERO	FECHA	ESCALA	CALIFICACIÓN
Vistas y visualización											

Dibujo fase a fase de una pieza

ESCUELA:

1	2	3	4

Vistas (dibujo teórico)

Este plano es confidencial y no puede copiarse ni divulgarse sin un permiso escrito. *This drawing is confidential and must not be copied or disclosed without written consent.*

EJERCICIOS

1.- Dibujar croquis en 3D de la pieza en cada fase.

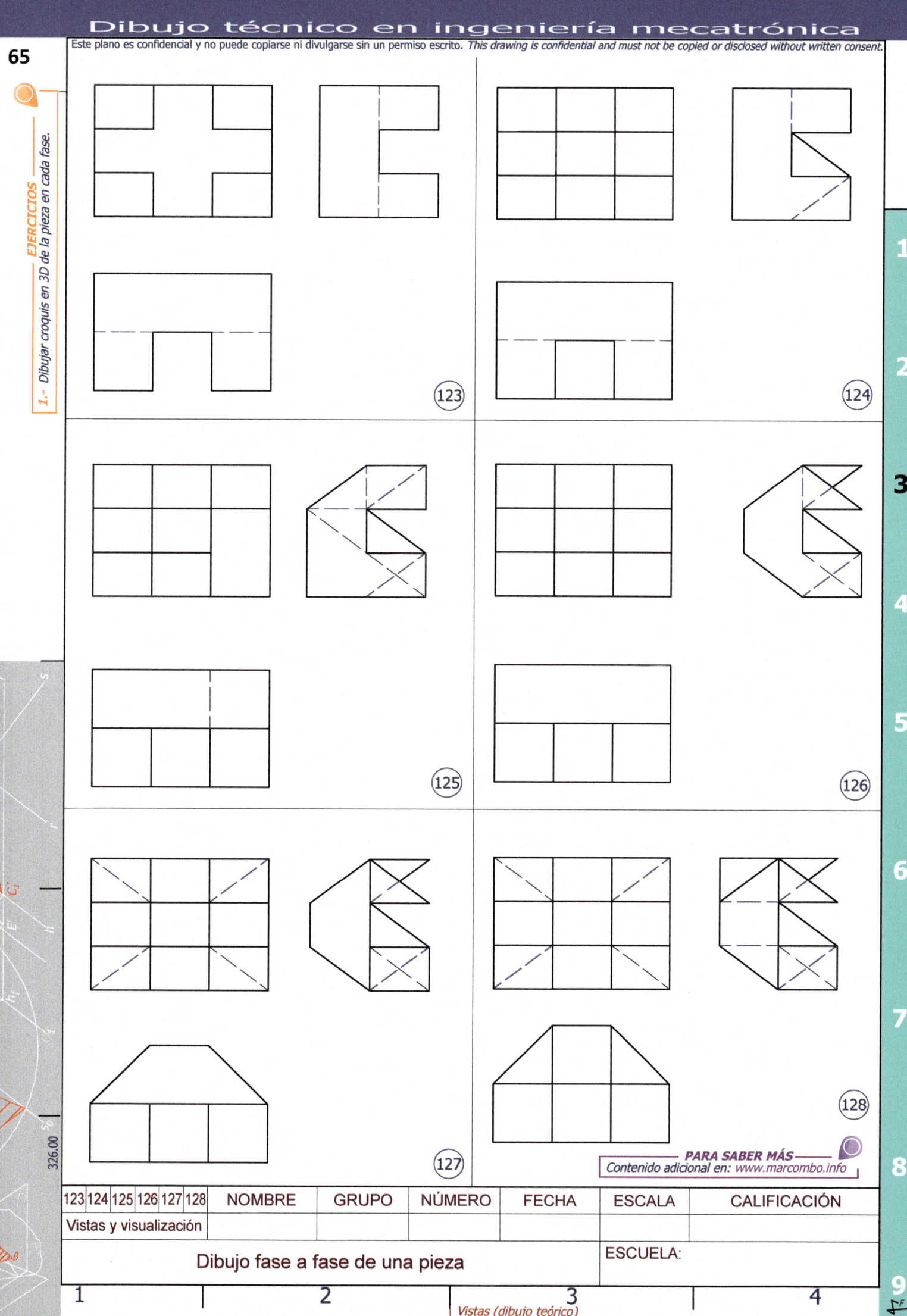

123

124

125

126

127

128

123	124	125	126	127	128	NOMBRE	GRUPO	NÚMERO	FECHA	ESCALA	CALIFICACIÓN
Vistas y visualización											

Dibujo fase a fase de una pieza

ESCUELA:

PARA SABER MÁS
Contenido adicional en: *www.marcombo.info*

326.00

1   2   3   4

Vistas (dibujo teórico)

(129) (130) (131) (132)

(133) (134) (135) (136)

(137) (138) (139) (140)

(141) (142) (143) (144)

PARA SABER MÁS
Contenido adicional en: www.marcombo.info

129			144	NOMBRE	GRUPO	NÚMERO	FECHA	ESCALA	CALIFICACIÓN
Vistas y visualización									

Dibujar alzado, planta y perfil de cada una de las piezas

ESCUELA:

1	2	3	4

Vistas (dibujo teórico)

327.00

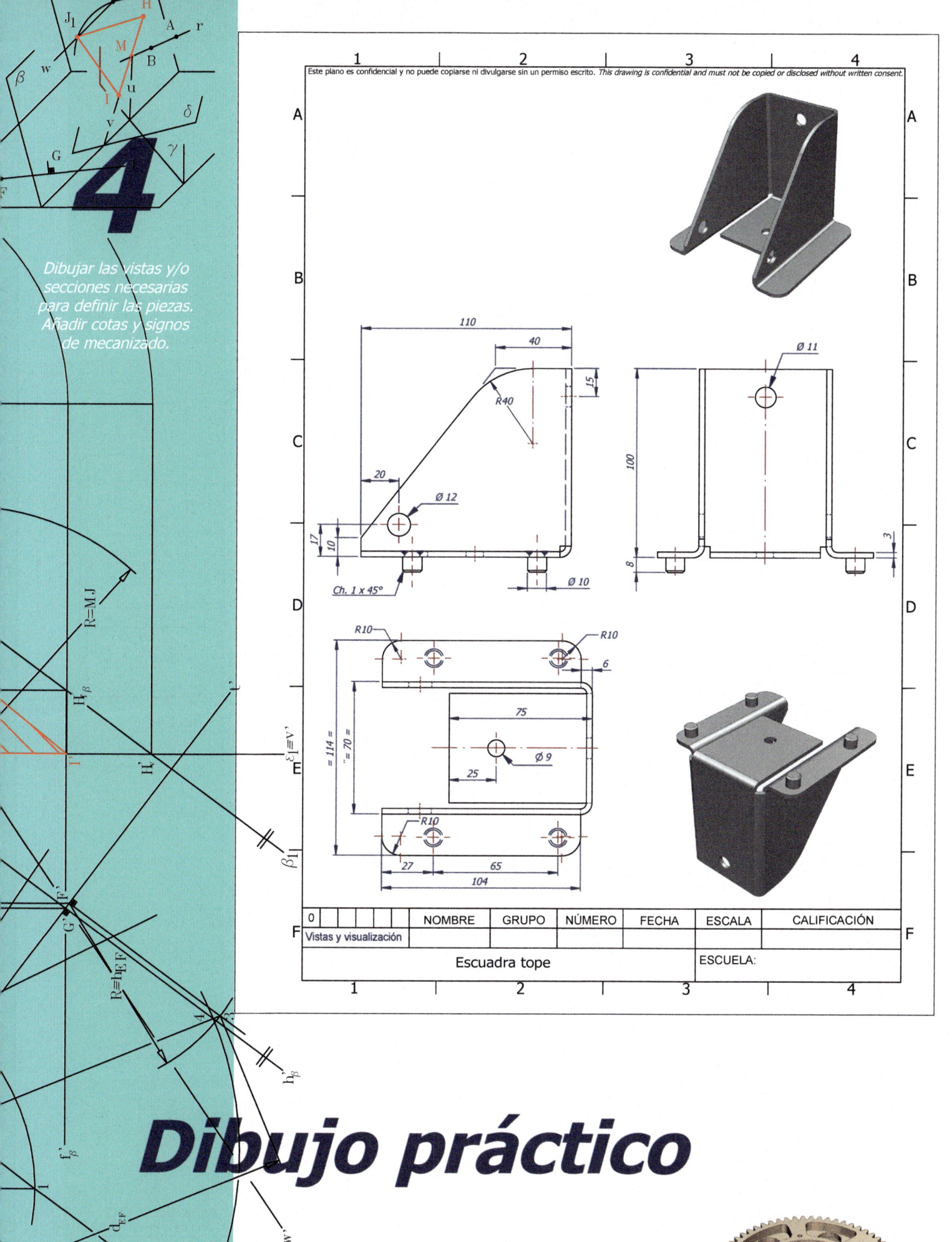

4

Dibujar las vistas y/o secciones necesarias para definir las piezas. Añadir cotas y signos de mecanizado.

110
40
15
R40
20
Ø 12
17
10
Ch. 1 x 45°
Ø 10
Ø 11
100
8
3

R10
R10
6
114 =
= 70 =
75
25
Ø 9
R10
27
65
104

0						NOMBRE	GRUPO	NÚMERO	FECHA	ESCALA	CALIFICACIÓN
Vistas y visualización											

Escuadra tope

ESCUELA:

Dibujo práctico

Más vale un gramo de hacer que un kilo de decir.

Anónimo

1

Ch 1 x 45°

33

Ø 54

0.8

Ø 30 g6

25°

45°

A

25°

Ø 40

R4

R4

R30

Ø 4

45°

Ch 1 x 45°

7

Ø15

Ø 8

45°

30

R3

R3

Ø 9

1

R18

Ø 6

13

3

Ø 13

Ch 2 x 45°

3

2

R3

15

401.00

PARA SABER MÁS

Contenido adicional en: *www.marcombo.info*

1					NOMBRE	GRUPO	NÚMERO	FECHA	ESCALA	CALIFICACIÓN
Vistas y visualización										
Determinar la vista auxiliar de la pieza dada por A								ESCUELA:		

1   2   3   4

Vistas (dibujo práctico)

Este plano es confidencial y no puede copiarse ni divulgarse sin un permiso escrito. *This drawing is confidential and must not be copied or disclosed without written consent.*

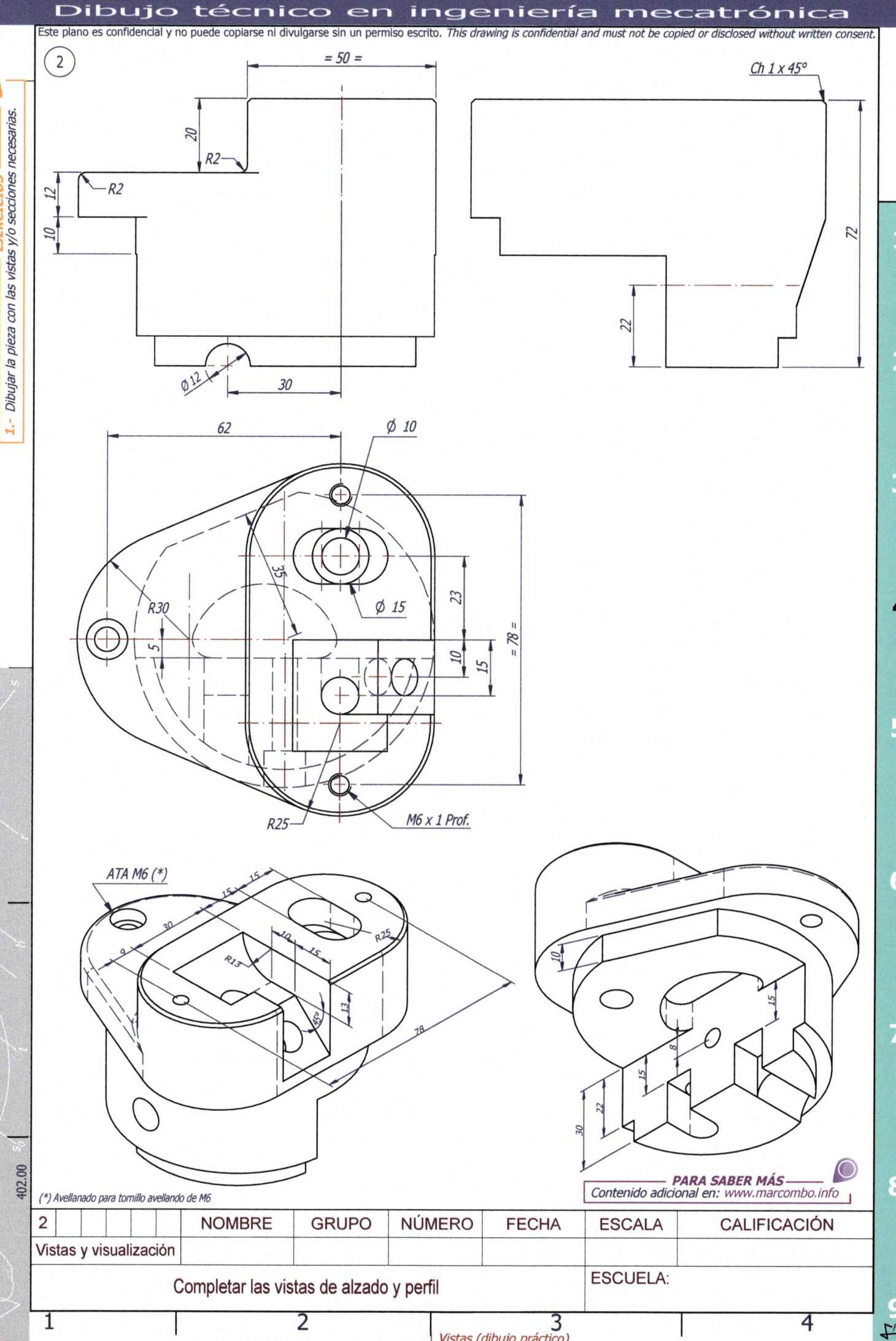

(*) Avellanado para tornillo avellando de M6

2						NOMBRE	GRUPO	NÚMERO	FECHA	ESCALA	CALIFICACIÓN
Vistas y visualización											

Completar las vistas de alzado y perfil

ESCUELA:

Este plano es confidencial y no puede copiarse ni divulgarse sin un permiso escrito. *This drawing is confidential and must not be copied or disclosed without written consent.*

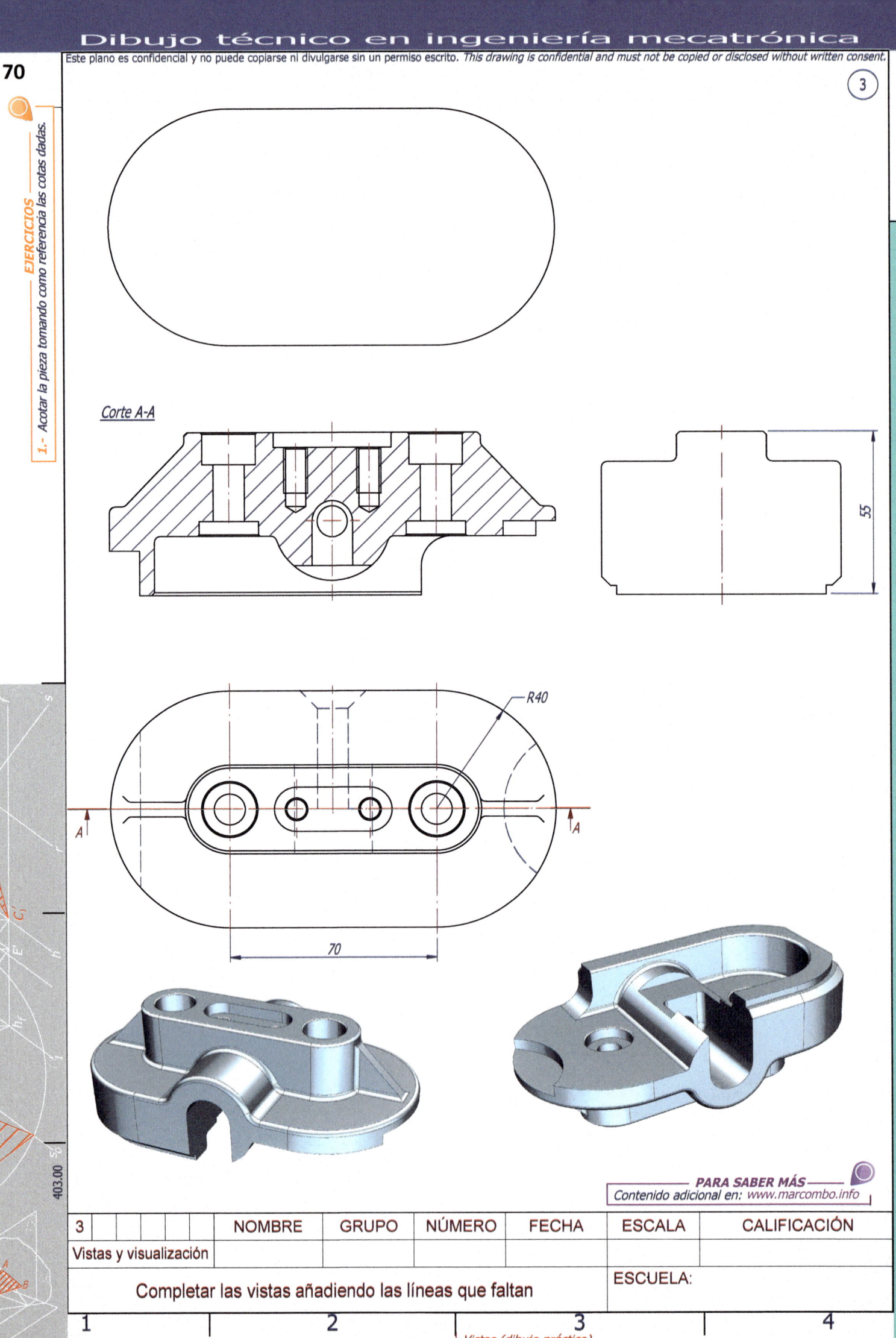

Corte A-A

55

R40

70

A   A

PARA SABER MÁS
Contenido adicional en: www.marcombo.info

3				NOMBRE	GRUPO	NÚMERO	FECHA	ESCALA	CALIFICACIÓN
Vistas y visualización									
Completar las vistas añadiendo las líneas que faltan								ESCUELA:	

1   2   3   4

Vistas (dibujo práctico)

403.00

Este plano es confidencial y no puede copiarse ni divulgarse sin un permiso escrito. *This drawing is confidential and must not be copied or disclosed without written consent.*

71

4

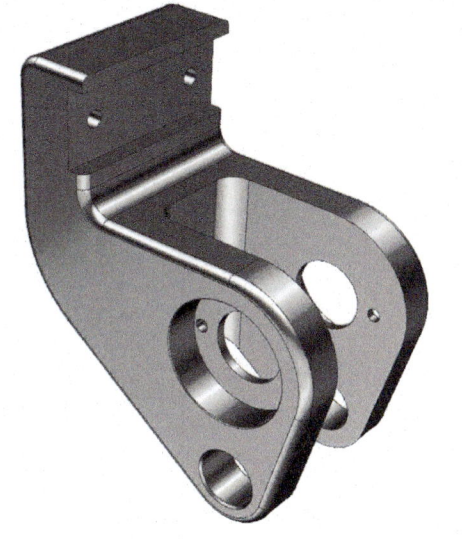

Corte B-B

= 45 =

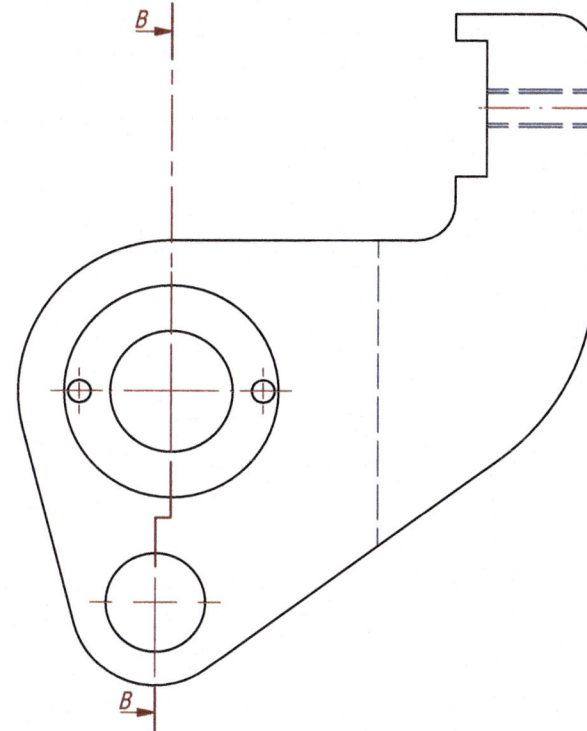

B

B

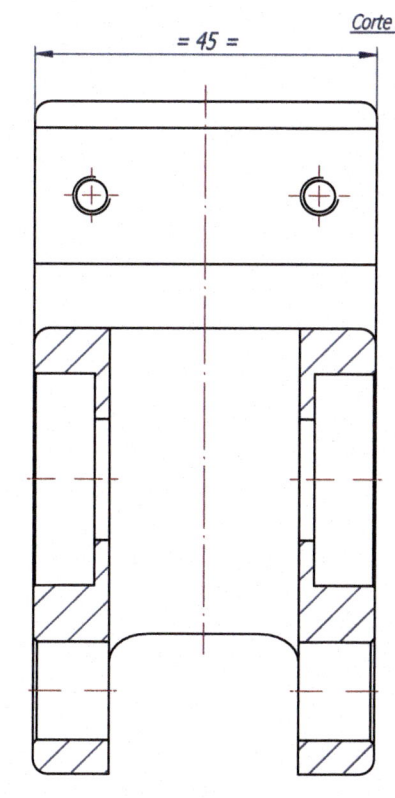

25

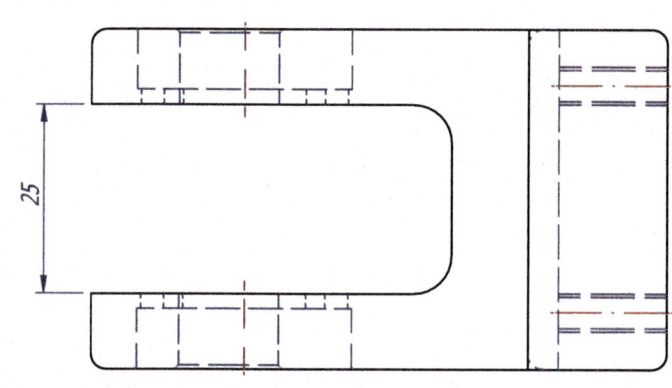

Nota: pieza componente del conjunto 705-04 (pisón lateral).

PARA SABER MÁS
Contenido adicional en: *www.marcombo.info*

4					NOMBRE	GRUPO	NÚMERO	FECHA	ESCALA	CALIFICACIÓN
Vistas y visualización										
Acotar la pieza indicando tolerancias de mecanizado								ESCUELA:		

404.00

③

EJERCICIOS

Pregunta:
1.- ¿Cuál de los dos perfiles es mejor, el dado o el visto por A?

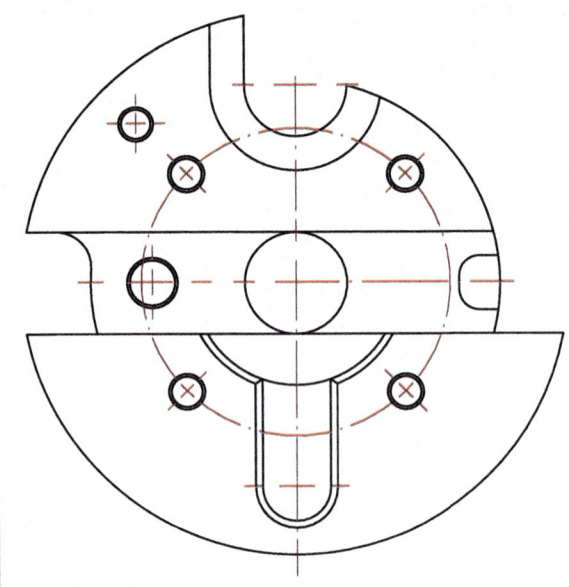

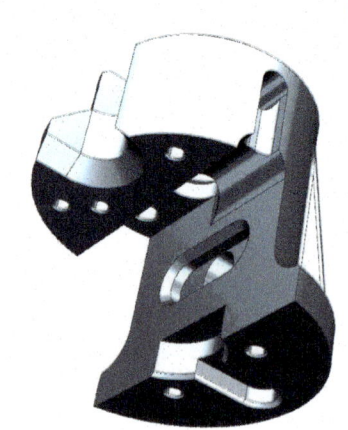

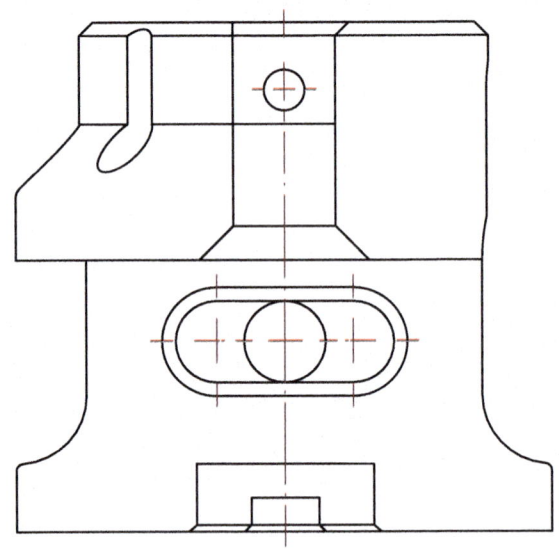

A →

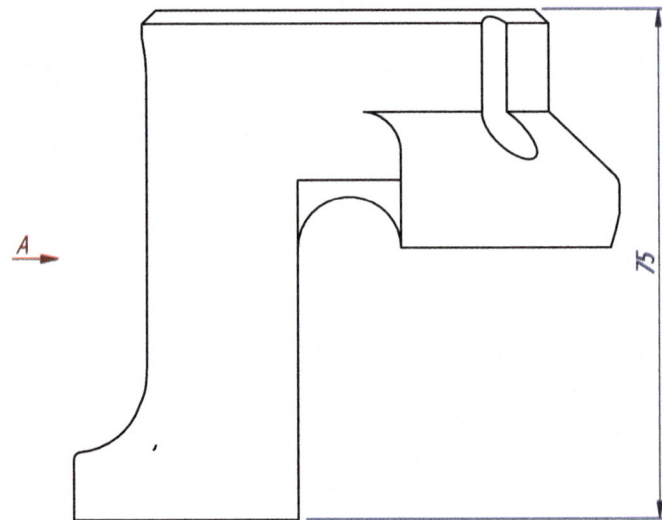

75

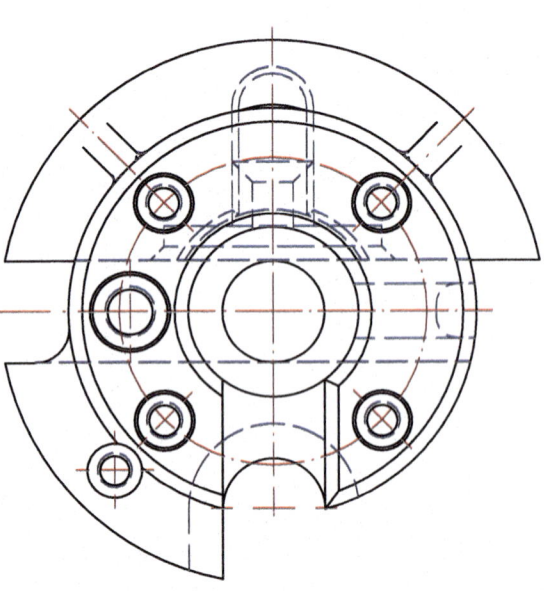

405.00

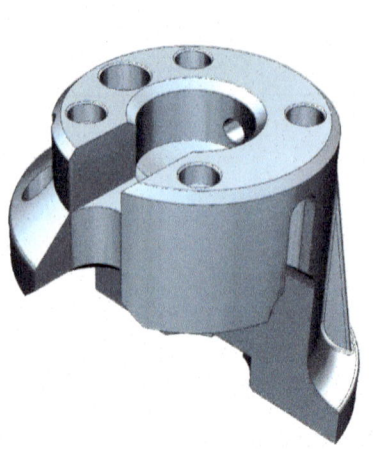

PARA SABER MÁS
Contenido adicional en: *www.marcombo.info*

5			NOMBRE	GRUPO	NÚMERO	FECHA	ESCALA	CALIFICACIÓN
Vistas y visualización								
Dibujar la vista de perfil vista por A y acotar la pieza							ESCUELA:	

1	2	3	4

Vistas (dibujo práctico)

73

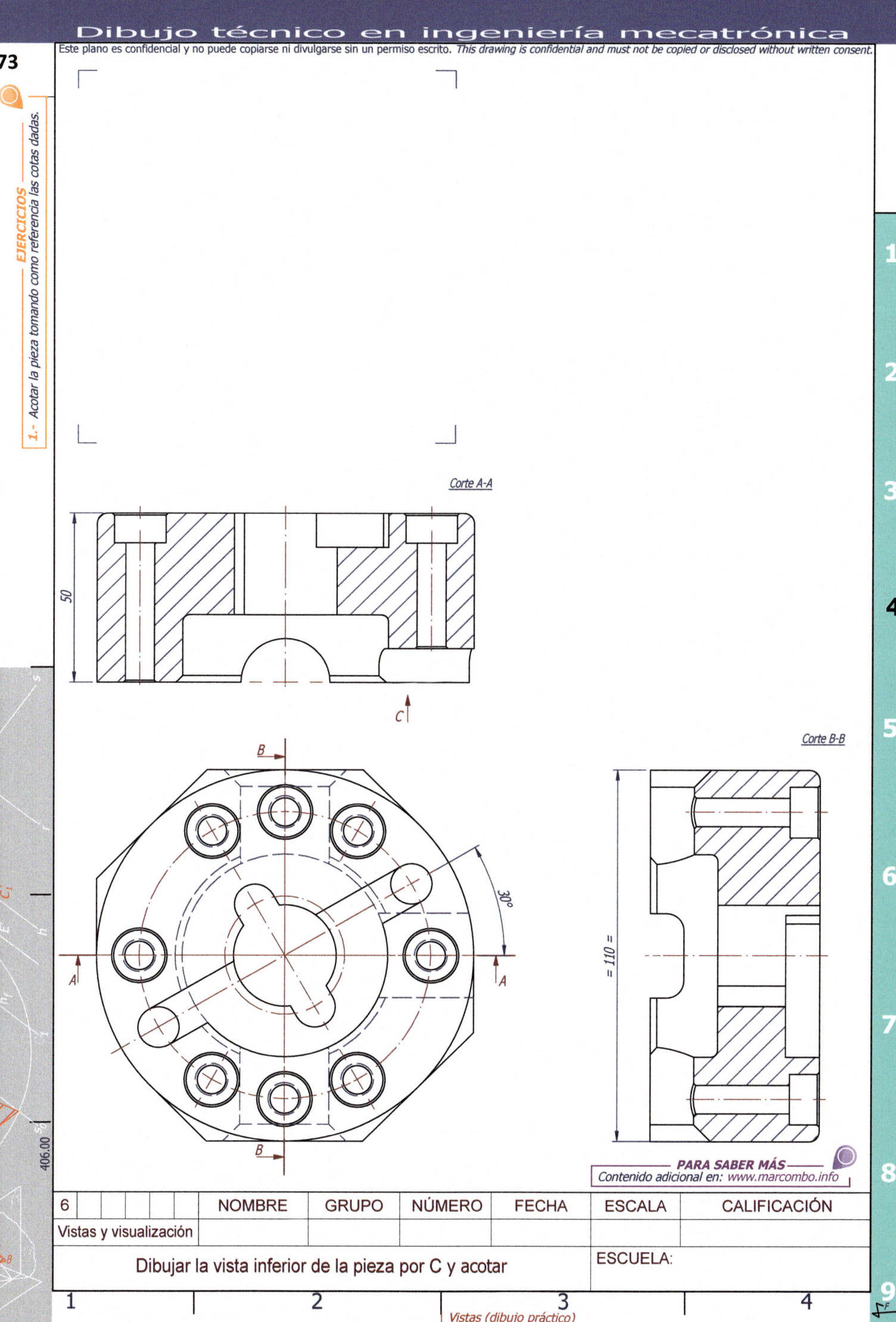

Corte A-A

50

C

B

Corte B-B

= 110 =

30°

A

A

B

406.00

6					NOMBRE	GRUPO	NÚMERO	FECHA	ESCALA	CALIFICACIÓN
Vistas y visualización										
Dibujar la vista inferior de la pieza por C y acotar									ESCUELA:	

Este plano es confidencial y no puede copiarse ni divulgarse sin un permiso escrito. *This drawing is confidential and must not be copied or disclosed without written consent.*

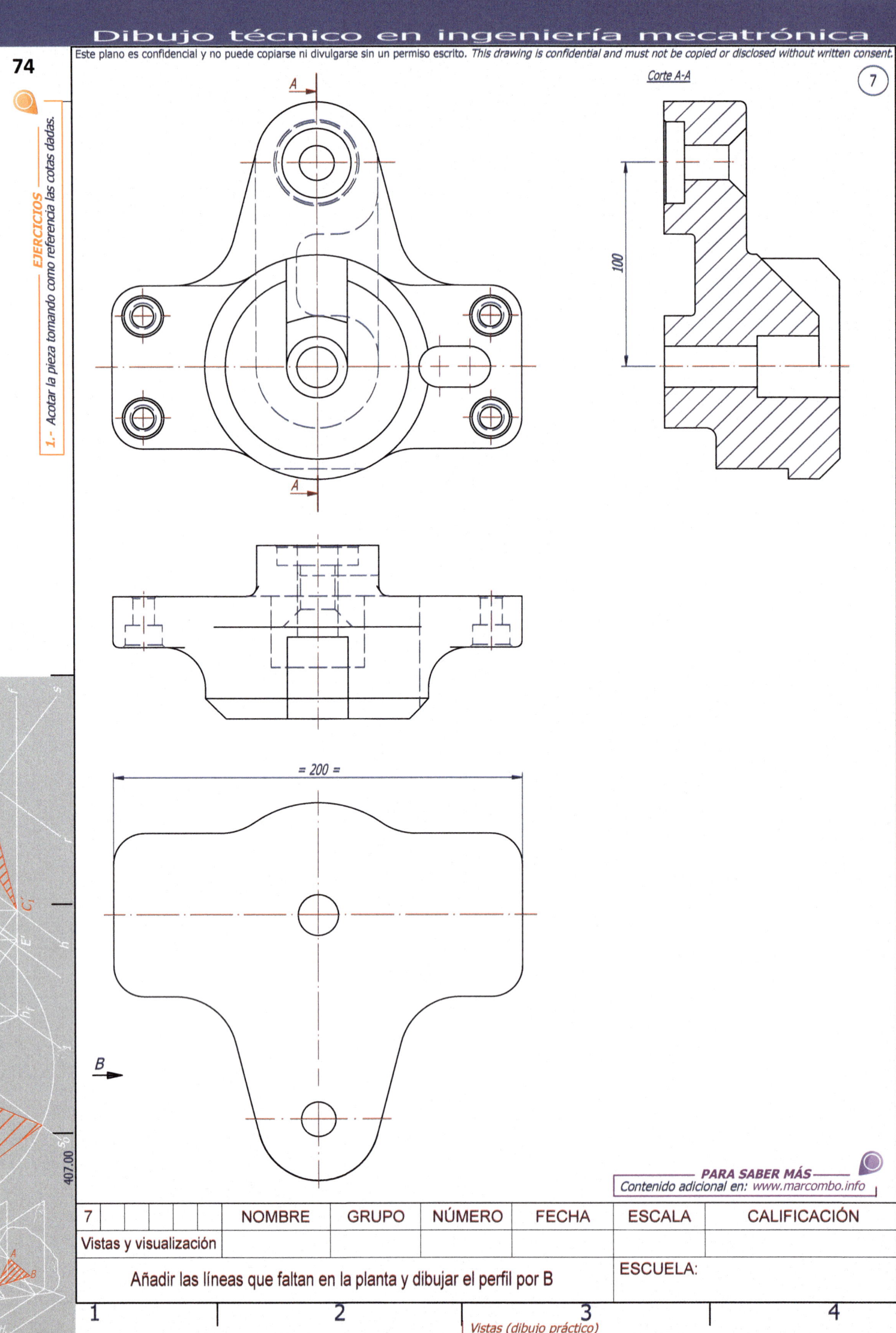

Corte A-A

7

A

A

100

= 200 =

B

407.00

PARA SABER MÁS
Contenido adicional en: *www.marcombo.info*

7						NOMBRE	GRUPO	NÚMERO	FECHA	ESCALA	CALIFICACIÓN
Vistas y visualización											
Añadir las líneas que faltan en la planta y dibujar el perfil por B									ESCUELA:		

1   2   3   4

Vistas (dibujo práctico)

Este plano es confidencial y no puede copiarse ni divulgarse sin un permiso escrito. This drawing is confidential and must not be copied or disclosed without written consent

75

Corte A-A

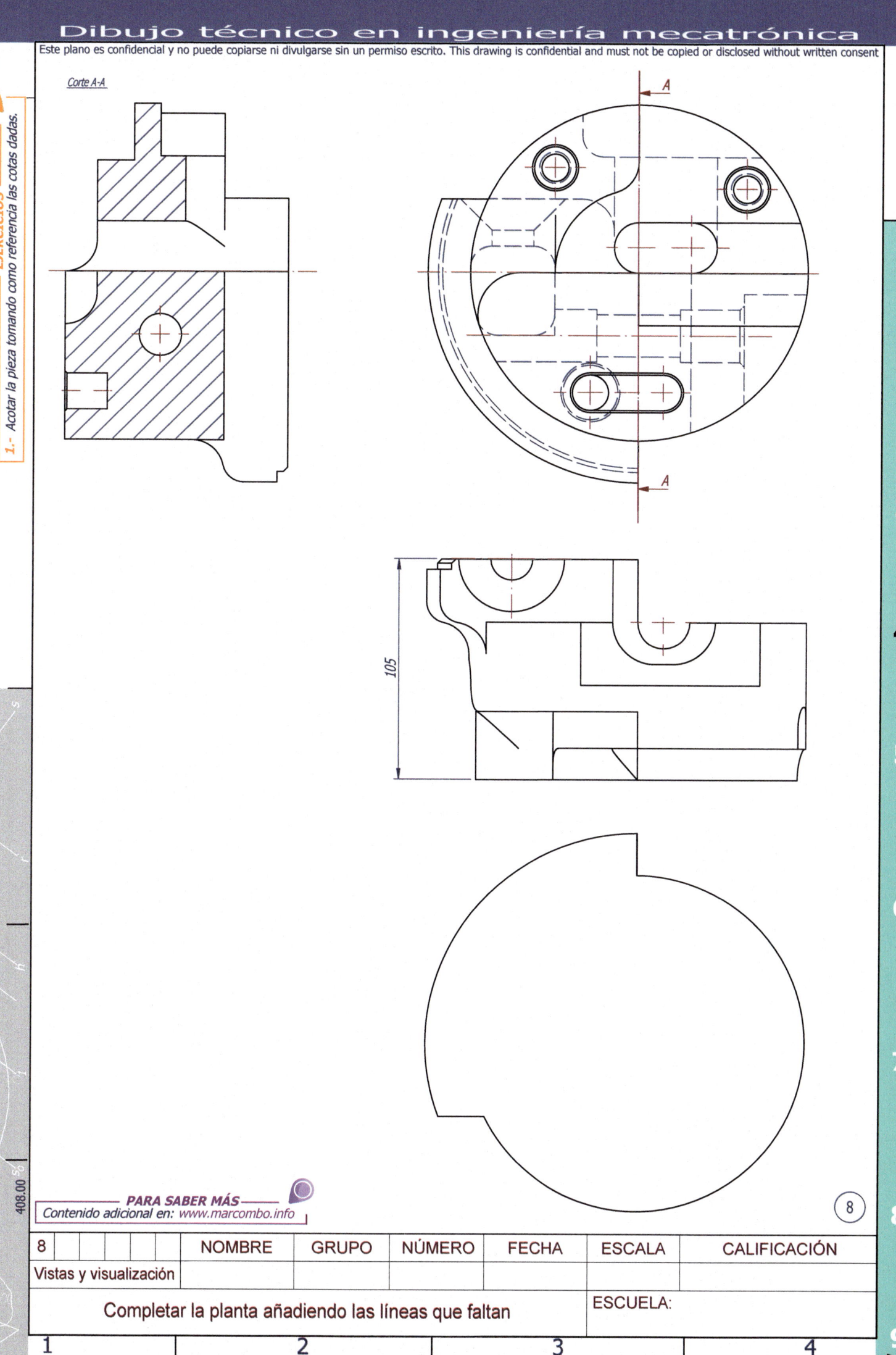

105

408.00

PARA SABER MÁS
Contenido adicional en: www.marcombo.info

(8)

8					NOMBRE	GRUPO	NÚMERO	FECHA	ESCALA	CALIFICACIÓN
Vistas y visualización										

Completar la planta añadiendo las líneas que faltan

ESCUELA:

1   2   3   4

Vistas (dibujo práctico)

1 2 3 4 5 6 7 8 9

EJERCICIOS

1.- Representar la pieza únicamente con tres vistas, incluyendo en estas los cortes y/o secciones que se consideren necesarios.

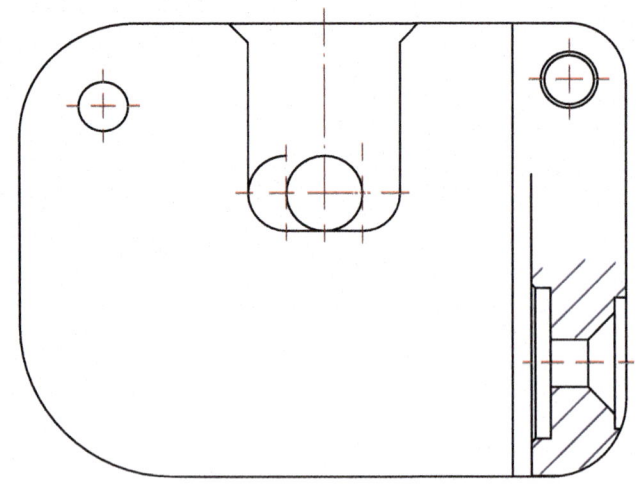

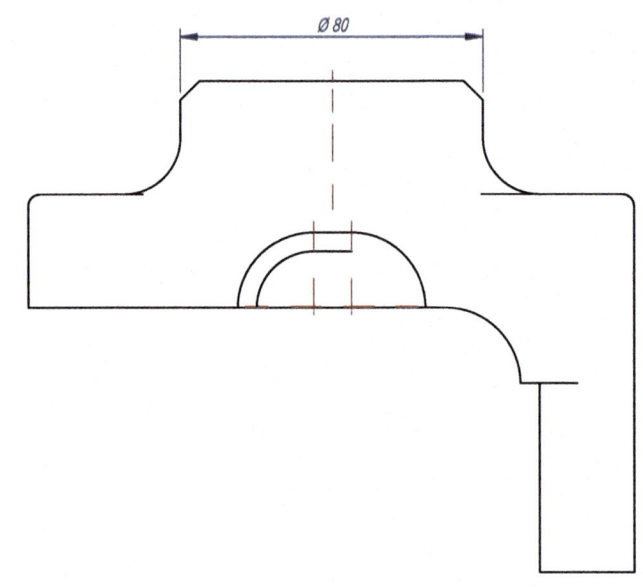

Ø 80

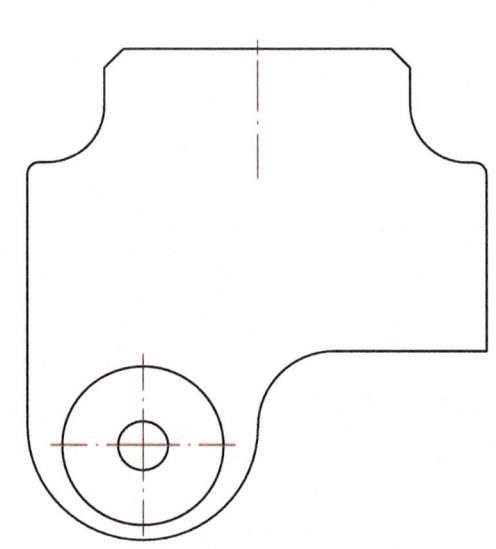

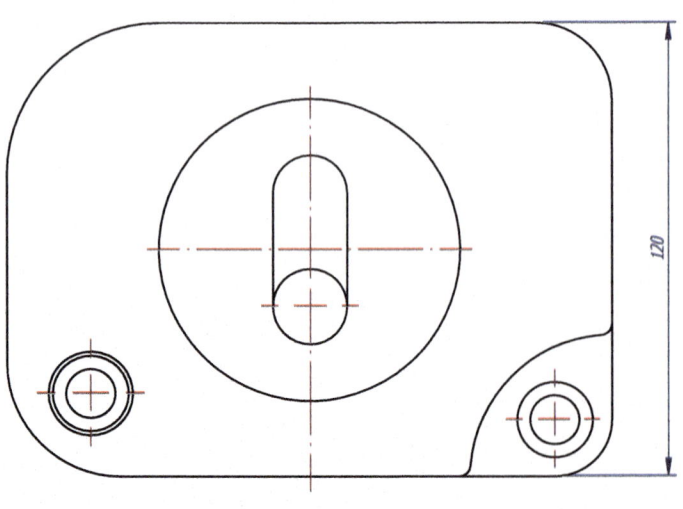

120

409.00

9				NOMBRE	GRUPO	NÚMERO	FECHA	ESCALA	CALIFICACIÓN
Vistas y visualización									
Completar las vistas añadiendo las líneas y cotas que faltan								ESCUELA:	

1	2	3	4

Vistas (dibujo práctico)

PARA SABER MÁS
Contenido adicional en: *www.marcombo.info*

EJERCICIOS

1.- Dibujar la pieza con las vistas y/o secciones necesarias.

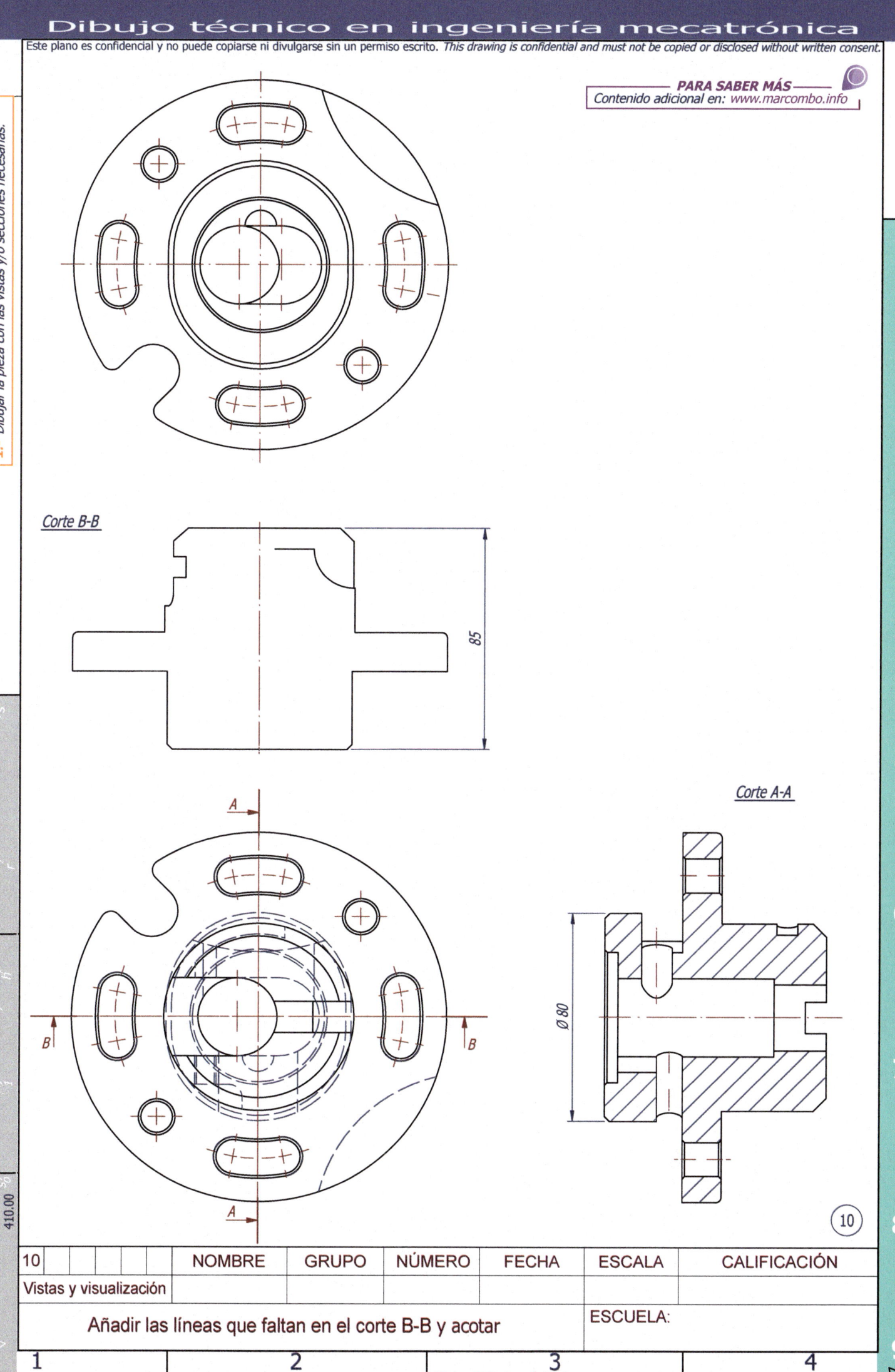

Corte B-B

85

Corte A-A

A

Ø 80

B — B

A

410.00

10

10					NOMBRE	GRUPO	NÚMERO	FECHA	ESCALA	CALIFICACIÓN
Vistas y visualización										
Añadir las líneas que faltan en el corte B-B y acotar									ESCUELA:	

1   2   3   4

Vistas (dibujo práctico)

PARA SABER MÁS

Contenido adicional en: *www.marcombo.info*

Nota: tener en cuenta la inclinación que tiene la pieza.

411.00

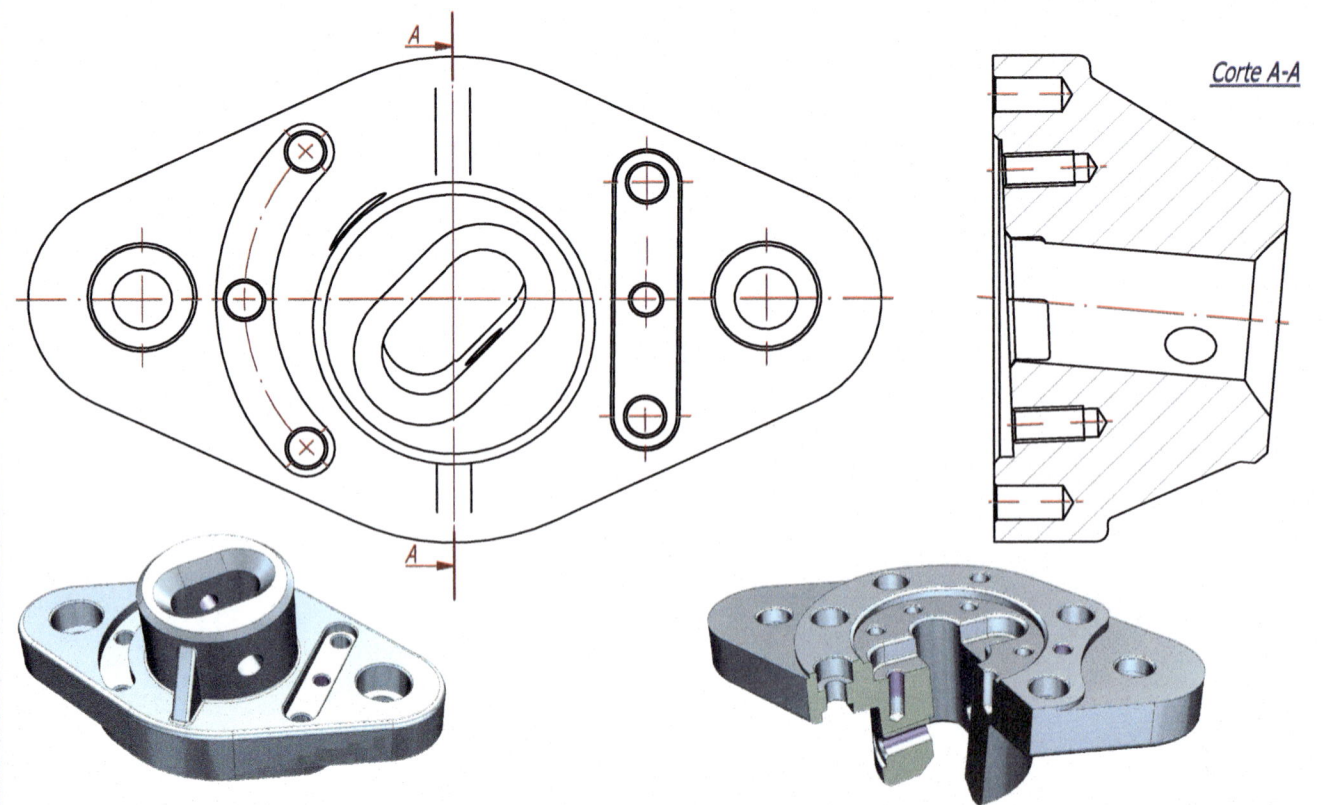

Corte A-A

A

A

11				NOMBRE	GRUPO	NÚMERO	FECHA	ESCALA	CALIFICACIÓN
Vistas y visualización									
Añadir las vistas y/o secciones necesarias para definir la pieza								ESCUELA:	

1   2   3   4

Vistas (dibujo práctico)

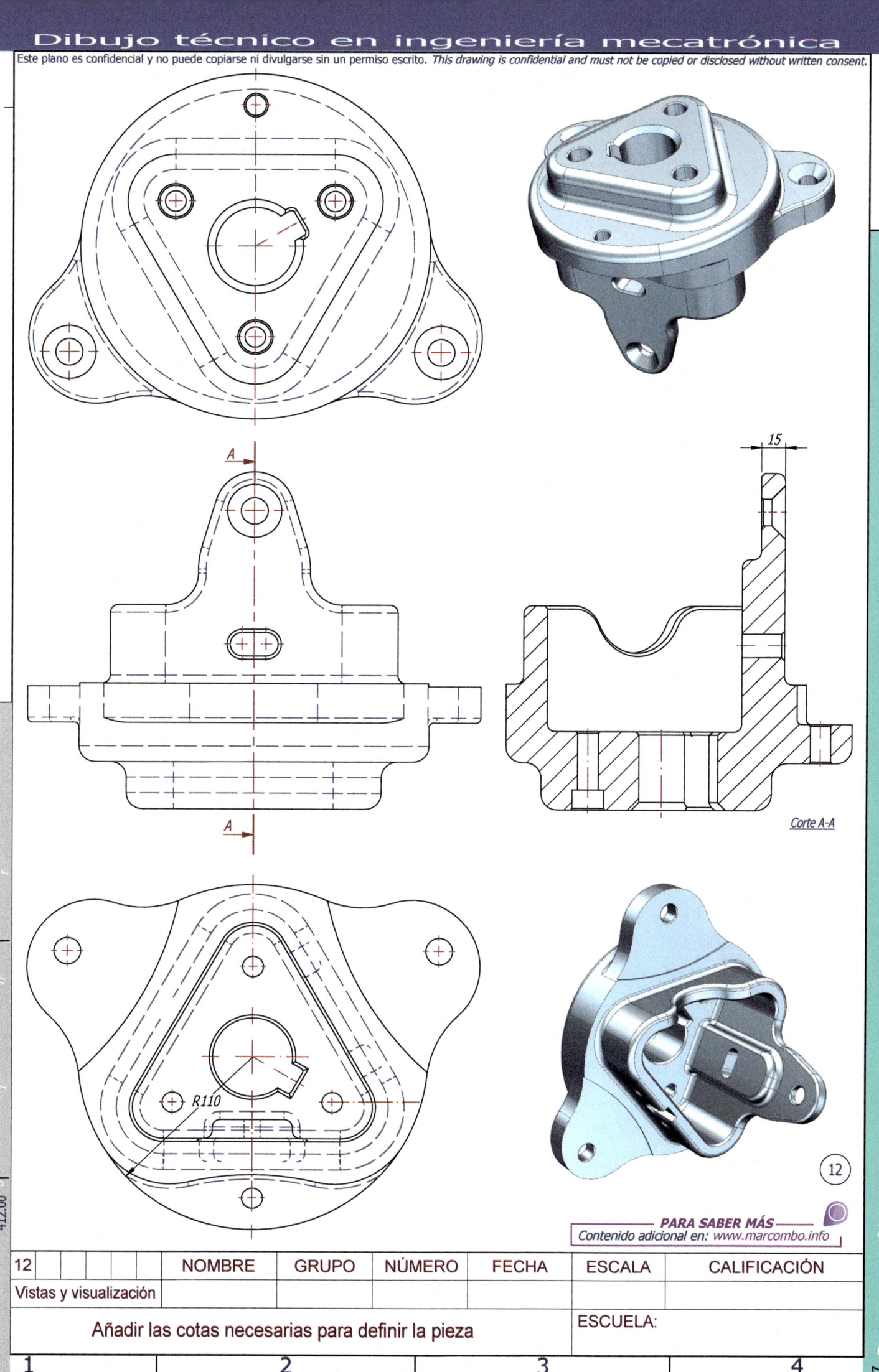

15

A

A

Corte A-A

R110

412.00

12

PARA SABER MÁS
Contenido adicional en: www.marcombo.info

12				NOMBRE	GRUPO	NÚMERO	FECHA	ESCALA	CALIFICACIÓN
Vistas y visualización									
Añadir las cotas necesarias para definir la pieza								ESCUELA:	

1   2   3   4

Vistas (dibujo práctico)

80

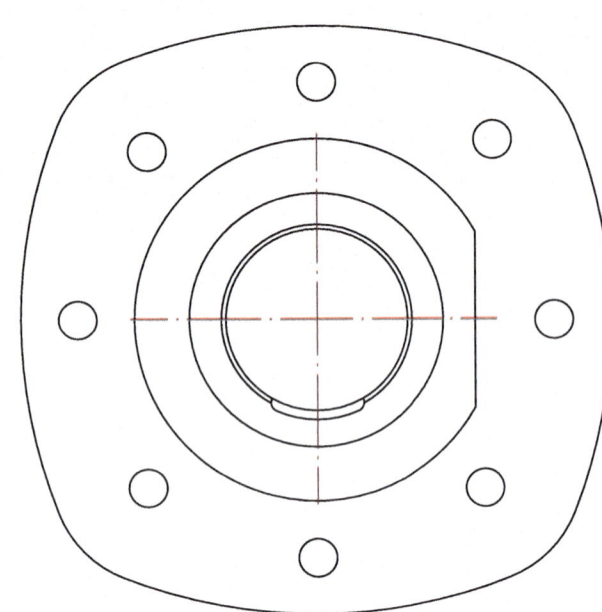

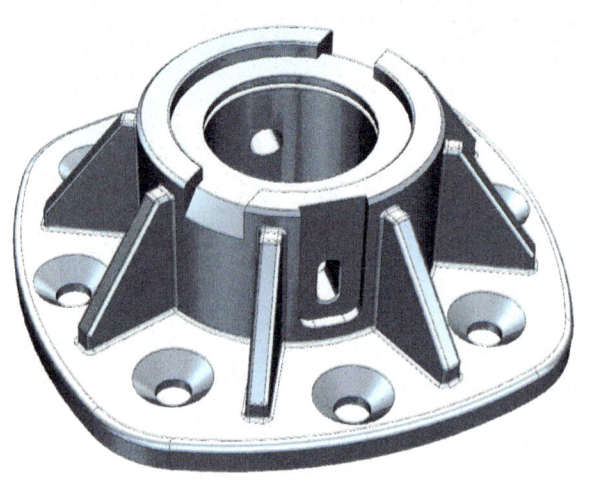

Corte A-A

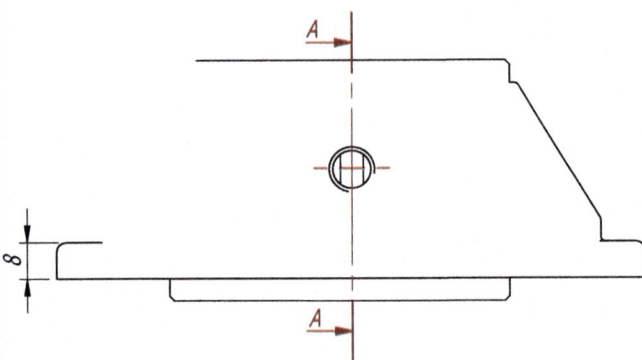

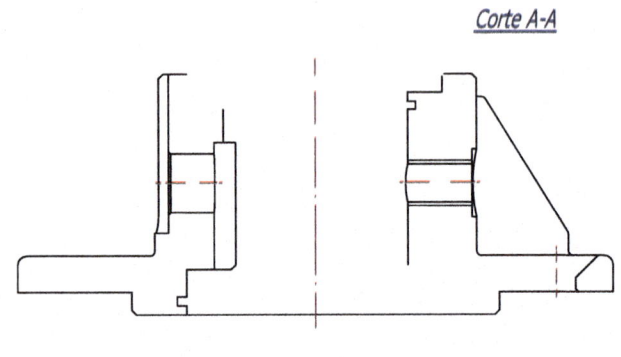

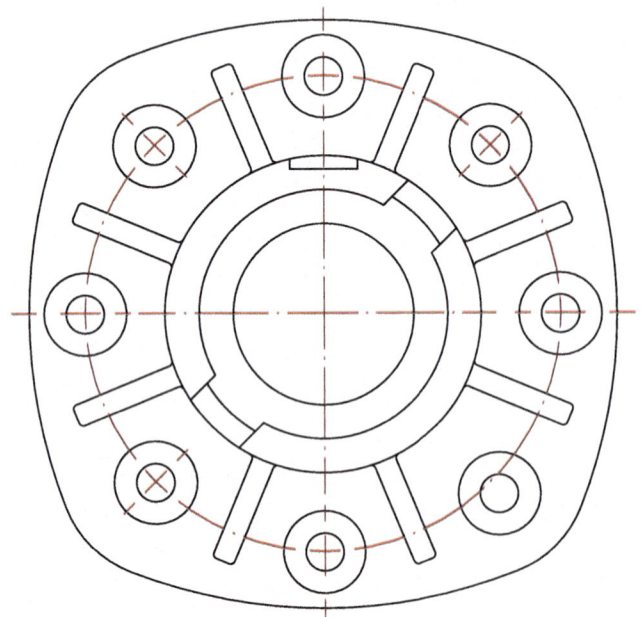

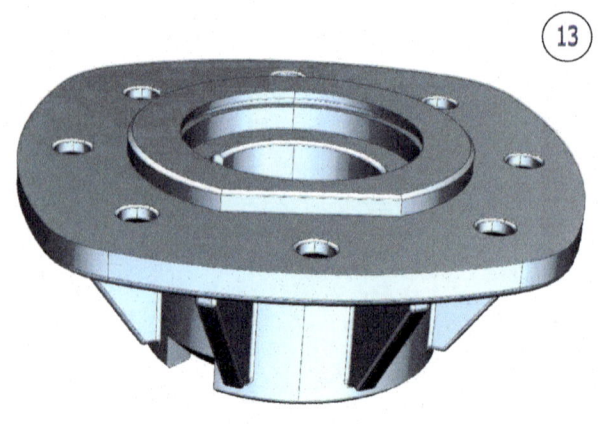

(13)

413.00

PARA SABER MÁS
Contenido adicional en: *www.marcombo.info*

13					NOMBRE	GRUPO	NÚMERO	FECHA	ESCALA	CALIFICACIÓN
Vistas y visualización										
Añadir las líneas y cotas que faltan para que quede definida la pieza									ESCUELA:	

1	2	3	4

Vistas (dibujo práctico)

81

Este plano es confidencial y no puede copiarse ni divulgarse sin un permiso escrito. *This drawing is confidential and must not be copied or disclosed without written consent.*

(14)

PARA SABER MÁS
Contenido adicional en: www.marcombo.info

Nota: pieza perteneciente al conjunto 605.00

A

102   1.6

R5   R8   30   12

Corte A-A

R8

R5

Ch 1 x 45°

13   A

R8 — 143

R60

R47

R5

7

61

3

6

21

160

27   50

R15

50

10

25

B   B

1   2   25

5

4

R8 — 72

45°

26

0

6   A

64

1   Ø 6 H7

TOLERANCIA ENTRE GUIAS: 0.01
TOLERANCIA ENTRE TALADROS: 0.1

7.5   (2x) Ch 5 x 45°

12   R5   12

Ø 6 H7   0.8

23   30

Corte B-B

(2x) Ch 1 x 45°

414.00

TABLA DE AGUJEROS			
Agujero	Cota en X	Cota en Y	Descripción
1	10	25	Ø 6 H7
2	54	25	
3	62	100	Ø 17
4	54	10	M8
5	54	40	
6	47	82	M6
7	47	118	

3.2   1.6   0.8

14					NOMBRE	GRUPO	NÚMERO	FECHA	ESCALA	CALIFICACIÓN
Vistas y visualización										

Dibujar la perspectiva isométrica de la pieza dada

ESCUELA:

Vistas (dibujo práctico)

Este plano es confidencial y no puede copiarse ni divulgarse sin un permiso escrito. *This drawing is confidential and must not be copied or disclosed without written consent.*

82

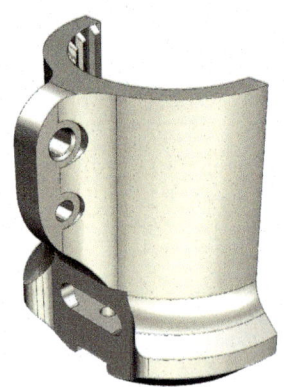

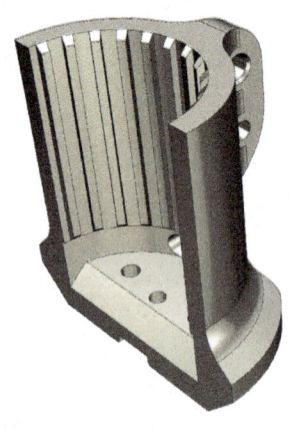

15

16

415.00

15	16			NOMBRE	GRUPO	NÚMERO	FECHA	ESCALA	CALIFICACIÓN
Vistas y visualización									
Dibujar las vistas y/o secciones necesarias para representar las piezas								ESCUELA:	

1	2	3	4

Vistas (dibujo práctico)

Nota: las cotas se dejan a criterio del lector.

Vista seccionada
(vista superior)

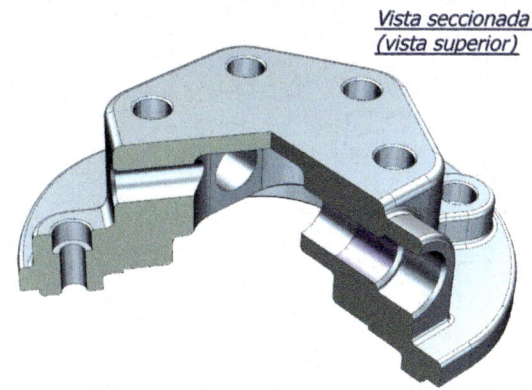

416.00

1

2

3

4

5

6

7

Vista seccionada
(vista inferior)

(17)

8

9

PARA SABER MÁS
Contenido adicional en: www.marcombo.info

17					NOMBRE	GRUPO	NÚMERO	FECHA	ESCALA	CALIFICACIÓN
Vistas y visualización										

Dibujar el croquis acotado de la pieza	ESCUELA:

1   2   3   4

Vistas (dibujo práctico)

Este plano es confidencial y no puede copiarse ni divulgarse sin un permiso escrito. *This drawing is confidential and must not be copied or disclosed without written consent.*

(18)
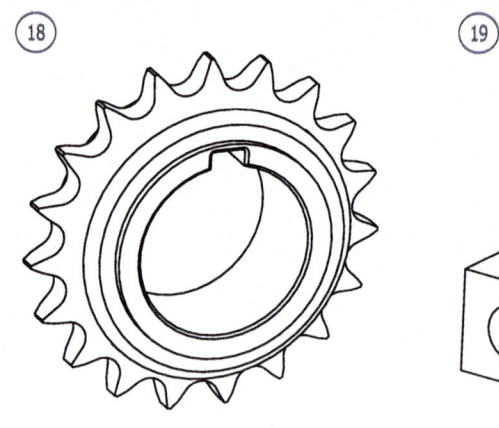

(19)
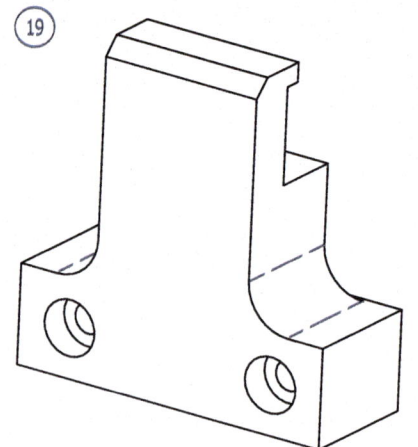

(20)
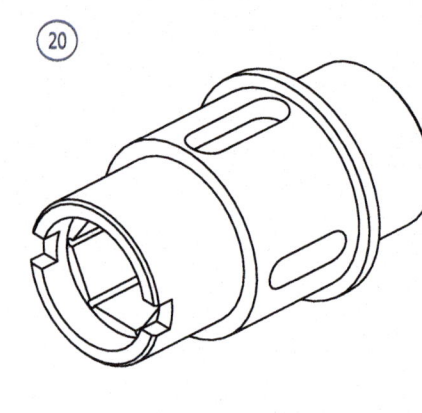

(21)
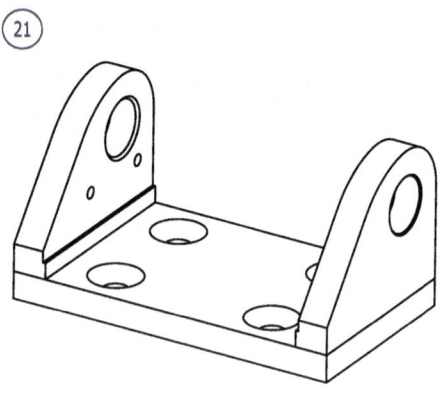

(22)
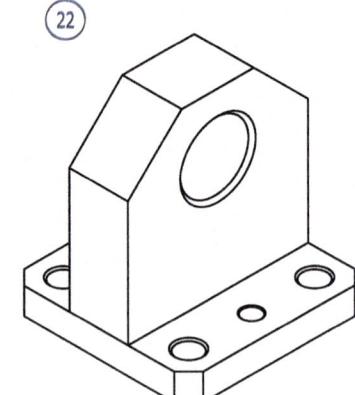

(23)
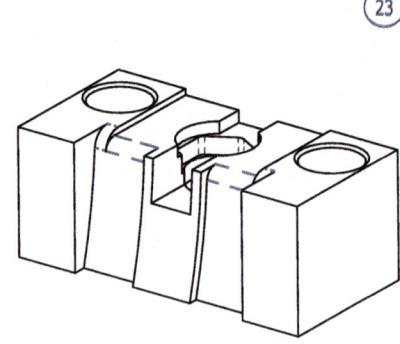

(24)
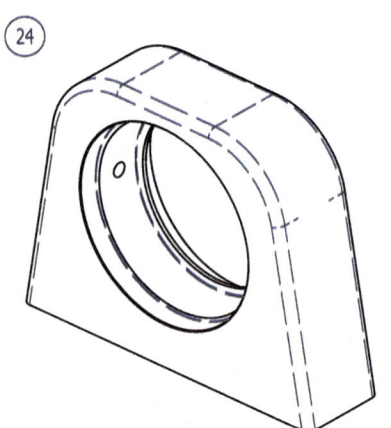

(25)
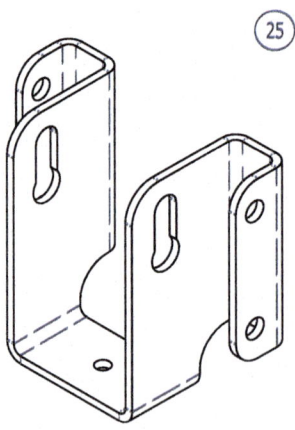

(26)
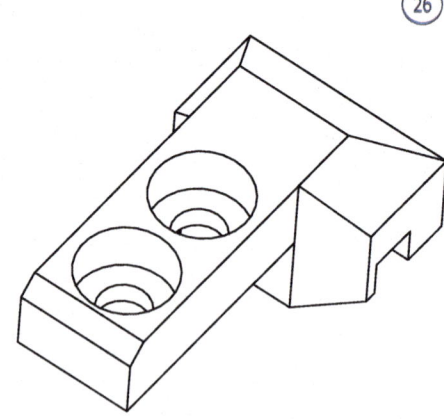

(27)
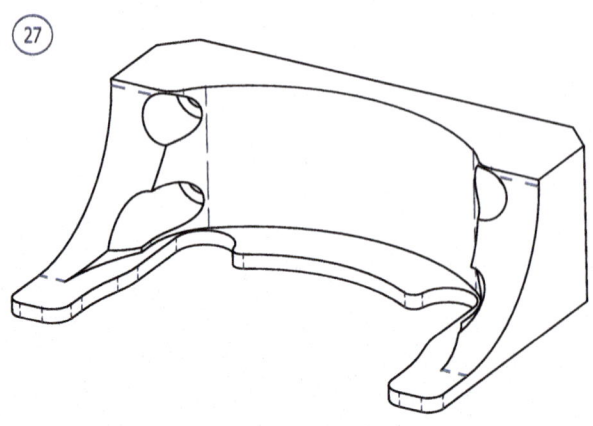

(28)
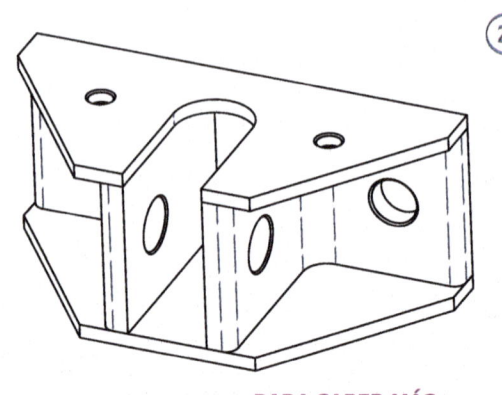

PARA SABER MÁS
Contenido adicional en: *www.marcombo.info*

18				28	NOMBRE	GRUPO	NÚMERO	FECHA	ESCALA	CALIFICACIÓN
Vistas y visualización										
Croquis de las piezas dadas en perspectiva									ESCUELA:	

417.00

Este plano es confidencial y no puede copiarse ni divulgarse sin un permiso escrito. *This drawing is confidential and must not be copied or disclosed without written consent.*

29

30

31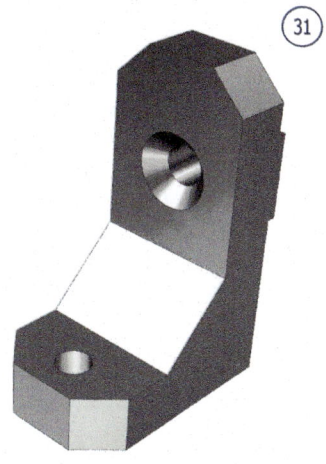

32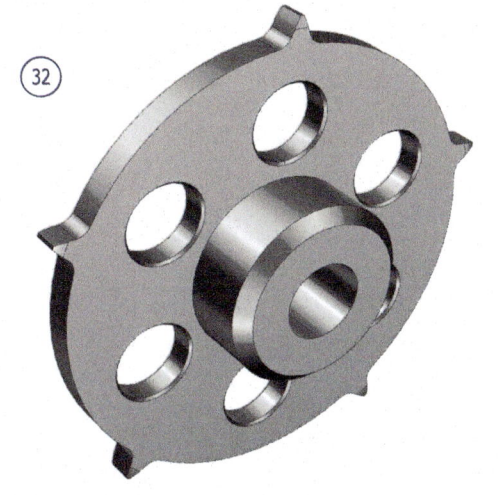

33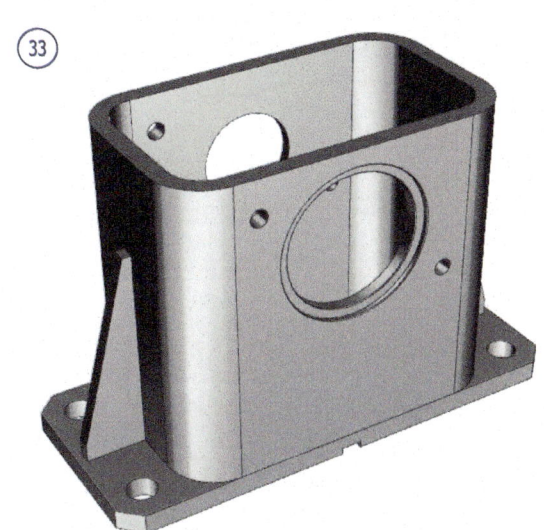

34

35

PARA SABER MÁS
Contenido adicional en: *www.marcombo.info*

29			35	NOMBRE	GRUPO	NÚMERO	FECHA	ESCALA	CALIFICACIÓN
Vistas y visualización									
Croquis de las piezas dadas en perspectiva								ESCUELA:	

1   2   3   4

Vistas (dibujo práctico)

418.00

EJERCICIOS

1.- Indicar símbolos de soldadura en las piezas 37 y 38.

(36)

Corte A-A

Ø 10

A — A

PARA SABER MÁS
Contenido adicional en: *www.marcombo.info*

(37)

1700

Corte B-B

120

Corte C-C

C

B — B

C

(38)

36	37	38			NOMBRE	GRUPO	NÚMERO	FECHA	ESCALA	CALIFICACIÓN
Vistas y visualización										
			Acotar los conjuntos dados						ESCUELA:	

419.00

1   2   3   4

Vistas (dibujo práctico)

Este plano es confidencial y no puede copiarse ni divulgarse sin un permiso escrito. *This drawing is confidential and must not be copied or disclosed without written consent.*

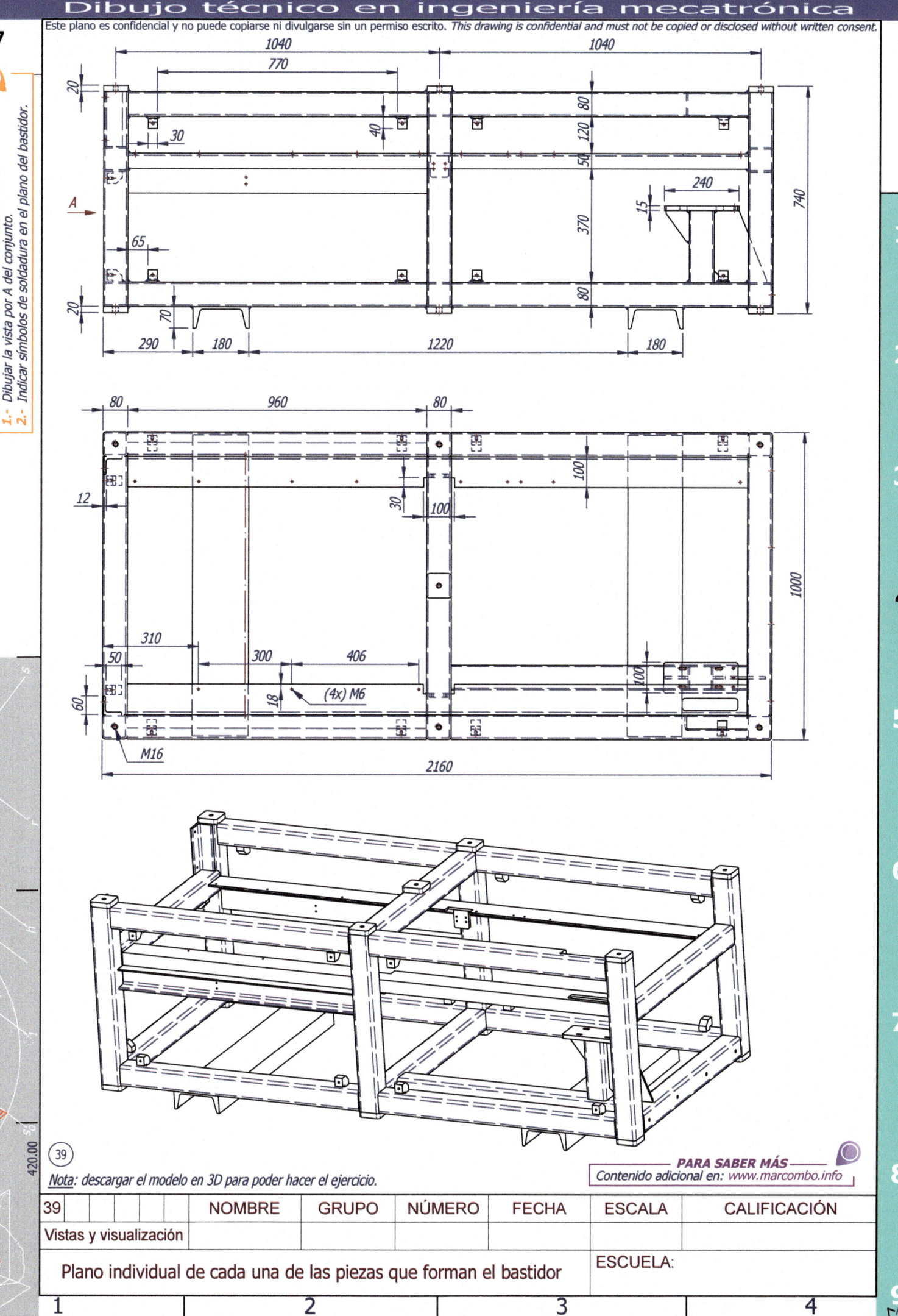

(39)

Nota: descargar el modelo en 3D para poder hacer el ejercicio.

PARA SABER MÁS
Contenido adicional en: www.marcombo.info

39			NOMBRE	GRUPO	NÚMERO	FECHA	ESCALA	CALIFICACIÓN
Vistas y visualización								
Plano individual de cada una de las piezas que forman el bastidor							ESCUELA:	

5

Una sección representa solo la parte "cortada del objeto", mientras que el corte incluye a la sección y la parte del objeto situada por detrás del plano secante.

Ø 34

Ø 23

Ch 1 x 45º

A

3.2

R25

Ø 20

Ø 20

Ch 1 x 45º

3.2

6

25

18

0.05 A

Ø 6

R25

45º

45

Ø 15

Ø 6

= 35 =

A

A

□ 45

3.2

0						NOMBRE	GRUPO	NÚMERO	FECHA	ESCALA	CALIFICACIÓN

Brida soporte

ESCUELA:

Cortes y secciones

Todo síntoma expresa una falta, es decir, indica que algo falta para alcanzar la totalidad.

Rüdiger Dahlke

F

Este plano es confidencial y no puede copiarse ni divulgarse sin un permiso escrito. *This drawing is confidential and must not be copied or disclosed without written consent.*

Secciones transversales : pueden ser interpoladas en la misma vista que se producen, haciéndolas girar 90° sobre el mismo lugar. Para mayor claridad de los planos, se dibujan fuera de estas.

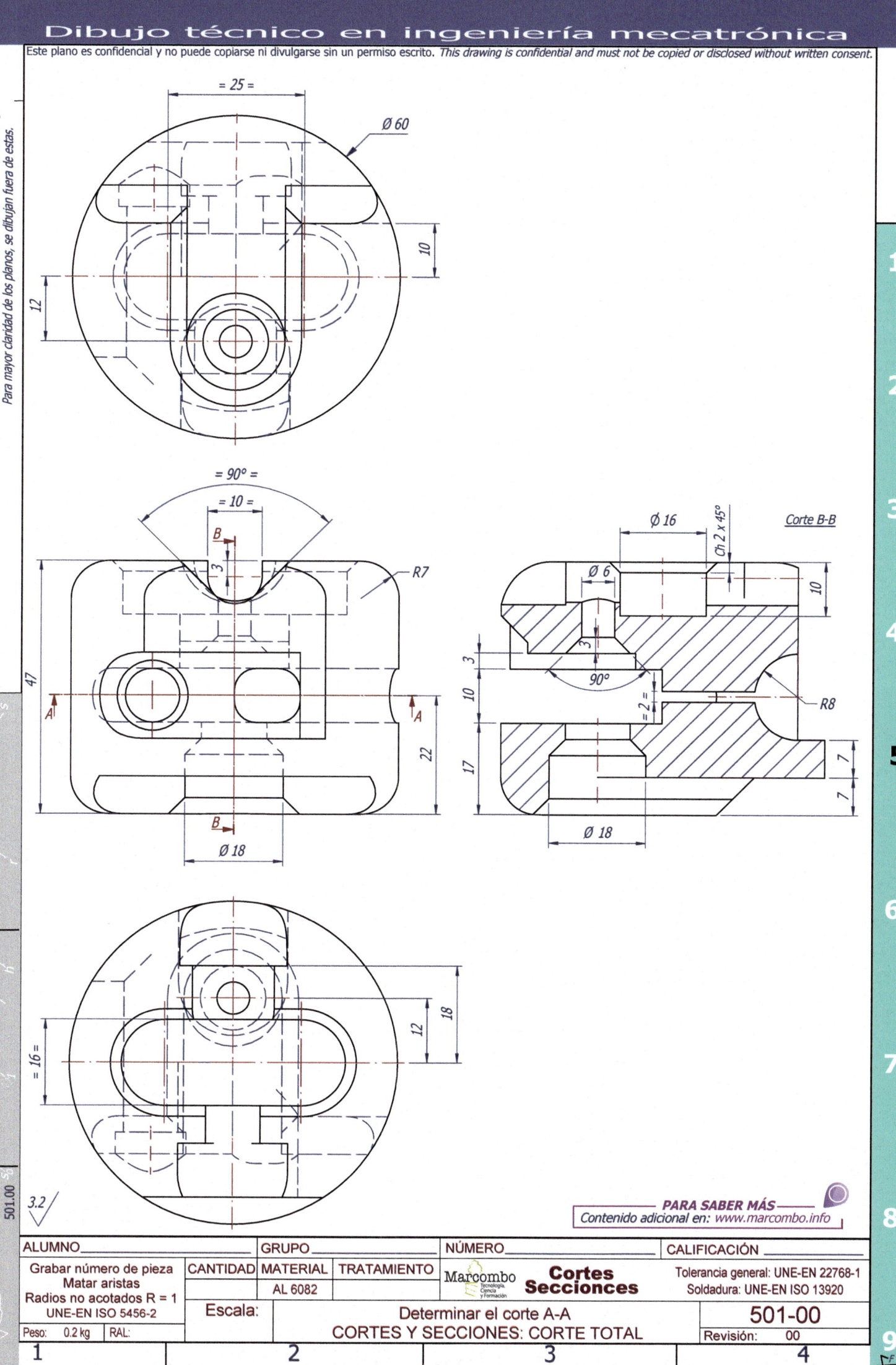

= 25 =

Ø 60

10

12

= 90° =

= 10 =

B

3

R7

Corte B-B

Ø 16

Ch 2 x 45°

Ø 6

10

47

A

A

3

10

90°

= 2 =

R8

22

17

B

Ø 18

Ø 18

7

7

= 16 =

18

12

3.2

501.00

ALUMNO		GRUPO		NÚMERO		CALIFICACIÓN	
Grabar número de pieza	CANTIDAD	MATERIAL	TRATAMIENTO	Marcombo	**Cortes** **Secciones**	Tolerancia general: UNE-EN 22768-1	
Matar aristas		AL 6082		Tecnología, Ciencia y Formación		Soldadura: UNE-EN ISO 13920	
Radios no acotados R = 1							
UNE-EN ISO 5456-2	Escala:			Determinar el corte A-A		**501-00**	
Peso: 0.2 kg	RAL:			CORTES Y SECCIONES: CORTE TOTAL		Revisión: 00	

1   2   3   4

Cortes y secciones

1 2 3 4 5 6 7 8 9

90

Cortes: para conseguir visualizar la parte interior de las piezas, retiramos (al menos con la imaginación) la parte de la pieza que está por delante del plano de corte.

= 60 =

Ø 100

30

1

B

Ch 10 x 45°

R50

A — A

B

Ø 30
Ø 20
Ø 30
Ø 20

Ø 80
Ø 30
Ø 50

30

3.2

Ch 5 x 45°

37

10

50

100

40

25

Ch 10 x 45°

502.00

ALUMNO		GRUPO		NÚMERO			CALIFICACIÓN	
Grabar número de pieza Matar aristas Radios no acotados R = 1 UNE-EN ISO 5456-2	CANTIDAD	MATERIAL	TRATAMIENTO	Marcombo Tecnología, Ciencia y Formación	**Cortes Seccionces**		Tolerancia general: UNE-EN 22768-1 Soldadura: UNE-EN ISO 13920	
		AL 6082						
	Escala:				Determinar los cortes A-A y B-B		502-00	
Peso: 1 kg	RAL:				CORTES Y SECCIONES: CORTE TOTAL		Revisión:	00

1 2 3 4

Cortes y secciones

Este plano es confidencial y no puede copiarse ni divulgarse sin un permiso escrito. *This drawing is confidential and must not be copied or disclosed without written consent.*

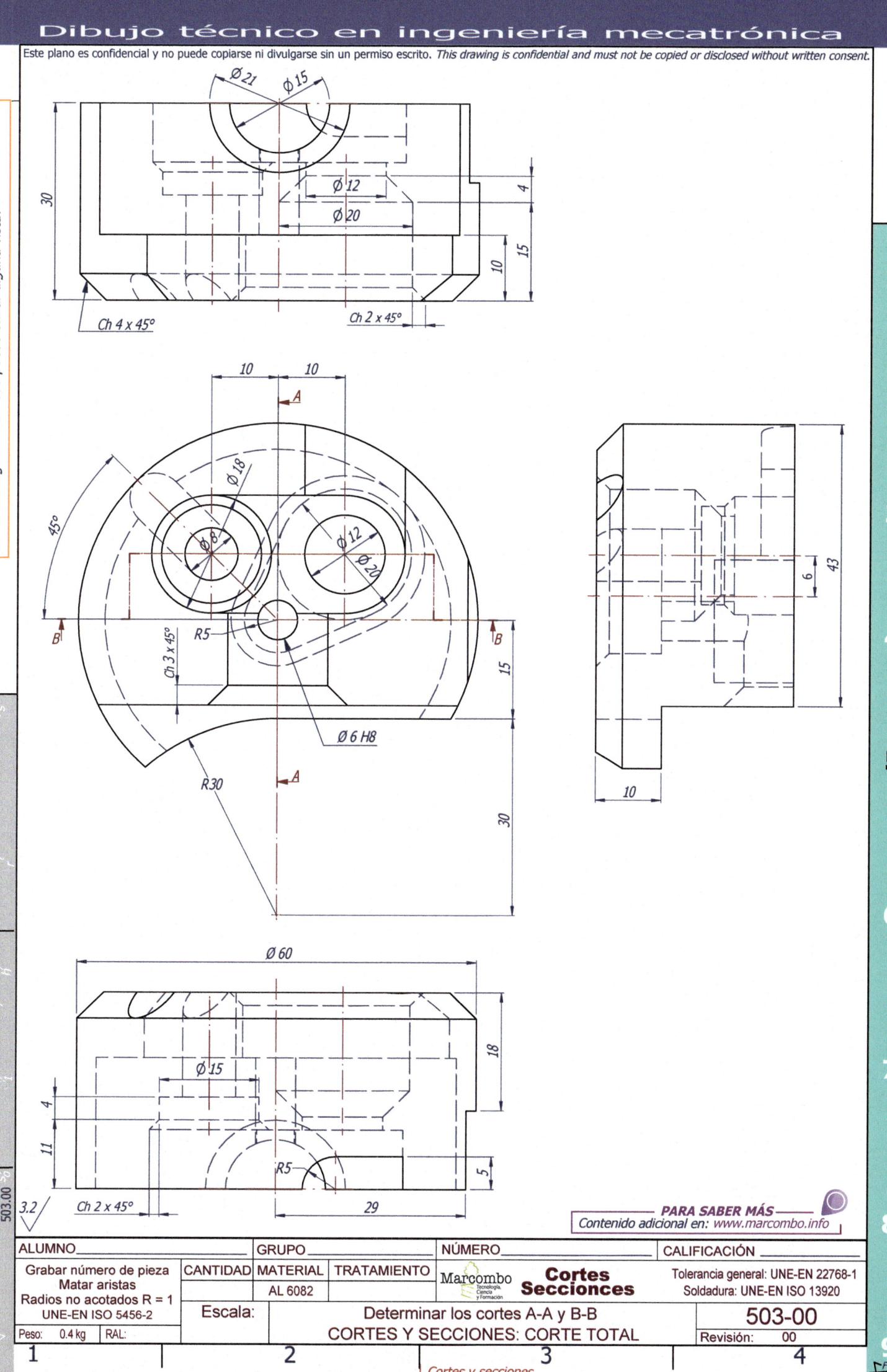

1.- Representar la pieza dada en perspectiva caballera Cz = 3
2.- Dibujo isométrico de la pieza dada.
3.- ¿Falta alguna cota? ¿Se puede omitir alguna vista?

ALUMNO_____		GRUPO_____				NÚMERO_____	CALIFICACIÓN _____

Grabar número de pieza
Matar aristas
Radios no acotados R = 1
UNE-EN ISO 5456-2

CANTIDAD	MATERIAL	TRATAMIENTO
	AL 6082	

Marcombo
Tecnología, Ciencia y Formación

Cortes
Seccionces

Tolerancia general: UNE-EN 22768-1
Soldadura: UNE-EN ISO 13920

Escala:

Determinar los cortes A-A y B-B
CORTES Y SECCIONES: CORTE TOTAL

503-00

Peso: 0.4 kg   RAL:

Revisión: 00

PARA SABER MÁS
Contenido adicional en: www.marcombo.info

Dimensiones: Ø 21, Ø 15, Ø 12, Ø 20, 30, 4, 15, 10, Ch 4 x 45°, Ch 2 x 45°, 10, 10, Ø 18, Ø 8, Ø 12, Ø 20, 45°, R5, Ch 3 x 45°, Ø 6 H8, R30, 15, 30, 43, 6, 10, Ø 60, Ø 15, 18, 4, 11, R5, 5, 3.2, Ch 2 x 45°, 29, 503.00

Este plano es confidencial y no puede copiarse ni divulgarse sin un permiso escrito. *This drawing is confidential and must not be copied or disclosed without written consent.*

92

(45)

R1

Ø 8

Ø 24

25

R25

Ø 40

25

= 90° =

= 8 =

3

= 12 =

14

23

37

Ø 24

Ø 19

A

= 16 =

9

B

= 6 =

B

R5

R5

50

35

29

20

R1

15

8

A

25

19

9

R1

Ø 10
Ø 16

14

= 8 =

Ch 1 x 45°

= 21 =

3.2

504.00

PARA SABER MÁS
Contenido adicional en: *www.marcombo.info*

ALUMNO		GRUPO		NÚMERO		CALIFICACIÓN	
Grabar número de pieza Matar aristas Radios no acotados R = 1 UNE-EN ISO 5456-2	CANTIDAD	MATERIAL	TRATAMIENTO	**Marcombo** Tecnología, Ciencia y Formación	**Cortes Seccionces**	Tolerancia general: UNE-EN 22768-1 Soldadura: UNE-EN ISO 13920	
		AL 6082					
	Escala:			Determinar los cortes A-A y B-B		504-00	
Peso:	RAL:			CORTES Y SECCIONES: CORTE TOTAL		Revisión:	00

1   2   3   4

Cortes y secciones

P.H.

Este plano es confidencial y no puede copiarse ni divulgarse sin un permiso escrito. *This drawing is confidential and must not be copied or disclosed without written consent.*

Ø 35

15 3

5

90°

25

28

Ch 6 x 45°

45

4

A

Ch 5 x 45°

C

Ø 35

= 90° =

Ø 15

B

Ø 15

B

65

R18

Ø 20

Ø 28

16

R18

40

33

Ø 15

A

29

C

Ch 5 x 45°

12

Ch 2 x 45°

Ch 3 x 45°

Ø 20

Ø 15

Ø 25

3.2

60

505.00

PARA SABER MÁS

Contenido adicional en: *www.marcombo.info*

ALUMNO		GRUPO		NÚMERO		CALIFICACIÓN	
Grabar número de pieza Matar aristas Radios no acotados R = 1 UNE-EN ISO 5456-2	CANTIDAD	MATERIAL	TRATAMIENTO	**Marcombo** Tecnología, Ciencia y Formación	**Cortes Seccionces**	Tolerancia general: UNE-EN 22768-1 Soldadura: UNE-EN ISO 13920	
		AL 6082					
	Escala:			Determinar los cortes A-A, B-B y C-C		505-00	
Peso: 0.4 kg	RAL:			CORTES Y SECCIONES: CORTE TOTAL		Revisión: 00	

1   2   3   4

Cortes y secciones

Ø 12
Ø 20
Ø 12
23
10
4
8
= 90° =
Ø 8
Ø 8
Ø 12
Ø 35

Ø 40
Ch 2 x 45°
15
B
C
C
20
67
42
R2
22
Ø 12
22
12
R10
10
3
B
30
23

(4x) Avellanado M6
Ø 82
45°
A
A
30°
26
40
Ø 100
3.2
506.00

ALUMNO		GRUPO		NÚMERO			CALIFICACIÓN	
Grabar número de pieza Matar aristas Radios no acotados R = 1 UNE-EN ISO 5456-2	CANTIDAD	MATERIAL	TRATAMIENTO	Marcombo Tecnología, Ciencia y Formación	**Cortes Seccionces**		Tolerancia general: UNE-EN 22768-1 Soldadura: UNE-EN ISO 13920	
		AL 6082						
	Escala:			Determinar los corte A-A, B-B y C-C			506-00	
Peso: 0.4 kg	RAL:			CORTES Y SECCIONES: CORTE TOTAL			Revisión:	00

1   2   3   4

Rayado: si la superficie a rayar es muy grande y no presenta detalles interiores, se puede "rayar" una zona contigua al contorno de una anchura paralela a este.

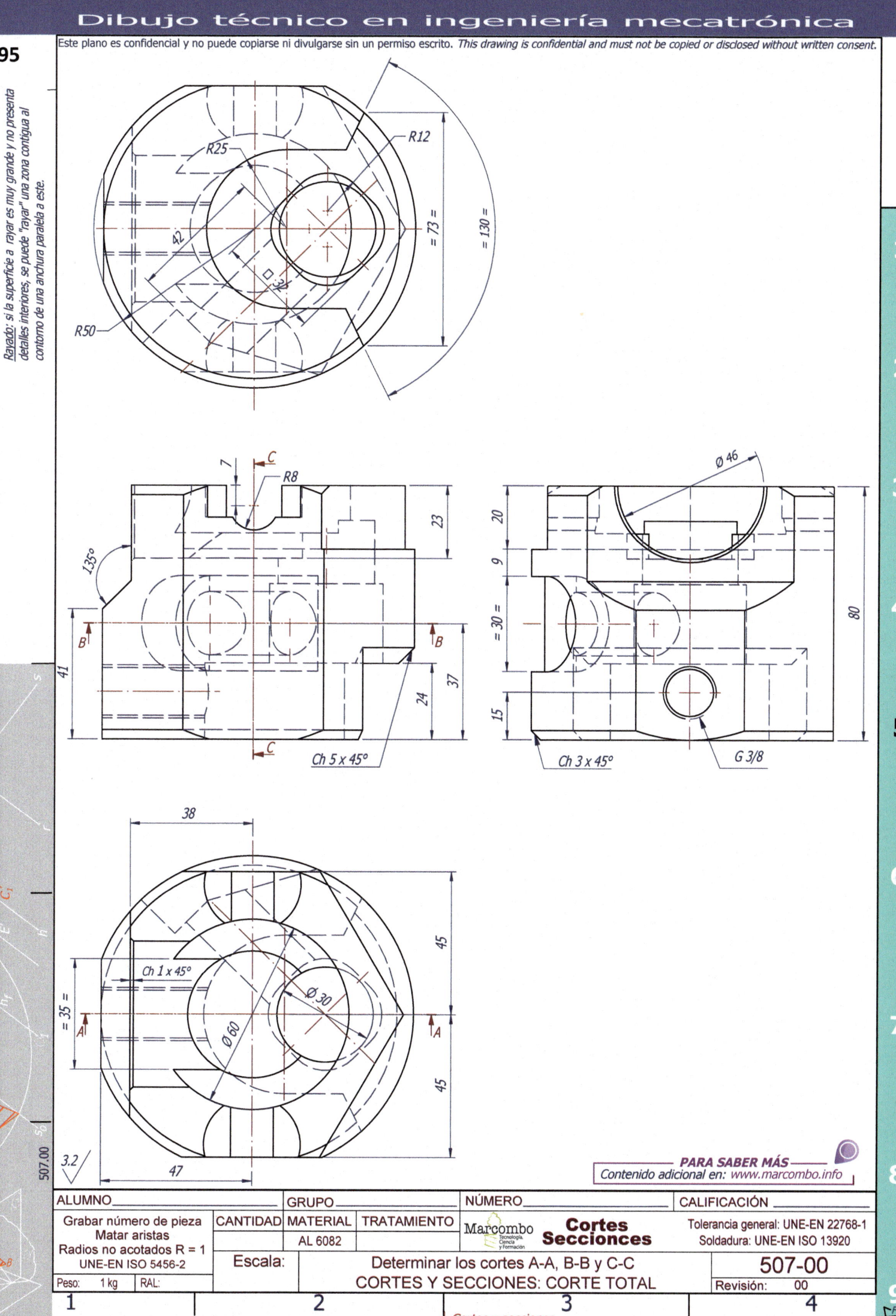

R25
R12
= 73 =
= 130 =
□ 32
42
R50

C
7
R8
23
135°
B
B
41
37
24
C
Ch 5 x 45°

Ø 46
20
9
= 30 =
80
15
Ch 3 x 45°
G 3/8

38
45
Ch 1 x 45°
Ø 30
= 35 =
A
A
Ø 60
45
47

3.2

507.00

ALUMNO		GRUPO		NÚMERO			CALIFICACIÓN	
Grabar número de pieza Matar aristas Radios no acotados R = 1 UNE-EN ISO 5456-2	CANTIDAD	MATERIAL	TRATAMIENTO	Marcombo Tecnología, Ciencia y Formación	**Cortes Seccionces**		Tolerancia general: UNE-EN 22768-1 Soldadura: UNE-EN ISO 13920	
		AL 6082						
	Escala:			Determinar los cortes A-A, B-B y C-C			**507-00**	
Peso: 1 kg	RAL:			CORTES Y SECCIONES: CORTE TOTAL			Revisión: 00	

1   2   3   4

Cortes y secciones

Este plano es confidencial y no puede copiarse ni divulgarse sin un permiso escrito. *This drawing is confidential and must not be copied or disclosed without written consent.*

Obtener la perspectiva isométrica que mejor defina la pieza.
No aplicar coeficientes de reducción para los ejes.
Las cotas que falten se dejan a criterio del lector.

Ch 1 x 45°

R30

Ø 120

35

27

10

20

50

50

A

R10

Ø 100

Ø 20

= 95 =

□ 45

A

60

50

30

Ch 1 x 45°

Ch 10 x 45°

R30

Ch 10 x 45°

Ch 2 x 45°

3

G 1/4

A

R40

Ø 8

= 143 =

20

Ø 32

4

R30

5

42

43

120

G 1/4

Ø 22

Ø 120

3.2

0.8

0.8

Ø 40 H8

508.00

ALUMNO		GRUPO		NÚMERO			CALIFICACIÓN
Grabar número de pieza	CANTIDAD	MATERIAL	TRATAMIENTO	Marcombo Tecnología, Ciencia y Formación	**Cortes Seccionces**		Tolerancia general: UNE-EN 22768-1
Matar aristas		AL 6082					Soldadura: UNE-EN ISO 13920
Radios no acotados R = 1 UNE-EN ISO 5456-2	Escala:			Determinar el corte A-A			**508-00**
Peso: 1.6 kg	RAL:			CORTES Y SECCIONES: CORTE TOTAL			Revisión: 00

1   2   3   4

Cortes y secciones

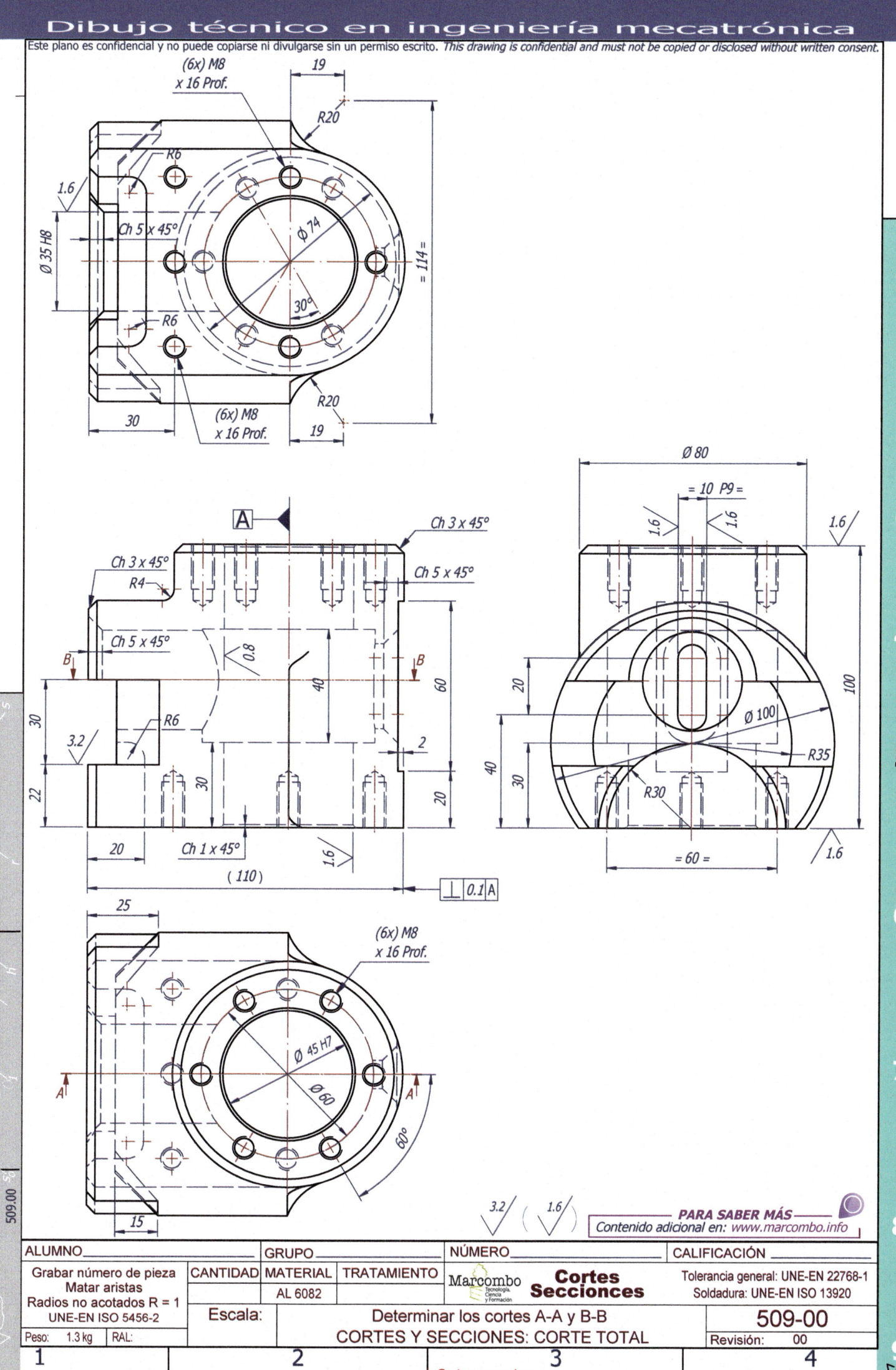

(6x) M8
x 16 Prof.

R20

R6

1.6

Ch 5 x 45°

Ø 35 H8

Ø 74

30°

= 114 =

R6

30

(6x) M8
x 16 Prof.

R20

19

19

A

Ch 3 x 45°

Ch 3 x 45°

Ch 5 x 45°

R4

Ch 5 x 45°

B

B

0.8

40

60

30

R6

3.2

2

22

30

30

20

20

Ch 1 x 45°

1.6

(110)

⊥ | 0.1 | A

Ø 80

= 10 P9 =

1.6

1.6

1.6

20

100

40

30

Ø 100

R35

R30

= 60 =

1.6

25

(6x) M8
x 16 Prof.

Ø 45 H7

Ø 60

A

A

60°

15

509.00

3.2 (1.6)

PARA SABER MÁS
Contenido adicional en: www.marcombo.info

ALUMNO		GRUPO		NÚMERO		CALIFICACIÓN
Grabar número de pieza Matar aristas Radios no acotados R = 1 UNE-EN ISO 5456-2	CANTIDAD	MATERIAL	TRATAMIENTO	**Marcombo** Tecnología, Ciencia y Formación	**Cortes Seccionces**	Tolerancia general: UNE-EN 22768-1 Soldadura: UNE-EN ISO 13920
		AL 6082				

	Escala:	Determinar los cortes A-A y B-B	509-00
Peso: 1.3 kg	RAL:	CORTES Y SECCIONES: CORTE TOTAL	Revisión: 00

1   2   3   4

Cortes y secciones

Este plano es confidencial y no puede copiarse ni divulgarse sin un permiso escrito. *This drawing is confidential and must not be copied or disclosed without written consent.*

98

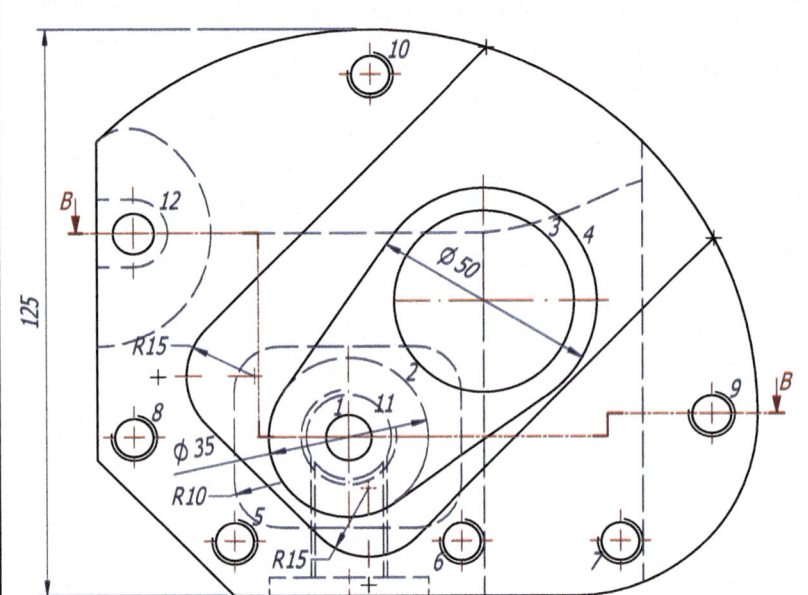

TABLA DE AGUJEROS

Agujero	Cota en X	Cota en Y	Descripción
1	0	0	Ø 10 H7
2	0	0	Ø 35
3	30	30	Ø 40 H7
4	30	30	Ø 50
5	-25	-23	
6	25	-23	
7	60	-23	M10
8	-47	0	
9	80	5	
10	5	80	
11	0	0	G 1/2
12	-47	45	–

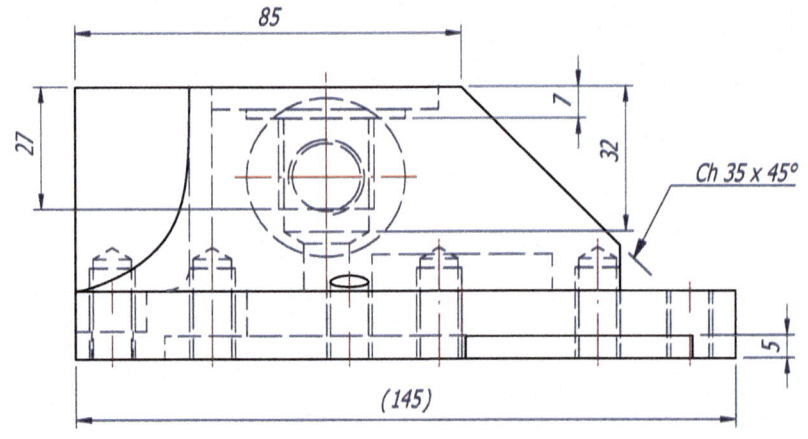

TABLA DE PUNTOS

Agujero	Cota en X	Cota en Y
A	0	0
B	4	33
C	81	-44
D	31	-86
E	-42	-13
F	90	35
G	50	-5

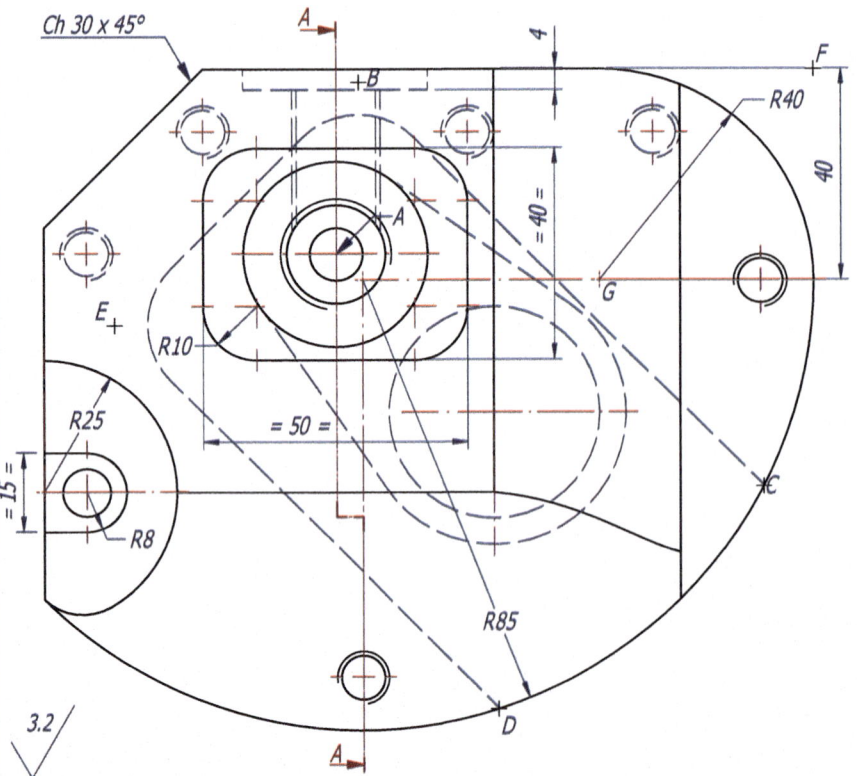

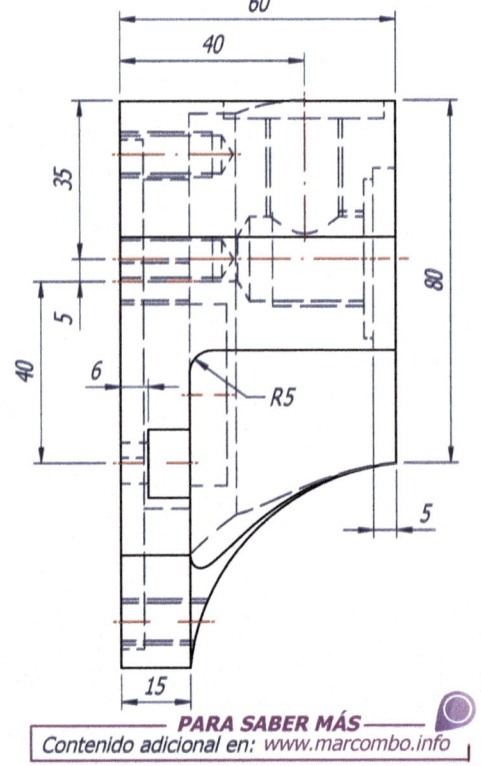

PARA SABER MÁS

Contenido adicional en: www.marcombo.info

ALUMNO		GRUPO			NÚMERO		CALIFICACIÓN

Grabar número de pieza
Matar aristas
Radios no acotados R = 1
UNE-EN ISO 5456-2

CANTIDAD	MATERIAL	TRATAMIENTO
	AL 6082	

Marcombo
Tecnología,
Ciencia
y Formación

Cortes
Seccionces

Tolerancia general: UNE-EN 22768-1
Soldadura: UNE-EN ISO 13920

Peso: 1.4 kg   RAL:

Escala:

Determinar los cortes A-A y B-B

CORTES Y SECCIONES: PLANOS PARALELOS

510-00

Revisión: 00

Este plano es confidencial y no puede copiarse ni divulgarse sin un permiso escrito. *This drawing is confidential and must not be copied or disclosed without written consent.*

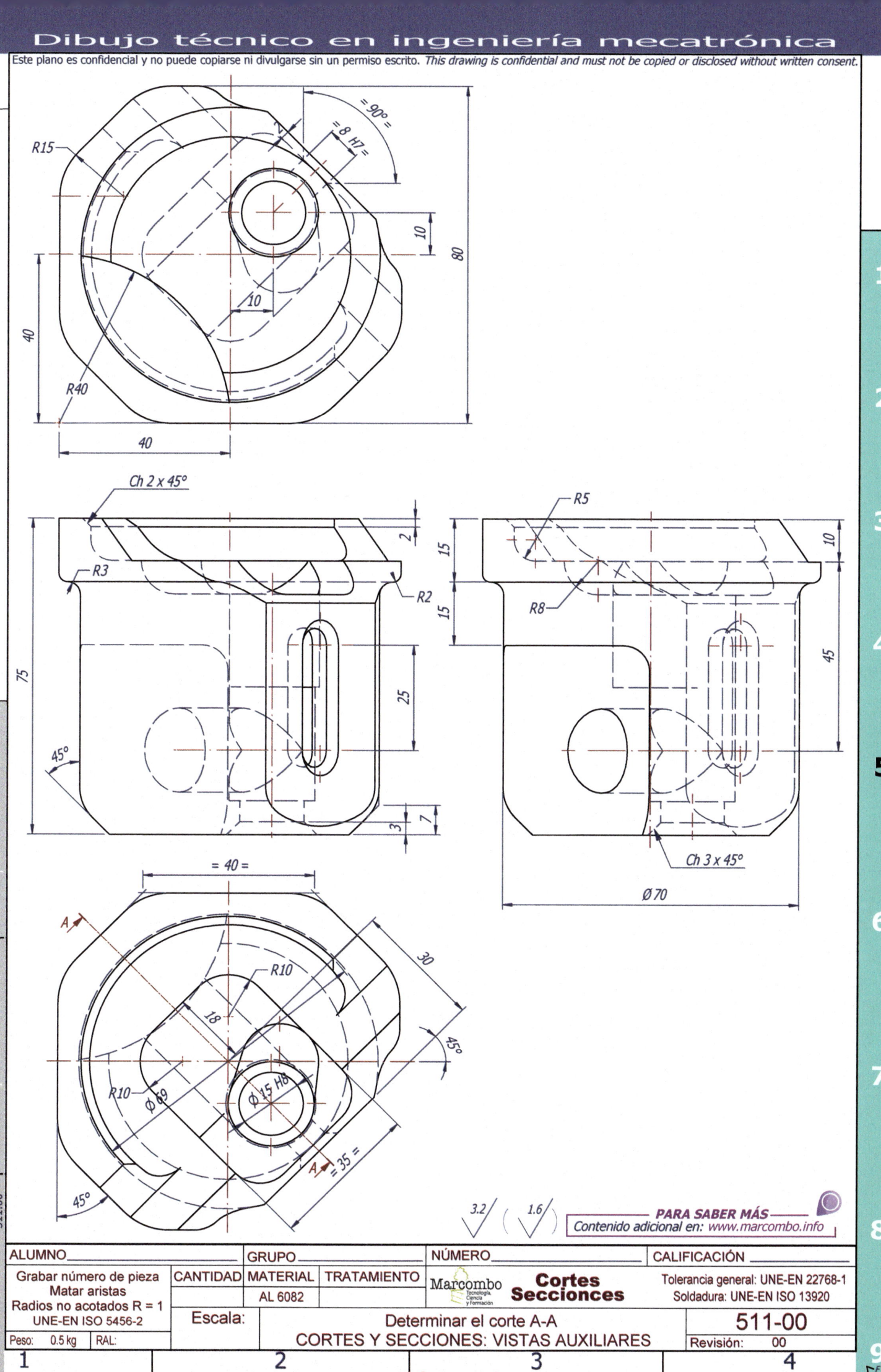

Nota: en cortes y secciones no se dibujan las líneas ocultas.

511.00

ALUMNO		GRUPO		NÚMERO			CALIFICACIÓN	

Grabar número de pieza
Matar aristas
Radios no acotados R = 1
UNE-EN ISO 5456-2

CANTIDAD	MATERIAL	TRATAMIENTO
	AL 6082	

Marcombo Tecnología, Ciencia y Formación

Cortes Secciones

Tolerancia general: UNE-EN 22768-1
Soldadura: UNE-EN ISO 13920

Escala:

Determinar el corte A-A
CORTES Y SECCIONES: VISTAS AUXILIARES

511-00

Peso: 0.5 kg | RAL:

Revisión: 00

3.2 / 1.6

PARA SABER MÁS
Contenido adicional en: www.marcombo.info

Cortes y secciones

1   2   3   4

1 2 3 4 5 6 7 8 9

Este plano es confidencial y no puede copiarse ni divulgarse sin un permiso escrito. *This drawing is confidential and must not be copied or disclosed without written consent.*

Ø 95

30

7

Ø 85

25

60

R30

B

Ø 16   Ø 25   R2

80   C   C   25

R2

13

10

8   15

B

90°

30   Ch 4 x 45°

20   15   10

Ø 17   R5

= 6 =   R5

4   Ch 5 x 45°

24   40

25

R10   R35

R6   = 30 =

= 12 =   A   Ø 20   A

3.2

35   70

ALUMNO		GRUPO		NÚMERO		CALIFICACIÓN
Grabar número de pieza Matar aristas Radios no acotados R = 1 UNE-EN ISO 5456-2	CANTIDAD	MATERIAL	TRATAMIENTO	Marcombo Tecnología, Ciencia y Formación	**Cortes Seccionces**	Tolerancia general: UNE-EN 22768-1 Soldadura: UNE-EN ISO 13920
		AL 6082				
	Escala:		Determinar los cortes A-A, B-B y C-C			512-00
Peso: 0.6 kg	RAL:		CORTES Y SECCIONES: CORTE TOTAL			Revisión: 00

1   2   3   4

Cortes y secciones

Este plano es confidencial y no puede copiarse ni divulgarse sin un permiso escrito. *This drawing is confidential and must not be copied or disclosed without written consent.*

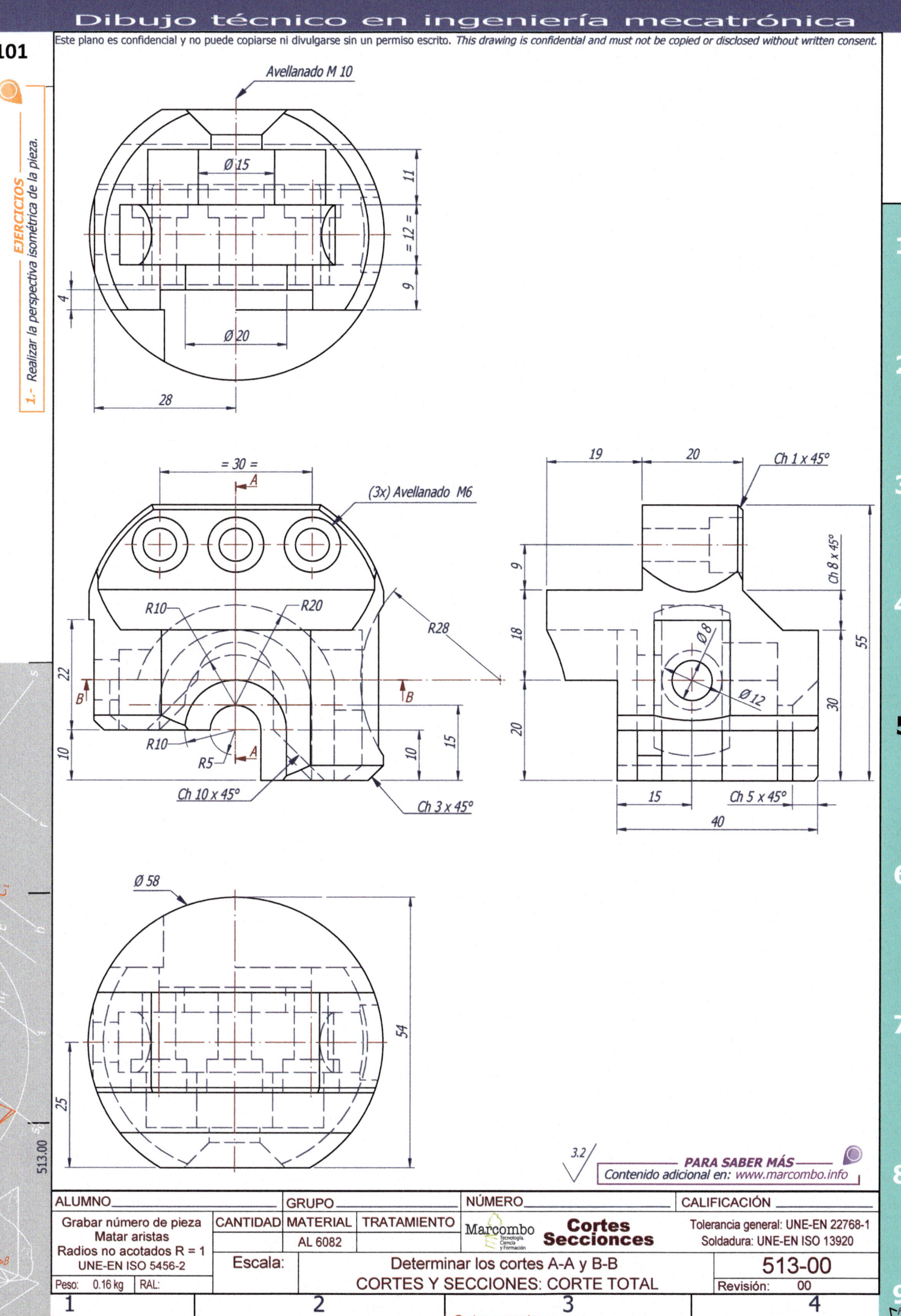

Avellanado M 10

Ø 15

11

= 12 =

9

4

Ø 20

28

= 30 =

A

(3x) Avellanado M6

R10   R20

R28

R10

R5

A

Ch 10 x 45°

B   B

22

10

10

15

Ch 3 x 45°

19   20   Ch 1 x 45°

9

18   Ø 8

20   Ø 12

Ch 8 x 45°

55

30

15   Ch 5 x 45°

40

Ø 58

54

25

3.2

PARA SABER MÁS

Contenido adicional en: *www.marcombo.info*

ALUMNO		GRUPO		NÚMERO		CALIFICACIÓN	
Grabar número de pieza Matar aristas Radios no acotados R = 1 UNE-EN ISO 5456-2	CANTIDAD	MATERIAL AL 6082	TRATAMIENTO	Marcombo Tecnología, Ciencia y Formación	**Cortes Seccionces**	Tolerancia general: UNE-EN 22768-1 Soldadura: UNE-EN ISO 13920	
				Escala:	Determinar los cortes A-A y B-B	**513-00**	
Peso: 0.16 kg	RAL:				CORTES Y SECCIONES: CORTE TOTAL	Revisión: 00	

513.00

1   2   3   4

Cortes y secciones

1 2 3 4 5 6 7 8 9

Este plano es confidencial y no puede copiarse ni divulgarse sin un permiso escrito. *This drawing is confidential and must not be copied or disclosed without written consent.*

10

40

1.6

Ch 5 x 45°

Ø 50 H8

A

Ø 40 H8

1.6

Ch 3 x 45°

24   4

R40

Ch 1 x 45°

R40

Ch 5 x 45°

15

B

Ø 28

B

Ø 40   Ø 35

70

R6   (2x) Ø 8

Ch 4 x 45°

28

Ø 40

12

Ch 2 x 45°   20   12

30   40

67

7   A

R15

3

1

Ø 18

R10

82

50

Ø 30

1.6   A   Ø 50

10   Ø 40

7

= 26 =   3

80

3.2   1.6

514.00

ALUMNO		GRUPO			NÚMERO		CALIFICACIÓN	
Grabar número de pieza Matar aristas Radios no acotados R = 1 UNE-EN ISO 5456-2	CANTIDAD	MATERIAL	TRATAMIENTO	**Marcombo** Tecnología, Ciencia y Formación	**Cortes Seccionces**		Tolerancia general: UNE-EN 22768-1 Soldadura: UNE-EN ISO 13920	
		AL 6082						
	Escala:				Determinar los cortes A-A y B-B		514-00	
Peso: 0.7 kg	RAL:				CORTES Y SECCIONES: PLANOS PARALELOS		Revisión: 00	

1   2   3   4

Cortes y secciones

Este plano es confidencial y no puede copiarse ni divulgarse sin un permiso escrito. *This drawing is confidential and must not be copied or disclosed without written consent.*

EJERCICIOS

1.- ¿Queda mejor definida la pieza si se invierte la dirección de la visual del corte B-B?

Ø 25, Ø 37, Ø 35, 25, 28, 30, 34, 20, 20, R6, (2x) Ø 8, 7, R20, R26, R50, R10, A, 62, 20, 1.6, 6, 50, 6, 45°, = 90° =, = 20 H8 =, 0.8, B, 12, Ch 3 x 45°, = 50 =, Ø 20, = 30 =, = 140 =, 10, Ch 3 x 45°, B, M6 x12 Prof., R35, Ø 20, M6, = 80 =, Ø 32, R25, Ø 100 g6, 1.6, 3.2, 1.6

ALUMNO	GRUPO	NÚMERO	CALIFICACIÓN
Grabar número de pieza / Matar aristas / Radios no acotados R = 1 / UNE-EN ISO 5456-2	CANTIDAD / MATERIAL AL 6082 / TRATAMIENTO	Marcombo / Cortes Seccionces	Tolerancia general: UNE-EN 22768-1 / Soldadura: UNE-EN ISO 13920
Peso: 1.8 kg / RAL:	Escala:	Determinar los cortes A-A y B-B / CORTES Y SECCIONES: CORTE TOTAL	515-00 / Revisión: 00

PARA SABER MÁS — Contenido adicional en: www.marcombo.info

Cortes y secciones

Este plano es confidencial y no puede copiarse ni divulgarse sin un permiso escrito. *This drawing is confidential and must not be copied or disclosed without written consent.*

104

= Ø 80 H8 =

1.6

Ø 80

Ø 70

PARA COMPLETAR

2.- Dibujar la pieza con el mínimo de vistas y/o secciones necesarias.
3.- ¿Corte o sección en una pieza es lo mismo?

= 85 =

A

= 15 H8 =

1.6   **B**   1.6

10

30   Ch 3 x 45°

Ø 20

120

R15

R15

C   C

R10

R35

20

B

Ch 6 x 45°   Ch 2 x 45°

20   R10

15

30

50   15

70

35   45

= 20 H8 =

= 45 =

45°   Ø 100

R10

72

A   **A**

27

(x4) M8
x 12 Prof.

= 95 =

3.2 / (1.6 /

PARA SABER MÁS
Contenido adicional en: *www.marcombo.info*

ALUMNO		GRUPO		NÚMERO		CALIFICACIÓN

Grabar número de pieza Matar aristas Radios no acotados R = 1 UNE-EN ISO 5456-2	CANTIDAD	MATERIAL	TRATAMIENTO	**Marcombo** Tecnología, Ciencia y Formación	**Cortes** **Seccionces**	Tolerancia general: UNE-EN 22768-1 Soldadura: UNE-EN ISO 13920
		AL 6082				
Escala:			Determinar los cortes A-A, B-B y C-C			**516-00**
Peso: 0.8 kg	RAL:		CORTES Y SECCIONES: CORTE TOTAL			Revisión: 00

1   2   3   4

Cortes y secciones

516.00

Este plano es confidencial y no puede copiarse ni divulgarse sin un permiso escrito. *This drawing is confidential and must not be copied or disclosed without written consent.*

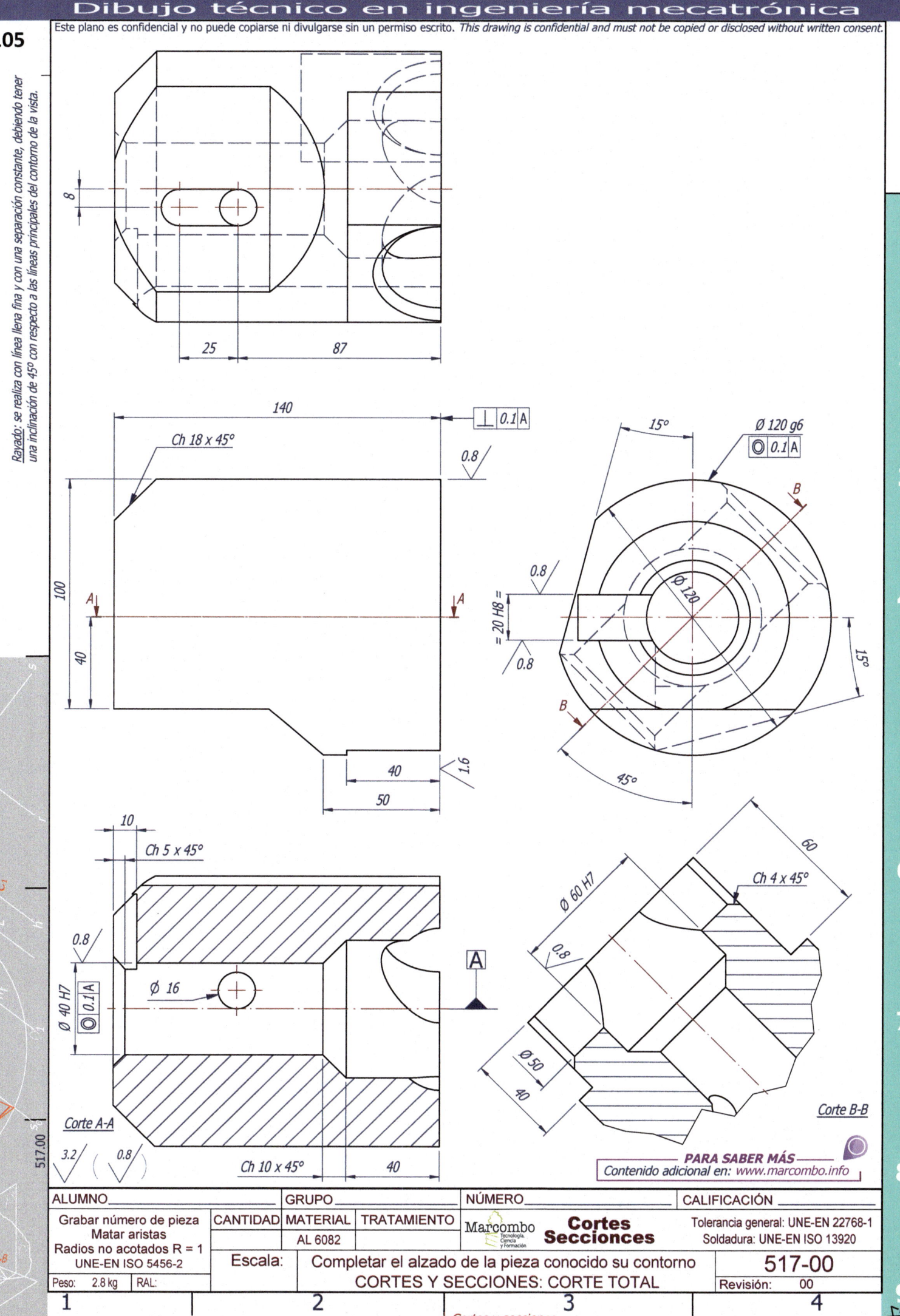

Rayado: se realiza con línea llena fina y con una separación constante, debiendo tener una inclinación de 45° con respecto a las líneas principales del contorno de la vista.

8

25   87

140

⊥ 0.1 A

0.8

Ch 18 x 45°

100

40

A   A

40

50

1.6

15°   Ø 120 g6

⊙ 0.1 A

B

0.8

= 20 H8 =   Ø 120

0.8

15°

45°

B

10

Ch 5 x 45°

0.8

Ø 40 H7   ⊙ 0.1 A

Ø 16

A

Corte A-A

3.2   0.8

Ch 10 x 45°   40

60

Ch 4 x 45°

Ø 60 H7

0.8

Ø 50

40

Corte B-B

517.00

PARA SABER MÁS
Contenido adicional en: www.marcombo.info

ALUMNO_____				GRUPO_____		NÚMERO_____		CALIFICACIÓN _____

Grabar número de pieza Matar aristas Radios no acotados R = 1 UNE-EN ISO 5456-2	CANTIDAD	MATERIAL	TRATAMIENTO	Marcombo Tecnología, Ciencia y Formación	**Cortes Seccionces**	Tolerancia general: UNE-EN 22768-1 Soldadura: UNE-EN ISO 13920
		AL 6082				
Peso: 2.8 kg	RAL:	Escala:		Completar el alzado de la pieza conocido su contorno		**517-00**
				CORTES Y SECCIONES: CORTE TOTAL		Revisión: 00

1 2 3 4 5 6 7 8 9

Este plano es confidencial y no puede copiarse ni divulgarse sin un permiso escrito. *This drawing is confidential and must not be copied or disclosed without written consent.*

Ch 4 x 45°

C

C

60

14

= 60° =

B

Ch 4 x 45°

(4x) M8
x 12 Prof.

Ø 70

Ø 29

Ø 25

A

A

28

12

13

B

Ø 9

Ø 15

G 1/4

30

R30

R12

= 90° =

= 22 =

5

= 30 =

R8

20

7

6

Ch 12 x 45°

Ch 1 x 45°

12

20

16

4

24

R13

Ø 22

= 20 =

Ø 15

Ø 19

30

R15

518.00

3.2

6

Ch 2 x 45°

43

Ch 4 x 45°

ALUMNO		GRUPO				NÚMERO		CALIFICACIÓN	
Grabar número de pieza Matar aristas Radios no acotados R = 1 UNE-EN ISO 5456-2		CANTIDAD	MATERIAL	TRATAMIENTO	Marcombo Tecnología, Ciencia y Formación	**Cortes Seccionces**		Tolerancia general: UNE-EN 22768-1 Soldadura: UNE-EN ISO 13920	
			AL 6082						
		Escala:			Determinar los cortes A-A, B-B y C-C			**518-00**	
Peso: 0.6 kg	RAL:				CORTES Y SECCIONES			Revisión:	00

1   2   3   4

Cortes y secciones

Este plano es confidencial y no puede copiarse ni divulgarse sin un permiso escrito. *This drawing is confidential and must not be copied or disclosed without written consent.*

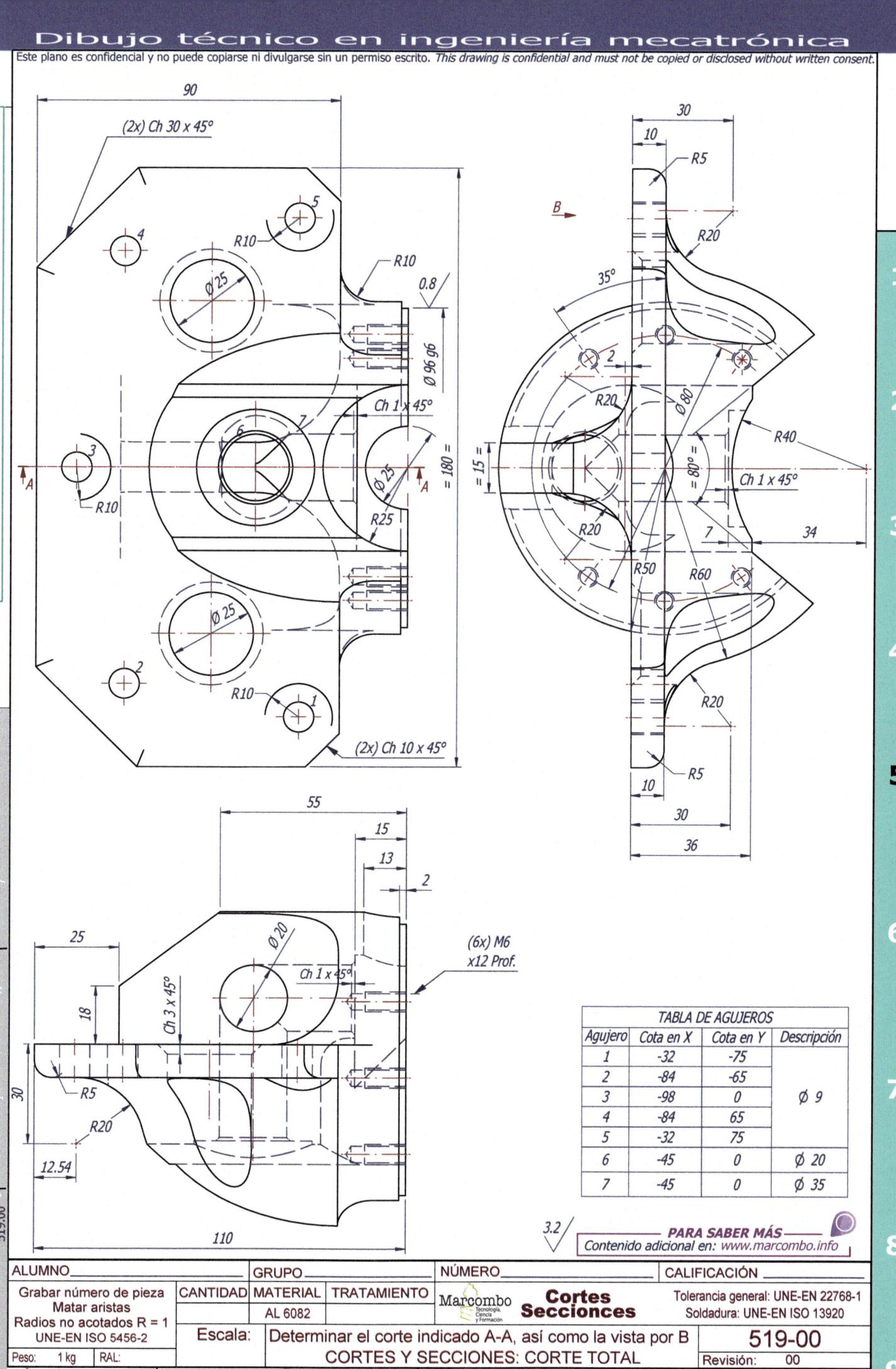

PARA COMPLETAR

1.- Determinar el plano acotado de la pieza en bruto (obtenida de molde, sin agujeros ni mecanizados posteriores).

(2x) Ch 30 x 45°

R10
R10
Ø25
Ø96 g6
Ch 1 x 45°
0.8
= 180 =
R25
Ø25
R10
Ø25
R10
(2x) Ch 10 x 45°
90

B
R5
R20
35°
Ø80
R20
R40
= 80° =
Ch 1 x 45°
R20
R50
R60
7
34
R20
R5
10
30
36
30
10
= 15 =

55
15
13
2
Ø20
(6x) M6
x12 Prof.
25
Ch 1 x 45°
Ch 3 x 45°
18
30
R5
R20
12.54
110

519.00

TABLA DE AGUJEROS

Agujero	Cota en X	Cota en Y	Descripción
1	-32	-75	
2	-84	-65	
3	-98	0	Ø 9
4	-84	65	
5	-32	75	
6	-45	0	Ø 20
7	-45	0	Ø 35

3.2

ALUMNO		GRUPO		NÚMERO		CALIFICACIÓN	

Grabar número de pieza
Matar aristas
Radios no acotados R = 1
UNE-EN ISO 5456-2

CANTIDAD	MATERIAL	TRATAMIENTO
	AL 6082	

Marcombo
Tecnología,
Ciencia
y Formación

Cortes Seccionces

Tolerancia general: UNE-EN 22768-1
Soldadura: UNE-EN ISO 13920

Escala: Determinar el corte indicado A-A, así como la vista por B

519-00

CORTES Y SECCIONES: CORTE TOTAL

Peso:	1 kg	RAL:

Revisión: 00

1 | 2 | 3 | 4

Cortes y secciones

Este plano es confidencial y no puede copiarse ni divulgarse sin un permiso escrito. *This drawing is confidential and must not be copied or disclosed without written consent.*

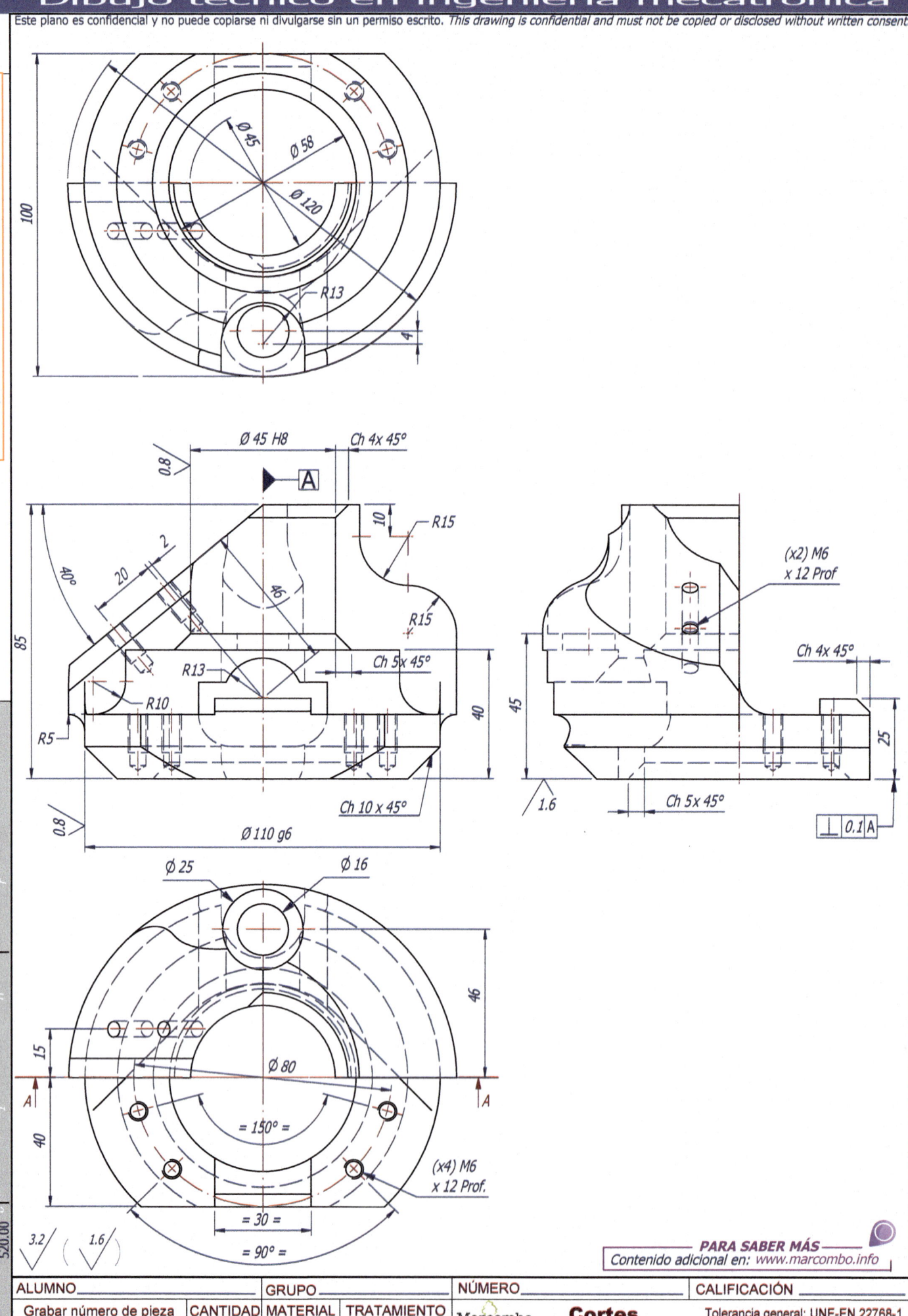

ALUMNO		GRUPO		NÚMERO		CALIFICACIÓN	
Grabar número de pieza	CANTIDAD	MATERIAL	TRATAMIENTO	**Marcombo** Tecnología, Ciencia y Formación	**Cortes Seccionces**	Tolerancia general: UNE-EN 22768-1	
Matar aristas Radios no acotados R = 1		AL 6082				Soldadura: UNE-EN ISO 13920	
UNE-EN ISO 5456-2	Escala:		Determinar el corte A-A			**520-00**	
Peso: 0.7 kg	RAL:		COINCIDENCIA PLANO SECANTE Y CARA			Revisión:	00

PARA SABER MÁS
Contenido adicional en: www.marcombo.info

Este plano es confidencial y no puede copiarse ni divulgarse sin un permiso escrito. *This drawing is confidential and must not be copied or disclosed without written consent.*

EJERCICIOS

1.- Perspectiva isométrica de la pieza.

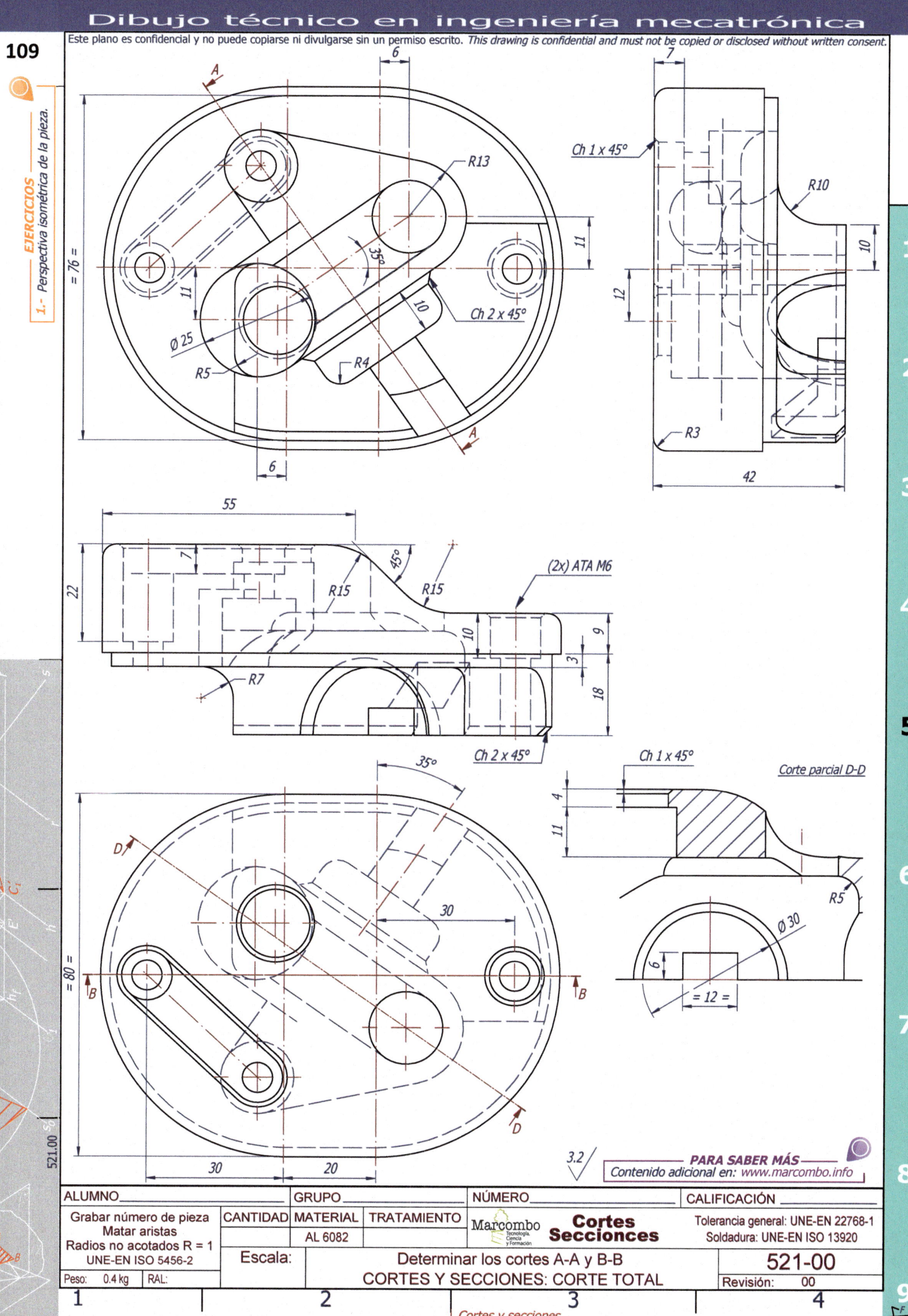

ALUMNO _____ **GRUPO** _____ **NÚMERO** _____ **CALIFICACIÓN** _____

	CANTIDAD	MATERIAL	TRATAMIENTO			
Grabar número de pieza Matar aristas Radios no acotados R = 1 UNE-EN ISO 5456-2		AL 6082		Marcombo Tecnología, Ciencia y Formación	**Cortes Seccionces**	Tolerancia general: UNE-EN 22768-1 Soldadura: UNE-EN ISO 13920
Peso: 0.4 kg	RAL:	Escala:		Determinar los cortes A-A y B-B CORTES Y SECCIONES: CORTE TOTAL		**521-00** Revisión: 00

Cortes y secciones

521.00

PARA SABER MÁS

Contenido adicional en: *www.marcombo.info*

Este plano es confidencial y no puede copiarse ni divulgarse sin un permiso escrito. *This drawing is confidential and must not be copied or disclosed without written consent.*

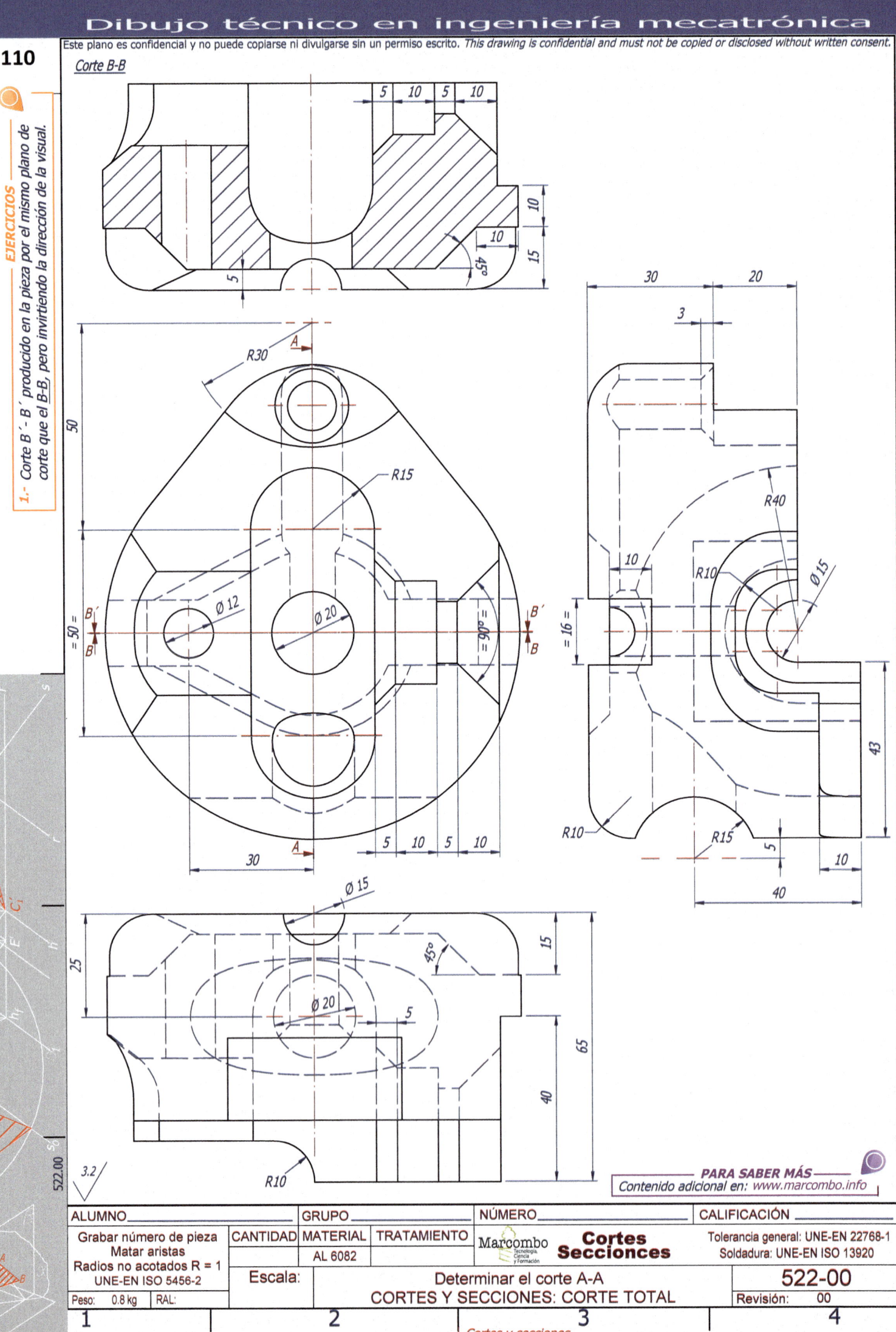

Corte B-B

ALUMNO		GRUPO		NÚMERO			CALIFICACIÓN	

Grabar número de pieza
Matar aristas
Radios no acotados R = 1
UNE-EN ISO 5456-2

CANTIDAD · MATERIAL · TRATAMIENTO
AL 6082

Marcombo
Tecnología, Ciencia y Formación

Cortes Seccionces

Tolerancia general: UNE-EN 22768-1
Soldadura: UNE-EN ISO 13920

Escala:

Determinar el corte A-A
CORTES Y SECCIONES: CORTE TOTAL

522-00

Peso: 0.8 kg · RAL:

Revisión: 00

PARA SABER MÁS
Contenido adicional en: www.marcombo.info

Cortes y secciones

Este plano es confidencial y no puede copiarse ni divulgarse sin un permiso escrito. *This drawing is confidential and must not be copied or disclosed without written consent.*

111

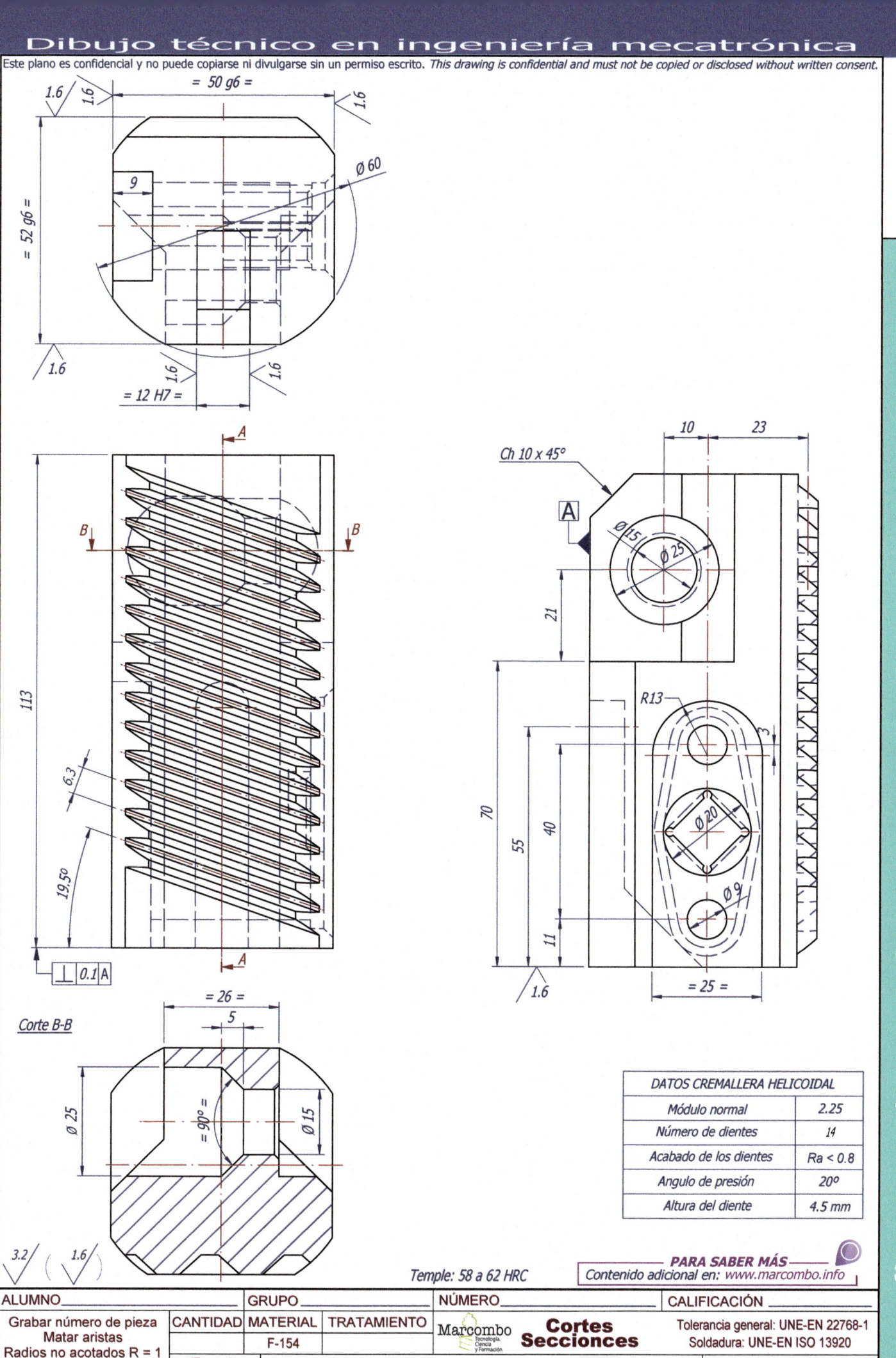

Corte B-B

Ch 10 x 45°

DATOS CREMALLERA HELICOIDAL

Módulo normal	2.25
Número de dientes	14
Acabado de los dientes	Ra < 0.8
Angulo de presión	20°
Altura del diente	4.5 mm

Temple: 58 a 62 HRC

PARA SABER MÁS
Contenido adicional en: www.marcombo.info

ALUMNO_____		GRUPO _____		NÚMERO_____		CALIFICACIÓN _____

Grabar número de pieza
Matar aristas
Radios no acotados R = 1
UNE-EN ISO 5456-2

CANTIDAD	MATERIAL	TRATAMIENTO
	F-154	

Marcombo
Tecnología,
Ciencia
y Formación

Cortes Secciones

Tolerancia general: UNE-EN 22768-1
Soldadura: UNE-EN ISO 13920

Escala:

Determinar el corte A-A
CORTES Y SECCIONES: CORTE TOTAL

523-00

Peso:	1.5 kg	RAL:

Revisión: 00

Cortes y secciones

Líneas de rayado: deben de terminar sobre el contorno de la arista seccionada.

Ch 30 x 45°   Ch 30 x 45°

3.2   1.6

55   70   118
21   36
7
23   33

R15   R15
3
60°
R10
R6   R40

35   25

Ø 100

A

18   Ø 12   Ø 18
Ch 3 x 45°

25

Ch 15 x 45°   = 90° =   = 12 =   Ch 4 x 45°

15   7   12
50   20   4

R5   20

53   130   25

0.8

70   Ø 16   Ø 30
35   52
B   B
R13

Ch 15 x 45°   A

= 120 =
= 150 =

(x4)
ATA M8

(2x) Ø 8 H7 x 20 Prof.

70

40

Hexágono

Ø 100
Ø 125

118   Ø 12   62   70

12   20

90°   Ch 5 x 45°

524.00

ALUMNO		GRUPO		NÚMERO		CALIFICACIÓN
Grabar número de pieza Matar aristas Radios no acotados R = 1 UNE-EN ISO 5456-2	CANTIDAD	MATERIAL	TRATAMIENTO	Marcombo Tecnología, Ciencia y Formación	**Cortes Seccionces**	Tolerancia general: UNE-EN 22768-1 Soldadura: UNE-EN ISO 13920
		AL 6082				
		Escala:		Determinar los cortes A-A y B-B		**524-00**
Peso: 2 kg	RAL:			CORTES Y SECCIONES: PLANOS PARALELOS		Revisión: 00

1   2   3   4

Cortes y secciones

Este plano es confidencial y no puede copiarse ni divulgarse sin un permiso escrito. *This drawing is confidential and must not be copied or disclosed without written consent.*

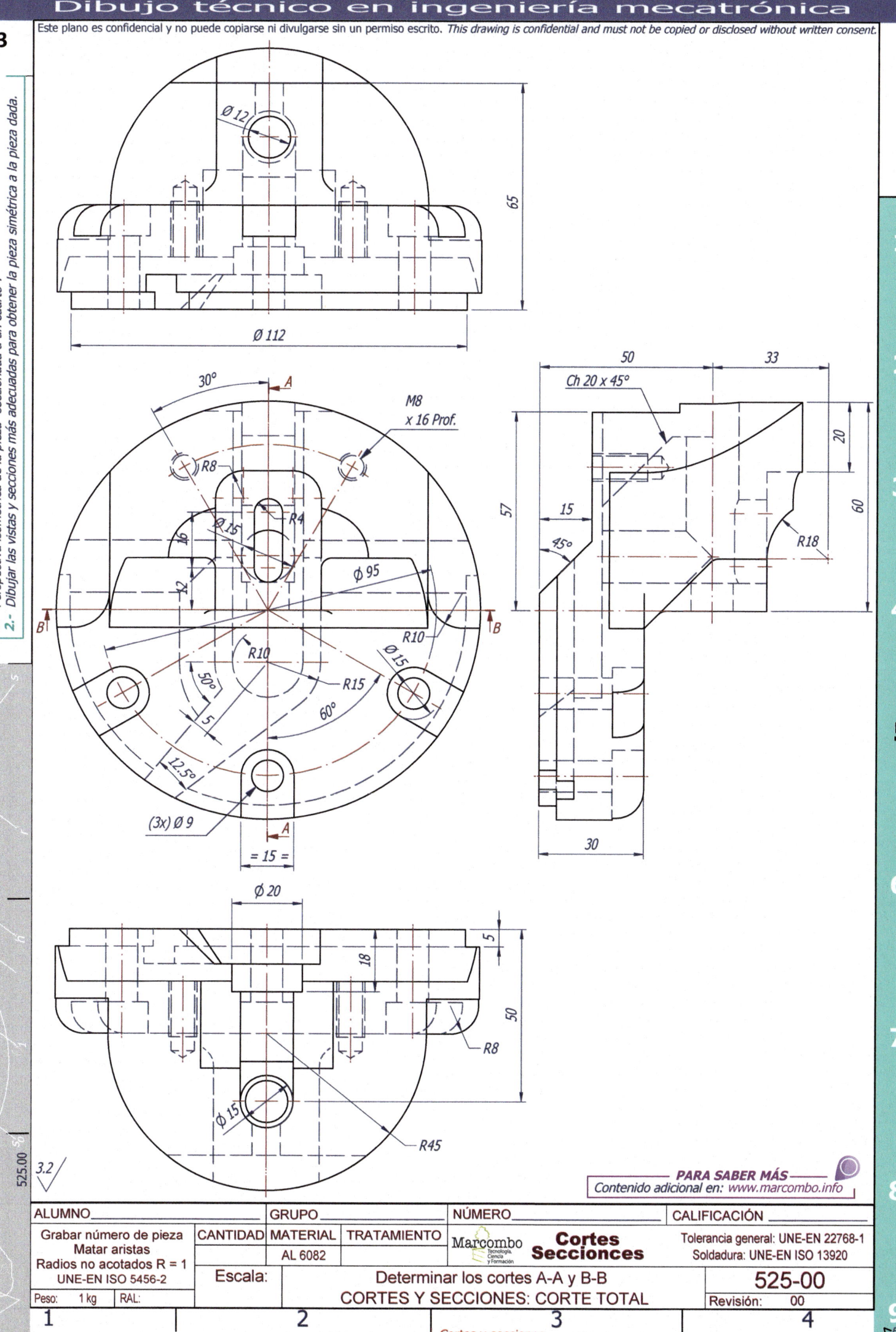

Ø 12
Ø 112
65

30°
M8
x 16 Prof.
R8
R4
Ø 15
16
12
Ø 95
B
R10
R10
R15
Ø 15
50°
60°
5
12.5°
(3x) Ø 9
A
= 15 =
57

50
33
Ch 20 x 45°
20
15
45°
60
R18
30

Ø 20
18
5
50
R8
Ø 15
R45
3.2

ALUMNO		GRUPO		NÚMERO		CALIFICACIÓN	
Grabar número de pieza Matar aristas Radios no acotados R = 1 UNE-EN ISO 5456-2	CANTIDAD	MATERIAL AL 6082	TRATAMIENTO	Marcombo Tecnología, Ciencia y Formación	**Cortes Secciónces**	Tolerancia general: UNE-EN 22768-1 Soldadura: UNE-EN ISO 13920	
Peso: 1 kg	RAL:	Escala:		Determinar los cortes A-A y B-B CORTES Y SECCIONES: CORTE TOTAL		**525-00** Revisión: 00	

525.00

Este plano es confidencial y no puede copiarse ni divulgarse sin un permiso escrito. *This drawing is confidential and must not be copied or disclosed without written consent.*

Nota: las cotas no indicadas se dejan a criterio del lector.

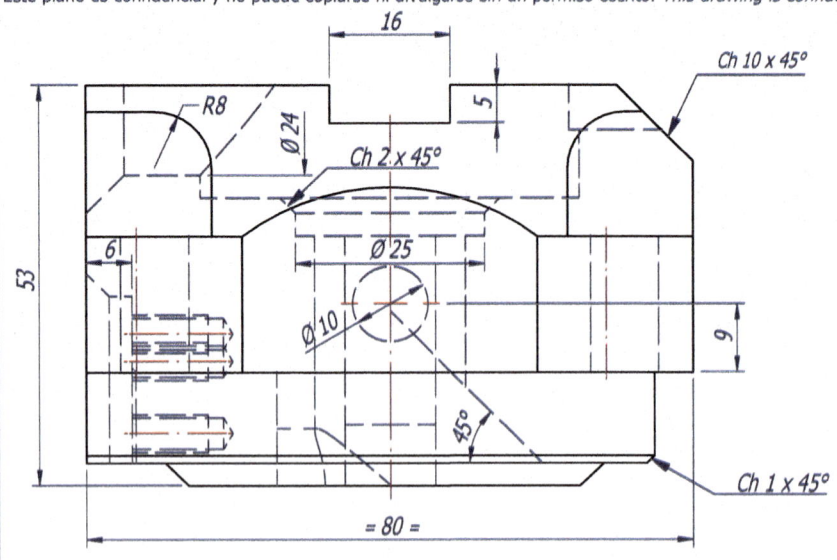

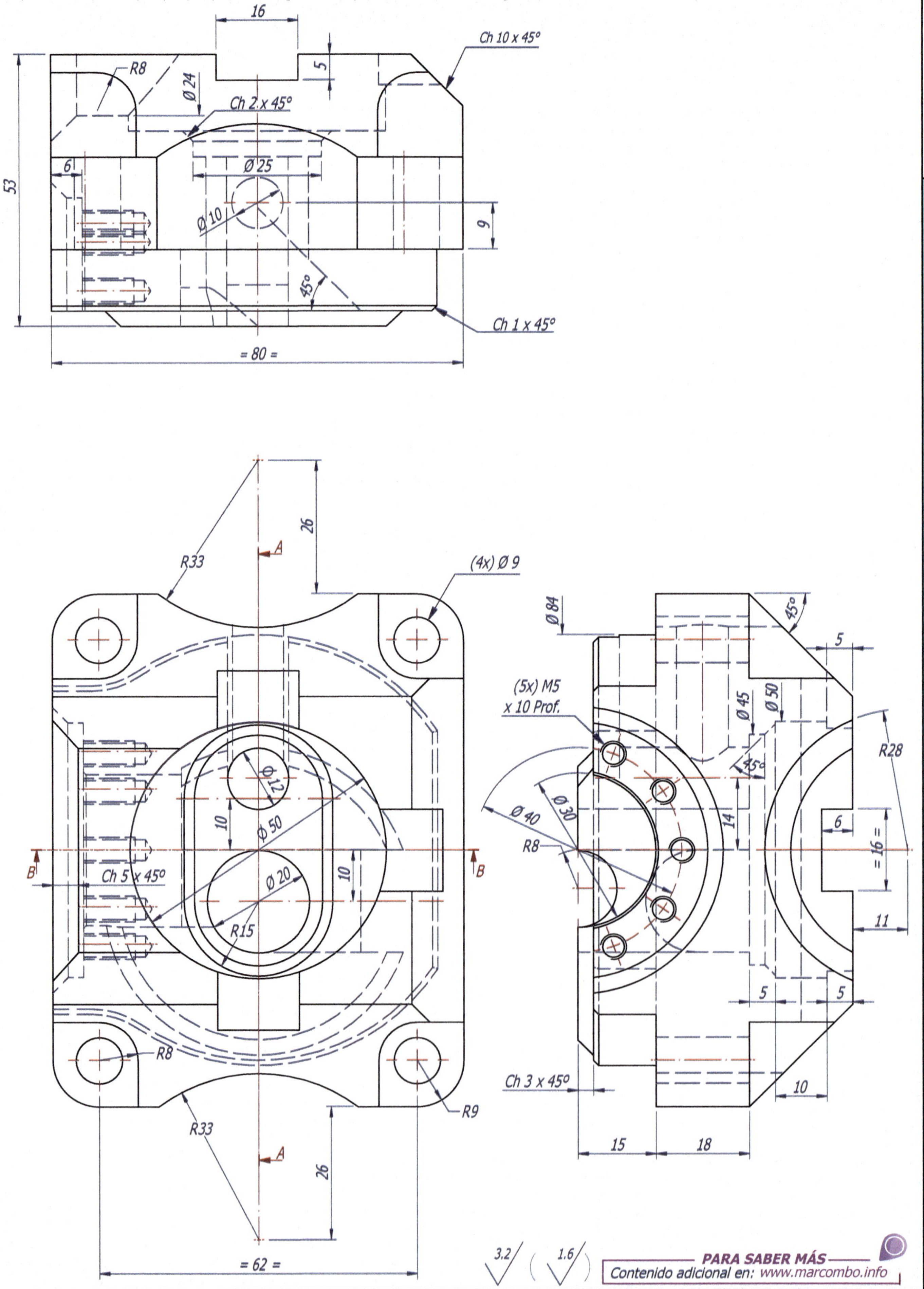

16
5
R8
Ø 24
Ch 2 x 45°
Ch 10 x 45°
53
6
Ø 25
Ø 10
9
45°
Ch 1 x 45°
= 80 =

26
R33
A
(4x) Ø 9
Ø 84
45°
(5x) M5 x 10 Prof.
5
Ø 45
Ø 50
Ø 12
10
Ø 50
Ø 40
Ø 30
14
R28
B
B
Ch 5 x 45°
Ø 20
10
R8
45°
6
= 16 =
R15
B
B
11
R8
5
5
Ch 3 x 45°
R9
15
18
10
R33
A
26
= 62 =

3.2
1.6

PARA SABER MÁS
Contenido adicional en: www.marcombo.info

ALUMNO_____			GRUPO_____		NÚMERO_____		CALIFICACIÓN_____
Grabar número de pieza Matar aristas Radios no acotados R = 1 UNE-EN ISO 5456-2	CANTIDAD	MATERIAL	TRATAMIENTO	**Marcombo** Tecnología, Ciencia y Formación	**Cortes Seccionces**		Tolerancia general: UNE-EN 22768-1
		AL 6082					Soldadura: UNE-EN ISO 13920
	Escala:			Determinar los cortes A-A y B-B			**526-00**
Peso: 0.7 kg	RAL:			CORTES Y SECCIONES: CORTE TOTAL			Revisión: 00

526.00

P.H.

Este plano es confidencial y no puede copiarse ni divulgarse sin un permiso escrito. *This drawing is confidential and must not be copied or disclosed without written consent.*

Nota: se han acotado las dimensiones fundamentales de la pieza. El resto se dejan a criterio del lector.

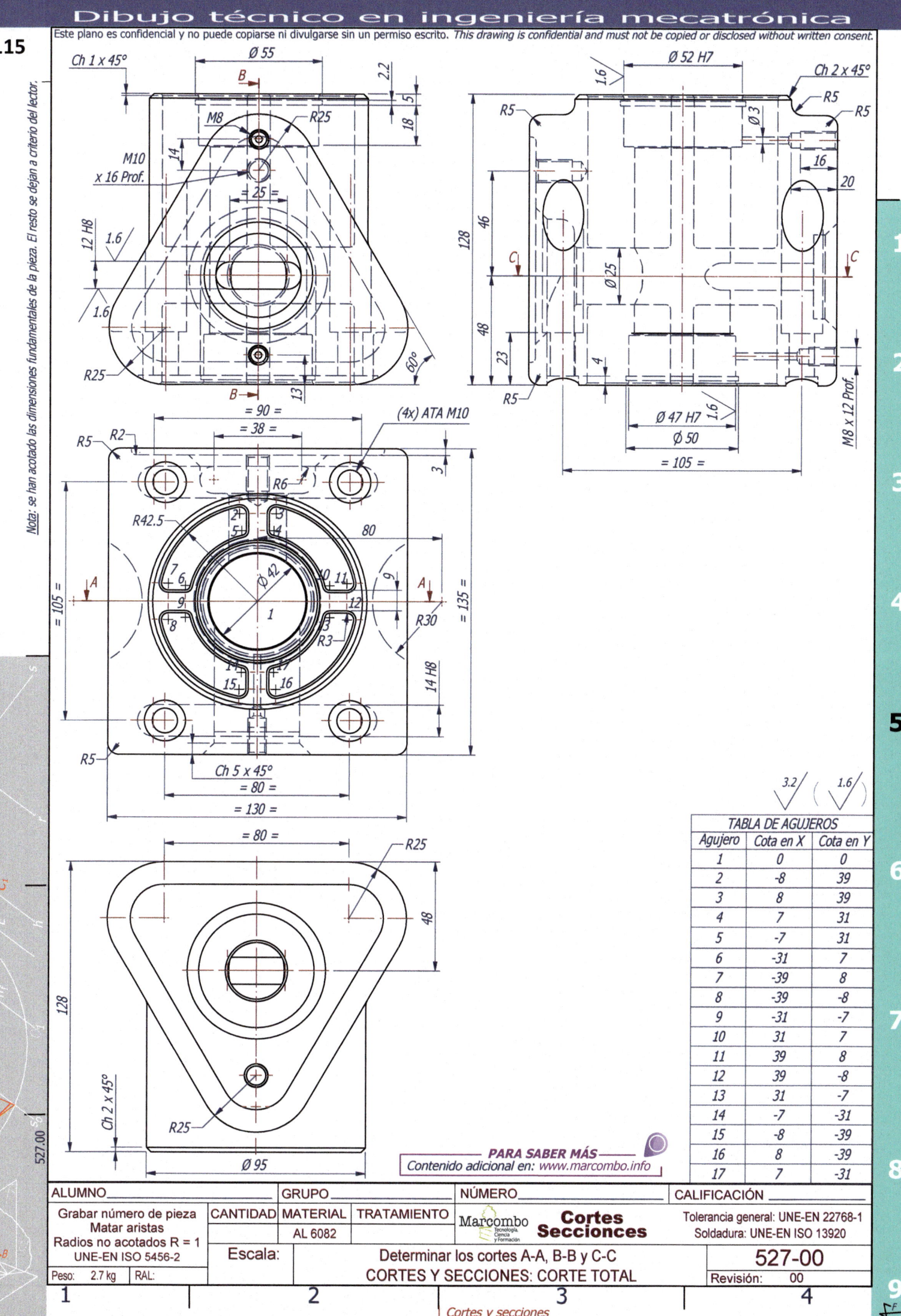

TABLA DE AGUJEROS		
Agujero	Cota en X	Cota en Y
1	0	0
2	-8	39
3	8	39
4	7	31
5	-7	31
6	-31	7
7	-39	8
8	-39	-8
9	-31	-7
10	31	7
11	39	8
12	39	-8
13	31	-7
14	-7	-31
15	-8	-39
16	8	-39
17	7	-31

PARA SABER MÁS
Contenido adicional en: www.marcombo.info

ALUMNO		GRUPO		NÚMERO		CALIFICACIÓN	
Grabar número de pieza Matar aristas Radios no acotados R = 1 UNE-EN ISO 5456-2	CANTIDAD	MATERIAL	TRATAMIENTO	**Marcombo** Tecnología, Ciencia y Formación	**Cortes Seccionces**	Tolerancia general: UNE-EN 22768-1 Soldadura: UNE-EN ISO 13920	
		AL 6082					
Escala:			Determinar los cortes A-A, B-B y C-C		**527-00**		
Peso: 2.7 kg	RAL:		CORTES Y SECCIONES: CORTE TOTAL		Revisión:	00	

Cortes y secciones

Cotas: las cotas no indicadas, se dejan a criterio del lector.

(3x) M16 x 22 Prof.

36°   36°

Ø 185
Ø 25
Ø 136
Ø 60
22
R6

50
(6x) ATA M8
B
60°
R10
R5
R3
R3
R3
C
Ø45
Ø 75
175
= 60 =
12
B
Ø 220
45
25

120
R5
R20
R5
R20
30
15
15
R10
R5
100
R5   R5
25
1.6
Ch 2 x 45°

(3x) ATA M12
A
A
R60
R60

3.2   1.6

36°   36°

528.00

ALUMNO		GRUPO		NÚMERO		CALIFICACIÓN	
Grabar número de pieza Matar aristas Radios no acotados R = 1 UNE-EN ISO 5456-2	CANTIDAD	MATERIAL	TRATAMIENTO	Marcombo Tecnología, Ciencia y Formación	**Cortes Seccionces**	Tolerancia general: UNE-EN 22768-1	
		AL 6082				Soldadura: UNE-EN ISO 13920	
	Escala:			Determinar los cortes A-A, B-B y C-C		**528-00**	
Peso: 8.3 kg	RAL:			CORTES Y SECCIONES: CORTE TOTAL		Revisión:	00

1   2   3   4

Cortes y secciones

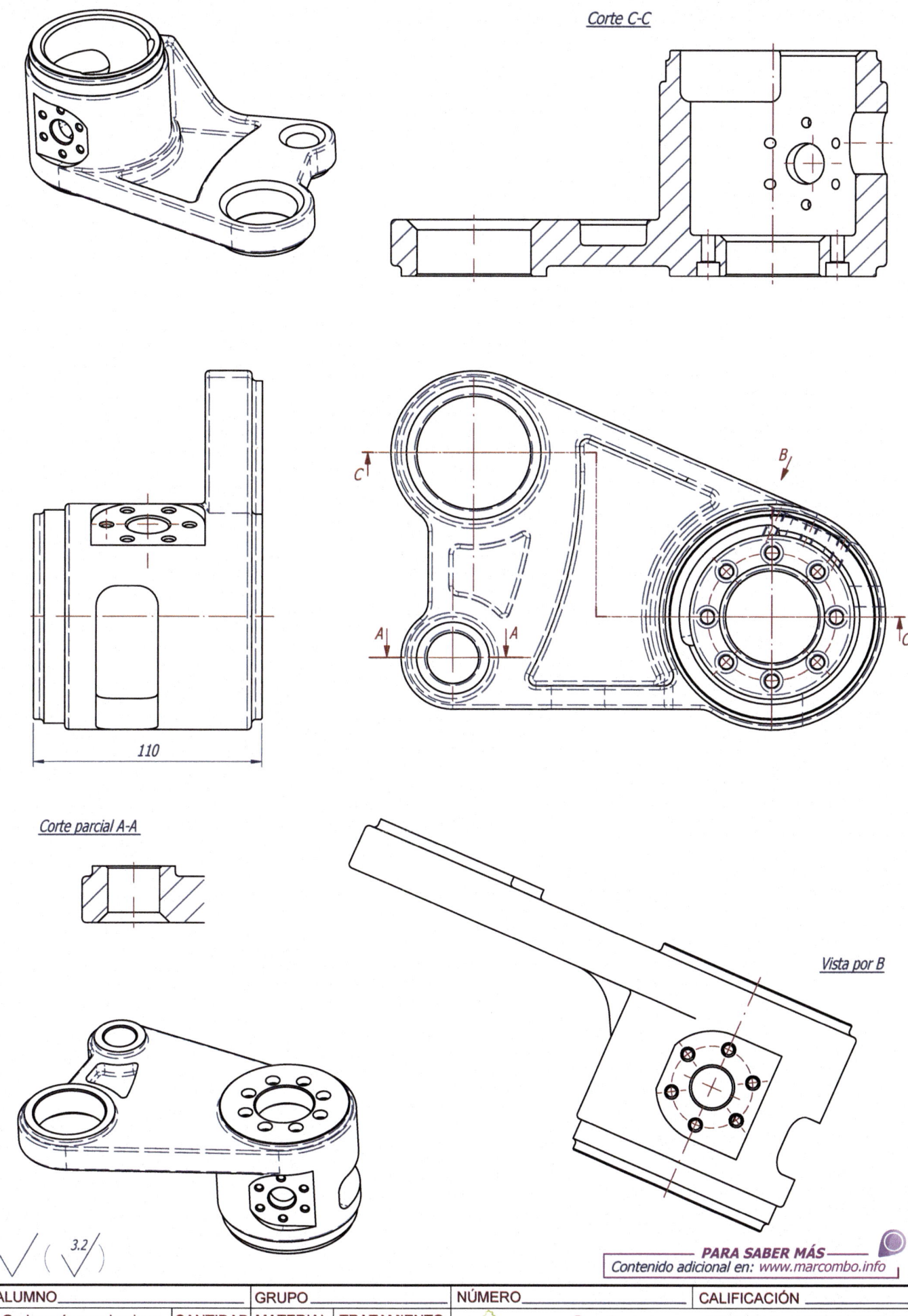

Corte C-C

110

Corte parcial A-A

Vista por B

529.00

√ (3.2)

PARA SABER MÁS
Contenido adicional en: www.marcombo.info

ALUMNO		GRUPO		NÚMERO		CALIFICACIÓN
Grabar número de pieza Matar aristas Radios no acotados R = 1 UNE-EN ISO 5456-2	CANTIDAD	MATERIAL	TRATAMIENTO	Marcombo Tecnología, Ciencia y Formación	**Cortes Seccionces**	Tolerancia general: UNE-EN 22768-1 Soldadura: UNE-EN ISO 13920
		AL 6082				
Peso: 2.1 kg	RAL:	Escala:	Acotar la pieza dada e indicar signos de mecanizado			529-00
			CORTES Y SECCIONES: ACOTACIÓN			Revisión: 00

Líneas de corte: se hacen con línea fina de trazo y punto, siendo sus extremos dos trazos de línea continua gruesa.

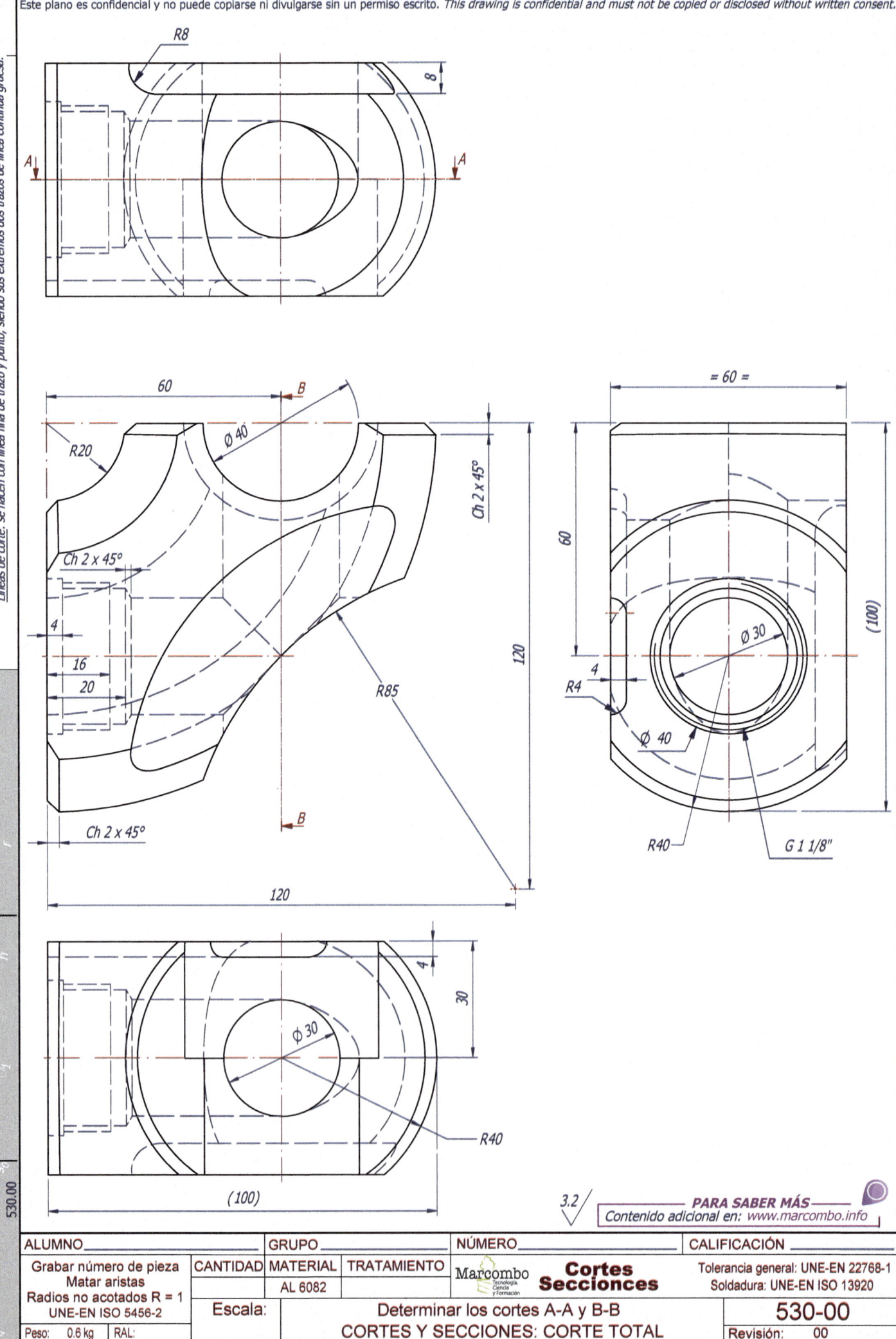

R8

8

A

A

60

B

Ø 40

R20

Ch 2 x 45°

Ch 2 x 45°

4

16

20

R85

120

120

B

Ch 2 x 45°

= 60 =

Ch 2 x 45°

60

(100)

Ø 30

4

R4

Ø 40

R40

G 1 1/8"

4

30

Ø 30

R40

(100)

530.00

3.2

PARA SABER MÁS
Contenido adicional en: www.marcombo.info

ALUMNO		GRUPO		NÚMERO			CALIFICACIÓN	
Grabar número de pieza Matar aristas Radios no acotados R = 1 UNE-EN ISO 5456-2	CANTIDAD	MATERIAL	TRATAMIENTO	**Marcombo** Tecnología, Ciencia y Formación	**Cortes Seccionces**		Tolerancia general: UNE-EN 22768-1 Soldadura: UNE-EN ISO 13920	
		AL 6082						
	Escala:			Determinar los cortes A-A y B-B			**530-00**	
Peso: 0.6 kg	RAL:			CORTES Y SECCIONES: CORTE TOTAL			Revisión:	00

1   2   3   4

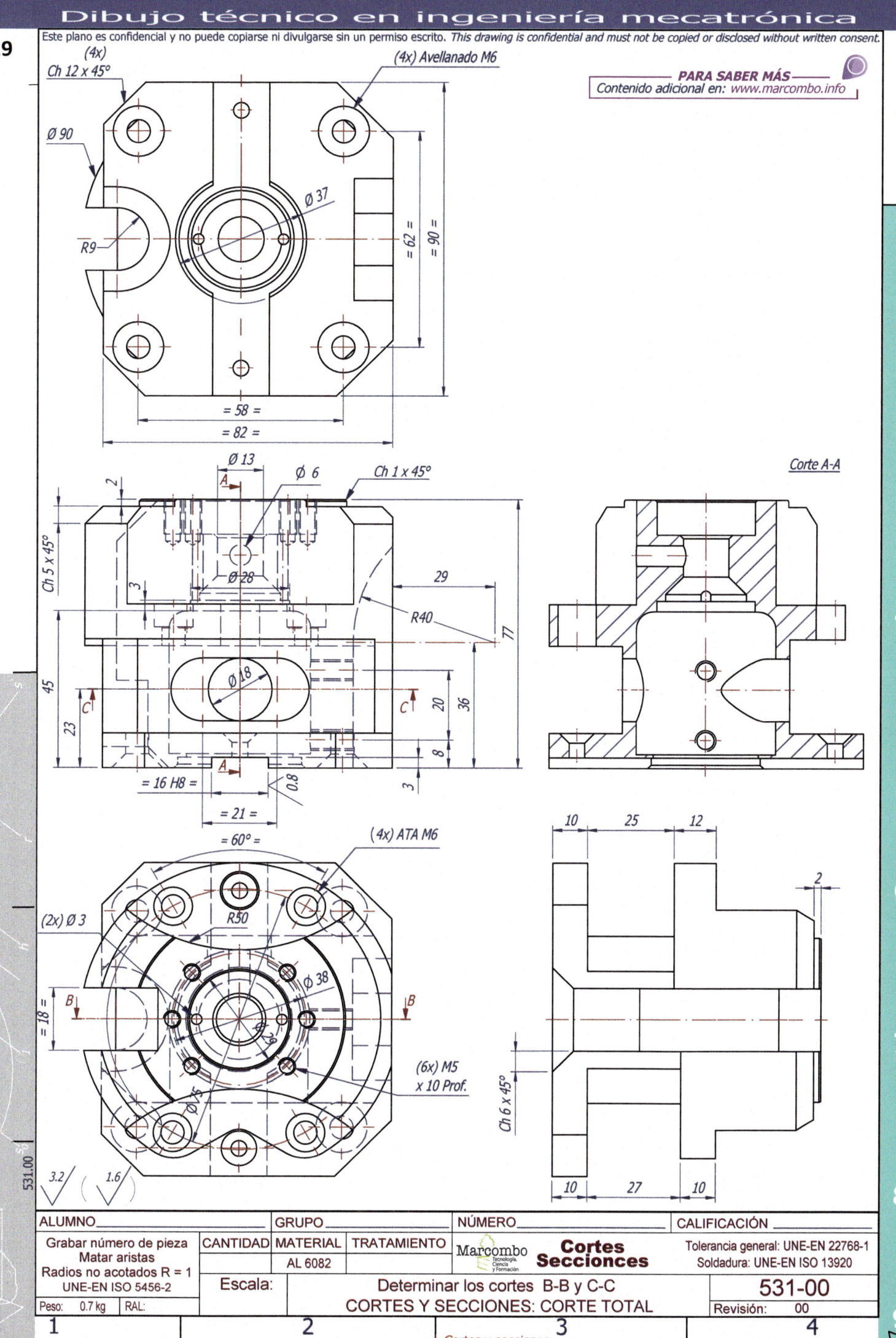

(4x)
Ch 12 x 45°

(4x) Avellanado M6

PARA SABER MÁS
Contenido adicional en: *www.marcombo.info*

Ø 90

Ø 37

R9

= 62 =
= 90 =

= 58 =
= 82 =

Ø 13
Ø 6
Ch 1 x 45°

A

Ch 5 x 45°

Ø 28

29
R40
77

Ø 48

45
23
C
C
20
36
8

= 16 H8 =
0.8
A
3

= 21 =

Corte A-A

= 60° =
(4x) ATA M6
R50

(2x) Ø 3

= 18 =
B
Ø 38
B

(6x) M5
x 10 Prof.

Ch 6 x 45°

10   25   12

2

10   27   10

3.2   1.6

531.00

ALUMNO		GRUPO		NÚMERO		CALIFICACIÓN	

Grabar número de pieza
Matar aristas
Radios no acotados R = 1
UNE-EN ISO 5456-2

CANTIDAD	MATERIAL	TRATAMIENTO
	AL 6082	

Marcombo
Tecnología,
Ciencia
y Formación

Cortes
Secciónces

Tolerancia general: UNE-EN 22768-1
Soldadura: UNE-EN ISO 13920

Escala:

Determinar los cortes B-B y C-C
CORTES Y SECCIONES: CORTE TOTAL

531-00

Peso: 0.7 kg   RAL:

Revisión: 00

Cortes y secciones

Este plano es confidencial y no puede copiarse ni divulgarse sin un permiso escrito. *This drawing is confidential and must not be copied or disclosed without written consent.*

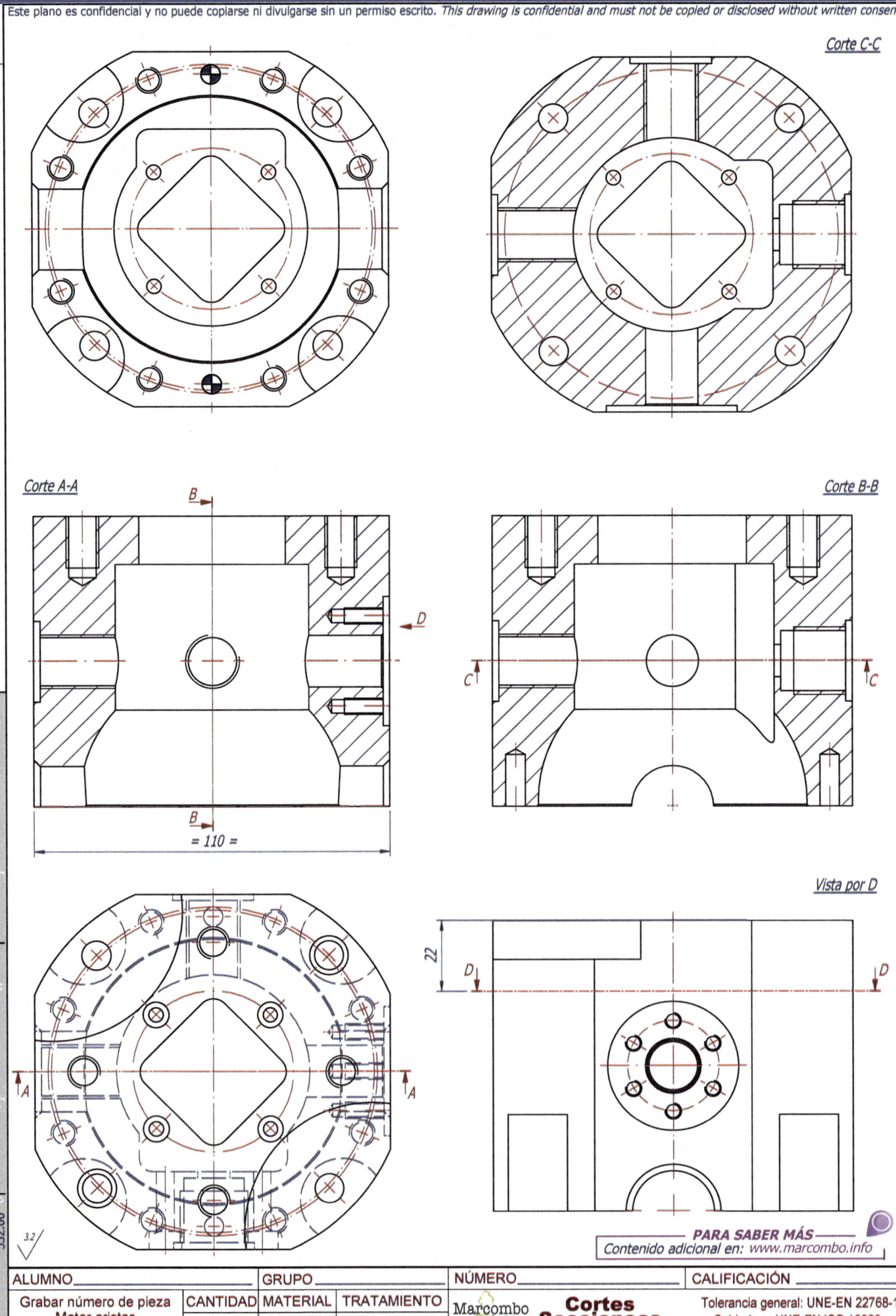

Corte C-C

Corte A-A

Corte B-B

= 110 =

Vista por D

22

532.00

3.2

ALUMNO		GRUPO		NÚMERO			CALIFICACIÓN	
Grabar número de pieza Matar aristas Radios no acotados R = 1 UNE-EN ISO 5456-2	CANTIDAD	MATERIAL	TRATAMIENTO	Marcombo Tecnología, Ciencia y Formación	**Cortes** **Secciones**		Tolerancia general: UNE-EN 22768-1 Soldadura: UNE-EN ISO 13920	
		AL 6082						
Peso: 1.4 kg	RAL:	Escala:		Acotar la pieza dada por sus vistas y secciones			532-00	
				CORTES Y SECCIONES: CORTE TOTAL			Revisión:	00

1   2   3   4

Cortes y secciones

Este plano es confidencial y no puede copiarse ni divulgarse sin un permiso escrito. *This drawing is confidential and must not be copied or disclosed without written consent.*

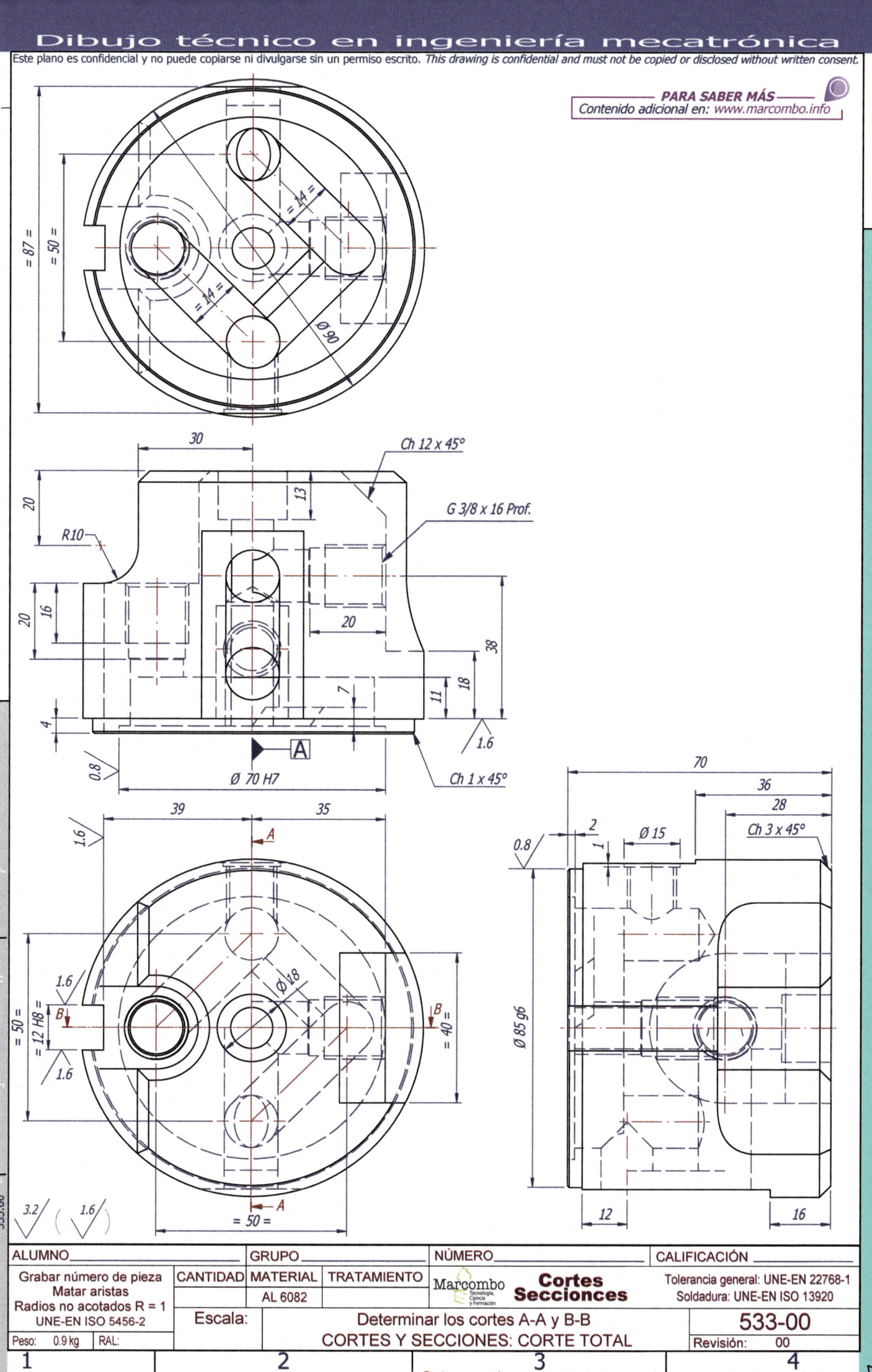

Las líneas ocultas, en general, no deben dibujarse, excepto cuando nos eviten tener que hacer otras vistas. Si el plano de corte es evidente (piezas simétricas), no hace falta indicarlo.

PARA SABER MÁS
Contenido adicional en: *www.marcombo.info*

Ch 12 x 45°

G 3/8 x 16 Prof.

R10

Ø 90

Ø 70 H7

Ch 1 x 45°

Ø 18

Ch 3 x 45°

Ø 15

Ø 85 g6

ALUMNO		GRUPO		NÚMERO		CALIFICACIÓN	
Grabar número de pieza Matar aristas Radios no acotados R = 1 UNE-EN ISO 5456-2	CANTIDAD	MATERIAL	TRATAMIENTO	Marcombo Tecnología, Ciencia y Formación	**Cortes Secciones**	Tolerancia general: UNE-EN 22768-1 Soldadura: UNE-EN ISO 13920	
		AL 6082					
	Escala:			Determinar los cortes A-A y B-B		**533-00**	
Peso: 0.9 kg	RAL:			CORTES Y SECCIONES: CORTE TOTAL		Revisión: 00	

Cortes y secciones

Este plano es confidencial y no puede copiarse ni divulgarse sin un permiso escrito. *This drawing is confidential and must not be copied or disclosed without written consent.*

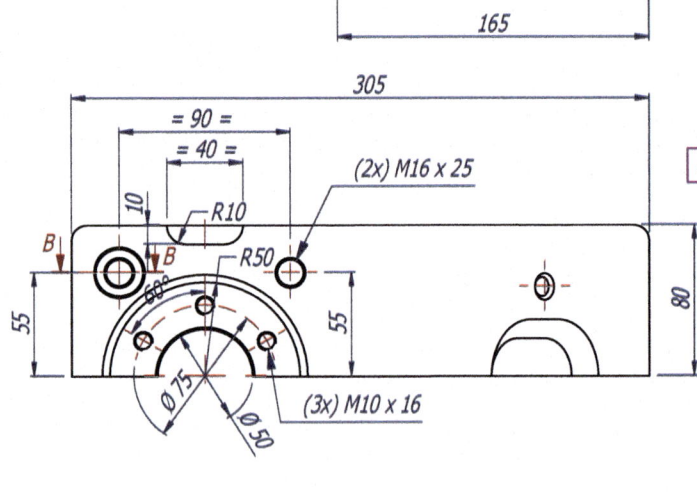

195
165
120
Ch 10 x 45°
10
10
R10
10
10
R10 R10
Ø 150
Ø 70
195
130
165

Vista parcial por D
37
(2x) M12 x 20
R3
= 110 =
20
25 23

Vista parcial por C
48
20
= 20 =
M12
R20

305
= 90 =
= 40 =
10
R10
(2x) M16 x 25
R50
B
B
55
55
80
90°
Ø 75
Ø 50
(3x) M10 x 16

PARA SABER MÁS
Contenido adicional en: *www.marcombo.info*

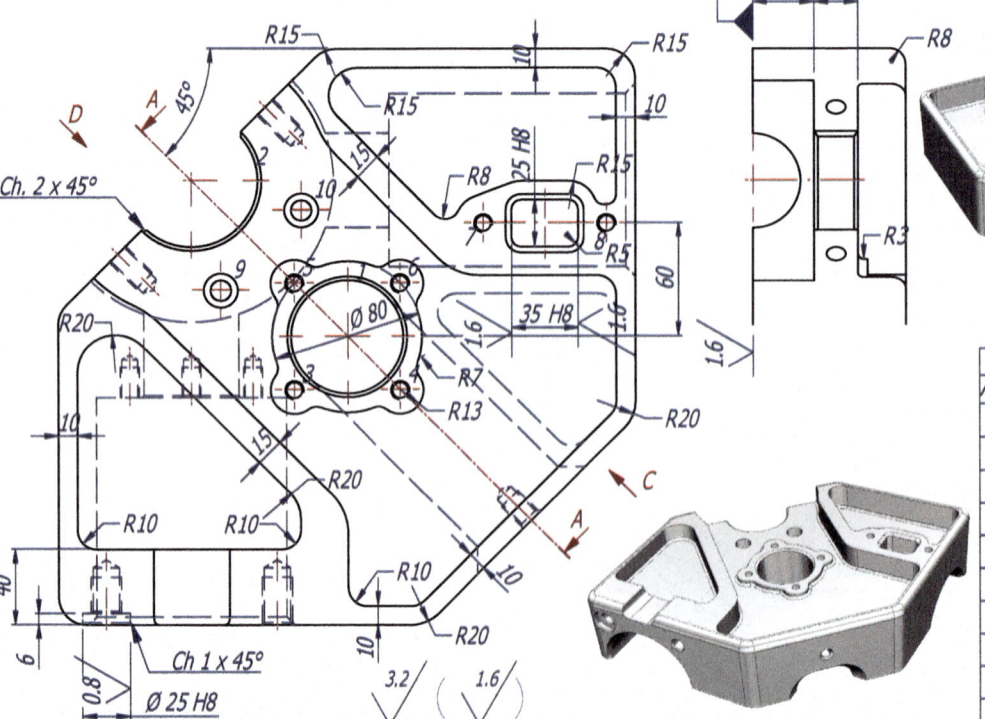

A
32   23
R8
R15
R15
R15
10
10
R8
25 H8
R15
D
A 45°
2
15
Ch. 2 x 45°
10
R5
R3
60
9
R20
Ø 80
35 H8
1.6
R7
R13
R20
R20
15
10
R10   R10
40
R10
6
10
C
A
10
R20
Ch 1 x 45°
0.8
Ø 25 H8
3.2   1.6
534.00

TABLA DE AGUJEROS			
Agujero	Cota en X	Cota en Y	Descripción
1	0	0	Ø 60 H7
2	-83	83	Ø 70 H7
3	-28	-28	
4	28	-28	
5	-28	28	M10
6	28	28	
7	73	60	
8	138	60	
9	-67	25	ATA M10
10	-25	67	

ALUMNO		GRUPO		NÚMERO		CALIFICACIÓN	

Grabar número de pieza Matar aristas Radios no acotados R = 1 UNE-EN ISO 5456-2	CANTIDAD	MATERIAL	TRATAMIENTO	**Cortes Secciónces**	Tolerancia general: UNE-EN 22768-1 Soldadura: UNE-EN ISO 13920
		AL 6082		marcombo Tecnología, Ciencia y Formación	
Peso: 8.7 kg | RAL:	Escala:		Determinar el corte A-A	**534-00**
			CORTES Y SECCIONES: CORTES DE DETALLE	Revisión: 00

1   2   3   4

Cortes y secciones

Este plano es confidencial y no puede copiarse ni divulgarse sin un permiso escrito. *This drawing is confidential and must not be copied or disclosed without written consent.*

123

Vista auxiliar: es la vista obtenida sobre un plano de proyección distinto a los planos principales y de corte.

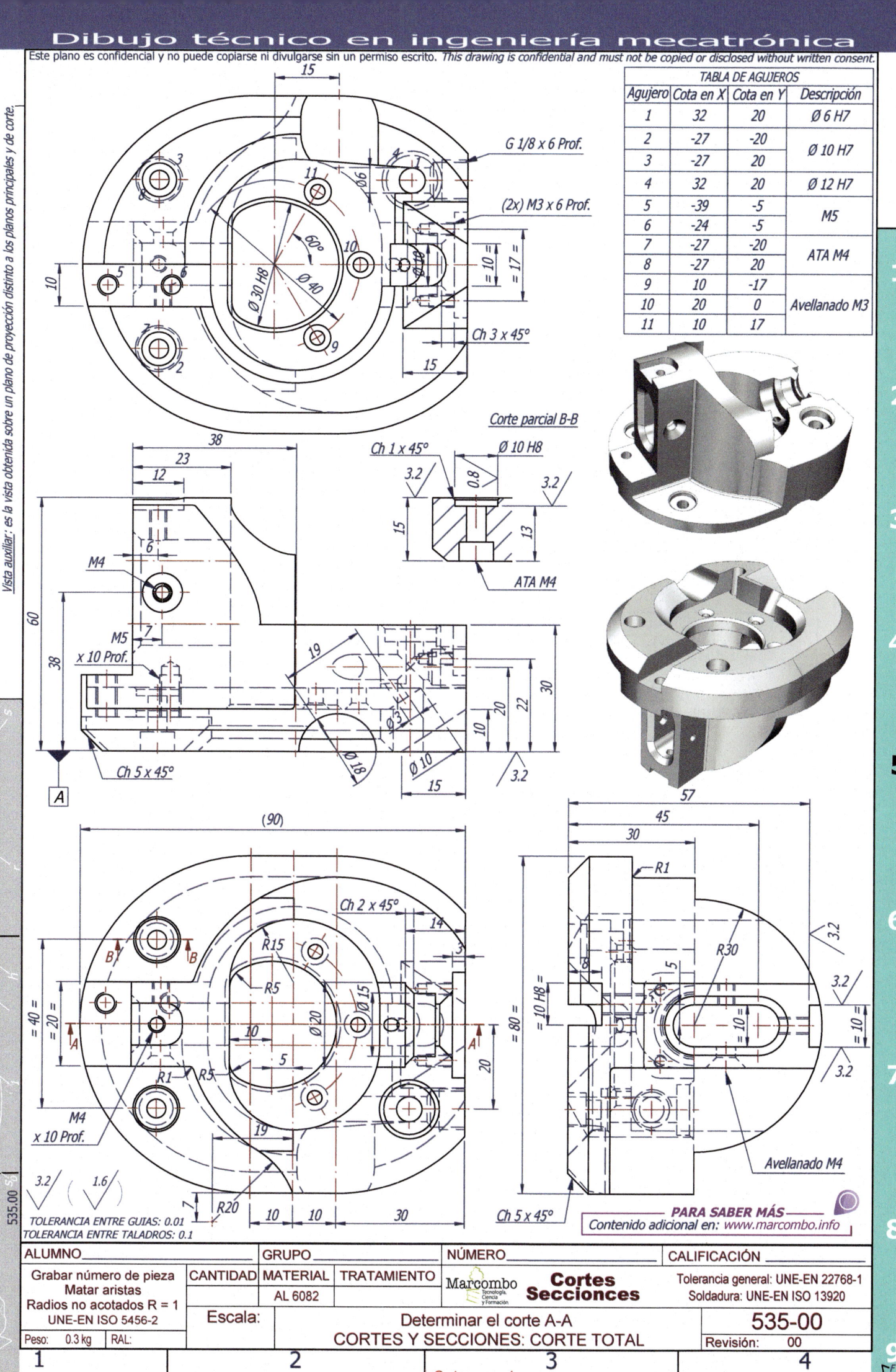

TABLA DE AGUJEROS

Agujero	Cota en X	Cota en Y	Descripción
1	32	20	Ø 6 H7
2	-27	-20	Ø 10 H7
3	-27	20	Ø 10 H7
4	32	20	Ø 12 H7
5	-39	-5	M5
6	-24	-5	M5
7	-27	-20	ATA M4
8	-27	20	ATA M4
9	10	-17	Avellanado M3
10	20	0	Avellanado M3
11	10	17	Avellanado M3

G 1/8 x 6 Prof.

(2x) M3 x 6 Prof.

Ch 3 x 45°

Ø 30 H8   Ø 40   60°

Corte parcial B-B

Ch 1 x 45°   Ø 10 H8   ATA M4

M4   M5 x 10 Prof.

Ch 5 x 45°

Ø 18   Ø 10   3.2

A

Ch 2 x 45°

R15   R5   Ø 20   R1   R5   M4 x 10 Prof.

R20   3.2   1.6

TOLERANCIA ENTRE GUIAS: 0.01
TOLERANCIA ENTRE TALADROS: 0.1

57   45   30   R1   R30   Avellanado M4   Ch 5 x 45°

ALUMNO		GRUPO		NÚMERO		CALIFICACIÓN

| Grabar número de pieza
Matar aristas
Radios no acotados R = 1
UNE-EN ISO 5456-2 | CANTIDAD | MATERIAL | TRATAMIENTO | Marcombo
Tecnología,
Ciencia
y Formación | **Cortes
Seccionces** | Tolerancia general: UNE-EN 22768-1
Soldadura: UNE-EN ISO 13920 |
| | | AL 6082 | | | | |

Escala: Determinar el corte A-A
CORTES Y SECCIONES: CORTE TOTAL

535-00

Peso: 0.3 kg   RAL: Revisión: 00

Cortes y secciones

Este plano es confidencial y no puede copiarse ni divulgarse sin un permiso escrito. *This drawing is confidential and must not be copied or disclosed without written consent.*

TABLA DE AGUJEROS			
Agujero	Cota en X	Cota en Y	Descripción
1	-65	-65	Ø 16
2	65	-65	
3	-65	65	
4	65	65	
5	0	0	Ø 40
6	0	-58	M8
7	-13	-48	M6
8	-35	-35	
9	-48	-13	
10	-65	-65	Avellanado M8
11	65	-65	
12	0	0	
13	-65	65	
14	65	65	

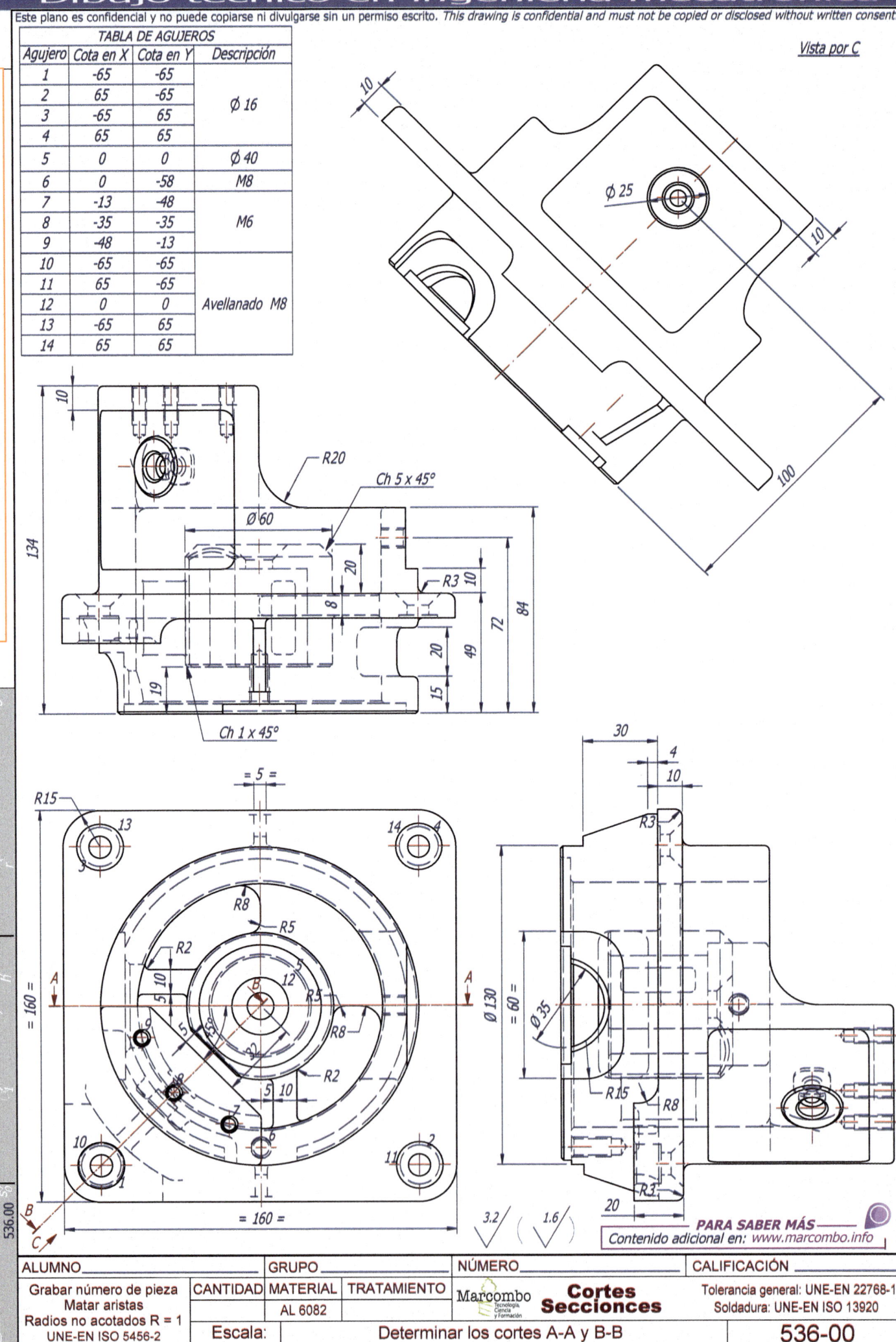

Vista por C

ALUMNO				GRUPO			NÚMERO			CALIFICACIÓN	

Grabar número de pieza
Matar aristas
Radios no acotados R = 1
UNE-EN ISO 5456-2

CANTIDAD	MATERIAL	TRATAMIENTO
	AL 6082	

Peso: 1.9 kg | RAL:

Escala: **1:2**

Marcombo Tecnología, Ciencia y Formación

Cortes Seccionces

Determinar los cortes A-A y B-B

CORTES Y SECCIONES: CORTE TOTAL Y PARCIAL

Tolerancia general: UNE-EN 22768-1
Soldadura: UNE-EN ISO 13920

536-00

Revisión: 00

PARA SABER MÁS
Contenido adicional en: www.marcombo.info

Cortes y secciones

Este plano es confidencial y no puede copiarse ni divulgarse sin un permiso escrito. *This drawing is confidential and must not be copied or disclosed without written consent.*

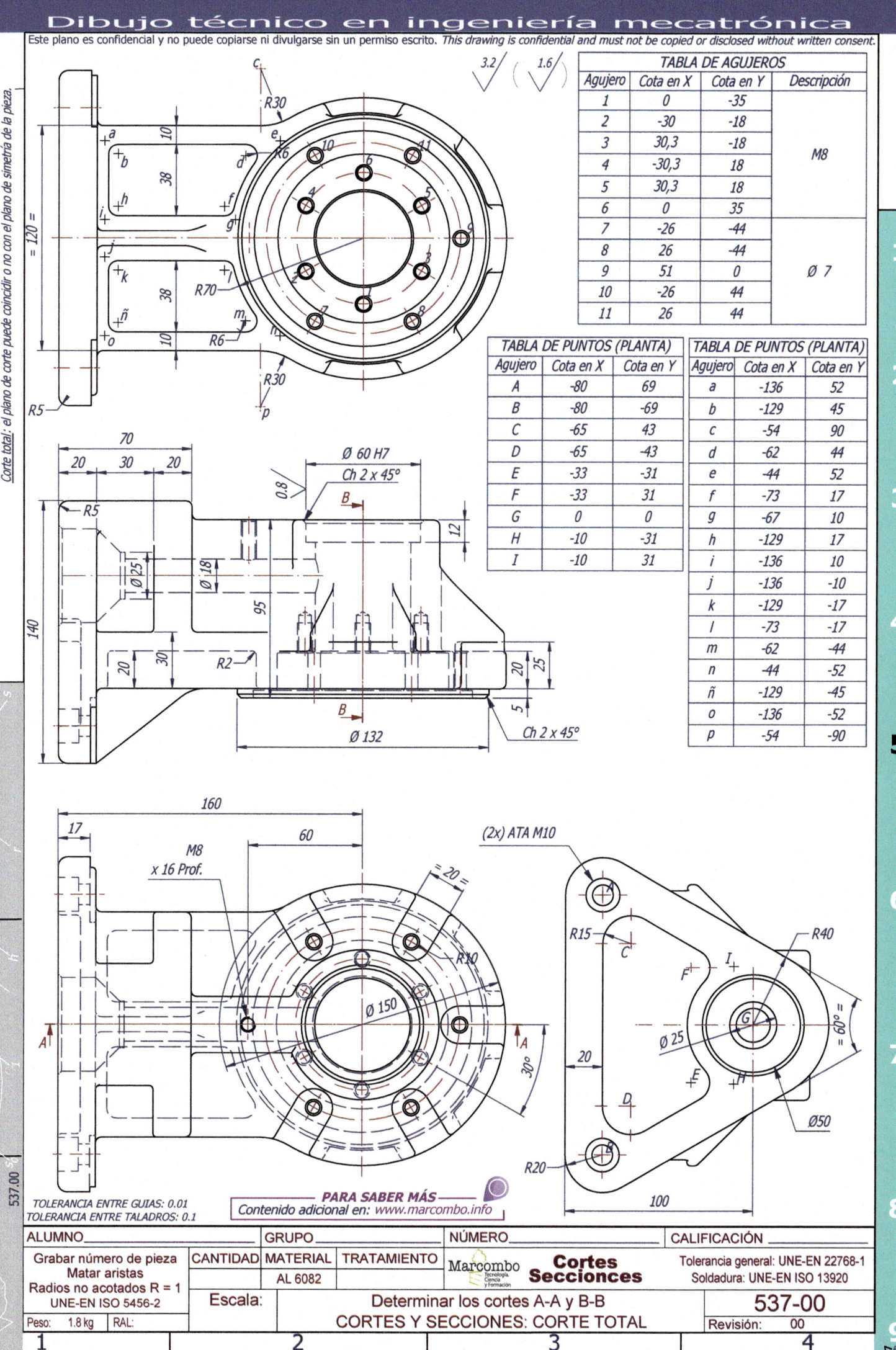

Corte total: el plano de corte puede coincidir o no con el plano de simetría de la pieza.

3.2 / (1.6 /)

TABLA DE AGUJEROS

Agujero	Cota en X	Cota en Y	Descripción
1	0	-35	
2	-30	-18	
3	30,3	-18	
4	-30,3	18	M8
5	30,3	18	
6	0	35	
7	-26	-44	
8	26	-44	
9	51	0	Ø 7
10	-26	44	
11	26	44	

TABLA DE PUNTOS (PLANTA)

Agujero	Cota en X	Cota en Y
A	-80	69
B	-80	-69
C	-65	43
D	-65	-43
E	-33	-31
F	-33	31
G	0	0
H	-10	-31
I	-10	31

TABLA DE PUNTOS (PLANTA)

Agujero	Cota en X	Cota en Y
a	-136	52
b	-129	45
c	-54	90
d	-62	44
e	-44	52
f	-73	17
g	-67	10
h	-129	17
i	-136	10
j	-136	-10
k	-129	-17
l	-73	-17
m	-62	-44
n	-44	-52
ñ	-129	-45
o	-136	-52
p	-54	-90

R30
R6
R70
R6
R30
R5
10
38
38
10
= 120 =

70
20 30 20
R5
Ø 25
Ø 18
140
95
20 30
R2
20 25 5
Ø 60 H7
Ch 2 x 45°
0.8
B
B
12
Ø 132
Ch 2 x 45°

160
17
60
M8 x 16 Prof.
(2x) ATA M10
20
R10
R15
C
R40
F
I
G
Ø 150
Ø 25
A A
30°
20
E
D
Ø50
R20
100
= 60° =

537.00

TOLERANCIA ENTRE GUIAS: 0.01
TOLERANCIA ENTRE TALADROS: 0.1

PARA SABER MÁS
Contenido adicional en: www.marcombo.info

ALUMNO		GRUPO		NÚMERO		CALIFICACIÓN	

Grabar número de pieza
Matar aristas
Radios no acotados R = 1
UNE-EN ISO 5456-2

CANTIDAD	MATERIAL	TRATAMIENTO
	AL 6082	

Marcombo Tecnología, Ciencia y Formación

Cortes Secciones

Tolerancia general: UNE-EN 22768-1
Soldadura: UNE-EN ISO 13920

Escala:

Determinar los cortes A-A y B-B
CORTES Y SECCIONES: CORTE TOTAL

537-00

Peso: 1.8 kg | RAL:

Revisión: 00

Cortes y secciones

1 2 3 4 5 6 7 8 9

Este plano es confidencial y no puede copiarse ni divulgarse sin un permiso escrito. *This drawing is confidential and must not be copied or disclosed without written consent.*

126

EJERCICIOS

1.- Dibujar la pieza con el mínimo de vistas y/o secciones precisas (tener en cuenta que no aparezcan líneas de trazos).

3.2
57
Ø 95
Ø 41
Ø 85
30°
(2x) Ø 7 x 15 Prof.
= 104 =
10
32
= 102 ± 0.1 =
3.2

Ø 75 g6
8
11
B
0.8
Ch1 x 45°
Ø 8
16
8
21
13
Ø 8
25
25
46
= 25 =
C
50
C
100
R80
8
16
R2
10
10
15
9
9
1.6
0.8
= 25 H7 =
0.8
(4x) M6
B

Ø 104
A
A
Ch 5 x45°
35
Ø 25
52.5
106
Ch 20 x 45°
R12
9
15
Ch 5 x 45°
3
22
M5

= 62 =
(2x) M6 x 12 Prof.
R20
= 47 =
14
= 10 =
25
R5
R5
5
45°
R5
3.2
1.6

10
Ø 8
R4
= 25 -0 +0.1 =
= 75 =
= 32 +0.1 +0 =
R5
8
Ø 8 H7
8
16
21
10
R4

TOLERANCIA ENTRE GUIAS: 0.01
TOLERANCIA ENTRE TALADROS: 0.1

Corte A-A

538.00

ALUMNO		GRUPO		NÚMERO			CALIFICACIÓN	
Grabar número de pieza Matar aristas Radios no acotados R = 1 UNE-EN ISO 5456-2	CANTIDAD	MATERIAL	TRATAMIENTO	Marcombo Tecnología, Ciencia y Formación	**Cortes Seccionces**		Tolerancia general: UNE-EN 22768-1 Soldadura: UNE-EN ISO 13920	
		AL 6082						
	Escala:		Determinar los cortes B-B y C-C CORTES Y SECCIONES: CORTE TOTAL				**538-00**	
Peso: 1.7 kg	RAL:						Revisión:	00

1   2   3   4

Cortes y secciones

TABLA DE AGUJEROS			
Agujero	Cota en X	Cota en Y	Descripción
J	-46	-10	Ø 10
H	46	-10	
B	-51	-38	M8
E	0	-38	
A	51	-38	
F	-51	21	
D	51	21	
C	0	38	
N	-46	-35	M12
L	46	-35	
M	-46	15	
K	46	15	
G	0	0	Ø 30

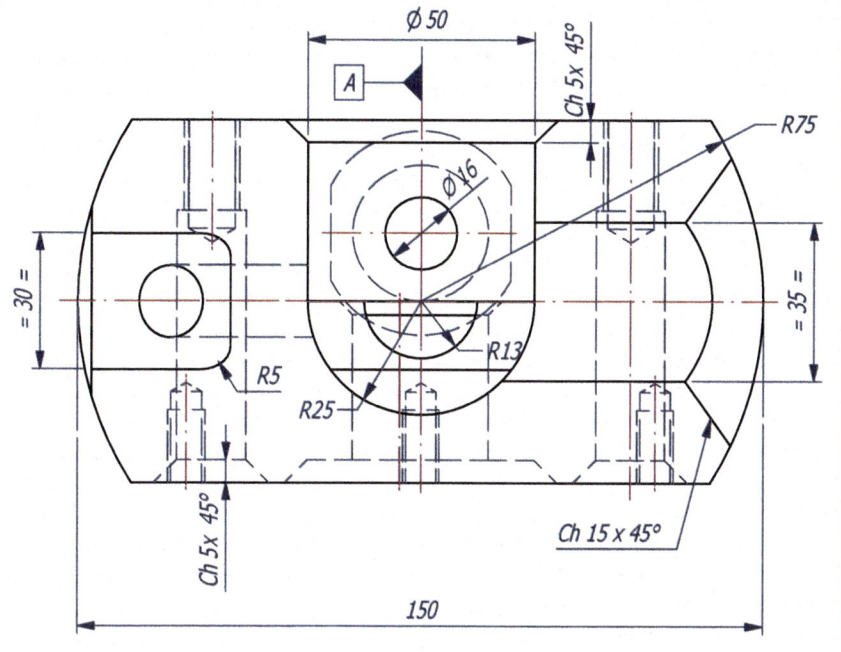

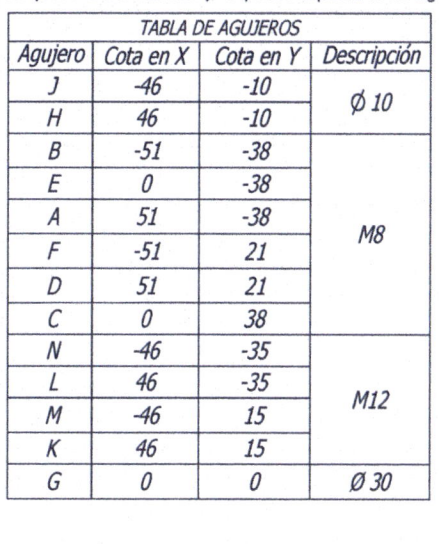

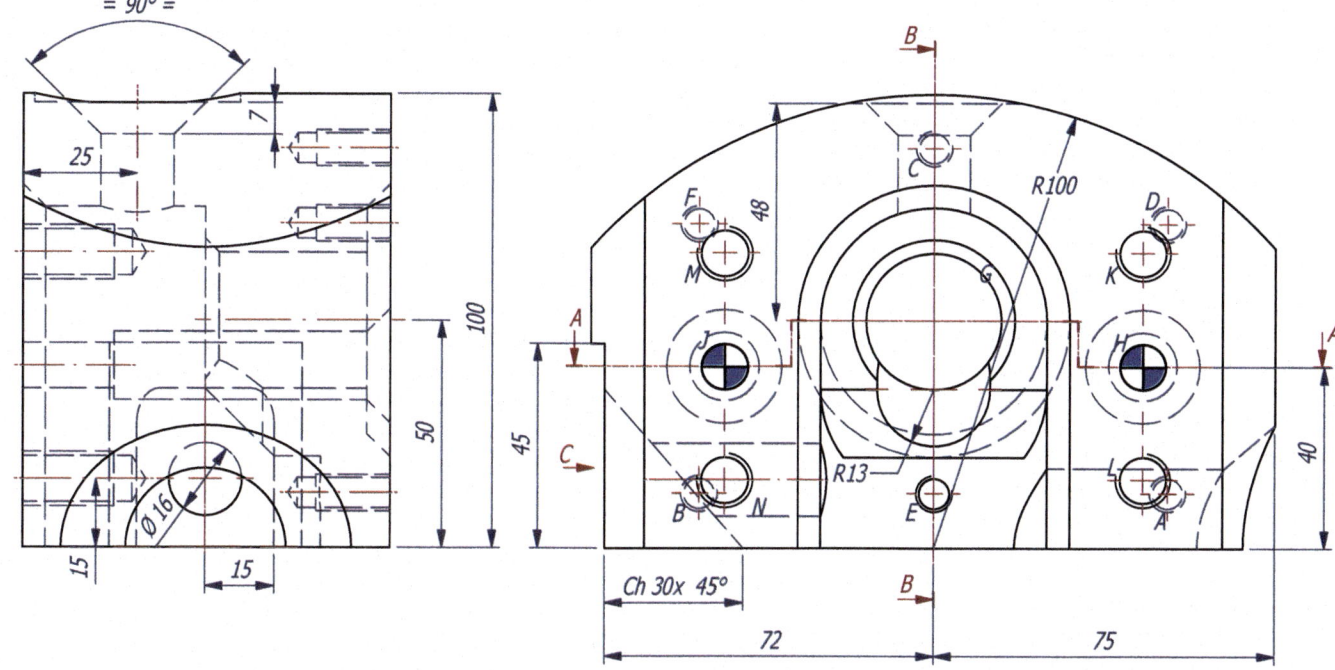

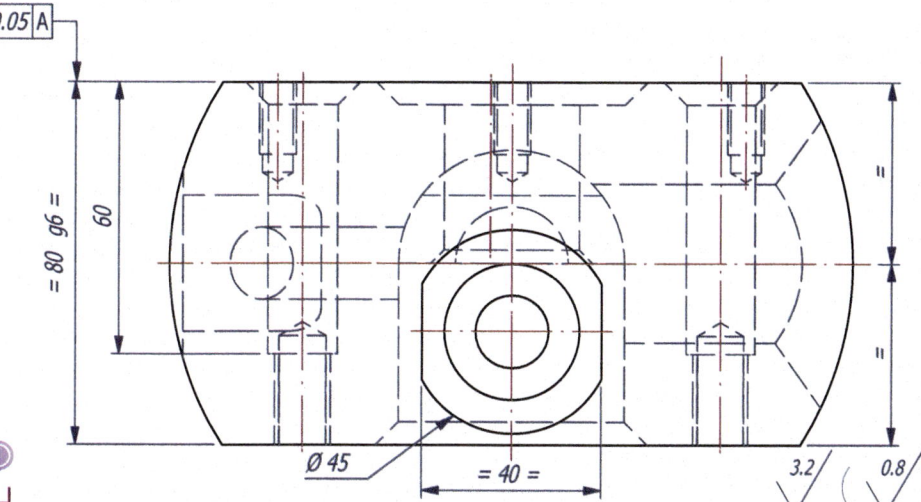

TOLERANCIA ENTRE GUIAS: 0.01
TOLERANCIA ENTRE TALADROS: 0.1

PARA SABER MÁS
Contenido adicional en: www.marcombo.info

ALUMNO_____			GRUPO_____			NÚMERO_____		CALIFICACIÓN_____	
Grabar número de pieza	CANTIDAD	MATERIAL	TRATAMIENTO		Marcombo Tecnología, Ciencia y Formación	**Cortes Seccionces**		Tolerancia general: UNE-EN 22768-1	
Matar aristas Radios no acotados R = 1		AL 6082						Soldadura: UNE-EN ISO 13920	
UNE-EN ISO 5456-2	Escala: 1:1		Realizar los cortes A-A, B-B, así como el perfil por C					**539-00**	
Peso: 2 kg	RAL:			CORTES Y SECCIONES: VISTAS Y CORTES				Revisión: 00	

69

R20

R20

= 65 =
= 47 =
= 20 =

Ø 45

Ø 12

R2

R20

18

Ø 28

= 90° =

B

R5

3

R13

R3

R20

= 25 =

70

C

C

R18

R16

20

8

40

R2

R2

= 10 =

18

10

5

R5

B

Ch 1 x 45°

30

R40

36

TABLA DE PUNTOS

Agujero	Cota en X	Cota en Y
1	0	0
2	-16	33
3	8	33
4	20	35
5	30	18
6	30	-18
7	20	-35
8	8	-33
9	-16	-33
10	-39	-9
11	-40	0
12	5	26
13	-2	-22
14	-33	-4
15	-33	4
16	20	18
17	20	-9
18	-39	9

(2x) Avellanado M4

4

2

3

R10

12

16

5

18 R5

15

11

1

A

A

14

10

17

13

6

R15

3.2

1.6

9

8

7

PARA SABER MÁS

Contenido adicional en: *www.marcombo.info*

540.00

ALUMNO	GRUPO	NÚMERO	CALIFICACIÓN

Grabar número de pieza Matar aristas Radios no acotados R = 1 UNE-EN ISO 5456-2	CANTIDAD	MATERIAL	TRATAMIENTO	**Marcombo** Tecnología, Ciencia y Formación	**Cortes Seccionces**	Tolerancia general: UNE-EN 22768-1 Soldadura: UNE-EN ISO 13920
		AL 6082			Determinar los cortes A-A, B-B y C-C	540-00
Peso: 0.27 kg RAL:	Escala: 1:1				**CORTES Y SECCIONES: CORTE TOTAL**	Revisión: 00

1   2   3   4

Este plano es confidencial y no puede copiarse ni divulgarse sin un permiso escrito. *This drawing is confidential and must not be copied or disclosed without written consent.*

Nota: se han acotado las dimensiones fundamentales de la pieza. El resto se dejan a criterio del lector.

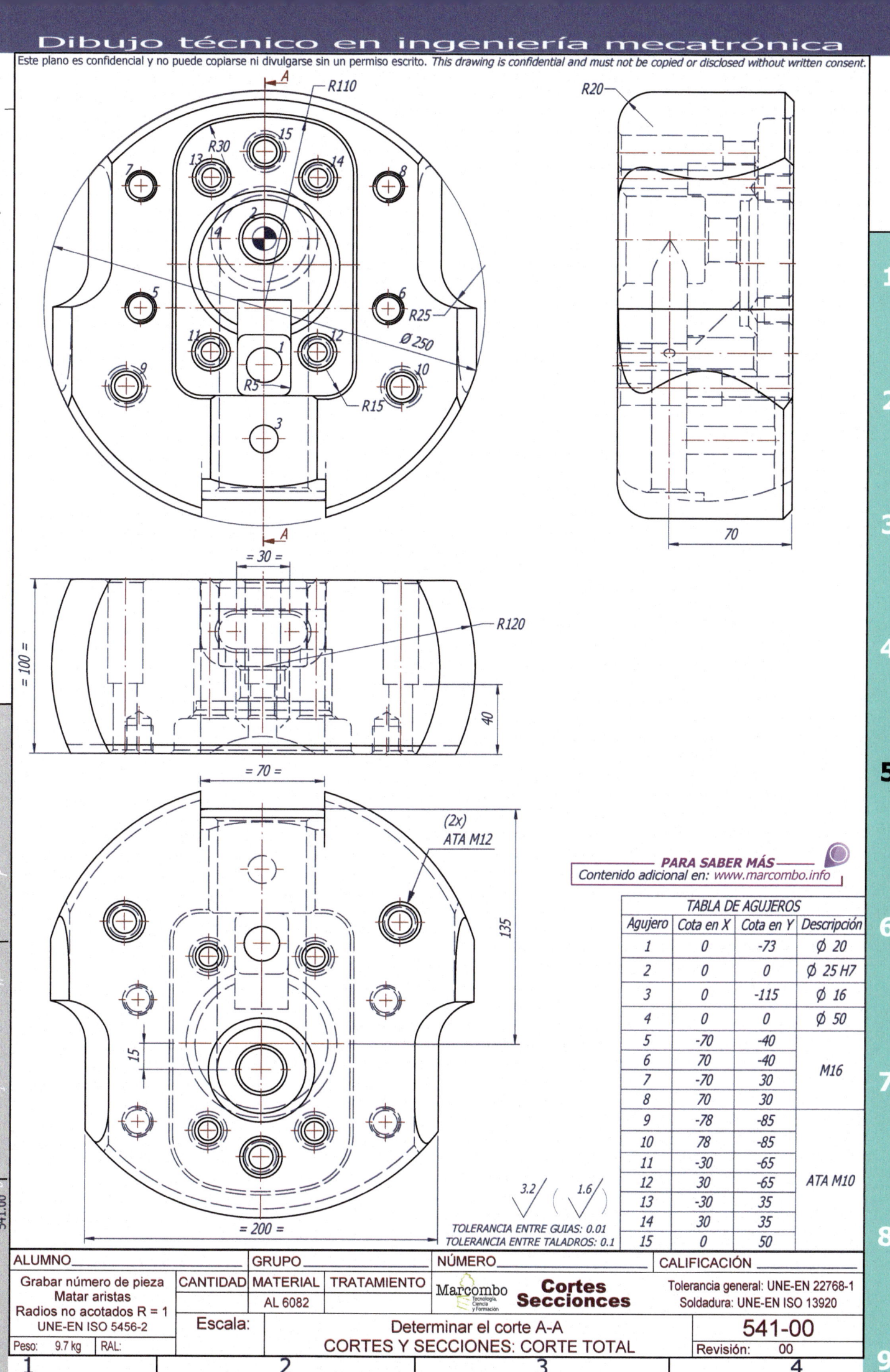

R110
R30
R25
Ø 250
R15
R5
R120
R20
70
= 30 =
= 100 =
40
= 70 =
135
15
= 200 =
(2x)
ATA M12

PARA SABER MÁS
Contenido adicional en: www.marcombo.info

TABLA DE AGUJEROS			
Agujero	Cota en X	Cota en Y	Descripción
1	0	-73	Ø 20
2	0	0	Ø 25 H7
3	0	-115	Ø 16
4	0	0	Ø 50
5	-70	-40	
6	70	-40	
7	-70	30	M16
8	70	30	
9	-78	-85	
10	78	-85	
11	-30	-65	
12	30	-65	ATA M10
13	-30	35	
14	30	35	
15	0	50	

3.2   (1.6

TOLERANCIA ENTRE GUIAS: 0.01
TOLERANCIA ENTRE TALADROS: 0.1

ALUMNO_____   GRUPO_____   NÚMERO_____   CALIFICACIÓN_____

Grabar número de pieza
Matar aristas
Radios no acotados R = 1
UNE-EN ISO 5456-2

CANTIDAD	MATERIAL	TRATAMIENTO
	AL 6082	

Marcombo
Tecnología,
Ciencia
y Formación

Cortes
Seccionces

Tolerancia general: UNE-EN 22768-1
Soldadura: UNE-EN ISO 13920

Escala:

Determinar el corte A-A
CORTES Y SECCIONES: CORTE TOTAL

541-00

Peso: 9.7 kg   RAL:

Revisión: 00

541.00

3.2

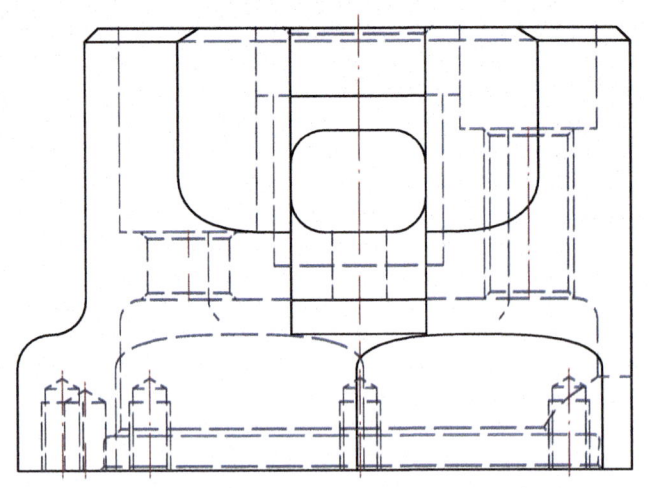

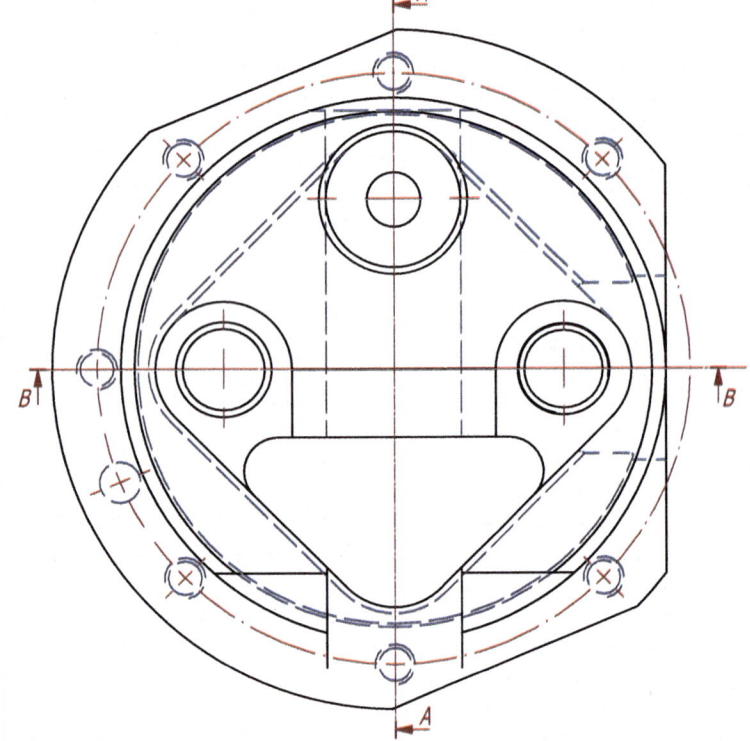

A

B — B

A

Ø 100

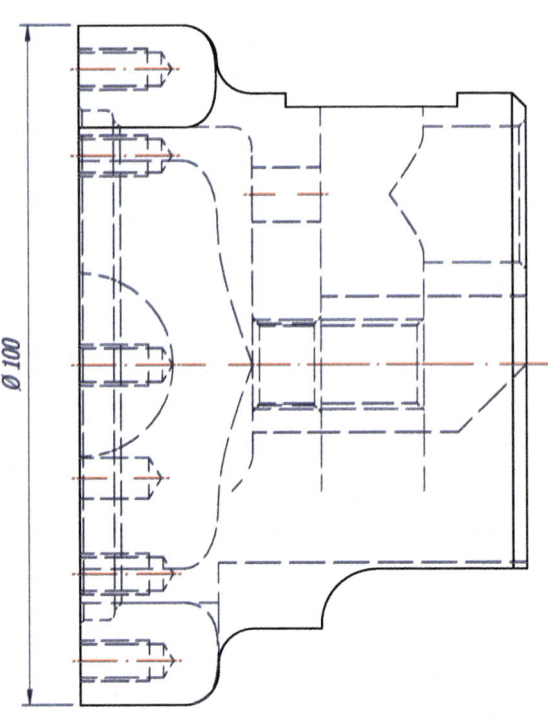

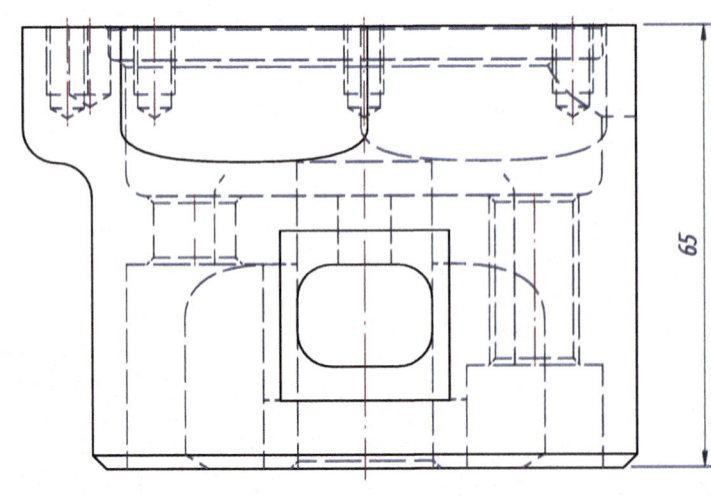

65

542.00

PARA SABER MÁS
Contenido adicional en: *www.marcombo.info*

ALUMNO		GRUPO		NÚMERO			CALIFICACIÓN

Grabar número de pieza	CANTIDAD	MATERIAL	TRATAMIENTO	Marcombo Tecnología, Ciencia y Formación	**Cortes Seccionces**	Tolerancia general: UNE-EN 22768-1
Matar aristas		AL 6082				Soldadura: UNE-EN ISO 13920
Radios no acotados R = 1 UNE-EN ISO 5456-2	Escala:		Determinar los cortes A-A, B-B y acotar			542-00
Peso: 0.5 kg RAL:	1:1		CORTES Y SECCIONES: CORTE TOTAL			Revisión: 00

1   2   3   4

Cortes y secciones

1
2
3
4
5
6
7
8
9

EJERCICIOS

1.- Dibujar la pieza con el mínimo de vistas y/o secciones precisas (tener en cuenta que no aparezcan líneas de trazos).

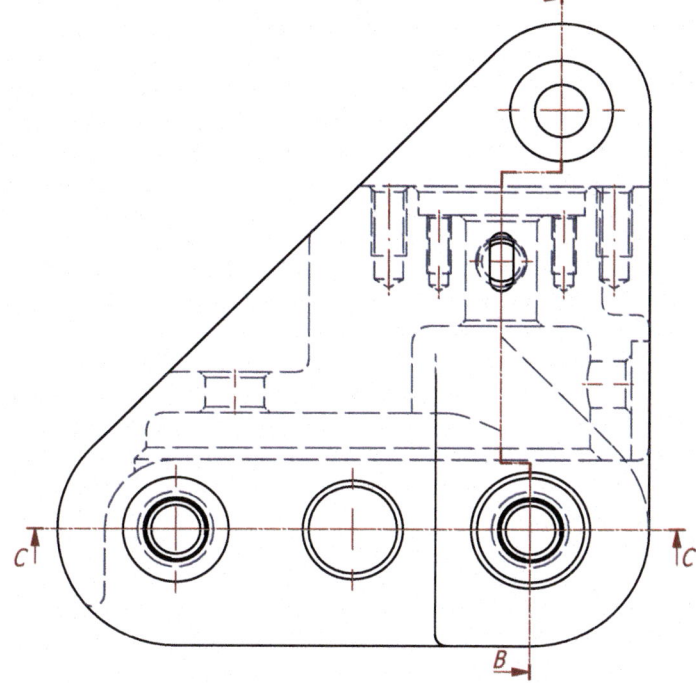

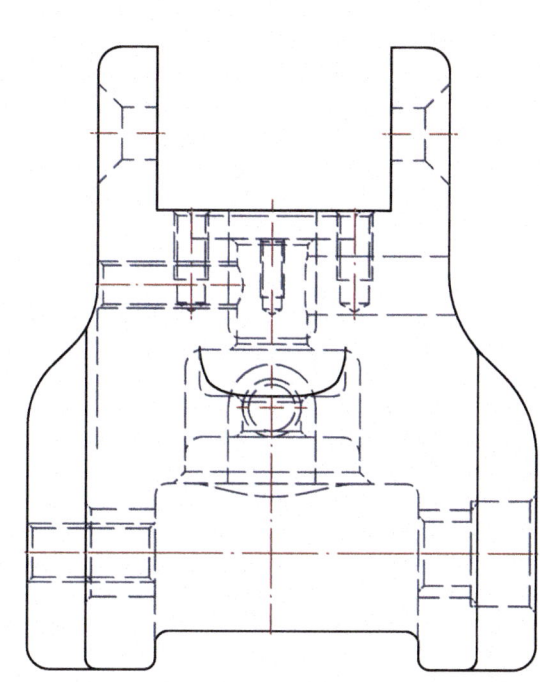

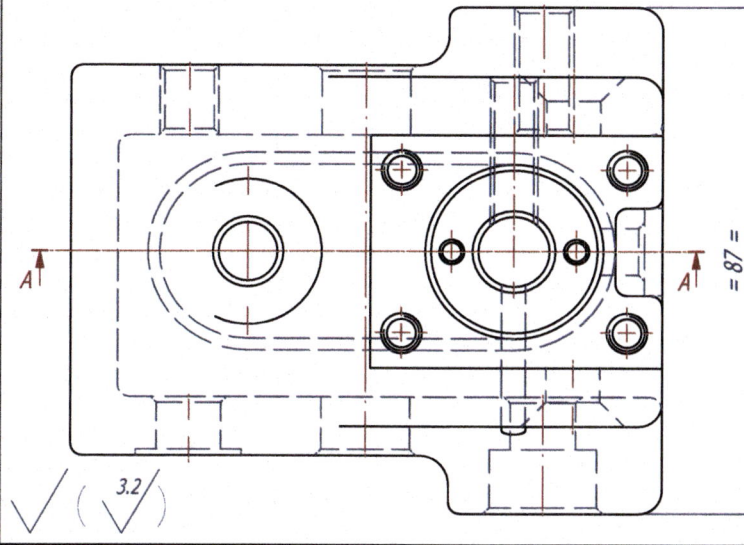

543.00

3.2

= 87 =

PARA SABER MÁS
Contenido adicional en: www.marcombo.info

ALUMNO___		GRUPO___		NÚMERO___		CALIFICACIÓN___

Grabar número de pieza Matar aristas Radios no acotados R = 1 UNE-EN ISO 5456-2	CANTIDAD	MATERIAL	TRATAMIENTO	Marcombo Tecnología, Ciencia y Formación	**Cortes Seccionces**	Tolerancia general: UNE-EN 22768-1 Soldadura: UNE-EN ISO 13920
		AL 6082				

Peso: 0.78 kg	RAL:	Escala: 1:1	Determinar los cortes A-A, B-B y C-C. Acotar la pieza	**543-00**
			CORTES Y SECCIONES: CORTE TOTAL	Revisión: 00

Este plano es confidencial y no puede copiarse ni divulgarse sin un permiso escrito. *This drawing is confidential and must not be copied or disclosed without written consent.*

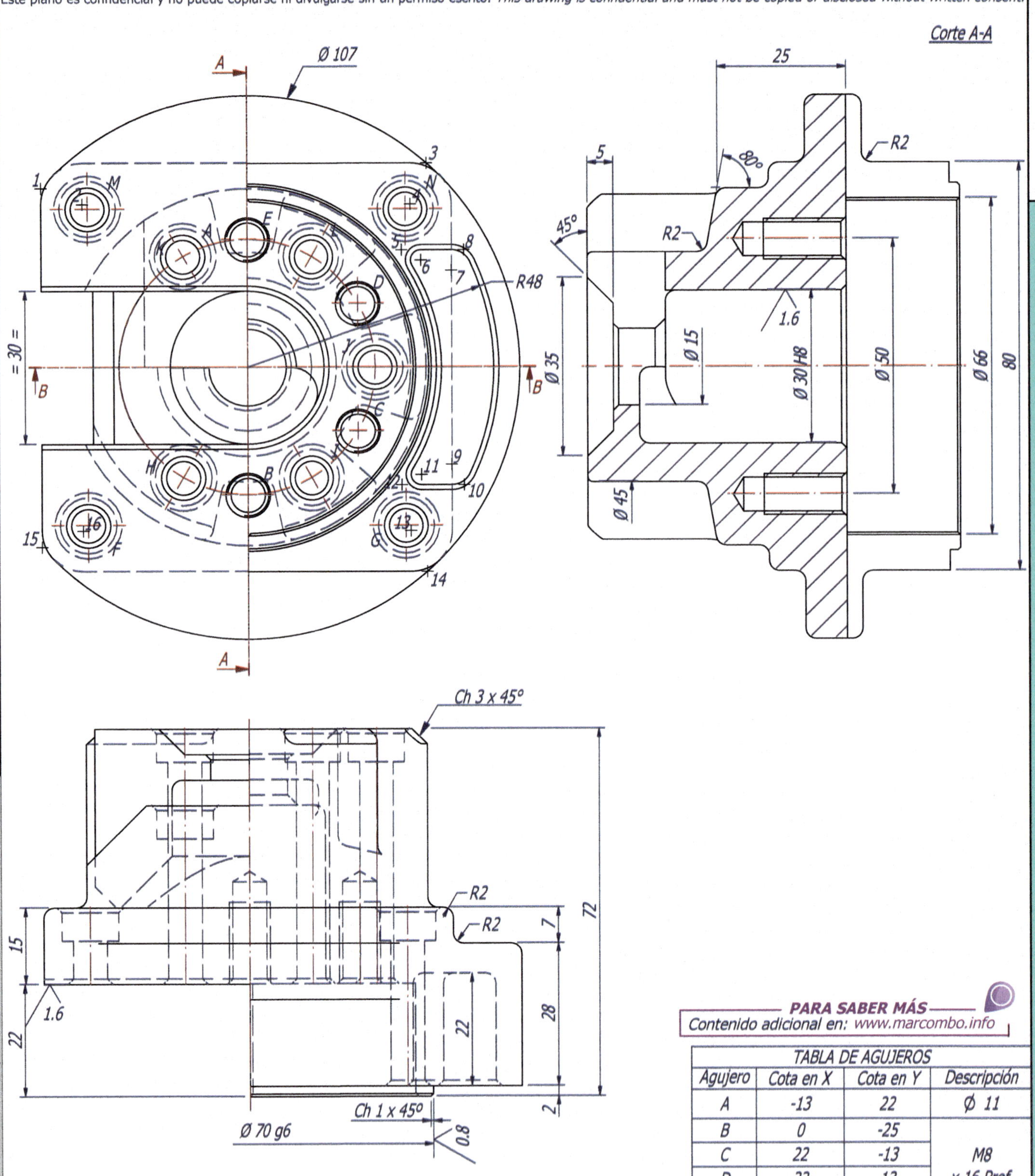

PARA COMPLETAR

1.- Determinar las vistas y secciones necesarias para dibujar la pieza dada en "bruto", esto es, sin la tabla de agujeros. (Las superficies a mecanizar tendrán un mínimo de 2 mm de sobremedida).

2.- Diseñar el molde necesario para obtener la pieza.

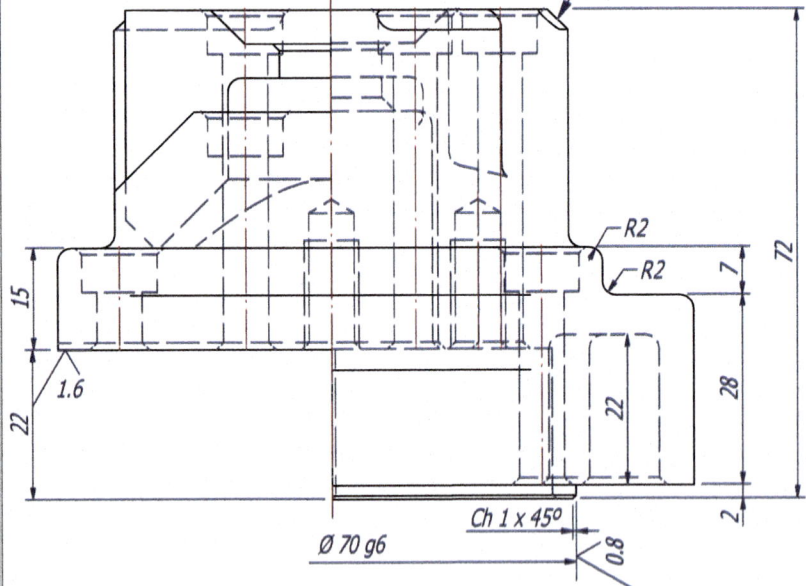

Corte A-A

Ø 107

R48

Ø 35

25

R2

5

45°

80°

R2

1.6

Ø 15

Ø 30 H8

Ø 50

Ø 66

80

Ø 45

Ch 3 x 45°

R2

R2

7

72

15

22

1.6

28

22

2

0.8

Ø 70 g6

Ch 1 x 45°

PARA SABER MÁS

Contenido adicional en: www.marcombo.info

3.2   1.6

TABLA DE PUNTOS

Agujero	Cota en X	Cota en Y	Agujero	Cota en X	Cota en Y
1	-40	35	9	40	-19
2	-32	32	10	42	-23
3	35	40	11	34	-21
4	32	32	12	30	-23
5	30	23	13	32	-32
6	34	21	14	35	-40
7	40	19	15	-40	-35
8	42	23	16	-32	-32

TABLA DE AGUJEROS

Agujero	Cota en X	Cota en Y	Descripción
A	-13	22	Ø 11
B	0	-25	
C	22	-13	M8
D	22	13	x 16 Prof.
E	0	25	
F	-31	-31	
G	31	-31	
H	-13	-22	
I	13	-22	
J	25	0	ATA M6
K	-13	22	
L	13	22	
M	-31	31	
N	31	31	

ALUMNO		GRUPO			NÚMERO		CALIFICACIÓN	

Grabar número de pieza Matar aristas Radios no acotados R = 1 UNE-EN ISO 5456-2	CANTIDAD	MATERIAL AL 6082	TRATAMIENTO	**Marcombo** Tecnología, Ciencia y Formación	**Cortes Seccionces**	Tolerancia general: UNE-EN 22768-1 Soldadura: UNE-EN ISO 13920

Peso: 0.5 kg	RAL:	Escala: 1:1	Determinar el corte B-B CORTES Y SECCIONES: CORTE TOTAL	544-00 Revisión: 00

1   2   3   4

Cortes y secciones

Este plano es confidencial y no puede copiarse ni divulgarse sin un permiso escrito. *This drawing is confidential and must not be copied or disclosed without written consent.*

133

PARA SABER MÁS
Contenido adicional en: www.marcombo.info

Nota: los agujeros o nervios repartidos de forma uniforme y no situados en el plano de corte se pueden llevar por rotación al plano de corte.

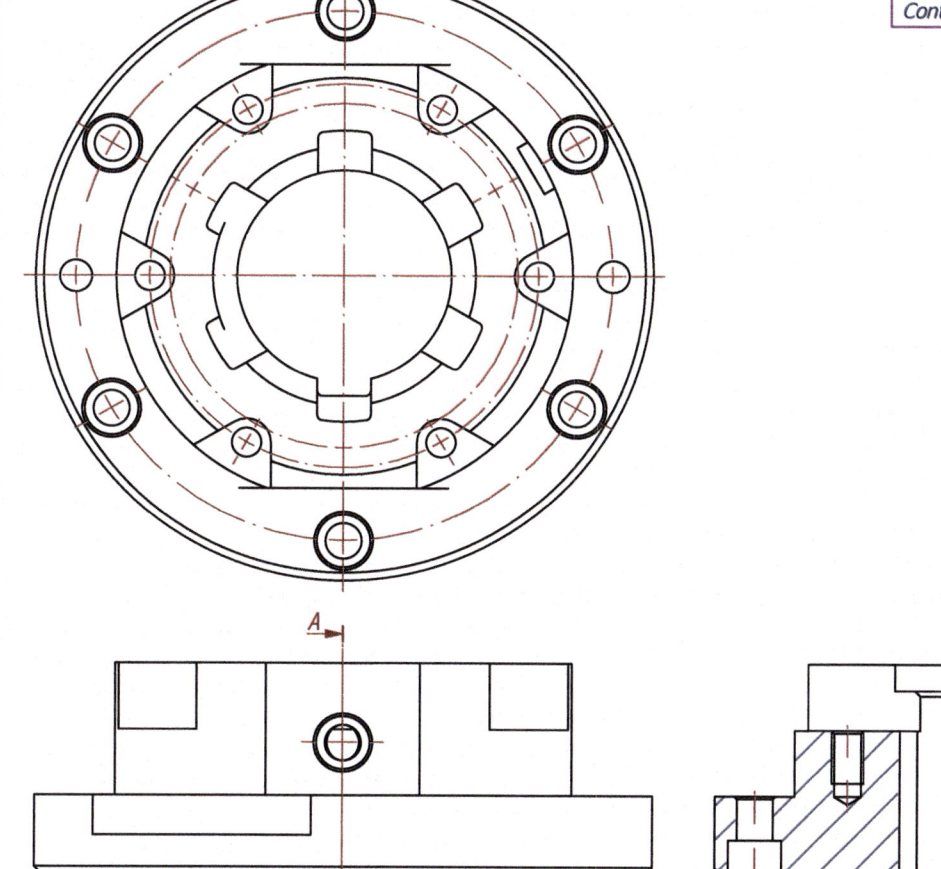

Corte A-A

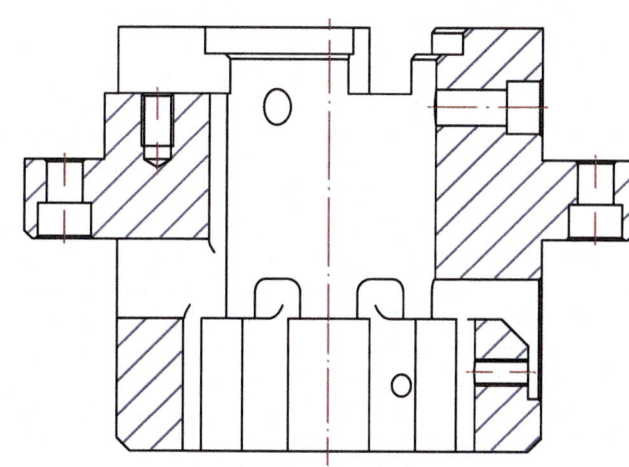

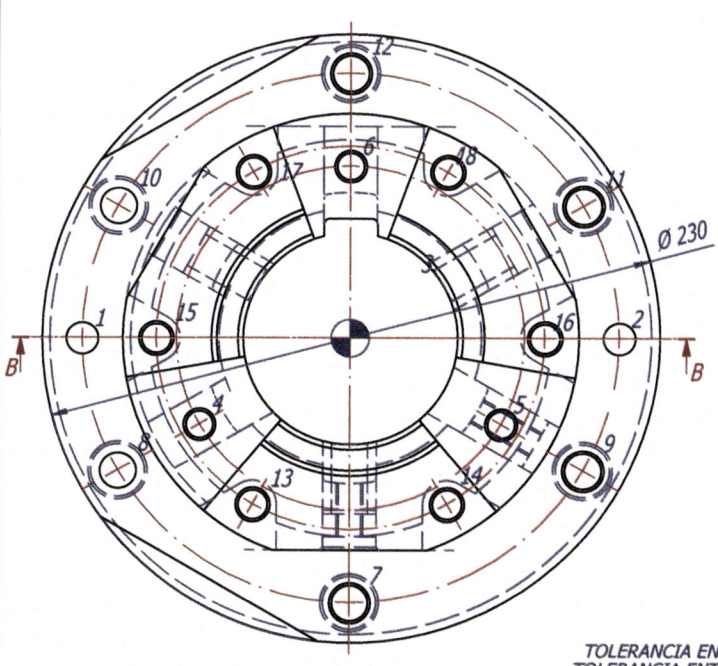

Ø 230

TABLA DE AGUJEROS			
Agujero	Cota en X	Cota en Y	Descripción
1	-100	0	Ø 12 H7
2	100	0	
3	0	0	Ø 80 H7
4	-56	-33	M12
5	56	-33	
6	0	65	
7	0	-100	ATA M12
8	-87	-50	
9	87	-50	
10	-87	50	
11	87	50	
12	0	100	
13	-36	-63	ATA M10
14	36	-63	
15	-73	0	
16	73	0	
17	-36	63	
18	36	63	

3.2 / (1.6 /)

TOLERANCIA ENTRE GUIAS: 0.01
TOLERANCIA ENTRE TALADROS: 0.1

ALUMNO		GRUPO		NÚMERO		CALIFICACIÓN	
Grabar número de pieza Matar aristas Radios no acotados R = 1 UNE-EN ISO 5456-2	CANTIDAD	MATERIAL AL 6082	TRATAMIENTO	Marcombo	Cortes Secciónces	Tolerancia general: UNE-EN 22768-1 Soldadura: UNE-EN ISO 13920	
Peso: 7.2 kg RAL:	Escala: 1:1	Determinar el corte B-B. Completar cotas que faltan CORTES Y SECCIONES: CORTE TOTAL				545-00 Revisión: 00	

Cortes y secciones

134

Nota: tener en cuenta la simetría de la pieza.

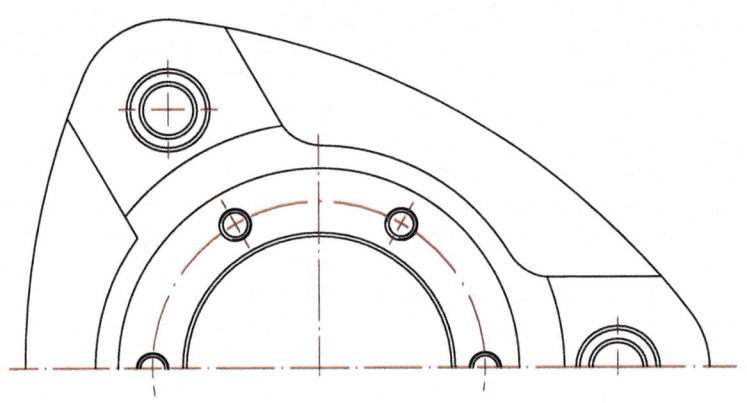

TABLA DE AGUJEROS			
Agujero	Cota en X	Cota en Y	Descripción
1	40	0	Ø 7
2	-20	34	
3	-25	0	
4	25	0	
5	-13	22	
6	13	22	M4
7	-29	17	
8	29	17	
9	0	33	

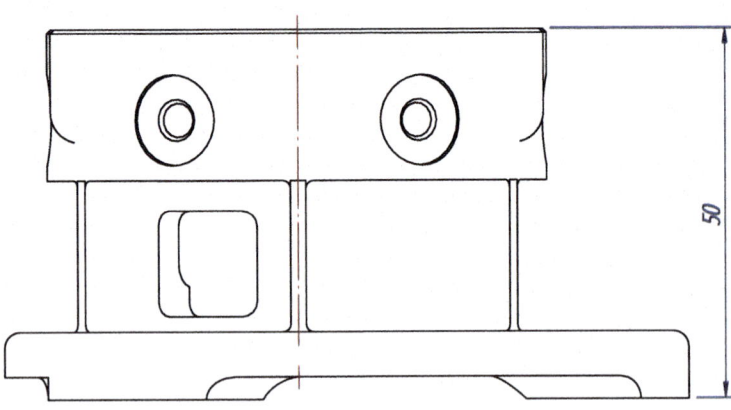

50

Corte A-A

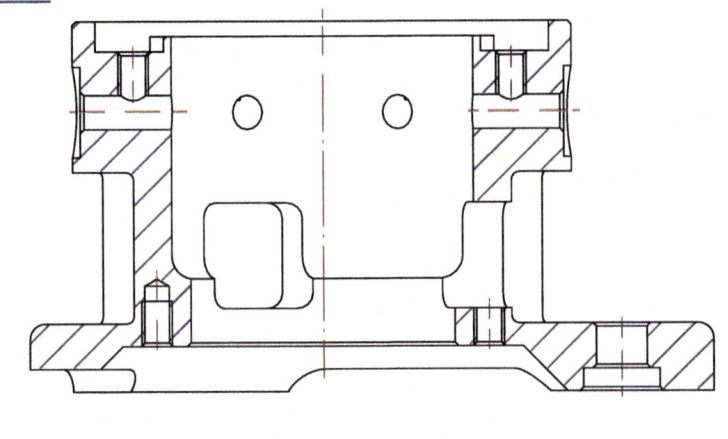

B

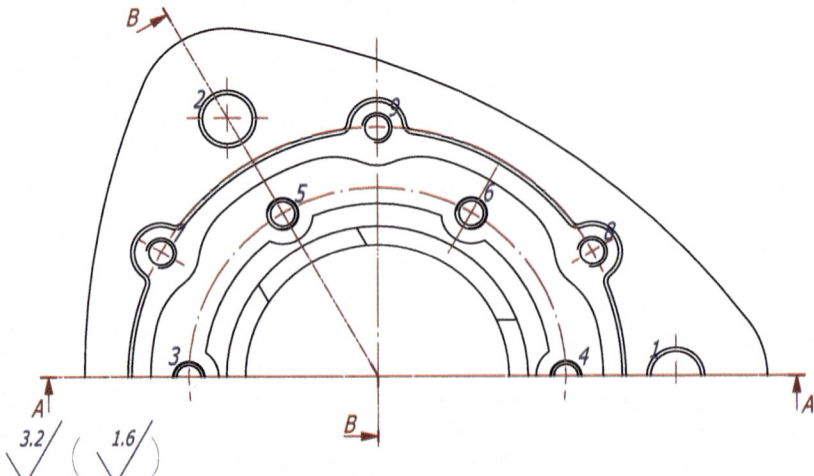

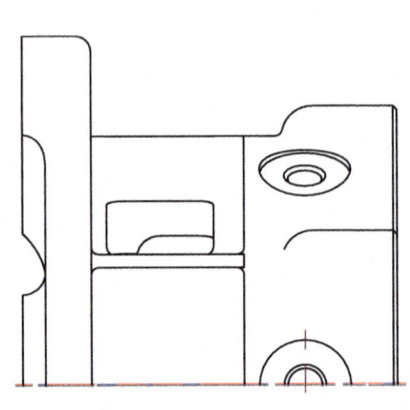

2
5
6
8
3
4
1
B
A
A
B

3.2   1.6

546.00

PARA SABER MÁS
Contenido adicional en: *www.marcombo.info*

ALUMNO				GRUPO		NÚMERO			CALIFICACIÓN	

Grabar número de pieza	CANTIDAD	MATERIAL	TRATAMIENTO	Marcombo Tecnología, Ciencia y Formación	**Cortes Seccionces**	Tolerancia general: UNE-EN 22768-1
Matar aristas Radios no acotados R = 1 UNE-EN ISO 5456-2		AL 6082				Soldadura: UNE-EN ISO 13920

Escala: 1:1	Determinar los cortes A-A, B-B y acotar	546-00
Peso: 0.2 kg	RAL:	CORTES Y SECCIONES: CORTE TOTAL CON GIRO	Revisión: 00

1   2   3   4

Cortes y secciones

Este plano es confidencial y no puede copiarse ni divulgarse sin un permiso escrito. *This drawing is confidential and must not be copied or disclosed without written consent.*

135

Corte A-A

Ø 130

B

A — A

Vista por B

3.2

547.00

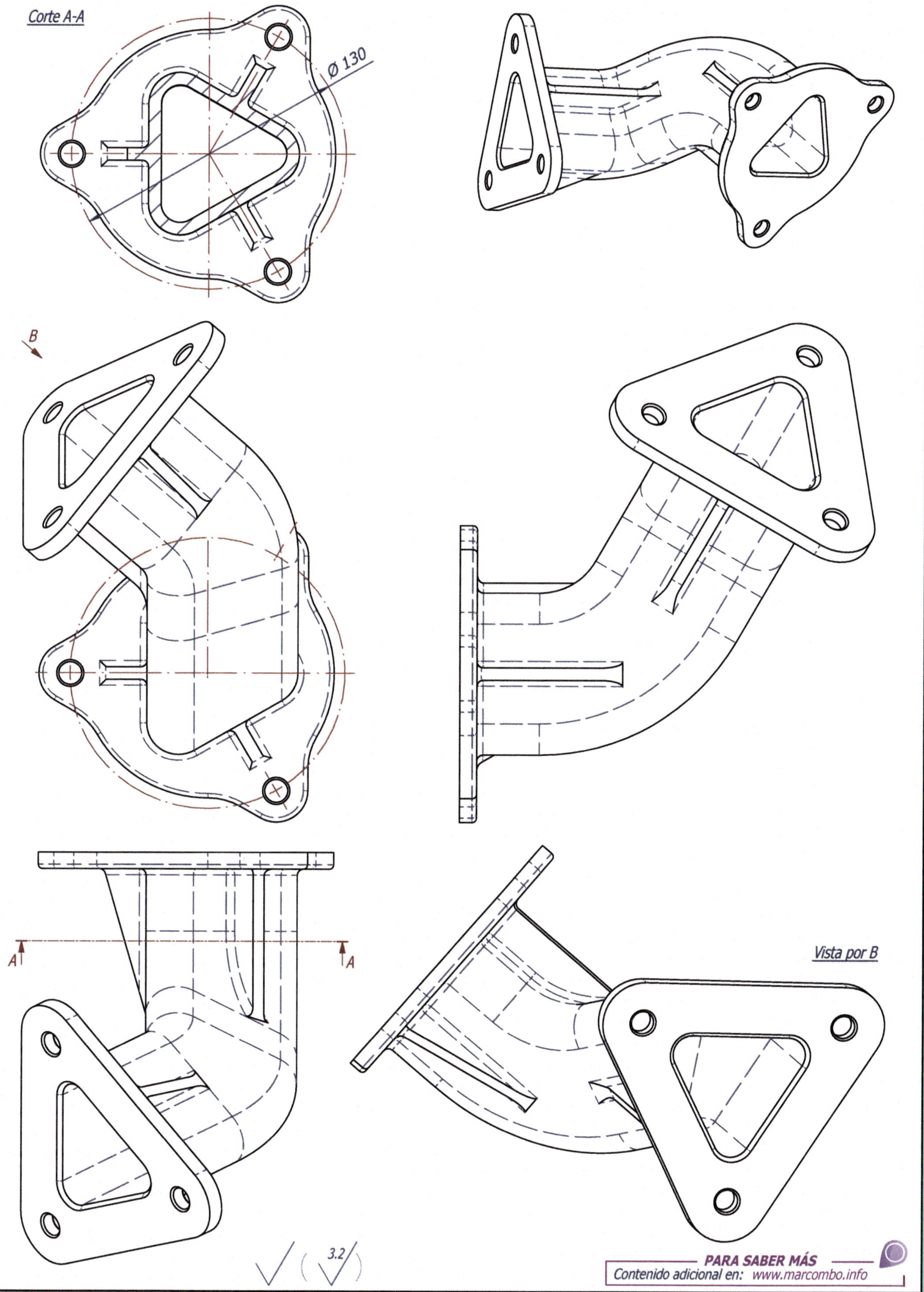

PARA SABER MÁS

Contenido adicional en: www.marcombo.info

ALUMNO		GRUPO		NÚMERO		CALIFICACIÓN	

| Grabar número de pieza Matar aristas Radios no acotados R = 1 UNE-EN ISO 5456-2 | CANTIDAD | MATERIAL | TRATAMIENTO | Marcombo Tecnología, Ciencia y Formación | **Cortes Seccionces** | Tolerancia general: UNE-EN 22768-1 Soldadura: UNE-EN ISO 13920 | |
| | | FUNDICIÓN | | | | | |

| Peso: 3.6 kg | RAL: | Escala: | Acotar la pieza dada por sus vistas y secciones | **547-00** |
| | | | **CORTES Y SECCIONES: VISTAS AUXILIARES** | Revisión: 00 |

1   2   3   4

Cortes y secciones

1 2 3 4 5 6 7 8 9

Este plano es confidencial y no puede copiarse ni divulgarse sin un permiso escrito. *This drawing is confidential and must not be copied or disclosed without written consent.*

Corte B-B

C

A

A

C

B

B

Corte A-A

548.00

ALUMNO		GRUPO		NÚMERO		CALIFICACIÓN
Grabar número de pieza Matar aristas Radios no acotados R = 1 UNE-EN ISO 5456-2	CANTIDAD	MATERIAL	TRATAMIENTO	Marcombo Tecnología, Ciencia y Formación	**Cortes Secciones**	Tolerancia general: UNE-EN 22768-1 Soldadura: UNE-EN ISO 13920
		AL 6082				

Peso:	RAL:	Escala: 1:1	Determinar el corte C-C **CORTES Y SECCIONES: CORTE TOTAL**	**548-00**
				Revisión: 00

1   2   3   4

Cortes y secciones

TABLA DE PUNTOS

Agujero	Cota en X	Cota en Y
1	-91	61
2	-29	72
3	24	-73
4	-31	-105
5	-88	-99
6	-132	19
7	-116	3
8	-90	43
9	-75	45
10	-25	54
11	35	19
12	23	15
13	40	8
14	27	3
15	15	-58
16	-28	-83
17	-41	-90
18	-87	-77
19	-98	-62
20	-94	-28
21	-90	-39
22	-27	-3
23	-23	-15
24	-115	-15

Vista por A

TABLA DE AGUJEROS

Agujero	Cota en X	Cota en Y	Descripción
A	-66	-91	
B	-6	-71	
C	-107	-39	Ø 15
D	-110	27	
E	-50	51	
F	0	0	Ø 35

PARA SABER MÁS
Contenido adicional en: www.marcombo.info

TOLERANCIA ENTRE GUIAS: 0.01
TOLERANCIA ENTRE TALADROS: 0.1

ALUMNO		GRUPO			NÚMERO		CALIFICACIÓN	

Grabar número de pieza
Matar aristas
Radios no acotados R = 1
UNE-EN ISO 5456-2

CANTIDAD	MATERIAL	TRATAMIENTO
	AL 6082	

Marcombo
Tecnología, Ciencia y Formación

Cortes Seccionces

Tolerancia general: UNE-EN 22768-1
Soldadura: UNE-EN ISO 13920

Escala:

Determinar los cortes A-A y B-B

CORTES Y SECCIONES: CORTE TOTAL

549-00

Peso: 2 kg	RAL:

Revisión: 00

Cortes y secciones

Nota: pieza componente del conjunto 605-00, (pinza irreversible).

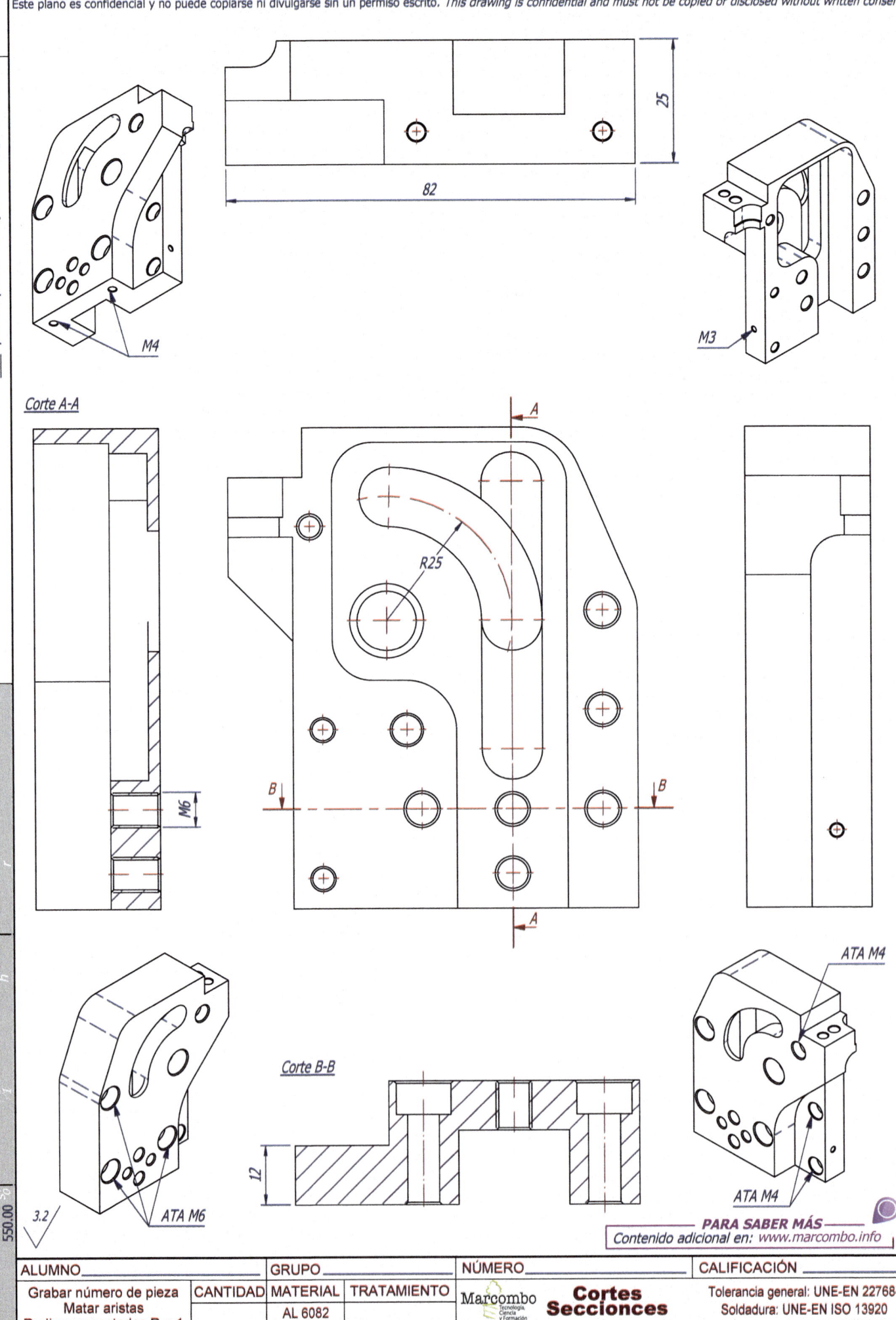

M4

25

82

M3

Corte A-A

A

R25

M6

B

B

A

ATA M4

ATA M4

Corte B-B

12

3.2

ATA M6

ATA M4

550.00

ALUMNO				GRUPO				NÚMERO			CALIFICACIÓN	
Grabar número de pieza Matar aristas Radios no acotados R = 1 UNE-EN ISO 5456-2	CANTIDAD	MATERIAL AL 6082	TRATAMIENTO		Marcombo Tecnología, Ciencia y Formación	**Cortes Seccionces**		Tolerancia general: UNE-EN 22768-1 Soldadura: UNE-EN ISO 13920				
Peso: 0.2 kg	RAL:	Escala: 1:1	Dibujar la pieza dada completando las cotas que faltan PINZA IRREVERSIBLE: CARCASA 1							**550-00** Revisión: 00		

1   2   3   4

Cortes y secciones

A

A

40

Ø 140

B

B

551.00

3.2

ALUMNO		GRUPO		NÚMERO		CALIFICACIÓN	
Grabar número de pieza Matar aristas Radios no acotados R = 1 UNE-EN ISO 5456-2	CANTIDAD	MATERIAL	TRATAMIENTO	Marcombo Tecnología, Ciencia y Formación	**Cortes Seccionces**	Tolerancia general: UNE-EN 22768-1 Soldadura: UNE-EN ISO 13920	
		AL 6082					
	Escala: 1:2		Determinar los cortes A-A y B-B. Acotar la pieza			**551-00**	
Peso: 2.5 kg	RAL:			CORTES Y SECCIONES: CORTE TOTAL		Revisión: 00	

1   2   3   4

1 2 3 4 5 6 7 8 9

Este plano es confidencial y no puede copiarse ni divulgarse sin un permiso escrito. *This drawing is confidential and must not be copied or disclosed without written consent.*

1.- Dibujar la pieza con el mínimo de vistas y/o secciones precisas.

EJERCICIOS

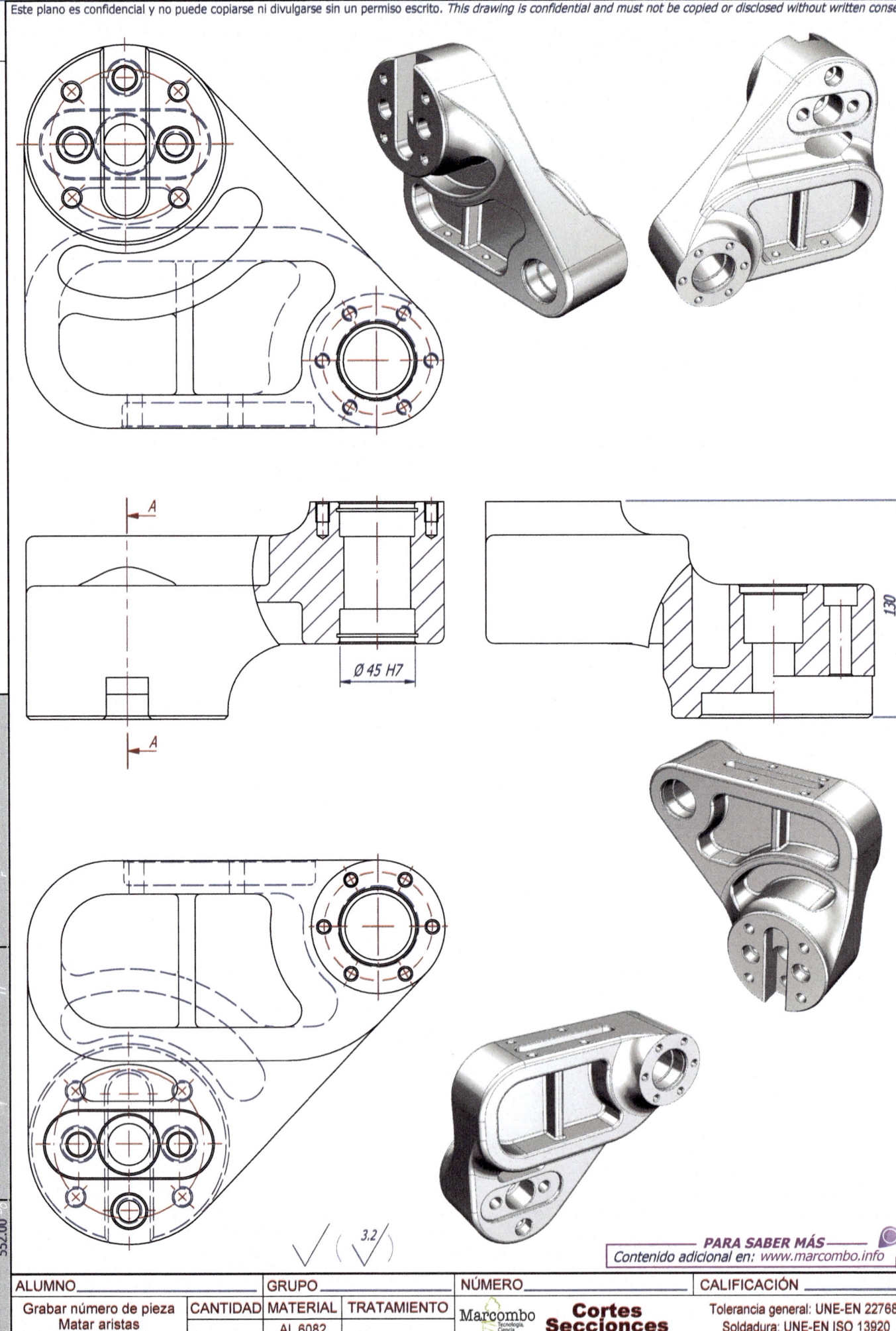

A

A

Ø 45 H7

130

3.2

ALUMNO		GRUPO		NÚMERO		CALIFICACIÓN
Grabar número de pieza Matar aristas Radios no acotados R = 1 UNE-EN ISO 5456-2	CANTIDAD	MATERIAL	TRATAMIENTO	Marcombo Tecnología, Ciencia y Formación	**Cortes Secciones**	Tolerancia general: UNE-EN 22768-1 Soldadura: UNE-EN ISO 13920
		AL 6082				
	Escala:			Determinar el corte A-A y acotar		**552-00**
Peso: 5.3 kg	RAL:			CORTES Y SECCIONES: CORTE PARCIAL		Revisión: 00

1 2 3 4

Cortes y secciones

Este plano es confidencial y no puede copiarse ni divulgarse sin un permiso escrito. *This drawing is confidential and must not be copied or disclosed without written consent.*

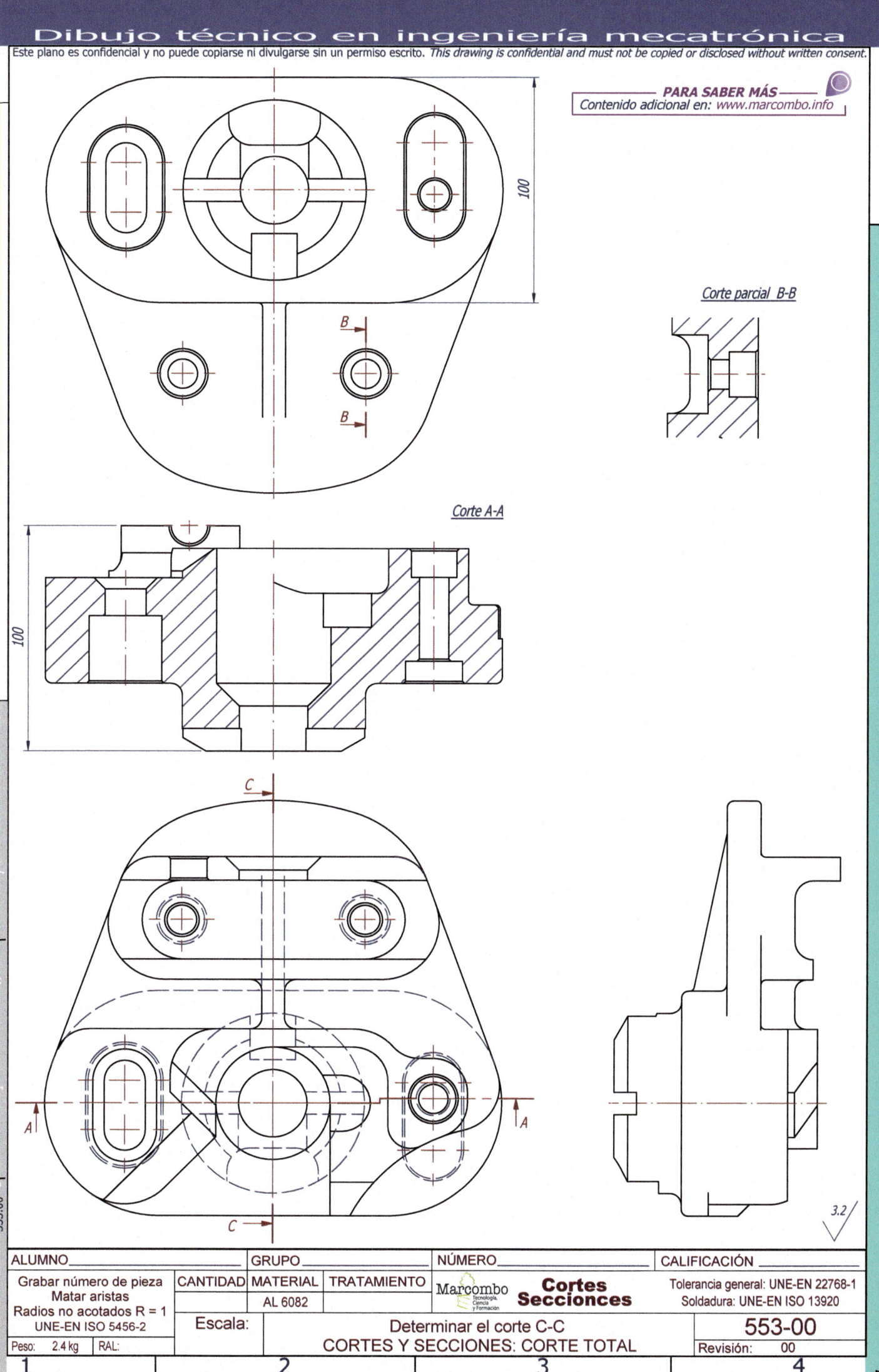

EJERCICIOS

1.- Dibujar la pieza con el mínimo de vistas y/o secciones precisas.

PARA SABER MÁS

Contenido adicional en: *www.marcombo.info*

Corte parcial B-B

Corte A-A

100

100

553.00

3.2

ALUMNO		GRUPO		NÚMERO			CALIFICACIÓN	
Grabar número de pieza Matar aristas Radios no acotados R = 1 UNE-EN ISO 5456-2	CANTIDAD	MATERIAL	TRATAMIENTO	Marcombo Tecnología, Ciencia y Formación	**Cortes Seccionces**		Tolerancia general: UNE-EN 22768-1 Soldadura: UNE-EN ISO 13920	
		AL 6082						
Escala:					Determinar el corte C-C		**553-00**	
Peso: 2.4 kg	RAL:				CORTES Y SECCIONES: CORTE TOTAL		Revisión: 00	

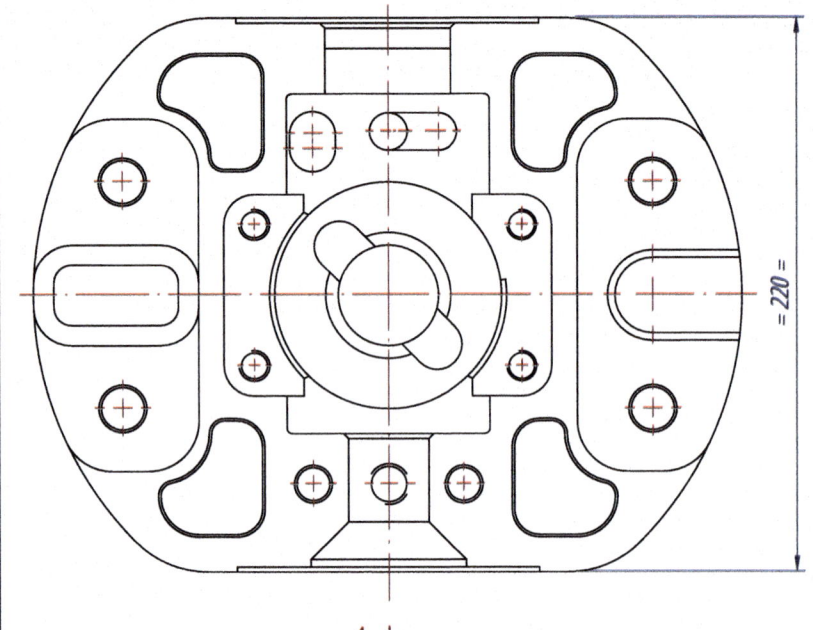
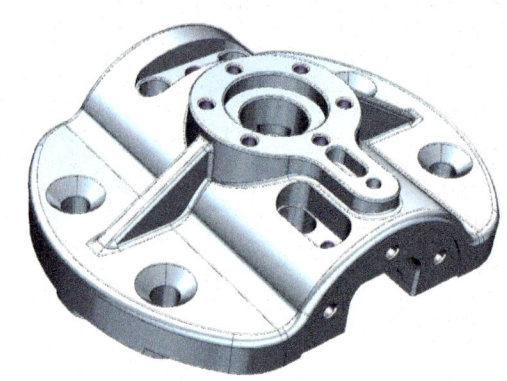

= 220 =

Corte A-A

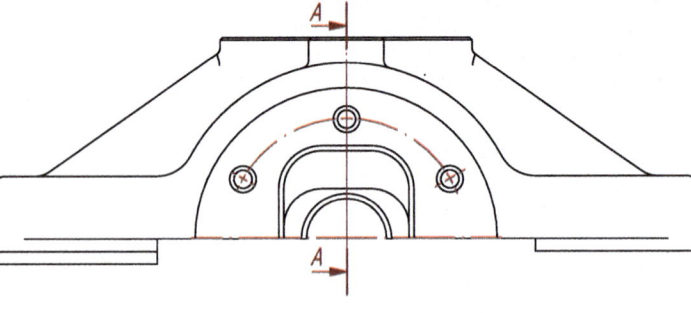
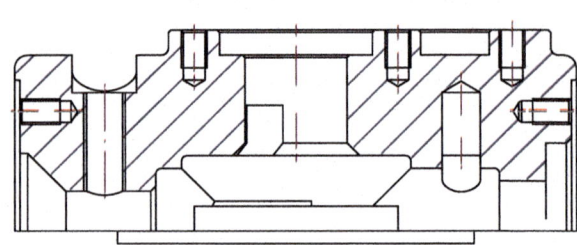

A
A

Corte parcial B-B

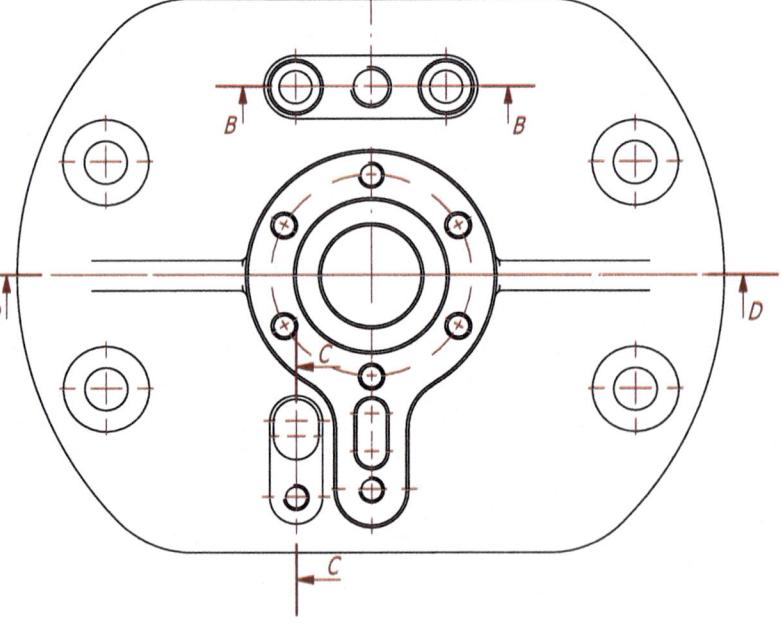
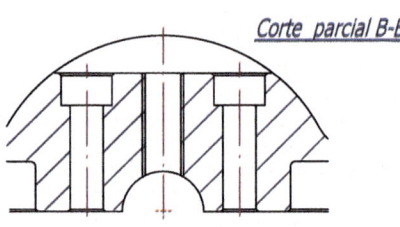
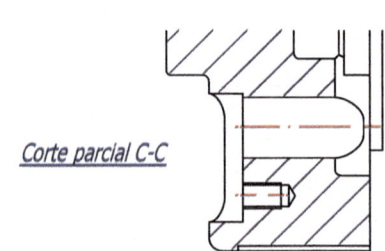

B B
D D
C C

Corte parcial C-C

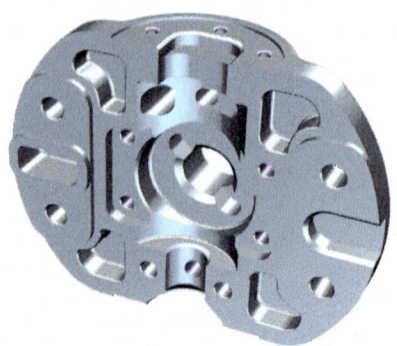

85

554.00

3.2

PARA SABER MÁS
Contenido adicional en: www.marcombo.info

ALUMNO		GRUPO		NÚMERO		CALIFICACIÓN

Grabar número de pieza
Matar aristas
Radios no acotados R = 1
UNE-EN ISO 5456-2

CANTIDAD	MATERIAL	TRATAMIENTO
	AL 6082	

Marcombo Tecnología, Ciencia y Formación

Cortes Seccionces

Tolerancia general: UNE-EN 22768-1
Soldadura: UNE-EN ISO 13920

Escala:

Peso: 4.8 kg RAL:

Determinar el corte D-D
CORTES Y SECCIONES: CORTES PARCIALES

554-00
Revisión: 00

1 2 3 4

Cortes y secciones

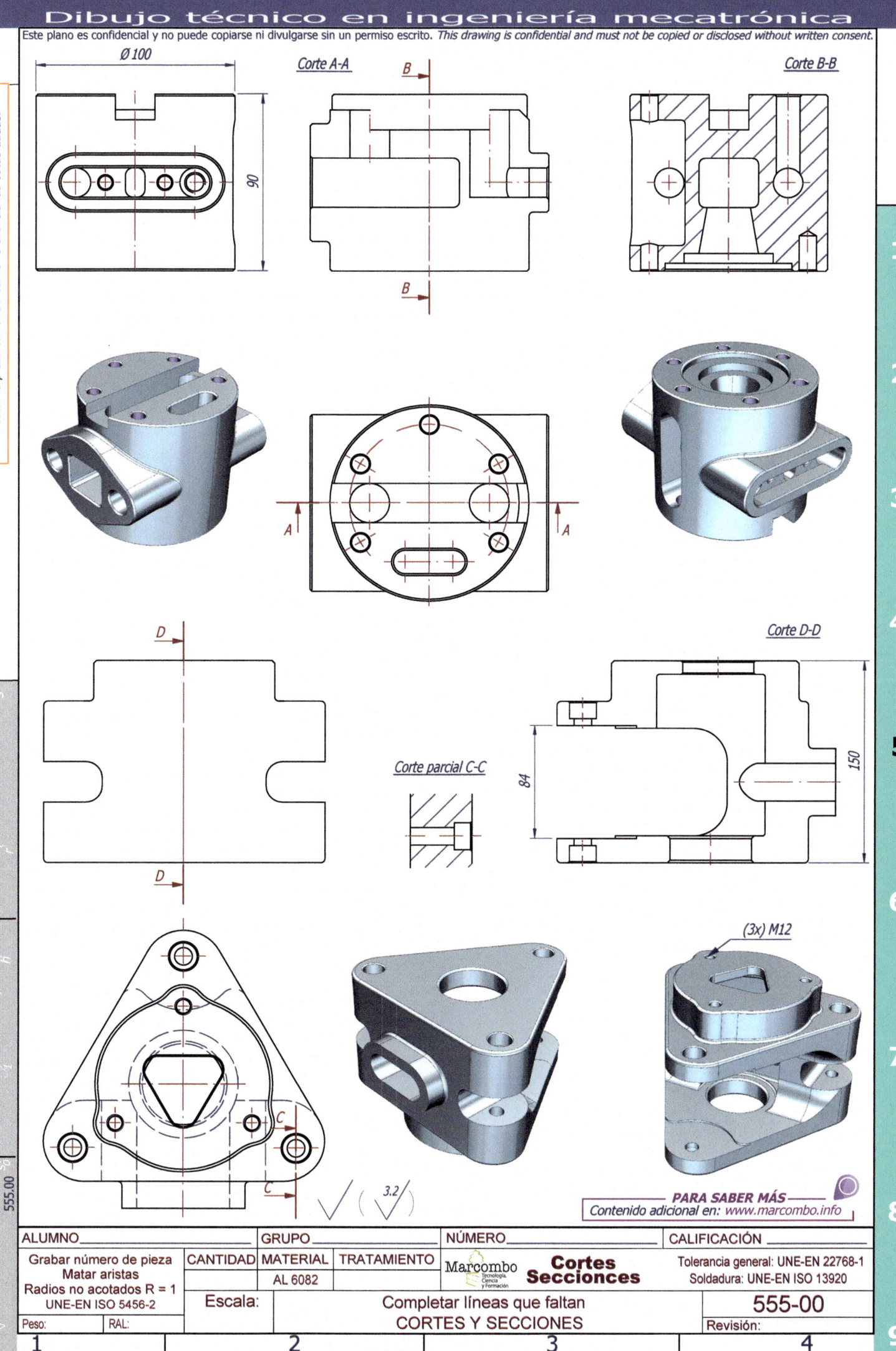

Corte A-A

Corte B-B

Corte D-D

Corte parcial C-C

(3x) M12

1.- Acotar la pieza tomando como referencia las cotas dadas.

PARA SABER MÁS
Contenido adicional en: www.marcombo.info

ALUMNO		GRUPO		NÚMERO		CALIFICACIÓN
Grabar número de pieza Matar aristas Radios no acotados R = 1 UNE-EN ISO 5456-2	CANTIDAD	MATERIAL AL 6082	TRATAMIENTO	Marcombo Tecnología, Ciencia y Formación	**Cortes Seccionces**	Tolerancia general: UNE-EN 22768-1 Soldadura: UNE-EN ISO 13920
Peso:	RAL:	Escala:		Completar líneas que faltan **CORTES Y SECCIONES**		**555-00** Revisión:

Cortes y secciones

Corte A-A

Corte B-B

77

(6x) M6 x 12 Prof.

B

B

A

A

3.2

556.00

ALUMNO		GRUPO		NÚMERO			CALIFICACIÓN	
Grabar número de pieza Matar aristas Radios no acotados R = 1 UNE-EN ISO 5456-2	CANTIDAD	MATERIAL	TRATAMIENTO	Marcombo Tecnología, Ciencia y Formación	**Cortes Seccionces**		Tolerancia general: UNE-EN 22768-1 Soldadura: UNE-EN ISO 13920	
		AL 6082						
	Escala:		Acotar la pieza dada por sus vistas y secciones				556-00	
Peso: 0.2 kg	RAL:		CORTES Y SECCIONES: CORTE TOTAL				Revisión:	00

1   2   3   4

Este plano es confidencial y no puede copiarse ni divulgarse sin un permiso escrito. *This drawing is confidential and must not be copied or disclosed without written consent.*

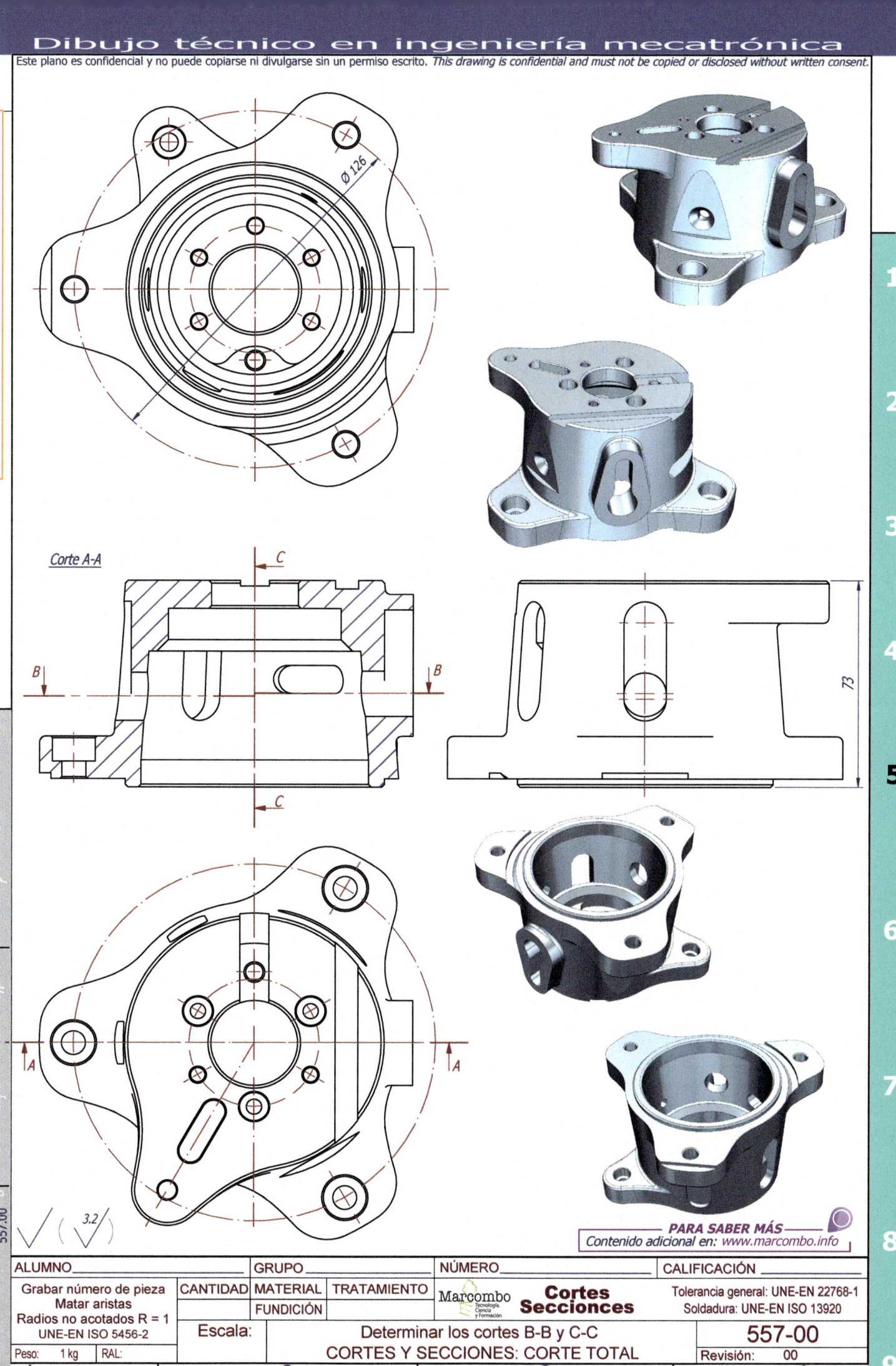

Ø 126

Corte A-A

C

B   B

C

73

A   A

557.00

3.2

Cortes y secciones

ALUMNO_____		GRUPO _____		NÚMERO _____		CALIFICACIÓN _____
Grabar número de pieza Matar aristas Radios no acotados R = 1 UNE-EN ISO 5456-2	CANTIDAD	MATERIAL	TRATAMIENTO	Marcombo Tecnología, Ciencia y Formación	**Cortes Seccionces**	Tolerancia general: UNE-EN 22768-1
		FUNDICIÓN				Soldadura: UNE-EN ISO 13920
	Escala:		Determinar los cortes B-B y C-C			**557-00**
Peso: 1 kg	RAL:	CORTES Y SECCIONES: CORTE TOTAL				Revisión: 00

PARA SABER MÁS
Contenido adicional en: www.marcombo.info

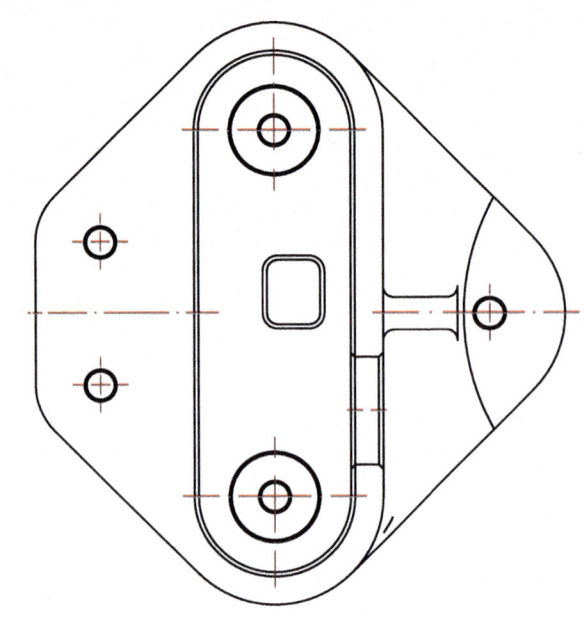

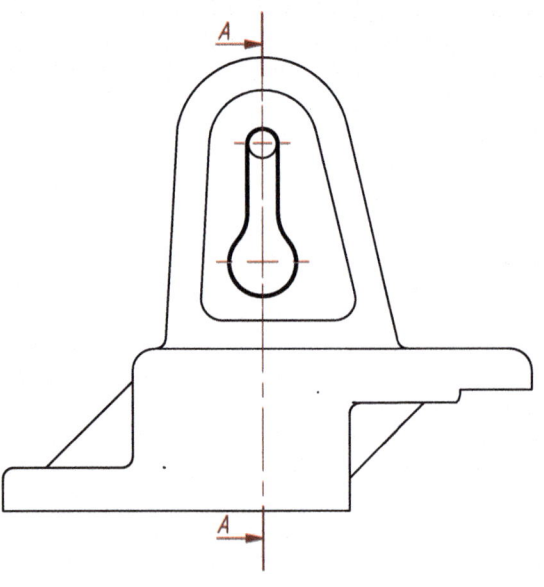

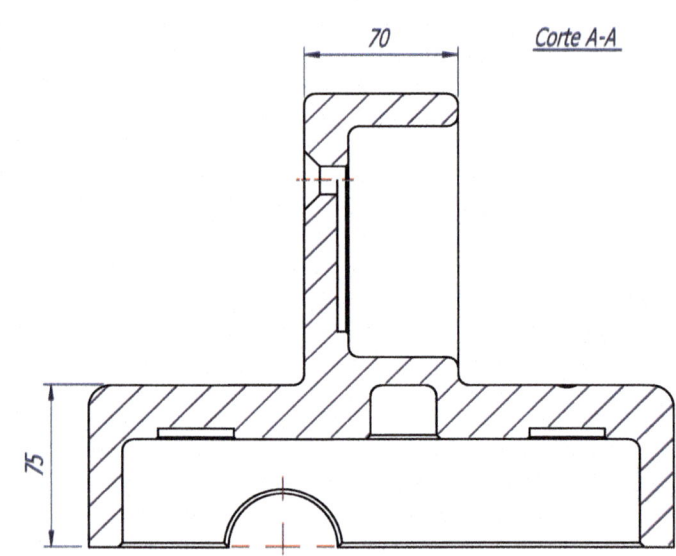

70

Corte A-A

75

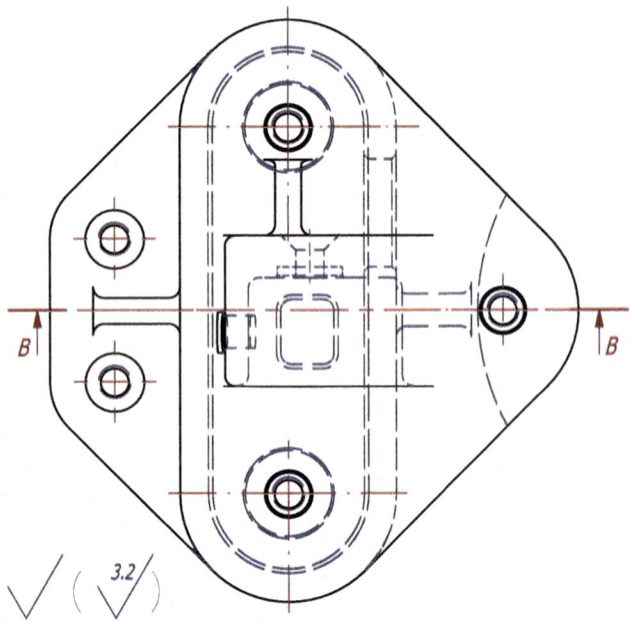

558.00

3.2

PARA SABER MÁS
Contenido adicional en: *www.marcombo.info*

ALUMNO		GRUPO		NÚMERO			CALIFICACIÓN	
Grabar número de pieza Matar aristas Radios no acotados R = 1 UNE-EN ISO 5456-2	CANTIDAD	MATERIAL	TRATAMIENTO	Marcombo Tecnología, Ciencia y Formación	**Cortes Seccionces**		Tolerancia general: UNE-EN 22768-1	
		AL 6082					Soldadura: UNE-EN ISO 13920	
	Escala:			Determinar el corte B-B y acotar la pieza			558-00	
Peso: 5.2 kg	RAL:			CORTES Y SECCIONES: CORTE TOTAL			Revisión:	00

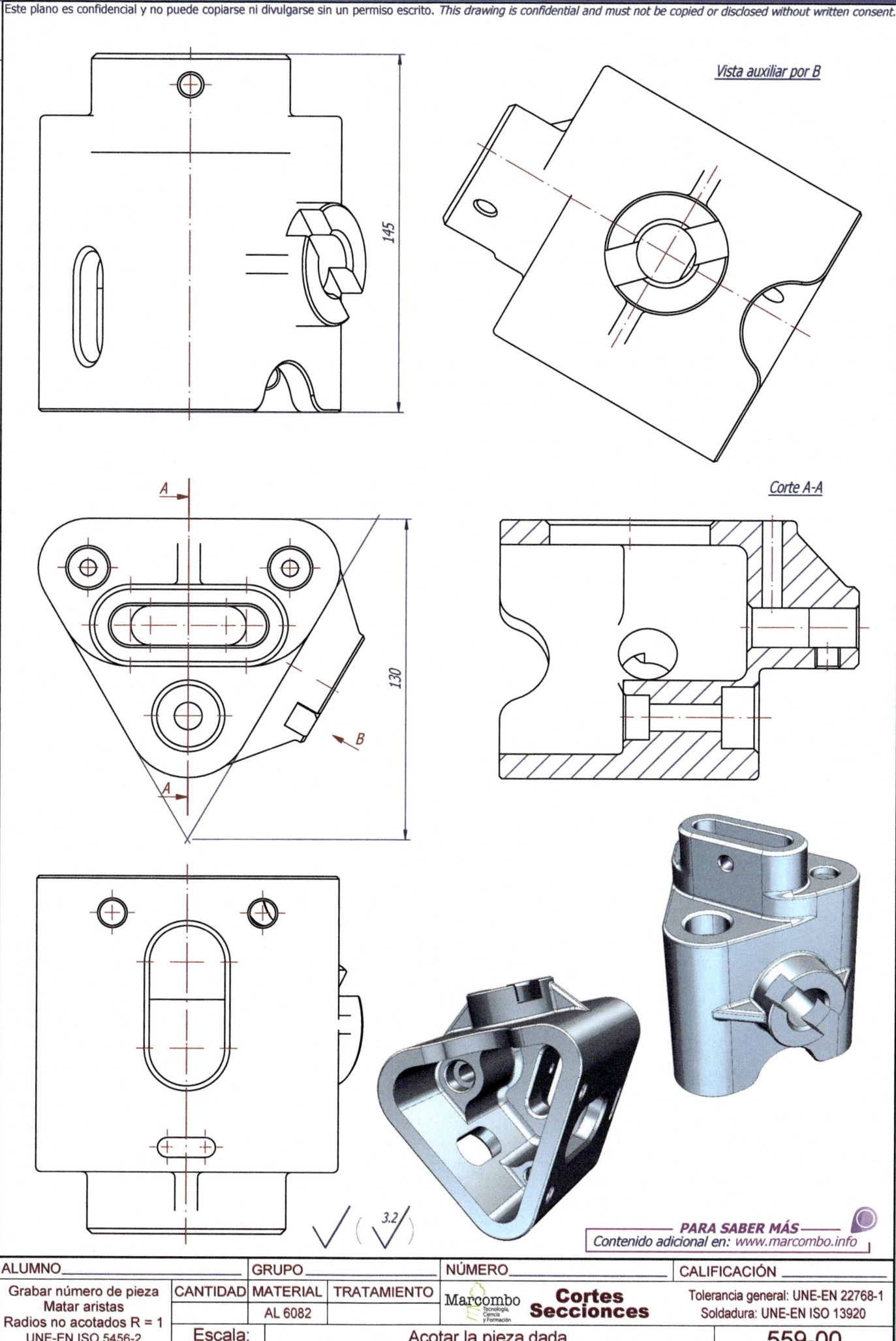

Vista auxiliar por B

145

Corte A-A

A

130

B

A

3.2

PARA SABER MÁS
Contenido adicional en: www.marcombo.info

559.00

ALUMNO		GRUPO		NÚMERO		CALIFICACIÓN	
Grabar número de pieza	CANTIDAD	MATERIAL	TRATAMIENTO	Marcombo Tecnología, Ciencia y Formación	Cortes Secciones	Tolerancia general: UNE-EN 22768-1	
Matar aristas		AL 6082				Soldadura: UNE-EN ISO 13920	
Radios no acotados R = 1 UNE-EN ISO 5456-2	Escala: 1:2			Acotar la pieza dada		559-00	
Peso: 1.4 kg	RAL:			CORTES Y SECCIONES: CORTE TOTAL		Revisión: 00	

1   2   3   4

Cortes y secciones

1
2
3
4
5
6
7
8
9

148

EJERCICIOS

1.- Acotar la pieza tomando como referencia las cotas dadas.

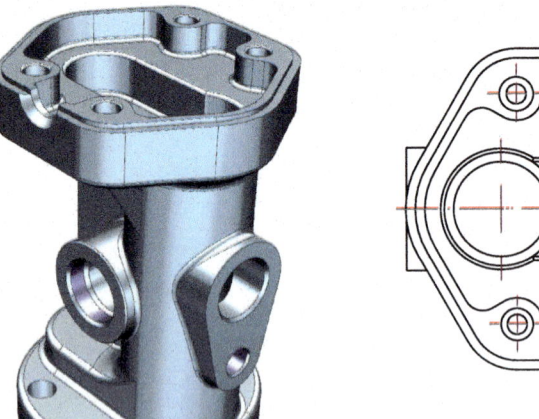

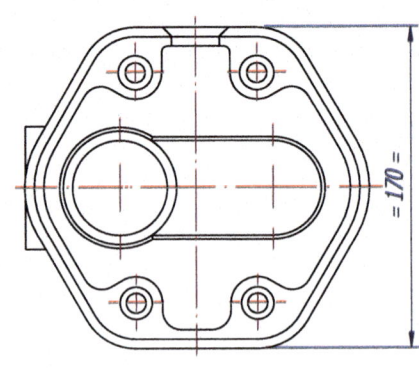

= 170 =

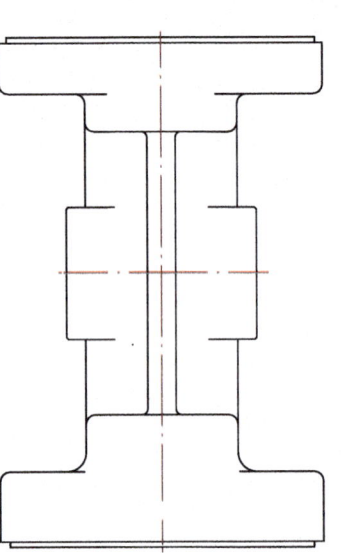

Corte A-A

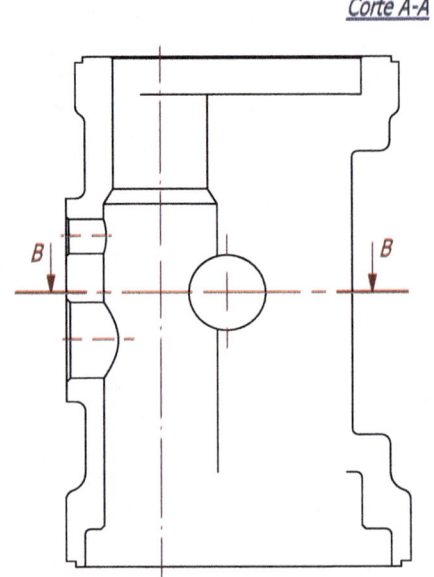

Ø 162

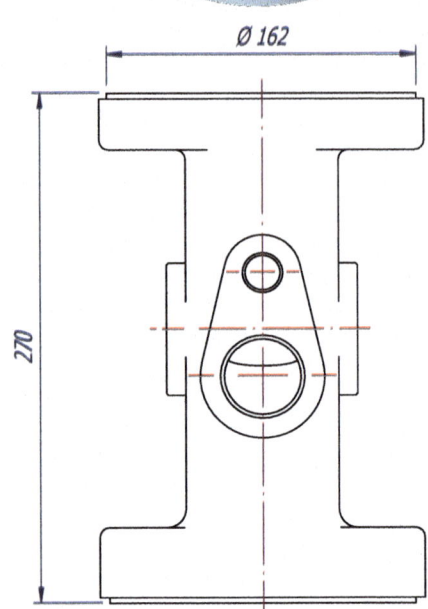

270

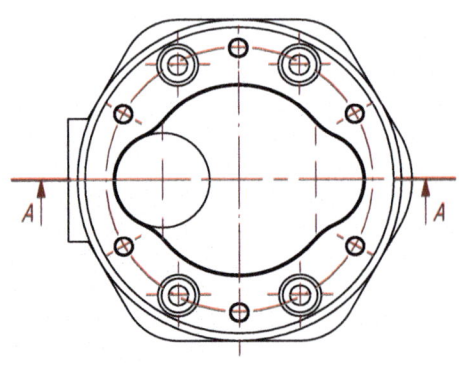

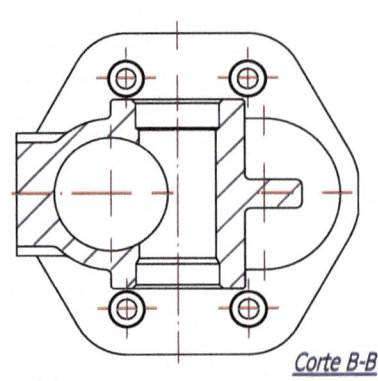

Corte B-B

560.00

3.2

PARA SABER MÁS
Contenido adicional en: www.marcombo.info

Corte B-B

ALUMNO		GRUPO		NÚMERO		CALIFICACIÓN
Grabar número de pieza Matar aristas Radios no acotados R = 1 UNE-EN ISO 5456-2	CANTIDAD	MATERIAL	TRATAMIENTO	**Marcombo** Tecnología, Ciencia y Formación	**Cortes Seccionces**	Tolerancia general: UNE-EN 22768-1 Soldadura: UNE-EN ISO 13920
		AL 6082				
	Escala:			Completar las vistas		**560-00**
Peso: 5.4 kg	RAL:			CORTES Y SECCIONES: CORTE TOTAL		Revisión: 00

1   2   3   4

Cortes y secciones

Este plano es confidencial y no puede copiarse ni divulgarse sin un permiso escrito. *This drawing is confidential and must not be copied or disclosed without written consent.*

149

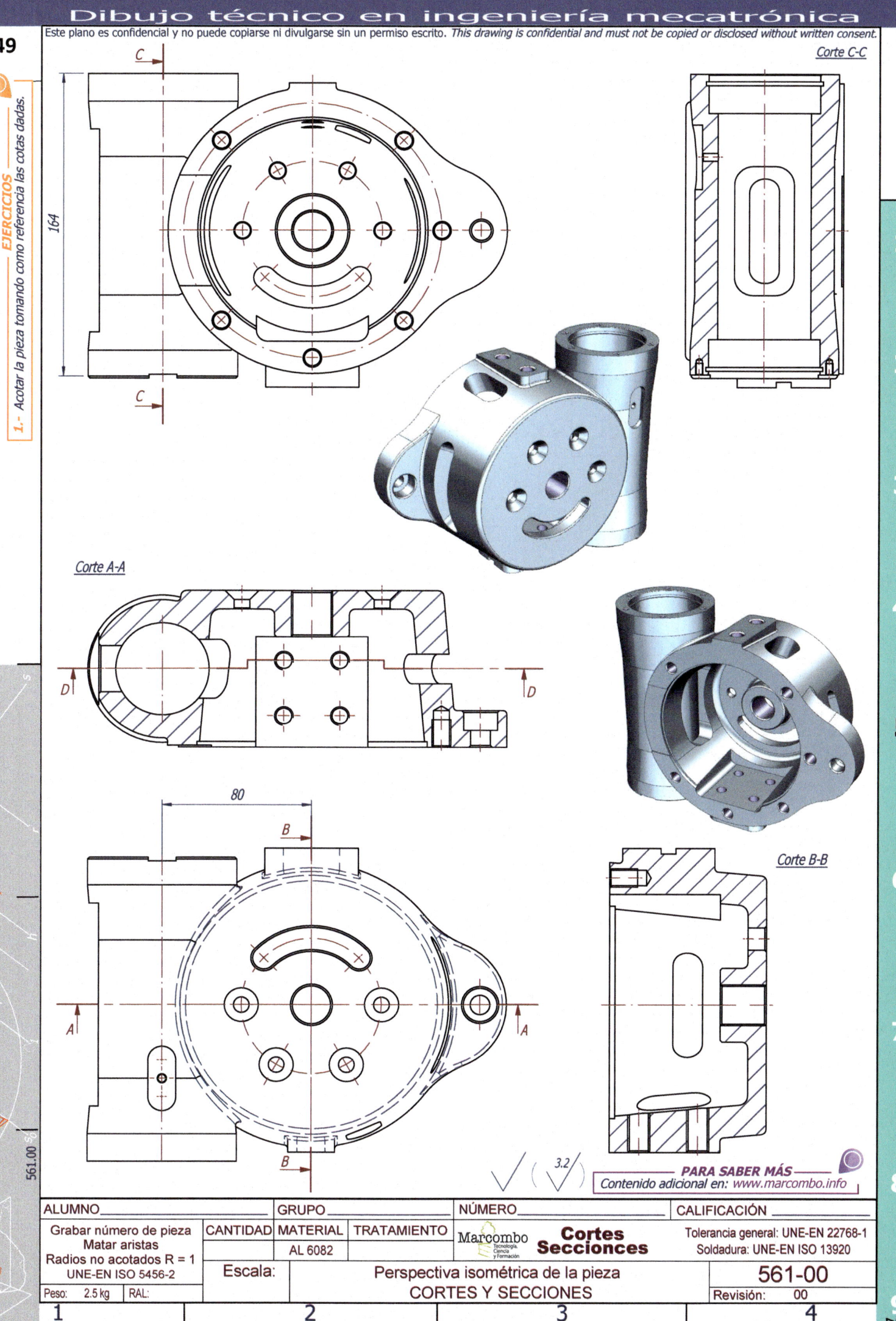

Corte C-C

Corte A-A

Corte B-B

164

80

561.00

3.2

PARA SABER MÁS
Contenido adicional en: www.marcombo.info

ALUMNO		GRUPO		NÚMERO		CALIFICACIÓN
Grabar número de pieza Matar aristas Radios no acotados R = 1 UNE-EN ISO 5456-2	CANTIDAD	MATERIAL AL 6082	TRATAMIENTO	Marcombo Tecnología, Ciencia y Formación	**Cortes Secciones**	Tolerancia general: UNE-EN 22768-1 Soldadura: UNE-EN ISO 13920
	Escala:			Perspectiva isométrica de la pieza CORTES Y SECCIONES		**561-00**
Peso: 2.5 kg	RAL:					Revisión: 00

1   2   3   4

Cortes y secciones

1 2 3 4 5 6 7 8 9

150

Corte A-A

Corte B-B

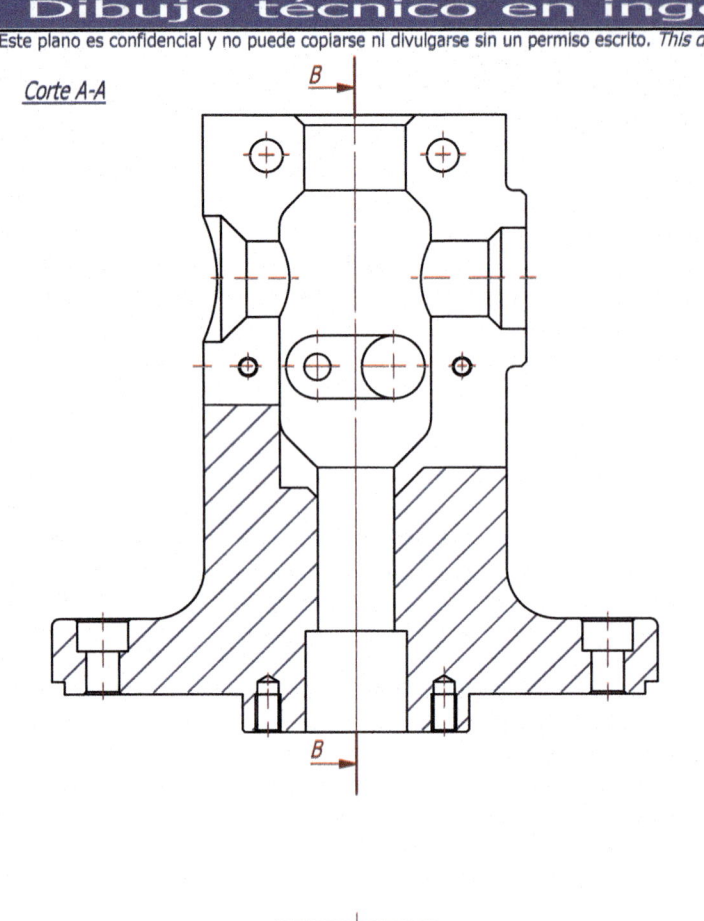

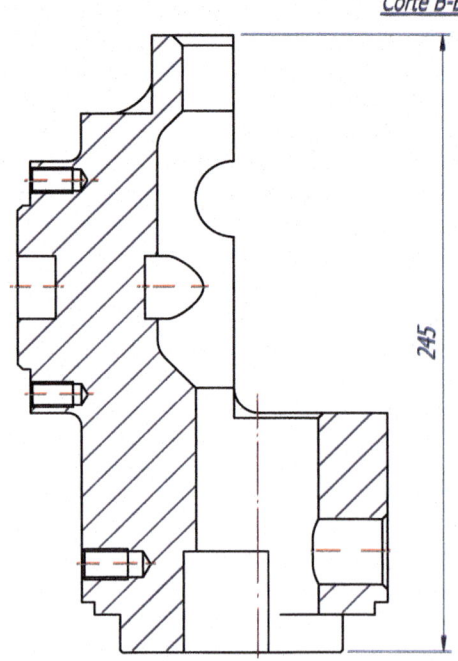

245

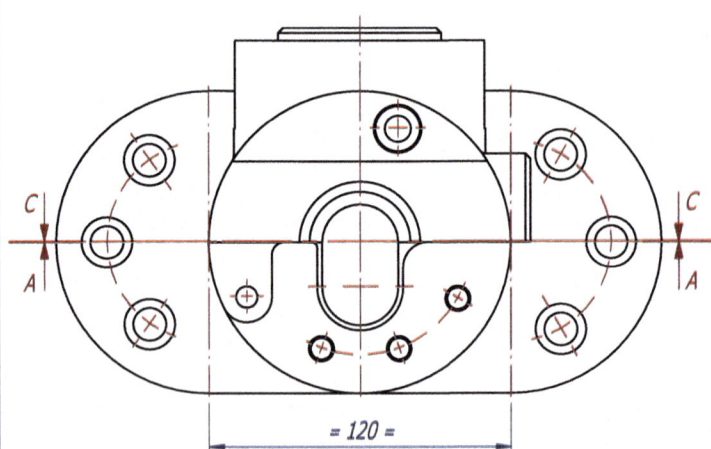

= 120 =

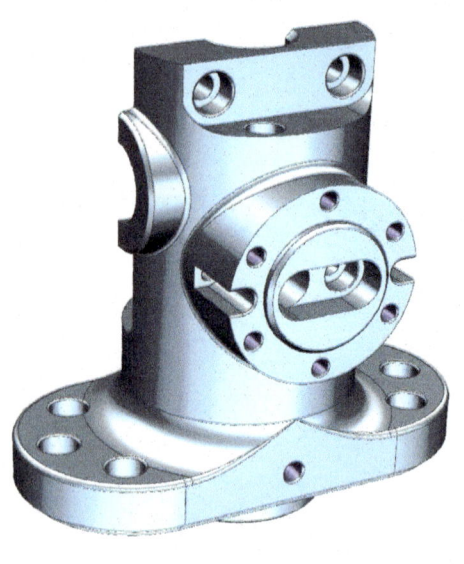

Corte C-C

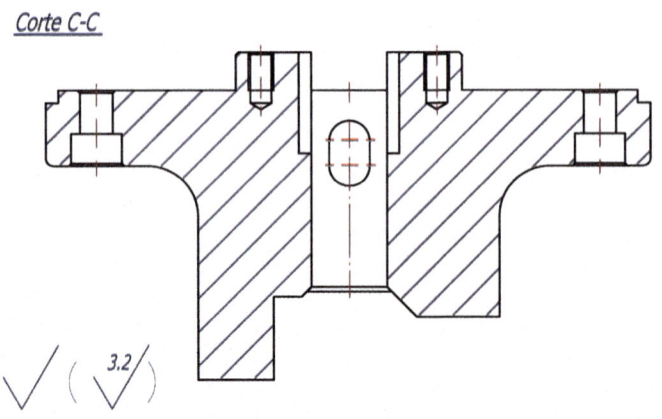

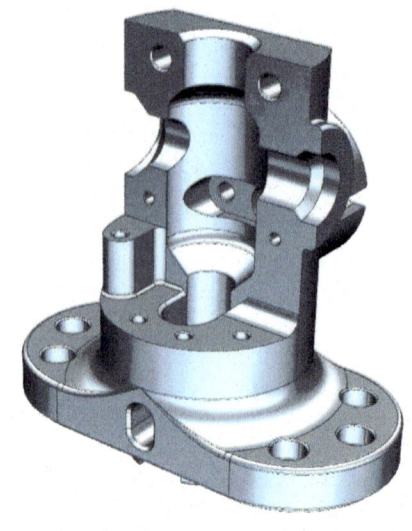

√ (√) 3.2

PARA SABER MÁS
Contenido adicional en: *www.marcombo.info*

ALUMNO_____		GRUPO_____		NÚMERO_____		CALIFICACIÓN _____
Grabar número de pieza Matar aristas Radios no acotados R = 1 UNE-EN ISO 5456-2	CANTIDAD	MATERIAL	TRATAMIENTO	**Marcombo** Tecnología, Ciencia y Formación	**Cortes Seccionces**	Tolerancia general: UNE-EN 22768-1 Soldadura: UNE-EN ISO 13920
		AL 6082		Escala:	Acotar la pieza definida por sus vistas y secciones	**562-00**
Peso: 5.4 kg	RAL:				**CORTES Y SECCIONES**	Revisión: 00

1   2   3   4

Cortes y secciones

Dibujo técnico en ingeniería mecatrónica

151

Este plano es confidencial y no puede copiarse ni divulgarse sin un permiso escrito. *This drawing is confidential and must not be copied or disclosed without written consent.*

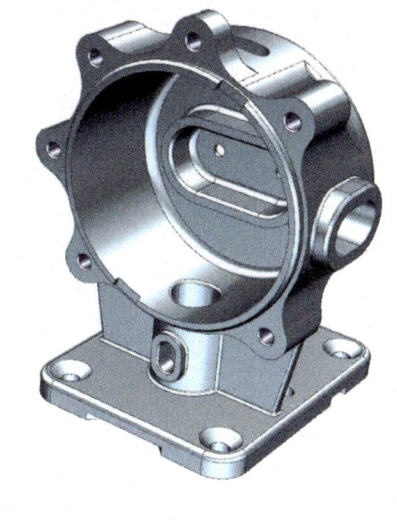

Corte A-A

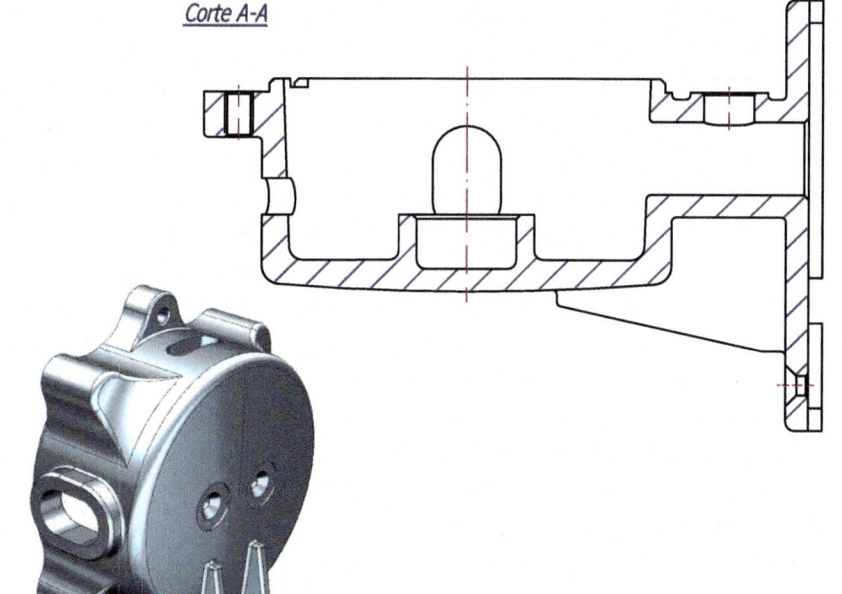

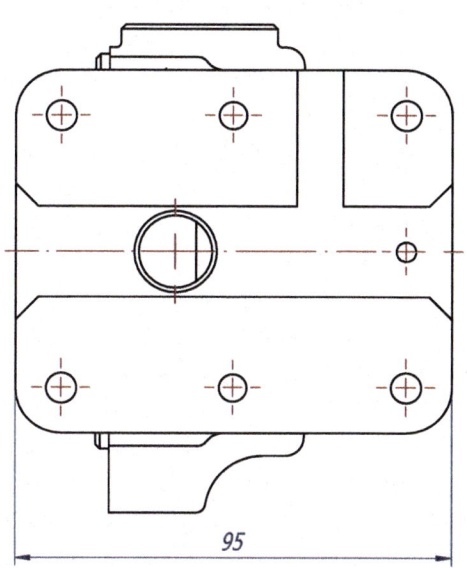

95

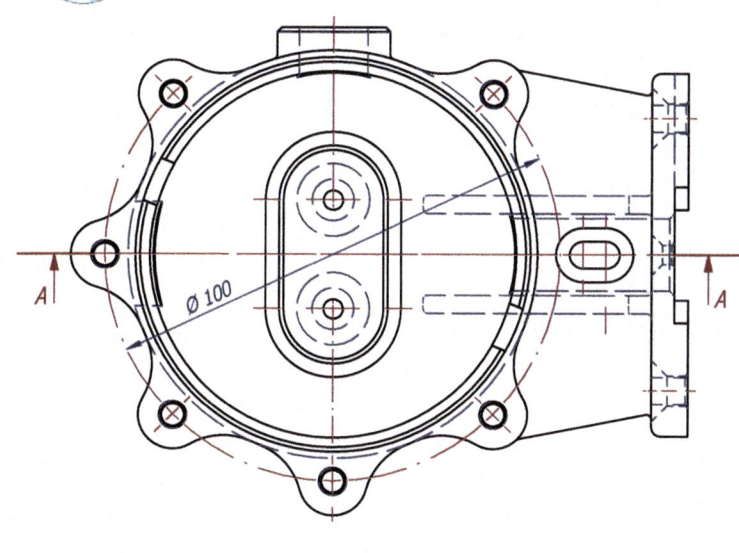

Ø 100

A

A

Corte B-B

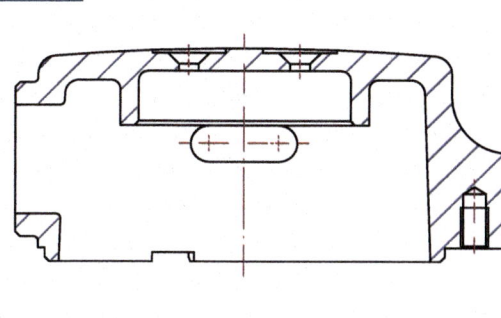

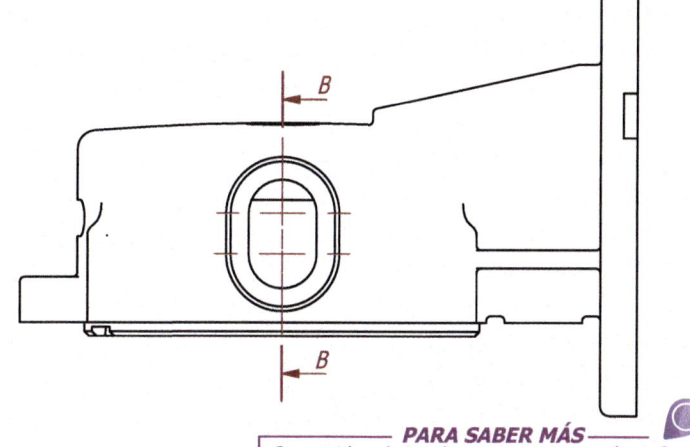

B

B

563.00

√ (√ 3.2)

PARA SABER MÁS
Contenido adicional en: www.marcombo.info

ALUMNO		GRUPO		NÚMERO		CALIFICACIÓN	
Grabar número de pieza Matar aristas Radios no acotados R = 1 UNE-EN ISO 5456-2	CANTIDAD	MATERIAL	TRATAMIENTO	**Marcombo** Tecnología, Ciencia y Formación	**Cortes Seccionces**	Tolerancia general: UNE-EN 22768-1 Soldadura: UNE-EN ISO 13920	
		AL 6082					
	Escala:		Acotar indicando tolerancias y signos de mecanizado			**563-00**	
Peso: 0.5 kg	RAL:		CORTES Y SECCIONES			Revisión: 00	

1   2   3   4

Cortes y secciones

1 2 3 4 5 6 7 8 9

EJERCICIOS

1.- *Acotar la pieza tomando como referencia las cotas dadas.*

107

Corte B-B

Corte A-A

Ø 52 H7

A

B — B

A

564.00 S

√ (3.2)

ALUMNO		GRUPO		NÚMERO			CALIFICACIÓN	
Grabar número de pieza Matar aristas Radios no acotados R = 1 UNE-EN ISO 5456-2	CANTIDAD	MATERIAL	TRATAMIENTO	**Marcombo** Tecnología, Ciencia y Formación	**Cortes Seccionces**		Tolerancia general: UNE-EN 22768-1 Soldadura: UNE-EN ISO 13920	
		AL 6082						
Peso: 2.4 kg	RAL:	Escala:		Completar las líneas que faltan en vistas y secciones CORTES Y SECCIONES			564-00	
							Revisión:	00

1   2   3   4

Cortes y secciones

Este plano es confidencial y no puede copiarse ni divulgarse sin un permiso escrito. *This drawing is confidential and must not be copied or disclosed without written consent.*

153

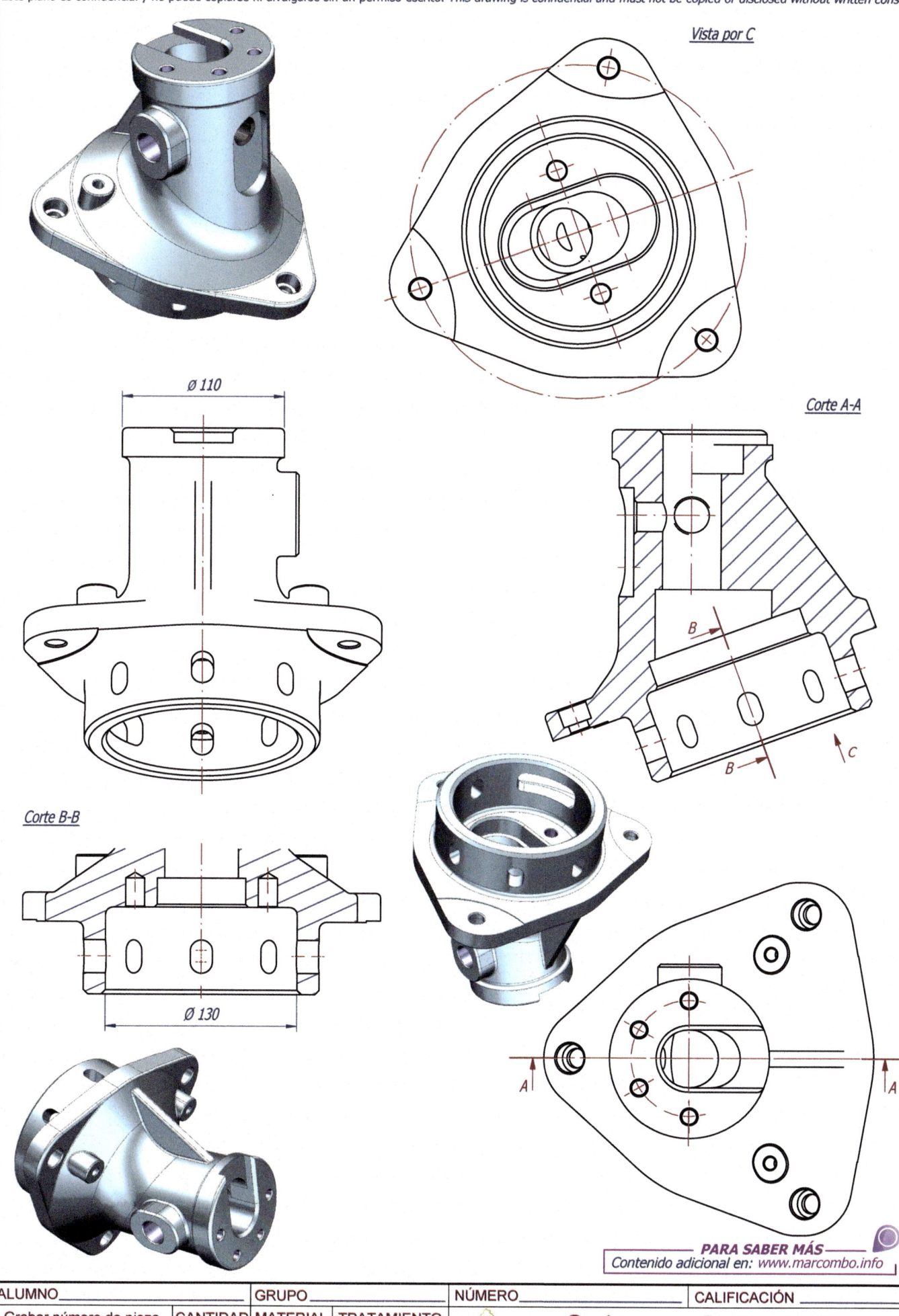

Vista por C

Ø 110

Corte A-A

B

B

C

Corte B-B

Ø 130

A

A

565.00

PARA SABER MÁS
Contenido adicional en: www.marcombo.info

ALUMNO		GRUPO		NÚMERO		CALIFICACIÓN
Grabar número de pieza	CANTIDAD	MATERIAL	TRATAMIENTO	Marcombo Tecnología, Ciencia y Formación	**Cortes Seccionces**	Tolerancia general: UNE-EN 22768-1
Matar aristas Radios no acotados R = 1 UNE-EN ISO 5456-2		AL 6082				Soldadura: UNE-EN ISO 13920
Peso: 6 kg	RAL:	Escala:		¿Es correcto el corte A-A? CORTES Y SECCIONES: CORTES AUXILIARES		565-00 Revisión: 00

Cortes y secciones

Este plano es confidencial y no puede copiarse ni divulgarse sin un permiso escrito. *This drawing is confidential and must not be copied or disclosed without written consent.*

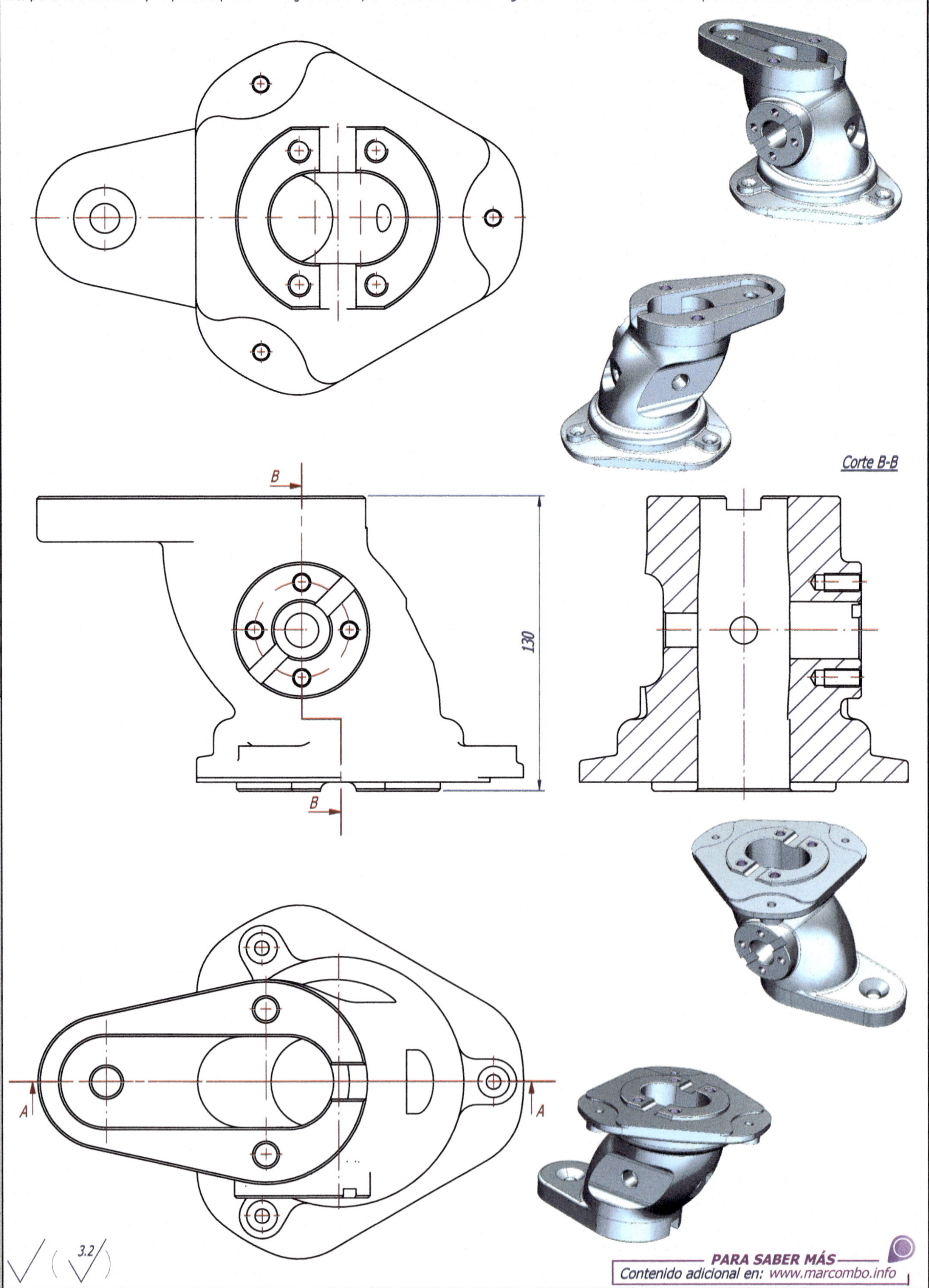

Nota: tomar como referencia la cota dada.

Corte B-B

130

566.00

3.2

ALUMNO		GRUPO		NÚMERO			CALIFICACIÓN	

Grabar número de pieza Matar aristas Radios no acotados R = 1 UNE-EN ISO 5456-2	CANTIDAD	MATERIAL	TRATAMIENTO	Marcombo Tecnología, Ciencia y Formación	Cortes Seccionces	Tolerancia general: UNE-EN 22768-1 Soldadura: UNE-EN ISO 13920
		AL 6082				
Peso: 2 kg	RAL:	Escala:		Determinar el corte A-A y acotar	566-00
				CORTES Y SECCIONES: CORTE TOTAL	Revisión:

1 2 3 4

Cortes y secciones

Este plano es confidencial y no puede copiarse ni divulgarse sin un permiso escrito. *This drawing is confidential and must not be copied or disclosed without written consent.*

155

Corte parcial B-B

Corte A-A

B

B

55

C

C

140

3.2

567.00

ALUMNO				GRUPO			NÚMERO		CALIFICACIÓN	
Grabar número de pieza Matar aristas Radios no acotados R = 1 UNE-EN ISO 5456-2		**CANTIDAD**	**MATERIAL** AL 6082	**TRATAMIENTO**		Marcombo Tecnología, Ciencia y Formación	**Cortes Secciónces**		Tolerancia general: UNE-EN 22768-1 Soldadura: UNE-EN ISO 13920	
Peso: 1 kg	RAL:	Escala:			Determinar el corte C-C y acortar la pieza CORTES Y SECCIONES: CORTE TOTAL Y PARCIAL				567-00 Revisión: 00	

Cortes y secciones

1   2   3   4

1
2
3
4
5
6
7
8
9

EJERCICIOS

1.- Realizar la perspectiva isométrica de la pieza.

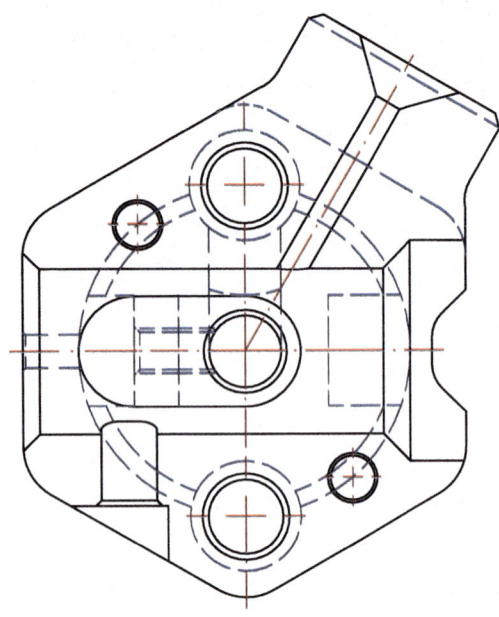

Corte A-A

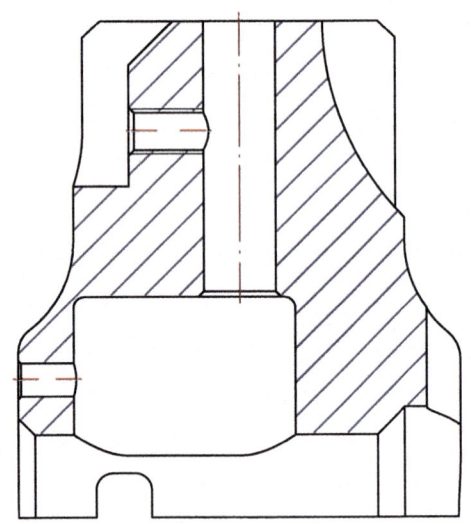

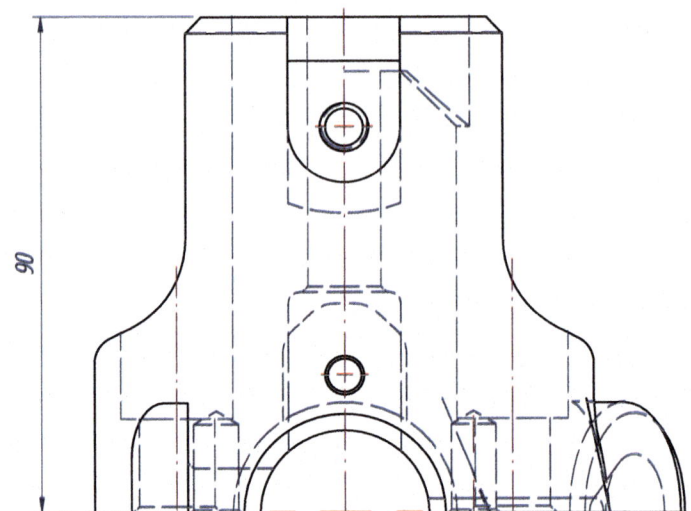

90

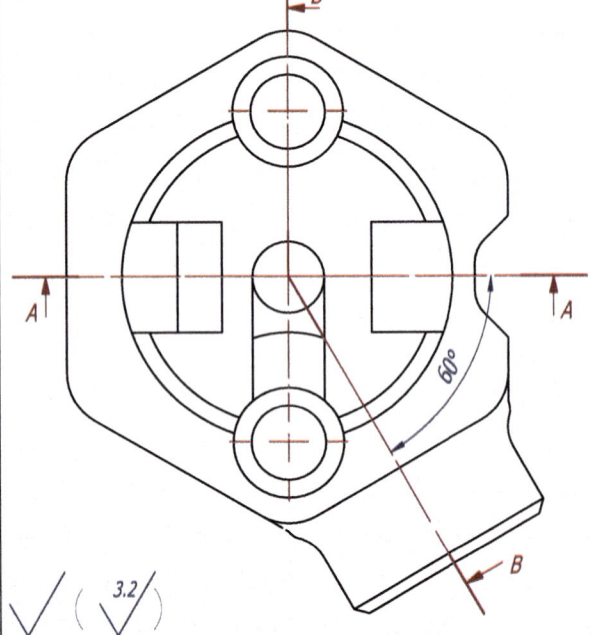

B

A   A

60°

B

3.2

568.00

PARA SABER MÁS
Contenido adicional en: *www.marcombo.info*

ALUMNO		GRUPO		NÚMERO			CALIFICACIÓN	
Grabar número de pieza Matar aristas Radios no acotados R = 1 UNE-EN ISO 5456-2	CANTIDAD	MATERIAL	TRATAMIENTO	Marcombo Tecnología, Ciencia y Formación	**Cortes Seccionces**		Tolerancia general: UNE-EN 22768-1 Soldadura: UNE-EN ISO 13920	
		AL 6082						
	Escala:		Determinar el corte B-B y acortar la pieza				**568-00**	
Peso: 0.7 kg	RAL:	CORTES Y SECCIONES: GIRADOS Y ABATIDOS					Revisión:	00

1   2   3   4

Cortes y secciones

Este plano es confidencial y no puede copiarse ni divulgarse sin un permiso escrito. *This drawing is confidential and must not be copied or disclosed without written consent.*

Nota: tomar como referencia las cotas dadas.

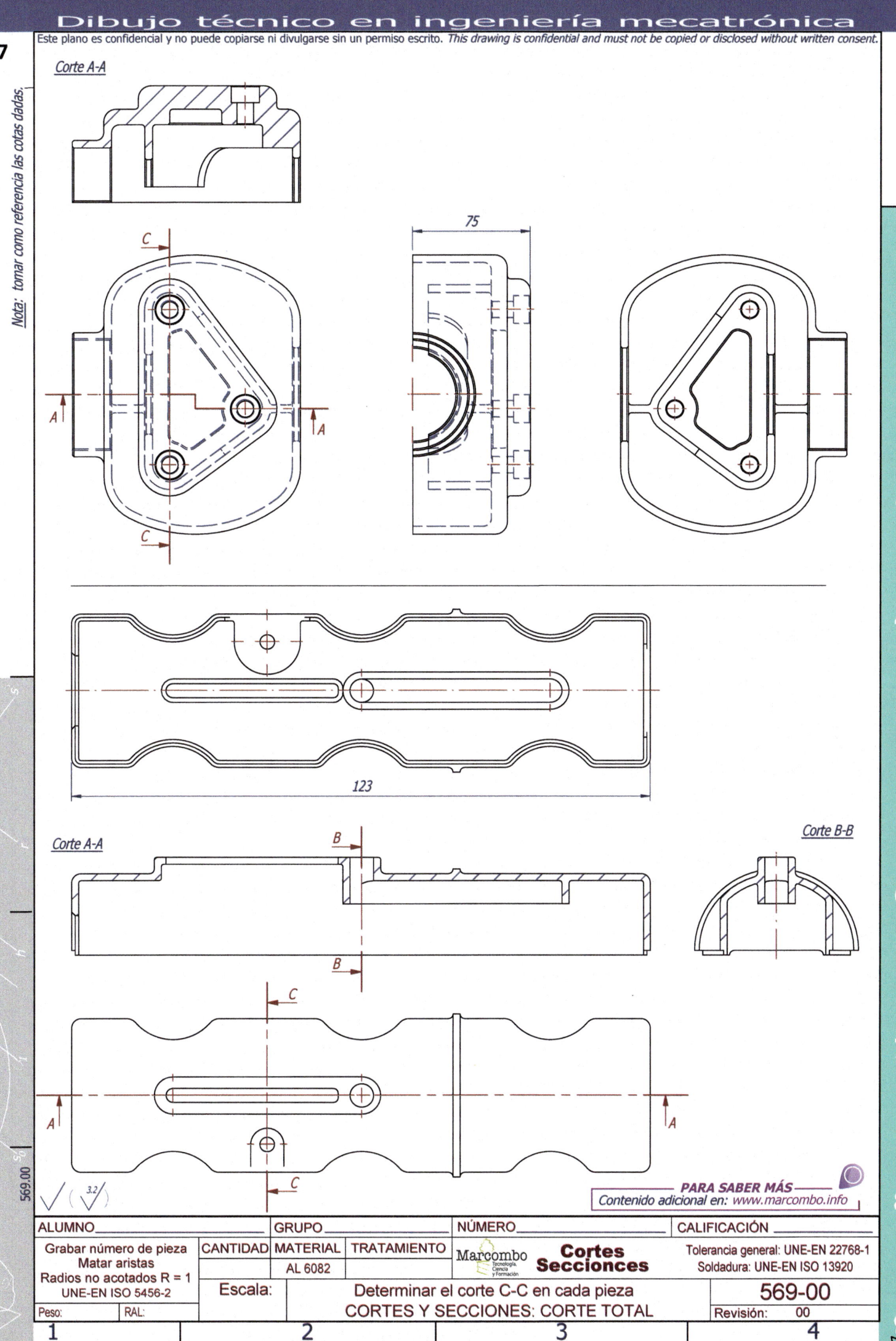

Corte A-A

75

123

Corte A-A

Corte B-B

569.00

B

C

A

ALUMNO		GRUPO		NÚMERO		CALIFICACIÓN
Grabar número de pieza Matar aristas Radios no acotados R = 1 UNE-EN ISO 5456-2	CANTIDAD	MATERIAL AL 6082	TRATAMIENTO	Marcombo Tecnología, Ciencia y Formación	**Cortes Seccionces**	Tolerancia general: UNE-EN 22768-1 Soldadura: UNE-EN ISO 13920
Peso:	RAL:	Escala:		Determinar el corte C-C en cada pieza CORTES Y SECCIONES: CORTE TOTAL		569-00 Revisión: 00

Cortes y secciones

3.2

1   2   3   4

1 2 3 4 5 6 7 8 9

Nota: tomar como referencià la cota dada.

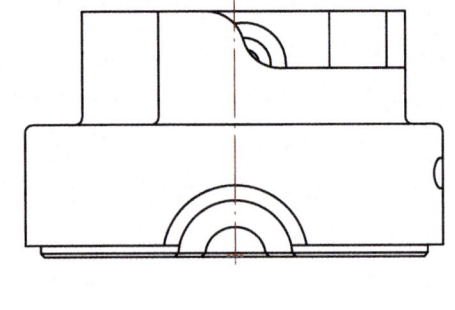

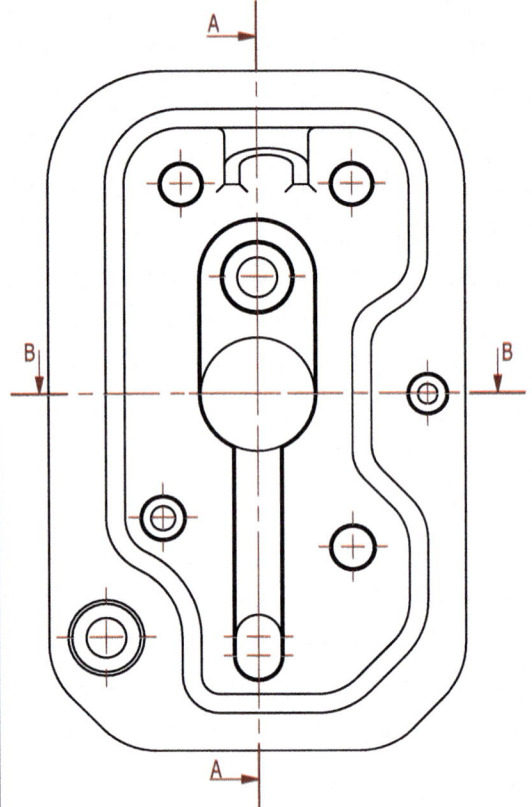

A

B — B

A

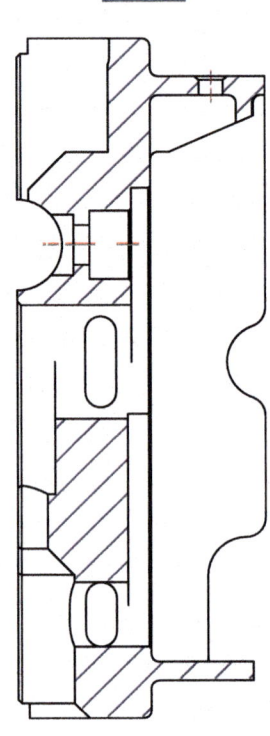

Corte A-A

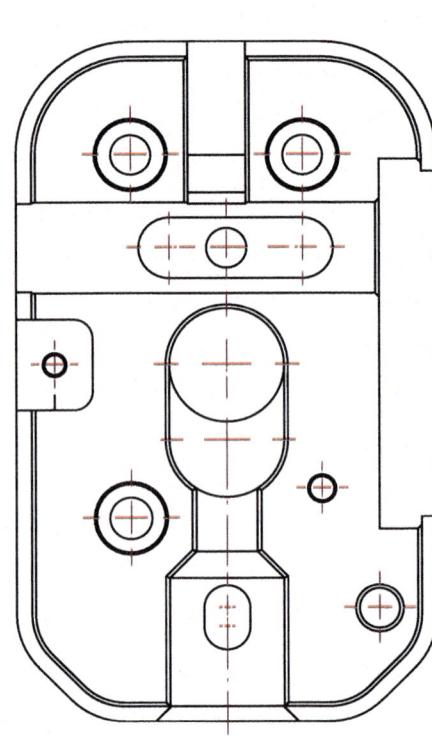

Corte B-B

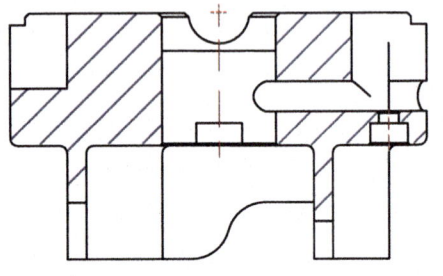

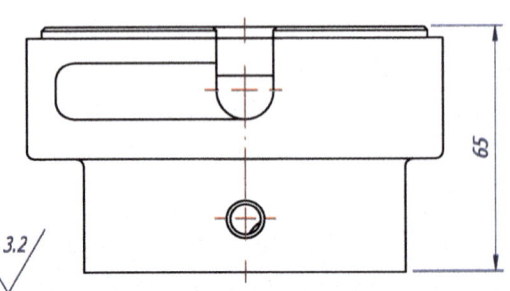

65

3.2

570.00

ALUMNO		GRUPO		NÚMERO		CALIFICACIÓN	

Grabar número de pieza Matar aristas Radios no acotados R = 1 UNE-EN ISO 5456-2	CANTIDAD	MATERIAL	TRATAMIENTO	Marcombo Tecnología, Ciencia y Formación	**Cortes Seccionces**	Tolerancia general: UNE-EN 22768-1 Soldadura: UNE-EN ISO 13920	
		AL 6082					
	Escala:		Acotar la pieza dadas sus proyecciones diédricas			**570-00**	
Peso: 1.5 kg	RAL:		CORTES Y SECCIONES: CORTE TOTAL			Revisión:	00

1   2   3   4

Este plano es confidencial y no puede copiarse ni divulgarse sin un permiso escrito. *This drawing is confidential and must not be copied or disclosed without written consent.*

Cortes: el corte parcial hace referencia a una zona de una pieza.

Corte A-A

Corte parcial C-C

Corte parcial D-D

Ø 140

Corte parcial B-B

95

3.2

571.00

PARA SABER MÁS
Contenido adicional en: www.marcombo.info

ALUMNO		GRUPO		NÚMERO		CALIFICACIÓN	
Grabar número de pieza Matar aristas Radios no acotados R = 1 UNE-EN ISO 5456-2	CANTIDAD	MATERIAL	TRATAMIENTO	Marcombo Tecnología, Ciencia y Formación	**Cortes Seccionces**	Tolerancia general: UNE-EN 22768-1 Soldadura: UNE-EN ISO 13920	
		AL 6082					
Peso: 2.2 kg	RAL:	Escala:		Acotar la pieza y dibujar el corte E-E CORTES Y SECCIONES: CORTES PARCIALES		**571-00** Revisión: 00	

Cortes y secciones

6

A partir de los dibujos de conjunto dados, obtener los planos de fabricación de cada una de las piezas no comerciales. Indicar cotas y tolerancias, así como signos de fabricación y de soldadura, estos últimos cuando corresponda.

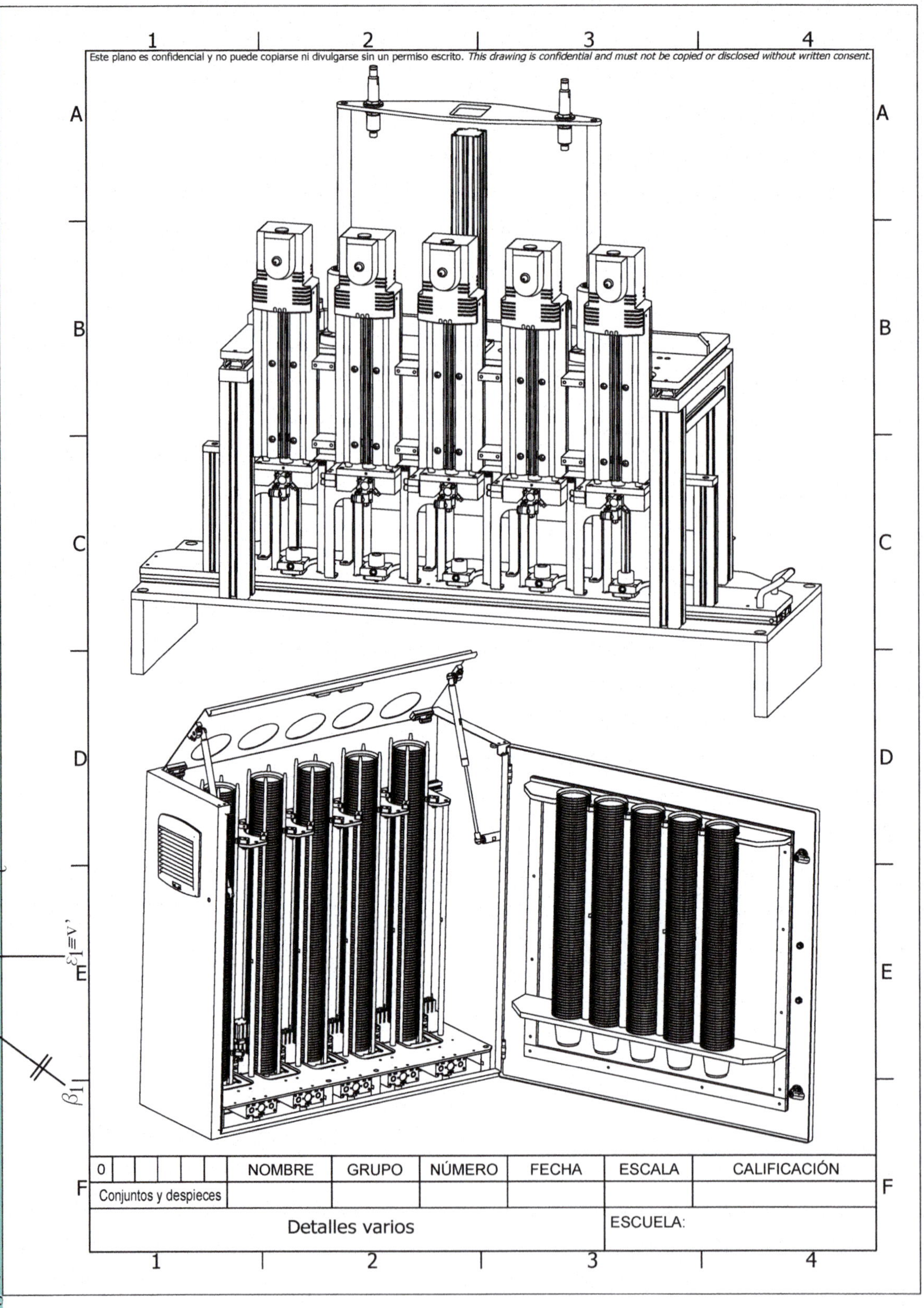

0						NOMBRE	GRUPO	NÚMERO	FECHA	ESCALA	CALIFICACIÓN
Conjuntos y despieces											
Detalles varios									ESCUELA:		

Conjuntos y despieces

Divide y vencerás.

Julio César

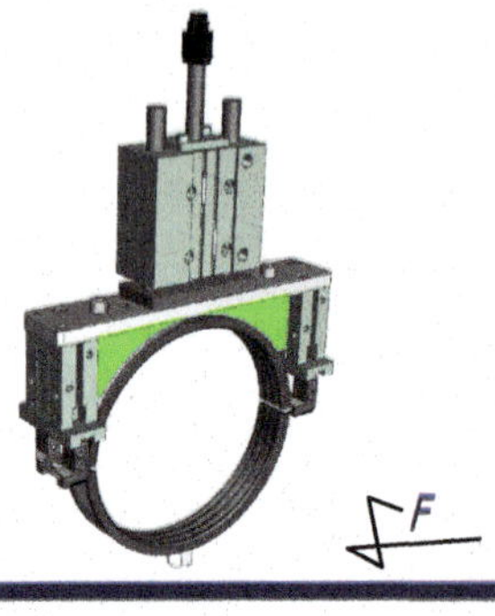

Este plano es confidencial y no puede copiarse ni divulgarse sin un permiso escrito. *This drawing is confidential and must not be copied or disclosed without written consent.*

Corte B-B

(Nota: tornillos y piezas a mecanizar en zincado blanco)

= 48 =

13

M3

25

7

4

3

Ø 6

11.5

LISTA DE PIEZAS

ELEMENTO	CANTIDAD	DESCRIPCIÓN
1	3	PITÓN
2	2	DEDO DE ATRAPE
3	1	PLACA NAILON
4	1	DISCO
5	1	PINZA NEUMÁTICA
6	4	TORNILLO AVELLANADO M2 x 6
7	4	TORNILLO ALLEN M3 x 8
8	2	PLAQUITA DE TOPE
9	2	ABARCÓN M6

Ø 37

A

Corte A-A

B

Ø 8

12

2

A

3

Ø 26 g6

10

M6

B

17

32

PARA SABER MÁS
Contenido adicional en: www.marcombo.info

R17

28

Ø 65

24

2

M6

= 34 =

5

7

1

3

9

2

6

4

8

ALUMNO		GRUPO			NÚMERO			CALIFICACIÓN	

Grabar número de pieza	CANTIDAD	MATERIAL	TRATAMIENTO				

Grabar número de pieza
Matar aristas
Radios no acotados R = 1
UNE-EN ISO 5456-2

Marcombo
Tecnología,
Ciencia
y Formación

Conjuntos
Despieces

Tolerancia general: UNE-EN 22768-1
Soldadura: UNE-EN ISO 13920

Escala:

Dibujar el plano acotado de cada una de las piezas

601-01

PINZA NEUMÁTICA

Peso: | RAL:

Revisión: 00

1 2 3 4 5 6 7 8 9

EJERCICIOS

1.- Pitón 1: ¿se puede quitar el mecanizado de las entre-caras (e)?
2.- Dedo 2: ¿qué material sería el más adecuado para fabricar los dedos de atrape?
3.- Pieza 4: rediseñar la pieza (4 agujeros equidistantes) para que sea más ligera.

① e:

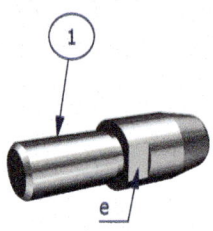

②

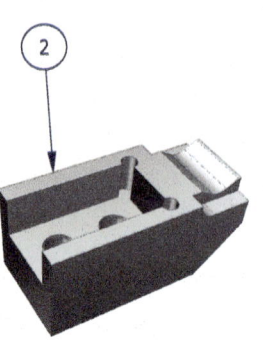

③

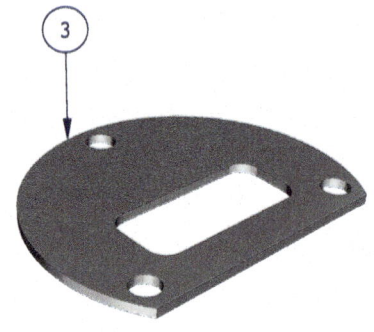

④

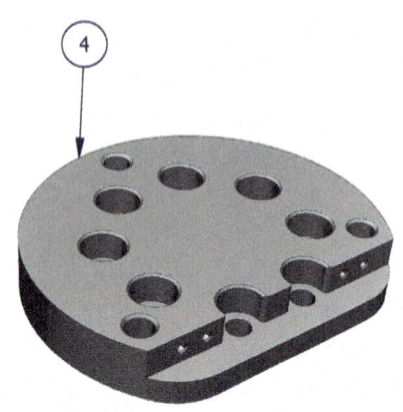

ALUMNO		GRUPO		NÚMERO		CALIFICACIÓN

Grabar número de pieza Matar aristas Radios no acotados R = 1 UNE-EN ISO 5456-2	CANTIDAD	MATERIAL	TRATAMIENTO	Marcombo Tecnología, Ciencia y Formación	**Conjuntos Despieces**	Tolerancia general: UNE-EN 22768-1 Soldadura: UNE-EN ISO 13920
Peso:	RAL:	Escala:	Dibujar el croquis acotado de las piezas en perspectiva			601-02
			PINZA NEUMÁTICA		Revisión:	00

601.02 Sc

1   2   3   4

Conjuntos y despieces

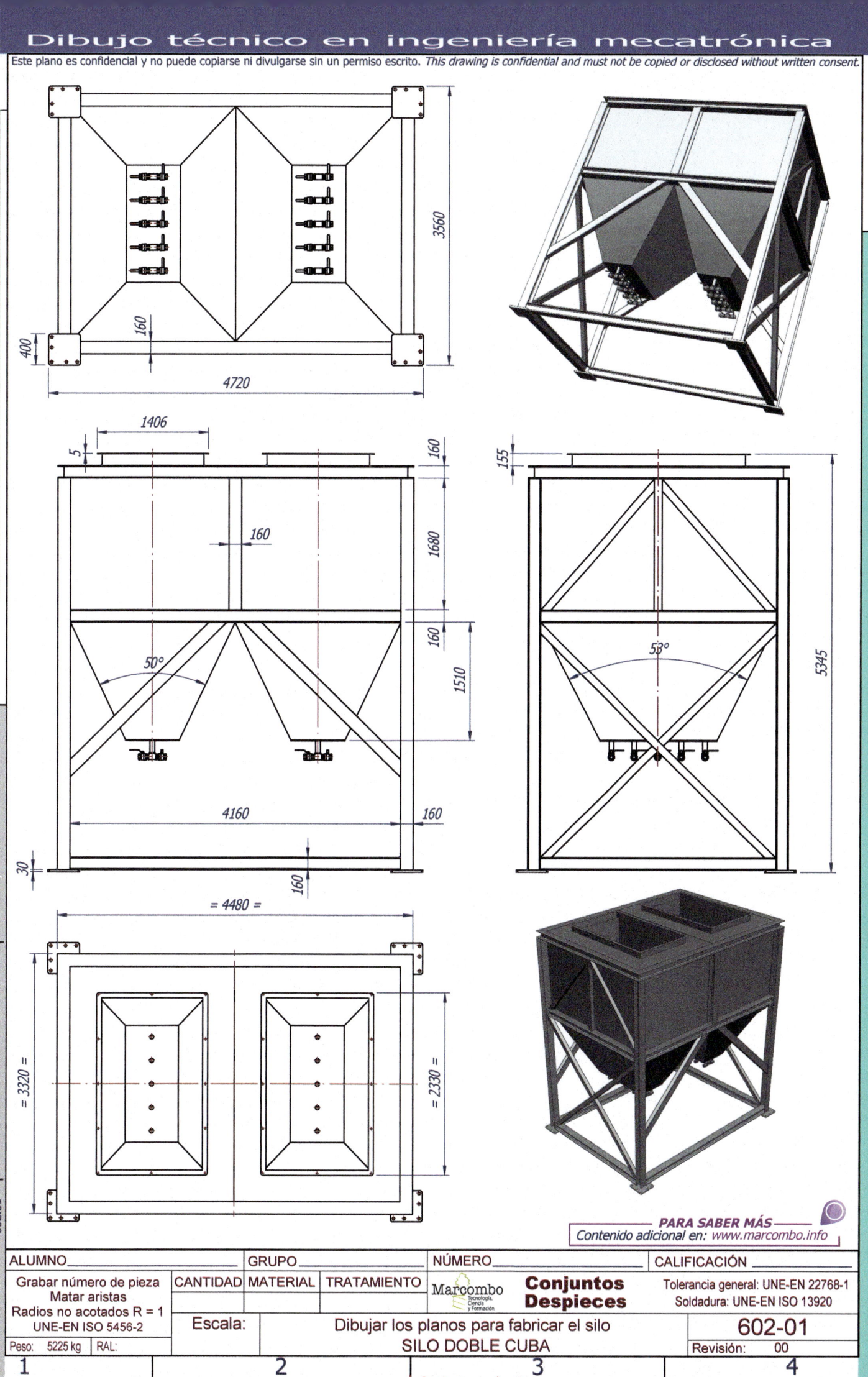

PARA COMPLETAR

1.- Añadir "clapetas" inferiores para el cierre inferior del silo.
2.- Añadir motores vibratorios en la tolva para facilitar la descarga.
3.- Dibujar los planos de caldería acotados de cada una de las piezas para fabricar el silo.

ALUMNO		GRUPO		NÚMERO		CALIFICACIÓN	
Grabar número de pieza Matar aristas Radios no acotados R = 1 UNE-EN ISO 5456-2	CANTIDAD	MATERIAL	TRATAMIENTO	Marcombo Tecnología, Ciencia y Formación	**Conjuntos Despieces**	Tolerancia general: UNE-EN 22768-1 Soldadura: UNE-EN ISO 13920	
				Escala:	Dibujar los planos para fabricar el silo		**602-01**
Peso: 5225 kg	RAL:				SILO DOBLE CUBA	Revisión:	00

Conjuntos y despieces

602.01

Este plano es confidencial y no puede copiarse ni divulgarse sin un permiso escrito. *This drawing is confidential and must not be copied or disclosed without written consent.*

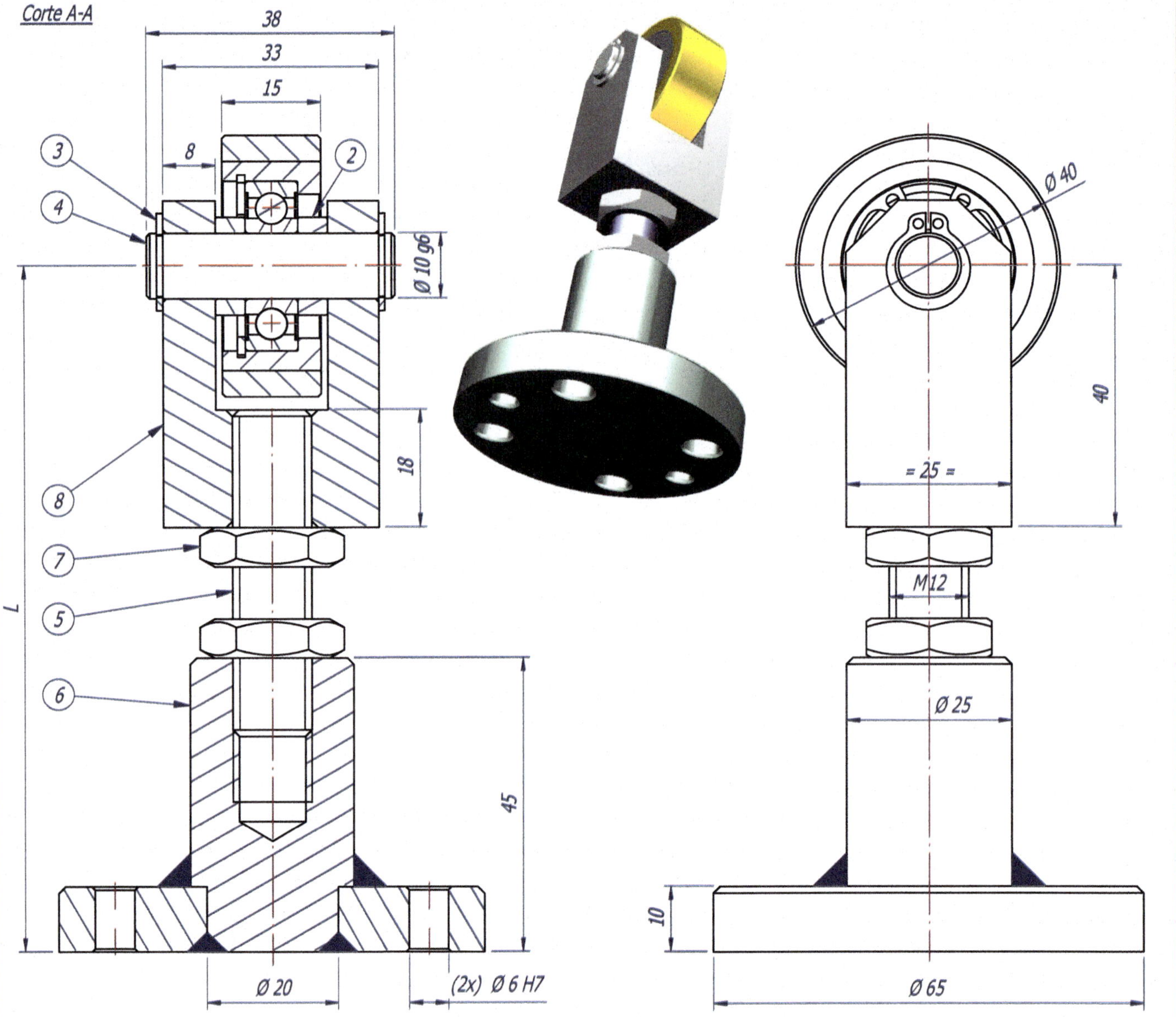

Corte A-A

38
33
15
8

Ø 10 g6

18

L

45

Ø 20   (2x) Ø 6 H7

③ ④ ⑧ ⑦ ⑤ ⑥ ②

Ø 40
40
= 25 =
M12
Ø 25
10
Ø 65

Ø 48
G   G   G
A   A

603.01

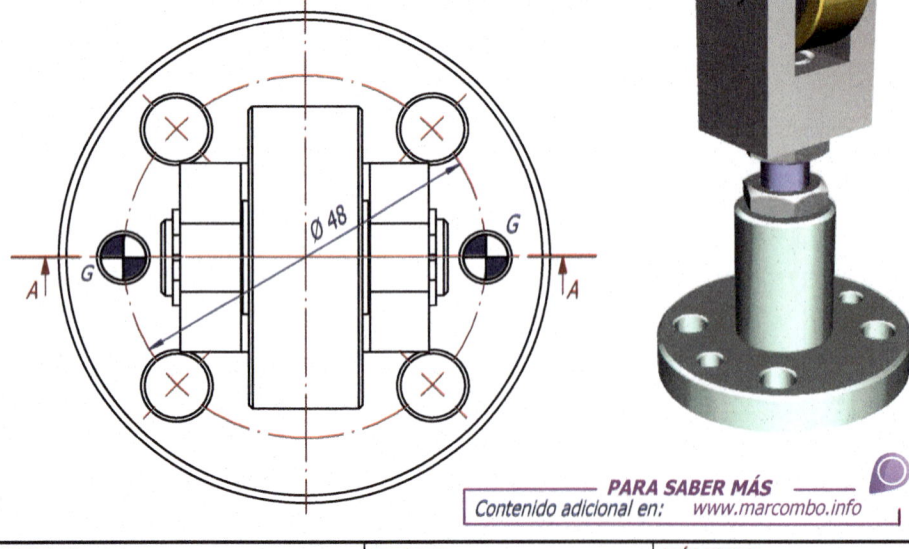

PARA SABER MÁS
Contenido adicional en: www.marcombo.info

LISTA DE PIEZAS		
ELEMENTO	CANTIDAD	DESCRIPCIÓN
1	1	RUEDA
2	2	CASQUILLO SEPARADOR
3	2	ANILLO ELÁSTICO EJE Ø 10 x 1
4	1	EJE
5	1	VARILLA ROSCADA M12 x 50
6	1	BASE SOPORTE
7	2	TUERCA REBAJADA M12
8	1	HORQUILLA SOPORTE

ALUMNO_____				GRUPO_____		NÚMERO_____		CALIFICACIÓN_____

Grabar número de pieza
Matar aristas
Radios no acotados R = 1
UNE-EN ISO 5456-2

CANTIDAD	MATERIAL	TRATAMIENTO

Marcombo Tecnología, Ciencia y Formación

Conjuntos
Despieces

Tolerancia general: UNE-EN 22768-1
Soldadura: UNE-EN ISO 13920

Escala:
1:1

Dibujar el plano acotado de cada una de las piezas
SOPORTE REGULABLE APOYO

603-01

Peso: RAL:

Revisión: 00

1   2   3   4

Conjuntos y despieces

Este plano es confidencial y no puede copiarse ni divulgarse sin un permiso escrito. *This drawing is confidential and must not be copied or disclosed without written consent.*

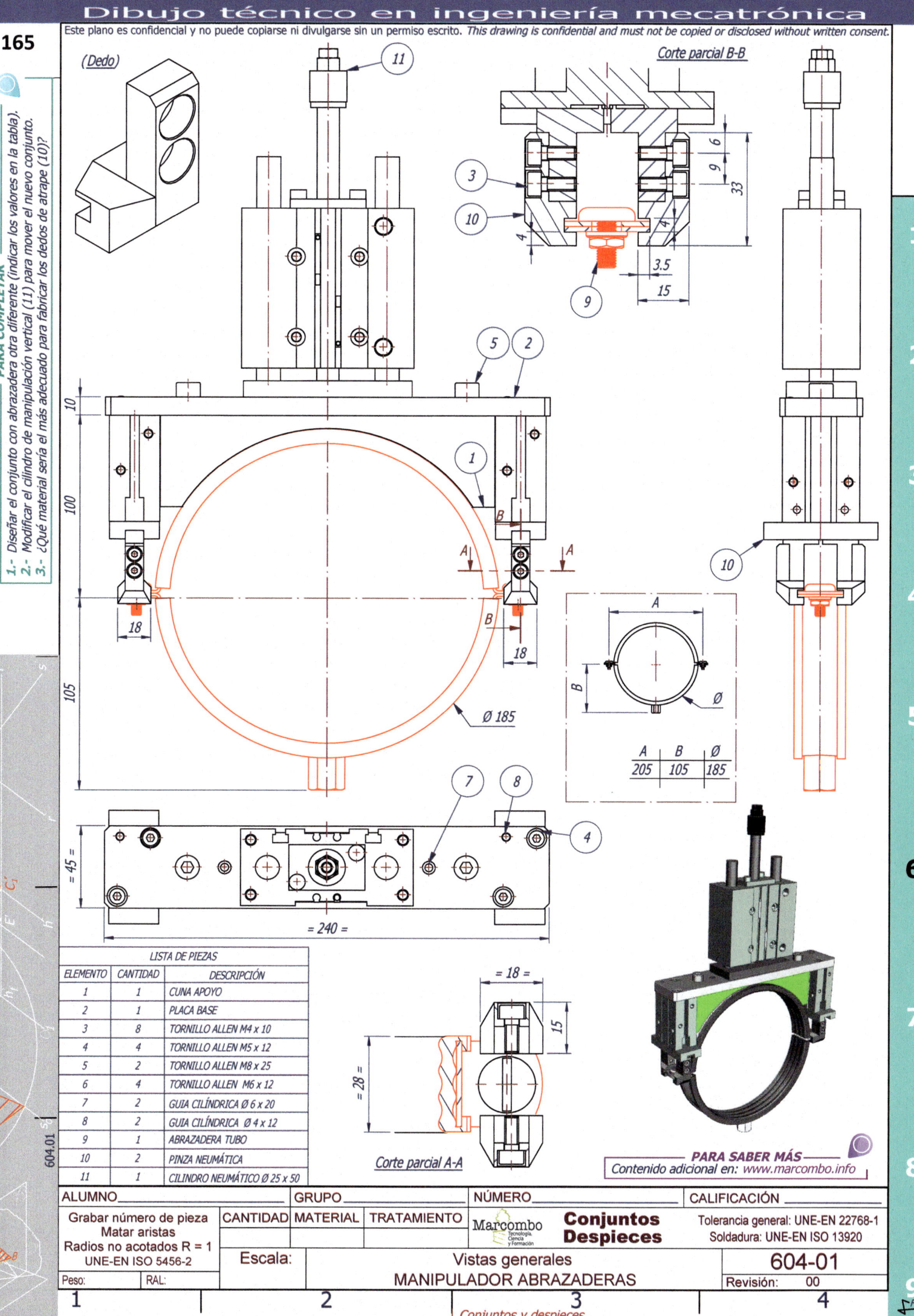

(Dedo)

Corte parcial B-B

Ø 185

A	B	Ø
205	105	185

Corte parcial A-A

PARA COMPLETAR

1.- Diseñar el conjunto con abrazadera otra diferente (indicar los valores en la tabla).
2.- Modificar el cilindro de manipulación vertical (11) para mover el nuevo conjunto.
3.- ¿Qué material sería el más adecuado para fabricar los dedos de atrape (10)?

		LISTA DE PIEZAS
ELEMENTO	**CANTIDAD**	**DESCRIPCIÓN**
1	1	CUNA APOYO
2	1	PLACA BASE
3	8	TORNILLO ALLEN M4 x 10
4	4	TORNILLO ALLEN M5 x 12
5	2	TORNILLO ALLEN M8 x 25
6	4	TORNILLO ALLEN M6 x 12
7	2	GUIA CILÍNDRICA Ø 6 x 20
8	2	GUIA CILÍNDRICA Ø 4 x 12
9	1	ABRAZADERA TUBO
10	2	PINZA NEUMÁTICA
11	1	CILINDRO NEUMÁTICO Ø 25 x 50

PARA SABER MÁS
Contenido adicional en: www.marcombo.info

ALUMNO_____	GRUPO_____	NÚMERO_____	CALIFICACIÓN_____

Grabar número de pieza
Matar aristas
Radios no acotados R = 1
UNE-EN ISO 5456-2

CANTIDAD	MATERIAL	TRATAMIENTO

Marcombo Tecnología, Ciencia y Formación

Conjuntos Despieces

Tolerancia general: UNE-EN 22768-1
Soldadura: UNE-EN ISO 13920

Escala:

Vistas generales
MANIPULADOR ABRAZADERAS

604-01

Peso: | RAL: | Revisión: 00

604.01

Conjuntos y despieces

Este plano es confidencial y no puede copiarse ni divulgarse sin un permiso escrito. *This drawing is confidential and must not be copied or disclosed without written consent.*

LISTA DE PIEZAS

ELEMENTO	CTDAD	DESCRIPCIÓN
1	1	HORQUILLA
2	1	CARCASA 1
3	1	CILINDRO NEUMÁTICO Ø 40 x 40
4	1	BIELA
5	2	BIELA SIMPLE
6	1	TORNILLO ALLEN M8 x 20
7	2	ARANDELA
8	1	EJE Ø 10 x 72
9	2	CASQUILLO AUTOLUBRICADO
10	1	SEPARADOR Ø 15 x 18
11	1	EJE Ø 10 x 44
13	2	RODAMIENTO AGUJAS
14	1	CIINDRO NEUMÁTICO Ø 10 x 25

LISTA DE PIEZAS

ELEMENTO	CANTIDAD	DESCRIPCIÓN
15	1	ATRAPE INFERIOR
16	2	PLACA LATERAL
17	1	EJE Ø 10 x 72
18	2	SOPORTE LATERAL
19	1	CARCASA 2
20	1	SUFRIDERA
21	1	EJE Ø 10 x 42
22	1	CASQUILLO
23	1	RÓTULA
24	1	TUERCA HEXAGONAL M4
25	2	REGULADOR CAUDAL M5 - Ø 4
26	2	REGULADOR CAUDAL M5 - Ø 6

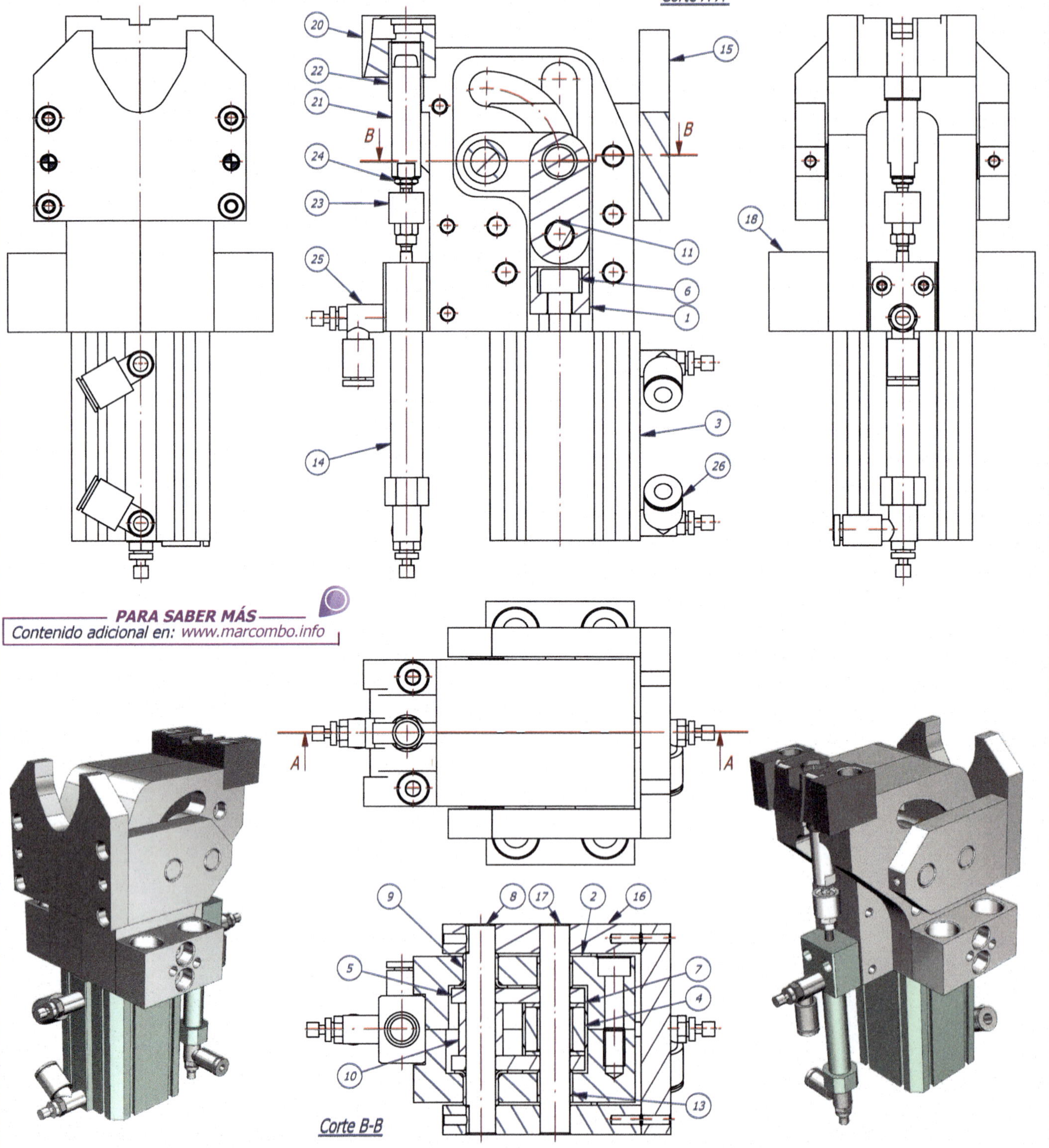

Corte A-A

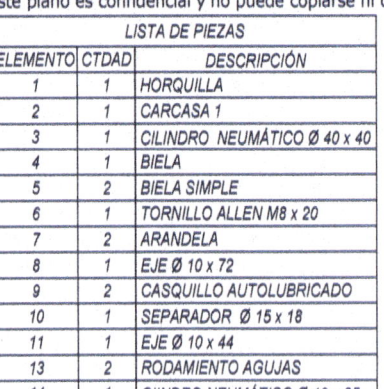

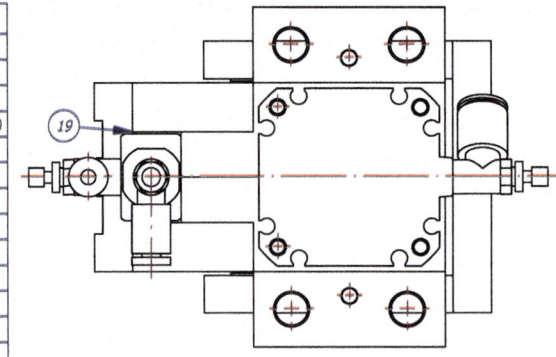

Corte B-B

ALUMNO		GRUPO		NÚMERO	Marcombo Tecnología, Ciencia y Formación	**Conjuntos Despieces**	CALIFICACIÓN	

Grabar número de pieza
Matar aristas
Radios no acotados R = 1
UNE-EN ISO 5456-2

CANTIDAD	MATERIAL	TRATAMIENTO

Tolerancia general: UNE-EN 22768-1
Soldadura: UNE-EN ISO 13920

Escala: 1:2	Vistas generales PINZA IRREVERSIBLE	605-00
Peso:	RAL:		Revisión: 00

605.00

Dibujo técnico en ingeniería mecatrónica

Este plano es confidencial y no puede copiarse ni divulgarse sin un permiso escrito. *This drawing is confidential and must not be copied or disclosed without written consent.*

167

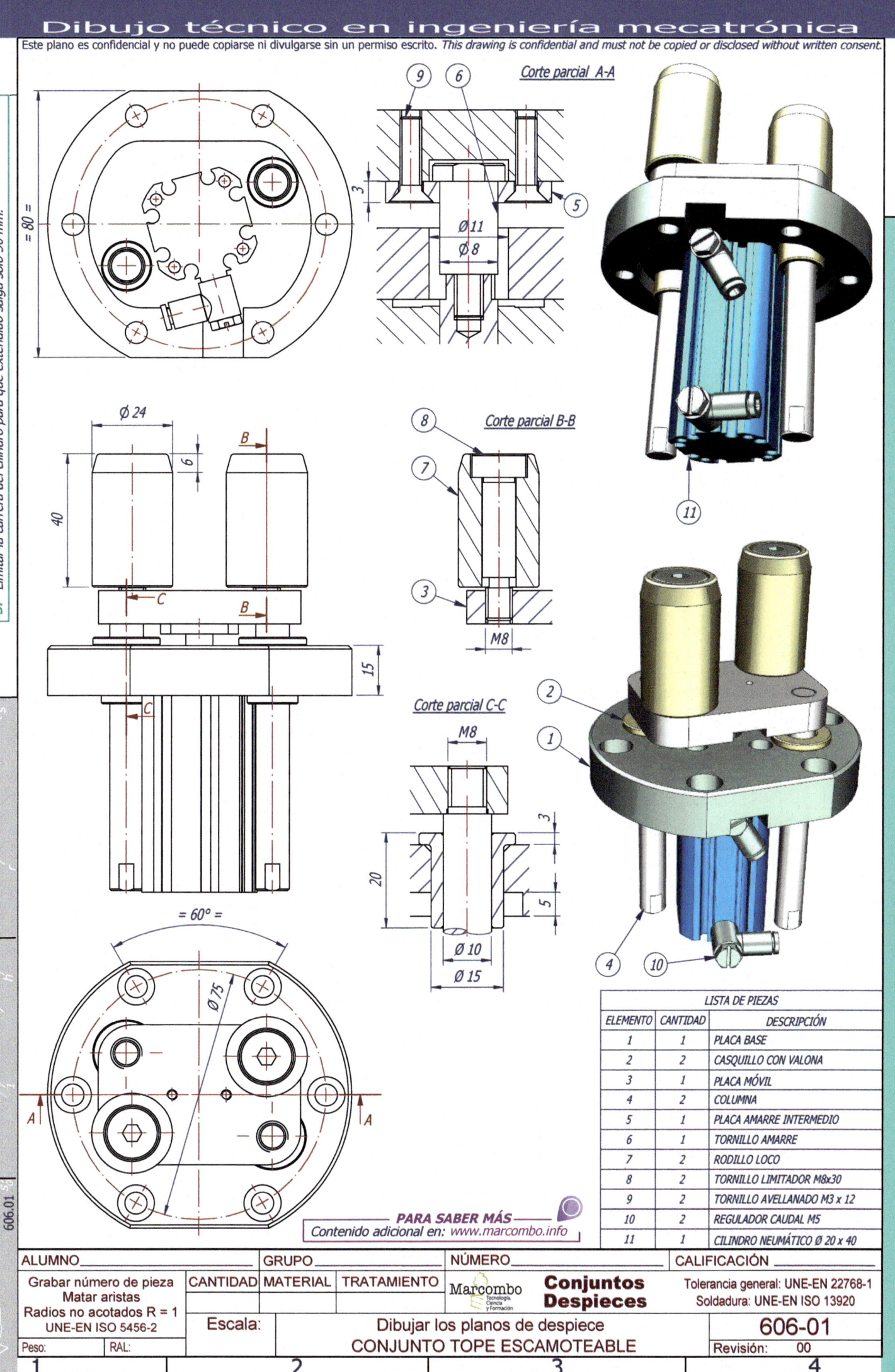

= 80 =

Corte parcial A-A

9   6

Ø 11
Ø 8

3

5

Ø 24

6

40

B

C

B

15

C

= 60° =

Ø 75

A   A

Corte parcial B-B

8

7

3

M8

Corte parcial C-C

M8

2

1

3

20

5

Ø 10
Ø 15

4   10

11

LISTA DE PIEZAS

ELEMENTO	CANTIDAD	DESCRIPCIÓN
1	1	PLACA BASE
2	2	CASQUILLO CON VALONA
3	1	PLACA MÓVIL
4	2	COLUMNA
5	1	PLACA AMARRE INTERMEDIO
6	1	TORNILLO AMARRE
7	2	RODILLO LOCO
8	2	TORNILLO LIMITADOR M8x30
9	2	TORNILLO AVELLANADO M3 x 12
10	2	REGULADOR CAUDAL M5
11	1	CILINDRO NEUMÁTICO Ø 20 x 40

PARA SABER MÁS
Contenido adicional en: www.marcombo.info

606.01

ALUMNO_____		GRUPO_____		NÚMERO_____		CALIFICACIÓN_____

Grabar número de pieza
Matar aristas
Radios no acotados R = 1
UNE-EN ISO 5456-2

CANTIDAD	MATERIAL	TRATAMIENTO

Marcombo Tecnología, Ciencia y Formación

Conjuntos Despieces

Tolerancia general: UNE-EN 22768-1
Soldadura: UNE-EN ISO 13920

Escala:

Dibujar los planos de despiece
CONJUNTO TOPE ESCAMOTEABLE

606-01

Peso: RAL:

Revisión: 00

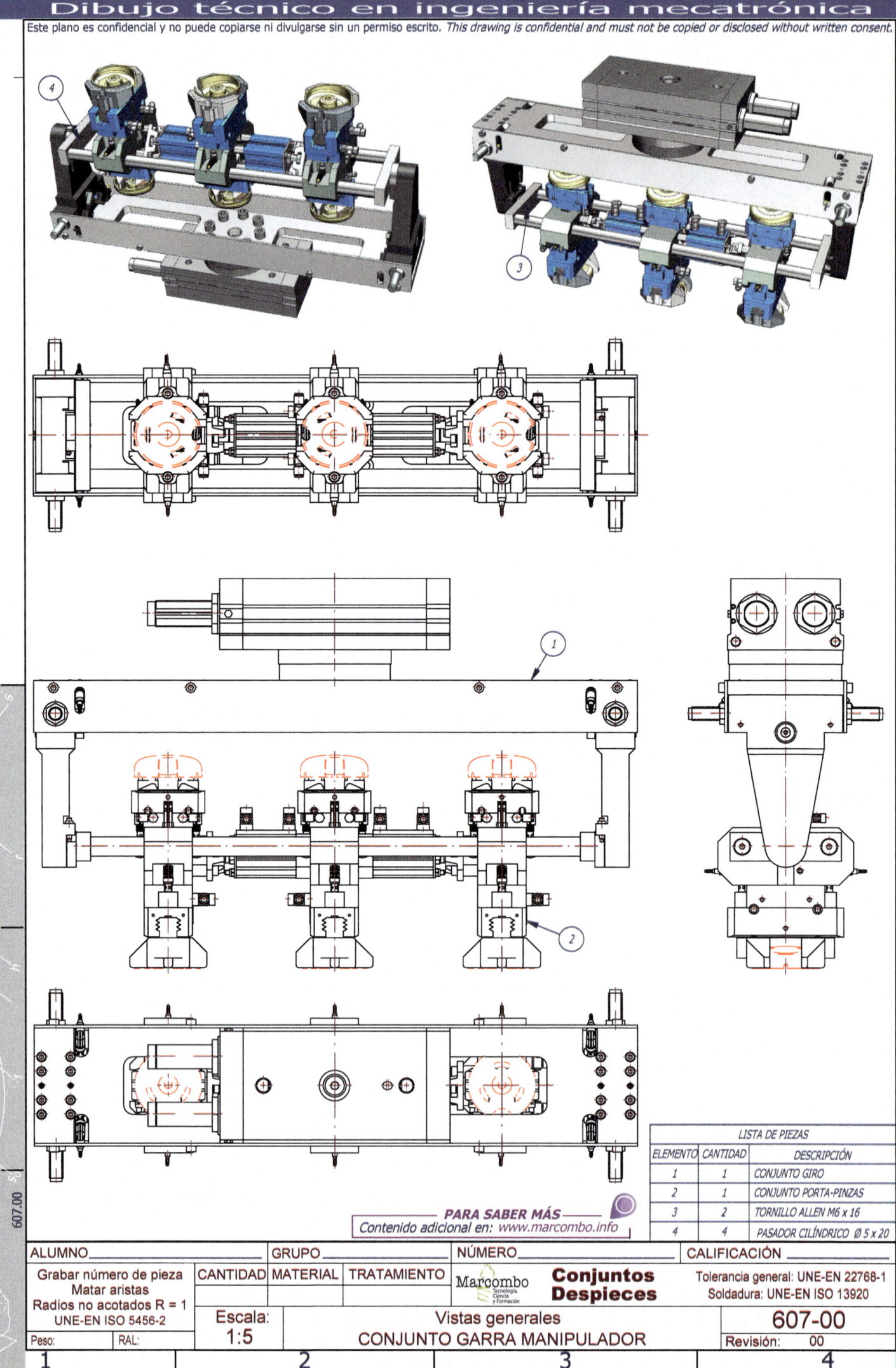

		LISTA DE PIEZAS	
ELEMENTO	CANTIDAD	DESCRIPCIÓN	
1	1	CONJUNTO GIRO	
2	1	CONJUNTO PORTA-PINZAS	
3	2	TORNILLO ALLEN M6 x 16	
4	4	PASADOR CILÍNDRICO Ø 5 x 20	

PARA SABER MÁS
Contenido adicional en: www.marcombo.info

ALUMNO		GRUPO		NÚMERO		CALIFICACIÓN	

Grabar número de pieza Matar aristas Radios no acotados R = 1 UNE-EN ISO 5456-2	CANTIDAD	MATERIAL	TRATAMIENTO	Marcombo Tecnología, Ciencia y Formación	**Conjuntos Despieces**	Tolerancia general: UNE-EN 22768-1 Soldadura: UNE-EN ISO 13920	
	Escala: 1:5		Vistas generales CONJUNTO GARRA MANIPULADOR			607-00	
Peso:	RAL:					Revisión: 00	

Este plano es confidencial y no puede copiarse ni divulgarse sin un permiso escrito. *This drawing is confidential and must not be copied or disclosed without written consent.*

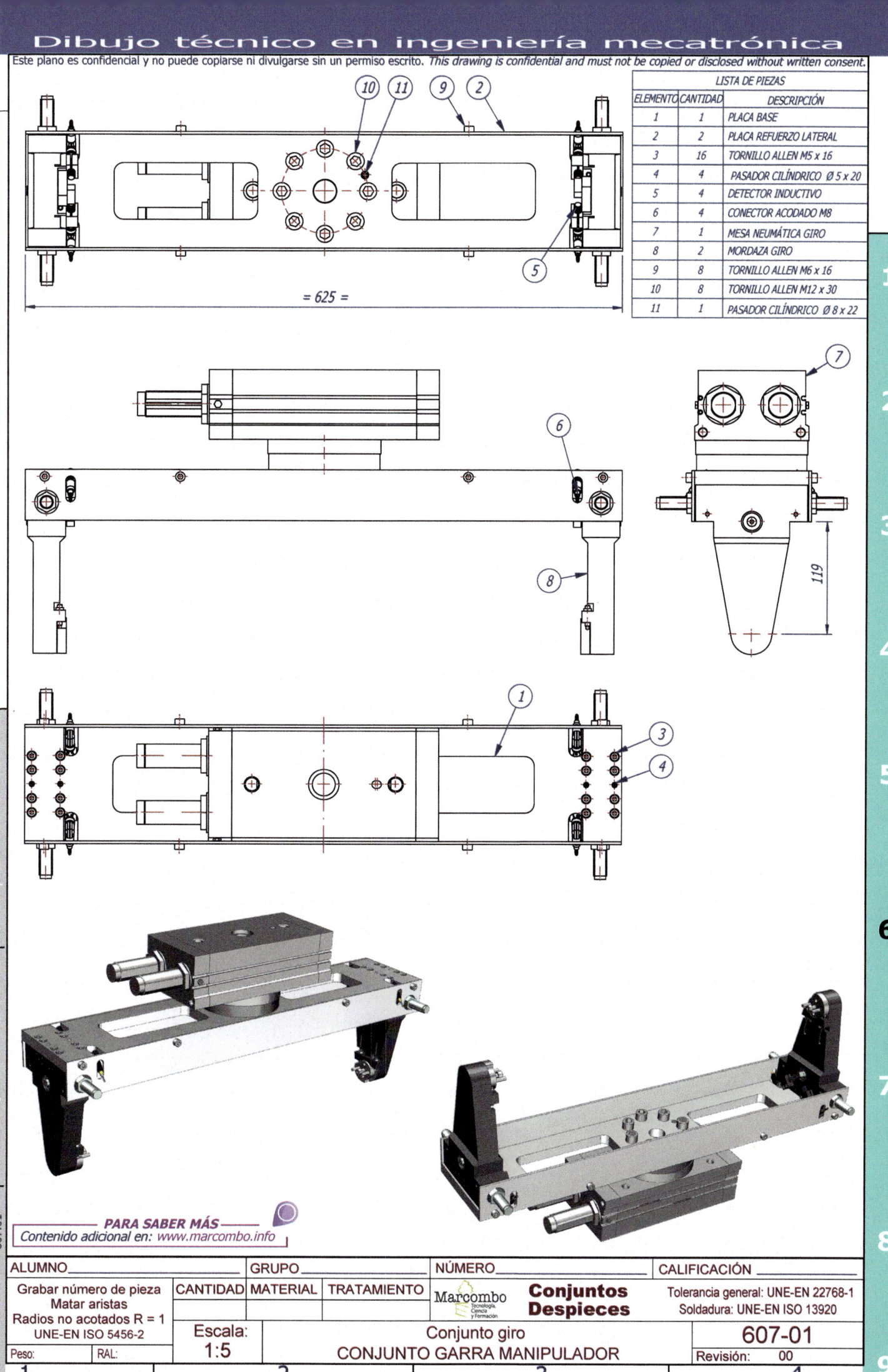

LISTA DE PIEZAS		
ELEMENTO	CANTIDAD	DESCRIPCIÓN
1	1	PLACA BASE
2	2	PLACA REFUERZO LATERAL
3	16	TORNILLO ALLEN M5 x 16
4	4	PASADOR CILÍNDRICO Ø 5 x 20
5	4	DETECTOR INDUCTIVO
6	4	CONECTOR ACODADO M8
7	1	MESA NEUMÁTICA GIRO
8	2	MORDAZA GIRO
9	8	TORNILLO ALLEN M6 x 16
10	8	TORNILLO ALLEN M12 x 30
11	1	PASADOR CILÍNDRICO Ø 8 x 22

= 625 =

119

ALUMNO				NÚMERO		CALIFICACIÓN	
	GRUPO						

Grabar número de pieza
Matar aristas
Radios no acotados R = 1
UNE-EN ISO 5456-2

CANTIDAD	MATERIAL	TRATAMIENTO

Marcombo Tecnología, Ciencia y Formación

**Conjuntos
Despieces**

Tolerancia general: UNE-EN 22768-1
Soldadura: UNE-EN ISO 13920

Peso: | RAL:

Escala:
1:5

Conjunto giro
CONJUNTO GARRA MANIPULADOR

607-01

Revisión: 00

Este plano es confidencial y no puede copiarse ni divulgarse sin un permiso escrito. *This drawing is confidential and must not be copied or disclosed without written consent.*

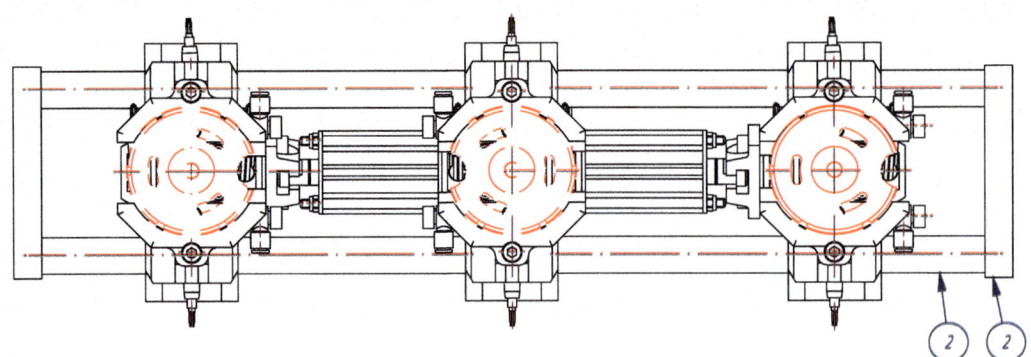

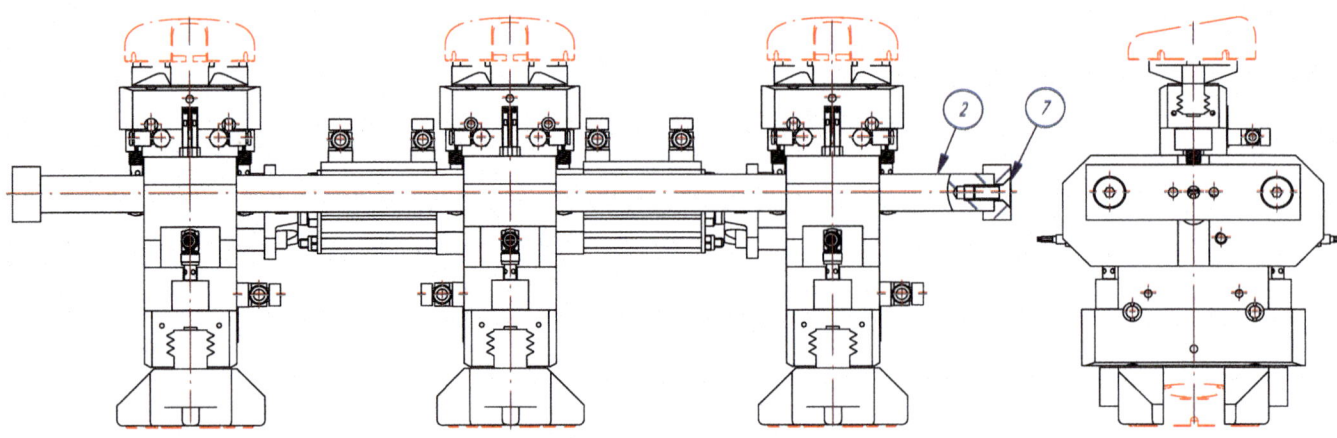

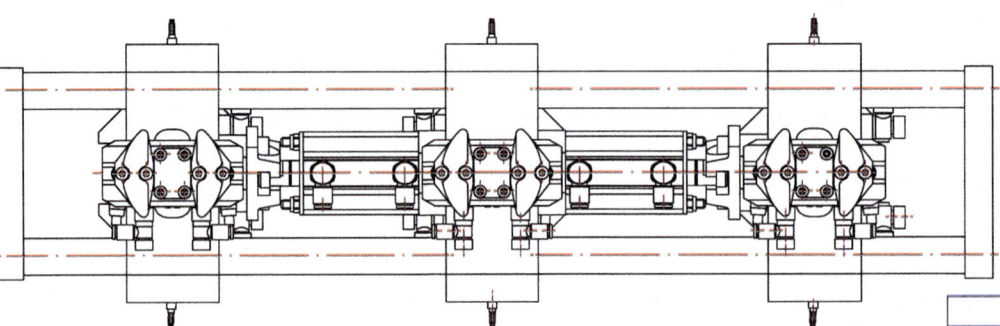

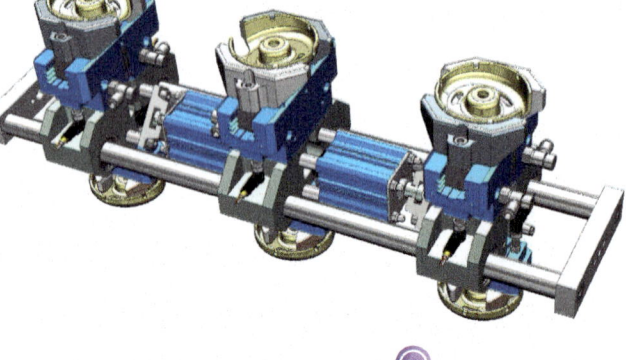

LISTA DE PIEZAS

ELEMENTO	CANTIDAD	DESCRIPCIÓN
1	1	CONJUNTO PARTE CENTRAL FIJA
2	4	COLUMNA DESLIZAMIENTO
3	2	DOBLE PINZA MÓVIL
4	1	TACO SOPORTE LATERAL GIRO
5	4	SEPARADOR Ø 12 x 15
6	4	TORNILLO ALLEN M6 x 30
7	4	TORNILLO AVELLANADO M8 x 20
9	2	HORQUILLA

607.02

PARA SABER MÁS

Contenido adicional en: www.marcombo.info

ALUMNO		GRUPO		NÚMERO		CALIFICACIÓN
Grabar número de pieza Matar aristas Radios no acotados R = 1 UNE-EN ISO 5456-2	CANTIDAD / MATERIAL / TRATAMIENTO			Marcombo Tecnología, Ciencia y Formación	**Conjuntos Despieces**	Tolerancia general: UNE-EN 22768-1 Soldadura: UNE-EN ISO 13920
	Escala:			**PORTA-PINZAS**		**607-02**
Peso:	RAL:			**CONJUNTO GARRA MANIPULADOR**		Revisión: 00

EJERCICIOS

1.- Dibujar el plano acotado del soporte (2).

607.03

Corte parcial B-B

45

Corte parcial A-A

Ø 32

50

= 90 =

(Vista en planta sin producto)

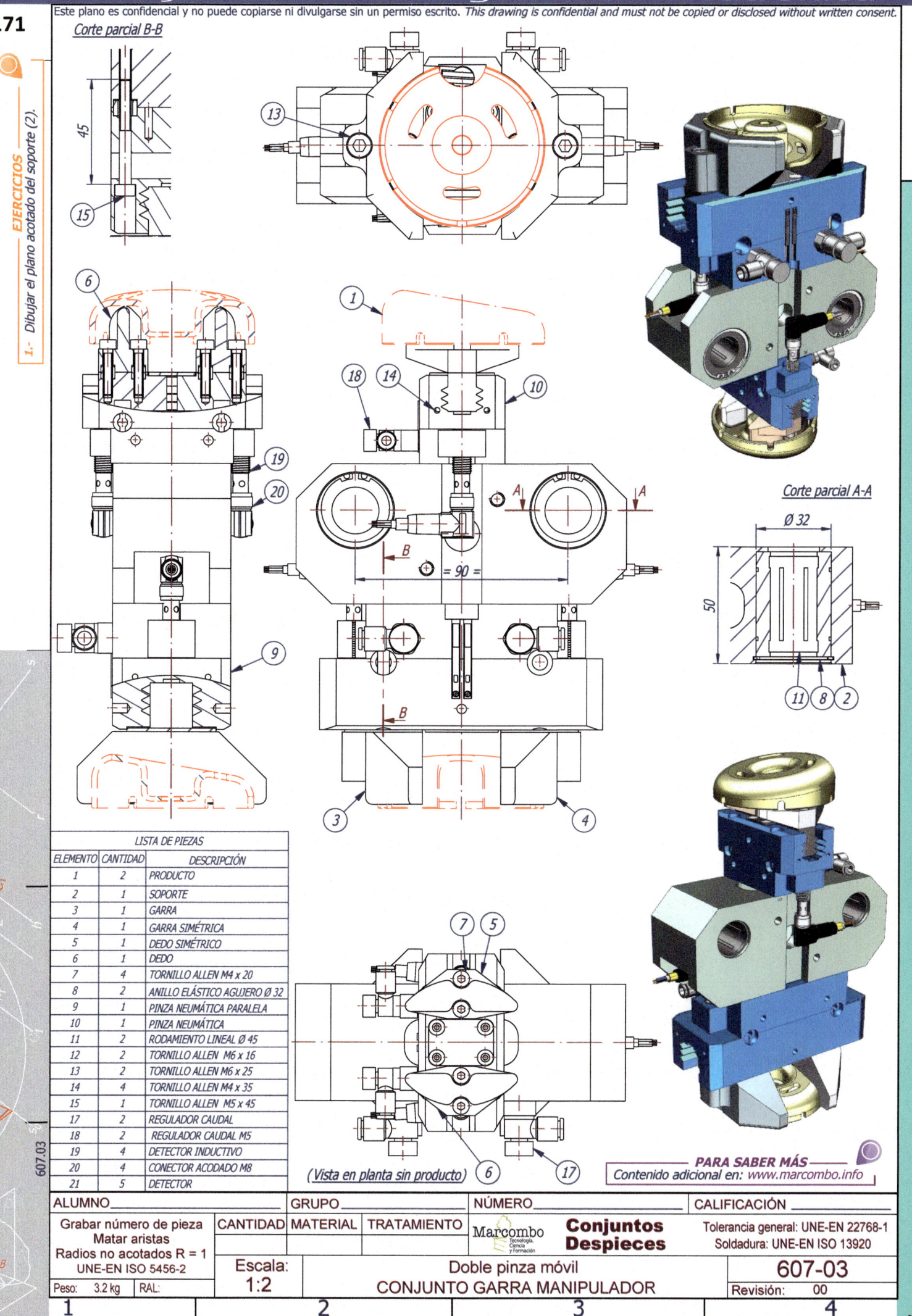

ELEMENTO	CANTIDAD	DESCRIPCIÓN
1	2	PRODUCTO
2	1	SOPORTE
3	1	GARRA
4	1	GARRA SIMÉTRICA
5	1	DEDO SIMÉTRICO
6	1	DEDO
7	4	TORNILLO ALLEN M4 x 20
8	2	ANILLO ELÁSTICO AGUJERO Ø 32
9	1	PINZA NEUMÁTICA PARALELA
10	1	PINZA NEUMÁTICA
11	2	RODAMIENTO LINEAL Ø 45
12	2	TORNILLO ALLEN M6 x 16
13	2	TORNILLO ALLEN M6 x 25
14	4	TORNILLO ALLEN M4 x 35
15	1	TORNILLO ALLEN M5 x 45
17	2	REGULADOR CAUDAL
18	2	REGULADOR CAUDAL M5
19	4	DETECTOR INDUCTIVO
20	4	CONECTOR ACODADO M8
21	5	DETECTOR

LISTA DE PIEZAS

PARA SABER MÁS
Contenido adicional en: www.marcombo.info

ALUMNO		GRUPO		NÚMERO			CALIFICACIÓN	

Grabar número de pieza
Matar aristas
Radios no acotados R = 1
UNE-EN ISO 5456-2

CANTIDAD	MATERIAL	TRATAMIENTO

Marcombo Tecnología, Ciencia y Formación

Conjuntos Despieces

Tolerancia general: UNE-EN 22768-1
Soldadura: UNE-EN ISO 13920

Peso: 3.2 kg | RAL:

Escala: 1:2

Doble pinza móvil
CONJUNTO GARRA MANIPULADOR

607-03
Revisión: 00

Este plano es confidencial y no puede copiarse ni divulgarse sin un permiso escrito. *This drawing is confidential and must not be copied or disclosed without written consent.*

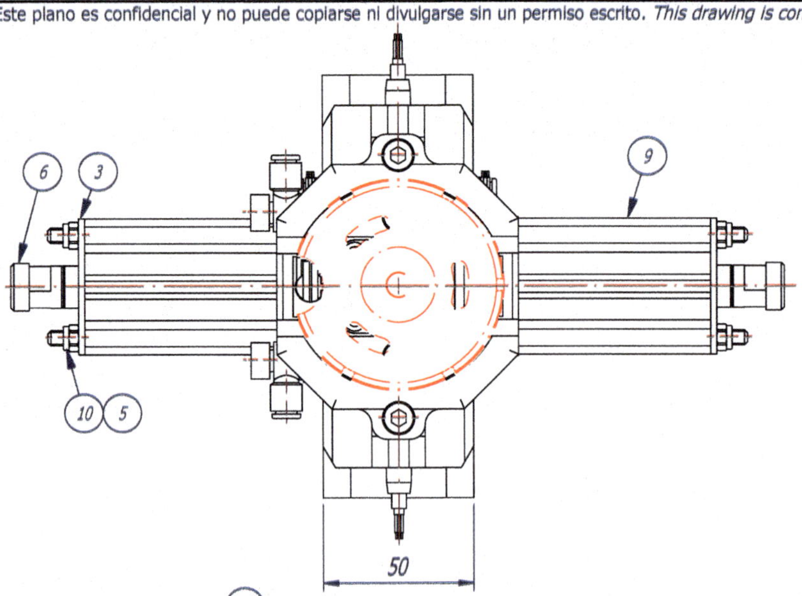

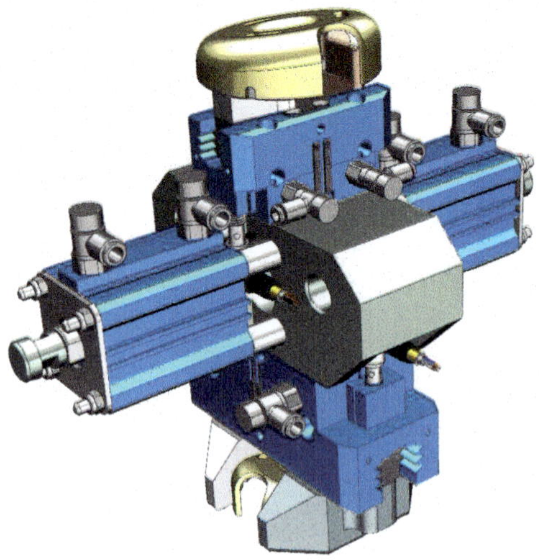

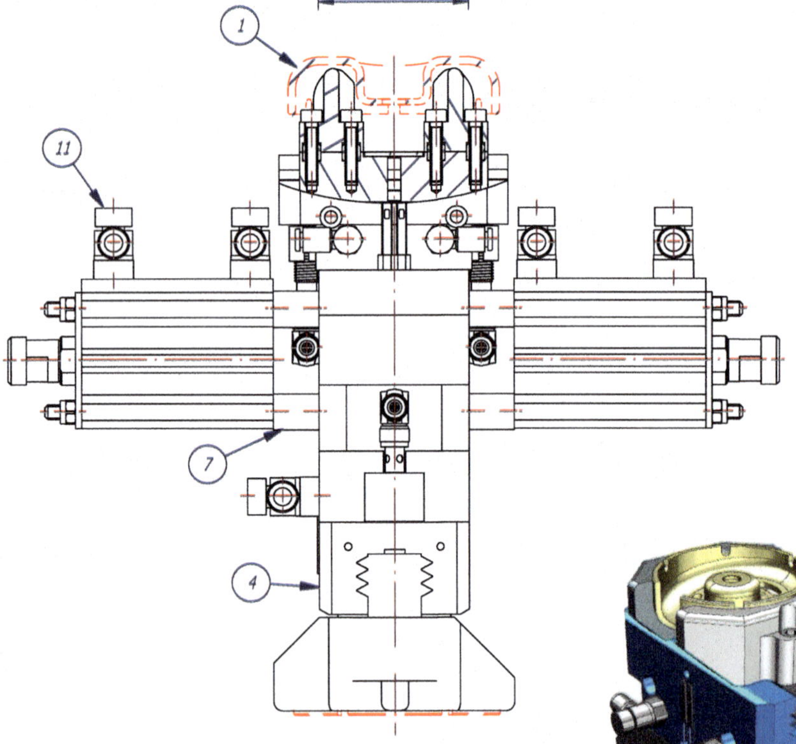

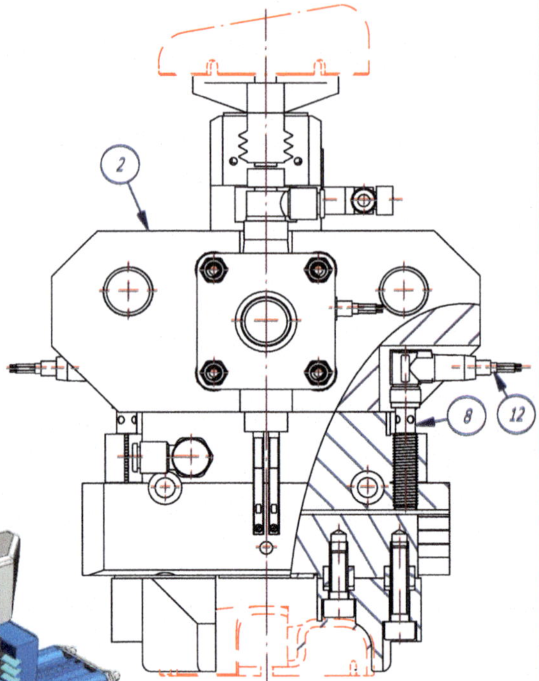

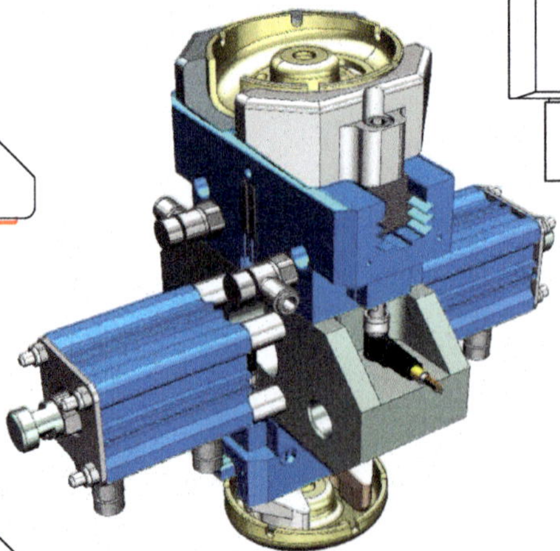

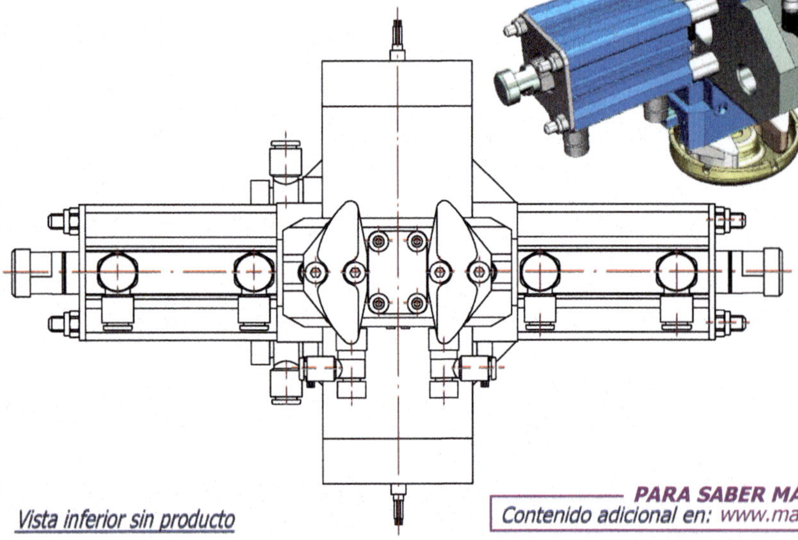

50

Vista inferior sin producto

PARA SABER MÁS
Contenido adicional en: www.marcombo.info

607.04

LISTA DE PIEZAS		
ELEMENTO	CANTIDAD	DESCRIPCIÓN
1	1	GARRA ATRAPE INTERIOR
2	1	TACO SOPORTE CENTRAL
3	2	CHAPA CIERRE 45 x 45 x 2
4	1	GARRA ATRAPE EXTERIOR
5	4	VARILLA ROSCADA M5 x 230
6	2	RÓTULA
7	8	SEPARADOR Ø 12 x 15
8	4	DETECTOR INDUCTIVO
9	2	CILINDRO NEUMÁTICO Ø 32 x 30
10	8	TUERCA AUTOBLOCANTE M5
11	4	REGULADOR CAUDAL
12	4	CONECTOR ACODADO M8

ALUMNO		GRUPO		NÚMERO			CALIFICACIÓN	
Grabar número de pieza Matar aristas Radios no acotados R = 1 UNE-EN ISO 5456-2	CANTIDAD	MATERIAL	TRATAMIENTO	Marcombo Tecnología, Ciencia y Formación	**Conjuntos Despieces**		Tolerancia general: UNE-EN 22768-1 Soldadura: UNE-EN ISO 13920	
	Escala:			Subconjunto parte central fija			**607-04**	
Peso:	RAL:			CONJUNTO GARRA MANIPULADOR			Revisión:	00

Este plano es confidencial y no puede copiarse ni divulgarse sin un permiso escrito. *This drawing is confidential and must not be copied or disclosed without written consent.*

173

Corte A-A

Ø 70

PARA SABER MÁS
Contenido adicional en: *www.marcombo.info*

LISTA DE PIEZAS		
ELEMENTO	CANTIDAD	DESCRIPCIÓN
1	1	PRODUCTO
2	1	GARRA
3	1	GARRA SIMÉTRICA
4	2	REGULADOR CAUDAL
5	2	TORNILLO ALLEN M6 x 16
6	1	PINZA NEUMÁTICA PARALELA
7	2	TORNILLO ALLEN M6 x 25
8	3	DETECTOR

607.05

ALUMNO_____		GRUPO_____		NÚMERO_____		CALIFICACIÓN _____
Grabar número de pieza Matar aristas Radios no acotados R = 1 UNE-EN ISO 5456-2	CANTIDAD	MATERIAL	TRATAMIENTO	**Marcombo** Tecnología, Ciencia y Formación	**Conjuntos Despieces**	Tolerancia general: UNE-EN 22768-1 Soldadura: UNE-EN ISO 13920
	Escala:			Garra atrape por el exterior del producto		**607-05**
Peso:	RAL:			CONJUNTO GARRA MANIPULADOR		Revisión: 00

Este plano es confidencial y no puede copiarse ni divulgarse sin un permiso escrito. *This drawing is confidential and must not be copied or disclosed without written consent.*

(Vista en 3D con producto)

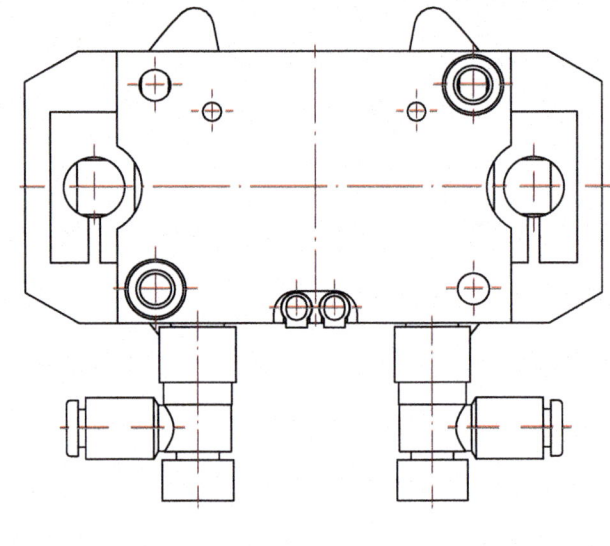

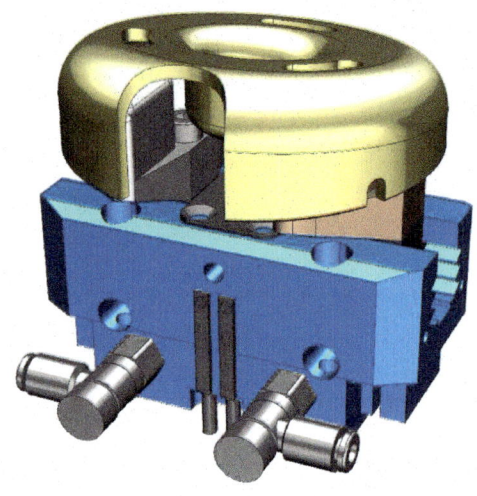

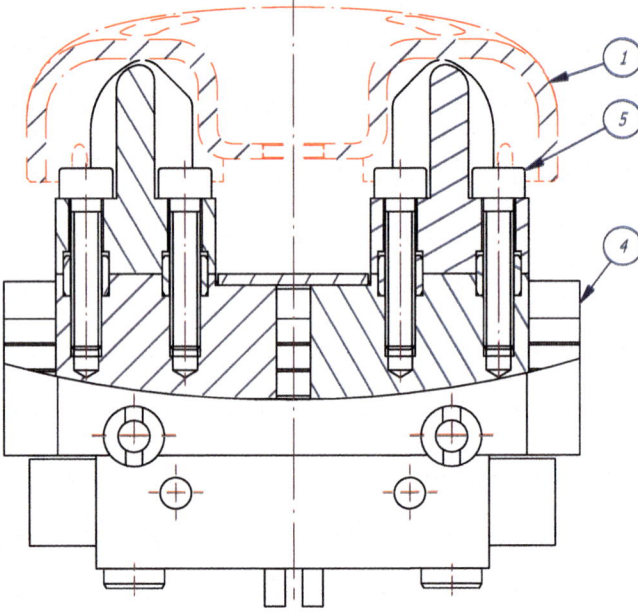

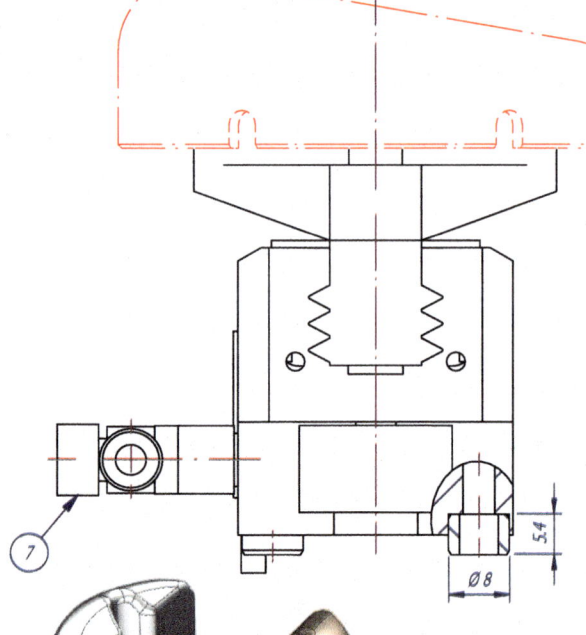

Ø 8

5.4

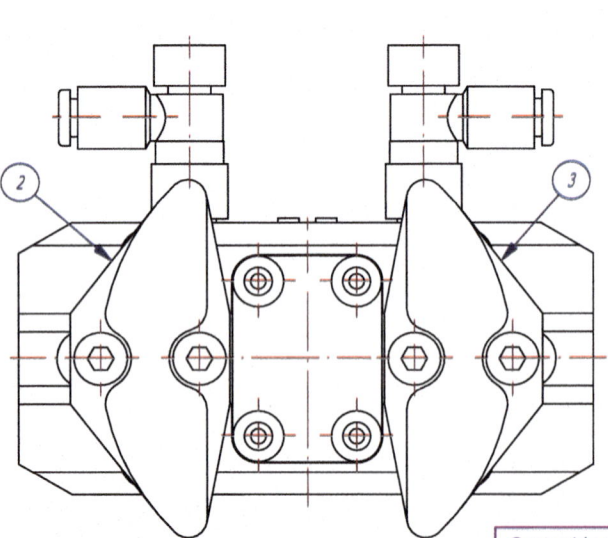

(Vista en planta sin producto)

(Vista en 3D sin producto)

PARA SABER MÁS
Contenido adicional en: www.marcombo.info

LISTA DE PIEZAS		
ELEMENTO	CANTIDAD	DESCRIPCIÓN
1	1	PRODUCTO
2	1	DEDO
3	1	DEDO SIMÉTRICO
4	1	PINZA NEUMÁTICA
5	4	TORNILLO ALLEN M4 x 20
7	2	REGULADOR CAUDAL M5
8	2	DETECTOR

ALUMNO			GRUPO		NÚMERO		CALIFICACIÓN	

Grabar número de pieza	CANTIDAD	MATERIAL	TRATAMIENTO	**Marcombo** Tecnología, Ciencia y Formación	**Conjuntos Despieces**	Tolerancia general: UNE-EN 22768-1
Matar aristas						Soldadura: UNE-EN ISO 13920
Radios no acotados R = 1 UNE-EN ISO 5456-2	Escala: 1:1			Garra atrape por el interior del producto		**607-06**
Peso: 3.1 kg	RAL:			CONJUNTO GARRA MANIPULADOR		Revisión: 00

Este plano es confidencial y no puede copiarse ni divulgarse sin un permiso escrito. *This drawing is confidential and must not be copied or disclosed without written consent.*

1.- Dibujar el corte A-A (dar más de una solución, indicando para cada una de ellas ventajas e inconvenientes).
2.- ¿Tiene sentido incluir la protección (5) en el conjunto? ¿Hay una forma más sencilla de diseñar ésta?
3.- Estudiar las diferentes alternativas al soporte de rodamiento que existen en el mercado.
4.- Determinar, para cada una de ellas, la fuerza que sería capaz de soportar el eje (3).

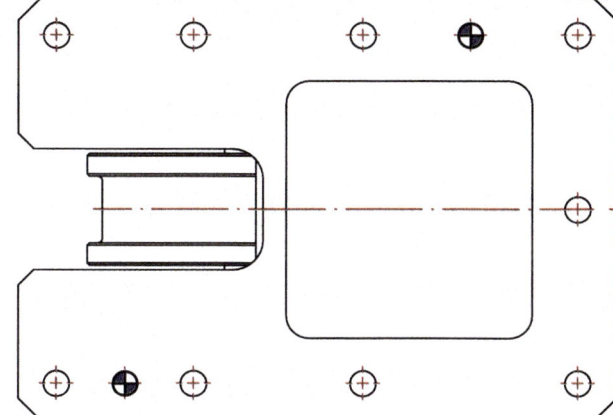

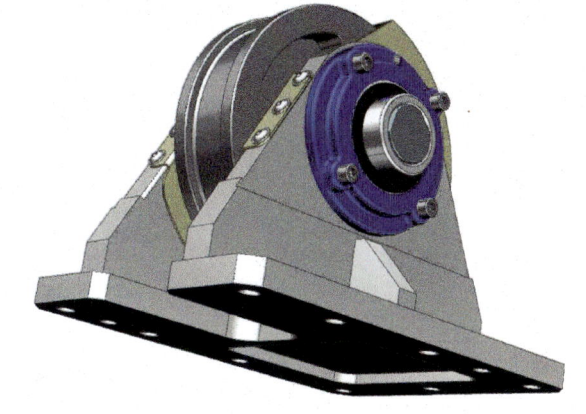

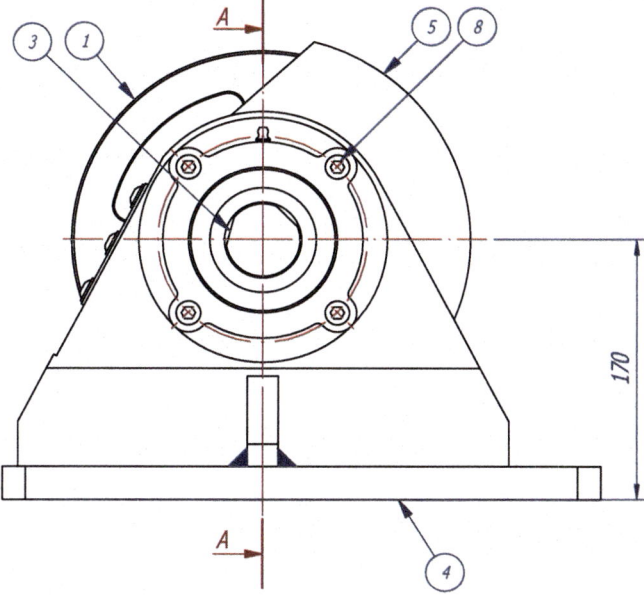

170

A

A

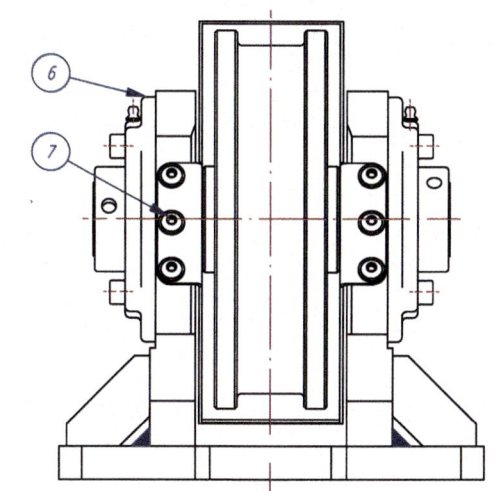

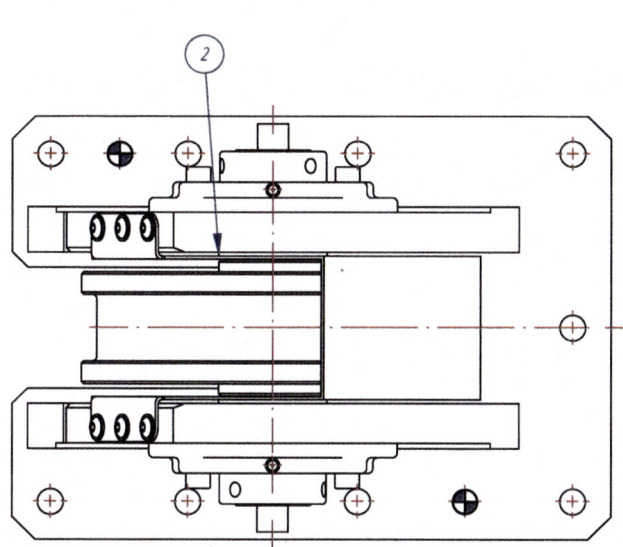

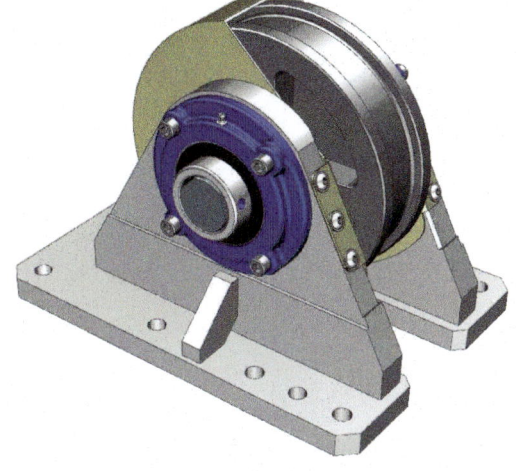

608.01

PARA SABER MÁS
Contenido adicional en: www.marcombo.info

	LISTA DE PIEZAS	
ELEMENTO	CANTIDAD	DESCRIPCIÓN
1	1	RUEDA
2	2	ANILLO SEPARADOR Ø 70 x 15
3	1	EJE Ø 50 x 235
4	1	SOPORTE
5	1	PROTECCIÓN
6	2	SOPORTE RODAMIENTO
7	6	TORNILLO AVELLANADO M8 x 18
8	8	TORNILLO ALLEN M10 x 40

ALUMNO_____		GRUPO_____		NÚMERO_____		CALIFICACIÓN_____

Grabar número de pieza
Matar aristas
Radios no acotados R = 1
UNE-EN ISO 5456-2

CANTIDAD	MATERIAL	TRATAMIENTO

Marcombo Tecnología, Ciencia y Formación

Conjuntos Despieces

Tolerancia general: UNE-EN 22768-1
Soldadura: UNE-EN ISO 13920

Escala:

Vistas generales

CONJUNTO RUEDA DE APOYO

608-01

Peso: - | RAL:

Revisión: 00

A tener en cuenta
Se elegirán las vistas y/o secciones más adecuadas para representar estas.

608.02

ALUMNO		GRUPO		NÚMERO		CALIFICACIÓN	

Grabar número de pieza	CANTIDAD	MATERIAL	TRATAMIENTO	Marcombo Tecnología, Ciencia y Formación	**Conjuntos** **Despieces**	Tolerancia general: UNE-EN 22768-1
Matar aristas Radios no acotados R = 1 UNE-EN ISO 5456-2						Soldadura: UNE-EN ISO 13920

Escala:	Dibujar el croquis acotado de las piezas en perspectiva	**608-02**
Peso: RAL:	CONJUNTO RUEDA DE APOYO	Revisión: 00

Este plano es confidencial y no puede copiarse ni divulgarse sin un permiso escrito. *This drawing is confidential and must not be copied or disclosed without written consent.*

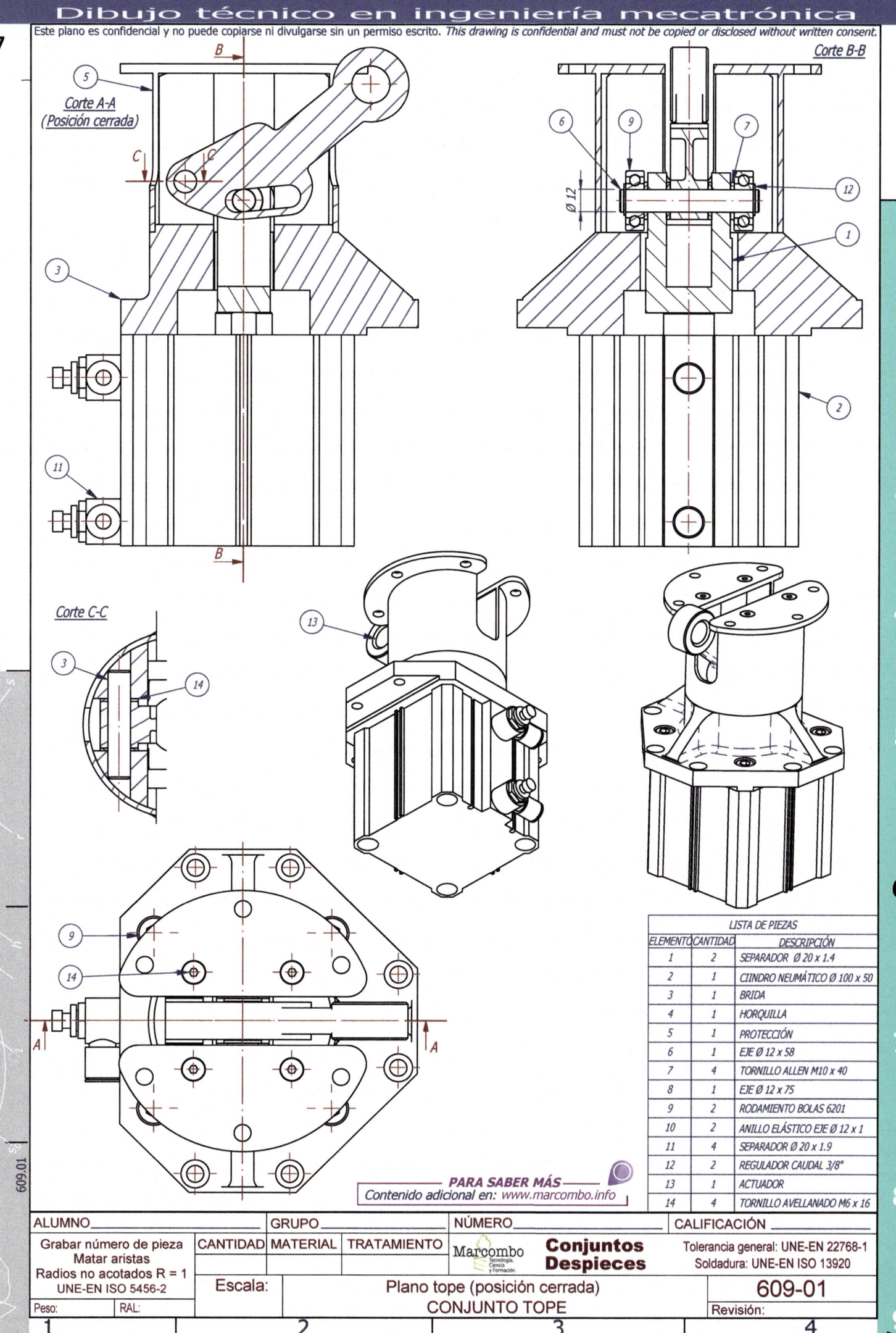

Corte A-A
(Posición cerrada)

Corte B-B

Corte C-C

Ø 12

PARA SABER MÁS
Contenido adicional en: www.marcombo.info

LISTA DE PIEZAS		
ELEMENTO	CANTIDAD	DESCRIPCIÓN
1	2	SEPARADOR Ø 20 x 1.4
2	1	CIINDRO NEUMÁTICO Ø 100 x 50
3	1	BRIDA
4	1	HORQUILLA
5	1	PROTECCIÓN
6	1	EJE Ø 12 x 58
7	4	TORNILLO ALLEN M10 x 40
8	1	EJE Ø 12 x 75
9	2	RODAMIENTO BOLAS 6201
10	2	ANILLO ELÁSTICO EJE Ø 12 x 1
11	4	SEPARADOR Ø 20 x 1.9
12	2	REGULADOR CAUDAL 3/8"
13	1	ACTUADOR
14	4	TORNILLO AVELLANADO M6 x 16

ALUMNO		GRUPO		NÚMERO		CALIFICACIÓN	
Grabar número de pieza Matar aristas Radios no acotados R = 1 UNE-EN ISO 5456-2	CANTIDAD	MATERIAL	TRATAMIENTO	Marcombo Tecnología, Ciencia y Formación	**Conjuntos Despieces**	Tolerancia general: UNE-EN 22768-1 Soldadura: UNE-EN ISO 13920	
	Escala:			Plano tope (posición cerrada) CONJUNTO TOPE		**609-01**	
Peso:	RAL:					Revisión:	

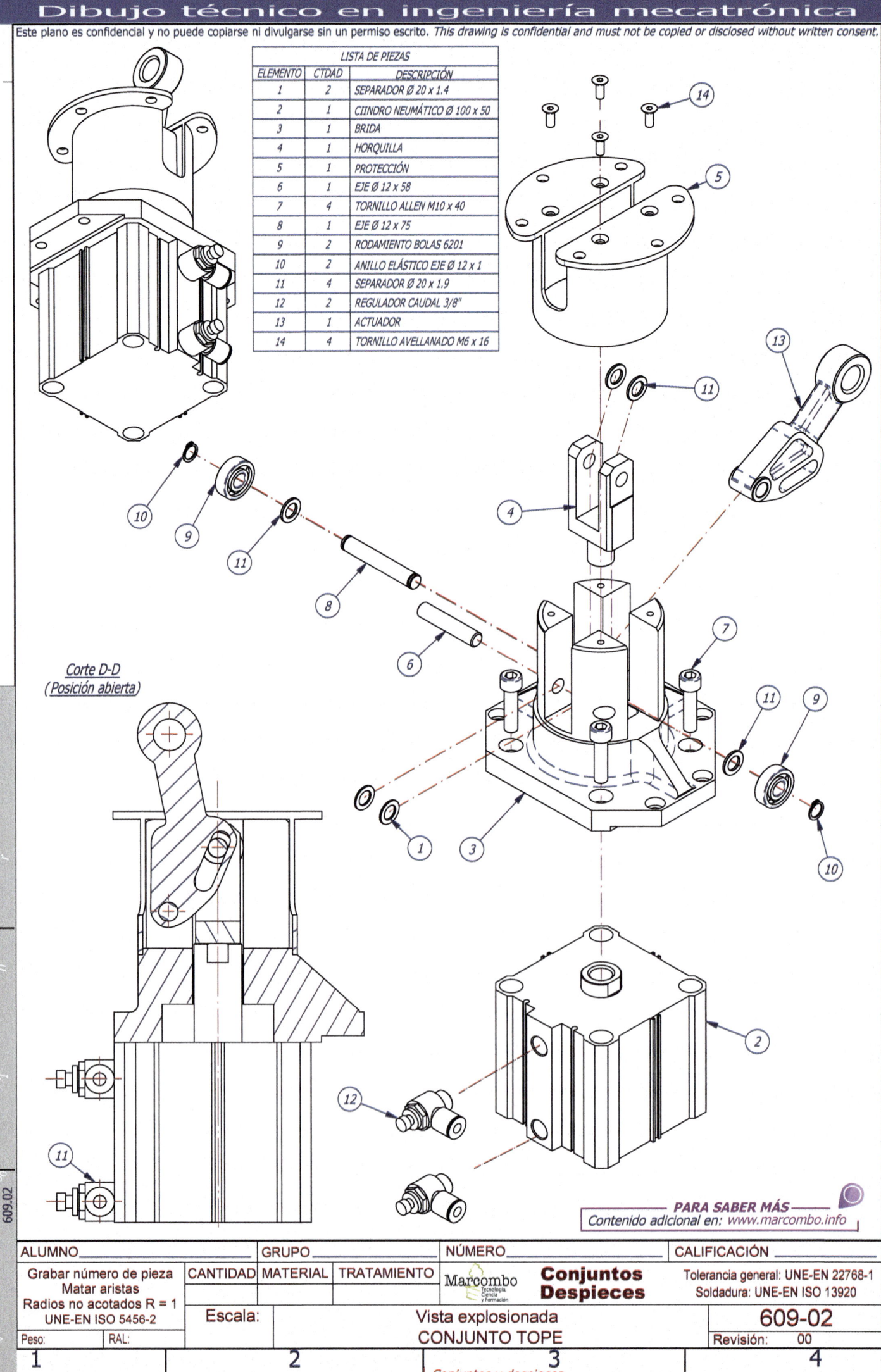

LISTA DE PIEZAS

ELEMENTO	CTDAD	DESCRIPCIÓN
1	2	SEPARADOR Ø 20 x 1.4
2	1	CIINDRO NEUMÁTICO Ø 100 x 50
3	1	BRIDA
4	1	HORQUILLA
5	1	PROTECCIÓN
6	1	EJE Ø 12 x 58
7	4	TORNILLO ALLEN M10 x 40
8	1	EJE Ø 12 x 75
9	2	RODAMIENTO BOLAS 6201
10	2	ANILLO ELÁSTICO EJE Ø 12 x 1
11	4	SEPARADOR Ø 20 x 1.9
12	2	REGULADOR CAUDAL 3/8"
13	1	ACTUADOR
14	4	TORNILLO AVELLANADO M6 x 16

Corte D-D
(Posición abierta)

ALUMNO _____

GRUPO _____

NÚMERO _____

CALIFICACIÓN _____

Grabar número de pieza
Matar aristas
Radios no acotados R = 1
UNE-EN ISO 5456-2

CANTIDAD	MATERIAL	TRATAMIENTO

Marcombo
Tecnología,
Ciencia
y Formación

Conjuntos
Despieces

Tolerancia general: UNE-EN 22768-1
Soldadura: UNE-EN ISO 13920

Escala:

Vista explosionada
CONJUNTO TOPE

609-02

Peso: RAL:

Revisión: 00

609.02

179

EJERCICIOS

1.- *A tener en cuenta: dibujar las vistas y/o secciones más adecuadas.*

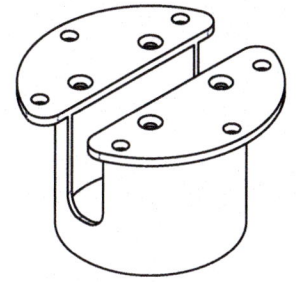

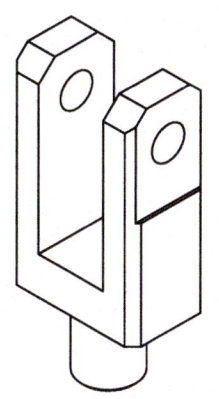

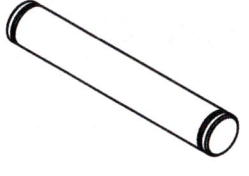

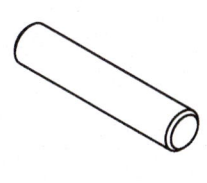

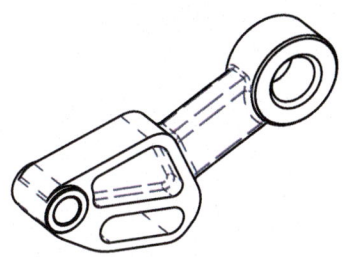

609.03

PARA SABER MÁS
Contenido adicional en: www.marcombo.info

ALUMNO		GRUPO		NÚMERO		CALIFICACIÓN	
Grabar número de pieza Matar aristas Radios no acotados R = 1 UNE-EN ISO 5456-2	CANTIDAD	MATERIAL	TRATAMIENTO	**Marcombo** Tecnología, Ciencia y Formación	**Conjuntos** **Despieces**	Tolerancia general: UNE-EN 22768-1 Soldadura: UNE-EN ISO 13920	

Escala:	Dibujar el croquis acotado de las piezas	609-03
Peso: RAL:	CONJUNTO TOPE	Revisión: 00

Cortes y Secciones

1   2   3   4

1 2 3 4 5 6 7 8 9

Este plano es confidencial y no puede copiarse ni divulgarse sin un permiso escrito. *This drawing is confidential and must not be copied or disclosed without written consent.*

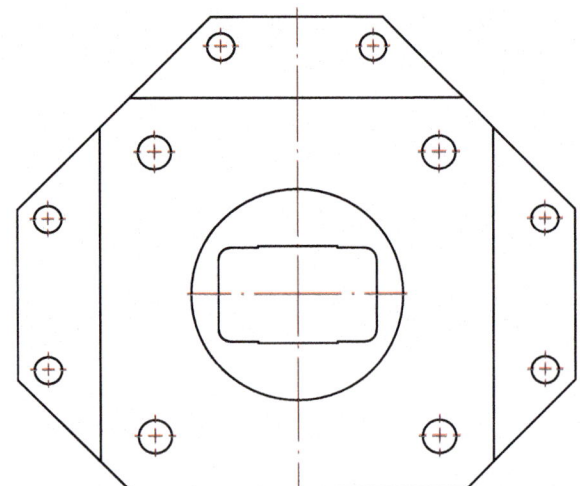

Corte A-A

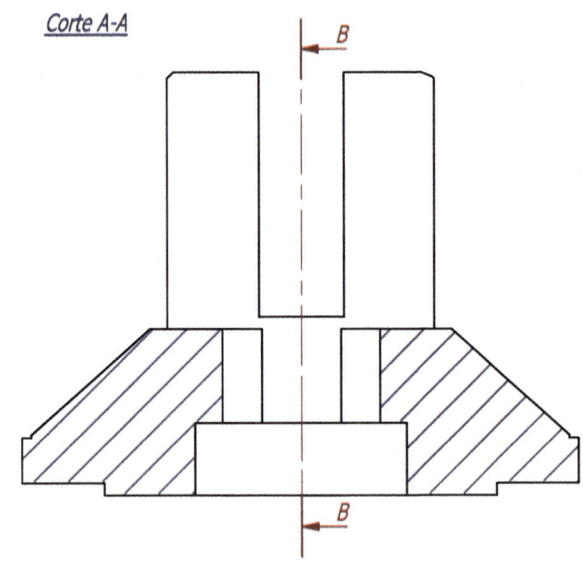

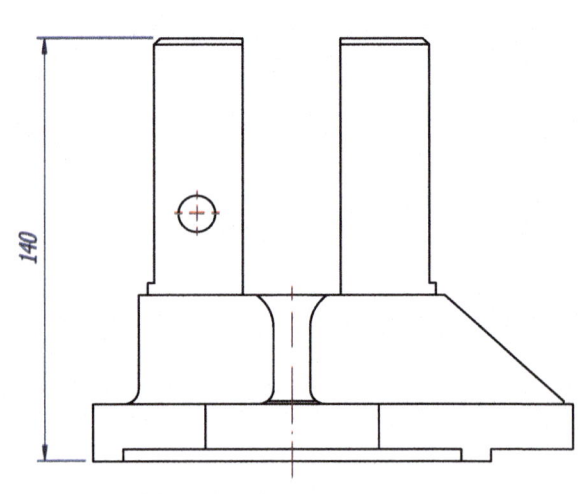

140

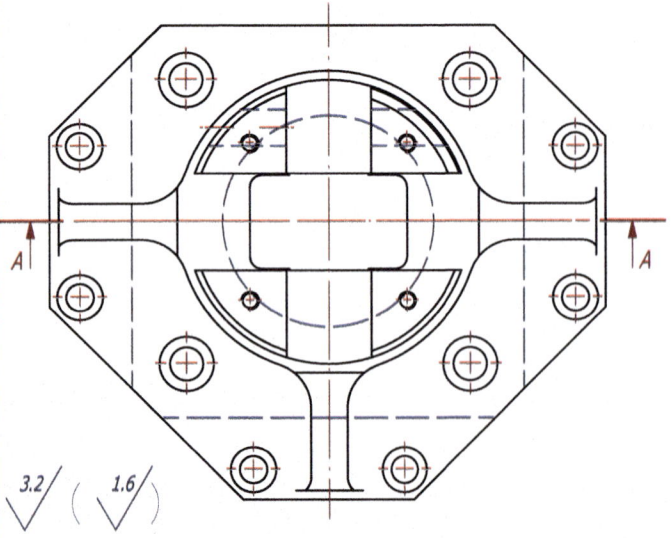

3.2 (1.6)

609.04

ALUMNO						CALIFICACIÓN	
		GRUPO			NÚMERO		
Grabar número de pieza Matar aristas Radios no acotados R = 1 UNE-EN ISO 5456-2	CANTIDAD	MATERIAL	TRATAMIENTO	Marcombo Tecnología, Ciencia y Formación	**Conjuntos Despieces**	Tolerancia general: UNE-EN 22768-1 Soldadura: UNE-EN ISO 13920	
	Escala:			Determinar el corte B-B y acotar la horquilla		**609-04**	
Peso:	RAL:			**CONJUNTO TOPE**		Revisión:	00

1   2   3   4

Este plano es confidencial y no puede copiarse ni divulgarse sin un permiso escrito. *This drawing is confidential and must not be copied or disclosed without written consent.*

Notas de diseño:
El patín derecho es "fijo" y "libre" el izquierdo. El cilindro, en su posición de reposo, tiene el vástago extendido.

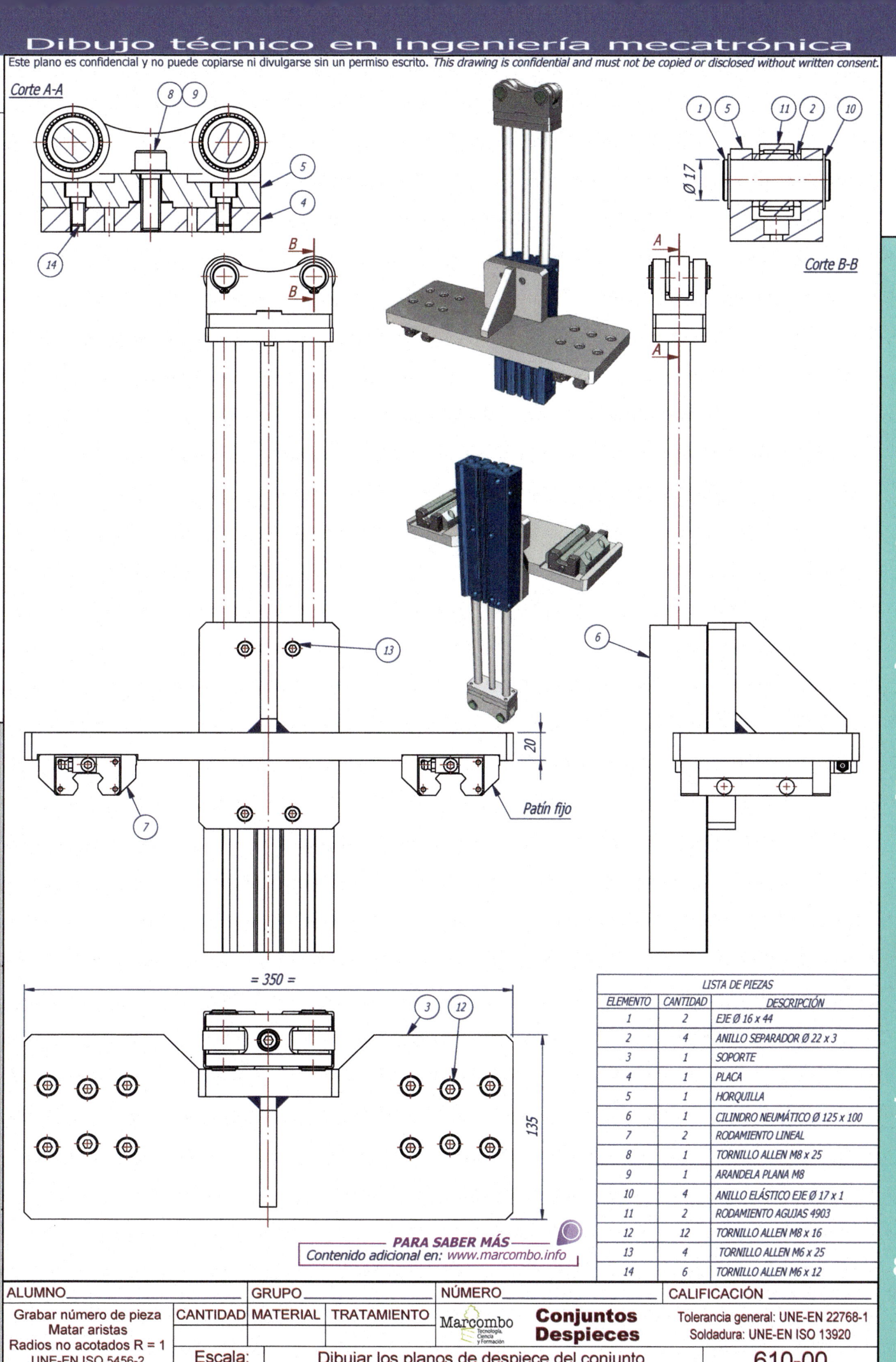

Corte A-A

Corte B-B

Ø 17

= 350 =

135

20

Patín fijo

PARA SABER MÁS
Contenido adicional en: www.marcombo.info

LISTA DE PIEZAS		
ELEMENTO	CANTIDAD	DESCRIPCIÓN
1	2	EJE Ø 16 x 44
2	4	ANILLO SEPARADOR Ø 22 x 3
3	1	SOPORTE
4	1	PLACA
5	1	HORQUILLA
6	1	CILINDRO NEUMÁTICO Ø 125 x 100
7	2	RODAMIENTO LINEAL
8	1	TORNILLO ALLEN M8 x 25
9	1	ARANDELA PLANA M8
10	4	ANILLO ELÁSTICO EJE Ø 17 x 1
11	2	RODAMIENTO AGUJAS 4903
12	12	TORNILLO ALLEN M8 x 16
13	4	TORNILLO ALLEN M6 x 25
14	6	TORNILLO ALLEN M6 x 12

ALUMNO		GRUPO		NÚMERO		CALIFICACIÓN	
Grabar número de pieza Matar aristas Radios no acotados R = 1 UNE-EN ISO 5456-2	CANTIDAD	MATERIAL	TRATAMIENTO	Marcombo Tecnología, Ciencia y Formación	**Conjuntos Despieces**	Tolerancia general: UNE-EN 22768-1 Soldadura: UNE-EN ISO 13920	
	Escala:			Dibujar los planos de despiece del conjunto CONJUNTO ELEVADOR RODILLOS APOYO		**610-00**	
Peso:	RAL:					Revisión: 00	

Conjuntos y despieces

Este plano es confidencial y no puede copiarse ni divulgarse sin un permiso escrito. *This drawing is confidential and must not be copied or disclosed without written consent.*

EJERCICIOS

1.- Dibujar el plano acotado de las piezas (1) y (2).

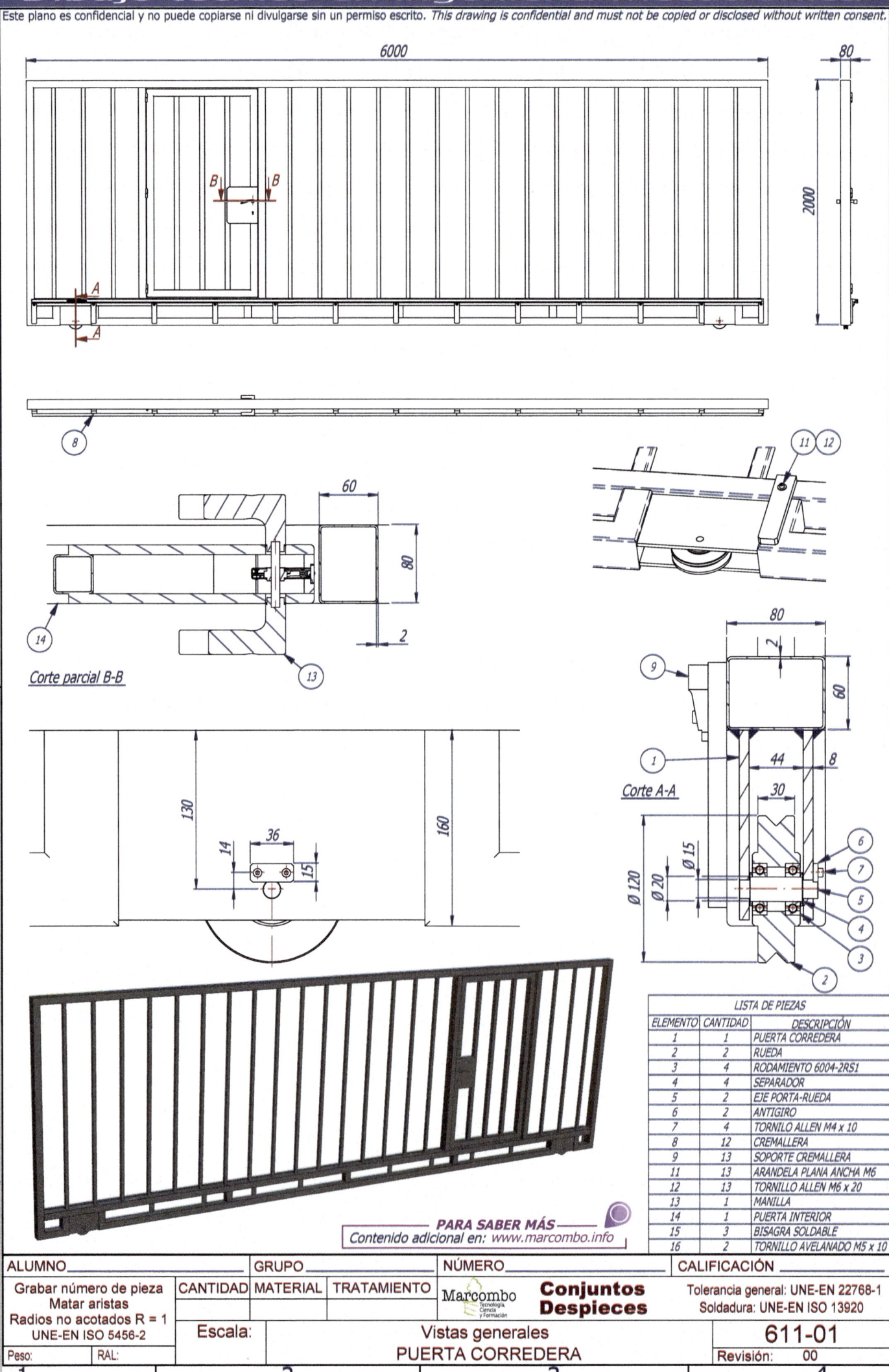

Corte parcial B-B

Corte A-A

LISTA DE PIEZAS		
ELEMENTO	CANTIDAD	DESCRIPCIÓN
1	1	PUERTA CORREDERA
2	2	RUEDA
3	4	RODAMIENTO 6004-2RS1
4	4	SEPARADOR
5	2	EJE PORTA-RUEDA
6	2	ANTIGIRO
7	4	TORNILO ALLEN M4 x 10
8	12	CREMALLERA
9	13	SOPORTE CREMALLERA
11	13	ARANDELA PLANA ANCHA M6
12	13	TORNILLO ALLEN M6 x 20
13	1	MANILLA
14	1	PUERTA INTERIOR
15	3	BISAGRA SOLDABLE
16	2	TORNILLO AVELANADO M5 x 10

PARA SABER MÁS
Contenido adicional en: www.marcombo.info

ALUMNO	GRUPO	NÚMERO	CALIFICACIÓN
Grabar número de pieza Matar aristas Radios no acotados R = 1 UNE-EN ISO 5456-2	CANTIDAD · MATERIAL · TRATAMIENTO	Marcombo · **Conjuntos Despieces**	Tolerancia general: UNE-EN 22768-1 Soldadura: UNE-EN ISO 13920
Peso: · RAL:	Escala:	Vistas generales PUERTA CORREDERA	**611-01** Revisión: 00

Este plano es confidencial y no puede copiarse ni divulgarse sin un permiso escrito. *This drawing is confidential and must not be copied or disclosed without written consent.*

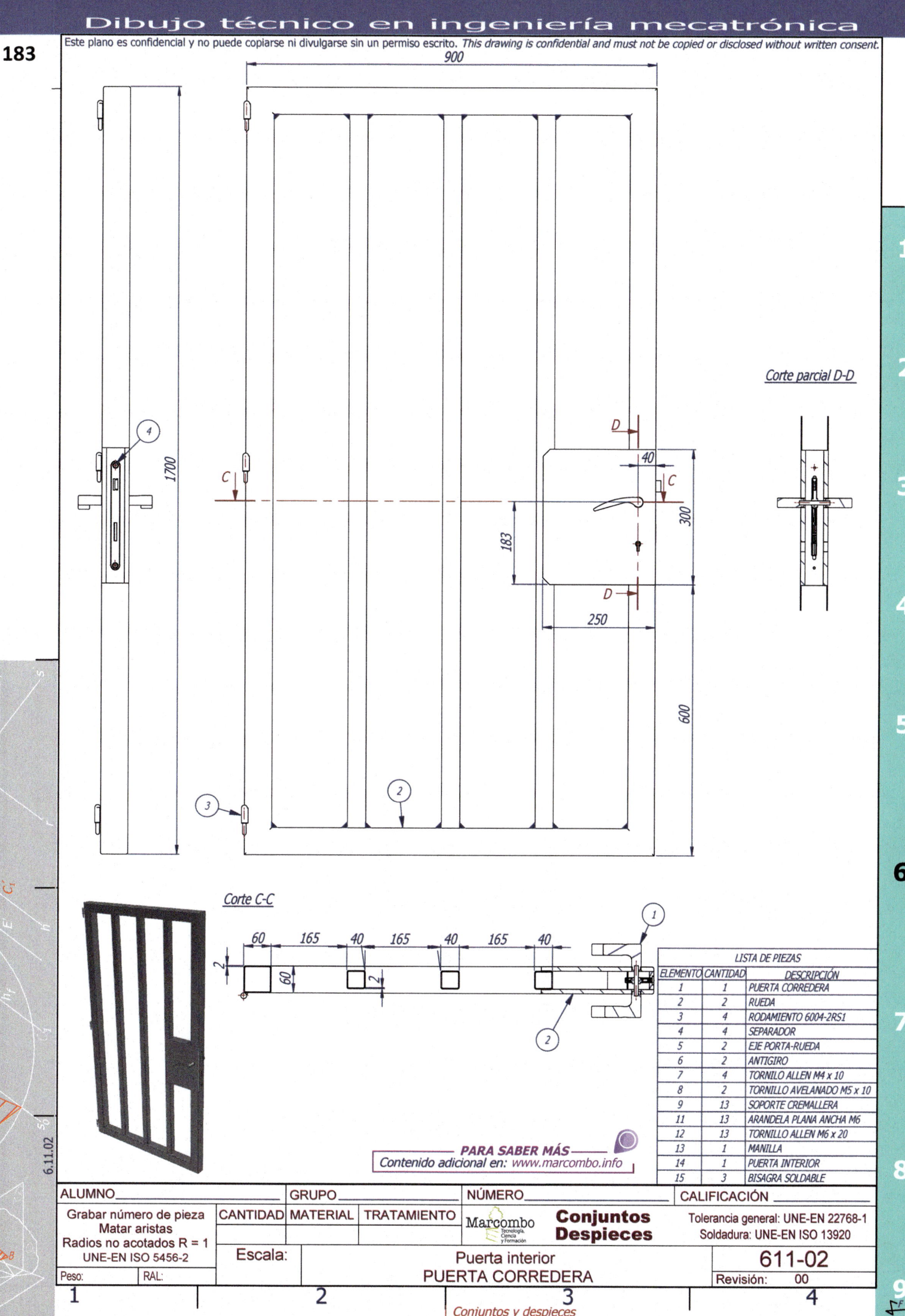

Corte parcial D-D

Corte C-C

LISTA DE PIEZAS

ELEMENTO	CANTIDAD	DESCRIPCIÓN
1	1	PUERTA CORREDERA
2	2	RUEDA
3	4	RODAMIENTO 6004-2RS1
4	4	SEPARADOR
5	2	EJE PORTA-RUEDA
6	2	ANTIGIRO
7	4	TORNILLO ALLEN M4 x 10
8	2	TORNILLO AVELANADO M5 x 10
9	13	SOPORTE CREMALLERA
11	13	ARANDELA PLANA ANCHA M6
12	13	TORNILLO ALLEN M6 x 20
13	1	MANILLA
14	1	PUERTA INTERIOR
15	3	BISAGRA SOLDABLE

ALUMNO_____ GRUPO_____ NÚMERO_____ CALIFICACIÓN _____

Grabar número de pieza
Matar aristas
Radios no acotados R = 1
UNE-EN ISO 5456-2

CANTIDAD	MATERIAL	TRATAMIENTO

Marcombo Tecnología, Ciencia y Formación

**Conjuntos
Despieces**

Tolerancia general: UNE-EN 22768-1
Soldadura: UNE-EN ISO 13920

Escala:

Puerta interior
PUERTA CORREDERA

611-02

Peso: ____ RAL: ____

Revisión: 00

Conjuntos y despieces

Este plano es confidencial y no puede copiarse ni divulgarse sin un permiso escrito. *This drawing is confidential and must not be copied or disclosed without written consent.*

245
245

330
80
45°
80
680
55
15
95
145
(225)

550
60
430
60
1950
940
60
410
60
Ø 140

1

A
A

Corte parcial A-A

4   8
25
4
175
30
12
2
4
62
5
85
2
6
7
3
9   10   11
5

LISTA DE PIEZAS

ELEMENTO	CANTIDAD	DESCRIPCIÓN
1	1	SOPORTE PUERTA CORREDERA
2	6	SOPORTE RUEDA
3	6	ESCUADRA
4	12	ARANDELA PLANA M10
5	6	RUEDA
6	6	MUELLE COMPRESIÓN
7	12	ARANDELA BASE
8	12	TORNILLO HEXAGONAL M10 x 16
9	6	ARANDELA PLANA M12
10	6	TUERCA HEXAGONAL M12
11	6	TORNILLO HEXAGONAL M12 x 80

612.01

ALUMNO		GRUPO		NÚMERO			CALIFICACIÓN	

Grabar número de pieza
Matar aristas
Radios no acotados R = 1
UNE-EN ISO 5456-2

CANTIDAD	MATERIAL	TRATAMIENTO

Marcombo Tecnología, Ciencia y Formación

Conjuntos
Despieces

Tolerancia general: UNE-EN 22768-1
Soldadura: UNE-EN ISO 13920

Escala:

Vistas generales
UNIDAD MOTRIZ PUERTA CORREDERA

Peso: RAL:

612-00
Revisión: 00

1   2   3   4

Conjuntos y despieces

Este plano es confidencial y no puede copiarse ni divulgarse sin un permiso escrito. *This drawing is confidential and must not be copied or disclosed without written consent.*

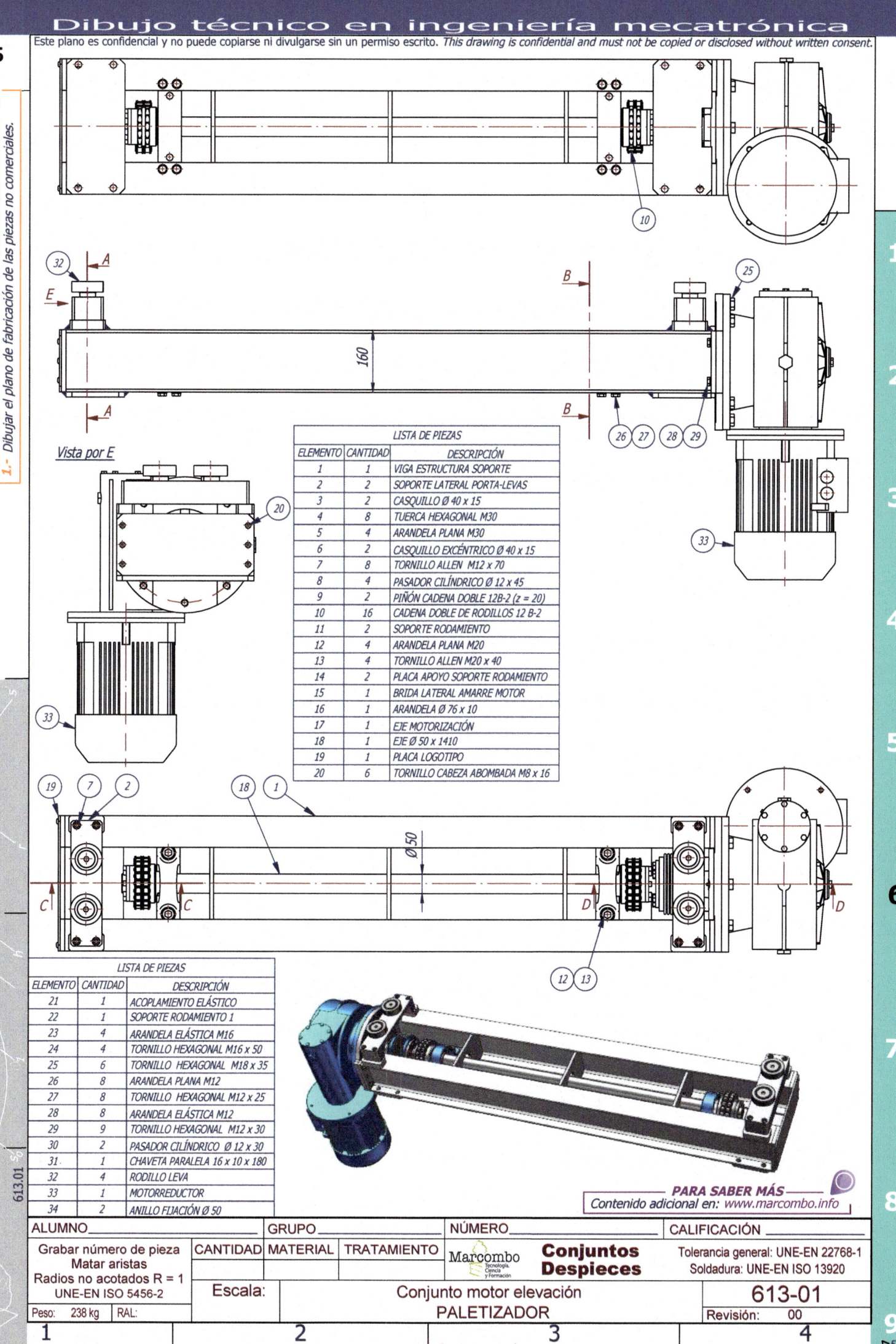

Vista por E

LISTA DE PIEZAS		
ELEMENTO	CANTIDAD	DESCRIPCIÓN
1	1	VIGA ESTRUCTURA SOPORTE
2	2	SOPORTE LATERAL PORTA-LEVAS
3	2	CASQUILLO Ø 40 x 15
4	8	TUERCA HEXAGONAL M30
5	4	ARANDELA PLANA M30
6	2	CASQUILLO EXCÉNTRICO Ø 40 x 15
7	8	TORNILLO ALLEN M12 x 70
8	4	PASADOR CILÍNDRICO Ø 12 x 45
9	2	PIÑÓN CADENA DOBLE 12B-2 (z = 20)
10	16	CADENA DOBLE DE RODILLOS 12 B-2
11	2	SOPORTE RODAMIENTO
12	4	ARANDELA PLANA M20
13	4	TORNILLO ALLEN M20 x 40
14	2	PLACA APOYO SOPORTE RODAMIENTO
15	1	BRIDA LATERAL AMARRE MOTOR
16	1	ARANDELA Ø 76 x 10
17	1	EJE MOTORIZACIÓN
18	1	EJE Ø 50 x 1410
19	1	PLACA LOGOTIPO
20	6	TORNILLO CABEZA ABOMBADA M8 x 16

LISTA DE PIEZAS		
ELEMENTO	CANTIDAD	DESCRIPCIÓN
21	1	ACOPLAMIENTO ELÁSTICO
22	1	SOPORTE RODAMIENTO 1
23	4	ARANDELA ELÁSTICA M16
24	4	TORNILLO HEXAGONAL M16 x 50
25	6	TORNILLO HEXAGONAL M18 x 35
26	8	ARANDELA PLANA M12
27	8	TORNILLO HEXAGONAL M12 x 25
28	8	ARANDELA ELÁSTICA M12
29	9	TORNILLO HEXAGONAL M12 x 30
30	2	PASADOR CILÍNDRICO Ø 12 x 30
31	1	CHAVETA PARALELA 16 x 10 x 180
32	4	RODILLO LEVA
33	1	MOTORREDUCTOR
34	2	ANILLO FIJACIÓN Ø 50

613.01

PARA SABER MÁS
Contenido adicional en: www.marcombo.info

ALUMNO_____		GRUPO_____		NÚMERO_____		CALIFICACIÓN_____
Grabar número de pieza Matar aristas Radios no acotados R = 1 UNE-EN ISO 5456-2	CANTIDAD	MATERIAL	TRATAMIENTO	**Marcombo** Tecnología, Ciencia y Formación	**Conjuntos Despieces**	Tolerancia general: UNE-EN 22768-1 Soldadura: UNE-EN ISO 13920
Peso: 238 kg	RAL:	Escala:		Conjunto motor elevación PALETIZADOR		**613-01** Revisión: 00

Este plano es confidencial y no puede copiarse ni divulgarse sin un permiso escrito. *This drawing is confidential and must not be copied or disclosed without written consent.*

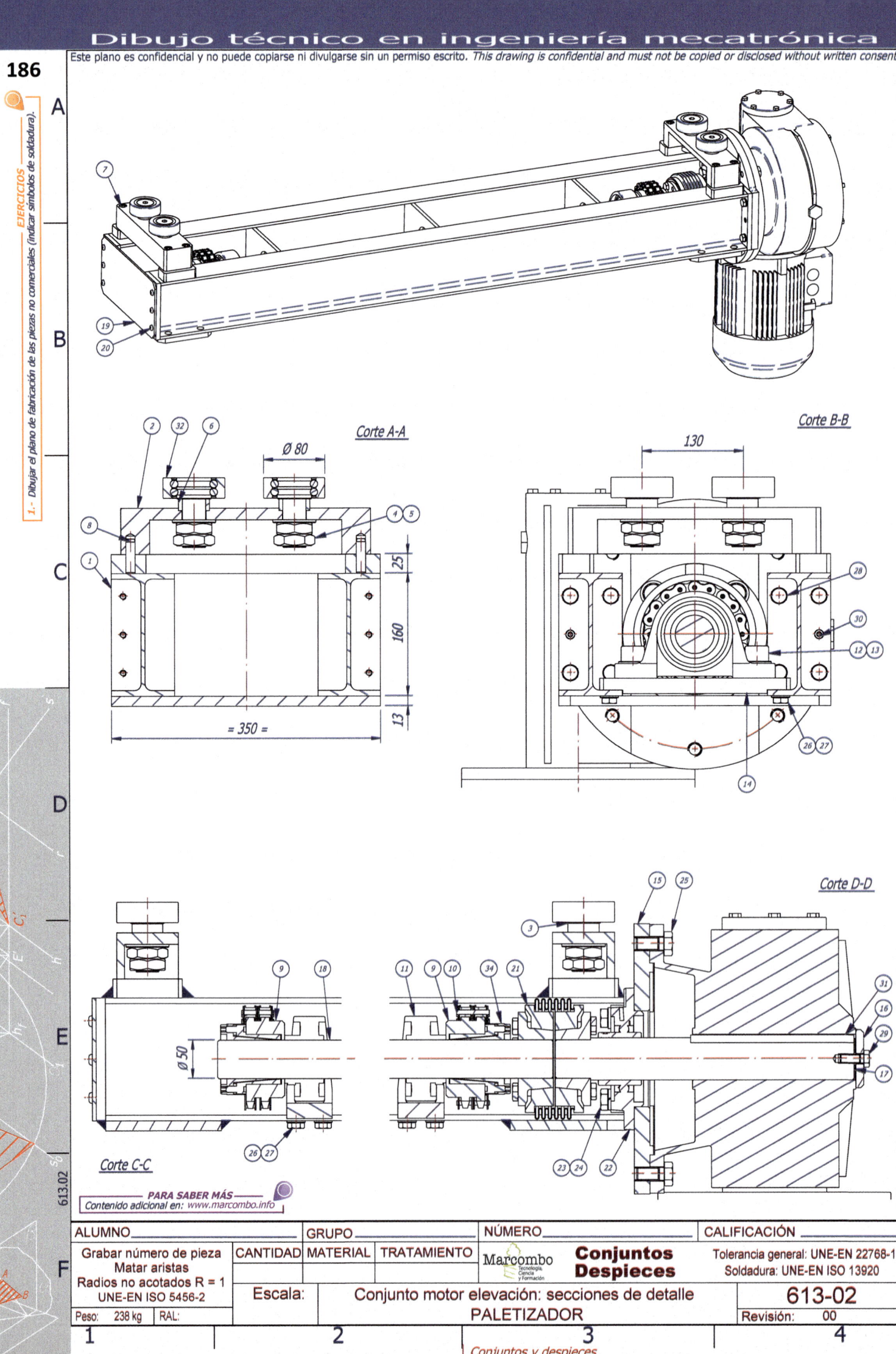

EJERCICIOS

1.- Dibujar el plano de fabricación de las piezas no comerciales (indicar símbolos de soldadura).

Corte A-A

Ø 80

= 350 =

25

160

13

Corte B-B

130

Corte C-C

Ø 50

Corte D-D

613.02

PARA SABER MÁS
Contenido adicional en: www.marcombo.info

ALUMNO		GRUPO		NÚMERO		CALIFICACIÓN	
Grabar número de pieza Matar aristas Radios no acotados R = 1 UNE-EN ISO 5456-2	CANTIDAD	MATERIAL	TRATAMIENTO	Marcombo Tecnología, Ciencia y Formación	Conjuntos Despieces	Tolerancia general: UNE-EN 22768-1 Soldadura: UNE-EN ISO 13920	
		Escala:		Conjunto motor elevación: secciones de detalle		613-02	
Peso: 238 kg	RAL:			PALETIZADOR		Revisión: 00	

1　　　2　　　3　　　4

Conjuntos y despieces

Este plano es confidencial y no puede copiarse ni divulgarse sin un permiso escrito. *This drawing is confidential and must not be copied or disclosed without written consent.*

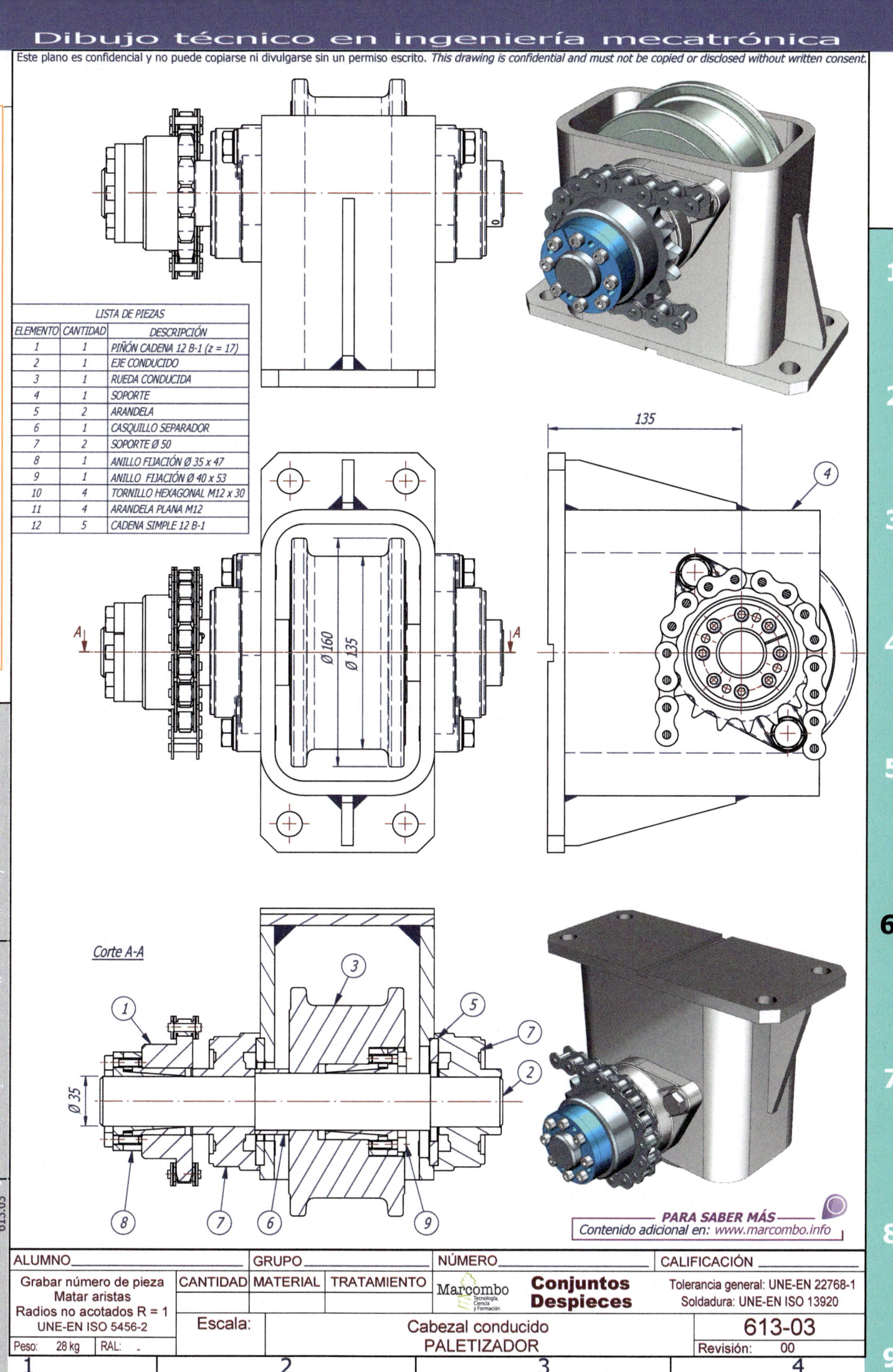

LISTA DE PIEZAS

ELEMENTO	CANTIDAD	DESCRIPCIÓN
1	1	PIÑÓN CADENA 12 B-1 (z = 17)
2	1	EJE CONDUCIDO
3	1	RUEDA CONDUCIDA
4	1	SOPORTE
5	2	ARANDELA
6	1	CASQUILLO SEPARADOR
7	2	SOPORTE Ø 50
8	1	ANILLO FIJACIÓN Ø 35 x 47
9	1	ANILLO FIJACIÓN Ø 40 x 53
10	4	TORNILLO HEXAGONAL M12 x 30
11	4	ARANDELA PLANA M12
12	5	CADENA SIMPLE 12 B-1

Corte A-A

PARA SABER MÁS

Contenido adicional en: *www.marcombo.info*

ALUMNO_____	GRUPO _____		NÚMERO_____		CALIFICACIÓN _____
Grabar número de pieza Matar aristas Radios no acotados R = 1 UNE-EN ISO 5456-2	CANTIDAD	MATERIAL	TRATAMIENTO	**Marcombo** Tecnología, Ciencia y Formación	**Conjuntos Despieces**	Tolerancia general: UNE-EN 22768-1 Soldadura: UNE-EN ISO 13920

Escala:		Cabezal conducido PALETIZADOR	613-03
Peso: 28 kg	RAL: _		Revisión: 00

Este plano es confidencial y no puede copiarse ni divulgarse sin un permiso escrito. This drawing is confidential and must not be copied or disclosed without written consent

Corte A-A

Ø 8

Ø 15

7

5

Etiqueta
a manipular

Corte B-B

1

6

3

17

Ø 30

Ø 40

8

25

4

11   2

11

13

9

Corte D-D

30°

Ø 90

A

A

15°

Ø 85

R10

12

D

Corte C-C

LISTA DE PIEZAS		
ELEMENTO	CANTIDAD	DESCRIPCIÓN
1	1	SOPORTE
2	1	ASPIRACIÓN
3	1	BRIDA ASPIRACIÓN
4	1	ANILLO REFUERZO
5	3	COLUMNA
6	1	ANILLO ELASTICO PARA EJE Ø 30 x 1.5
7	1	MUELLE
8	6	CASQUILLO BRONCE
9	1	ANILLO TÓRICO 2
11	3	TORNILLO ALLEN M3 x 12
12	8	TORNILLO ALLEN M2 x 10
13	1	ANILLO TÓRICO 1

PARA SABER MÁS
Contenido adicional en: www.marcombo.info

614.01

ALUMNO_____		GRUPO_____			NÚMERO_____				CALIFICACIÓN_____
Grabar número de pieza Matar aristas Radios no acotados R = 1 UNE-EN ISO 5456-2	CANTIDAD	MATERIAL	TRATAMIENTO	Marcombo Tecnología, Ciencia y Formación	**Conjuntos** **Despieces**			Tolerancia general: UNE-EN 22768-1 Soldadura: UNE-EN ISO 13920	
	Escala:			Manipulación de etiquetas			**614-01**		
Peso:	RAL:			CONJUNTO APLICADOR			Revisión:	00	

1   2   3   4

Conjuntos y despieces

Este plano es confidencial y no puede copiarse ni divulgarse sin un permiso escrito. *This drawing is confidential and must not be copied or disclosed without written consent.*

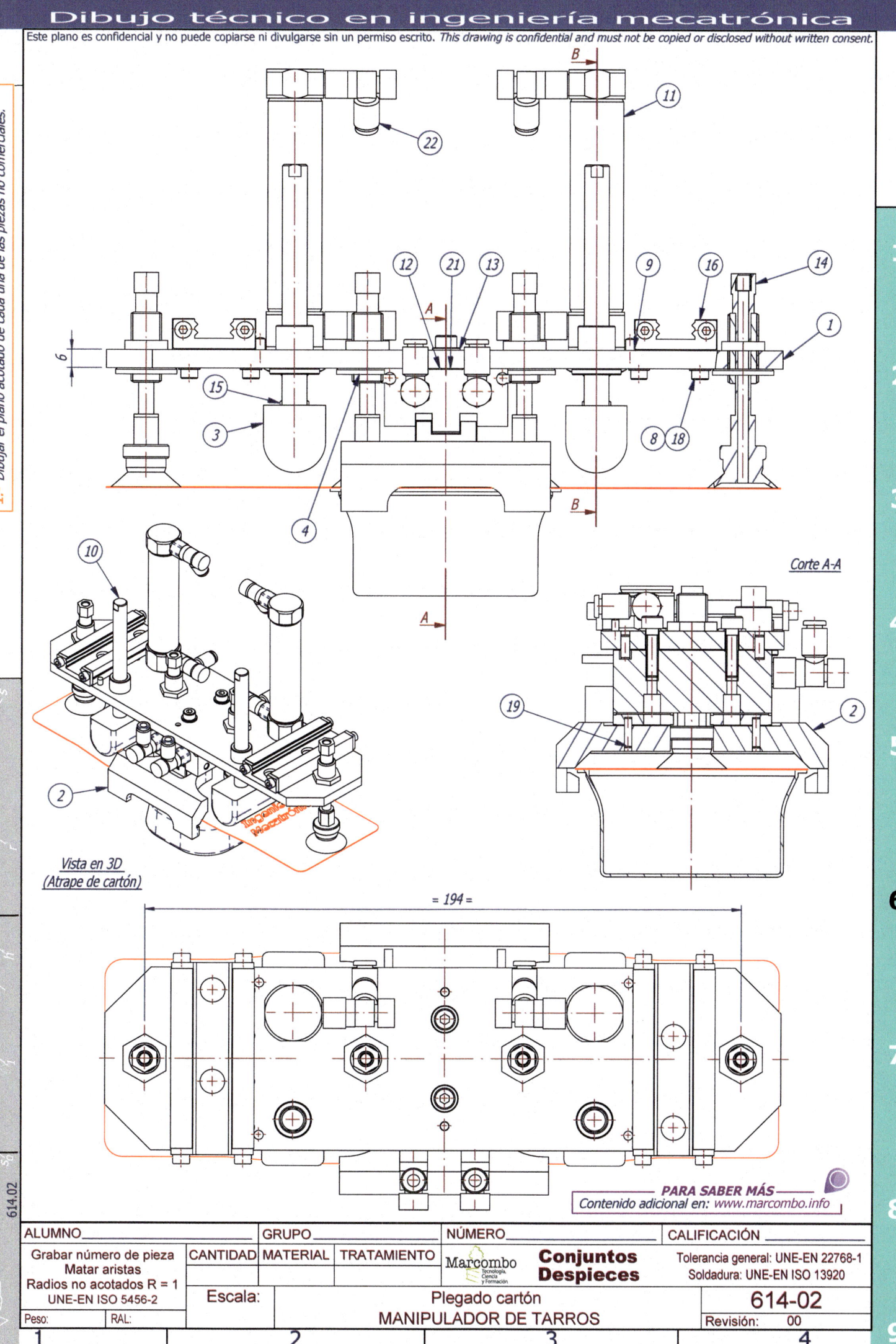

Vista en 3D
(Atrape de cartón)

Corte A-A

= 194 =

ALUMNO		GRUPO		NÚMERO		CALIFICACIÓN	
Grabar número de pieza Matar aristas Radios no acotados R = 1 UNE-EN ISO 5456-2	CANTIDAD	MATERIAL	TRATAMIENTO	**Marcombo** Tecnología, Ciencia y Formación	**Conjuntos** **Despieces**	Tolerancia general: UNE-EN 22768-1 Soldadura: UNE-EN ISO 13920	
Peso:	RAL:	Escala:		Plegado cartón MANIPULADOR DE TARROS		**614-02**	
						Revisión: 00	

614.02

PARA SABER MÁS
Contenido adicional en: *www.marcombo.info*

Conjuntos y despieces

Este plano es confidencial y no puede copiarse ni divulgarse sin un permiso escrito. *This drawing is confidential and must not be copied or disclosed without written consent.*

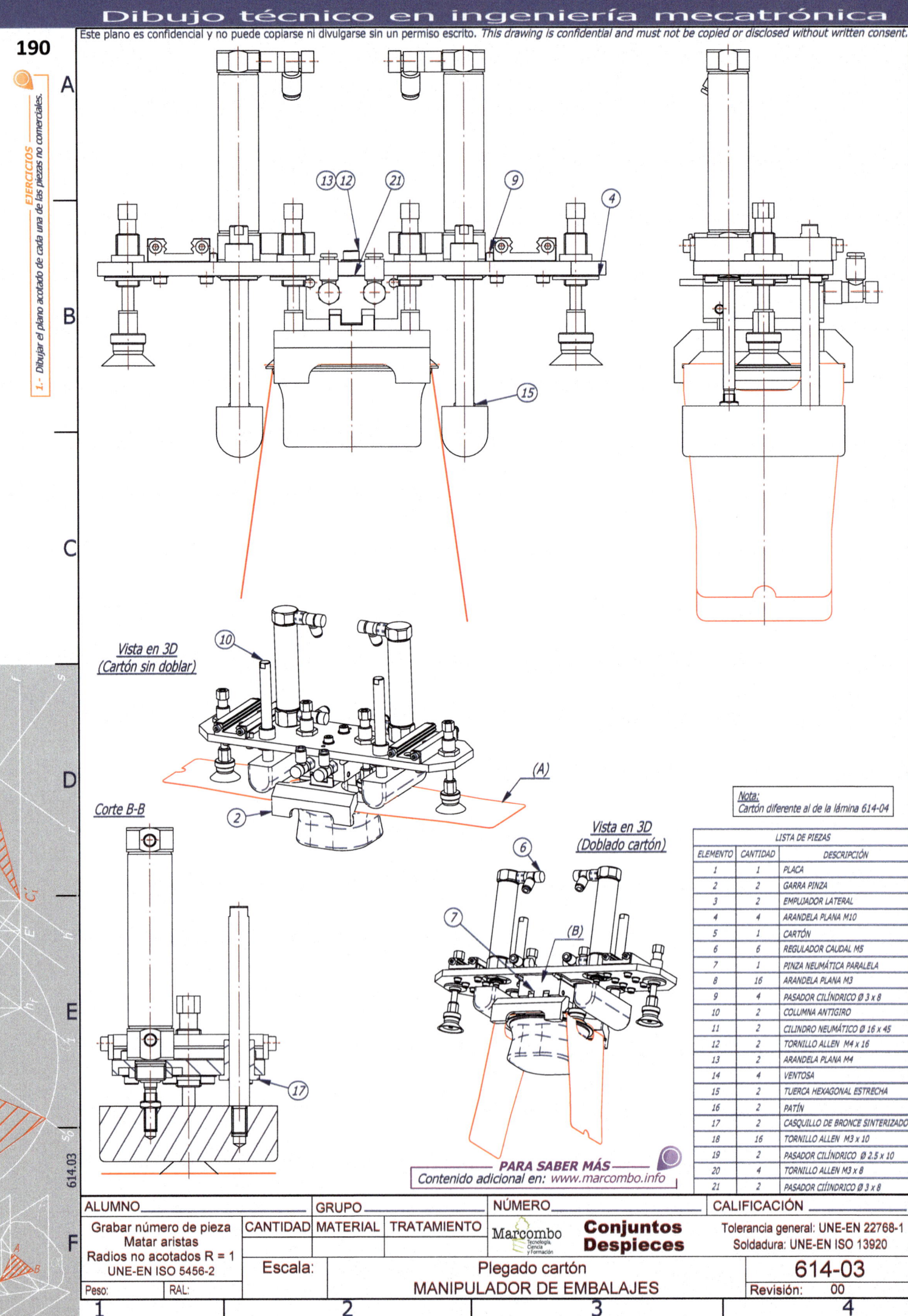

EJERCICIOS
1.- Dibujar el plano acotado de cada una de las piezas no comerciales.

A
B
C
D
E
F

13 12 21 9 4 15

Vista en 3D
(Cartón sin doblar)

10

Corte B-B

(A)

2

17

6

Vista en 3D
(Doblado cartón)

7

(B)

Nota:
Cartón diferente al de la lámina 614-04

LISTA DE PIEZAS		
ELEMENTO	CANTIDAD	DESCRIPCIÓN
1	1	PLACA
2	2	GARRA PINZA
3	2	EMPUJADOR LATERAL
4	4	ARANDELA PLANA M10
5	1	CARTÓN
6	6	REGULADOR CAUDAL M5
7	1	PINZA NEUMÁTICA PARALELA
8	16	ARANDELA PLANA M3
9	4	PASADOR CILÍNDRICO Ø 3 x 8
10	2	COLUMNA ANTIGIRO
11	2	CILINDRO NEUMÁTICO Ø 16 x 45
12	2	TORNILLO ALLEN M4 x 16
13	2	ARANDELA PLANA M4
14	4	VENTOSA
15	2	TUERCA HEXAGONAL ESTRECHA
16	2	PATÍN
17	2	CASQUILLO DE BRONCE SINTERIZADO
18	16	TORNILLO ALLEN M3 x 10
19	2	PASADOR CILÍNDRICO Ø 2.5 x 10
20	4	TORNILLO ALLEN M3 x 8
21	2	PASADOR CILÍNDRICO Ø 3 x 8

PARA SABER MÁS
Contenido adicional en: www.marcombo.info

614.03

ALUMNO		GRUPO		NÚMERO		CALIFICACIÓN

Grabar número de pieza
Matar aristas
Radios no acotados R = 1
UNE-EN ISO 5456-2

CANTIDAD	MATERIAL	TRATAMIENTO

Marcombo
Tecnología,
Ciencia
y Formación

Conjuntos
Despieces

Tolerancia general: UNE-EN 22768-1
Soldadura: UNE-EN ISO 13920

Escala:

Plegado cartón
MANIPULADOR DE EMBALAJES

614-03

Peso: | RAL:

Revisión: 00

1   2   3   4

Este plano es confidencial y no puede copiarse ni divulgarse sin un permiso escrito. *This drawing is confidential and must not be copied or disclosed without written consent.*

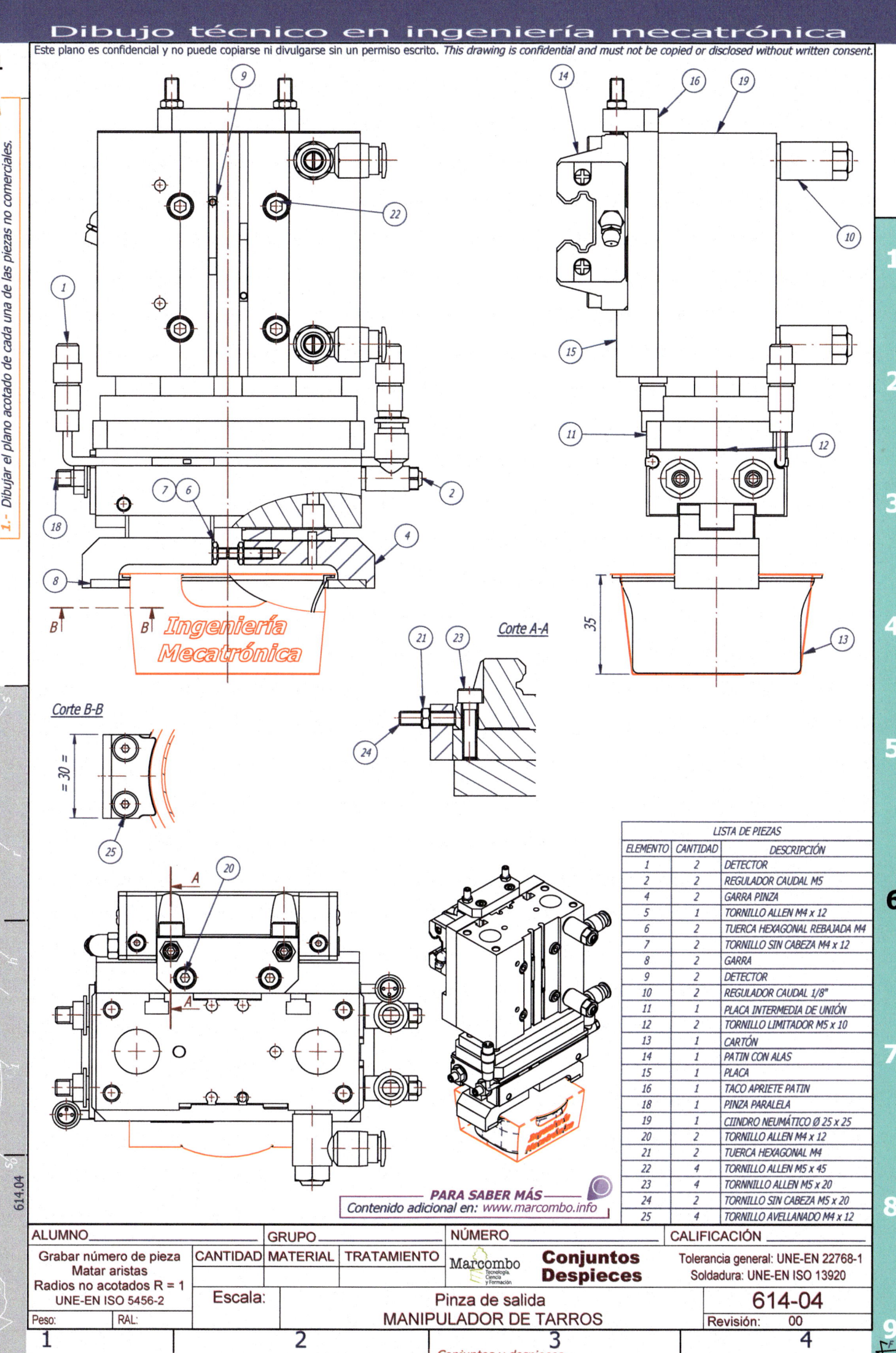

Ingeniería Mecatrónica

Corte A-A

Corte B-B

= 30 =

35

LISTA DE PIEZAS		
ELEMENTO	CANTIDAD	DESCRIPCIÓN
1	2	DETECTOR
2	2	REGULADOR CAUDAL M5
4	2	GARRA PINZA
5	1	TORNILLO ALLEN M4 x 12
6	2	TUERCA HEXAGONAL REBAJADA M4
7	2	TORNILLO SIN CABEZA M4 x 12
8	2	GARRA
9	2	DETECTOR
10	2	REGULADOR CAUDAL 1/8"
11	1	PLACA INTERMEDIA DE UNIÓN
12	2	TORNILLO LIMITADOR M5 x 10
13	1	CARTÓN
14	1	PATIN CON ALAS
15	1	PLACA
16	1	TACO APRIETE PATIN
18	1	PINZA PARALELA
19	1	CIINDRO NEUMÁTICO Ø 25 x 25
20	2	TORNILLO ALLEN M4 x 12
21	2	TUERCA HEXAGONAL M4
22	4	TORNILLO ALLEN M5 x 45
23	4	TORNILLO ALLEN M5 x 20
24	2	TORNILLO SIN CABEZA M5 x 20
25	4	TORNILLO AVELLANADO M4 x 12

PARA SABER MÁS
Contenido adicional en: www.marcombo.info

ALUMNO_____ GRUPO_____ NÚMERO_____ CALIFICACIÓN _____

Grabar número de pieza
Matar aristas
Radios no acotados R = 1
UNE-EN ISO 5456-2

CANTIDAD	MATERIAL	TRATAMIENTO

Marcombo Tecnología, Ciencia y Formación

Conjuntos Despieces

Tolerancia general: UNE-EN 22768-1
Soldadura: UNE-EN ISO 13920

Peso: RAL:

Escala:

Pinza de salida
MANIPULADOR DE TARROS

614-04

Revisión: 00

EJERCICIOS

1.- Dibujar el plano acotado de cada una de las piezas no comerciales.

PARA SABER MÁS
Contenido adicional en: www.marcombo.info

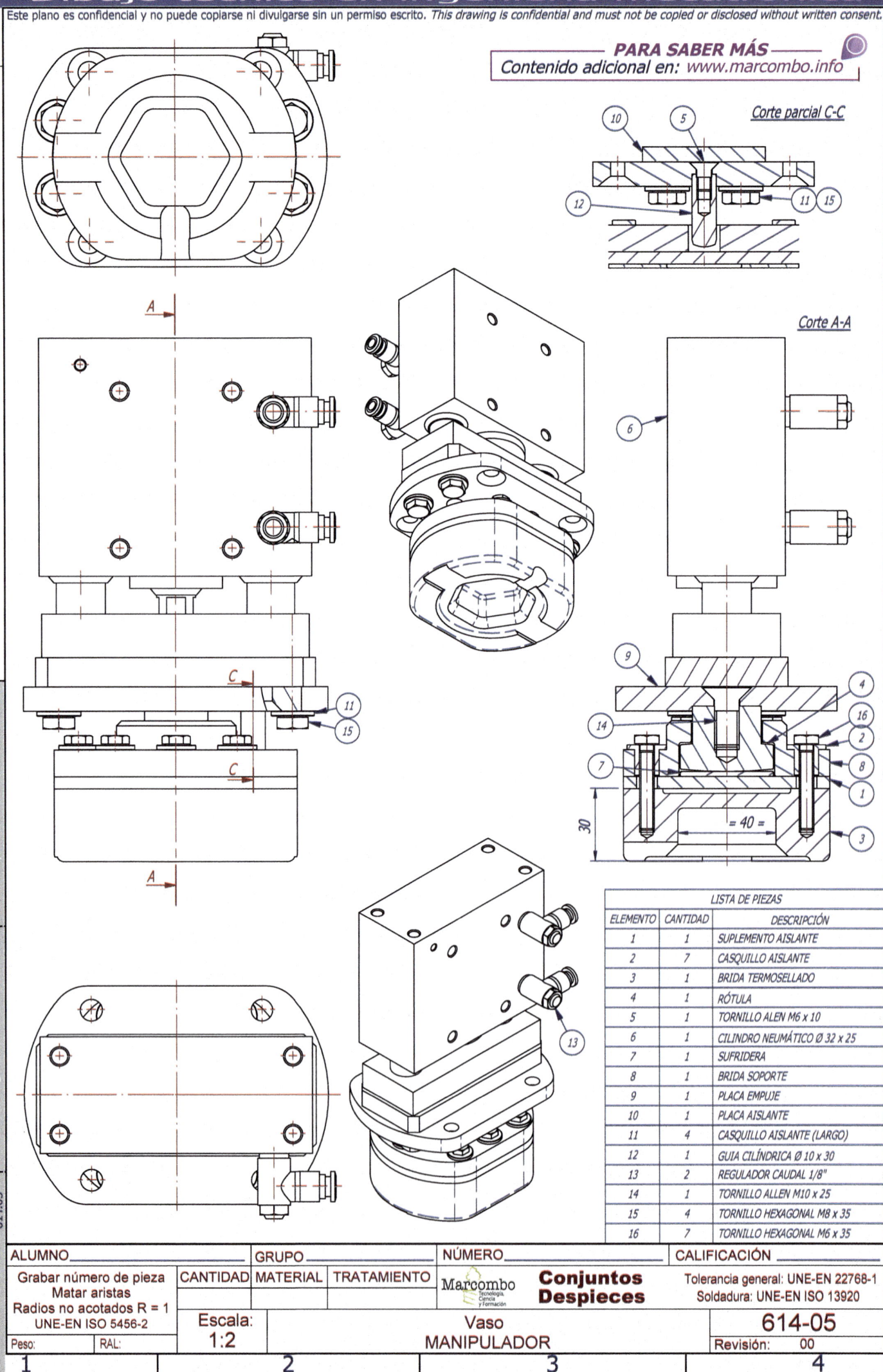

Corte parcial C-C

Corte A-A

LISTA DE PIEZAS		
ELEMENTO	CANTIDAD	DESCRIPCIÓN
1	1	SUPLEMENTO AISLANTE
2	7	CASQUILLO AISLANTE
3	1	BRIDA TERMOSELLADO
4	1	RÓTULA
5	1	TORNILLO ALEN M6 x 10
6	1	CILINDRO NEUMÁTICO Ø 32 x 25
7	1	SUFRIDERA
8	1	BRIDA SOPORTE
9	1	PLACA EMPUJE
10	1	PLACA AISLANTE
11	4	CASQUILLO AISLANTE (LARGO)
12	1	GUIA CILÍNDRICA Ø 10 x 30
13	2	REGULADOR CAUDAL 1/8"
14	1	TORNILLO ALLEN M10 x 25
15	4	TORNILLO HEXAGONAL M8 x 35
16	7	TORNILLO HEXAGONAL M6 x 35

ALUMNO		GRUPO		NÚMERO		CALIFICACIÓN	
Grabar número de pieza Matar aristas Radios no acotados R = 1 UNE-EN ISO 5456-2	CANTIDAD	MATERIAL	TRATAMIENTO	**Marcombo** Tecnología, Ciencia y Formación	**Conjuntos Despieces**	Tolerancia general: UNE-EN 22768-1 Soldadura: UNE-EN ISO 13920	
Peso:	RAL:	Escala: 1:2		Vaso MANIPULADOR		614-05 Revisión: 00	

614.05

Este plano es confidencial y no puede copiarse ni divulgarse sin un permiso escrito. *This drawing is confidential and must not be copied or disclosed without written consent.*

LISTA DE PIEZAS

ELEMENTO	CANTIDAD	DESCRIPCIÓN
1	1	CHAPA DE APOYO
2	5	ABRAZADERA DE AMARRE 1
3	5	ABRAZADERA DE AMARRE 2
4	5	ESCUADRA SOPORTE
5	6	TACO FIJACIÓN
6	10	TORNILLO ALLEN M4 x 30
7	10	ARANDELA PLANA ANCHA M4
8	10	TORNILLO HEXAGONAL M4 x 12
9	5	VÁLVULA DOSIFICADO
10	1	VASO
11	10	TUERCA HEXAGONAL M6
12	10	ARANDELA PLANA M4
13	12	ARANDELA PLANA M3
14	12	TORNILLO HEXAGONAL M3 x 12
17	10	ARANDELA PLANA ANCHA M6

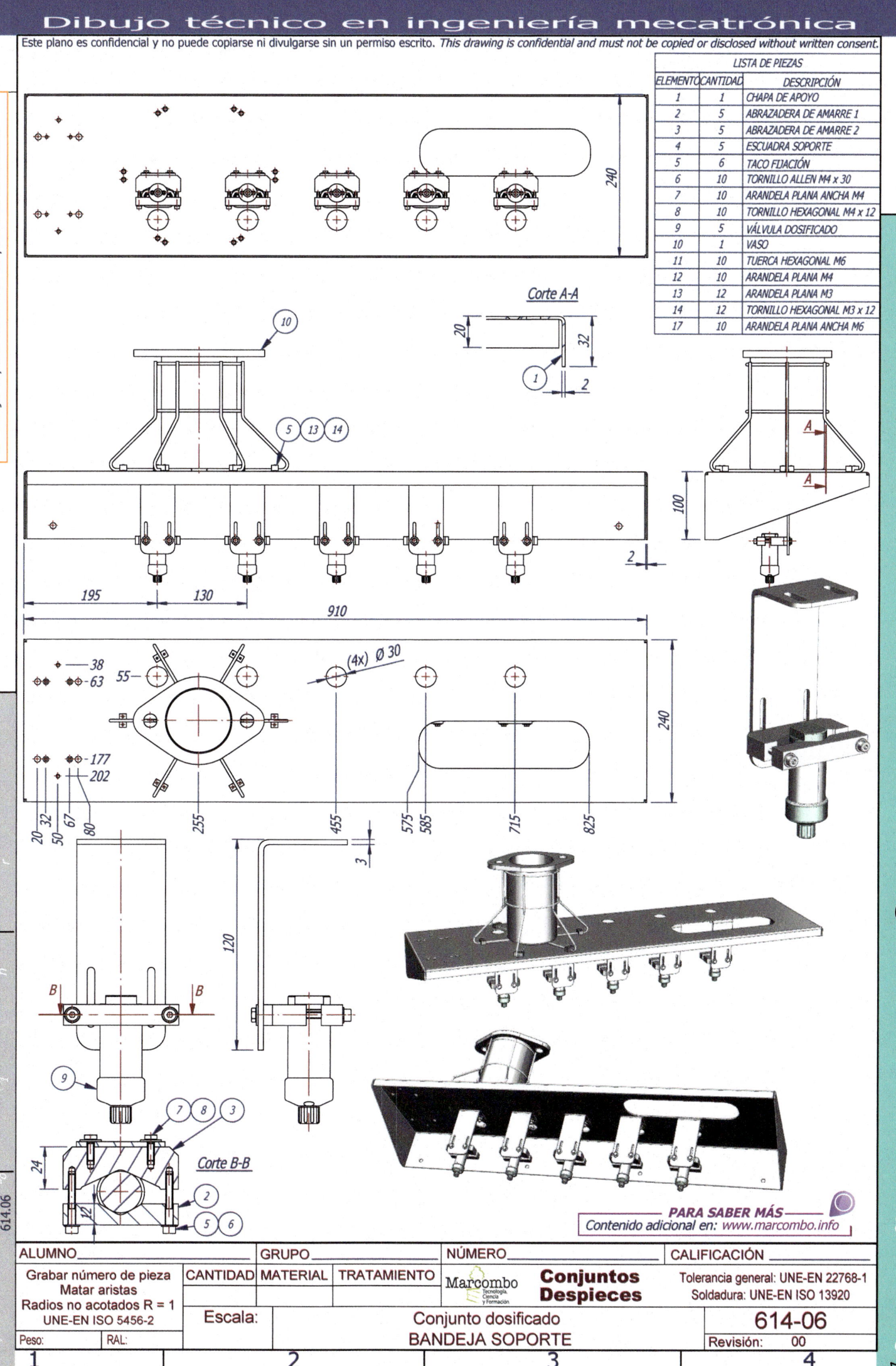

Corte A-A

Corte B-B

PARA SABER MÁS
Contenido adicional en: www.marcombo.info

ALUMNO		GRUPO		NÚMERO		CALIFICACIÓN	

Grabar número de pieza
Matar aristas
Radios no acotados R = 1
UNE-EN ISO 5456-2

CANTIDAD	MATERIAL	TRATAMIENTO

Marcombo
Tecnología,
Ciencia
y Formación

Conjuntos
Despieces

Tolerancia general: UNE-EN 22768-1
Soldadura: UNE-EN ISO 13920

Escala:

Conjunto dosificado
BANDEJA SOPORTE

614-06

Peso: | RAL:

Revisión: 00

Conjuntos y despieces

Este plano es confidencial y no puede copiarse ni divulgarse sin un permiso escrito. *This drawing is confidential and must not be copied or disclosed without written consent.*

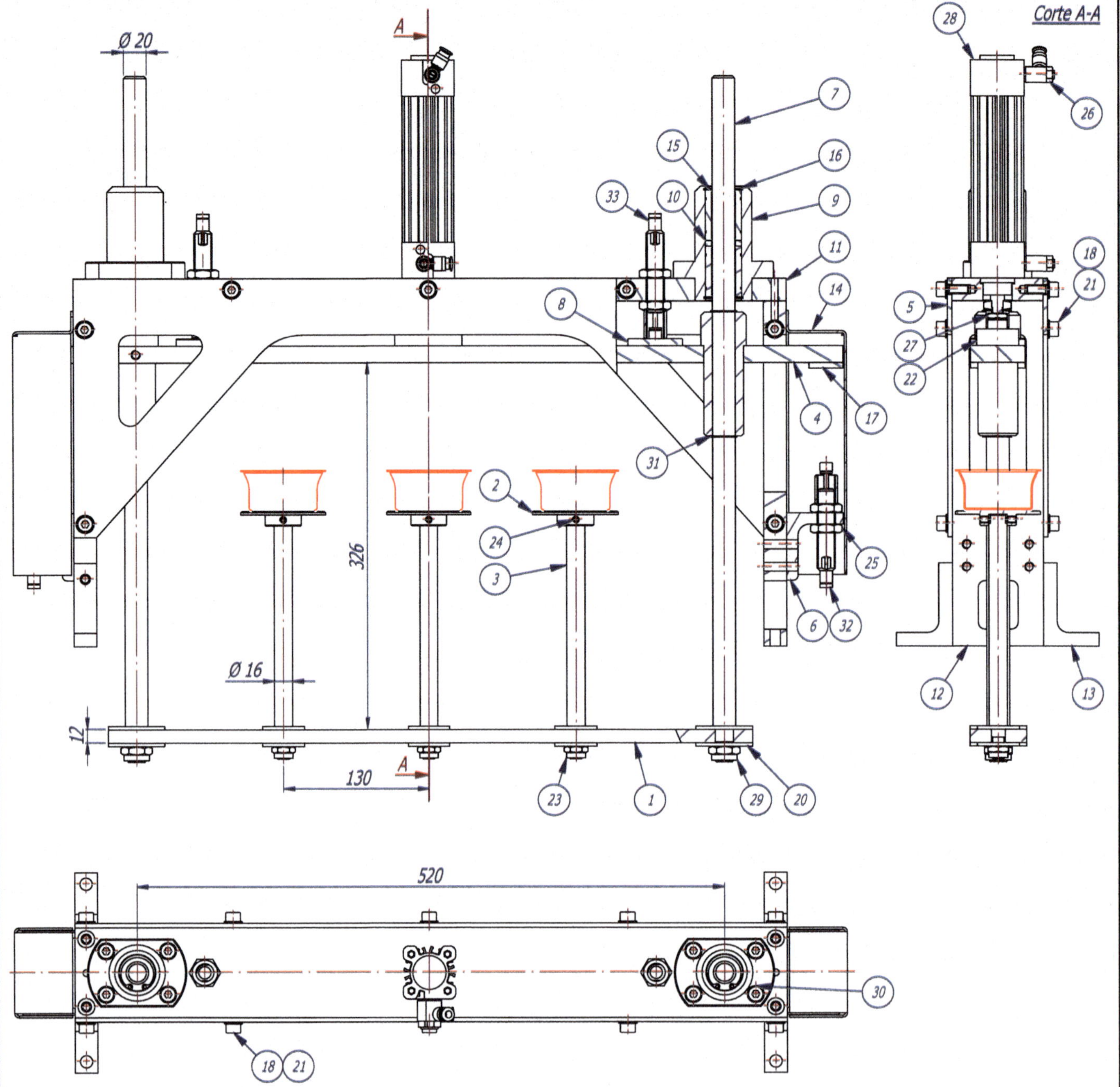

Ø 20

Corte A-A

Ø 16

326

12

130

520

A

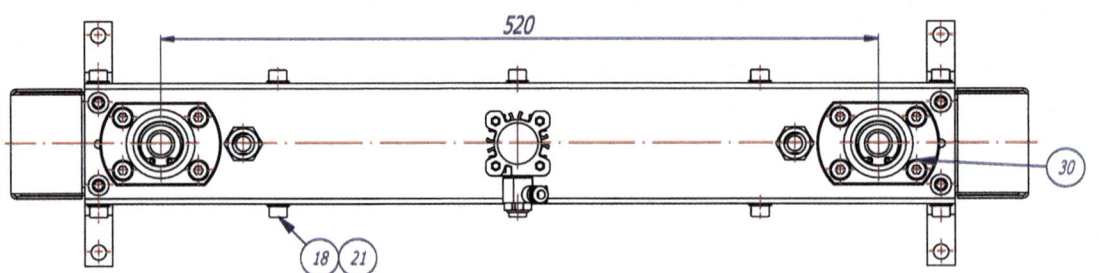

LISTA DE PIEZAS			LISTA DE PIEZAS		
ELEMENTO	CANTIDAD	DESCRIPCIÓN	ELEMENTO	CANTIDAD	DESCRIPCIÓN
1	1	PLACA DE UNIÓN INFERIOR	17	2	PLACA TOPE AMORTIGUADOR INFERIOR
2	3	EMPUJADOR	18	14	ARANDEA PLANA M8
3	3	COLUMNAS DE ELEVACIÓN	19	6	ARANDELA PLANA ANCHA M12
4	1	SOPORTE PORTA-COLUMNAS	20	4	ARANDELA PLANA ANCHA M16
5	2	CARTELAS LATERALES	21	14	TORNILLO ALLEN M8 x 20
6	2	ESCUADRA SOPORTE AMORTIGUADOR	22	1	BRIDA
7	2	COLUMNA	23	3	TUERCA AUTOBLOCANTE M12
8	2	ARANDELA DE TOPE	24	6	DIN 913 PRISIONERO ALLEN M6 x 8
9	2	BRIDA SOPORTE	25	8	TUERCA HEXAGONAL M16 x 1.5
10	2	ARANDELA Ø 32 x 5	26	2	REGULADOR CAUDAL 1/8"
11	1	PLACA SUPERIOR	27	1	TUERCA HEXAGONAL REBAJADA M10
12	2	PLACA SOPORTE LATERAL	28	1	CILINDRO Ø 32 x 100
13	4	ESCUADRA REFORZADA	29	2	TUERCA AUTOBLOCANTE M16
14	2	PROTECCIÓN	30	8	TORNILLO ALLEN M8 x 25
15	4	RODAMIENTO LINEAL	31	4	ANILLO ELASTICO EJE Ø 20 x 1.2
16	4	ANILLO ELASTICO AGUJERO Ø 32 x 1.2	32	4	AMORTIGUADOR

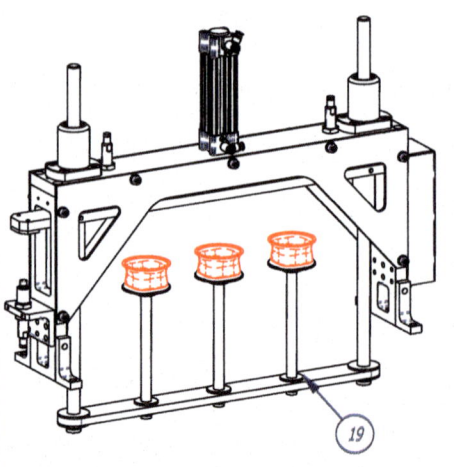

PARA SABER MÁS
Contenido adicional en: www.marcombo.info

614.07

ALUMNO_____		GRUPO_____		NÚMERO_____		CALIFICACIÓN_____	
Grabar número de pieza Matar aristas Radios no acotados R = 1 UNE-EN ISO 5456-2	CANTIDAD	MATERIAL	TRATAMIENTO	Marcombo Tecnología, Ciencia y Formación	**Conjuntos Despieces**	Tolerancia general: UNE-EN 22768-1 Soldadura: UNE-EN ISO 13920	
	Escala:			Manipulador MANIPULADOR DE TARROS		**614-07**	
Peso:	RAL:					Revisión:	00

Este plano es confidencial y no puede copiarse ni divulgarse sin un permiso escrito. *This drawing is confidential and must not be copied or disclosed without written consent.*

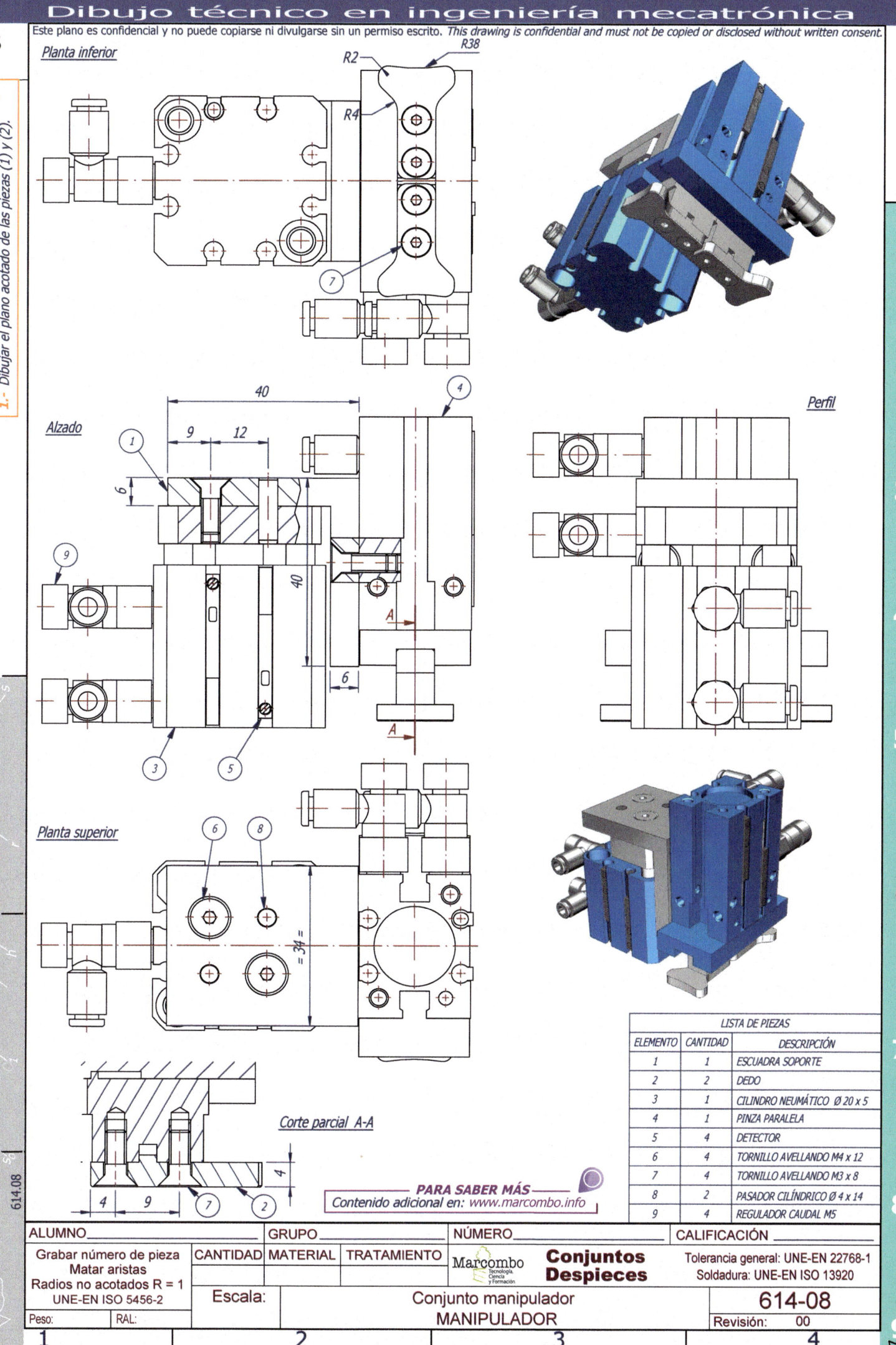

Planta inferior

R2

R38

R4

7

Alzado

40

9   12

1

6

40

9

40

6

A

A

3   5

Perfil

Planta superior

6   8

= 34 =

Corte parcial A-A

4   9

4

7   2

PARA SABER MÁS

Contenido adicional en: www.marcombo.info

	LISTA DE PIEZAS	
ELEMENTO	CANTIDAD	DESCRIPCIÓN
1	1	ESCUADRA SOPORTE
2	2	DEDO
3	1	CILINDRO NEUMÁTICO Ø 20 x 5
4	1	PINZA PARALELA
5	4	DETECTOR
6	4	TORNILLO AVELLANDO M4 x 12
7	4	TORNILLO AVELLANDO M3 x 8
8	2	PASADOR CILÍNDRICO Ø 4 x 14
9	4	REGULADOR CAUDAL M5

ALUMNO		GRUPO		NÚMERO		CALIFICACIÓN	
Grabar número de pieza Matar aristas Radios no acotados R = 1 UNE-EN ISO 5456-2	CANTIDAD	MATERIAL	TRATAMIENTO	**Marcombo** Tecnología, Ciencia y Formación	**Conjuntos** **Despieces**	Tolerancia general: UNE-EN 22768-1 Soldadura: UNE-EN ISO 13920	
	Escala:			Conjunto manipulador **MANIPULADOR**		**614-08**	
Peso:	RAL:					Revisión: 00	

Este plano es confidencial y no puede copiarse ni divulgarse sin un permiso escrito. *This drawing is confidential and must not be copied or disclosed without written consent.*

205

10

65

7

6

1 4 11

10

(Conjunto vacío)

Corte A-A

3 5

10

8

Ø 20

2

20

8

Ø 18

15

1

80 80 80

= 210 =

= 310 =

= 410 =

(Conjunto lleno)

LISTA DE PIEZAS

ELEMENTO	CANTIDAD	DESCRIPCIÓN
1	1	PLACA SOPORTE
2	8	SOPORTE GUIA INTERIOR
3	8	COLUMNA Ø 20 x 270
4	4	LLANTA POSICIÓN
5	1	PLACA MÓVIL
6	1	JUNTA FLOTANTE
7	2	TUERCA HEXAGONAL REBAJADA M14 x 1.5
8	8	PASADOR DE BOLA
9	4	TORNILLO ALLEN M5 x 12
10	1	CILINDRO ELÉCTRICO LINEAL
11	8	TORNILLO ALLEN M5 x 20

614.09

ALUMNO		GRUPO		NÚMERO		CALIFICACIÓN

| Grabar número de pieza Matar aristas Radios no acotados R = 1 UNE-EN ISO 5456-2 | CANTIDAD | MATERIAL | TRATAMIENTO | Marcombo Tecnología, Ciencia y Formación | **Conjuntos Despieces** | Tolerancia general: UNE-EN 22768-1 Soldadura: UNE-EN ISO 13920 |

| Escala: | | | Pulmón | 614-09 |

MANIPULADOR DE CARTONES

Peso: RAL: Revisión: 00

1   2   3   4

EJERCICIOS

1.- Dibujar el plano acotado de la pieza marca (1).

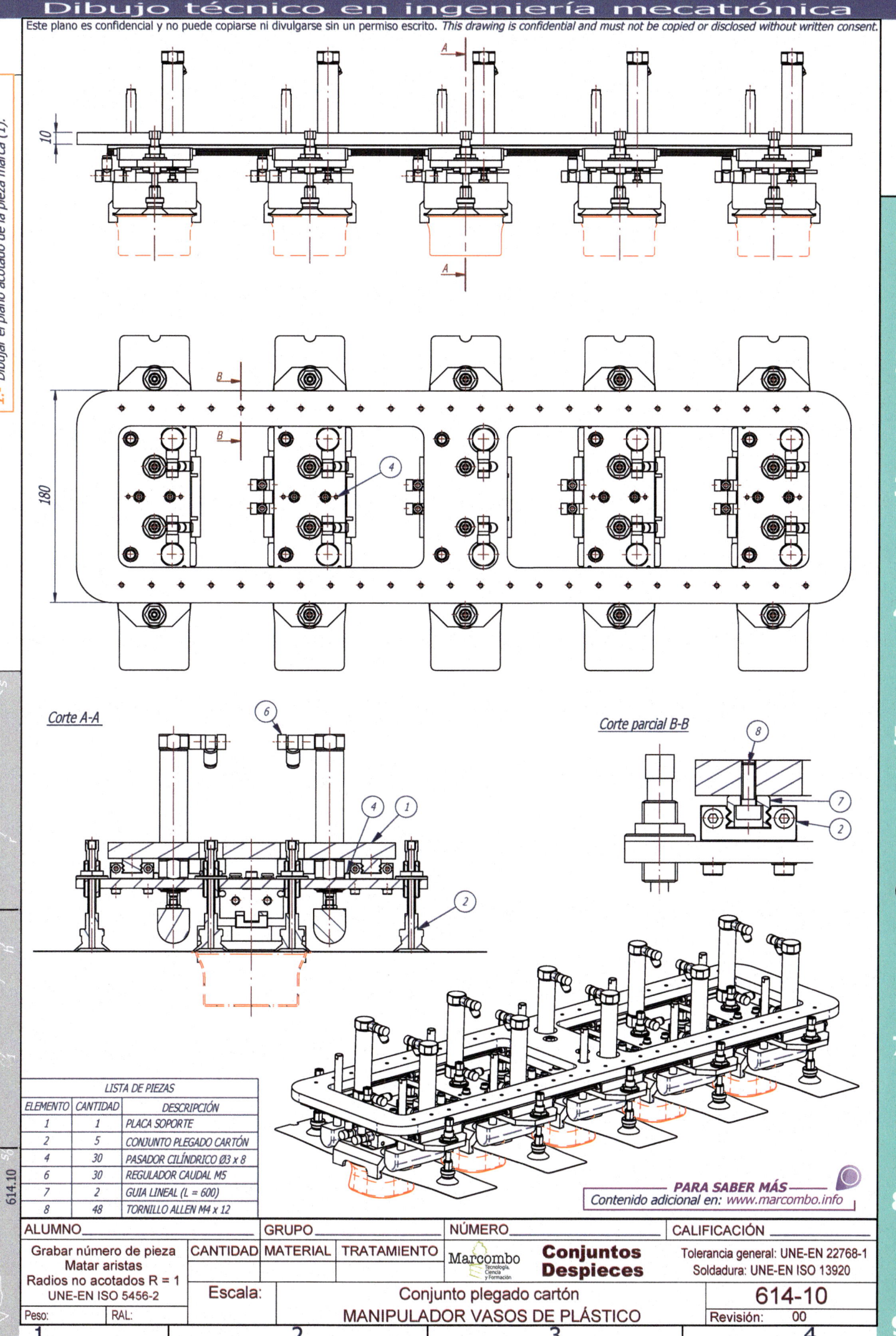

A

A

B

B

4

Corte A-A

6

4   1

2

Corte parcial B-B

8

7

2

1

2

3

4

5

6

7

8

9

614.10

LISTA DE PIEZAS		
ELEMENTO	CANTIDAD	DESCRIPCIÓN
1	1	PLACA SOPORTE
2	5	CONJUNTO PLEGADO CARTÓN
4	30	PASADOR CILÍNDRICO Ø3 x 8
6	30	REGULADOR CAUDAL M5
7	2	GUIA LINEAL (L = 600)
8	48	TORNILLO ALLEN M4 x 12

PARA SABER MÁS
Contenido adicional en: www.marcombo.info

ALUMNO		GRUPO		NÚMERO		CALIFICACIÓN	
Grabar número de pieza Matar aristas Radios no acotados R = 1 UNE-EN ISO 5456-2	CANTIDAD	MATERIAL	TRATAMIENTO	**Marcombo** Tecnología, Ciencia y Formación	**Conjuntos** **Despieces**	Tolerancia general: UNE-EN 22768-1 Soldadura: UNE-EN ISO 13920	
Peso: RAL:	Escala:		Conjunto plegado cartón MANIPULADOR VASOS DE PLÁSTICO			**614-10** Revisión: 00	

Este plano es confidencial y no puede copiarse ni divulgarse sin un permiso escrito. *This drawing is confidential and must not be copied or disclosed without written consent.*

= 80 =

9 R1 3

D

70 R39

B

R3.5 E H

R1

1

A A R1 A C

R36.5 1 30 R37

R5 F B R3.5 G

R39 B

Corte A-A R150 = 30 =

1.5

= 57 =

Corte B-B

= 40 =

CE

Línea de partición

* Colores: gris, plata, verde, azul y blanco.
* Deformación máxima permitida: 0.5 mm

PARA COMPLETAR
1.- Plano de conjunto del molde para obtener la pieza por inyección.

GRABADOS Y REFERENCIAS

Denominación	Altura texto	Altura relieve	Norma
Referencia	2.5 mm		DIN 17
Símbolo reciclaje	5 mm	0.2 mm	NE 016
Logotipo	4 mm		NE 032
Marca CE	5 mm		NE 018

PARA SABER MÁS
Contenido adicional en: www.marcombo.info

TABLA DE PUNTOS

Agujero	Cota en X	Cota en Y
A	-65	0
B	0	-70
C	65	0
D	0	70
E	-35	35
F	-35	-35
G	35	-35
H	35	35

ALUMNO		GRUPO		NÚMERO			CALIFICACIÓN	

Grabar número de pieza Matar aristas Radios no acotados R = 1 UNE-EN ISO 5456-2	CANTIDAD	MATERIAL	TRATAMIENTO	Marcombo Tecnología, Ciencia y Formación	**Conjuntos Despieces**	Tolerancia general: UNE-EN 22768-1 Soldadura: UNE-EN ISO 13920
		PLÁSTICO				
	Escala: 1:1		Marco simple "Estrella"			**615-00**
Peso: 16 gr | RAL:			ALIMENTADOR MÚLTIPLE DE TAPAS			Revisión: 00

615.00

Este plano es confidencial y no puede copiarse ni divulgarse sin un permiso escrito. *This drawing is confidential and must not be copied or disclosed without written consent.*

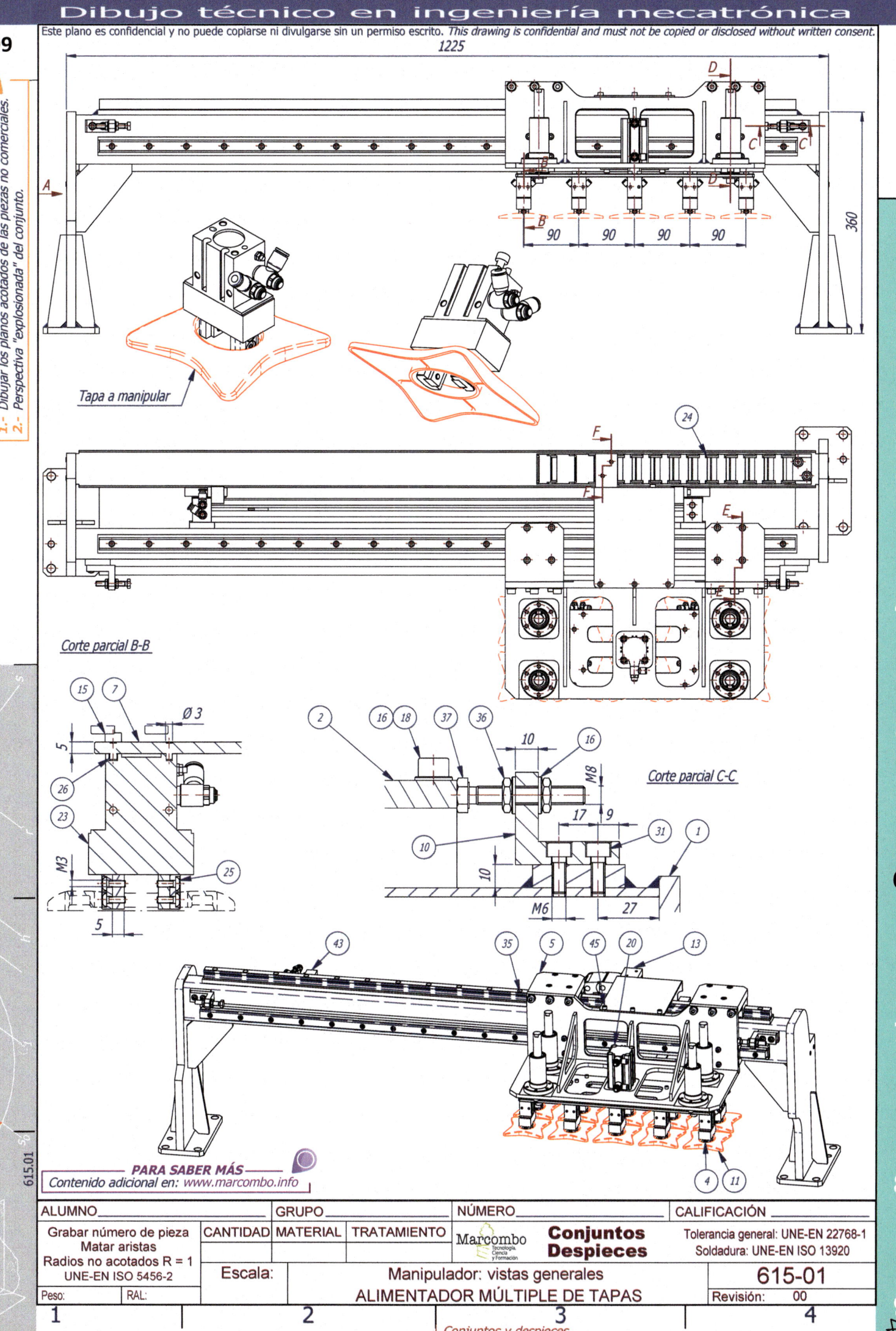

Tapa a manipular

Corte parcial B-B

Ø 3

Corte parcial C-C

PARA SABER MÁS
Contenido adicional en: www.marcombo.info

ALUMNO		GRUPO		NÚMERO		CALIFICACIÓN	

Grabar número de pieza	CANTIDAD	MATERIAL	TRATAMIENTO	Marcombo Tecnología, Ciencia y Formación	**Conjuntos Despieces**	Tolerancia general: UNE-EN 22768-1

Matar aristas
Radios no acotados R = 1
UNE-EN ISO 5456-2

Soldadura: UNE-EN ISO 13920

Escala:	Manipulador: vistas generales	**615-01**

Peso: | RAL: | ALIMENTADOR MÚLTIPLE DE TAPAS | Revisión: 00

Conjuntos y despieces

Este plano es confidencial y no puede copiarse ni divulgarse sin un permiso escrito. *This drawing is confidential and must not be copied or disclosed without written consent.*

Vista por A

Corte parcial E-E

Corte F-F

Corte D-D

PARA COMPLETAR
3.- Modificar el diseño para que el conjunto sea más barato de fabricar.

LISTA DE PIEZAS

ELEMENTO	CANTIDAD	DESCRIPCIÓN
1	1	ESTRUCTURA PUENTE SOPORTE
2	1	ESCUADRA SOPORTE
3	4	BRIDA PORTA-COLUMNA
4	20	DEDO ATRAPE PRODUCTO
5	1	PLACA 95 x 95 x 16
6	1	PLACA 95 x 95 x 16
7	1	PLACA 386 x 130 x 5
8	4	COLUMNA Ø 16 x 140
9	1	BRIDA 40 x 22 x 10
10	2	L SOPORTE TOPE RECORRIDO
11	10	TAPA EMBELLECEDOR
12	1	BANDEJA PORTA-CADENETA
13	1	TACO 55 x 35 x 12
14	4	TORNILLO AVELLANADO M6 x 16
15	20	TORNILLO ALLEN M4 x 12
16	18	ARANDELA PLANA M8
17	2	PATIN 20
18	6	TORNILLO ALLEN M8 x 25
19	8	TORNILLO ALLEN M6 x 20
20	1	CIINDRO NEUMÁTICO Ø 32 x 40
21	8	ARANDELA PLANA M5
22	8	TORNILLO ALLEN M5 x 16
23	10	PINZA NEUMÁTICA PARALELA
24	1	CADENA PORTACABLE
25	40	TORNILLO CABEZA ABOMBADA M3 x 8
26	20	PASADOR CILÍNDRICO Ø 6 x 8
27	8	RODAMIENTO LINEAL Ø 16
28	8	ANILLO ELÁSTICO AGUJERO Ø 26 x 1.2
29	4	ARANDELA PLANA M8
30	8	TORNILLO ALLEN M8 x 20
31	32	TORNILLO ALLEN M6 x 16
32	6	ARANDELA PLANA M6
33	2	PATIN 20
34	2	GUIA 20 x 460
35	38	TORNILLO ALLEN M5 x 20
36	4	TUERCA REBAJADA M8
37	2	TORNILLO HEXAGONAL M8 x 50
38	2	TORNILLO ALLEN M6 x 12
39	2	ARANDELA PLANA M6
40	4	TORNILLO CABEZA ABOMBADA M6 x 16
41	2	TUERCA HEXAGONAL M6
42	4	TORNILLO ALLEN M5 x 50
43	1	CILINDRO SIN VÁSTAGO Ø 25 x 60
44	1	CHAPA EN U PORTA-CADENA
45	10	TORNILLO ALLEN M5 x 10

PARA SABER MÁS
Contenido adicional en: www.marcombo.info

ALUMNO	GRUPO	NÚMERO	CALIFICACIÓN

Grabar número de pieza Matar aristas Radios no acotados R = 1 UNE-EN ISO 5456-2	CANTIDAD	MATERIAL	TRATAMIENTO	Marcombo Tecnología, Ciencia y Formación	**Conjuntos Despieces**	Tolerancia general: UNE-EN 22768-1 Soldadura: UNE-EN ISO 13920
Peso:	RAL:		Escala:		Manipulador: detalles constructivos ALIMENTADOR MÚLTIPLE DE TAPAS	**615-02** Revisión: 00

615.02

Conjuntos y despieces

1   2   3   4

Este plano es confidencial y no puede copiarse ni divulgarse sin un permiso escrito. *This drawing is confidential and must not be copied or disclosed without written consent.*

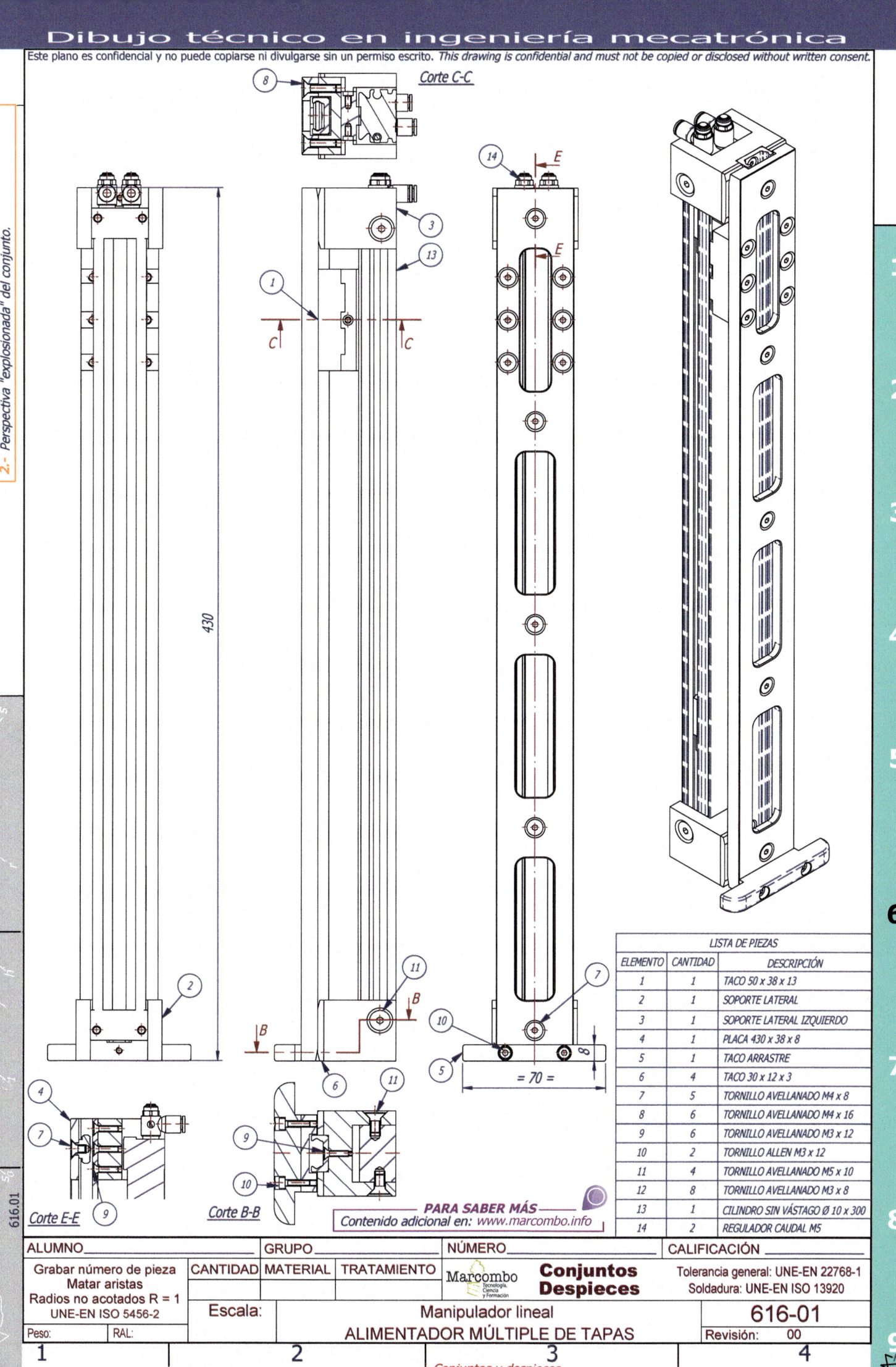

Corte C-C

430

= 70 =

LISTA DE PIEZAS		
ELEMENTO	CANTIDAD	DESCRIPCIÓN
1	1	TACO 50 x 38 x 13
2	1	SOPORTE LATERAL
3	1	SOPORTE LATERAL IZQUIERDO
4	1	PLACA 430 x 38 x 8
5	1	TACO ARRASTRE
6	4	TACO 30 x 12 x 3
7	5	TORNILLO AVELLANADO M4 x 8
8	6	TORNILLO AVELLANADO M4 x 16
9	6	TORNILLO AVELLANADO M3 x 12
10	2	TORNILLO ALLEN M3 x 12
11	4	TORNILLO AVELLANADO M5 x 10
12	8	TORNILLO AVELLANADO M3 x 8
13	1	CILINDRO SIN VÁSTAGO Ø 10 x 300
14	2	REGULADOR CAUDAL M5

Corte E-E

Corte B-B

PARA SABER MÁS
Contenido adicional en: www.marcombo.info

ALUMNO		GRUPO		NÚMERO		CALIFICACIÓN	
Grabar número de pieza Matar aristas Radios no acotados R = 1 UNE-EN ISO 5456-2	CANTIDAD	MATERIAL	TRATAMIENTO	**Marcombo** Tecnología, Ciencia y Formación	**Conjuntos Despieces**	Tolerancia general: UNE-EN 22768-1 Soldadura: UNE-EN ISO 13920	
Escala:			Manipulador lineal		**616-01**		
Peso:	RAL:		ALIMENTADOR MÚLTIPLE DE TAPAS		Revisión: 00		

616.01

Este plano es confidencial y no puede copiarse ni divulgarse sin un permiso escrito. *This drawing is confidential and must not be copied or disclosed without written consent.*

PARA SABER MÁS

Contenido adicional en: *www.marcombo.info*

LISTA DE PIEZAS

ELEMENTO	CANTIDAD	DESCRIPCIÓN
1	1	CHAPA BASE
2	4	RODAMIENTO 2200
3	4	SOPORTE
4	4	BRIDA DE AMARRE
5	12	TORNILLO ALLEN M4 x 16
6	1	POLEA
7	1	CHAVETA PARALELA 4 x 4 x 28
8	20	POLEA CONDUCIDA
9	20	CHAVETA PARALELA 4 x 4 x 18
10	10	CORREA
11	1	EJE Ø 12 x 522
12	4	DUROGIS 410 x 50 x 10
13	4	PLETINA 410 x 12 x 35.7
14	24	TORNILLO ALLEN M6 x 16
15	9	SEPARADOR Ø 16 x 42.5
16	3	SEPARADOR Ø 15 x 18.5
17	1	TACO 50 x 38 x 13
18	1	SOPORTE LATERAL
19	30	TORNILLO AVELLANADO M3 x 12
20	20	TORNILLO AVELLANADO M5 x 10
21	1	SOPORTE LATERAL IZQUIERDO
22	1	PLACA 430 x 38 x 8
23	5	TORNILLO AVELLANADO M4 x 8
24	6	TORNILLO AVELLANADO M4 x 16
25	1	TACO ARRASTRE
26	2	TORNILLO ALLEN M3 x 12
27	4	TACO 30 x 12 x 3
28	8	TORNILLO AVELLANADO M3 x 8
29	1	CILINDRO SIN VÁSTAGO Ø 10 x 300
30	1	UNIDAD CÓNICA FIJACIÓN Ø 12
31	1	PROTECCIÓN POLICARBONATO
32	6	TUERCA REMACHABLE M6
33	6	TORNILLO CABEZA ABOMBADA M6 x 20
34	2	DUROGLIS 410 x 25 x 25
35	2	TORNILLO CABEZA ABOMBADA M8 x 25
36	4	TORNILLO ALLEN M8 x 25
37	4	PASADOR CILÍNDRICO Ø 6 x 24
38	5	TORNILLO CABEZA MARTILLO M8 x 20
39	7	ARANDELA PLANA M8
40	5	TUERCA HEXAGONAL M8
41	2	TORNILLO ALLEN M8 x 20
42	1	POLEA SÍNCRONA
43	1	ESCUADRA
44	1	CORREA MOTORIZACIÓN
45	2	RACOR NEUMÁTICO M5
46	2	ESCUADRA ALUMINIO 42 x 42 x 42
47	2	ARANDELA PLANA M8
48	2	TUERCA REBAJADA M8
49	3	TUERCA CABEZA MARTILLO M6
50	3	TORNILLO AVELLANADO M6 x 20
52	1	BARRA HUECA Ø16 x 490
53	2	RODAMIENTO BOLAS 618/6
54	1	EJE Ø 6 x 505
55	2	ANILLO ELÁSTICO EJE Ø 6 x 0.7
56	2	SEPARADOR Ø 8 x 3
57	1	CHAPA PROTECCIÓN MOTORIZACIÓN
58	2	TORNILLO CABEZA MARTILLO M6 x 16
59	2	TUERCA HEXAGONAL M6
60	2	ARANDELA PLANA M6
61	3	TORNILLO CABOMBADA ABOMBADA M4 x 8
62	4	CONJUNTO MANIPULADOR LINEAL
63	1	SOPORTE INTERMEDIO
64	1	MOTOR

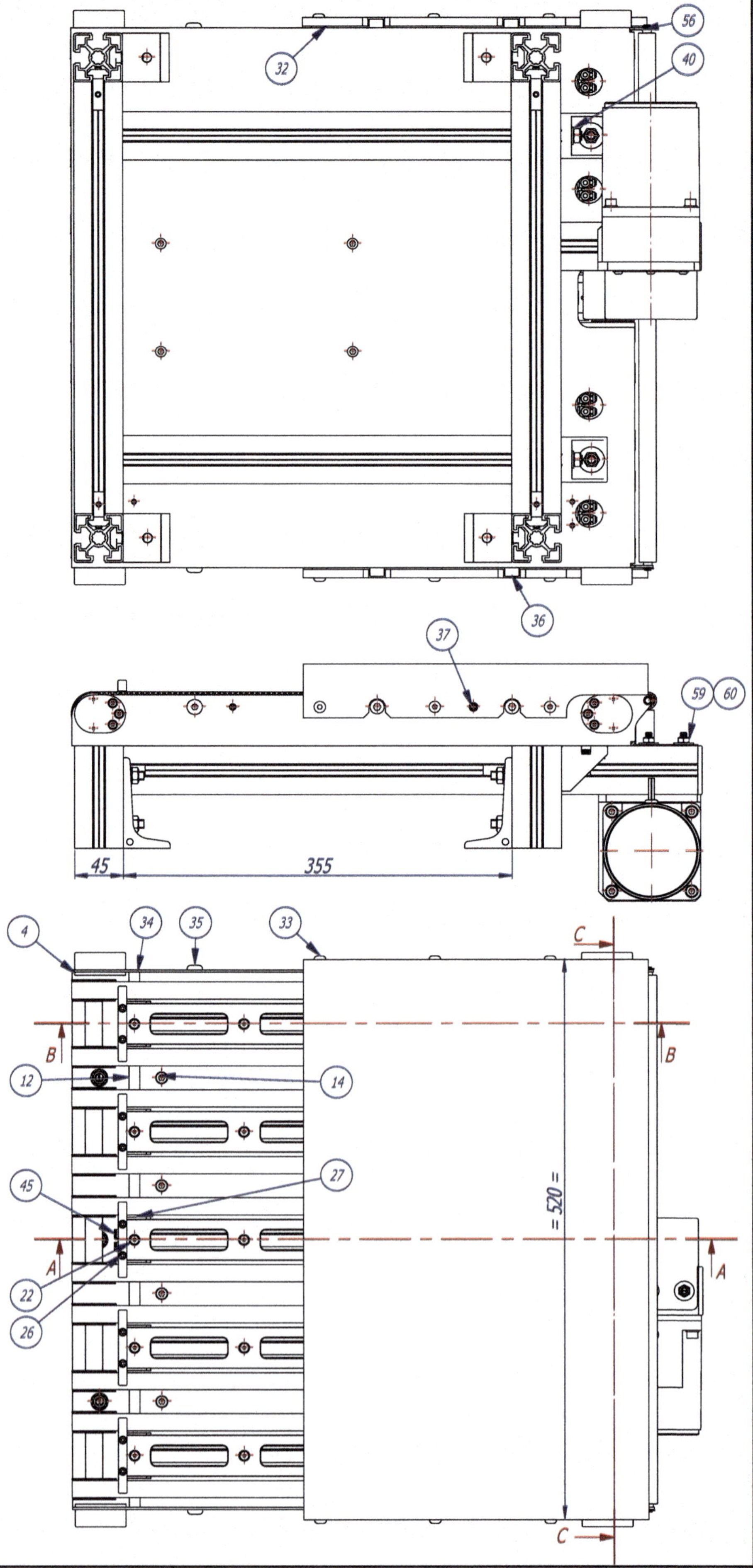

616.02

45   **355**

= 520 =

ALUMNO_____		GRUPO _____		NÚMERO _____		CALIFICACIÓN _____

Grabar número de pieza Matar aristas Radios no acotados R = 1 UNE-EN ISO 5456-2	CANTIDAD	MATERIAL	TRATAMIENTO	Marcombo Tecnología, Ciencia y Formación	**Conjuntos Despieces**	Tolerancia general: UNE-EN 22768-1 Soldadura: UNE-EN ISO 13920
Escala:					Pulmón	**616-02**
Peso:	RAL:				ALIMENTADOR MÚLTIPLE DE TAPAS	Revisión: 00

1   **2**   **3**   **4**

Conjuntos y despieces

Este plano es confidencial y no puede copiarse ni divulgarse sin un permiso escrito. *This drawing is confidential and must not be copied or disclosed without written consent.*

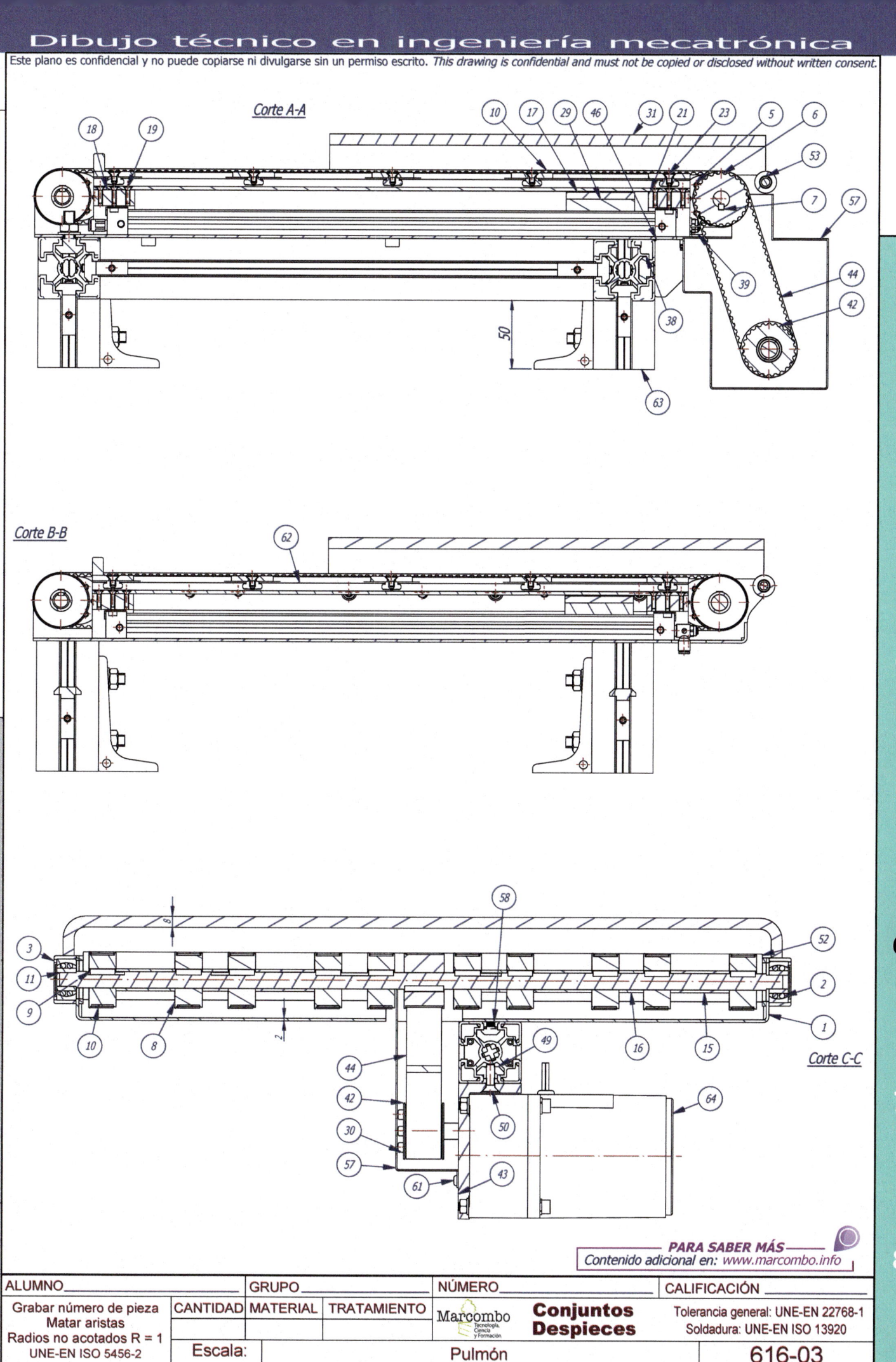

Corte A-A

Corte B-B

Corte C-C

PARA SABER MÁS
Contenido adicional en: www.marcombo.info

ALUMNO		GRUPO		NÚMERO		CALIFICACIÓN	

Grabar número de pieza Matar aristas Radios no acotados R = 1 UNE-EN ISO 5456-2	CANTIDAD	MATERIAL	TRATAMIENTO	Marcombo Tecnología, Ciencia y Formación	**Conjuntos Despieces**	Tolerancia general: UNE-EN 22768-1 Soldadura: UNE-EN ISO 13920	
	Escala:				Pulmón	616-03	
Peso:	RAL:				ALIMENTADOR MÚLTIPLE DE TAPAS	Revisión:	00

616.03

Este plano es confidencial y no puede copiarse ni divulgarse sin un permiso escrito. *This drawing is confidential and must not be copied or disclosed without written consent.*

A →
735
724
686
628
498
443
= 60 =
423
55°
368
313
293
φ 81
238
φ 79
108
49
11
0
A →

617.00

7
8
10
11
1
3

2
9
12
4 5 6

= 100 =

PARA SABER MÁS
Contenido adicional en: www.marcombo.info

LISTA DE PIEZAS

ELEMENTO	CANTIDAD	DESCRIPCIÓN
1	1	CANGILÓN
2	20	PASADOR CILÍNDRICO Ø 5 x 10
3	4	ESLABÓN
4	8	TUERCA HEXAGONAL M6
5	8	ARANDELA PLANA M6
6	8	TORNILLO HEXAGONAL M6 x 18
7	2	TACO INFERIOR
8	8	TORNILLO ALLEN M4 x 12
9	5	ANILLO DE REFUEZO
10	2	REFUERZO LATERAL
11	8	TORNILLO AVELLANADO M3 x 12
12	20	TORNILLO AVELLANADO M3 x 10

ALUMNO		GRUPO		NÚMERO		CALIFICACIÓN	
Grabar número de pieza Matar aristas Radios no acotados R = 1 UNE-EN ISO 5456-2	CANTIDAD	MATERIAL	TRATAMIENTO	Marcombo Tecnología, Ciencia y Formación	**Conjuntos** **Despieces**	Tolerancia general: UNE-EN 22768-1 Soldadura: UNE-EN ISO 13920	
	Escala:				Cangilón	**617-00**	
Peso: 2.2 kg	RAL:				LÍNEA DE ENVASADO	Revisión:	00

1   2   3   4

Conjuntos y despieces

7

A partir de los dibujos de conjunto dados, obtener los planos de fabricación de cada una de las piezas no comerciales. Indicar cotas y tolerancias, así como signos de fabricación y de soldadura —estos últimos, cuando corresponda—.

Corte A-A

76.2   76.2   76.2

Ø 90

Ø 60

0						NOMBRE	GRUPO	NÚMERO	FECHA	ESCALA	CALIFICACIÓN
Dibujo de proyectos											
Detalles varios										ESCUELA:	

Dibujo de proyectos

Todo debe hacerse tan simple como sea posible, pero sin excederse en ello.

Albert Einstein

Este plano es confidencial y no puede copiarse ni divulgarse sin un permiso escrito. *This drawing is confidential and must not be copied or disclosed without written consent.*

ALZADO

PERFIL

= 4320 =

= 2500 =

Ø 1120

Ø 1040

1340

(3013)

917

940

317

322

1760

1760

300

10

11

22

= 2420 =

PLANTA

6   1   7

= 1150 =

5

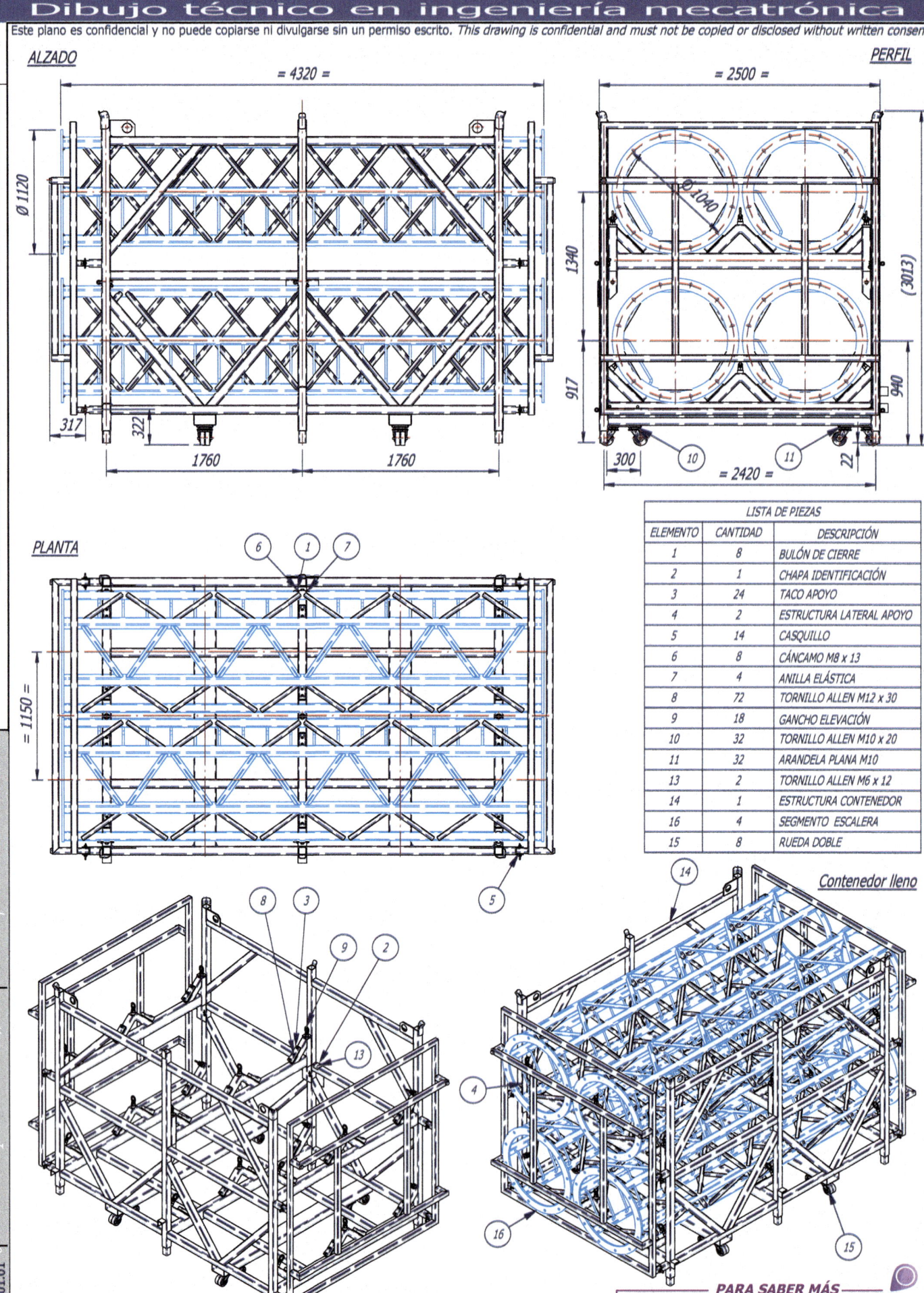

LISTA DE PIEZAS

ELEMENTO	CANTIDAD	DESCRIPCIÓN
1	8	BULÓN DE CIERRE
2	1	CHAPA IDENTIFICACIÓN
3	24	TACO APOYO
4	2	ESTRUCTURA LATERAL APOYO
5	14	CASQUILLO
6	8	CÁNCAMO M8 x 13
7	4	ANILLA ELÁSTICA
8	72	TORNILLO ALLEN M12 x 30
9	18	GANCHO ELEVACIÓN
10	32	TORNILLO ALLEN M10 x 20
11	32	ARANDELA PLANA M10
13	2	TORNILLO ALLEN M6 x 12
14	1	ESTRUCTURA CONTENEDOR
16	4	SEGMENTO ESCALERA
15	8	RUEDA DOBLE

Contenedor vacío

Contenedor lleno

8   3

9   2

13

14

4

16

15

ALUMNO		GRUPO			NÚMERO		CALIFICACIÓN	

Grabar número de pieza Matar aristas Radios no acotados R = 1 UNE-EN ISO 5456-2	CANTIDAD	MATERIAL	TRATAMIENTO	**Marcombo** Tecnología, Ciencia y Formación	**Proyectos**	Tolerancia general: UNE-EN 22768-1 Soldadura: UNE-EN ISO 13920

	Escala:		Vistas generales	**701-01**

Peso:	RAL: 5005	CONTENEDOR SEGMENTOS DE TORRE	Revisión: 00

1   2   3   4

Dibujo de proyectos

Este plano es confidencial y no puede copiarse ni divulgarse sin un permiso escrito. *This drawing is confidential and must not be copied or disclosed without written consent.*

EJERCICIOS

1.- Plano acotado de la estructura indicando cordones de soldadura.

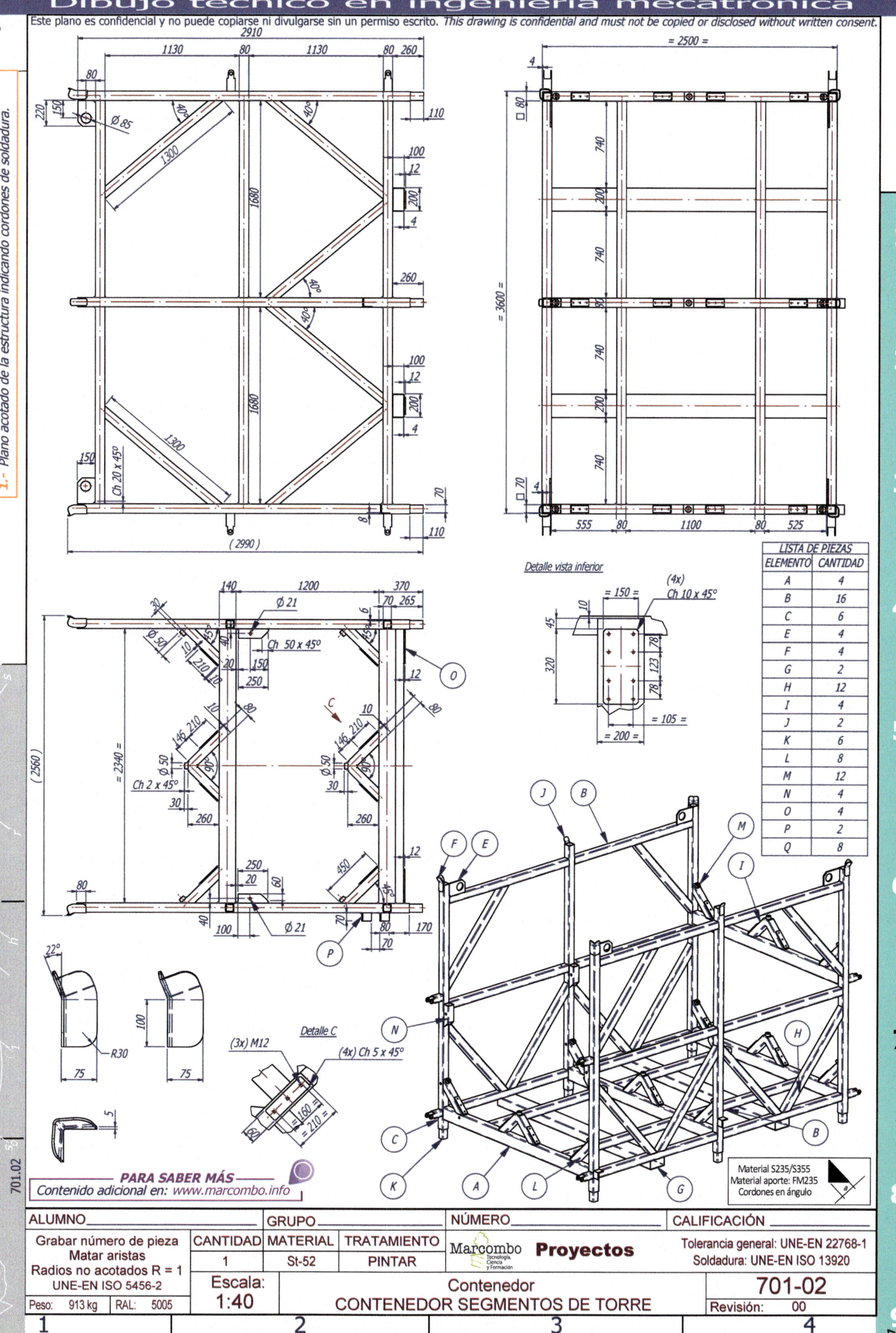

Detalle vista inferior

Detalle C

LISTA DE PIEZAS

ELEMENTO	CANTIDAD
A	4
B	16
C	6
E	4
F	4
G	2
H	12
I	4
J	2
K	6
L	8
M	12
N	4
O	4
P	2
Q	8

PARA SABER MÁS
Contenido adicional en: www.marcombo.info

Material S235/S355
Material aporte: FM235
Cordones en ángulo

ALUMNO		GRUPO		NÚMERO		CALIFICACIÓN	

Grabar número de pieza Matar aristas Radios no acotados R = 1 UNE-EN ISO 5456-2	CANTIDAD	MATERIAL	TRATAMIENTO	Marcombo Tecnología, Ciencia y Formación	**Proyectos**	Tolerancia general: UNE-EN 22768-1 Soldadura: UNE-EN ISO 13920	
	1	St-52	PINTAR				
Peso: 913 kg RAL: 5005	Escala: 1:40		Contenedor CONTENEDOR SEGMENTOS DE TORRE			701-02 Revisión: 00	

Dibujo de proyectos

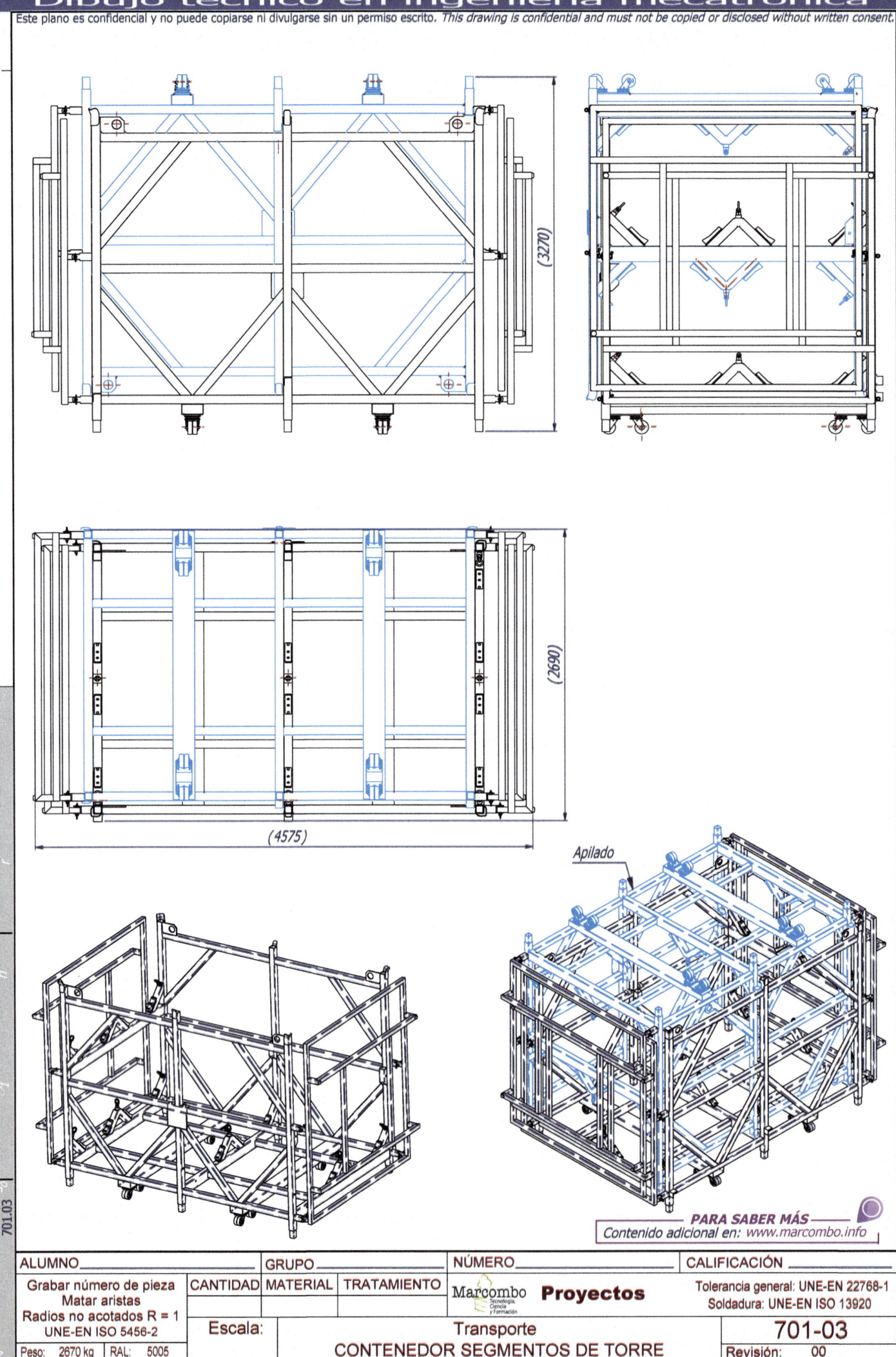

(3270)

(2690)

(4575)

Apilado

PARA SABER MÁS
Contenido adicional en: www.marcombo.info

701.03

ALUMNO_____		GRUPO_____		NÚMERO_____		CALIFICACIÓN_____
Grabar número de pieza Matar aristas Radios no acotados R = 1 UNE-EN ISO 5456-2	CANTIDAD	MATERIAL	TRATAMIENTO	**Marcombo** Tecnología, Ciencia y Formación	**Proyectos**	Tolerancia general: UNE-EN 22768-1 Soldadura: UNE-EN ISO 13920
Escala:				Transporte		**701-03**
Peso: 2670 kg	RAL: 5005			CONTENEDOR SEGMENTOS DE TORRE		Revisión: 00

PARA SABER MÁS
Contenido adicional en: *www.marcombo.info*

EJERCICIOS

1.- Plano acotado de la estructura indicando cordones de soldadura.

701.04

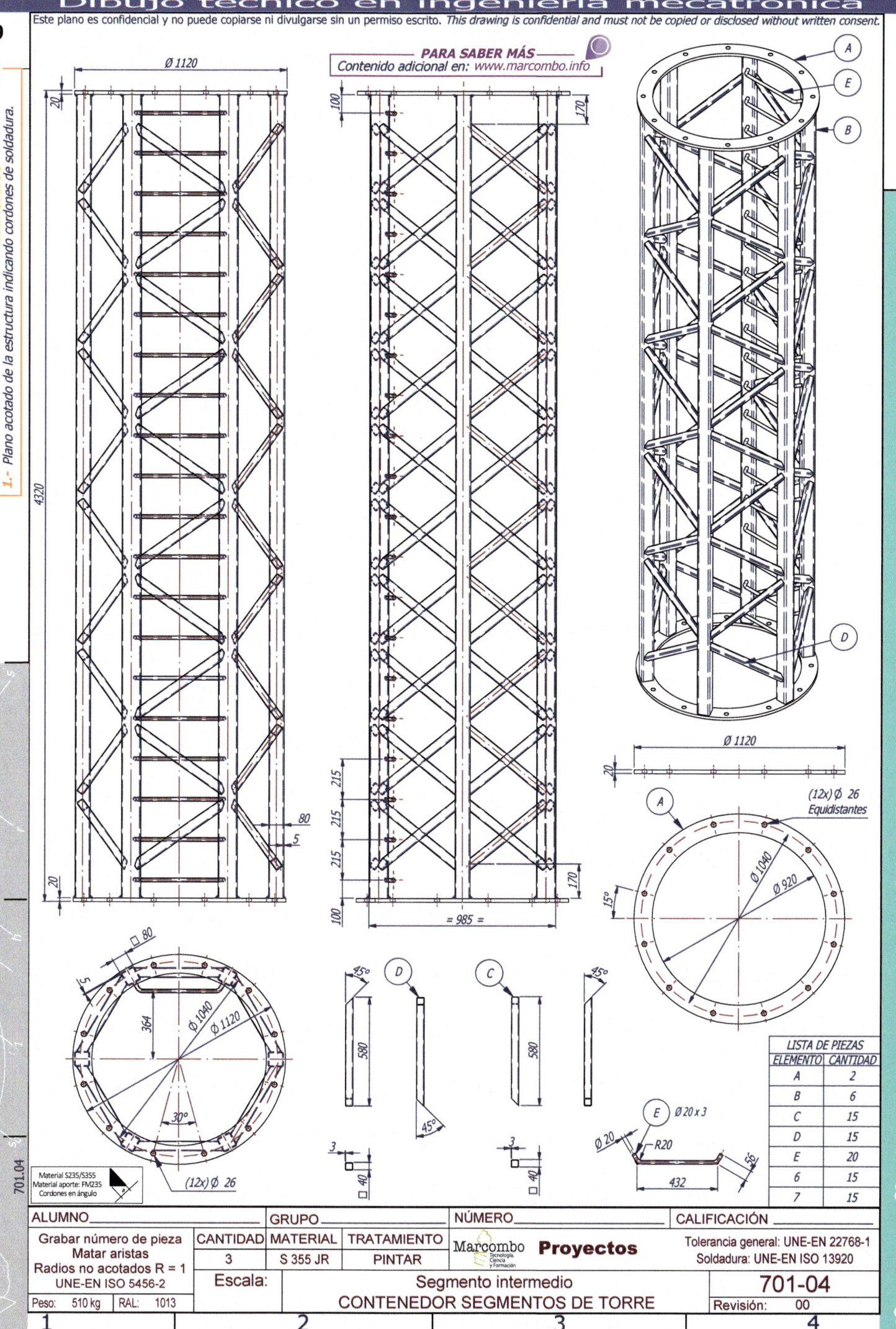

Material S235/S355
Material aporte: FM235
Cordones en ángulo

LISTA DE PIEZAS	
ELEMENTO	CANTIDAD
A	2
B	6
C	15
D	15
E	20
6	15
7	15

ALUMNO		GRUPO		NÚMERO		CALIFICACIÓN	
Grabar número de pieza Matar aristas Radios no acotados R = 1 UNE-EN ISO 5456-2	CANTIDAD	MATERIAL	TRATAMIENTO	Marcombo Tecnología, Ciencia y Formación	**Proyectos**	Tolerancia general: UNE-EN 22768-1 Soldadura: UNE-EN ISO 13920	
	3	S 355 JR	PINTAR				
Peso: 510 kg	RAL: 1013	Escala:		Segmento intermedio CONTENEDOR SEGMENTOS DE TORRE		**701-04** Revisión: 00	

Dibujo de proyectos

Este plano es confidencial y no puede copiarse ni divulgarse sin un permiso escrito. *This drawing is confidential and must not be copied or disclosed without written consent.*

PARA SABER MÁS
Contenido adicional en: www.marcombo.info

EJERCICIOS

1.- Plano acotado de la estructura indicando cordones de soldadura.

Ø 1120

20

4320

20

80

5

215 215 215 215 215 110 215

100

170

170

Ø 1120

20

(12x) Ø 26
Equidistantes

A

Ø 1040
Ø 920
15°

Ø 1040
Ø 1120
364
30°
(12x) Ø 26
80
5

45°
580
D

45°
580
C

45°
580
45°

3
40

3
40

Material S235/S355
Material aporte: FM235
Cordones en ángulo
a

E   Ø 20 x 3
Ø 20   R20
432   56

A
E
B

LISTA DE PIEZAS	
ELEMENTO	CANTIDAD
A	2
B	6
C	30
D	30
E	20
6	2
7	1
8	1
9	1
10	1

701.05

ALUMNO			GRUPO			NÚMERO		CALIFICACIÓN	
Grabar número de pieza Matar aristas Radios no acotados R = 1 UNE-EN ISO 5456-2	CANTIDAD	MATERIAL	TRATAMIENTO		**Marcombo** Tecnología, Ciencia y Formación	**Proyectos**		Tolerancia general: UNE-EN 22768-1 Soldadura: UNE-EN ISO 13920	
	1	S 355 JR	PINTAR						
	Escala:			Segmento inferior CONTENEDOR SEGMENTOS DE TORRE				**701-05**	
Peso: 505 kg	RAL: 1013							Revisión: 00	

1   2   3   4

Dibujo de proyectos

Este plano es confidencial y no puede copiarse ni divulgarse sin un permiso escrito. *This drawing is confidential and must not be copied or disclosed without written consent.*

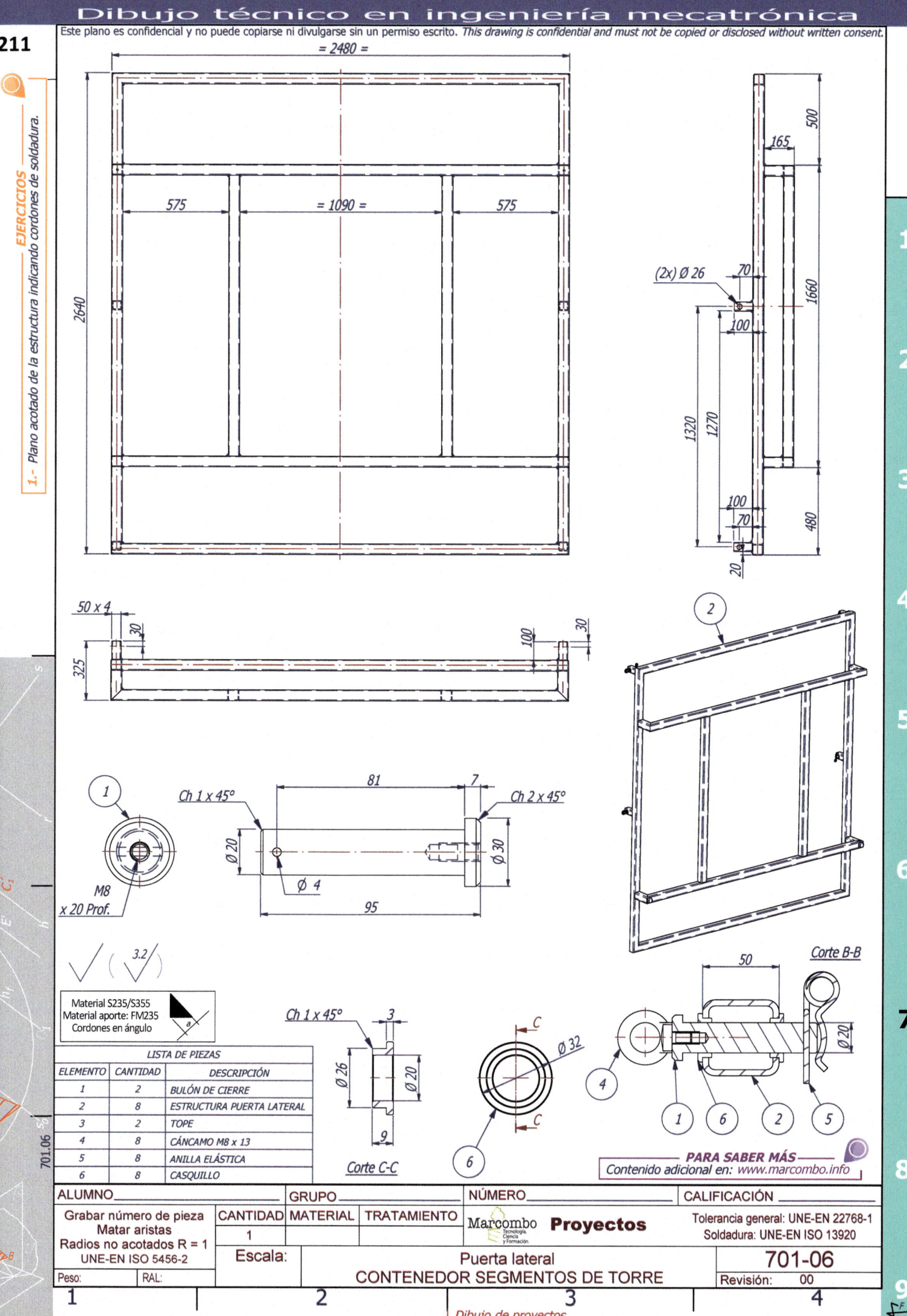

Material S235/S355
Material aporte: FM235
Cordones en ángulo

(3.2)

LISTA DE PIEZAS		
ELEMENTO	CANTIDAD	DESCRIPCIÓN
1	2	BULÓN DE CIERRE
2	8	ESTRUCTURA PUERTA LATERAL
3	2	TOPE
4	8	CÁNCAMO M8 x 13
5	8	ANILLA ELÁSTICA
6	8	CASQUILLO

Corte C-C

Corte B-B

PARA SABER MÁS
Contenido adicional en: www.marcombo.info

ALUMNO		GRUPO			NÚMERO		CALIFICACIÓN	
Grabar número de pieza Matar aristas Radios no acotados R = 1 UNE-EN ISO 5456-2	CANTIDAD	MATERIAL	TRATAMIENTO	Marcombo Tecnología, Ciencia y Formación	**Proyectos**		Tolerancia general: UNE-EN 22768-1 Soldadura: UNE-EN ISO 13920	
	1							
Escala:				Puerta lateral			701-06	
Peso:	RAL:			CONTENEDOR SEGMENTOS DE TORRE			Revisión:	00

= 300 =

= 130 =

R5

10

82

20

B

0.5

45°

80

45°

4

45°

4

R5

R5

R5

Detalle B

R5

317

PLACA
IDENTIFICACIÓN
CONTENEDOR

* Indicar:
- Tara
- Peso máximo permitido
- Referencia de los elementos

225

3

No soldar

3

3

3

= 304 =

Remachar al
contenedor

7

(2x) Ø 7

95

54

54

95

= 220 =

Corte A-A

Ch 1 x 45°

R5

R5

R5

R5

30

16

50

14

49

20

80

80

20

= 60 =

(3x) ATA M12

R5

R5

A

A

R5

R5

200

PARA SABER MÁS
Contenido adicional en: www.marcombo.info

ALUMNO		GRUPO			NÚMERO		CALIFICACIÓN	
Grabar número de pieza Matar aristas Radios no acotados R = 1 UNE-EN ISO 5456-2	CANTIDAD	MATERIAL	TRATAMIENTO	Marcombo Tecnología, Ciencia y Formación	**Proyectos**		Tolerancia general: UNE-EN 22768-1 Soldadura: UNE-EN ISO 13920	
	Escala:			Despieces			701-07	
Peso:	RAL:			CONTENEDOR SEGMENTOS DE TORRE			Revisión:	

1 2 3 4

Este plano es confidencial y no puede copiarse ni divulgarse sin un permiso escrito. *This drawing is confidential and must not be copied or disclosed without written consent.*

20345

4018

Vista lateral

702.00

PARA SABER MÁS
Contenido adicional en: www.marcombo.info

ELEMENTO	CANTIDAD	DESCRIPCIÓN
24	2	LARGUERO INFERIOR
25	4	TIRANTE INFERIOR
26	4	CASQUILLO SEPARADOR
27	14	LARGUERO RAMPA
28	2	TRAVESAÑO INFERIOR
29	42	PLACA DE UNIÓN
30	176	ARANDELA PLANA M10
31	52	ARANDELA PLANA M24
32	80	TUERCA HEXAGONAL M24
33	376	ARANDELA PLANA M12
34	48	TORNILLO HEXAGONAL M12 x 45
35	368	TUERCA HEXAGONAL M12
36	92	GRAPA
37	92	TORNILLO AVELLANADO M12 x 40
38	8	TORNILLO HEXAGONAL M24 x 100
39	4	TORNILLO HEXAGONAL M24 x 130
40	12	CÁNCAMO M24
41	84	TORNILLO HEXAGONAL M12 x 30
42	176	TORNILLO HEXAGONAL M10 x 35
43	56	TORNILLO HEXAGONAL M12 x 20
44	12	TORNILLO ALLEN M8 x 50

LISTA DE PIEZAS

ELEMENTO	CANTIDAD	DESCRIPCIÓN
1	16	TRAVESAÑO PRINCIPAL
2	128	TORNILLO HEXAGONAL M12 x 40
3	6	PLACA DE APOYO
4	6	BULÓN INFERIOR
5	6	POSTE
6	8	BARANDILLA
7	8	PLACAS LATERALES
8	44	EJE
9	88	PLACA ANTIGIRO
10	32	PLACA FIJACIÓN
11	12	SOPORTE
12	32	CUÑA DE APRIETE
13	32	CUÑA DE APRIETE
14	16	PLACA DE AMARRE
15	8	VARILLA ROSCADA M24 x 370
16	8	VARILLA ROSCADA M24 x 450
17	4	VARILLA ROSCADA M24 x 600
18	14	VIGA
19	24	PLETINA DE UNIÓN
20	24	CUÑA DE APRIETE
21	48	CUÑA DE APRIETE
22	48	VARILLA EN U
23	23	PLACA REJILLA

ALUMNO				NÚMERO		CALIFICACIÓN	
Grabar número de pieza Matar aristas Radios no acotados R = 1 UNE-EN ISO 5456-2	CANTIDAD	MATERIAL	TRATAMIENTO	*Marcombo* Tecnología, Ciencia y Formación	**Proyectos**	Tolerancia general: UNE-EN 22768-1 Soldadura: UNE-EN ISO 13920	
Peso:	RAL:	Escala:		Vistas generales PASARELA DE CARGA DESMONTABLE		702-00	
						Revisión:	00

EJERCICIOS

1.- Plano acotado de las piezas no comerciales.

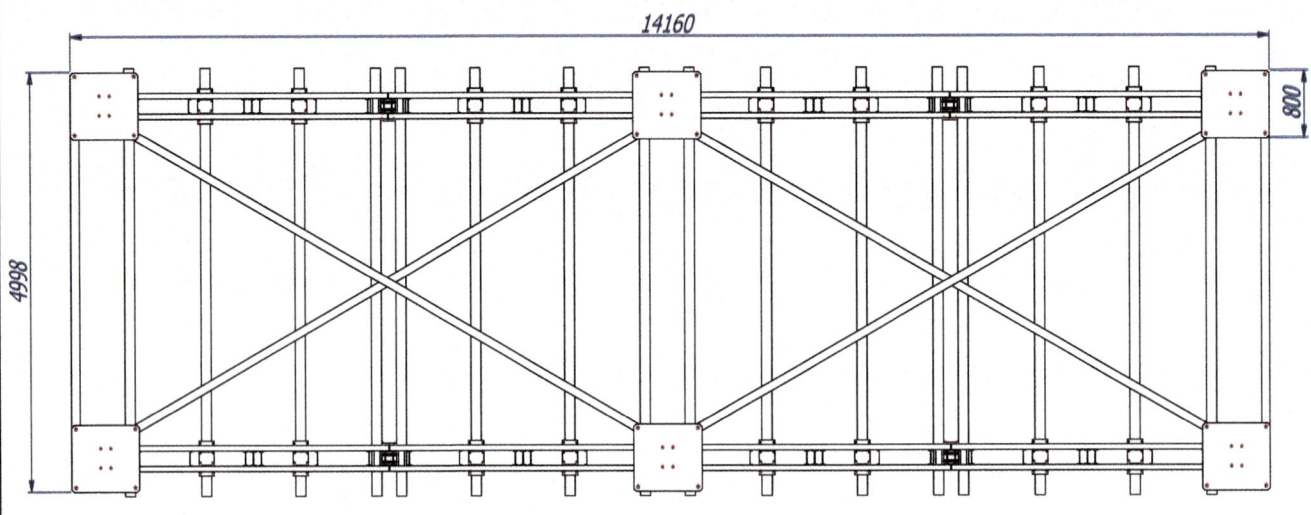

14160

4998

800

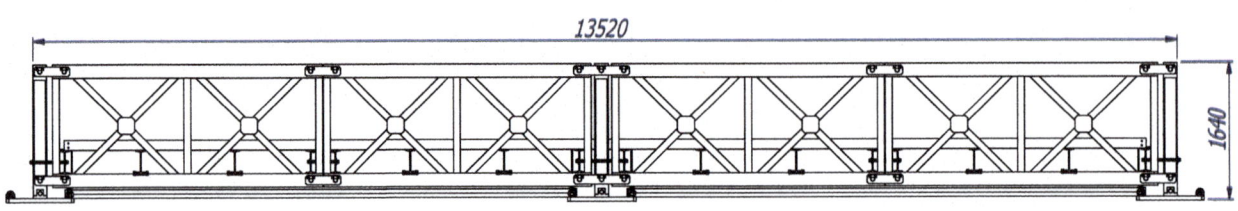

13520

1640

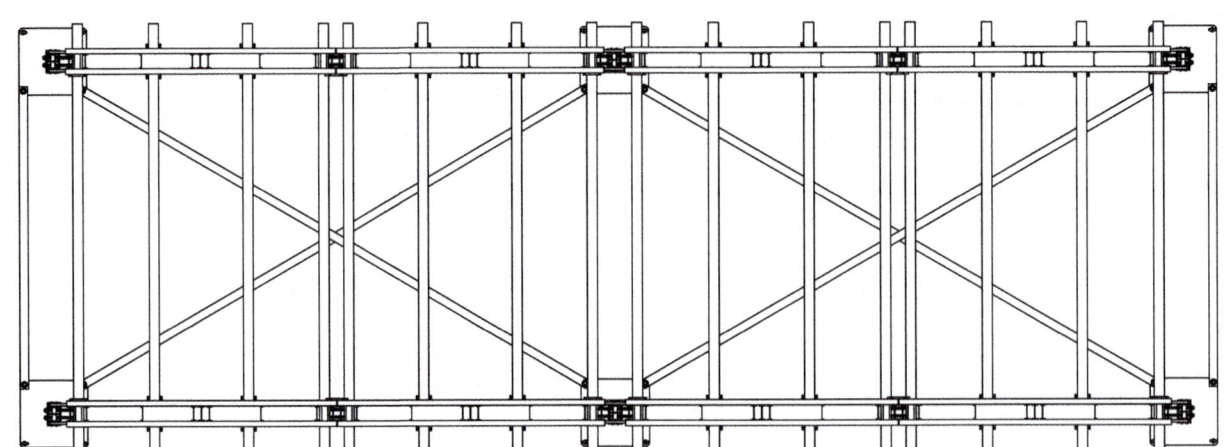

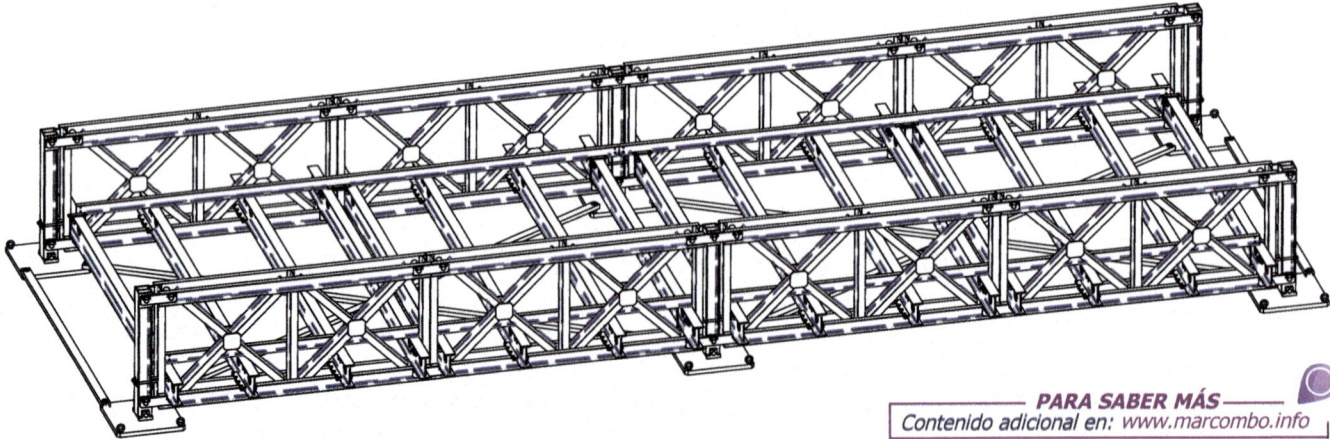

702.01

ALUMNO		GRUPO		NÚMERO	CALIFICACIÓN
Grabar número de pieza Matar aristas Radios no acotados R = 1 UNE-EN ISO 5456-2	CANTIDAD	MATERIAL	TRATAMIENTO	**Marcombo** Tecnología, Ciencia y Formación **Proyectos**	Tolerancia general: UNE-EN 22768-1 Soldadura: UNE-EN ISO 13920
	Escala:			Premontaje	**702-01**
Peso:	RAL:			PASARELA DE CARGA DESMONTABLE	Revisión: 00

1   2   3   4

Dibujo de proyectos

Este plano es confidencial y no puede copiarse ni divulgarse sin un permiso escrito. *This drawing is confidential and must not be copied or disclosed without written consent.*

= 160 =
Ø 51
A — A
1300
150
50
(2x) Ø 51

= 190 =
6.3
80
55
6.3
180
20   20
88
(2x) Ø 30
15   15
260
420
= 190 =

8 30
M10
22
110
43
11
Detalle

A   B
C

LISTA DE PIEZAS

ELEMENTO	CANTIDAD	DESCRIPCIÓN
A	1	HEB-160; L = 1580
B	5	180 x 160 x 20
C	2	260 x 180 x 15

1580

6 4 5
12
9
3
8
10
11
2
1 13
7

Corte A-A
13
= 160 =
= 8 =
Ch 1 x 45°

LISTA DE PIEZAS

ELEMENTO	CANTIDAD	DESCRIPCIÓN
1	1	PLACA DE APOYO
2	1	BULÓN INFERIOR
3	1	POSTE
4	4	PLACAS LATERARES
5	6	EJE
6	12	PLACA ANTIGIRO
7	2	SOPORTE
8	2	VARILLA ROSCADA M24 x 600
9	24	ARANDELA PLANA M10
10	4	ARANDELA PLANA M24
11	8	TUERCA HEXAGONAL M24
12	24	TORNILLO HEXAGONAL M10 x 35
13	2	TORNILLO ALLEN M8 x 50

Material S235/S355
Material aporte: FM235
Cordones en ángulo

PARA SABER MÁS
Contenido adicional en: www.marcombo.info

702.02

ALUMNO		GRUPO		NÚMERO		CALIFICACIÓN	

Grabar número de pieza
Matar aristas
Radios no acotados R = 1
UNE-EN ISO 5456-2

CANTIDAD	MATERIAL	TRATAMIENTO

Marcombo
Tecnología, Ciencia y Formación

Proyectos

Tolerancia general: UNE-EN 22768-1
Soldadura: UNE-EN ISO 13920

Escala:
1:10

Peso: RAL:

Poste
PASARELA DE CARGA DESMONTABLE

702-02

Revisión: 00

Este plano es confidencial y no puede copiarse ni divulgarse sin un permiso escrito. *This drawing is confidential and must not be copied or disclosed without written consent.*

Corte A-A

IPN 280

Material S235/S355
Material aporte: FM235
Cordones en ángulo

PARA SABER MÁS
Contenido adicional en: www.marcombo.info

LISTA DE PIEZAS

ELEMENTO	CANTIDAD	DESCRIPCIÓN
1	4	TRAVESAÑO PRINCIPAL
2	32	TORNILLO HEXAGONAL M12 x 40
3	2	BARANDILLA
4	8	CUÑA DE APRIETE
5	8	CUÑA DE APRIETE
6	4	PLACA DE AMARRE

ALUMNO	GRUPO	NÚMERO	CALIFICACIÓN

Grabar número de pieza Matar aristas Radios no acotados R = 1 UNE-EN ISO 5456-2	CANTIDAD	MATERIAL	TRATAMIENTO	Marcombo Tecnología, Ciencia y Formación **Proyectos**	Tolerancia general: UNE-EN 22768-1 Soldadura: UNE-EN ISO 13920

Escala:

Sección intermedia
PASARELA DE CARGA DESMONTABLE

702-03

Peso: 2026 kg | RAL:

Revisión: 00

Dibujo de proyectos

702.03

Este plano es confidencial y no puede copiarse ni divulgarse sin un permiso escrito. *This drawing is confidential and must not be copied or disclosed without written consent.*

4040

602
602
602
602

1

Corte A-A

5 10 2

60
60
140
3

295
120
80
3560
12°
615
120
60
2155
140

Corte B-B

= 58 =
120
9
6
5
2 4

PARA SABER MÁS
Contenido adicional en: www.marcombo.info

Corte C-C

8
10
7
5
5 6 2

LISTA DE PIEZAS		
ELEMENTO	CANTIDAD	DESCRIPCIÓN
1	4	PLACA REJILLA
2	7	LARGERO RAMPA
3	1	TRAVESAÑO INFERIOR
4	14	PLACA DE UNIÓN
5	72	ARANDELA PLANA M12
6	44	TUERCA HEXAGONAL M12
7	16	GRAPA
8	16	TORNILLO AVELLANADO M12 x 40
9	28	TORNILLO HEXAGONAL M12 x 30
10	28	TORNILLO HEXAGONAL M12 x 20

ALUMNO		GRUPO		NÚMERO	CALIFICACIÓN
Grabar número de pieza Matar aristas Radios no acotados R = 1 UNE-EN ISO 5456-2	CANTIDAD	MATERIAL	TRATAMIENTO	**Marcombo** Tecnología, Ciencia y Formación **Proyectos**	Tolerancia general: UNE-EN 22768-1
			PINTAR		Soldadura: UNE-EN ISO 13920
Peso: 1223 kg	RAL:	Escala:		Rampa acceso	702-04
				PASARELA DE CARGA DESMONTABLE	Revisión: 00

Dibujo de proyectos

702.04

1 2 3 4

1 2 3 4 5 6 7 8 9

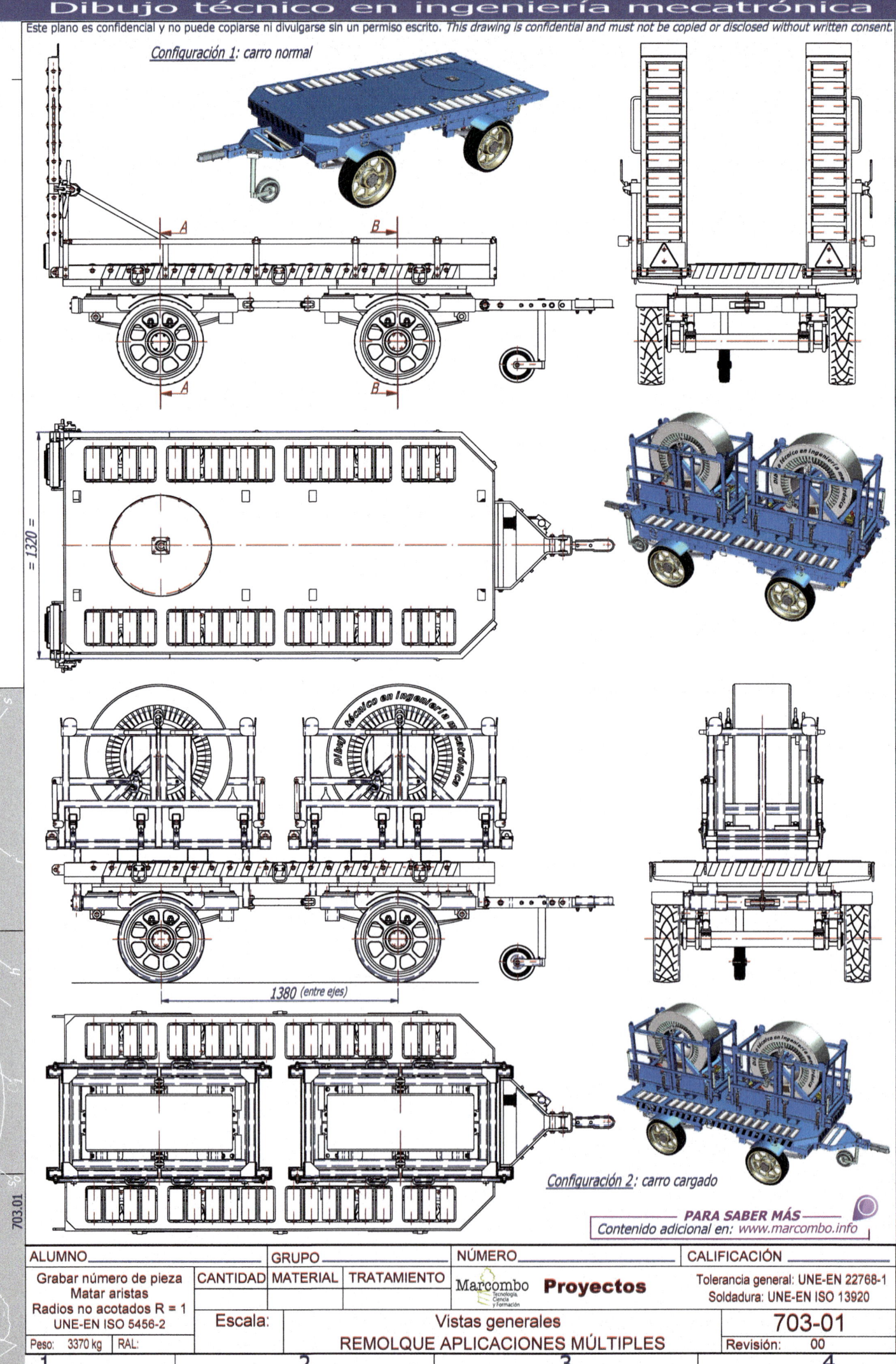

Configuración 1: carro normal

A   B

= 1320 =

1380 (entre ejes)

Configuración 2: carro cargado

703.01

P.H.

ALUMNO		GRUPO			NÚMERO		CALIFICACIÓN	
Grabar número de pieza Matar aristas Radios no acotados R = 1 UNE-EN ISO 5456-2	CANTIDAD	MATERIAL	TRATAMIENTO	Marcombo Tecnología, Ciencia y Formación	**Proyectos**		Tolerancia general: UNE-EN 22768-1 Soldadura: UNE-EN ISO 13920	
	Escala:				Vistas generales		**703-01**	
Peso: 3370 kg	RAL:				REMOLQUE APLICACIONES MÚLTIPLES		Revisión:	00

1   2   3   4

Dibujo de proyectos

Este plano es confidencial y no puede copiarse ni divulgarse sin un permiso escrito. *This drawing is confidential and must not be copied or disclosed without written consent.*

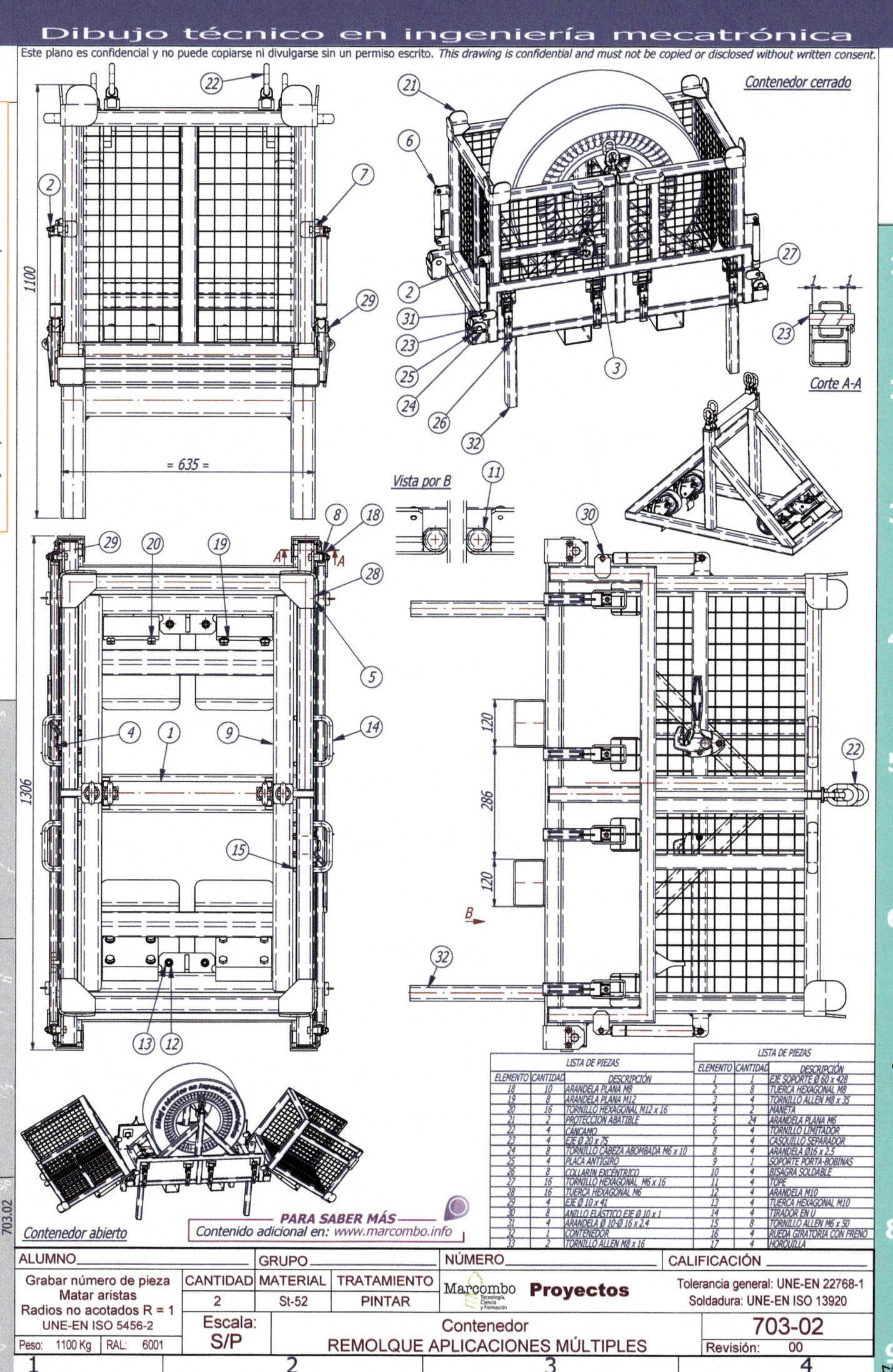

Contenedor cerrado

Corte A-A

Vista por B

Contenedor abierto

PARA SABER MÁS

Contenido adicional en: www.marcombo.info

LISTA DE PIEZAS

ELEMENTO	CANTIDAD	DESCRIPCIÓN	ELEMENTO	CANTIDAD	DESCRIPCIÓN
18	10	ARANDELA PLANA M8	1	1	EJE SOPORTE Ø 60 x 428
19	8	ARANDELA PLANA M12	2	8	TUERCA HEXAGONAL M8
20	16	TORNILLO HEXAGONAL M12 x 16	3	4	TORNILLO ALLEN M8 x 35
21	2	PROTECCIÓN ABATIBLE	4		MANETA
22	4	CÁNCAMO	5	24	ARANDELA PLANA M6
23	4	EJE Ø 20 x 75	6	4	TORNILLO LIMITADOR
24	8	TORNILLO CABEZA ABOMBADA M6 x 10	7	4	CASQUILLO SEPARADOR
25	4	PLACA ANTIGIRO	8	4	ARANDELA Ø16 x 2,5
26	8	COLLARÍN EXCÉNTRICO	9	1	SOPORTE PORTA-BOBINAS
27	16	TORNILLO HEXAGONAL M6 x 16	10	4	BISAGRA SOLDABLE
28	16	TUERCA HEXAGONAL M6	11	4	TOPE
29	4	EJE Ø 10 x 41	12	4	ARANDELA M10
30	8	ANILLO ELÁSTICO EJE Ø 10 x 1	13	4	TUERCA HEXAGONAL M10
31	4	ARANDELA Ø 10-Ø 16 x 2,4	14	4	TIRADOR EN U
32	1	CONTENEDOR	15	8	TORNILLO ALLEN M6 x 50
33	2	TORNILLO ALLEN M8 x 16	16	4	RUEDA GIRATORIA CON FRENO
			17	4	HORQUILLA

ALUMNO_____		GRUPO_____		NÚMERO_____	CALIFICACIÓN _____
Grabar número de pieza Matar aristas Radios no acotados R = 1 UNE-EN ISO 5456-2	CANTIDAD	MATERIAL	TRATAMIENTO	*Marcombo* Tecnología, Ciencia y Formación **Proyectos**	Tolerancia general: UNE-EN 22768-1 Soldadura: UNE-EN ISO 13920
	2	St-52	PINTAR		
Peso: 1100 Kg	RAL: 6001	Escala: S/P		Contenedor REMOLQUE APLICACIONES MÚLTIPLES	703-02 Revisión: 00

Dibujo de proyectos

EJERCICIOS

1.- Dibujar el plano acotado de cada una de las piezas no comerciales.

Corte C-C

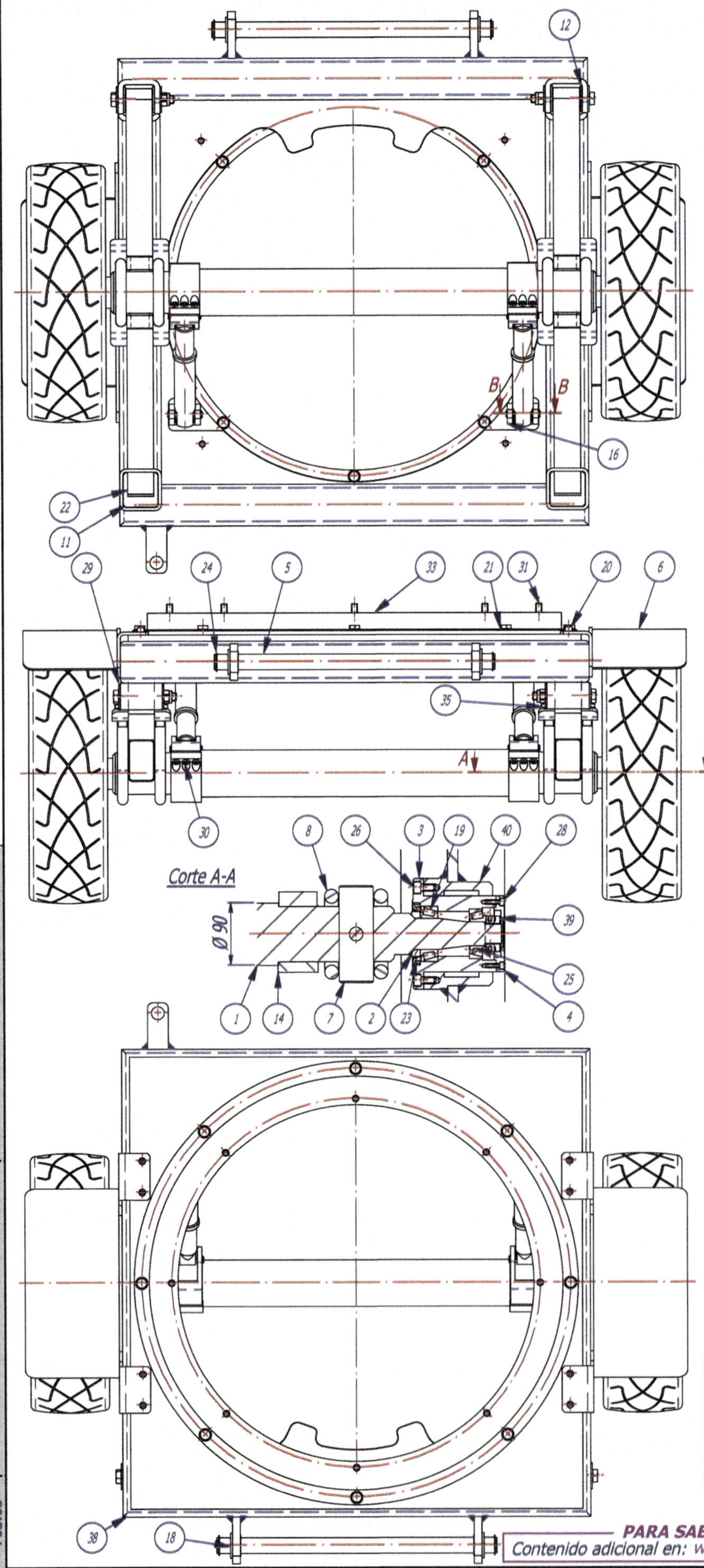

Corte A-A

Ø 90

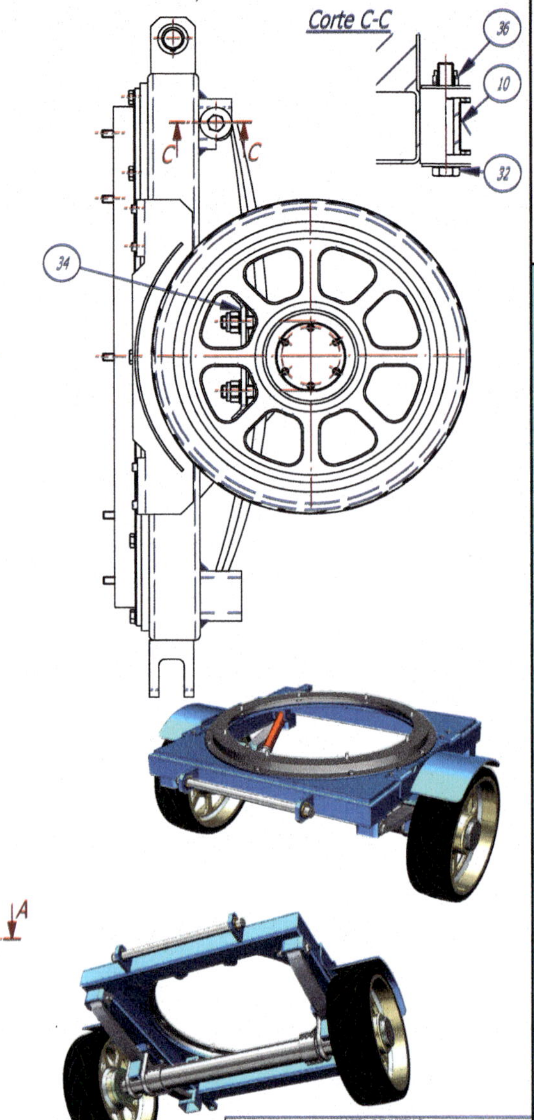

Corte B-B

PARA SABER MÁS
Contenido adicional en: www.marcombo.info

LISTA DE PIEZAS		
ELEMENTO	CANTIDAD	DESCRIPCIÓN
1	1	EJE APOYO RUEDAS
2	2	ANILLO
3	2	BRIDA SOPORTE
4	2	TAPA DE CIERRE
5	1	EJE HORQUILLA TIRO Ø 30 x 540
6	2	CHAPA PROTECCIÓN RUEDA
7	2	SOPORTE SILLETA
8	4	BARRA U DE UNIÓN
9	2	CHAPA SOMBRERETE DE CIERRE
10	2	CASQUILLO SEPARADOR Ø 30 x 67
11	2	PLETINA APOYO BALLESTAS
12	2	ARANDELA Ø 50 x 4
13	2	HORQUILLA AMARRE AMORTIGUADOR
14	2	HORQUILLA DE CIERRE
15	2	EJE AMARRE BALLESTA Ø 12,5 x 62
16	2	HORQUILLA
17	2	EJE Ø 12,5 x 66
18	2	CASQUILLO
19	2	RODAMIENTO RODILLOS CÓNICOS 33109
20	16	TORNILLO ALLEN M8 x 20
21	16	ARANDELA PLANA M12
22	2	BALLESTA
23	2	JUNTA 65 x 90 x 10
24	2	ANILLO ELÁSTICO EJE Ø 30 x 1,5
25	2	RODAMIENTO RODILLOS CÓNICOS 32207
26	16	TORNILLO ALLEN M10 x 20
27	8	ANILLO ELÁSTICO EJE Ø 12 x 1
28	12	TORNILLO ALLEN M6 x 20
29	4	ARANDELA PLANA M16
30	12	TORNILLO ALLEN M8 x 25
31	16	TORNILLO HEXAGONAL M12 x 28
32	2	TORNILLO HEXAGONAL M16 x 110
33	1	CORONA
34	8	ARANDELA PLANA M20
35	8	TUERCA AUTOBLOCANTE M20
36	2	TUERCA AUTOBLOCANTE M16

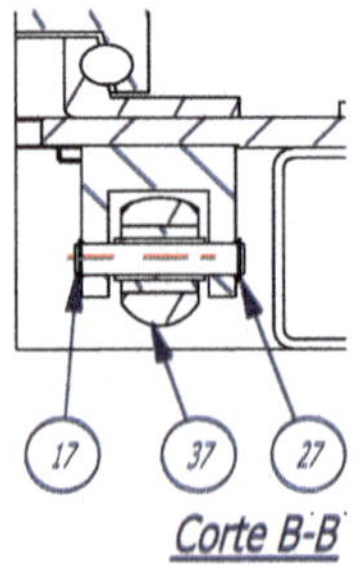

LISTA DE PIEZAS		
ELEMENTO	CANTIDAD	DESCRIPCIÓN
37	2	CILINDRO AMORTIGUADOR
38	1	BOGUIE RUEDAS DELANTERAS
39	2	TUERCA AM 30
40	2	RUEDA

ALUMNO			GRUPO			NÚMERO		CALIFICACIÓN	
Grabar número de pieza Matar aristas Radios no acotados R = 1 UNE-EN ISO 5456-2	CANTIDAD	MATERIAL	TRATAMIENTO		Marcombo Tecnología, Ciencia y Formación	**Proyectos**		Tolerancia general: UNE-EN 22768-1 Soldadura: UNE-EN ISO 13920	
	Escala:				Eje delantero			**703-03**	
Peso: 250 kg	RAL:				REMOLQUE APLICACIONES MÚLTIPLES			Revisión:	00

703.03

Este plano es confidencial y no puede copiarse ni divulgarse sin un permiso escrito. *This drawing is confidential and must not be copied or disclosed without written consent.*

EJERCICIOS

1.- Dibujar el plano acotado de cada una de las piezas no comerciales.

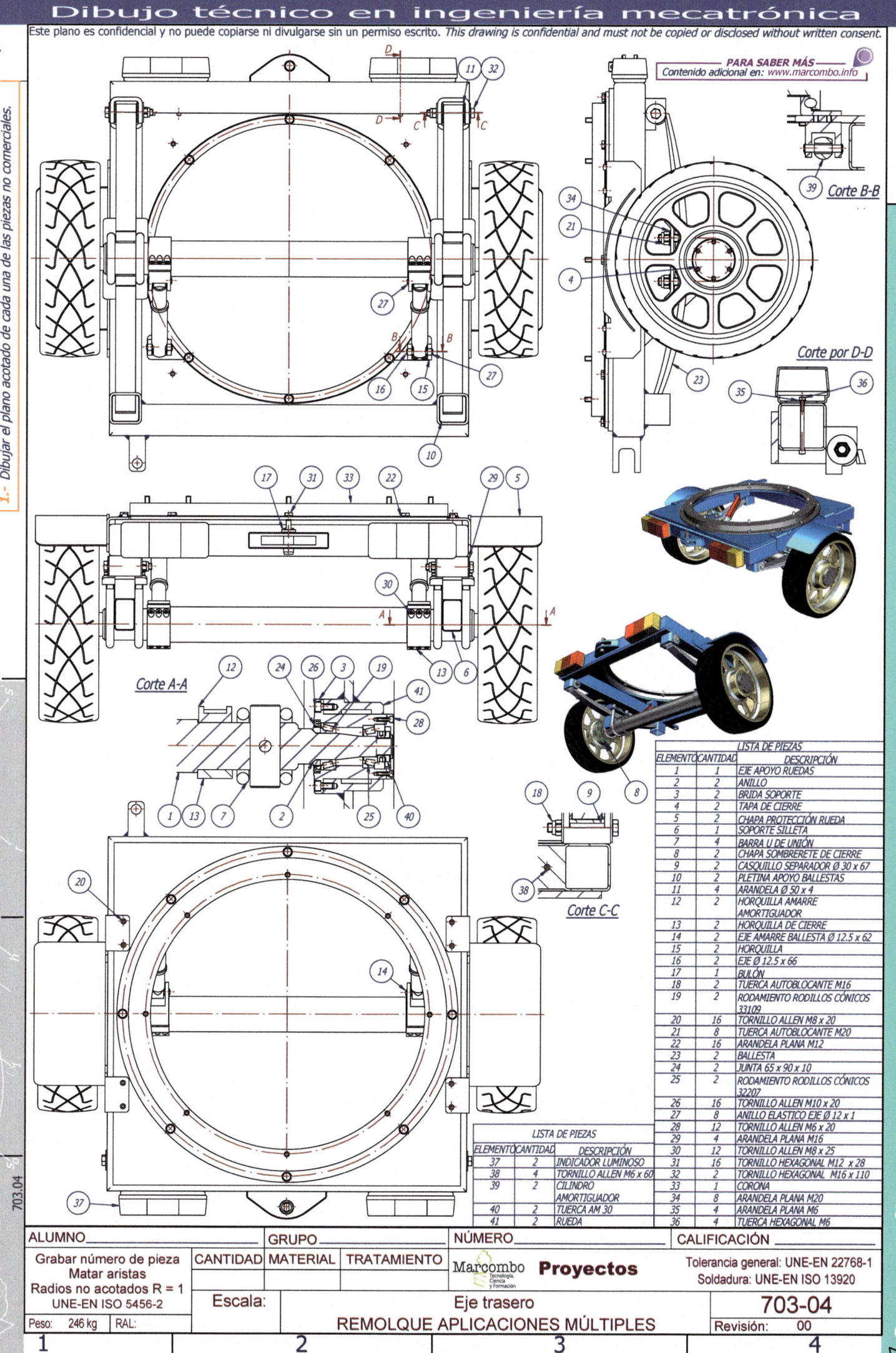

Corte B-B

Corte por D-D

Corte A-A

Corte C-C

703.04

LISTA DE PIEZAS

ELEMENTO	CANTIDAD	DESCRIPCIÓN
1	1	EJE APOYO RUEDAS
2	2	ANILLO
3	2	BRIDA SOPORTE
4	2	TAPA DE CIERRE
5	2	CHAPA PROTECCIÓN RUEDA
6	1	SOPORTE SILLETA
7	4	BARRA U DE UNIÓN
8	2	CHAPA SOMBRERETE DE CIERRE
9	2	CASQUILLO SEPARADOR Ø 30 x 67
10	2	PLETINA APOYO BALLESTAS
11	4	ARANDELA Ø 50 x 4
12	2	HORQUILLA AMARRE AMORTIGUADOR
13	2	HORQUILLA DE CIERRE
14	2	EJE AMARRE BALLESTA Ø 12.5 x 62
15	2	HORQUILLA
16	2	EJE Ø 12.5 x 66
17	1	BULÓN
18	2	TUERCA AUTOBLOCANTE M16
19	2	RODAMIENTO RODILLOS CÓNICOS 33109
20	16	TORNILLO ALLEN M8 x 20
21	8	TUERCA AUTOBLOCANTE M20
22	16	ARANDELA PLANA M12
23	2	BALLESTA
24	2	JUNTA 65 x 90 x 10
25	2	RODAMIENTO RODILLOS CÓNICOS 32207
26	16	TORNILLO ALLEN M10 x 20
27	8	ANILLO ELASTICO EJE Ø 12 x 1
28	12	TORNILLO ALLEN M6 x 20
29	4	ARANDELA PLANA M16
30	12	TORNILLO ALLEN M8 x 25
31	16	TORNILLO HEXAGONAL M12 x 28
32	2	TORNILLO HEXAGONAL M16 x 110
33	1	CORONA
34	8	ARANDELA PLANA M20
35	4	ARANDELA PLANA M6
36	4	TUERCA HEXAGONAL M6

LISTA DE PIEZAS

ELEMENTO	CANTIDAD	DESCRIPCIÓN
37	2	INDICADOR LUMINOSO
38	4	TORNILLO ALLEN M6 x 60
39	2	CILINDRO AMORTIGUADOR
40	2	TUERCA AM 30
41	2	RUEDA

ALUMNO_____ GRUPO_____ NÚMERO_____ CALIFICACIÓN _____

Grabar número de pieza
Matar aristas
Radios no acotados R = 1
UNE-EN ISO 5456-2

CANTIDAD	MATERIAL	TRATAMIENTO

Marcombo Tecnología, Ciencia y Formación

Proyectos

Tolerancia general: UNE-EN 22768-1
Soldadura: UNE-EN ISO 13920

Escala:

Eje trasero
REMOLQUE APLICACIONES MÚLTIPLES

703-04

Revisión: 00

Peso: 246 kg RAL:

Dibujo de proyectos

Corte A-A

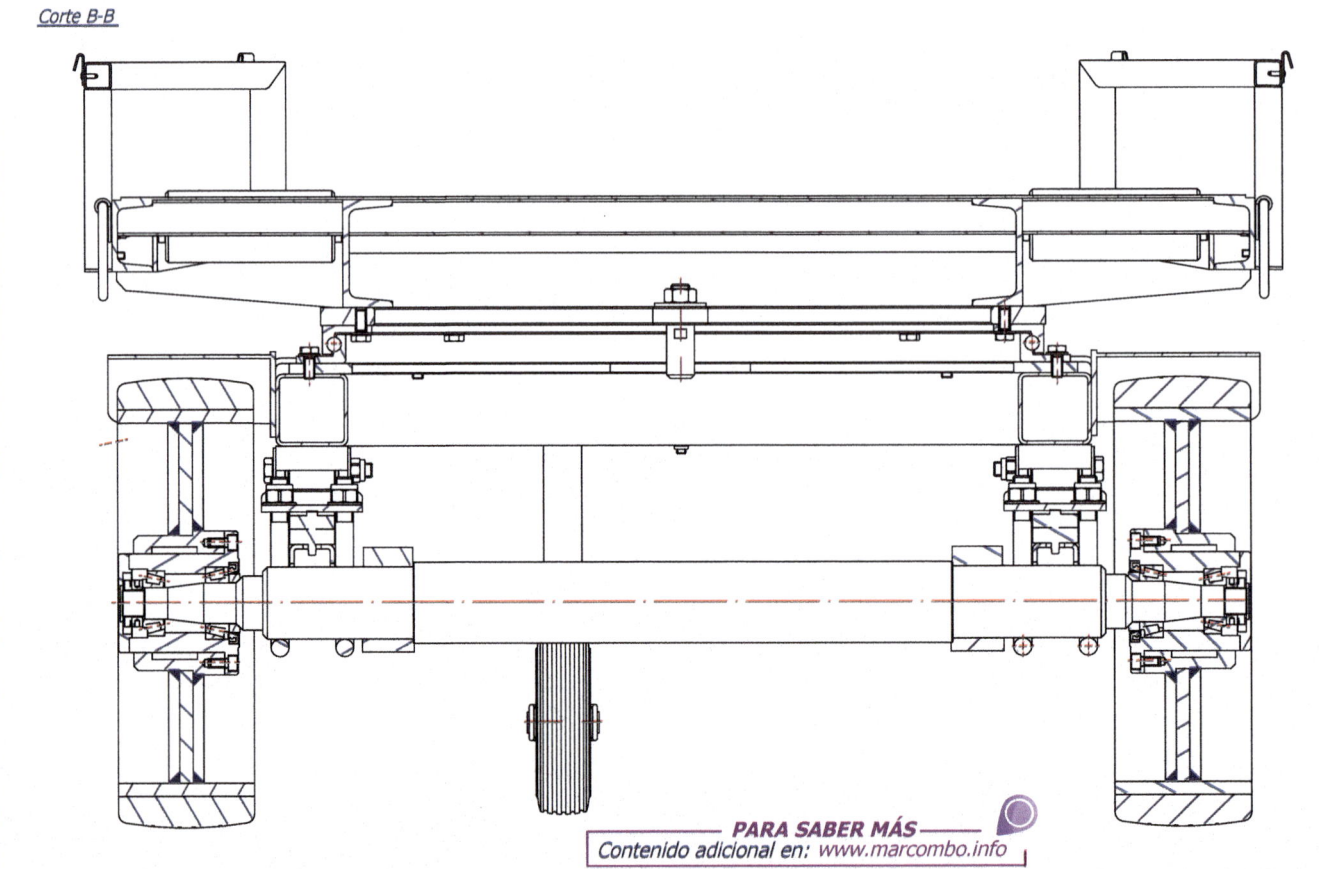

Ø90

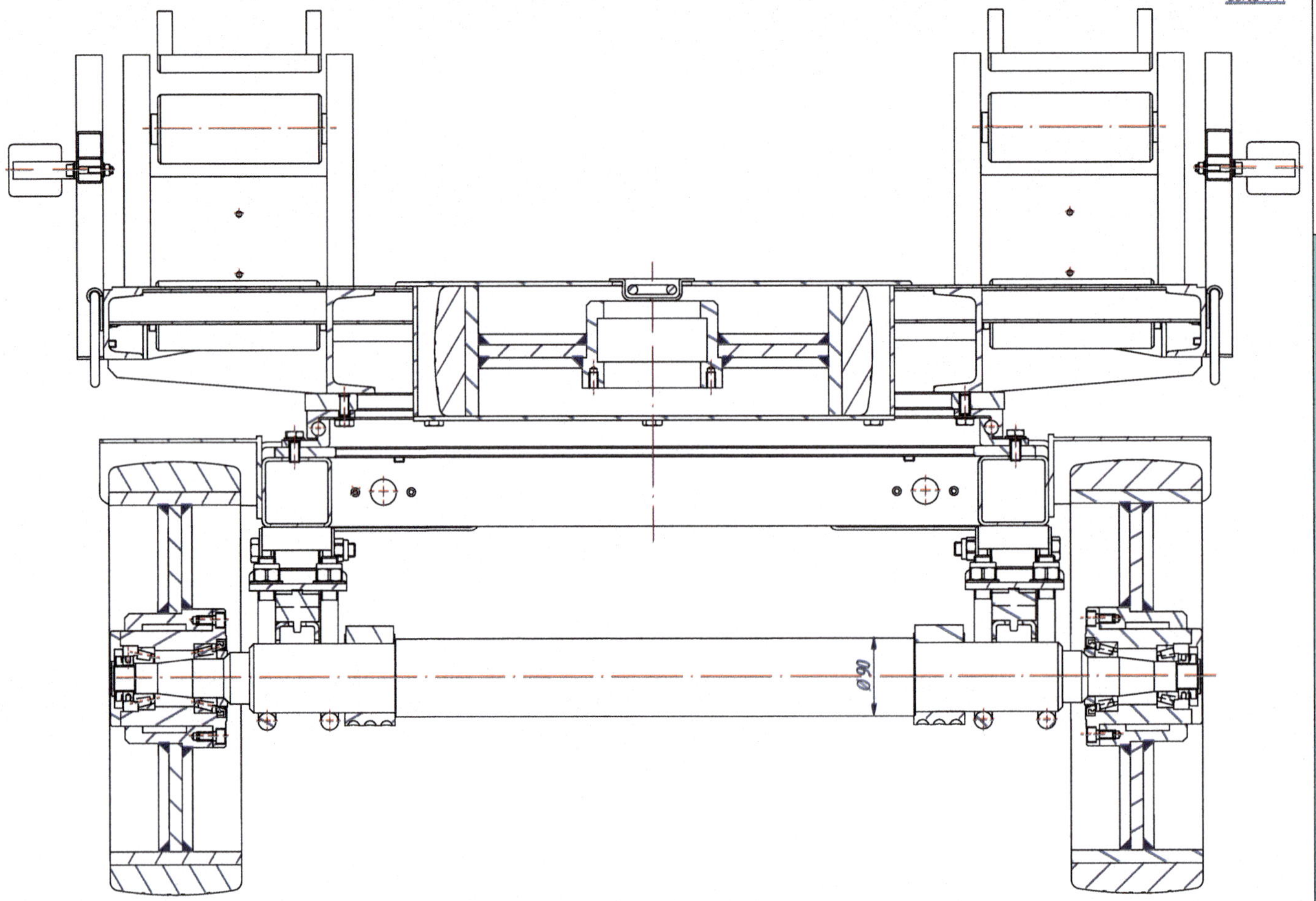

Corte B-B

PARA SABER MÁS
Contenido adicional en: www.marcombo.info

ALUMNO		GRUPO		NÚMERO	CALIFICACIÓN

Grabar número de pieza Matar aristas Radios no acotados R = 1 UNE-EN ISO 5456-2	CANTIDAD	MATERIAL	TRATAMIENTO	Marcombo Tecnología, Ciencia y Formación **Proyectos**	Tolerancia general: UNE-EN 22768-1 Soldadura: UNE-EN ISO 13920
	Escala:			Secciones principales REMOLQUE APLICACIONES MÚLTIPLES	**703-05**
Peso:	RAL:				Revisión: 00

1   2   3   4

703.05

Dibujo de proyectos

Este plano es confidencial y no puede copiarse ni divulgarse sin un permiso escrito. *This drawing is confidential and must not be copied or disclosed without written consent.*

EJERCICIOS

1.- Plano acotado de todas las piezas que no sean comerciales.
(Nota: indicar signos de mecanizado, tolerancias y símbolos de soldadura).

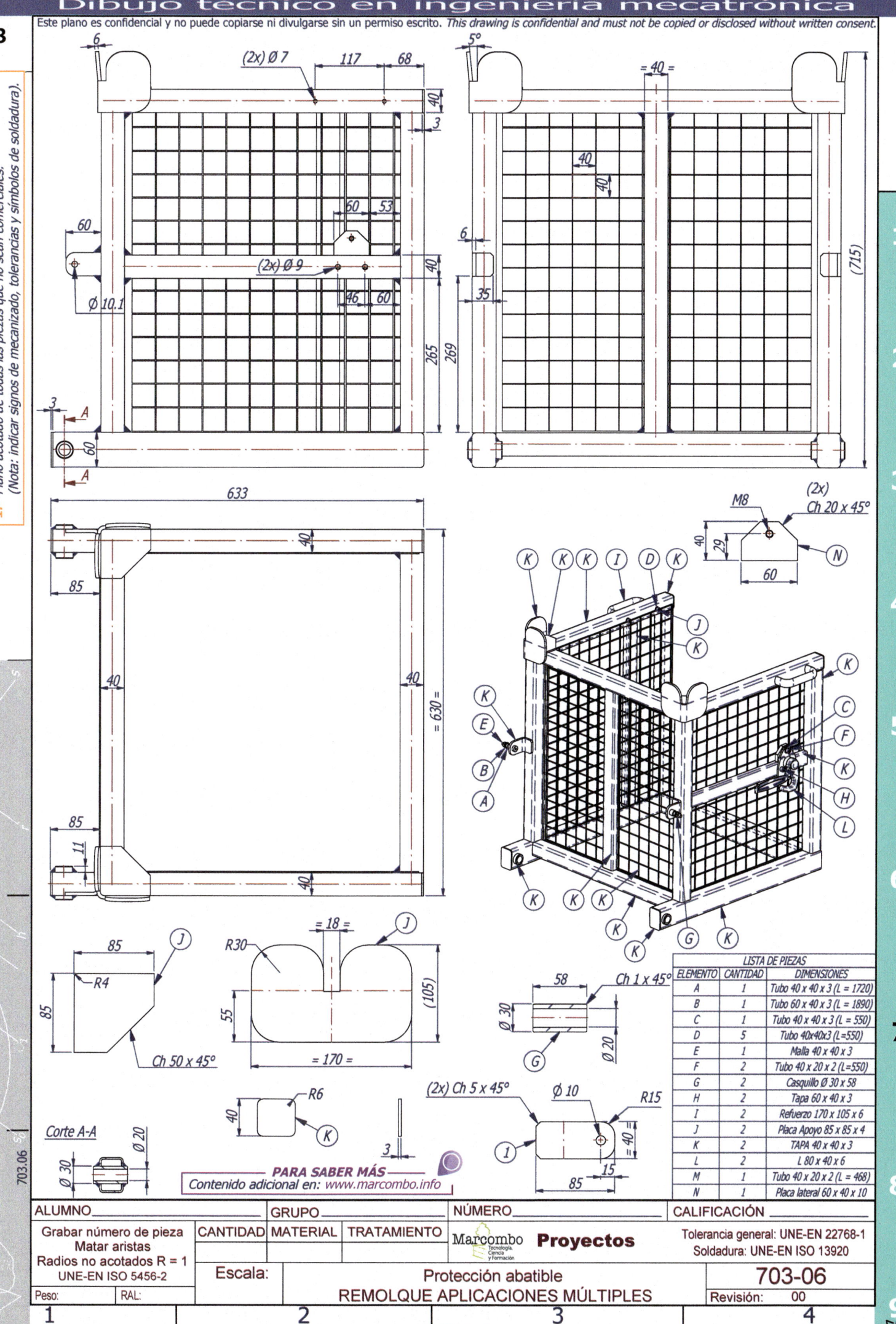

LISTA DE PIEZAS		
ELEMENTO	**CANTIDAD**	**DIMENSIONES**
A	1	Tubo 40 x 40 x 3 (L = 1720)
B	1	Tubo 60 x 40 x 3 (L = 1890)
C	1	Tubo 40 x 40 x 3 (L = 550)
D	5	Tubo 40x40x3 (L=550)
E	1	Malla 40 x 40 x 3
F	2	Tubo 40 x 20 x 2 (L=550)
G	2	Casquillo Ø 30 x 58
H	2	Tapa 60 x 40 x 3
I	2	Refuerzo 170 x 105 x 6
J	2	Placa Apoyo 85 x 85 x 4
K	2	TAPA 40 x 40 x 3
L	2	L 80 x 40 x 6
M	1	Tubo 40 x 20 x 2 (L = 468)
N	1	Placa lateral 60 x 40 x 10

PARA SABER MÁS
Contenido adicional en: *www.marcombo.info*

ALUMNO		GRUPO		NÚMERO	CALIFICACIÓN

Grabar número de pieza
Matar aristas
Radios no acotados R = 1
UNE-EN ISO 5456-2

CANTIDAD	MATERIAL	TRATAMIENTO

Marcombo — Tecnología, Ciencia y Formación — **Proyectos**

Tolerancia general: UNE-EN 22768-1
Soldadura: UNE-EN ISO 13920

Escala:

Peso: RAL:

Protección abatible
REMOLQUE APLICACIONES MÚLTIPLES

703-06
Revisión: 00

703.06

Este plano es confidencial y no puede copiarse ni divulgarse sin un permiso escrito. *This drawing is confidential and must not be copied or disclosed without written consent.*

Corte A-A

= 1260 =
= 750 =

120

Ø 680
Ø 710

Ø 710 Ø 570 Ø 550

(8x) M12
(8x) M6

= 647 =

120

2225
2120
2088
2048
2015
1855
1750
1645
30
1540
Ø 25
1435
1330
1270
1230
1170
1065
960
855
750
645
485
453
413
380
275
170

2500

LISTA DE PIEZAS	
ELEMENTO	CANTIDAD
A	1
B	1
C	4
D	1
E	4
F	3
G	6
H	4
I	1
J	1
K	2
L	18
M	2
N	1
O	1
P	1
Q	12
Ñ	4

PARA SABER MÁS
Contenido adicional en: www.marcombo.info

Material S235/S355
Material aporte: FM235
Cordones en ángulo

ALUMNO_____ GRUPO_____ NÚMERO_____ CALIFICACIÓN_____

Grabar número de pieza
Matar aristas
Radios no acotados R = 1
UNE-EN ISO 5456-2

CANTIDAD | MATERIAL | TRATAMIENTO

Marcombo
Tecnología, Ciencia y Formación
Proyectos

Tolerancia general: UNE-EN 22768-1
Soldadura: UNE-EN ISO 13920

Peso: RAL:

Escala:

Plataforma soldada
REMOLQUE APLICACIONES MÚLTIPLES

703-07

Revisión: 00

Dibujo de proyectos

703.07

Este plano es confidencial y no puede copiarse ni divulgarse sin un permiso escrito. *This drawing is confidential and must not be copied or disclosed without written consent.*

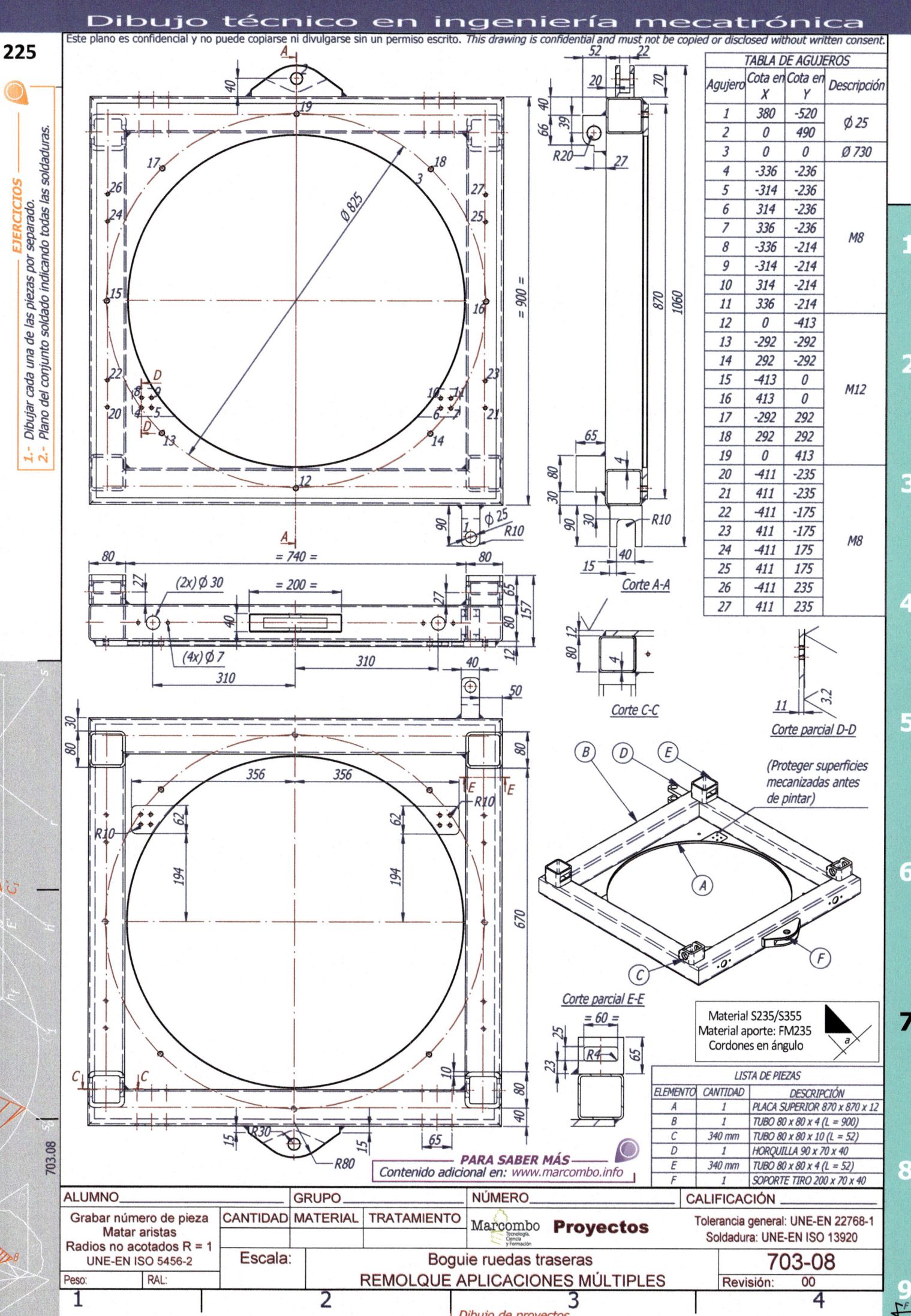

TABLA DE AGUJEROS			
Agujero	Cota en X	Cota en Y	Descripción
1	380	-520	Ø 25
2	0	490	
3	0	0	Ø 730
4	-336	-236	M8
5	-314	-236	
6	314	-236	
7	336	-236	
8	-336	-214	
9	-314	-214	
10	314	-214	
11	336	-214	
12	0	-413	M12
13	-292	-292	
14	292	-292	
15	-413	0	
16	413	0	
17	-292	292	
18	292	292	
19	0	413	
20	-411	-235	M8
21	411	-235	
22	-411	-175	
23	411	-175	
24	-411	175	
25	411	175	
26	-411	235	
27	411	235	

Corte A-A

Corte C-C

Corte parcial D-D

(Proteger superficies mecanizadas antes de pintar)

Corte parcial E-E

Material S235/S355
Material aporte: FM235
Cordones en ángulo

LISTA DE PIEZAS		
ELEMENTO	CANTIDAD	DESCRIPCIÓN
A	1	PLACA SUPERIOR 870 x 870 x 12
B	1	TUBO 80 x 80 x 4 (L = 900)
C	340 mm	TUBO 80 x 80 x 10 (L = 52)
D	1	HORQUILLA 90 x 70 x 40
E	340 mm	TUBO 80 x 80 x 4 (L = 52)
F	1	SOPORTE TIRO 200 x 70 x 40

PARA SABER MÁS
Contenido adicional en: www.marcombo.info

ALUMNO_____ GRUPO_____ NÚMERO_____ CALIFICACIÓN_____

Grabar número de pieza
Matar aristas
Radios no acotados R = 1
UNE-EN ISO 5456-2

CANTIDAD MATERIAL TRATAMIENTO

Marcombo
Tecnología, Ciencia y Formación

Proyectos

Tolerancia general: UNE-EN 22768-1
Soldadura: UNE-EN ISO 13920

Escala:

Peso: RAL:

Boguie ruedas traseras
REMOLQUE APLICACIONES MÚLTIPLES

703-08

Revisión: 00

Dibujo de proyectos

Este plano es confidencial y no puede copiarse ni divulgarse sin un permiso escrito. This drawing is confidential and must not be copied or disclosed without written consent

E

428
40 | 40
Ø 60
(2x) M16
20
Ch 3 x 45°

10

55
Vista por E

50
190
50
50

675

630

= 80 =
= 90 =
60
R10
B
32
(2x) Ch 15 x 45°

10

430

= 530 =

LISTA DE PIEZAS

ELEMENTO	CANTIDAD	DIMENSIONES
A	2	50 x 50 x 10
B	2	80 x 60 x 20
C	2	50 x 4 (L = 570)
D	4	50 x 4 (L = 675)
E	2	50 x 4 (L = 430)
F	2	50 x 4 (L = 530)
G	2	50 x 4 (L = 1010)
H	2	45 x 30 x 10
I	2	140 x 50 x 10

= 1010 =
= 530 =
20
= 80 =
10
H
I
50
= 140 =
20
= 80 =
M16

A
C
B
D
E
G
F

50
R8
A
M16

Material S235/S355
Material aporte: FM235
Cordones en ángulo
a

8
8
H
30
45

103
I
110
10
76
35
50
18
Corte D-D

50
25
(2x) Ø 11
= 140 =
= 90 =
(2x) Ch 10 x 45°

2
11
4 5
6 3
12 10 8 7 9 10

LISTA DE PIEZAS

ELEMENTO	CANTIDAD	DESCRIPCIÓN
1	1	SOPORTE PORTA-BOBINAS
2	1	EJE SOPORTE Ø 60 x 428
3	4	TOPE
4	4	ARANDELA PLANA M10
5	4	TUERCA HEXAGONAL M10
6	4	RUEDA GIRATORIA CON FRENO
7	4	HORQUILLA
8	4	BISAGRA SOLDABLE
9	8	ARANDELA PLANA M12
10	16	TORNILLO HEXAGONAL M12 x 16
11	4	CÁNCAMO
12	4	BISAGRA SOLDABLE

703.09

ALUMNO		GRUPO		NÚMERO	CALIFICACIÓN

	CANTIDAD	MATERIAL	TRATAMIENTO		

Grabar número de pieza
Matar aristas
Radios no acotados R = 1
UNE - EN ISO 5456 - 2

Marcombo
Tecnología,
Ciencia
y Formación

Proyectos

Tolerancias generales: DIN ISO 2768 1/2
Soldadura: DIN EN ISO 13920

Escala:

Estructura interna
REMOLQUE APLICACIONES MÚLTIPLES

703-09

Peso: | RAL:

Revisión: 00

1 | 2 | 3 | 4

Dibujo de proyectos

Este plano es confidencial y no puede copiarse ni divulgarse sin un permiso escrito. *This drawing is confidential and must not be copied or disclosed without written consent.*

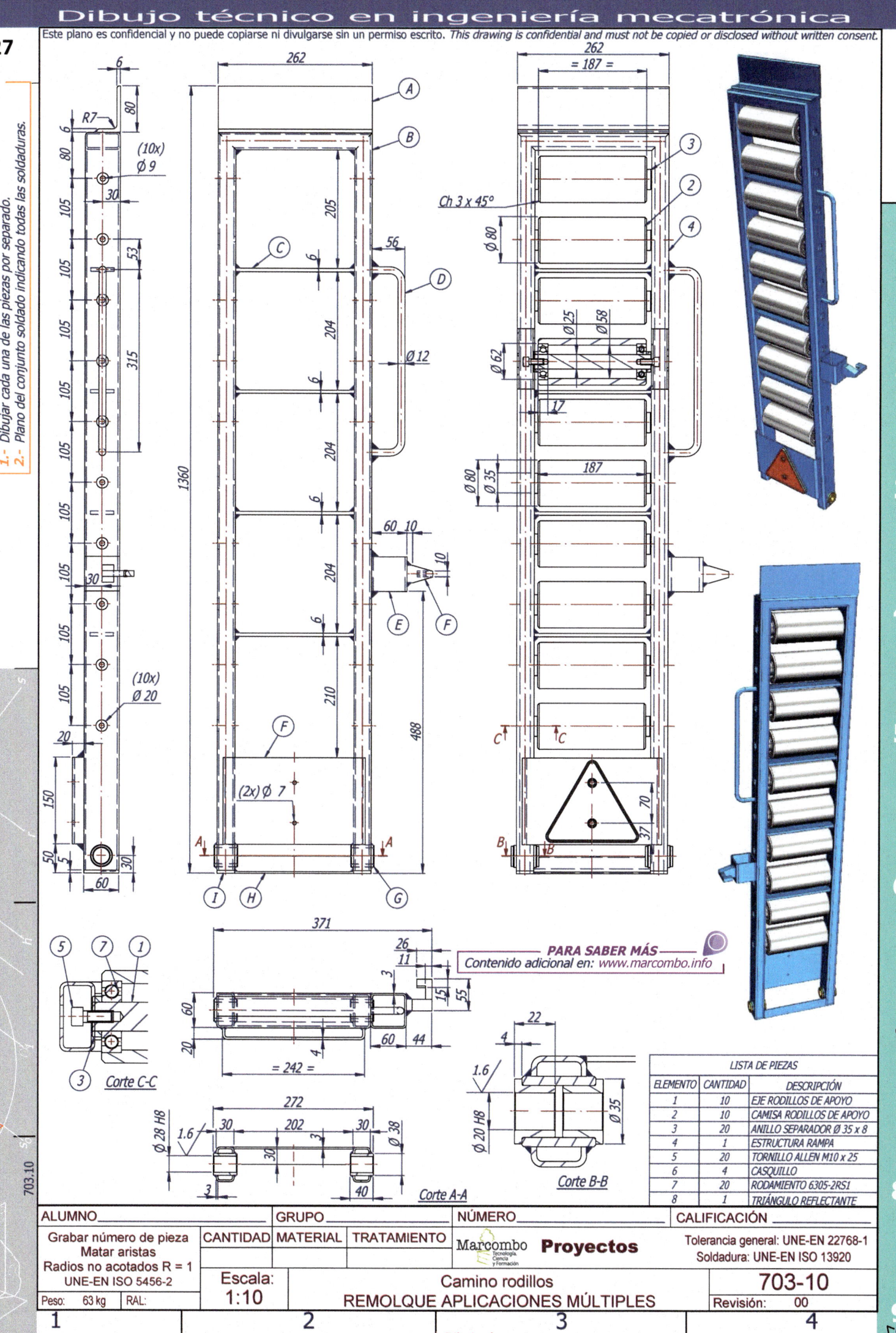

Corte C-C

Corte A-A

Corte B-B

PARA SABER MÁS
Contenido adicional en: www.marcombo.info

LISTA DE PIEZAS

ELEMENTO	CANTIDAD	DESCRIPCIÓN
1	10	EJE RODILLOS DE APOYO
2	10	CAMISA RODILLOS DE APOYO
3	20	ANILLO SEPARADOR Ø 35 x 8
4	1	ESTRUCTURA RAMPA
5	20	TORNILLO ALLEN M10 x 25
6	4	CASQUILLO
7	20	RODAMIENTO 6305-2RS1
8	1	TRIÁNGULO REFLECTANTE

ALUMNO _____

Grabar número de pieza
Matar aristas
Radios no acotados R = 1
UNE-EN ISO 5456-2

Peso:	63 kg	RAL:

CANTIDAD	MATERIAL	TRATAMIENTO

GRUPO _____

NÚMERO _____

CALIFICACIÓN _____

Marcombo
Tecnología, Ciencia y Formación

Proyectos

Tolerancia general: UNE-EN 22768-1
Soldadura: UNE-EN ISO 13920

Escala: 1:10

Camino rodillos
REMOLQUE APLICACIONES MÚLTIPLES

703-10

Revisión: 00

Este plano es confidencial y no puede copiarse ni divulgarse sin un permiso escrito. *This drawing is confidential and must not be copied or disclosed without written consent.*

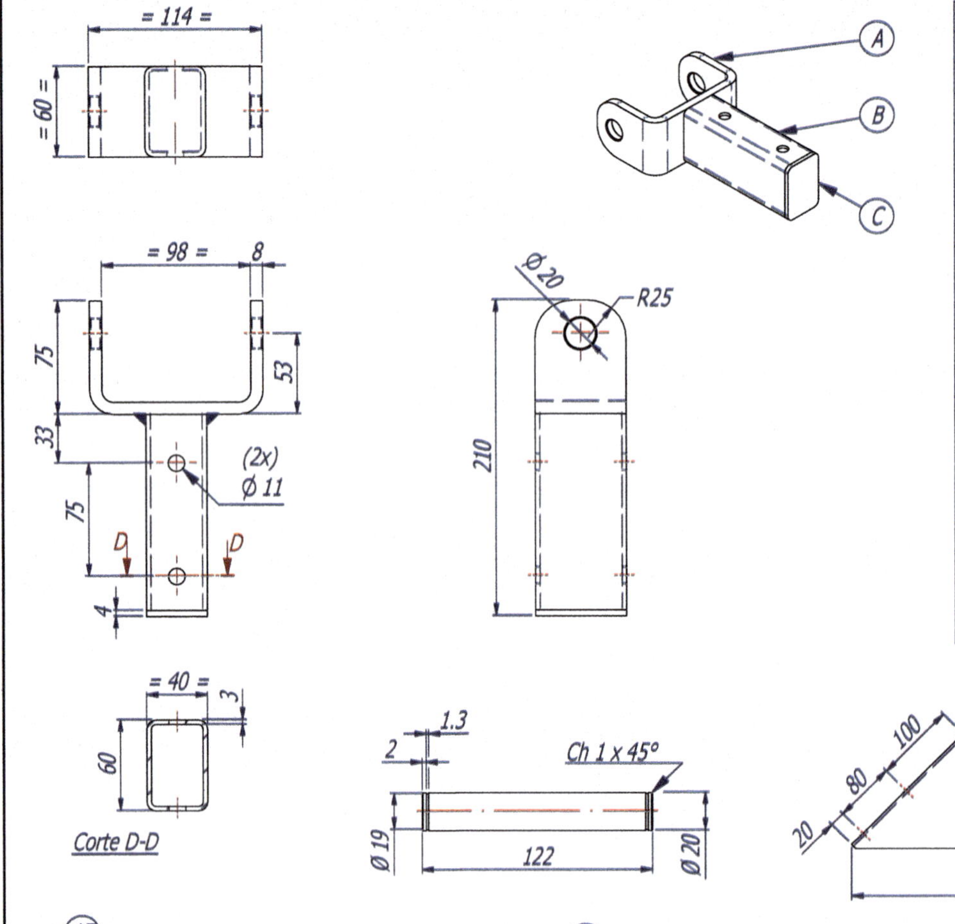

LISTA DE PIEZAS

ELEMENTO	CANTIDAD	DESCRIPCIÓN
1	1	TIRANTE LANGO
2	2	CHAPA EN Z
3	2	ARANDELA SEPARADORA
4	2	ARANDELA SEPARADORA 1
8	2	Casquillo (d = 20; D = 28; L=25)
10	12	ARANDELA M10
11	6	TUERCA HEXAGONAL M10
12	4	TORNILLO ALLEN M10 x 30
13	1	RUEDA DELANTERA
14	1	E NGANCHE
15	2	TORNIILO ALLEN M10 x 35
17	1	ENGANCHE
18	1	EJE
19	4	ARANDELA
20	1	EJE Ø 20 x 122
21	1	HORQUILLA
22	1	CHAPA LOGOTIPO
23	4	TORNILLO HEXAGONAL M12 x 22
24	2	ANILLO ELÁSTICO EJE Ø 20 x 1.2

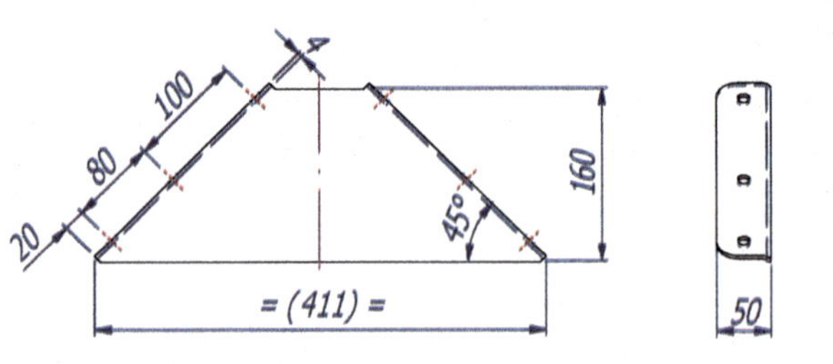

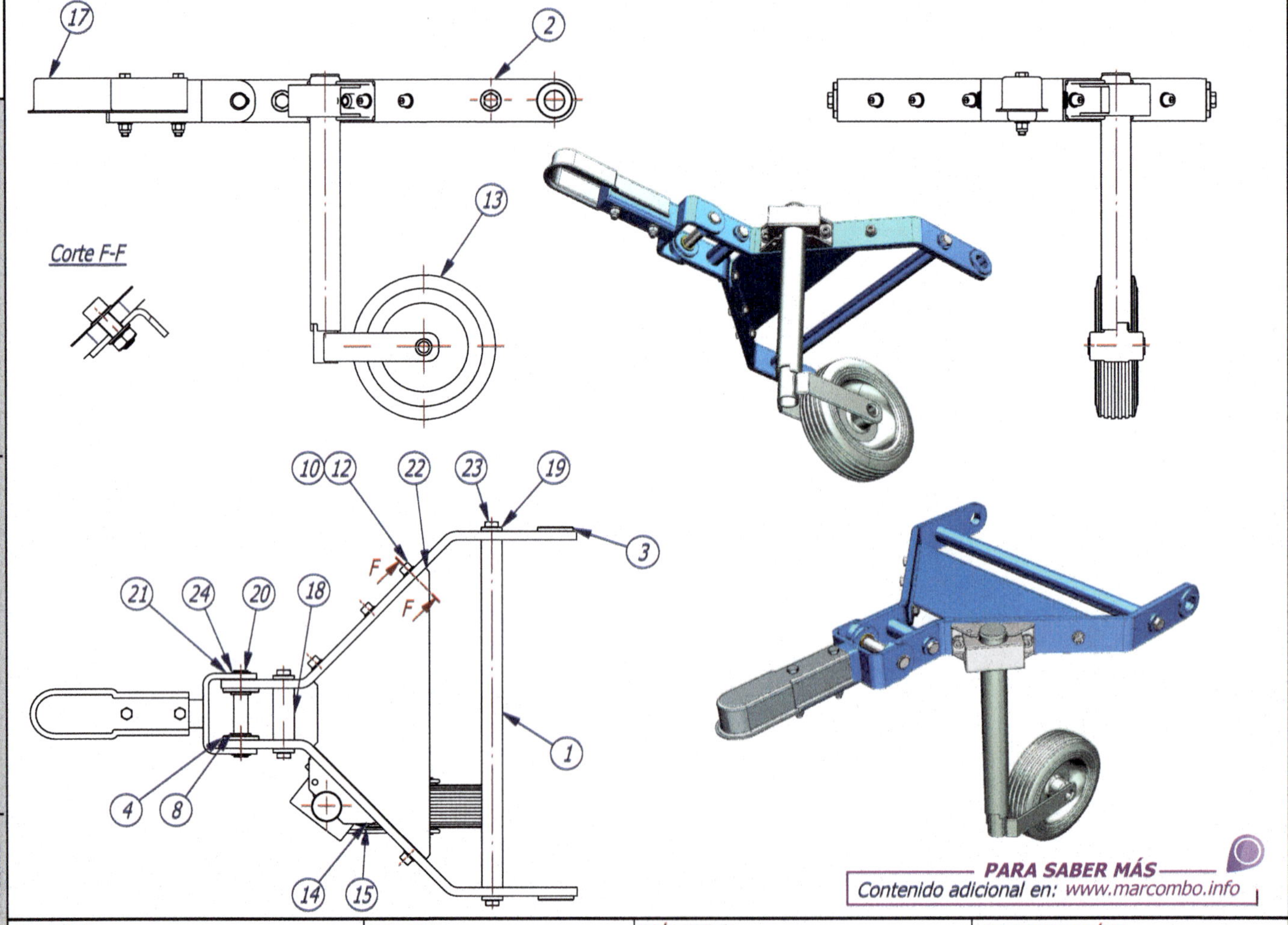

= 114 =

= 60 =

= 98 =   8

75

33

75

53

4

(2x)
Ø 11

D   D

Ø 20

R25

210

Corte D-D

= 40 =

60

3

2   1.3

Ch 1 x 45°

Ø 19   Ø 20

122

20   80   100   4

45°

160

= (411) =

50

Corte F-F

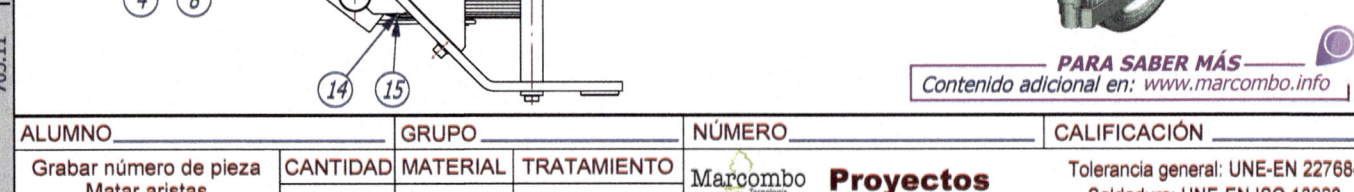

ALUMNO _____

GRUPO _____

NÚMERO _____

CALIFICACIÓN _____

Grabar número de pieza
Matar aristas
Radios no acotados R = 1
UNE-EN ISO 5456-2

CANTIDAD	MATERIAL	TRATAMIENTO

Marcombo Tecnología, Ciencia y Formación   **Proyectos**

Tolerancia general: UNE-EN 22768-1
Soldadura: UNE-EN ISO 13920

Escala:

Conjunto enganche
REMOLQUE APLICACIONES MÚLTIPLES

703-11

Peso: RAL:

Revisión:

1   2   3   4

Dibujo de proyectos

703.11

Dibujo técnico en ingeniería mecatrónica

229

Este plano es confidencial y no puede copiarse ni divulgarse sin un permiso escrito. *This drawing is confidential and must not be copied or disclosed without written consent.*

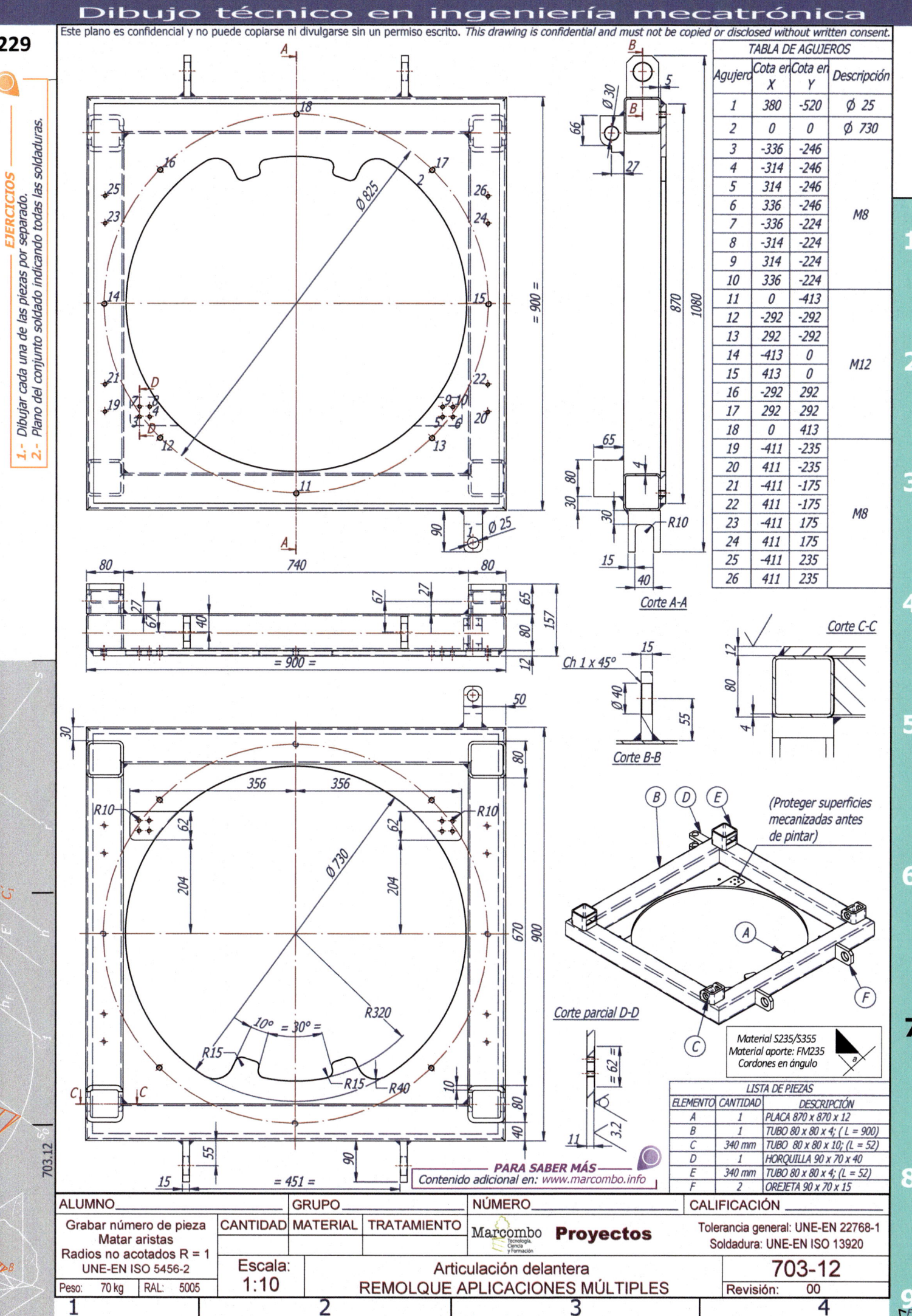

EJERCICIOS

1.- Dibujar cada una de las piezas por separado.
2.- Plano del conjunto soldado indicando todas las soldaduras.

TABLA DE AGUJEROS

Agujero	Cota en X	Cota en Y	Descripción
1	380	-520	Ø 25
2	0	0	Ø 730
3	-336	-246	
4	-314	-246	
5	314	-246	
6	336	-246	M8
7	-336	-224	
8	-314	-224	
9	314	-224	
10	336	-224	
11	0	-413	
12	-292	-292	
13	292	-292	
14	-413	0	M12
15	413	0	
16	-292	292	
17	292	292	
18	0	413	
19	-411	-235	
20	411	-235	
21	-411	-175	
22	411	-175	M8
23	-411	175	
24	411	175	
25	-411	235	
26	411	235	

Corte A-A

Corte B-B

Corte C-C

Corte parcial D-D

Ch 1 x 45°

(Proteger superficies mecanizadas antes de pintar)

Material S235/S355
Material aporte: FM235
Cordones en ángulo

LISTA DE PIEZAS

ELEMENTO	CANTIDAD	DESCRIPCIÓN
A	1	PLACA 870 x 870 x 12
B	1	TUBO 80 x 80 x 4; (L = 900)
C	340 mm	TUBO 80 x 80 x 10; (L = 52)
D	1	HORQUILLA 90 x 70 x 40
E	340 mm	TUBO 80 x 80 x 4; (L = 52)
F	2	OREJETA 90 x 70 x 15

PARA SABER MÁS
Contenido adicional en: www.marcombo.info

ALUMNO		GRUPO		NÚMERO		CALIFICACIÓN	

Grabar número de pieza
Matar aristas
Radios no acotados R = 1
UNE-EN ISO 5456-2

CANTIDAD	MATERIAL	TRATAMIENTO

Marcombo
Tecnología, Ciencia y Formación

Proyectos

Tolerancia general: UNE-EN 22768-1
Soldadura: UNE-EN ISO 13920

Peso:	70 kg	RAL:	5005

Escala:
1:10

Articulación delantera
REMOLQUE APLICACIONES MÚLTIPLES

703-12

Revisión: 00

Este plano es confidencial y no puede copiarse ni divulgarse sin un permiso escrito. *This drawing is confidential and must not be copied or disclosed without written consent.*

230

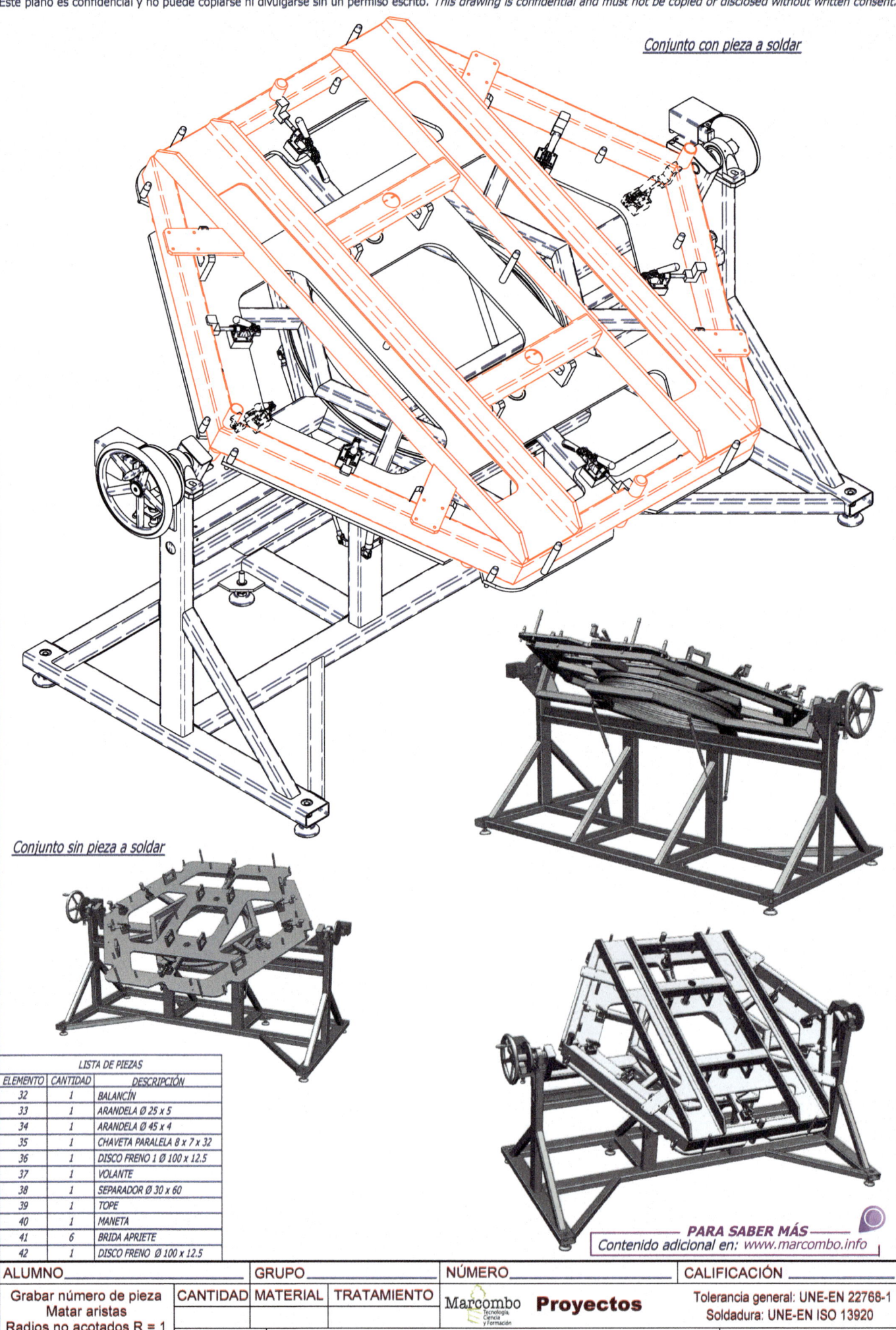

Conjunto con pieza a soldar

Conjunto sin pieza a soldar

LISTA DE PIEZAS

ELEMENTO	CANTIDAD	DESCRIPCIÓN
32	1	BALANCÍN
33	1	ARANDELA Ø 25 x 5
34	1	ARANDELA Ø 45 x 4
35	1	CHAVETA PARALELA 8 x 7 x 32
36	1	DISCO FRENO 1 Ø 100 x 12.5
37	1	VOLANTE
38	1	SEPARADOR Ø 30 x 60
39	1	TOPE
40	1	MANETA
41	6	BRIDA APRIETE
42	1	DISCO FRENO Ø 100 x 12.5

PARA SABER MÁS
Contenido adicional en: *www.marcombo.info*

ALUMNO_____	GRUPO_____		NÚMERO_____	CALIFICACIÓN_____

Grabar número de pieza Matar aristas Radios no acotados R = 1 UNE-EN ISO 5456-2	CANTIDAD	MATERIAL	TRATAMIENTO	Marcombo Tecnología, Ciencia y Formación **Proyectos**	Tolerancia general: UNE-EN 22768-1 Soldadura: UNE-EN ISO 13920
	Escala:		Vistas en perspectiva GIRADOR		**704-00**
Peso:	RAL:				Revisión: 00

1   2   3   4

Dibujo de proyectos

Este plano es confidencial y no puede copiarse ni divulgarse sin un permiso escrito. *This drawing is confidential and must not be copied or disclosed without written consent.*

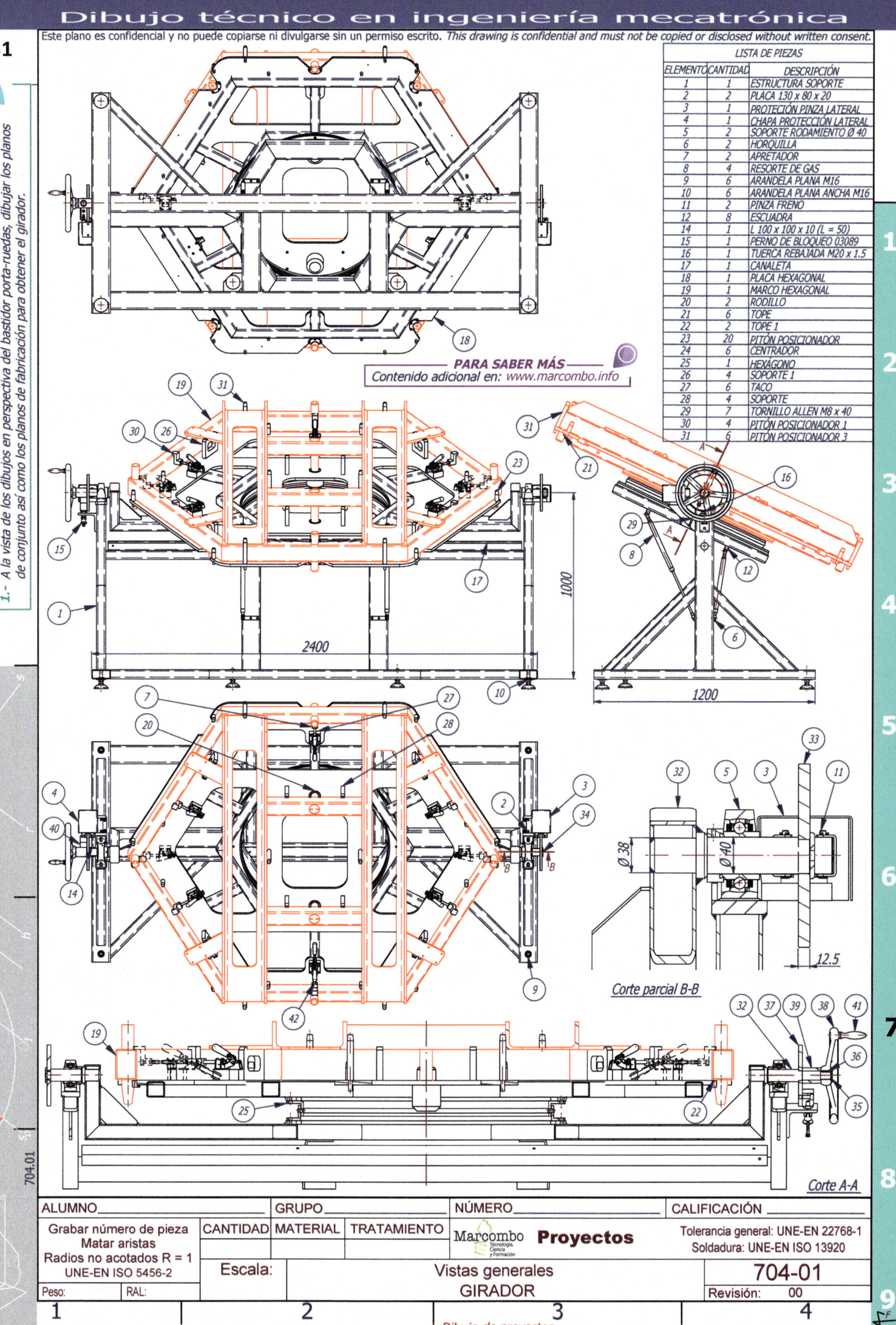

LISTA DE PIEZAS

ELEMENTO	CANTIDAD	DESCRIPCIÓN
1	1	ESTRUCTURA SOPORTE
2	2	PLACA 130 x 80 x 20
3	1	PROTECIÓN PINZA LATERAL
4	1	CHAPA PROTECCIÓN LATERAL
5	2	SOPORTE RODAMIENTO Ø 40
6	2	HORQUILLA
7	2	APRETADOR
8	4	RESORTE DE GAS
9	6	ARANDELA PLANA M16
10	6	ARANDELA PLANA ANCHA M16
11	2	PINZA FRENO
12	8	ESCUADRA
14	1	L 100 x 100 x 10 (L = 50)
15	1	PERNO DE BLOQUEO 03089
16	1	TUERCA REBAJADA M20 x 1.5
17	1	CANALETA
18	1	PLACA HEXAGONAL
19	1	MARCO HEXAGONAL
20	2	RODILLO
21	6	TOPE
22	2	TOPE 1
23	20	PITÓN POSICIONADOR
24	6	CENTRADOR
25	1	HEXÁGONO
26	4	SOPORTE 1
27	6	TACO
28	4	SOPORTE
29	7	TORNILLO ALLEN M8 x 40
30	4	PITÓN POSICIONADOR 1
31	6	PITÓN POSICIONADOR 3

PARA SABER MÁS

Contenido adicional en: www.marcombo.info

Corte parcial B-B

Corte A-A

ALUMNO		GRUPO		NÚMERO		CALIFICACIÓN

Grabar número de pieza
Matar aristas
Radios no acotados R = 1
UNE-EN ISO 5456-2

CANTIDAD	MATERIAL	TRATAMIENTO

Marcombo Tecnología, Ciencia y Formación · **Proyectos**

Tolerancia general: UNE-EN 22768-1
Soldadura: UNE-EN ISO 13920

Peso: | RAL:

Escala:

Vistas generales
GIRADOR

704-01

Revisión: 00

Este plano es confidencial y no puede copiarse ni divulgarse sin un permiso escrito. *This drawing is confidential and must not be copied or disclosed without written consent.*

LISTA DE PIEZAS

ELEMENTO	CANTIDAD	DESCRIPCIÓN
1	1	ESTRUCTURA SOPORTE
2	4	RUEDA
3	16	TORNILLO ALLEN M8 x 20
4	16	ARANDELA PLANA M8
5	4	CÁNCAMO M12 x 1.5

= 510 =   240

Corte A-A

60

= 1732 =

A

A

Detalle B

Conjunto con carga

Conjunto sin carga

B

704.02

ALUMNO		GRUPO		NÚMERO		CALIFICACIÓN	

| Grabar número de pieza Matar aristas Radios no acotados R = 1 UNE-EN ISO 5456-2 | CANTIDAD | MATERIAL | TRATAMIENTO | Marcombo Tecnología, Ciencia y Formación | **Proyectos** | Tolerancia general: UNE-EN 22768-1 Soldadura: UNE-EN ISO 13920 |

| Peso: | RAL: | Escala: | | Conjunto carro portaruedas **GIRADOR** | **704-02** Revisión: 00 |

1   2   3   4

Dibujo de proyectos

EJERCICIOS

1.- Dibujar el plano acotado de cada una de las piezas no comerciales.

Vista posterior

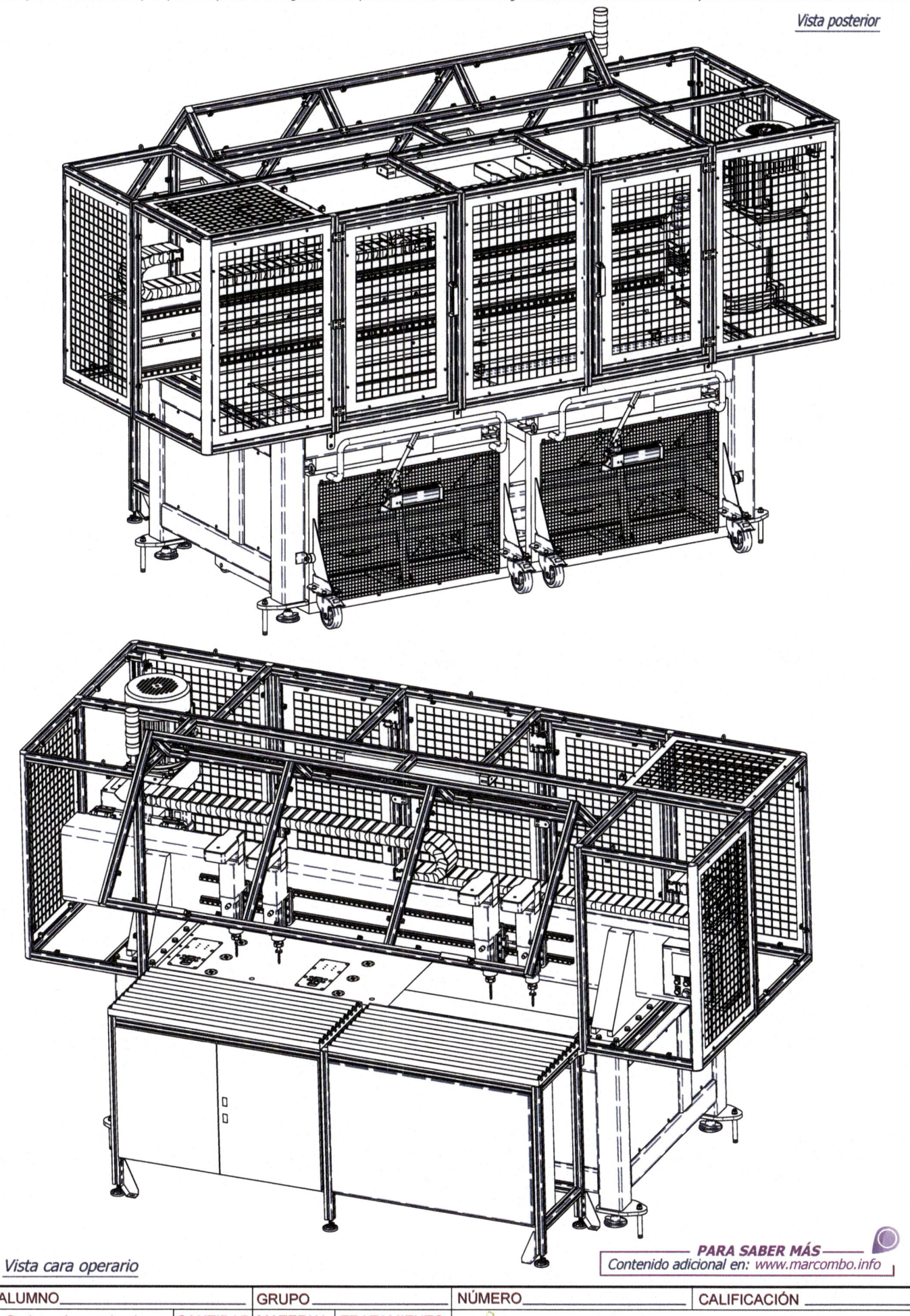

Vista cara operario

705.00

PARA SABER MÁS
Contenido adicional en: *www.marcombo.info*

ALUMNO_____		GRUPO_____		NÚMERO_____		CALIFICACIÓN _____

Grabar número de pieza Matar aristas Radios no acotados R = 1 UNE-EN ISO 5456-2	CANTIDAD	MATERIAL	TRATAMIENTO	Marcombo Tecnología, Ciencia y Formación	**Proyectos**	Tolerancia general: UNE-EN 22768-1 Soldadura: UNE-EN ISO 13920
	Escala:			Vistas generales		**705-00**
Peso:	RAL:			MÁQUINA MECANIZADO PANELES		Revisión:

Dibujo de proyectos

Este plano es confidencial y no puede copiarse ni divulgarse sin un permiso escrito. *This drawing is confidential and must not be copied or disclosed without written consent.*

Vista cara operario

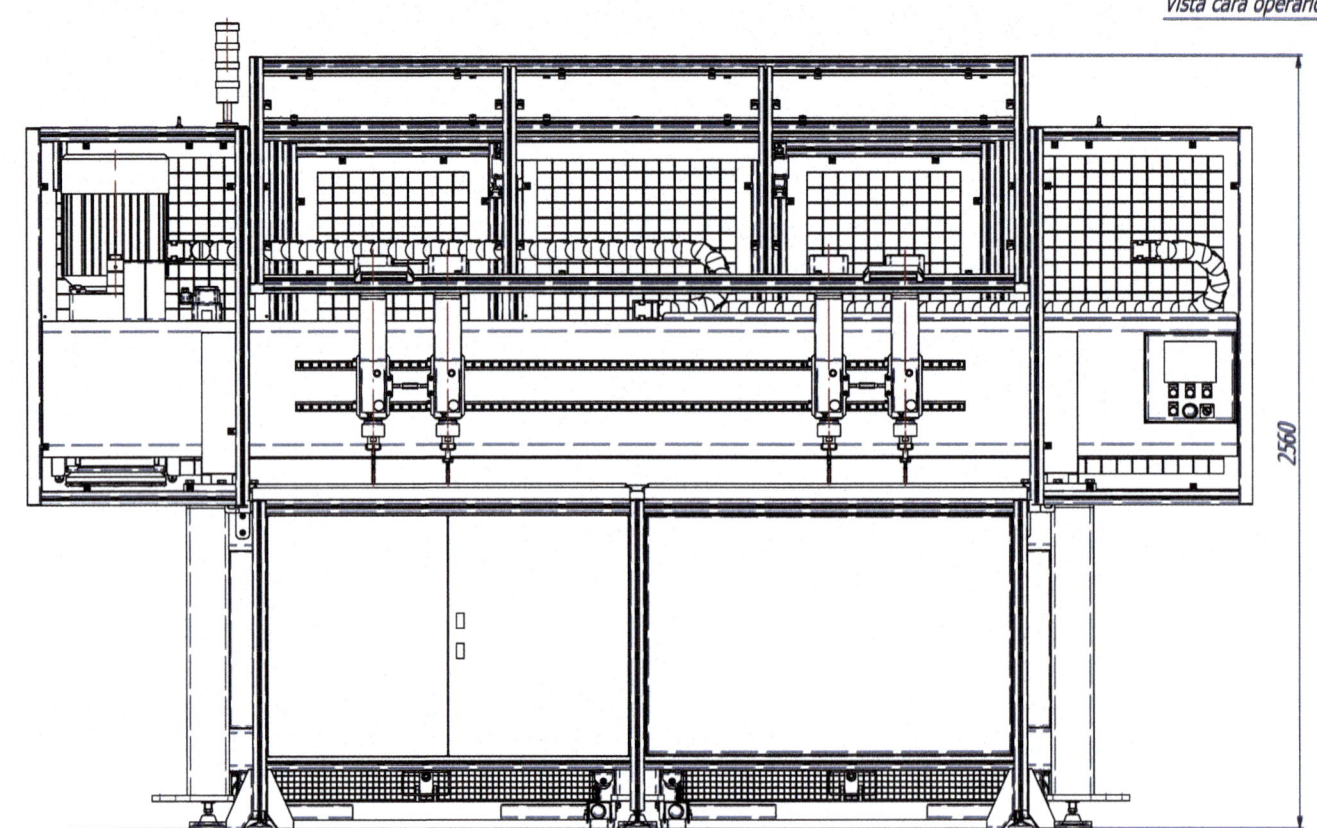

2560

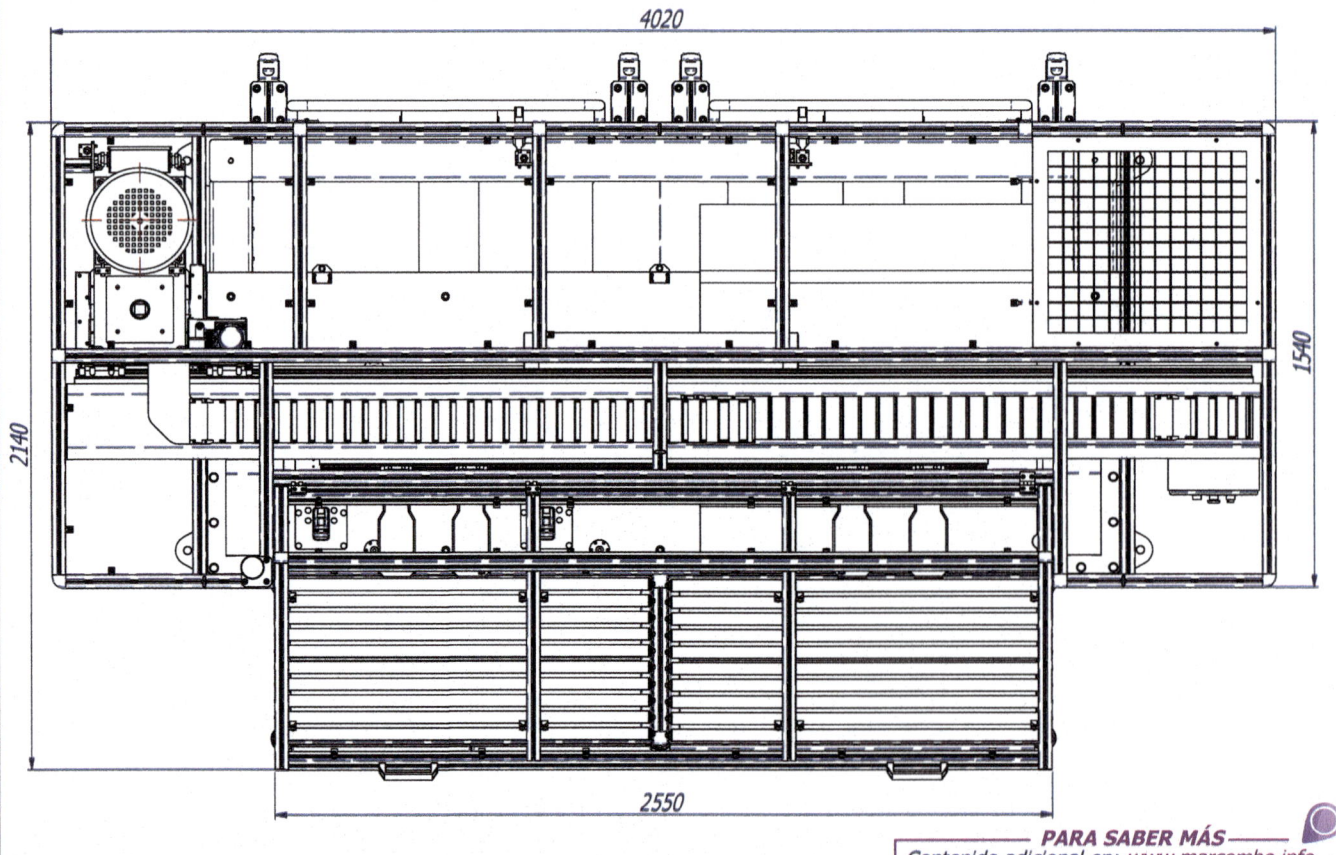

4020

1540

2140

2550

705.01

ALUMNO		GRUPO		NÚMERO		CALIFICACIÓN	
Grabar número de pieza	CANTIDAD	MATERIAL	TRATAMIENTO	Marcombo *Tecnología, Ciencia y Formación* **Proyectos**		Tolerancia general: UNE-EN 22768-1	
Matar aristas						Soldadura: UNE-EN ISO 13920	
Radios no acotados R = 1 UNE-EN ISO 5456-2							
	Escala:			Vistas generales		705-01	
Peso:	1:25	RAL:		MÁQUINA MECANIZADO PANELES		Revisión:	

1	2	3	4

1

2

3

4

5

6

7

8

9

Sección principal

1080

705.02

ALUMNO		GRUPO		NÚMERO		CALIFICACIÓN	
Grabar número de pieza Matar aristas Radios no acotados R = 1 UNE-EN ISO 5456-2	CANTIDAD	MATERIAL	TRATAMIENTO	Marcombo Tecnología, Ciencia y Formación	**Proyectos**	Tolerancia general: UNE-EN 22768-1 Soldadura: UNE-EN ISO 13920	
Peso:	RAL:	Escala: 1:25		Vista posterior MÁQUINA MECANIZADO PANELES		705-02	
						Revisión:	

Este plano es confidencial y no puede copiarse ni divulgarse sin un permiso escrito. *This drawing is confidential and must not be copied or disclosed without written consent.*

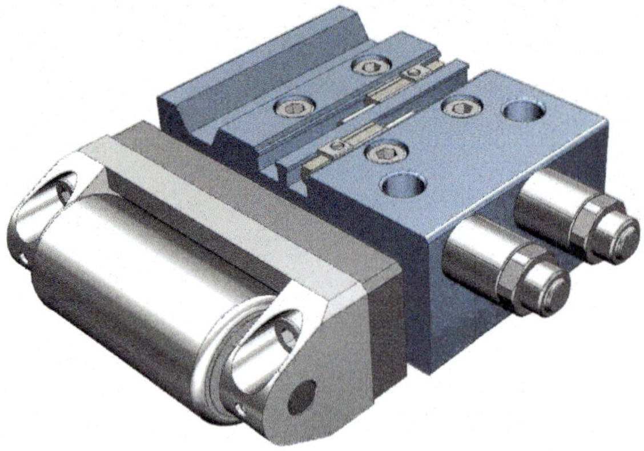

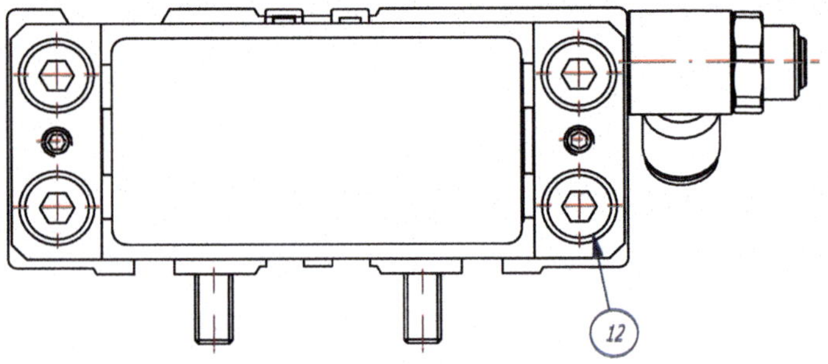

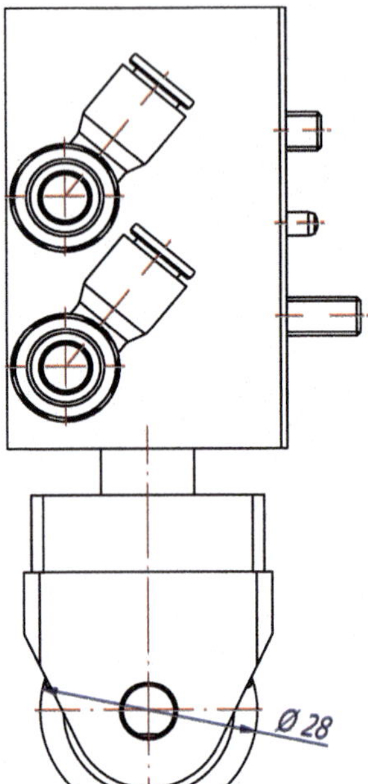

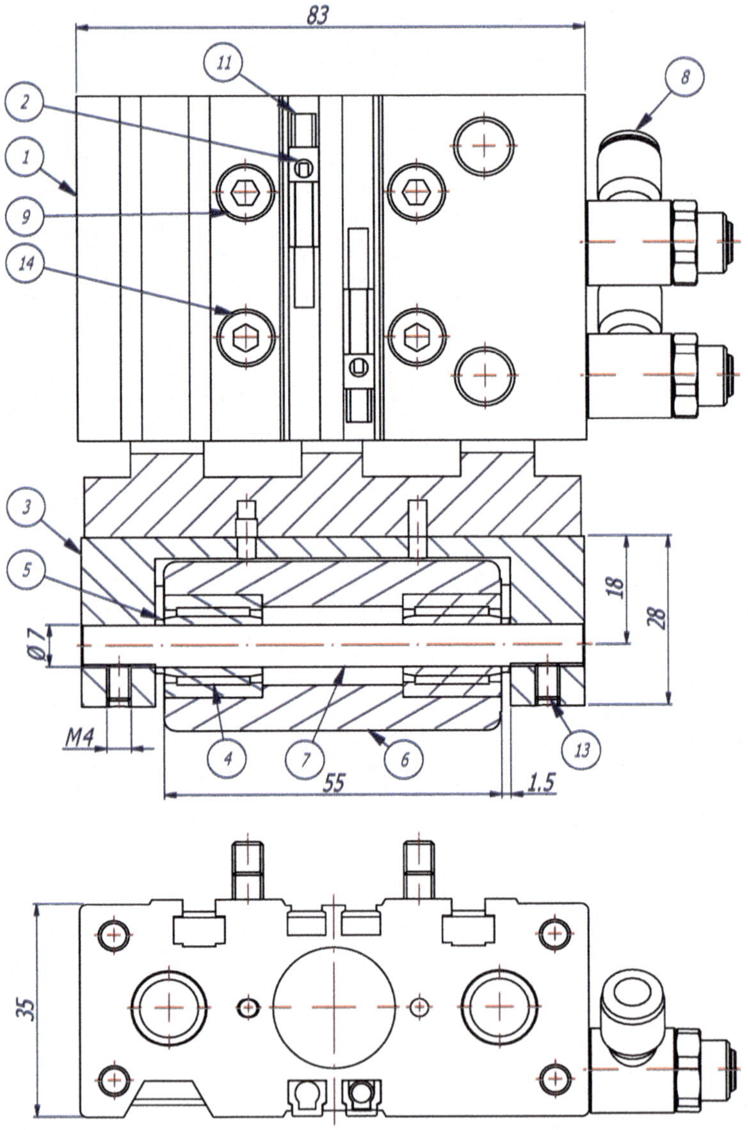

705.03

Ø 28

83

18

28

Ø 7

M4

55

1.5

35

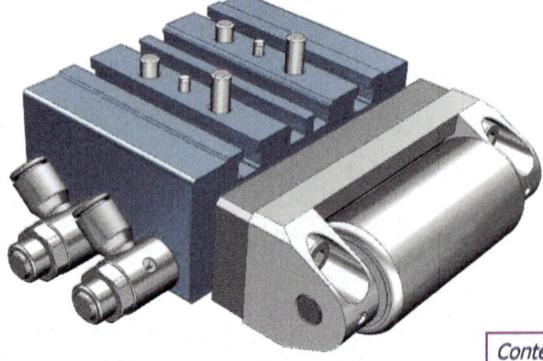

LISTA DE PIEZAS		
ELEMENTO	CANTIDAD	DESCRIPCIÓN
1	1	CILINDRO NEUMÁTICO Ø 20 x 20
2	2	SOPORTE DETECTOR
3	1	SOPORTE RODILLOS
4	2	RODAMIENTO AGUJAS 7/16
5	2	ANILLO BRONCE
6	1	RODILLO
7	1	EJE Ø 7 x 82
8	2	REGULADOR CAUDAL G 1/8"
9	2	TORNILLO ALLEN M5 x 35
10	2	PASADOR CILÍNDRICO Ø 3 x 10
11	2	DETECTOR
12	4	TORNILLO ALLEN M5 x 20
13	2	TORNILLO SIN CABEZA M4 x 6
14	2	TORNILLO ALLEN M5 x 40

ALUMNO_____		GRUPO_____		NÚMERO_____		CALIFICACIÓN____
Grabar número de pieza Matar aristas Radios no acotados R = 1 UNE-EN ISO 5456-2	CANTIDAD	MATERIAL	TRATAMIENTO	Marcombo *Proyectos*		Tolerancia general: UNE-EN 22768-1 Soldadura: UNE-EN ISO 13920

Marcombo Tecnología, Ciencia y Formación

Escala:

Rodillos pisadores

MÁQUINA MECANIZADO PANELES

705-03

Peso: RAL:

Revisión: 00

Dibujo de proyectos

1 2 3 4

Este plano es confidencial y no puede copiarse ni divulgarse sin un permiso escrito. *This drawing is confidential and must not be copied or disclosed without written consent.*

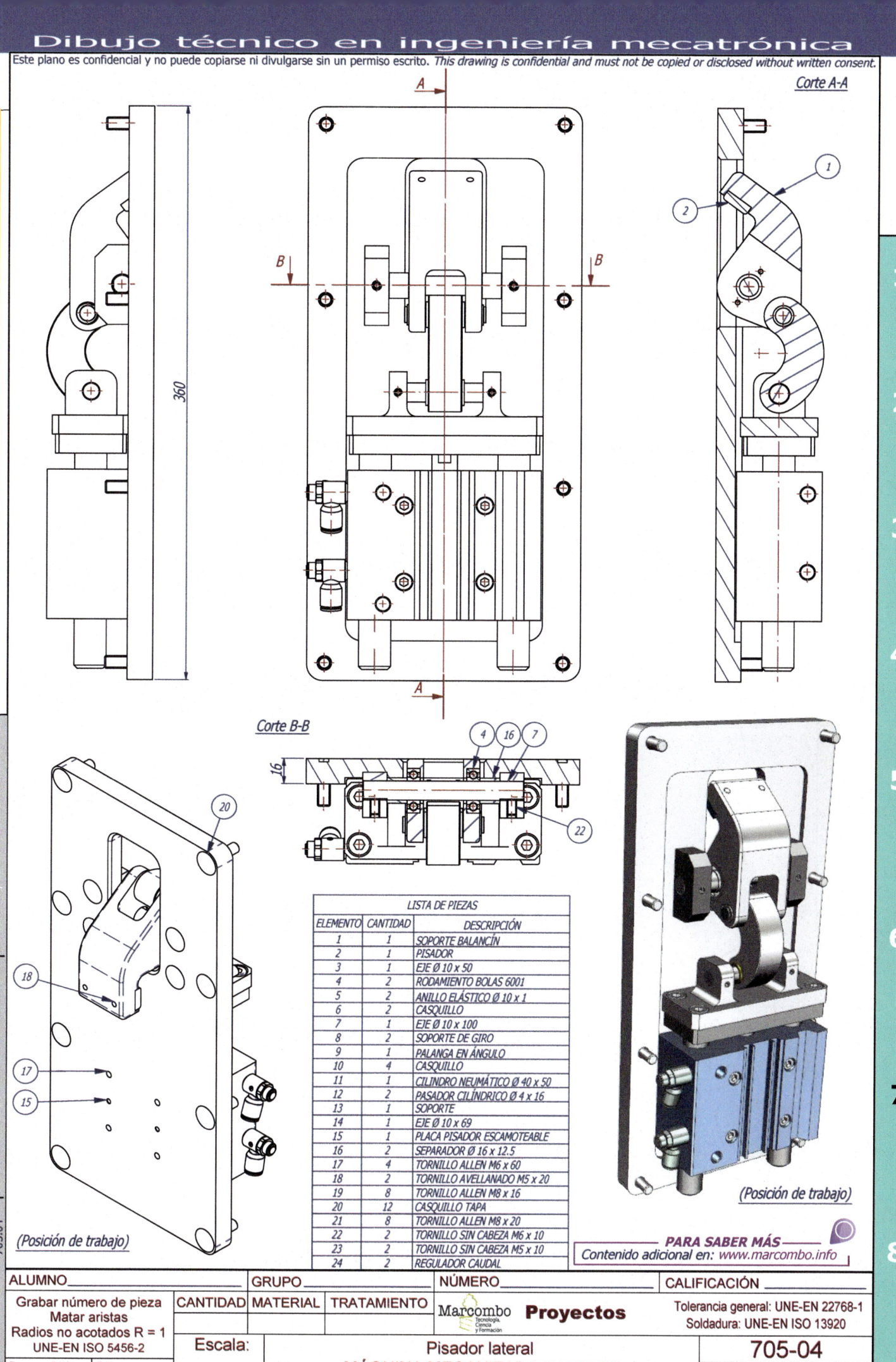

Corte A-A

Corte B-B

360

(Posición de trabajo)

(Posición de trabajo)

705.04

LISTA DE PIEZAS		
ELEMENTO	CANTIDAD	DESCRIPCIÓN
1	1	SOPORTE BALANCÍN
2	1	PISADOR
3	1	EJE Ø 10 x 50
4	2	RODAMIENTO BOLAS 6001
5	2	ANILLO ELÁSTICO Ø 10 x 1
6	2	CASQUILLO
7	1	EJE Ø 10 x 100
8	2	SOPORTE DE GIRO
9	1	PALANGA EN ÁNGULO
10	4	CASQUILLO
11	1	CILINDRO NEUMÁTICO Ø 40 x 50
12	2	PASADOR CILÍNDRICO Ø 4 x 16
13	1	SOPORTE
14	1	EJE Ø 10 x 69
15	1	PLACA PISADOR ESCAMOTEABLE
16	2	SEPARADOR Ø 16 x 12.5
17	4	TORNILLO ALLEN M6 x 60
18	2	TORNILLO AVELLANADO M5 x 20
19	8	TORNILLO ALLEN M8 x 16
20	12	CASQUILLO TAPA
21	8	TORNILLO ALLEN M8 x 20
22	2	TORNILLO SIN CABEZA M6 x 10
23	2	TORNILLO SIN CABEZA M5 x 10
24	2	REGULADOR CAUDAL

PARA SABER MÁS

Contenido adicional en: www.marcombo.info

ALUMNO		GRUPO		NÚMERO		CALIFICACIÓN	
Grabar número de pieza Matar aristas Radios no acotados R = 1 UNE-EN ISO 5456-2	CANTIDAD	MATERIAL	TRATAMIENTO	**Marcombo** Tecnología, Ciencia y Formación	**Proyectos**	Tolerancia general: UNE-EN 22768-1 Soldadura: UNE-EN ISO 13920	
	Escala:				Pisador lateral	**705-04**	
Peso: 5.4 kg	RAL:				MÁQUINA MECANIZADO PANELES	Revisión: 00	

Este plano es confidencial y no puede copiarse ni divulgarse sin un permiso escrito. *This drawing is confidential and must not be copied or disclosed without written consent.*

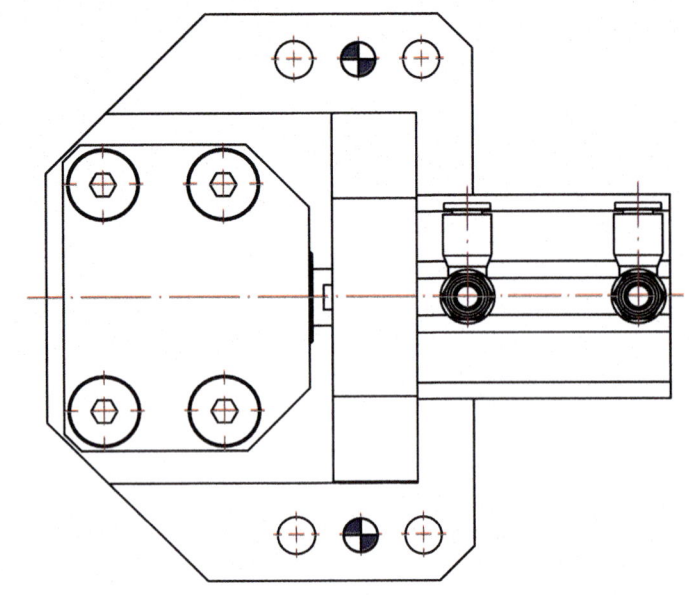

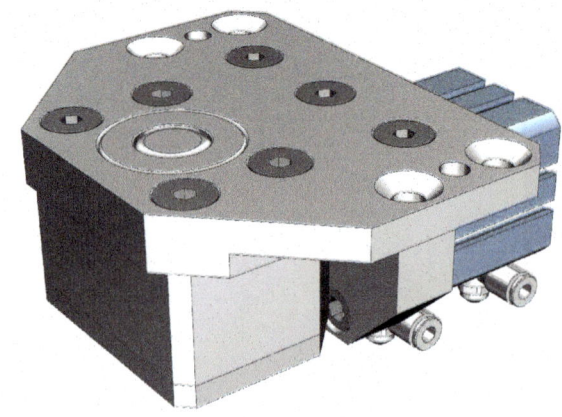

LISTA DE PIEZAS		
ELEMENTO	CANTIDAD	DESCRIPCIÓN
1	1	CILINDRO NEUMÁTICO Ø 20 x 15
2	1	TACO SOPORTE
3	2	PITÓN ESCAMOTEABLE
4	1	LEVA
5	1	SOPORTE
6	1	PLACA SOPORTE AMARRE
7	1	TAPA INFERIOR
8	2	REGULADOR CAUDAL M5
9	11	TORNILLO AVELLANADO M6 x 20
10	4	TORNILLO ALLEN M6 x 16

Corte A-A

Carrera

Ø 15

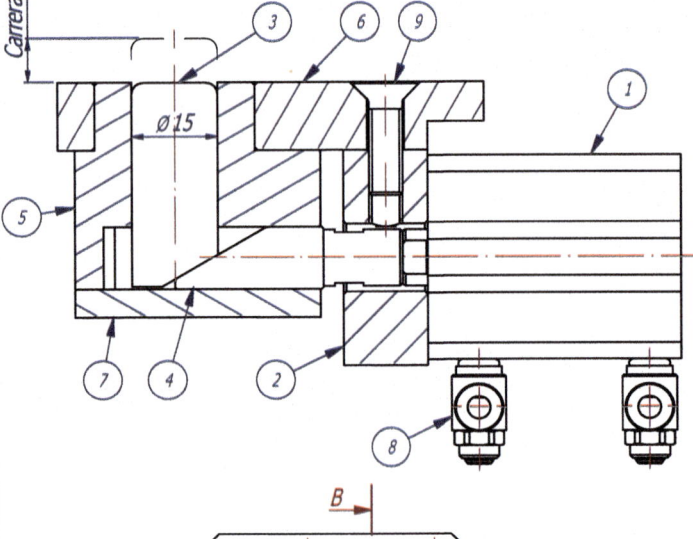

(Posición de trabajo)

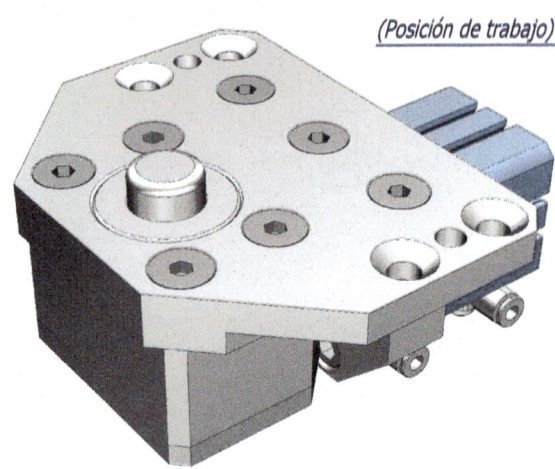

B

A   A

A   A

B

75

Corte B-B

10

= 100 =

7

PARA SABER MÁS
Contenido adicional en: *www.marcombo.info*

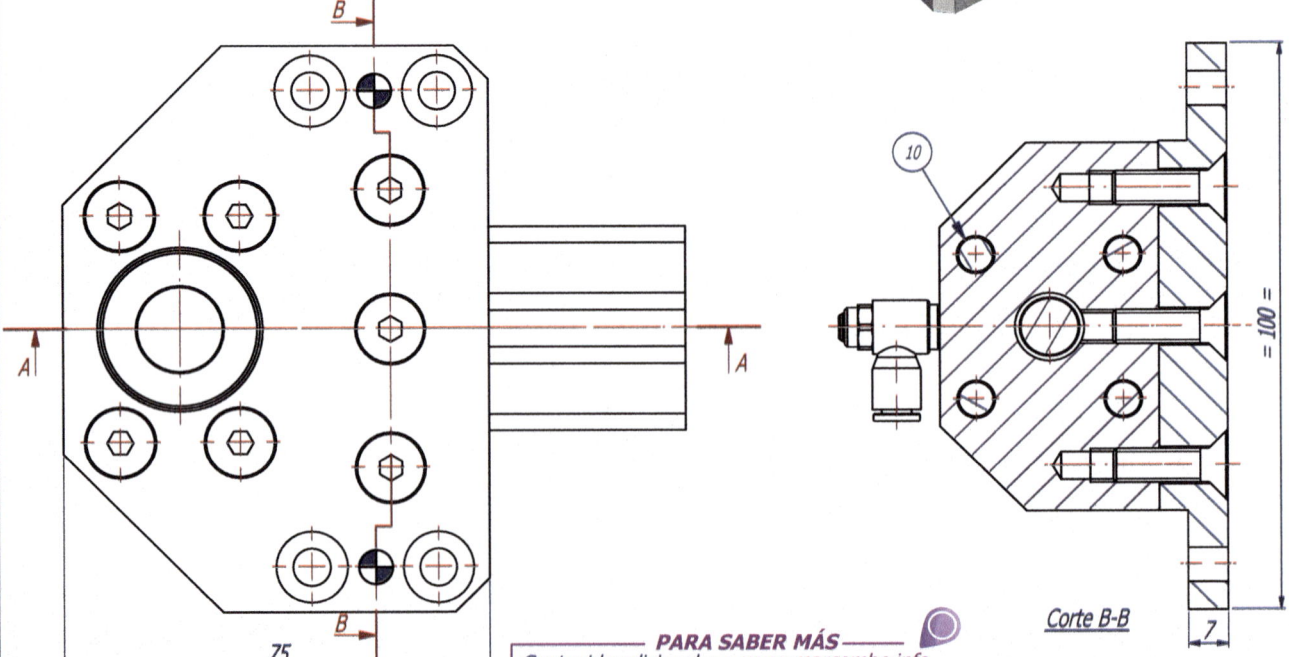

705.05

ALUMNO				NÚMERO	CALIFICACIÓN

Grabar número de pieza Matar aristas Radios no acotados R = 1 UNE-EN ISO 5456-2	CANTIDAD	MATERIAL	TRATAMIENTO	Marcombo Tecnología, Ciencia y Formación	**Proyectos**	Tolerancia general: UNE-EN 22768-1 Soldadura: UNE-EN ISO 13920
	Escala:			Tope escamoteable		**705-05**
Peso: 0.4 kg	RAL:			MÁQUINA MECANIZADO PANELES		Revisión: 00

GRUPO

1   2   3   4

Dibujo de proyectos

Este plano es confidencial y no puede copiarse ni divulgarse sin un permiso escrito. *This drawing is confidential and must not be copied or disclosed without written consent.*

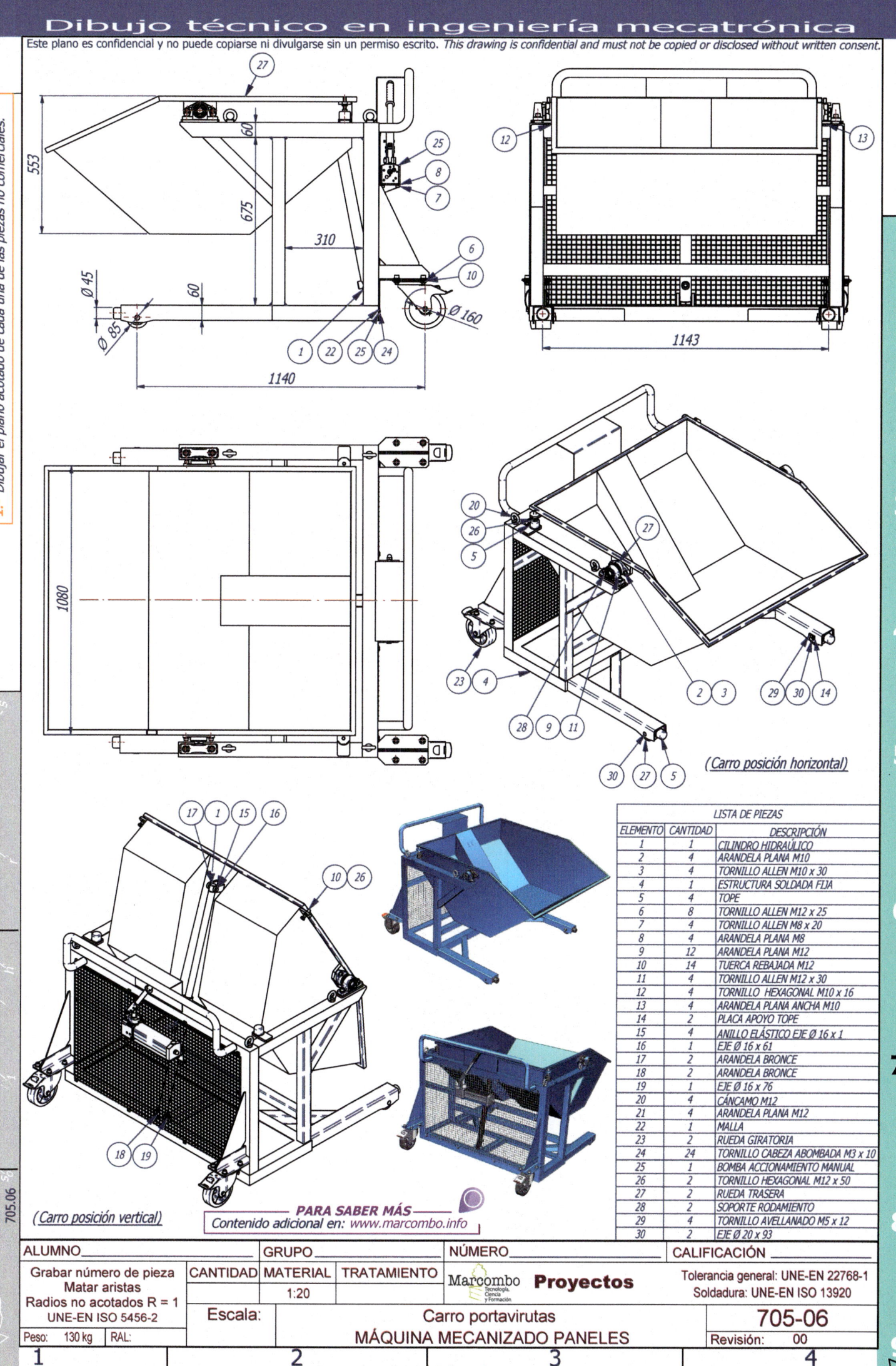

(Carro posición horizontal)

(Carro posición vertical)

PARA SABER MÁS
Contenido adicional en: www.marcombo.info

	LISTA DE PIEZAS	
ELEMENTO	CANTIDAD	DESCRIPCIÓN
1	1	CILINDRO HIDRÁULICO
2	4	ARANDELA PLANA M10
3	4	TORNILLO ALLEN M10 x 30
4	1	ESTRUCTURA SOLDADA FIJA
5	4	TOPE
6	8	TORNILLO ALLEN M12 x 25
7	4	TORNILLO ALLEN M8 x 20
8	4	ARANDELA PLANA M8
9	12	ARANDELA PLANA M12
10	14	TUERCA REBAJADA M12
11	4	TORNILLO ALLEN M12 x 30
12	4	TORNILLO HEXAGONAL M10 x 16
13	4	ARANDELA PLANA ANCHA M10
14	2	PLACA APOYO TOPE
15	4	ANILLO ELÁSTICO EJE Ø 16 x 1
16	1	EJE Ø 16 x 61
17	2	ARANDELA BRONCE
18	2	ARANDELA BRONCE
19	1	EJE Ø 16 x 76
20	4	CÁNCAMO M12
21	4	ARANDELA PLANA M12
22	1	MALLA
23	2	RUEDA GIRATORIA
24	24	TORNILLO CABEZA ABOMBADA M3 x 10
25	1	BOMBA ACCIONAMIENTO MANUAL
26	2	TORNILLO HEXAGONAL M12 x 50
27	2	RUEDA TRASERA
28	2	SOPORTE RODAMIENTO
29	4	TORNILLO AVELLANADO M5 x 12
30	2	EJE Ø 20 x 93

ALUMNO		GRUPO		NÚMERO		CALIFICACIÓN	
Grabar número de pieza	CANTIDAD	MATERIAL	TRATAMIENTO	Marcombo Tecnología, Ciencia y Formación	**Proyectos**	Tolerancia general: UNE-EN 22768-1	
Matar aristas		1:20				Soldadura: UNE-EN ISO 13920	
Radios no acotados R = 1 UNE-EN ISO 5456-2		Escala:		Carro portavirutas		**705-06**	
Peso: 130 kg	RAL:			MÁQUINA MECANIZADO PANELES		Revisión: 00	

Dibujo de proyectos

Este plano es confidencial y no puede copiarse ni divulgarse sin un permiso escrito. *This drawing is confidential and must not be copied or disclosed without written consent.*

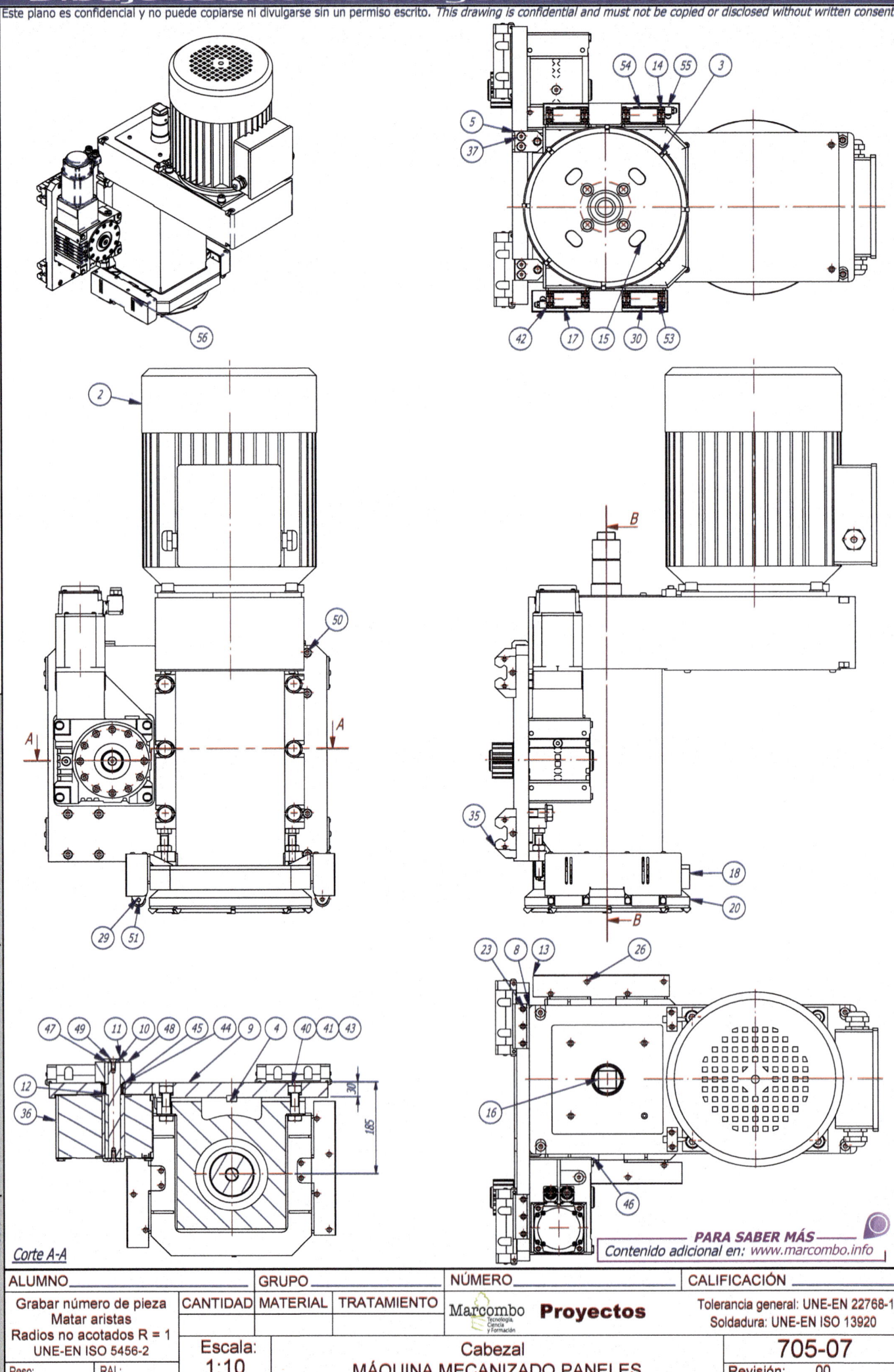

Corte A-A

705-07

ALUMNO		GRUPO		NÚMERO		CALIFICACIÓN
Grabar número de pieza Matar aristas Radios no acotados R = 1 UNE-EN ISO 5456-2	CANTIDAD	MATERIAL	TRATAMIENTO	Marcombo Tecnología, Ciencia y Formación **Proyectos**		Tolerancia general: UNE-EN 22768-1 Soldadura: UNE-EN ISO 13920
Escala: 1:10				Cabezal MÁQUINA MECANIZADO PANELES		705-07
Peso:	RAL:					Revisión: 00

1   2   3   4

Dibujo de proyectos

Este plano es confidencial y no puede copiarse ni divulgarse sin un permiso escrito. *This drawing is confidential and must not be copied or disclosed without written consent.*

PARA SABER MÁS
Contenido adicional en: *www.marcombo.info*

1.- Dibujar el plano acotado de cada una de las piezas no comerciales.

EJERCICIOS

705.08

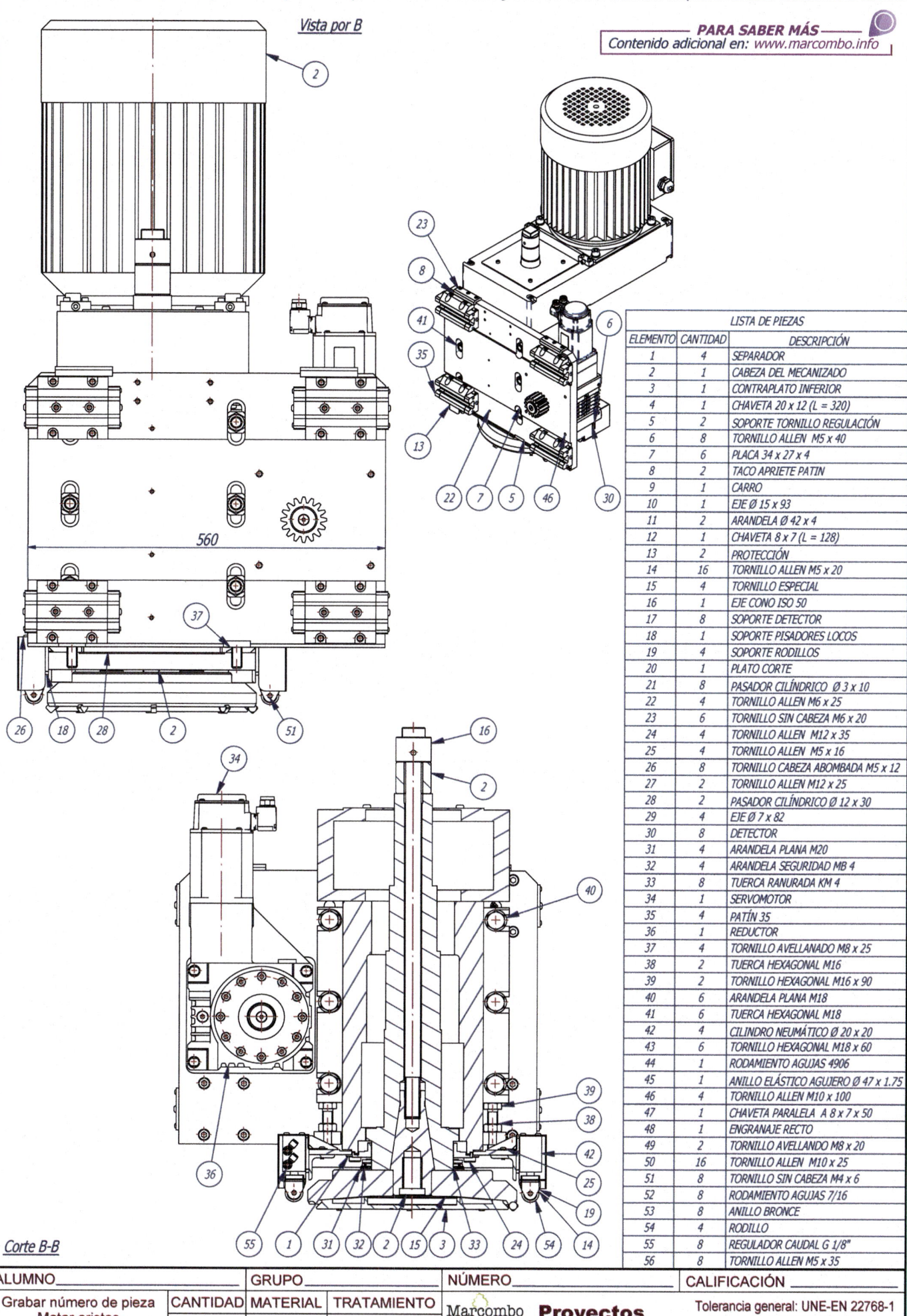

Vista por B

Corte B-B

560

LISTA DE PIEZAS		
ELEMENTO	CANTIDAD	DESCRIPCIÓN
1	4	SEPARADOR
2	1	CABEZA DEL MECANIZADO
3	1	CONTRAPLATO INFERIOR
4	1	CHAVETA 20 x 12 (L = 320)
5	2	SOPORTE TORNILLO REGULACIÓN
6	8	TORNILLO ALLEN M5 x 40
7	6	PLACA 34 x 27 x 4
8	2	TACO APRIETE PATIN
9	1	CARRO
10	1	EJE Ø 15 x 93
11	2	ARANDELA Ø 42 x 4
12	1	CHAVETA 8 x 7 (L = 128)
13	2	PROTECCIÓN
14	16	TORNILLO ALLEN M5 x 20
15	4	TORNILLO ESPECIAL
16	1	EJE CONO ISO 50
17	8	SOPORTE DETECTOR
18	1	SOPORTE PISADORES LOCOS
19	4	SOPORTE RODILLOS
20	1	PLATO CORTE
21	8	PASADOR CILÍNDRICO Ø 3 x 10
22	4	TORNILLO ALLEN M6 x 25
23	6	TORNILLO SIN CABEZA M6 x 20
24	4	TORNILLO ALLEN M12 x 35
25	4	TORNILLO ALLEN M5 x 16
26	8	TORNILLO CABEZA ABOMBADA M5 x 12
27	2	TORNILLO ALLEN M12 x 25
28	2	PASADOR CILÍNDRICO Ø 12 x 30
29	4	EJE Ø 7 x 82
30	8	DETECTOR
31	4	ARANDELA PLANA M20
32	4	ARANDELA SEGURIDAD MB 4
33	8	TUERCA RANURADA KM 4
34	1	SERVOMOTOR
35	4	PATÍN 35
36	1	REDUCTOR
37	4	TORNILLO AVELLANADO M8 x 25
38	2	TUERCA HEXAGONAL M16
39	2	TORNILLO HEXAGONAL M16 x 90
40	6	ARANDELA PLANA M18
41	6	TUERCA HEXAGONAL M18
42	4	CILINDRO NEUMÁTICO Ø 20 x 20
43	6	TORNILLO HEXAGONAL M18 x 60
44	1	RODAMIENTO AGUJAS 4906
45	1	ANILLO ELÁSTICO AGUJERO Ø 47 x 1.75
46	4	TORNILLO ALLEN M10 x 100
47	1	CHAVETA PARALELA A 8 x 7 x 50
48	1	ENGRANAJE RECTO
49	2	TORNILLO AVELLANDO M8 x 20
50	16	TORNILLO ALLEN M10 x 25
51	8	TORNILLO SIN CABEZA M4 x 6
52	8	RODAMIENTO AGUJAS 7/16
53	8	ANILLO BRONCE
54	4	RODILLO
55	8	REGULADOR CAUDAL G 1/8"
56	8	TORNILLO ALLEN M5 x 35

ALUMNO_____		GRUPO_____		NÚMERO_____		CALIFICACIÓN _____
Grabar número de pieza Matar aristas Radios no acotados R = 1 UNE-EN ISO 5456-2	CANTIDAD	MATERIAL	TRATAMIENTO	Marcombo Tecnología, Ciencia y Formación	**Proyectos**	Tolerancia general: UNE-EN 22768-1 Soldadura: UNE-EN ISO 13920
	1					
	Escala:			**Cabezal** MÁQUINA MECANIZADO PANELES		**705-08**
Peso:		RAL:				Revisión: 00

Este plano es confidencial y no puede copiarse ni divulgarse sin un permiso escrito. *This drawing is confidential and must not be copied or disclosed without written consent.*

Corte parcial B-B

Vista parcial G

LISTA DE PIEZAS

ELEMENTO	CANTIDAD	DESCRIPCIÓN
1	1	ESTRUCTURA SOLDADA BASE
2	5	EJE Ø 20 x 120
3	1	ESTRUCTURA SOLDADA
4	6	VARILLA ROSCADA M30 x 640
5	6	HORQUILLA
6	8	PLACA DE UNIÓN
7	16	VARILLA ROSCADA
8	1	ESTRUCTURA SEMI-MOLDE
9	4	SOPORTE EJE BISAGRA
10	3	BULÓN Ø 16 x 80
11	3	BRIDA Ø 40 x 14 (M27)
12	22	CHAPA PROTECCIÓN
13	26	BRIDA Ø 60 x 50 (M30)
14	1	SEMI- MOLDE POSTERIOR
19	1	EJE Ø 20 x 90
20	2	PLETINA 50 x 15 x 4
21	24	TUERCA HEXAGONAL M30
22	12	ARANDELA PLANA M8
23	12	TORNILLO HEXAGONAL M8 x 30
24	1	ESTRUCTURA INTERNA
25	40	ARANDELA PLANA M16
26	8	TORNILLO HEXAGONAL M16 x 35
27	32	TUERCA HEXAGONAL M16
28	4	TUERCA REMACHABLE M6
29	20	ARANDELA PLANA M12
30	8	TUERCA HEXAGONAL REBAJADA M20

LISTA DE PIEZAS

ELEMENTO	CANTIDAD	DESCRIPCIÓN
31	4	ARANDELA PLANA M20
32	4	CÁNCAMO M20 x 30
33	8	COJINETE CON VALONA
34	16	TORNILLO HEXAGONAL M12 x 35
35	8	PASADOR CILÍNDRICO Ø 10 x 32
36	6	COJINETE Ø 16 (l = 25)
37	12	TORNILLO ALLEN M6 x 25
38	26	TUERCA HEXAGONAL M18 x 1,5
39	44	TORNILLO CABEZA ABOMBADA M8 x 12
40	1	SOPORTE BRIDA
41	6	COJINETE Ø 16 (l = 12)
42	76	ARANDELA PLANA M30
43	26	TORNILLO NIVELACIÓN
44	52	TUERCA HEXAGONAL M30
45	26	BASE APOYO Ø 88 x 20
46	2	SOPORTE RODAMIENTO 206
48	3	BRIDA ATRAPE
49	26	DETECTOR INDUCTIVO M18
50	2	TUERCA REMACHABLE M8
51	4	TORNILLO ALLEN M6 x 20
52	4	TORNILLO ALLEN M12 x 30
53	1	ESTRUCTURA SOLDADA FIJA
54	1	ESTRUCTURA CIERRE LATERAL
55	1	EJE Ø 30 x 400
56	1	CILINDRO HIDRÁULICO Ø 40 x 300
57	2	CASQUILLO Ø 30 x 47
58	10	SOPORTE RODAMIENTO

PARA SABER MÁS
Contenido adicional en: www.marcombo.info

ALUMNO_____		GRUPO_____		NÚMERO_____		CALIFICACIÓN_____

Grabar número de pieza
Matar aristas
Radios no acotados R = 1
UNE-EN ISO 5456-2

CANTIDAD	MATERIAL	TRATAMIENTO

Marcombo Tecnología, Ciencia y Formación **Proyectos**

Tolerancia general: UNE-EN 22768-1
Soldadura: UNE-EN ISO 13920

Escala: 1:50

Peso: | RAL:

Vistas generales
MOLDE ENCOFRADO JABALCÓN

706-01

Revisión: 00

Dibujo de proyectos

1   2   3   4

Este plano es confidencial y no puede copiarse ni divulgarse sin un permiso escrito. *This drawing is confidential and must not be copied or disclosed without written consent.*

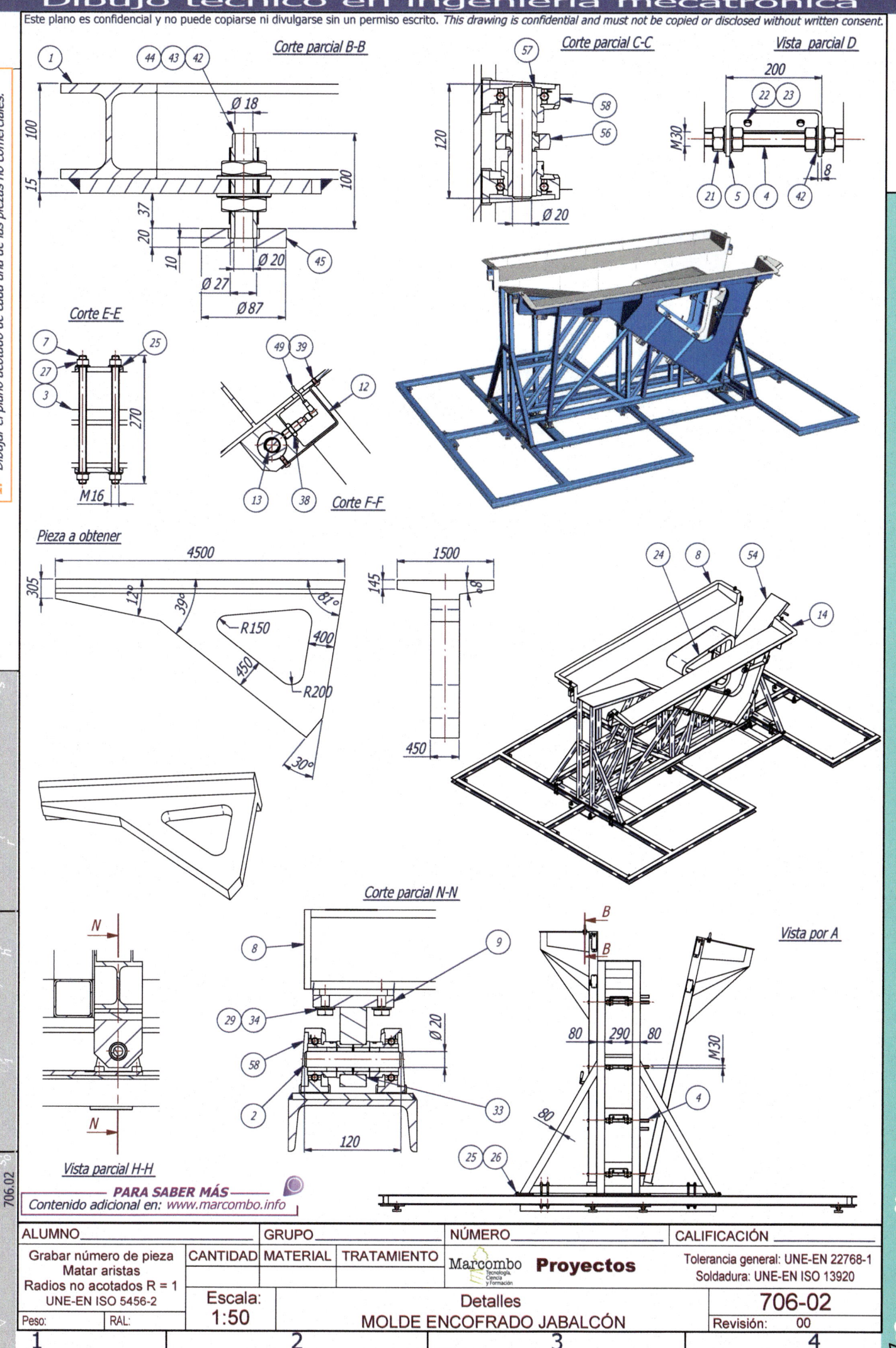

Corte parcial B-B

Ø 18

Ø 20
Ø 27
Ø 87

Corte parcial C-C

Vista parcial D
200

Corte E-E
M 16

Corte F-F

Ø 20

Pieza a obtener
4500
305
12°
39°
81°
R150
400
450
R200
30°

1500
145
450

Corte parcial N-N

Ø 20

Vista por A
80 290 80
M 30
80

Vista parcial H-H
120

706.02

ALUMNO			GRUPO		NÚMERO		CALIFICACIÓN	

Grabar número de pieza Matar aristas Radios no acotados R = 1 UNE-EN ISO 5456-2	CANTIDAD	MATERIAL	TRATAMIENTO	Marcombo Tecnología, Ciencia y Formación	**Proyectos**	Tolerancia general: UNE-EN 22768-1 Soldadura: UNE-EN ISO 13920

Peso:	RAL:	Escala: 1:50		Detalles MOLDE ENCOFRADO JABALCÓN	706-02

Revisión: 00

Dibujo de proyectos

Este plano es confidencial y no puede copiarse ni divulgarse sin un permiso escrito. *This drawing is confidential and must not be copied or disclosed without written consent.*

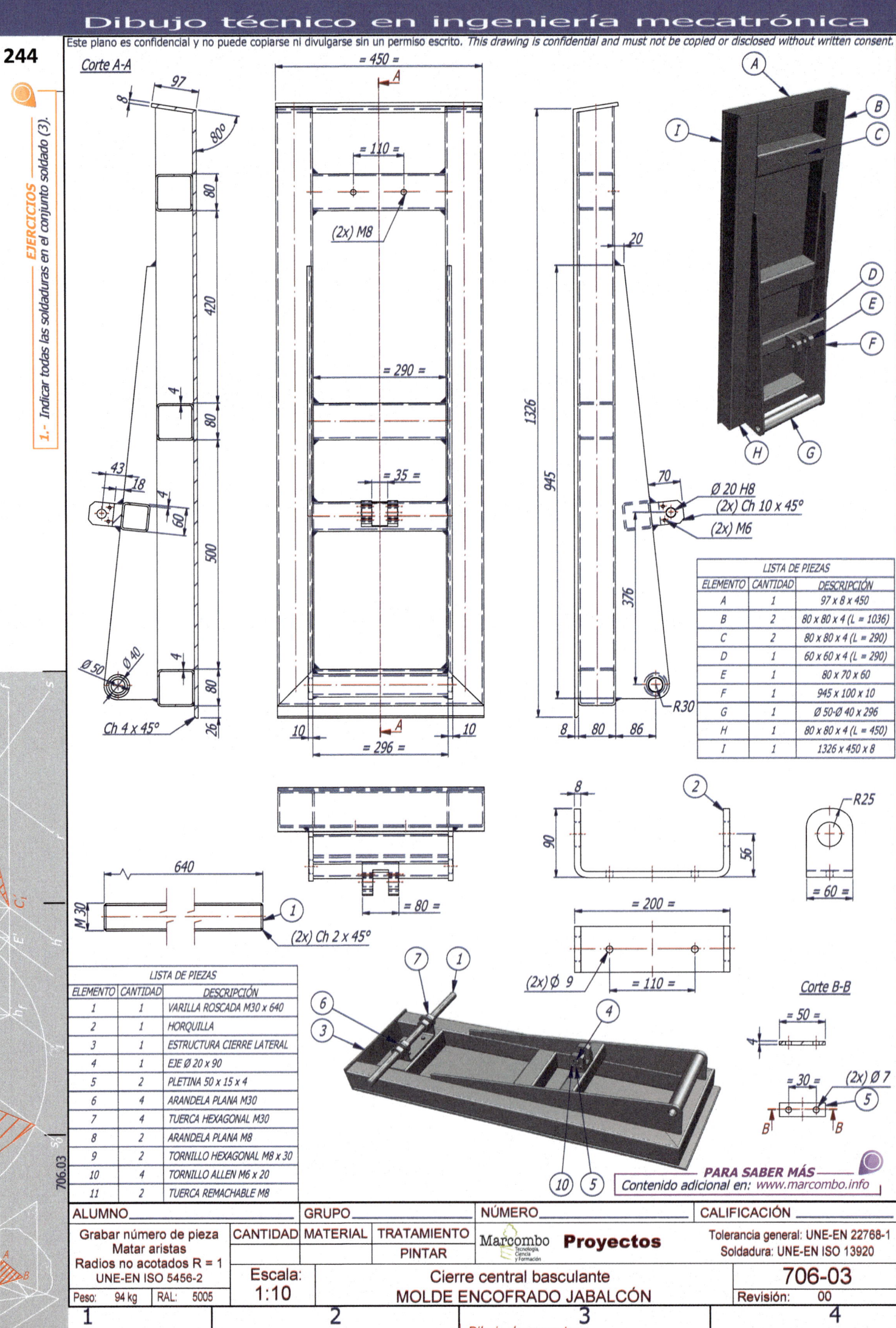

Corte A-A

LISTA DE PIEZAS

ELEMENTO	CANTIDAD	DESCRIPCIÓN
A	1	97 x 8 x 450
B	2	80 x 80 x 4 (L = 1036)
C	2	80 x 80 x 4 (L = 290)
D	1	60 x 60 x 4 (L = 290)
E	1	80 x 70 x 60
F	1	945 x 100 x 10
G	1	Ø 50-Ø 40 x 296
H	1	80 x 80 x 4 (L = 450)
I	1	1326 x 450 x 8

(2x) M8

Ø 20 H8
(2x) Ch 10 x 45°
(2x) M6

R30

Ch 4 x 45°

M 30

640

(2x) Ch 2 x 45°

Corte B-B

LISTA DE PIEZAS

ELEMENTO	CANTIDAD	DESCRIPCIÓN
1	1	VARILLA ROSCADA M30 x 640
2	1	HORQUILLA
3	1	ESTRUCTURA CIERRE LATERAL
4	1	EJE Ø 20 x 90
5	2	PLETINA 50 x 15 x 4
6	4	ARANDELA PLANA M30
7	4	TUERCA HEXAGONAL M30
8	2	ARANDELA PLANA M8
9	2	TORNILLO HEXAGONAL M8 x 30
10	4	TORNILLO ALLEN M6 x 20
11	2	TUERCA REMACHABLE M8

(2x) Ø 9

R25

(2x) Ø 7

PARA SABER MÁS
Contenido adicional en: www.marcombo.info

ALUMNO_____		GRUPO_____		NÚMERO_____		CALIFICACIÓN_____

Grabar número de pieza
Matar aristas
Radios no acotados R = 1
UNE-EN ISO 5456-2

CANTIDAD	MATERIAL	TRATAMIENTO
		PINTAR

Marcombo
Tecnología, Ciencia y Formación

Proyectos

Tolerancia general: UNE-EN 22768-1
Soldadura: UNE-EN ISO 13920

Peso: 94 kg	RAL: 5005

Escala:
1:10

Cierre central basculante
MOLDE ENCOFRADO JABALCÓN

706-03

Revisión: 00

Este plano es confidencial y no puede copiarse ni divulgarse sin un permiso escrito. *This drawing is confidential and must not be copied or disclosed without written consent.*

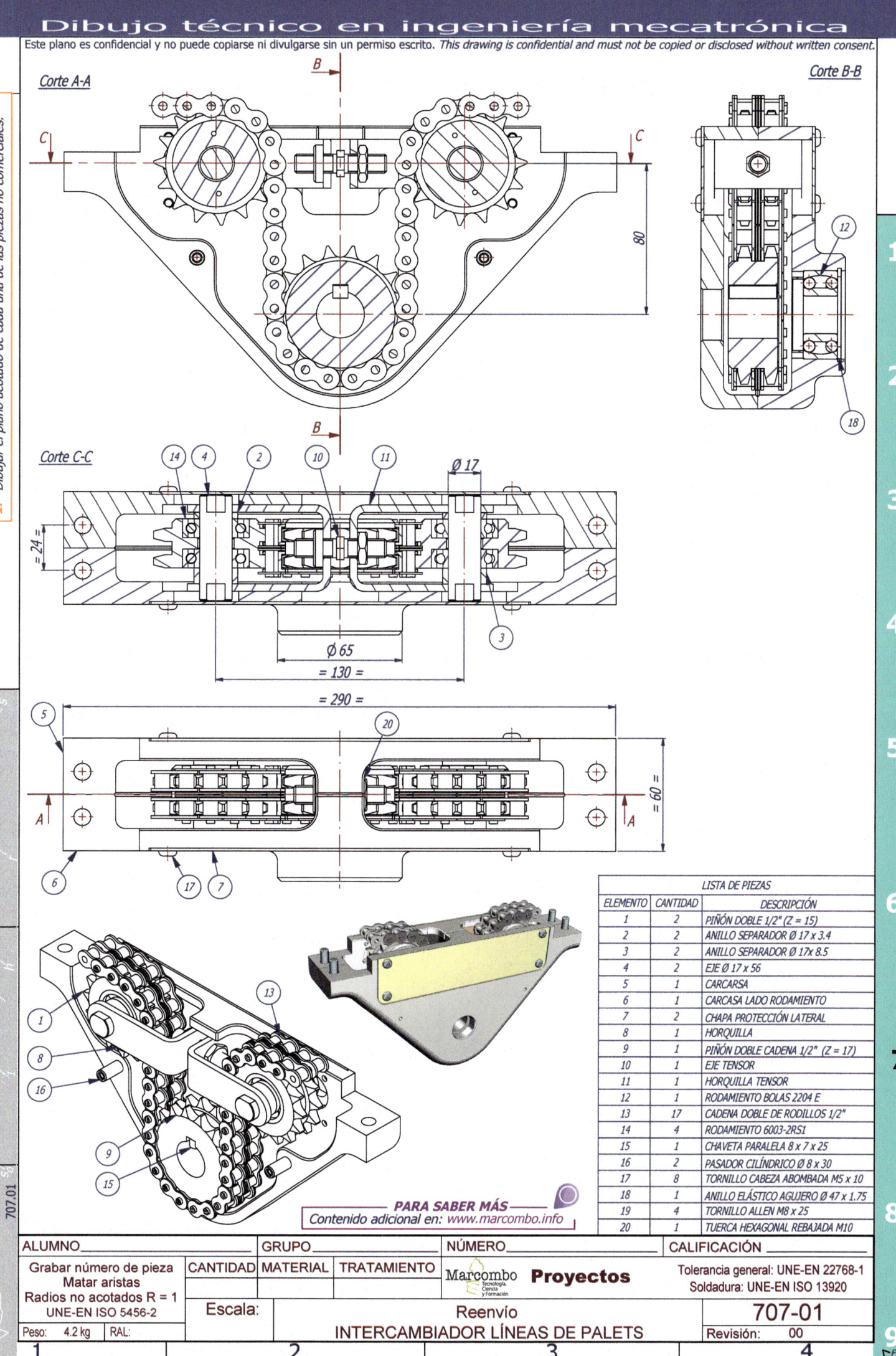

Corte A-A

Corte B-B

80

Corte C-C

Ø 17

24

Ø 65

= 130 =

= 290 =

= 60 =

PARA SABER MÁS

Contenido adicional en: www.marcombo.info

LISTA DE PIEZAS		
ELEMENTO	CANTIDAD	DESCRIPCIÓN
1	2	PIÑÓN DOBLE 1/2" (Z = 15)
2	2	ANILLO SEPARADOR Ø 17 x 3.4
3	2	ANILLO SEPARADOR Ø 17x 8.5
4	2	EJE Ø 17 x 56
5	1	CARCARSA
6	1	CARCASA LADO RODAMIENTO
7	2	CHAPA PROTECCIÓN LATERAL
8	1	HORQUILLA
9	1	PIÑÓN DOBLE CADENA 1/2" (Z = 17)
10	1	EJE TENSOR
11	1	HORQUILLA TENSOR
12	1	RODAMIENTO BOLAS 2204 E
13	17	CADENA DOBLE DE RODILLOS 1/2"
14	4	RODAMIENTO 6003-2RS1
15	1	CHAVETA PARALELA 8 x 7 x 25
16	2	PASADOR CILÍNDRICO Ø 8 x 30
17	8	TORNILLO CABEZA ABOMBADA M5 x 10
18	1	ANILLO ELÁSTICO AGUJERO Ø 47 x 1.75
19	4	TORNILLO ALLEN M8 x 25
20	1	TUERCA HEXAGONAL REBAJADA M10

ALUMNO_____		GRUPO_____		NÚMERO_____	CALIFICACIÓN _____
Grabar número de pieza Matar aristas Radios no acotados R = 1 UNE-EN ISO 5456-2	CANTIDAD	MATERIAL	TRATAMIENTO	Marcombo Tecnología, Ciencia y Formación **Proyectos**	Tolerancia general: UNE-EN 22768-1 Soldadura: UNE-EN ISO 13920
	Escala:			Reenvío	**707-01**
Peso: 4.2 kg	RAL:			INTERCAMBIADOR LÍNEAS DE PALETS	Revisión: 00

Dibujo de proyectos

Este plano es confidencial y no puede copiarse ni divulgarse sin un permiso escrito. *This drawing is confidential and must not be copied or disclosed without written consent.*

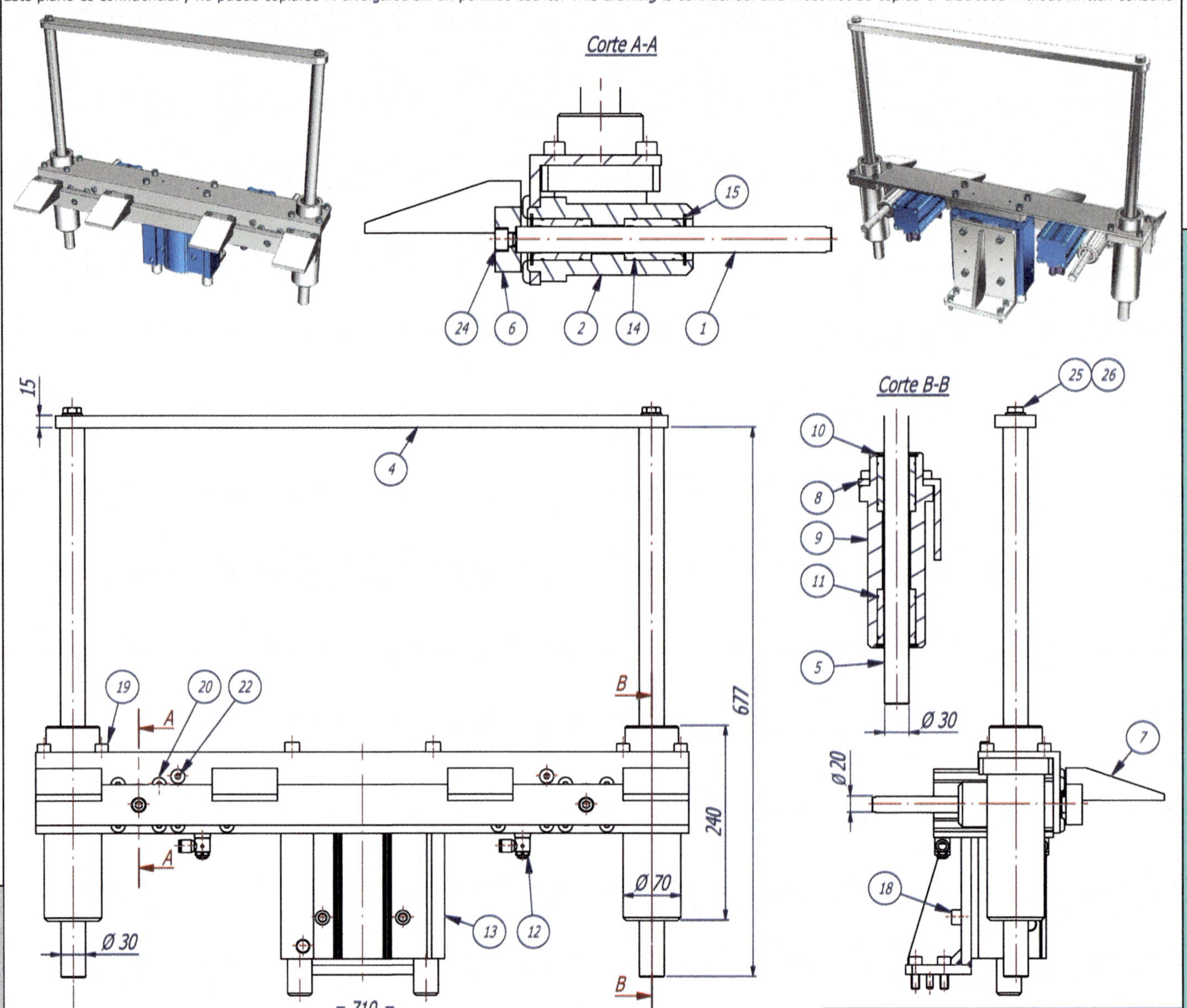

Corte A-A

Corte B-B

Ø 30

Ø 20

= 710 =

Ø 70

240

677

15

Ø 30

= 172 =

Ø 20

= 100 =

120

80

= 800 =

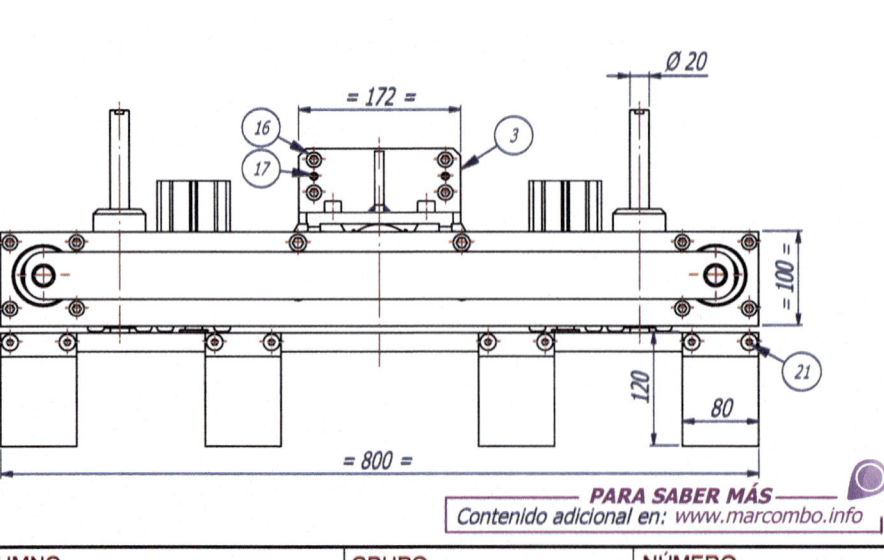

LISTA DE PIEZAS		
ELEMENTO	CANTIDAD	DESCRIPCIÓN
1	2	EJE Ø 20 x 240
2	2	SOPORTE COLUMNA
3	1	ESCUADRA SOPORTE
4	1	TRAVESAÑO
5	2	COLUMNA Ø 30
6	1	PLETINA LATERAL
7	4	CUÑA LATERAL
8	1	ESCUADRA L 100 x 100 x 8
9	2	SOPORTE COLUMNA
10	4	ANILLO ELÁSTICO AGUJERO Ø 47 x 1,75
11	4	RODAMIENTO LINEAL Ø 30
12	2	CILINDRO NEUMÁTICO Ø 63 x 100
13	1	CILINDRO NEUMÁTICO Ø 80 x 150
14	4	RODAMIENTO LINEAL Ø 20
15	2	ANILLO ELÁSTICO AGUJERO Ø 32 x 1,2
16	4	TORNILLO ALLEN M10 x 30
17	3	PASADOR CILÍNDRICO Ø 8 x 30
18	8	TORNILLO ALLEN M12 x 30
19	8	TORNILLO ALLEN M10 x 25
20	8	TORNILLO CABEZA ABOMBADA M10 x 25
21	8	TORNILLO AVELLANDO M10 x 35
22	8	TORNILLO CABEZA ABOMBADA M10 x 30
23	4	PASADOR CILÍNDRICO Ø 6 x 18
24	2	TORNILLO ALLEN M10 x 20
25	2	TORNILLO HEXAGONAL M12 x 35
26	2	ARANDELA PLANA M12

PARA SABER MÁS
Contenido adicional en: www.marcombo.info

ALUMNO		GRUPO		NÚMERO		CALIFICACIÓN	

| Grabar número de pieza Matar aristas Radios no acotados R = 1 UNE-EN ISO 5456-2 | CANTIDAD | MATERIAL | TRATAMIENTO | **Marcombo** Tecnología, Ciencia y Formación | **Proyectos** | Tolerancia general: UNE-EN 22768-1 Soldadura: UNE-EN ISO 13920 | |

Escala:

Selector

707-02

Peso: 32 kg | RAL:

INTERCAMBIADOR LÍNEAS DE PALETS

Revisión: 00

Este plano es confidencial y no puede copiarse ni divulgarse sin un permiso escrito. *This drawing is confidential and must not be copied or disclosed without written consent.*

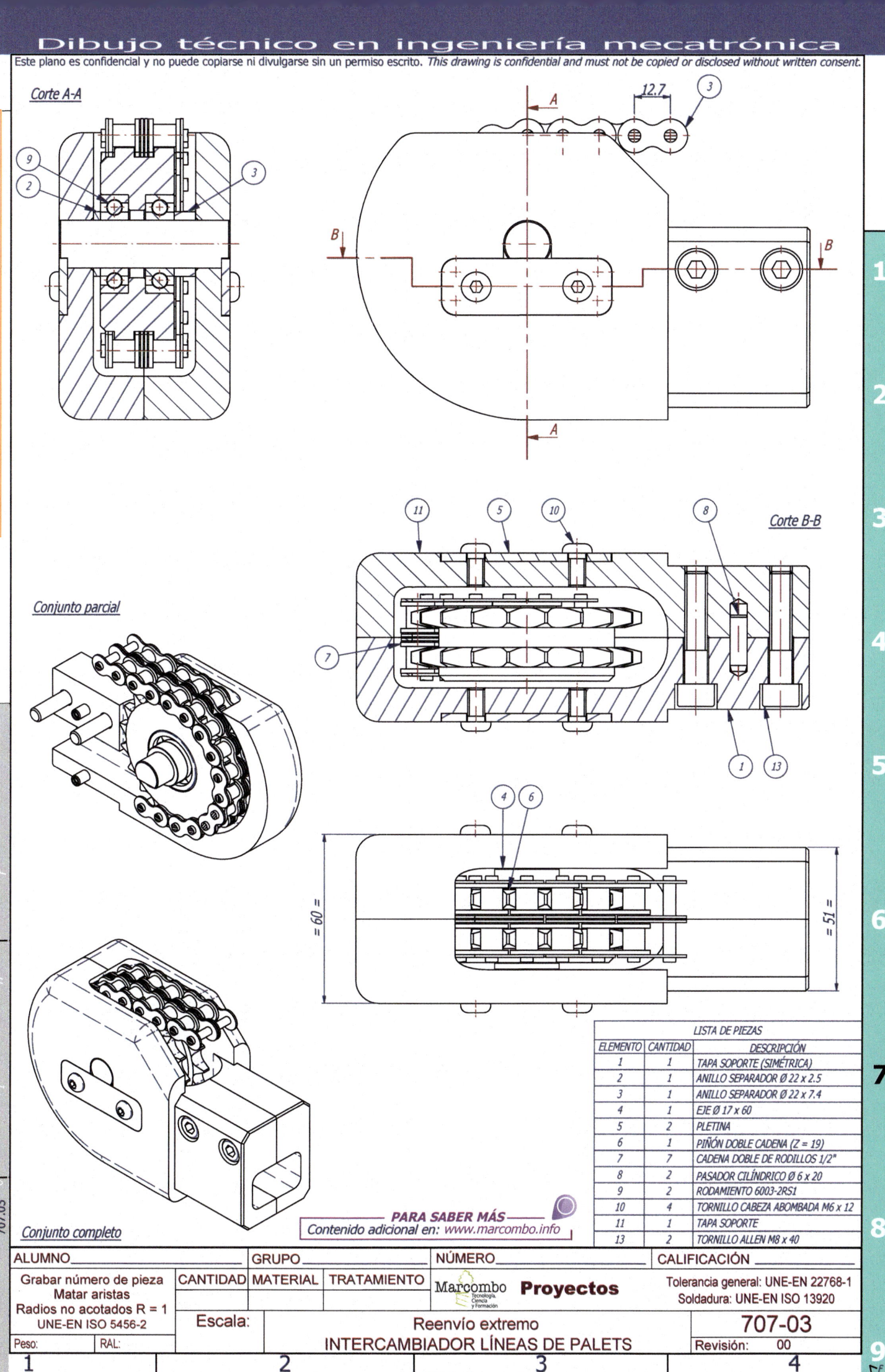

Corte A-A

Conjunto parcial

Corte B-B

Conjunto completo

707.03

LISTA DE PIEZAS		
ELEMENTO	CANTIDAD	DESCRIPCIÓN
1	1	TAPA SOPORTE (SIMÉTRICA)
2	1	ANILLO SEPARADOR Ø 22 x 2.5
3	1	ANILLO SEPARADOR Ø 22 x 7.4
4	1	EJE Ø 17 x 60
5	2	PLETINA
6	1	PIÑÓN DOBLE CADENA (Z = 19)
7	7	CADENA DOBLE DE RODILLOS 1/2"
8	2	PASADOR CILÍNDRICO Ø 6 x 20
9	2	RODAMIENTO 6003-2RS1
10	4	TORNILLO CABEZA ABOMBADA M6 x 12
11	1	TAPA SOPORTE
13	2	TORNILLO ALLEN M8 x 40

PARA SABER MÁS
Contenido adicional en: www.marcombo.info

ALUMNO_____		GRUPO_____		NÚMERO_____		CALIFICACIÓN_____

Grabar número de pieza
Matar aristas
Radios no acotados R = 1
UNE-EN ISO 5456-2

CANTIDAD	MATERIAL	TRATAMIENTO

Marcombo
Tecnología,
Ciencia
y Formación

Proyectos

Tolerancia general: UNE-EN 22768-1
Soldadura: UNE-EN ISO 13920

Escala:

Reenvío extremo
INTERCAMBIADOR LÍNEAS DE PALETS

Peso: | RAL:

707-03

Revisión: 00

Este plano es confidencial y no puede copiarse ni divulgarse sin un permiso escrito. *This drawing is confidential and must not be copied or disclosed without written consent.*

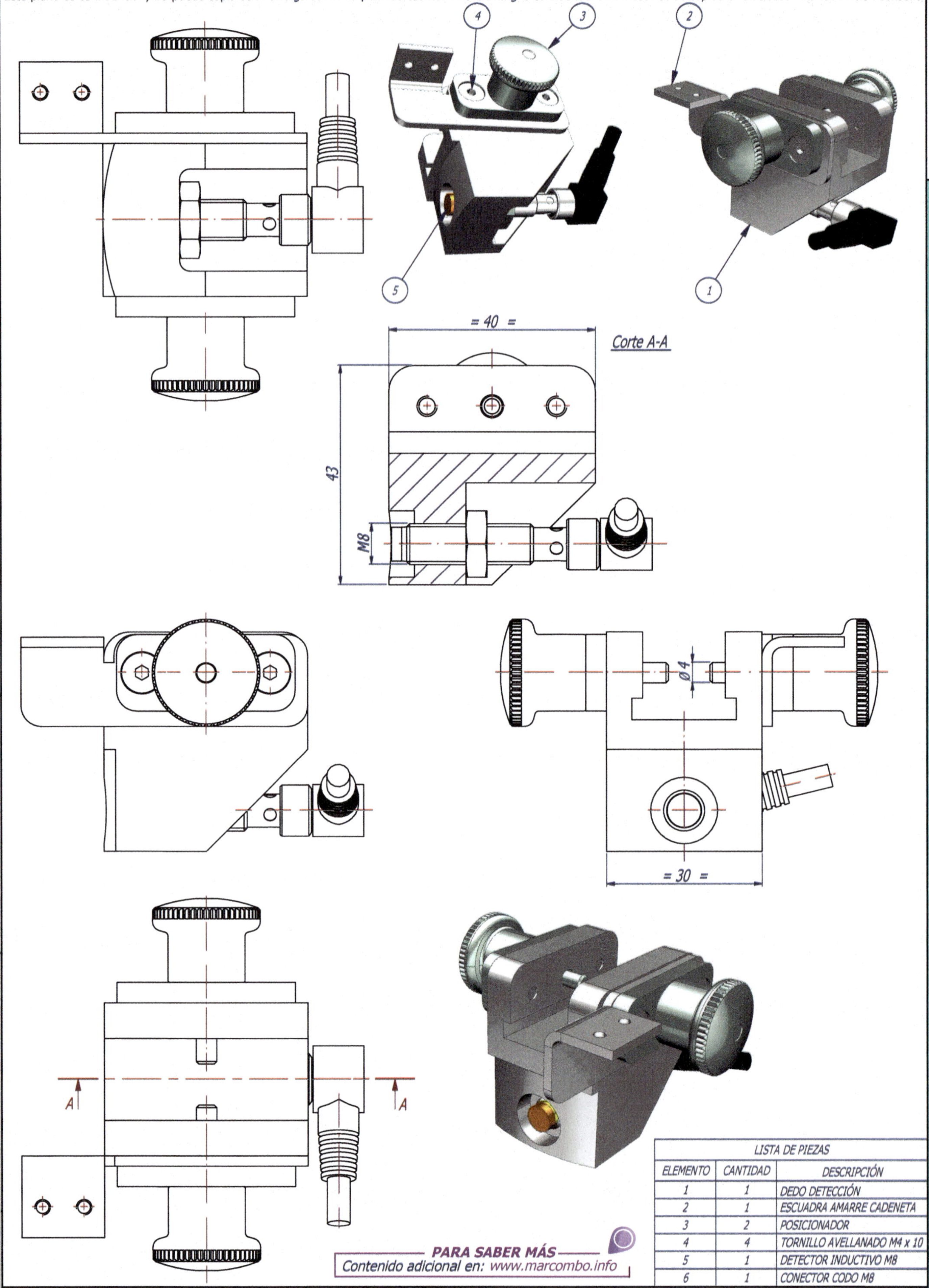

= 40 =

Corte A-A

43

M8

Ø4

= 30 =

A   A

PARA SABER MÁS
Contenido adicional en: www.marcombo.info

	LISTA DE PIEZAS	
ELEMENTO	CANTIDAD	DESCRIPCIÓN
1	1	DEDO DETECCIÓN
2	1	ESCUADRA AMARRE CADENETA
3	2	POSICIONADOR
4	4	TORNILLO AVELLANADO M4 x 10
5	1	DETECTOR INDUCTIVO M8
6	1	CONECTOR CODO M8

ALUMNO_____   GRUPO_____   NÚMERO_____   CALIFICACIÓN_____

Grabar número de pieza Matar aristas Radios no acotados R = 1 UNE-EN ISO 5456-2	CANTIDAD	MATERIAL	TRATAMIENTO	Marcombo Tecnología, Ciencia y Formación **Proyectos**	Tolerancia general: UNE-EN 22768-1 Soldadura: UNE-EN ISO 13920
	Escala: **1:1**			Mordaza con detector **MÁQUINA TRATAMIENTO CORONAS**	**708-01**
Peso: RAL:					Revisión: 00

1   2   3   4

EJERCICIOS

1.- Dibujar el plano acotado de la cubeta (material inoxidable AISI-304).

(Vista en 3D seccionada)

A

370

705

Corte A-A

B

B

PARA SABER MÁS
Contenido adicional en: www.marcombo.info

	LISTA DE PIEZAS	
ELEMENTO	CANTIDAD	DESCRIPCIÓN
1	1	CUBETA
2	1	BANDEJA MÓVIL
3	1	CARRO ELEVADOR
4	4	ARANDELA PLANA M16
5	4	TUERCA AUTOBLOCANTE M16

ALUMNO _____ GRUPO _____ NÚMERO _____ CALIFICACIÓN _____

Grabar número de pieza
Matar aristas
Radios no acotados R = 1
UNE-EN ISO 5456-2

CANTIDAD | MATERIAL | TRATAMIENTO

Marcombo
Tecnología, Ciencia y Formación

Proyectos

Tolerancia general: UNE-EN 22768-1
Soldadura: UNE-EN ISO 13920

Peso: | RAL:

Escala:

Cubeta
MÁQUINA TRATAMIENTO CORONAS

708-02

Revisión: 00

708.02

Dibujo de proyectos

EJERCICIOS

1.- Dibujar el plano acotado de las piezas 1, 2 y 3 (material inoxidable AISI-304).

LISTA DE PIEZAS

ELEMENTO	CANTIDAD	DESCRIPCIÓN
1	1	ESTRUCTURA MÓVIL
2	2	COLUMNA GUIADO Ø 30 x 670
3	1	TACO AMARRE RÓTULA
4	1	RÓTULA
5	1	EJE Ø 15 x 40
6	2	HORQUILLA
7	2	AMORTIGUADOR
8	4	ARANDELA PLANA M14
9	4	TORNILLO ALLEN M6 x 25
10	4	TORNILLO HEXAGONAL M6 x 30
11	4	ARANDELA ELÁSTICA M6
12	2	TUERCA AUTOBLOCANTE M18
13	2	ARANDELA PLANA M18
14	1	RODILLO

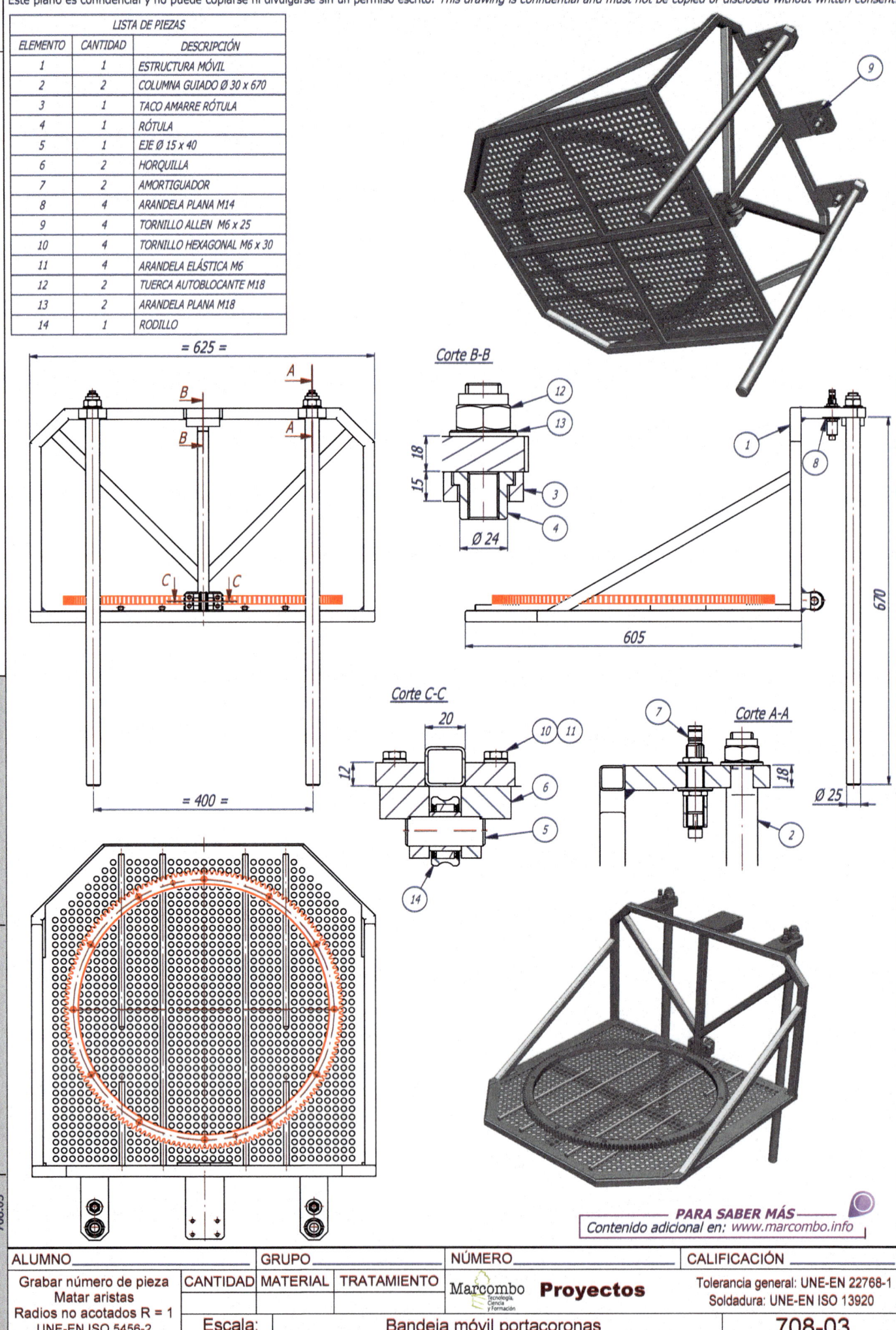

= 625 =

Corte B-B

= 400 =

Corte C-C

20

Corte A-A

Ø 25

Ø 24

605

670

708.03

ALUMNO		GRUPO		NÚMERO		CALIFICACIÓN

Grabar número de pieza Matar aristas Radios no acotados R = 1 UNE-EN ISO 5456-2	CANTIDAD	MATERIAL	TRATAMIENTO	Marcombo Tecnología, Ciencia y Formación	**Proyectos**	Tolerancia general: UNE-EN 22768-1 Soldadura: UNE-EN ISO 13920

Escala:

Bandeja móvil portacoronas
MÁQUINA TRATAMIENTO CORONAS

708-03

Peso: 30 kg | RAL:

Revisión:

1   2   3   4

Dibujo de proyectos

Este plano es confidencial y no puede copiarse ni divulgarse sin un permiso escrito. *This drawing is confidential and must not be copied or disclosed without written consent.*

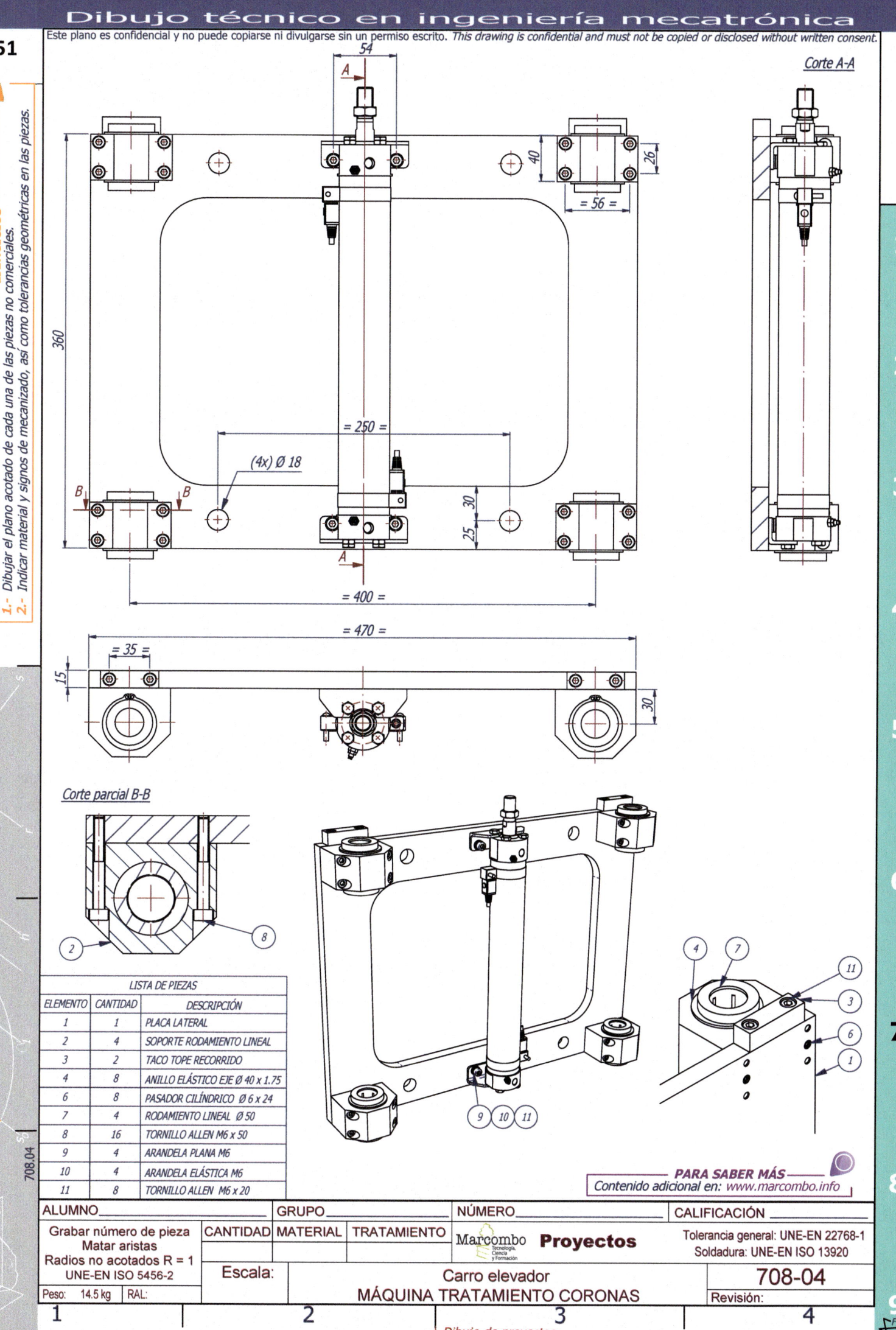

Corte A-A

54

Corte parcial B-B

360

= 250 =

(4x) Ø 18

= 400 =

= 470 =

= 35 =

40

26

= 56 =

30

25

30

15

LISTA DE PIEZAS

ELEMENTO	CANTIDAD	DESCRIPCIÓN
1	1	PLACA LATERAL
2	4	SOPORTE RODAMIENTO LINEAL
3	2	TACO TOPE RECORRIDO
4	8	ANILLO ELÁSTICO EJE Ø 40 x 1.75
6	8	PASADOR CILÍNDRICO Ø 6 x 24
7	4	RODAMIENTO LINEAL Ø 50
8	16	TORNILLO ALLEN M6 x 50
9	4	ARANDELA PLANA M6
10	4	ARANDELA ELÁSTICA M6
11	8	TORNILLO ALLEN M6 x 20

PARA SABER MÁS
Contenido adicional en: www.marcombo.info

ALUMNO		GRUPO		NÚMERO		CALIFICACIÓN	

Grabar número de pieza
Matar aristas
Radios no acotados R = 1
UNE-EN ISO 5456-2

CANTIDAD	MATERIAL	TRATAMIENTO

Marcombo
Tecnología,
Ciencia
y Formación

Proyectos

Tolerancia general: UNE-EN 22768-1
Soldadura: UNE-EN ISO 13920

Escala:

Carro elevador
MÁQUINA TRATAMIENTO CORONAS

708-04

Peso: 14.5 kg   RAL:

Revisión:

708.04

Este plano es confidencial y no puede copiarse ni divulgarse sin un permiso escrito. *This drawing is confidential and must not be copied or disclosed without written consent.*

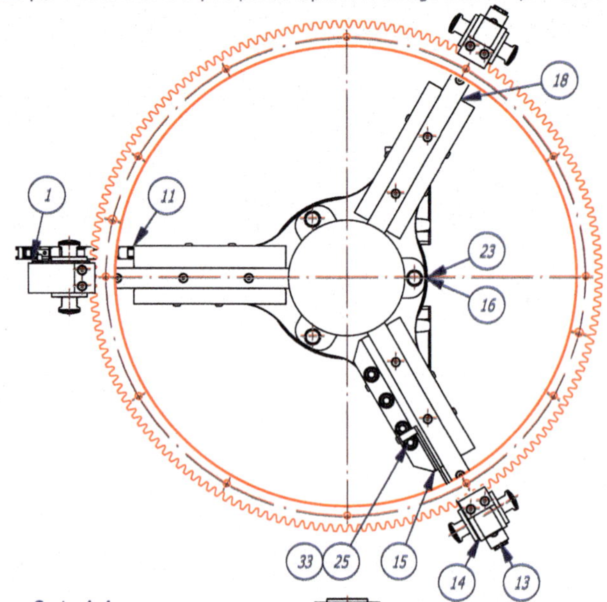

LISTA DE PIEZAS			LISTA DE PIEZAS		
ELEMENTO	CANTIDAD	DESCRIPCIÓN	ELEMENTO	CANTIDAD	DESCRIPCIÓN
1	10	ESCUADRA PORTA-CADENETA	26	1	CADENA PORTACABLE
2	12	CUÑA DE APOYO	27	4	TORMILLO LIMITADOR M12x40
3	3	BRAZO	28	4	PATÍN 25
4	1	DISCO INFERIOR	29	4	TUERCA HEXAGONAL M12
5	10	CONECTOR CODO M8	30	4	TORNILLO HEXAGONAL M8 x 30
6	2	PROTECCIÓN LATERAL	31	6	PATÍN 15
7	1	PLACA DE APOYO	32	24	MINIPOSICIONADOR
8	3	SEPARADOR	33	4	TUERCA HEXAGONAL M8 x 1
9	3	NERVIO	34	87	TORNILLO AVELLANADO M4 x 10
10	1	PROTECCIÓN	35	1	PINZA NEUMÁTICA 80
11	1	PROTECCIÓN	36	32	TORNILLO ALLEN M3 x 10
12	3	PROTECCIÓN INFERIOR	37	12	TORNILLO CABEZA ABOMBADA M4 x 8
13	3	REGLETA GUIADO INFERIOR	38	4	TORNILLO AVELLANADO M3 x 8
14	1	CHAPA INDENTIFICACION	39	15	TORNILLO ALLEN M4 x 20
15	1	PROTECCIÓN LATERAL	40	10	DETECTOR INDUCTIVO M8
16	1	PROTECCIÓN CENTRAL	41	10	ARANDELA PLANA M8
17	24	CASQUILLO AJUSTE	42	6	TORNILLO HEXAGONAL M8 x 22
18	1	PROTECCIÓN INFERIOR	43	10	DEDO (DETECCIÓN)
19	2	DEDO	44	12	PASADOR CILÍNDRICO Ø 6 x 16
20	10	PROTECCIÓN	45	24	TORNILLO ALLEN M4 x 10
21	1	PACA PORTA-PATINES	46	2	REGULADOR CAUDAL
22	1	PLACA INTERMENDIA	47	16	TORNILLO ALLEN M8 x 16
23	2	CHAPA PROTECCIÓN	48	1	CIINDRO NEUMÁTICO Ø 50 x 300
24	3	RAIL 20 x 160	49	4	MUELLE COMPRESIÓN
25	4	DETECTOR INDUCTIVO			

Corte A-A

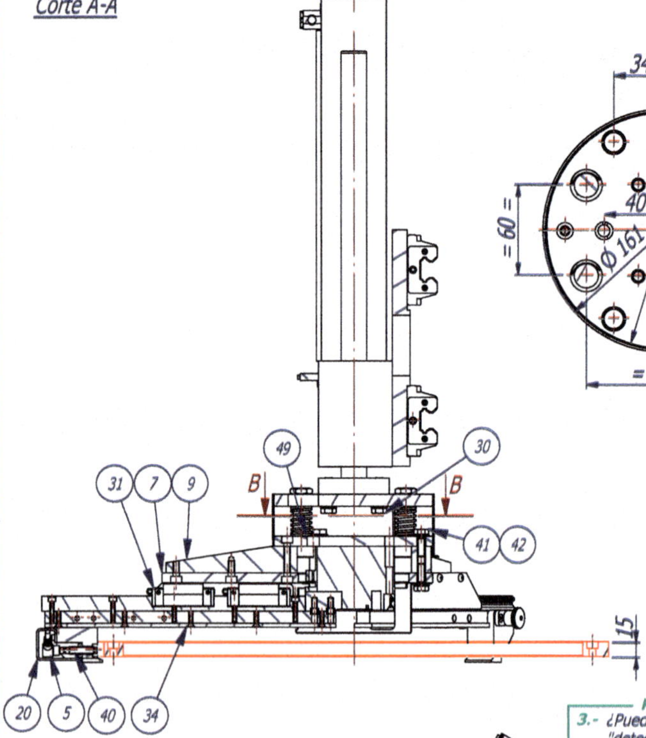

Corte B-B

34 33

Ø 156

40

Ø 161

35

= 60 =

= 70 =

= 104 =

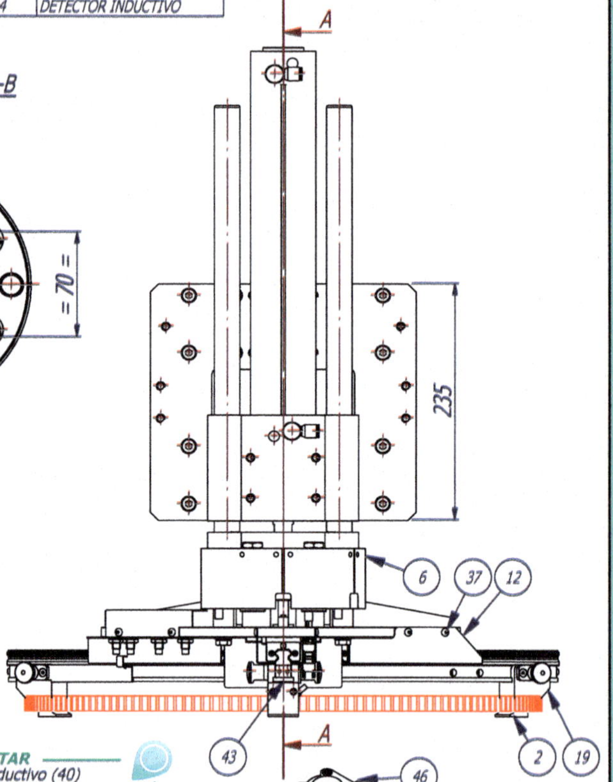

235

15

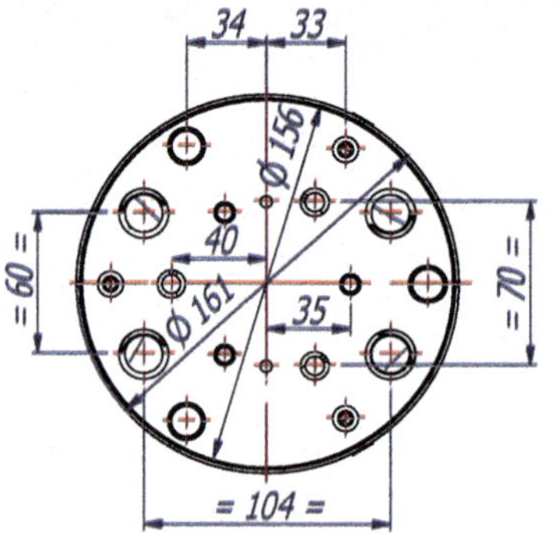

PARA COMPLETAR
3.- ¿Puede el detector inductivo (40) "detectar" la corona dentada si se cambia el módulo y el material de esta?
4.- En el manipulado de piñones de cadena ¿sería correcto o no dicho detector inductivo?

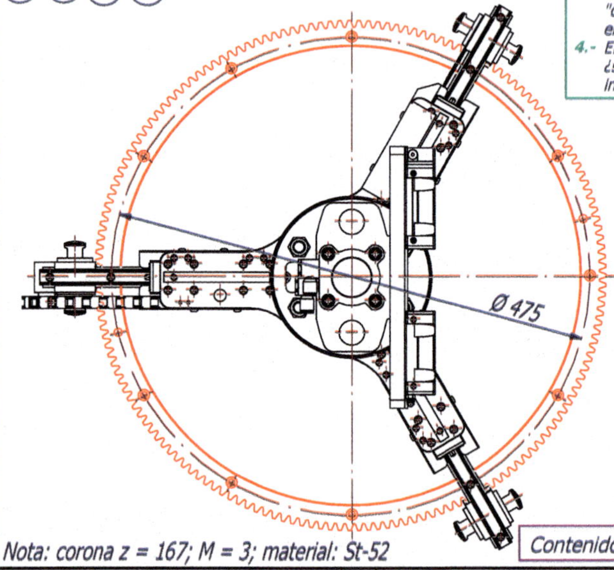

Ø 475

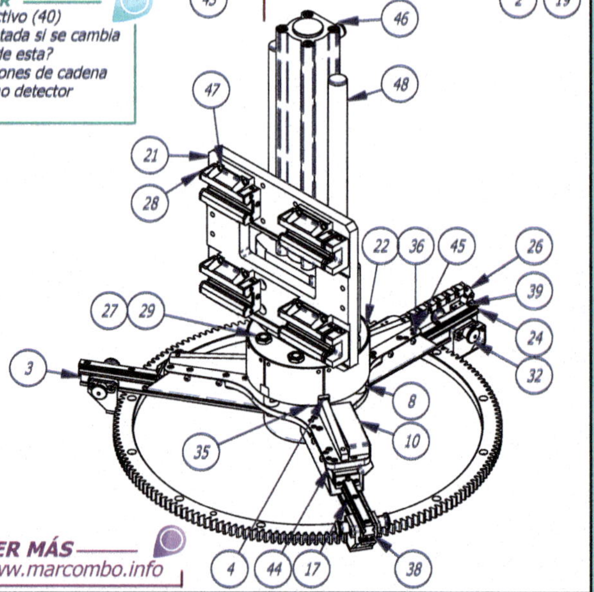

PARA SABER MÁS
Contenido adicional en: www.marcombo.info

Nota: corona z = 167; M = 3; material: St-52

ALUMNO				GRUPO		NÚMERO		CALIFICACIÓN	

Grabar número de pieza Matar aristas Radios no acotados R = 1 UNE-EN ISO 5456-2	CANTIDAD	MATERIAL	TRATAMIENTO	**Marcombo** Tecnología, Ciencia y Formación	**Proyectos**	Tolerancia general: UNE-EN 22768-1 Soldadura: UNE-EN ISO 13920

Escala: Manipulador   **708-05**

MÁQUINA TRATAMIENTO CORONAS

Peso: RAL: Revisión: 00

1   2   3   4

Dibujo de proyectos

708.05

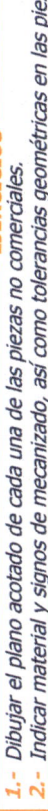

Corte A-A

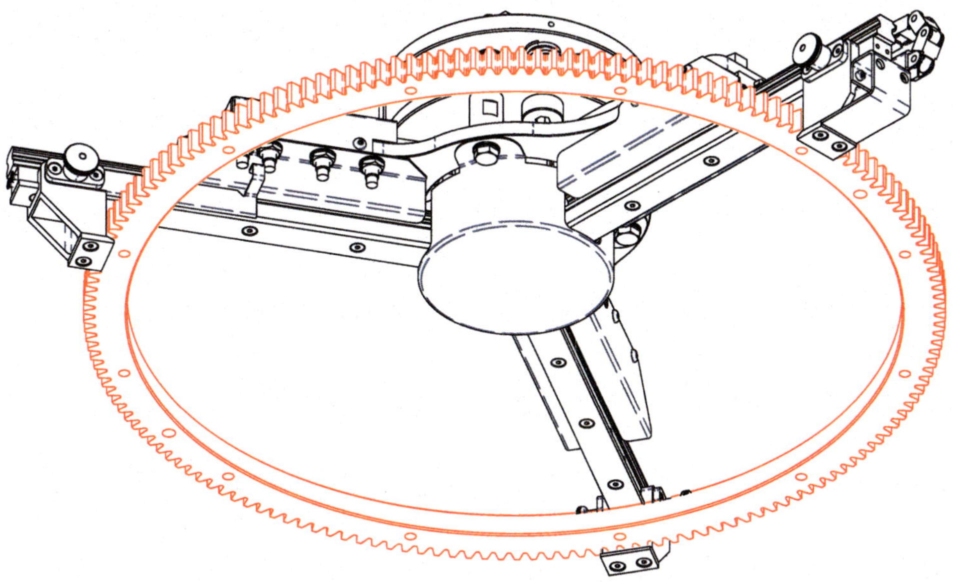

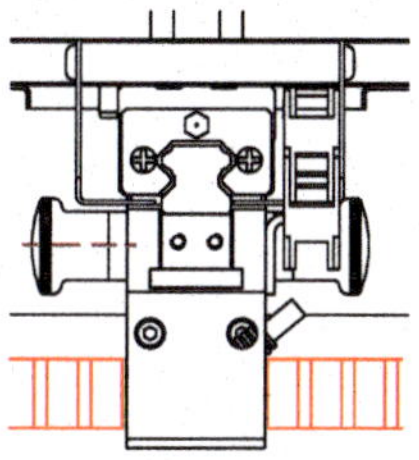

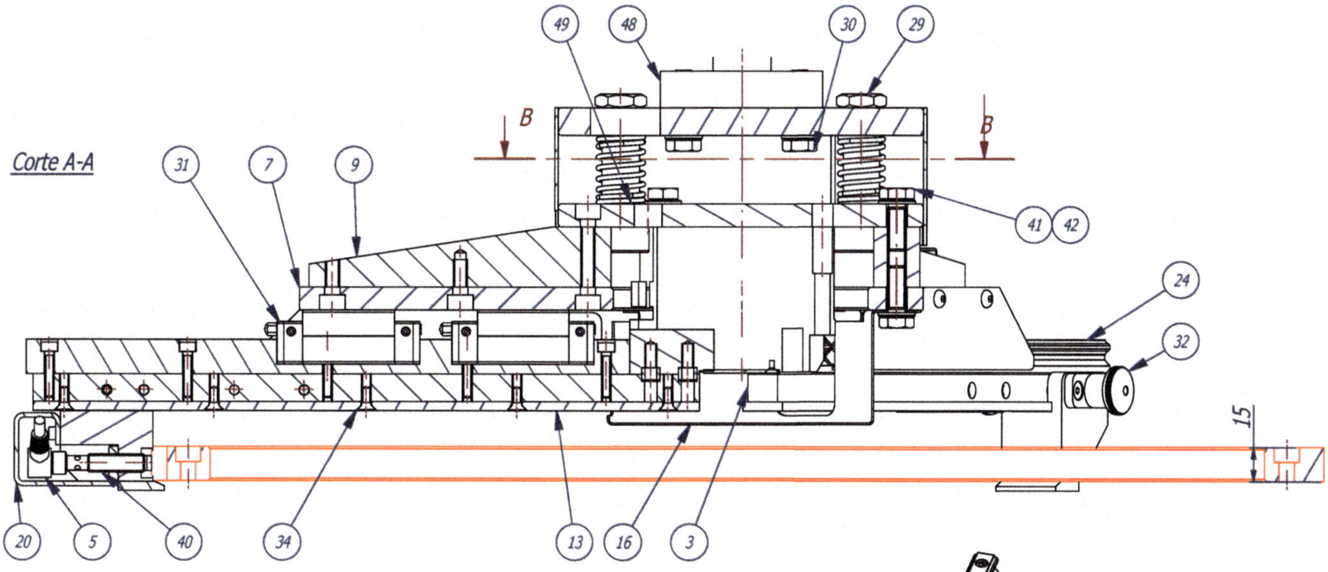

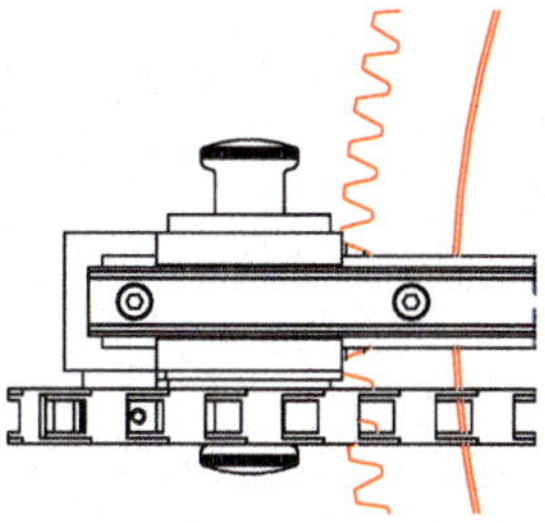

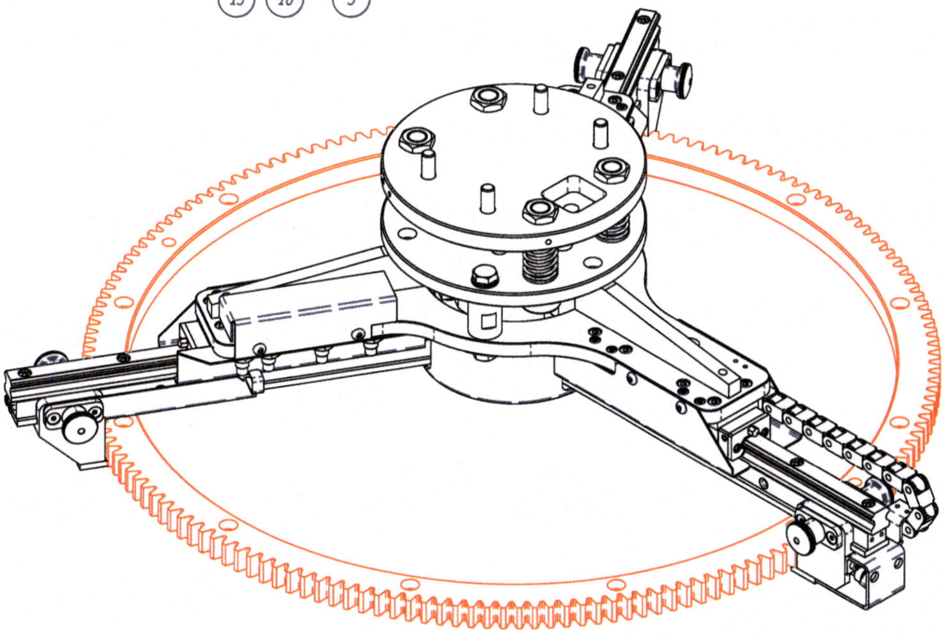

Nota: corona z = 167; M = 3; material: St-52

708.06

PARA SABER MÁS
Contenido adicional en: www.marcombo.info

ALUMNO_____		GRUPO_____		NÚMERO_____		CALIFICACIÓN _____
Grabar número de pieza Matar aristas Radios no acotados R = 1 UNE-EN ISO 5456-2	CANTIDAD	MATERIAL	TRATAMIENTO	Marcombo Tecnología, Ciencia y Formación	**Proyectos**	Tolerancia general: UNE-EN 22768-1 Soldadura: UNE-EN ISO 13920
Escala:			Manipulador			**708-06**
Peso:	RAL:	MÁQUINA TRATAMIENTO CORONAS				Revisión: 00

Dibujo de proyectos

Este plano es confidencial y no puede copiarse ni divulgarse sin un permiso escrito. *This drawing is confidential and must not be copied or disclosed without written consent.*

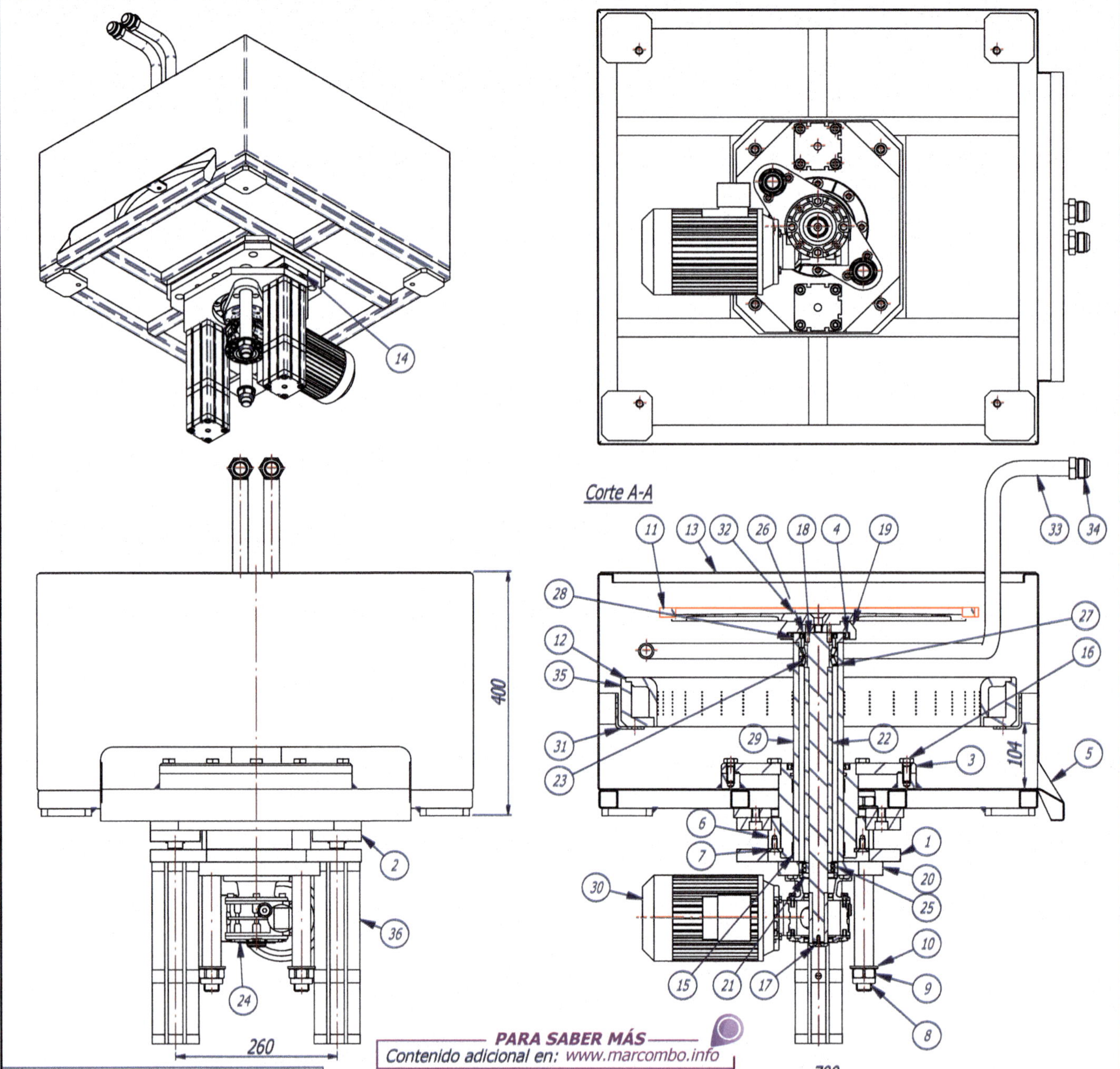

Corte A-A

400

260

104

700

PARA SABER MÁS
Contenido adicional en: www.marcombo.info

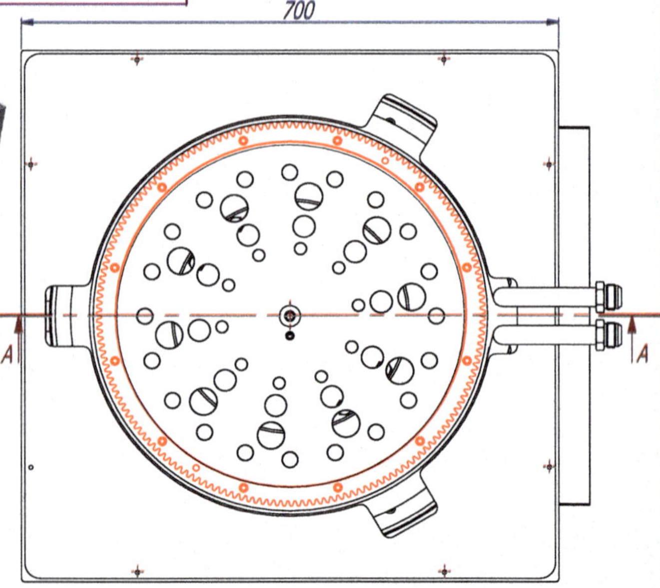

LISTA DE PIEZAS

ELEMENTO	CANTIDAD	DESCRIPCIÓN
1	1	PLACA
2	2	RÓTULA
3	1	BRIDA CENTRAL
4	2	RETÉN Ø 80 x Ø 100 x 10
5	1	CUBA
6	1	BRIDA MÓVIL
7	2	ANILLO TOPE
8	2	COLUMNA
9	4	TUERCA AUTOBLOCANTE M24
10	4	ARANDELA PLANA M24
11	1	CORONA Z = 167, M = 3
12	1	BRIDA AGUJEREADA
13	1	TAPA SUPERIOR
14	8	TORNILLO ALLEN M10x25
15	2	BANDA AUTOLUBRICANTE 20 x 2
16	12	TORNILLO HEXAGONAL M12 x 30
17	1	ARANDELA MOTOR
18	1	COLUMNA 1
19	1	DISCO INTERMEDIO
20	1	BRAZO
21	1	ANILLO
22	1	SEPARADOR
23	2	RODAMIENTO RODILLOS 32007X
24	1	REDUCTOR: I 1/28
25	1	RODAMIENTO BOLAS 1206
26	1	RETÉN Ø 60 x 8
27	1	ANILLO ELÁSTICO AGUJERO Ø 62 x 2

LISTA DE PIEZAS

ELEMENTO	CANTIDAD	DESCRIPCIÓN
28	1	BRIDA
29	1	SEPARADOR 1
30	1	MOTOR 1500 r.p.m.
31	4	CHAPA SOPORTE LATERAL
32	1	DISCO APOYO
33	1	CALEFACTOR
34	2	RACOR
35	1	ANILLO 1
36	2	CIINDRO NEUMÁTICO Ø 63 (CARRERA 60 + 80)

708.07

ALUMNO_____		GRUPO_____			NÚMERO_____		CALIFICACIÓN_____

Grabar número de pieza
Matar aristas
Radios no acotados R = 1
UNE-EN ISO 5456-2

CANTIDAD	MATERIAL	TRATAMIENTO

Marcombo
Tecnología, Ciencia y Formación

Proyectos

Tolerancia general: UNE-EN 22768-1
Soldadura: UNE-EN ISO 13920

Peso: | RAL:

Escala: **1:10**

Conjunto temple
MÁQUINA TRATAMIENTO CORONAS

708-07

Revisión: 00

Vista de perfil por D

709.00

ALUMNO		GRUPO		NÚMERO		CALIFICACIÓN	
Grabar número de pieza Matar aristas Radios no acotados R = 1 UNE-EN ISO 5456-2	CANTIDAD	MATERIAL	TRATAMIENTO	Marcombo Tecnología, Ciencia y Formación	**Proyectos**	Tolerancia general: UNE-EN 22768-1 Soldadura: UNE-EN ISO 13920	
	Escala: **1:20**			Vistas generales **MESA SIMPLE TIJERA**		**709-00**	
Peso:	RAL:					Revisión:	00

1   2   3   4

Dibujo de proyectos

1 2 3 4 5 6 7 8 9

PARA SABER MÁS
Contenido adicional en: *www.marcombo.info*

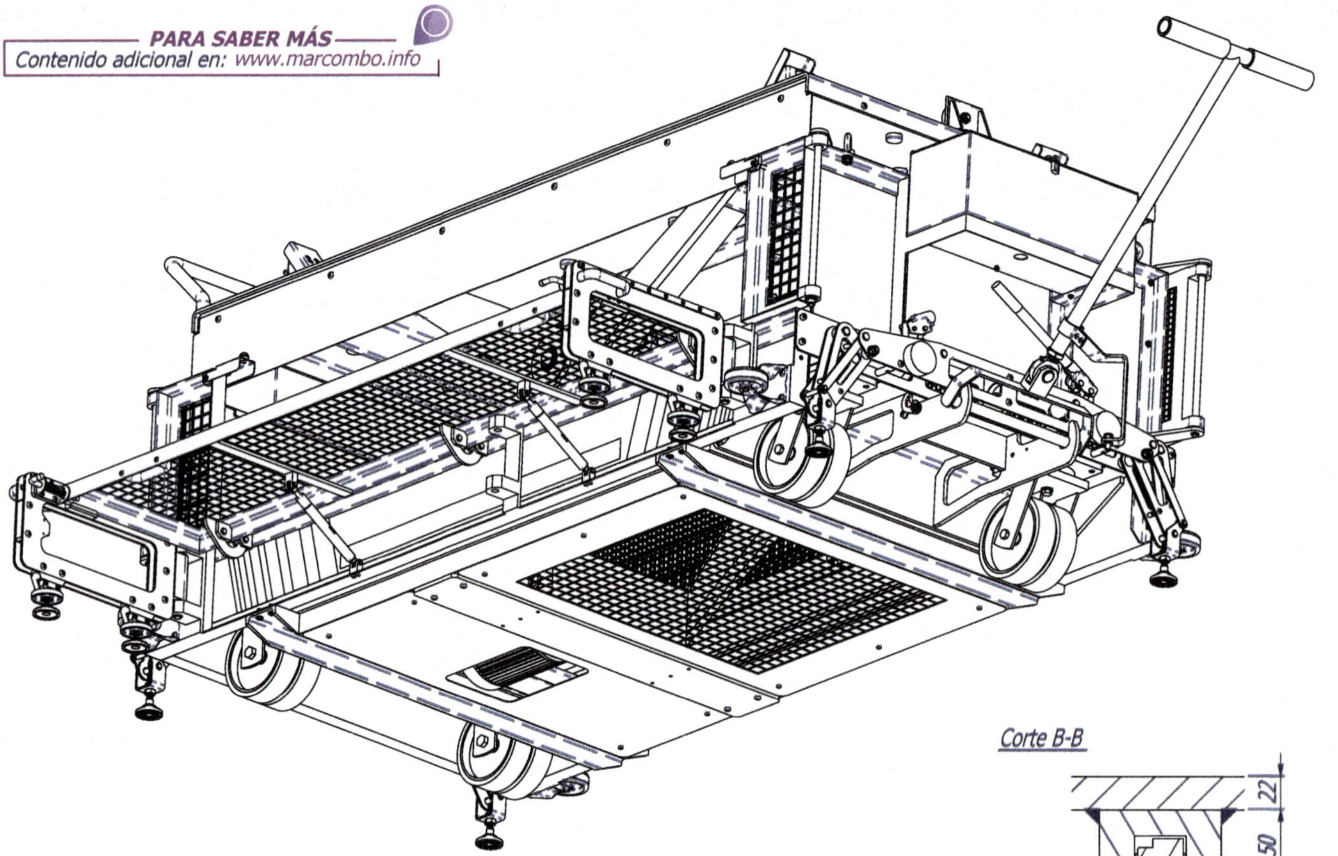

Corte B-B

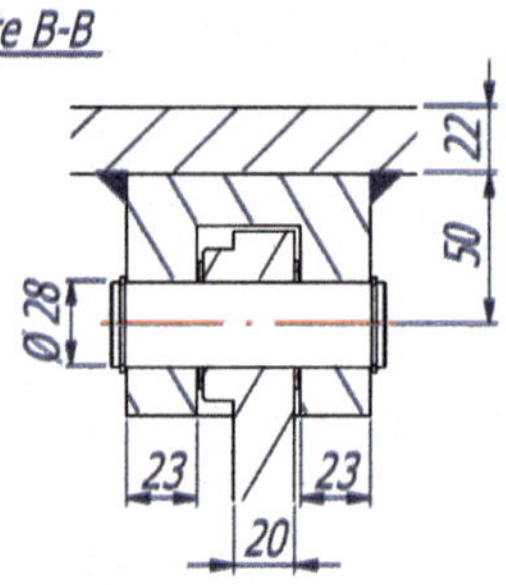

22
50
23 23
20
Ø 28

Corte A-A

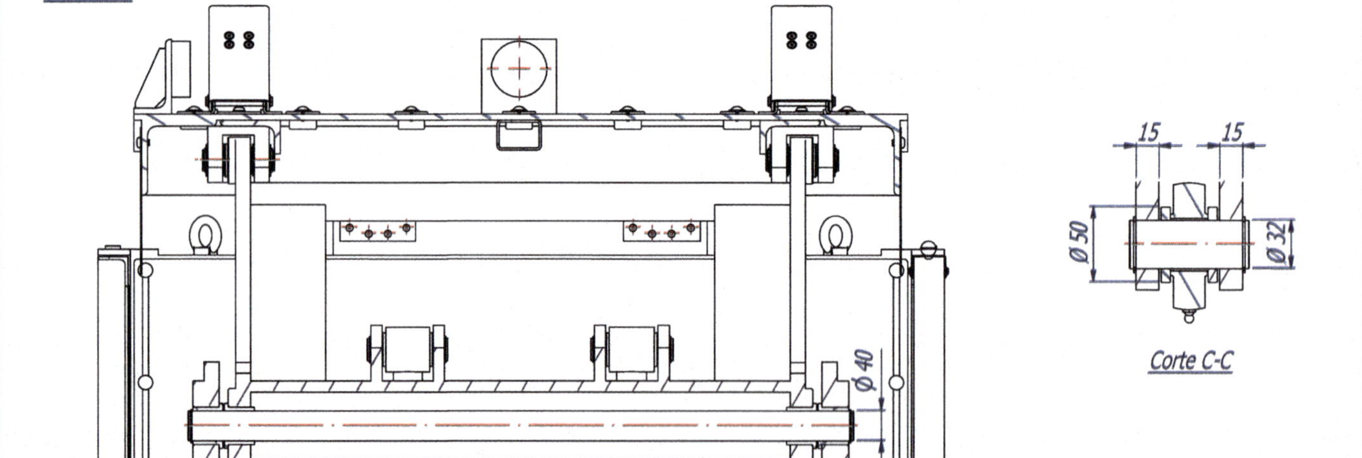

15 15
Ø 50 Ø 32

Corte C-C

Ø 40

709.01

ALUMNO		GRUPO		NÚMERO		CALIFICACIÓN	
Grabar número de pieza Matar aristas Radios no acotados R = 1 UNE-EN ISO 5456-2	CANTIDAD	MATERIAL	TRATAMIENTO	Marcombo Tecnología, Ciencia y Formación	Proyectos	Tolerancia general: UNE-EN 22768-1 Soldadura: UNE-EN ISO 13920	
	Escala:			Vistas generales MESA SIMPLE TIJERA		709-01	
Peso:	RAL:					Revisión:	00

1   2   3   4

Dibujo de proyectos

Este plano es confidencial y no puede copiarse ni divulgarse sin un permiso escrito. *This drawing is confidential and must not be copied or disclosed without written consent.*

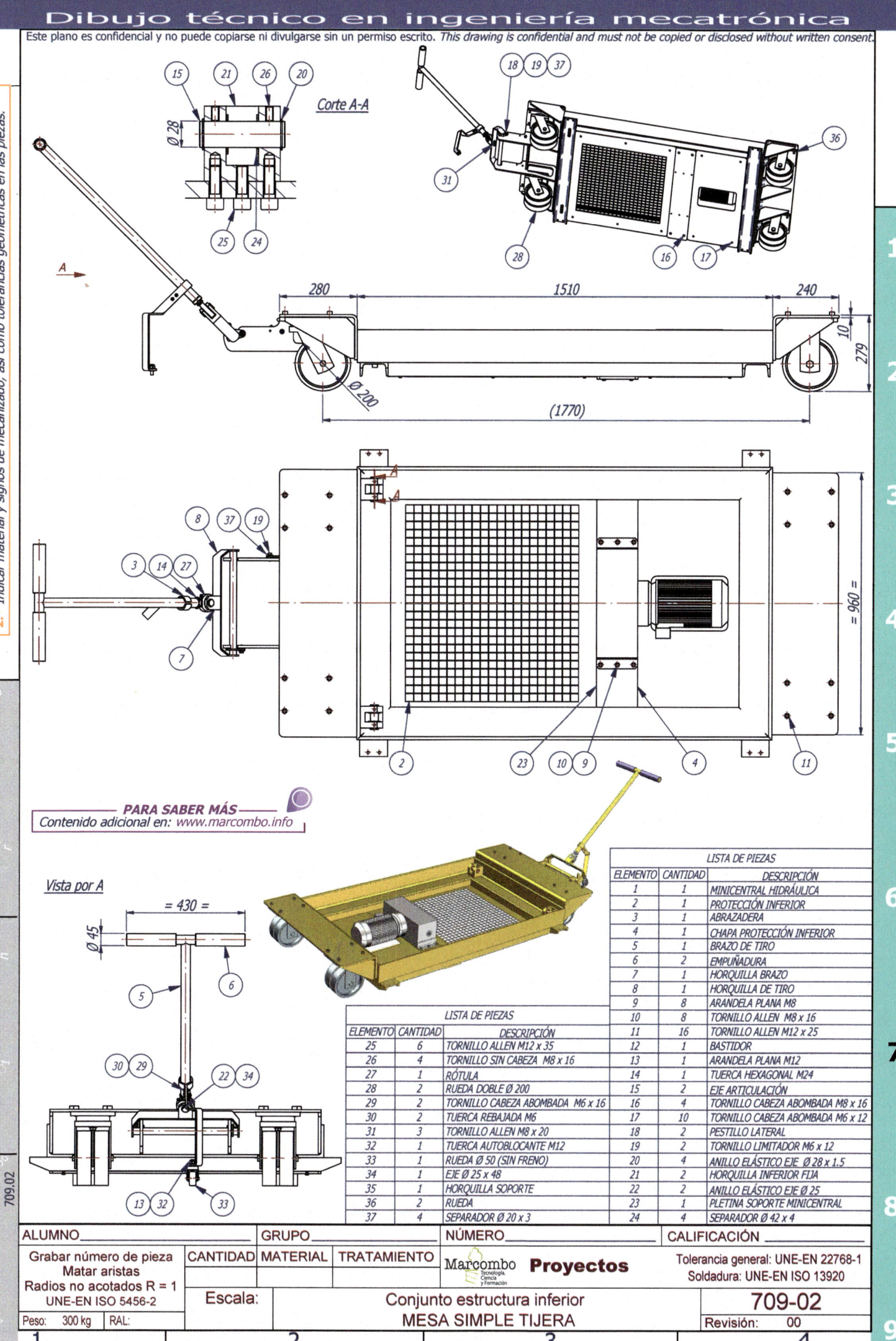

Corte A-A

Vista por A

PARA SABER MÁS
Contenido adicional en: *www.marcombo.info*

LISTA DE PIEZAS		
ELEMENTO	CANTIDAD	DESCRIPCIÓN
1	1	MINICENTRAL HIDRÁULICA
2	1	PROTECCIÓN INFERIOR
3	1	ABRAZADERA
4	1	CHAPA PROTECCIÓN INFERIOR
5	1	BRAZO DE TIRO
6	2	EMPUÑADURA
7	1	HORQUILLA BRAZO
8	1	HORQUILLA DE TIRO
9	8	ARANDELA PLANA M8
10	8	TORNILLO ALLEN M8 x 16
11	16	TORNILLO ALLEN M12 x 25
12	1	BASTIDOR
13	1	ARANDELA PLANA M12
14	1	TUERCA HEXAGONAL M24
15	2	EJE ARTICULACIÓN
16	4	TORNILLO CABEZA ABOMBADA M8 x 16
17	10	TORNILLO CABEZA ABOMBADA M6 x 12
18	2	PESTILLO LATERAL
19	2	TORNILLO LIMITADOR M6 x 12
20	4	ANILLO ELÁSTICO EJE Ø 28 x 1,5
21	2	HORQUILLA INFERIOR FIJA
22	2	ANILLO ELÁSTICO EJE Ø 25
23	1	PLETINA SOPORTE MINICENTRAL
24	4	SEPARADOR Ø 42 x 4

LISTA DE PIEZAS		
ELEMENTO	CANTIDAD	DESCRIPCIÓN
25	6	TORNILLO ALLEN M12 x 35
26	4	TORNILLO SIN CABEZA M8 x 16
27	1	RÓTULA
28	1	RUEDA DOBLE Ø 200
29	2	TORNILLO CABEZA ABOMBADA M6 x 16
30	2	TUERCA REBAJADA M6
31	3	TORNILLO ALLEN M8 x 20
32	1	TUERCA AUTOBLOCANTE M12
33	1	RUEDA Ø 50 (SIN FRENO)
34	1	EJE Ø 25 x 48
35	1	HORQUILLA SOPORTE
36	2	RUEDA
37	4	SEPARADOR Ø 20 x 3

ALUMNO			GRUPO			NÚMERO		CALIFICACIÓN	

Grabar número de pieza Matar aristas Radios no acotados R = 1 UNE-EN ISO 5456-2	CANTIDAD	MATERIAL	TRATAMIENTO	**Marcombo** Tecnología, Ciencia y Formación	**Proyectos**	Tolerancia general: UNE-EN 22768-1 Soldadura: UNE-EN ISO 13920
Peso: 300 kg	RAL:	Escala:		Conjunto estructura inferior MESA SIMPLE TIJERA		**709-02** Revisión: 00

709.02

Dibujo de proyectos

Este plano es confidencial y no puede copiarse ni divulgarse sin un permiso escrito. This drawing is confidential and must not be copied or disclosed without written consent.

Ø 60

Palanca
extraíble

100

4

709.03

PARA SABER MÁS
Contenido adicional en: www.marcombo.info

LISTA DE PIEZAS		
ELEMENTO	CANTIDAD	DESCRIPCIÓN
1	2	HORQUILLA ABATIBLE
2	2	EJE Ø 12 x 56
3	4	ANILLO ELÁSTICO EJE Ø 12 x 1
4	1	PISTÓN ACCIONAMIENTO MANUAL
5	4	TUERCA HEXAGONAL M12
6	4	TUERCA HEXAGONAL M14
7	4	SEPARADOR
8	2	EJE Ø 10 x 78
9	4	ANILLO ELÁSTICO EJE Ø 10 x 1
10	4	PLACA 210 x 20 x 4
11	4	ARANDELA BRONCE Ø 18 x 2.8
12	1	PLACA 1124 x 100 x 4
13	4	BIELA INTERMEDIA
14	6	SEPARADOR Ø 10 x 30
15	12	TORNILLO CABEZA ABOMBADA M6 x 12
16	1	PLACA CON FORMA
17	1	PLETINA SEPARADORA
18	2	EJE Ø 16 x 90
19	2	TOPE ANTIVIBRANTE
20	4	SEPARADOR Ø 25 x 11.9
21	2	EJE SEPARADOR Ø 15 x 74
22	8	TORNILLO CABEZA ABOMBADA M8 x 16
23	2	PIE BASE CON RÓTULA M14 x 70
24	2	EJE Ø 17 x 46
25	4	ANILLO ELÁSTICO Ø 17 x 1
26	4	TORNILLO ALLEN M8 x 16
27	4	TUERCA HEXAGONA M8
28	4	EJE ARTICULACIÓN INTERMEDIO
29	8	ANILLO ELÁSTICO EJE Ø 15 x 1
30	2	EJE DISTANCIADOR
31	4	TUERCA AUTOBLOCANTE M12
32	4	ARANDELA PLANA M12
33	4	ARANDELA BRONCE Ø 25 x 17
34	2	SEPARADOR Ø 25 x 30

ALUMNO_____		GRUPO_____		NÚMERO_____		CALIFICACIÓN_____
Grabar número de pieza Matar aristas Radios no acotados R = 1 UNE-EN ISO 5456-2	CANTIDAD	MATERIAL	TRATAMIENTO	Marcombo Tecnología, Ciencia y Formación	Proyectos	Tolerancia general: UNE-EN 22768-1 Soldadura: UNE-EN ISO 13920
	Escala:			Apoyo escamoteable trasero		709-03
Peso: 13 kg	RAL:			MESA SIMPLE TIJERA		Revisión: 00

Este plano es confidencial y no puede copiarse ni divulgarse sin un permiso escrito. *This drawing is confidential and must not be copied or disclosed without written consent.*

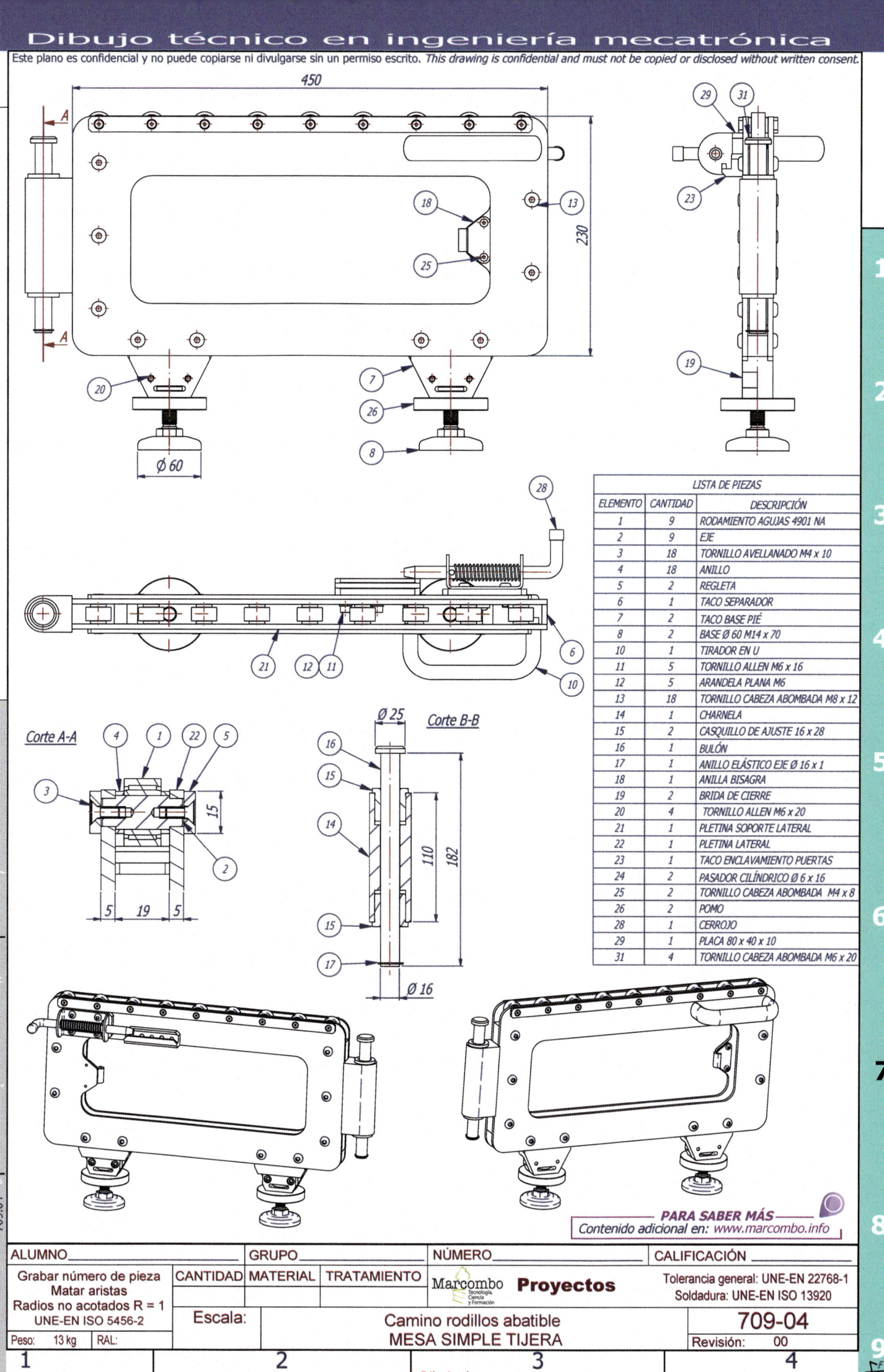

LISTA DE PIEZAS

ELEMENTO	CANTIDAD	DESCRIPCIÓN
1	9	RODAMIENTO AGUJAS 4901 NA
2	9	EJE
3	18	TORNILLO AVELLANADO M4 x 10
4	18	ANILLO
5	2	REGLETA
6	1	TACO SEPARADOR
7	2	TACO BASE PIÉ
8	2	BASE Ø 60 M14 x 70
10	1	TIRADOR EN U
11	5	TORNILLO ALLEN M6 x 16
12	5	ARANDELA PLANA M6
13	18	TORNILLO CABEZA ABOMBADA M8 x 12
14	1	CHARNELA
15	2	CASQUILLO DE AJUSTE 16 x 28
16	1	BULÓN
17	1	ANILLO ELÁSTICO EJE Ø 16 x 1
18	1	ANILLA BISAGRA
19	2	BRIDA DE CIERRE
20	4	TORNILLO ALLEN M6 x 20
21	1	PLETINA SOPORTE LATERAL
22	1	PLETINA LATERAL
23	1	TACO ENCLAVAMIENTO PUERTAS
24	2	PASADOR CILÍNDRICO Ø 6 x 16
25	2	TORNILLO CABEZA ABOMBADA M4 x 8
26	2	POMO
28	1	CERROJO
29	1	PLACA 80 x 40 x 10
31	4	TORNILLO CABEZA ABOMBADA M6 x 20

Corte A-A

Corte B-B

PARA SABER MÁS
Contenido adicional en: www.marcombo.info

ALUMNO		GRUPO		NÚMERO		CALIFICACIÓN	

	CANTIDAD	MATERIAL	TRATAMIENTO			
Grabar número de pieza Matar aristas Radios no acotados R = 1 UNE-EN ISO 5456-2				Marcombo Tecnología, Ciencia y Formación	**Proyectos**	Tolerancia general: UNE-EN 22768-1 Soldadura: UNE-EN ISO 13920

Peso:	13 kg	RAL:	Escala:	Camino rodillos abatible MESA SIMPLE TIJERA	**709-04**
					Revisión: 00

Dibujo de proyectos

709.04

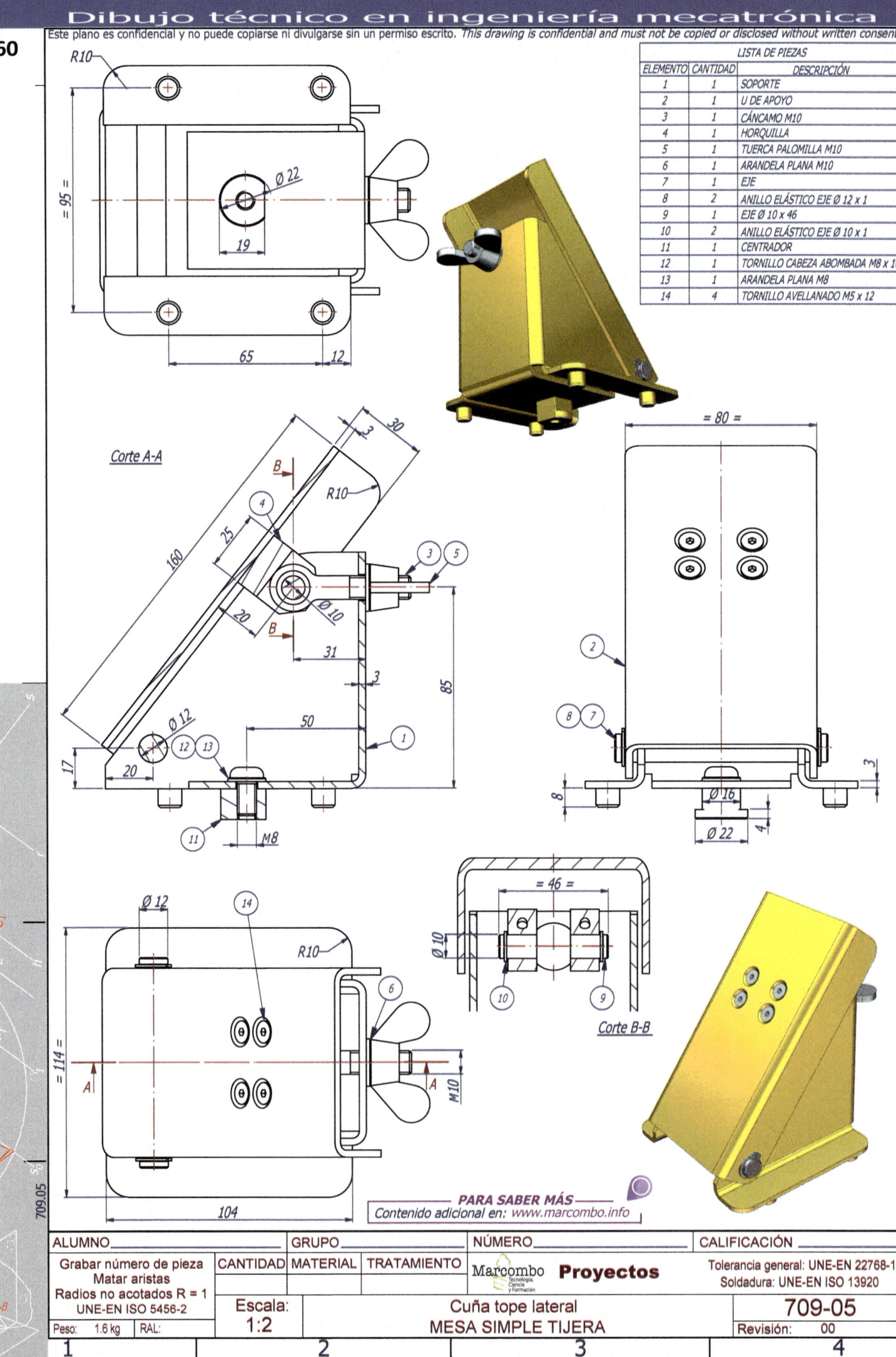

LISTA DE PIEZAS		
ELEMENTO	CANTIDAD	DESCRIPCIÓN
1	1	SOPORTE
2	1	U DE APOYO
3	1	CÁNCAMO M10
4	1	HORQUILLA
5	1	TUERCA PALOMILLA M10
6	1	ARANDELA PLANA M10
7	1	EJE
8	2	ANILLO ELÁSTICO EJE Ø 12 x 1
9	1	EJE Ø 10 x 46
10	2	ANILLO ELÁSTICO EJE Ø 10 x 1
11	1	CENTRADOR
12	1	TORNILLO CABEZA ABOMBADA M8 x 16
13	1	ARANDELA PLANA M8
14	4	TORNILLO AVELLANADO M5 x 12

Corte A-A

Corte B-B

PARA SABER MÁS
Contenido adicional en: www.marcombo.info

ALUMNO				NÚMERO		CALIFICACIÓN	
		GRUPO					

Grabar número de pieza
Matar aristas
Radios no acotados R = 1
UNE-EN ISO 5456-2

CANTIDAD	MATERIAL	TRATAMIENTO

Marcombo
Tecnología, Ciencia y Formación

Proyectos

Tolerancia general: UNE-EN 22768-1
Soldadura: UNE-EN ISO 13920

Escala: 1:2		Cuña tope lateral	**709-05**

MESA SIMPLE TIJERA

Peso: 1.6 kg | RAL:

Revisión: 00

Este plano es confidencial y no puede copiarse ni divulgarse sin un permiso escrito. *This drawing is confidential and must not be copied or disclosed without written consent.*

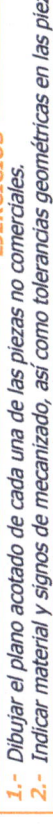

Corte A-A

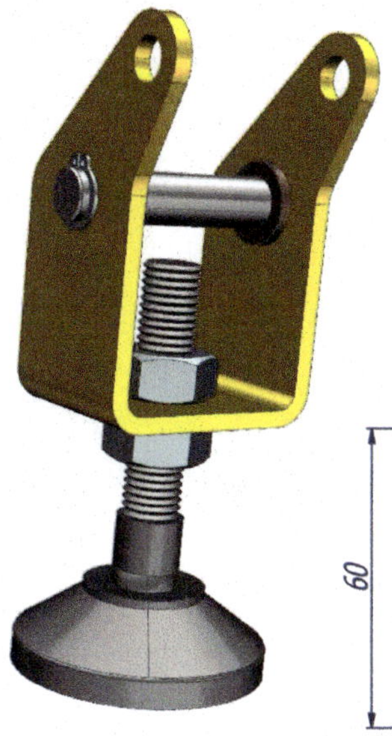

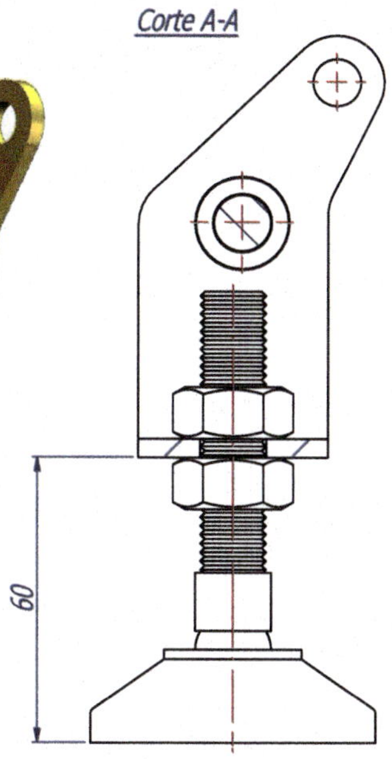

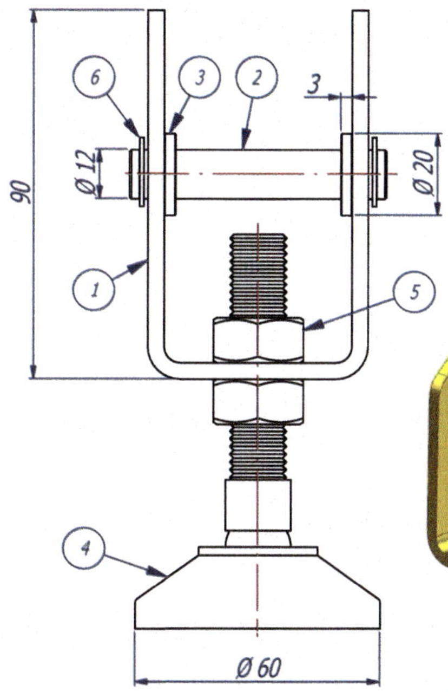

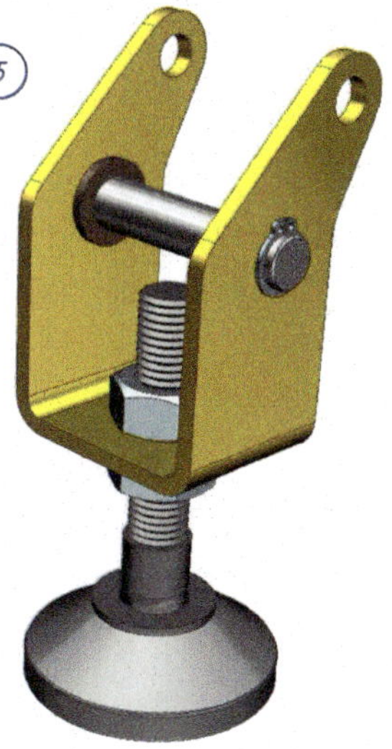

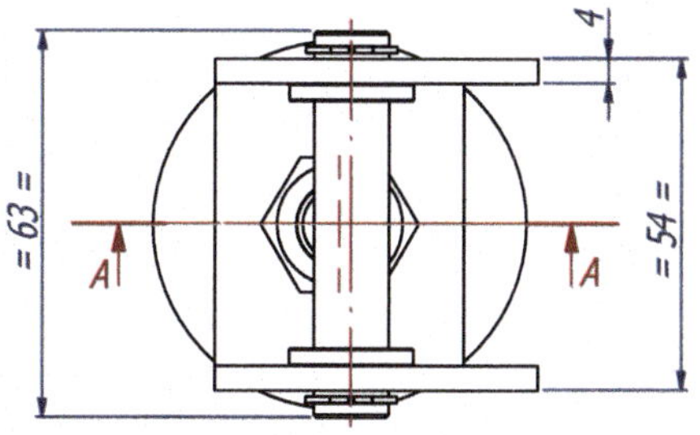

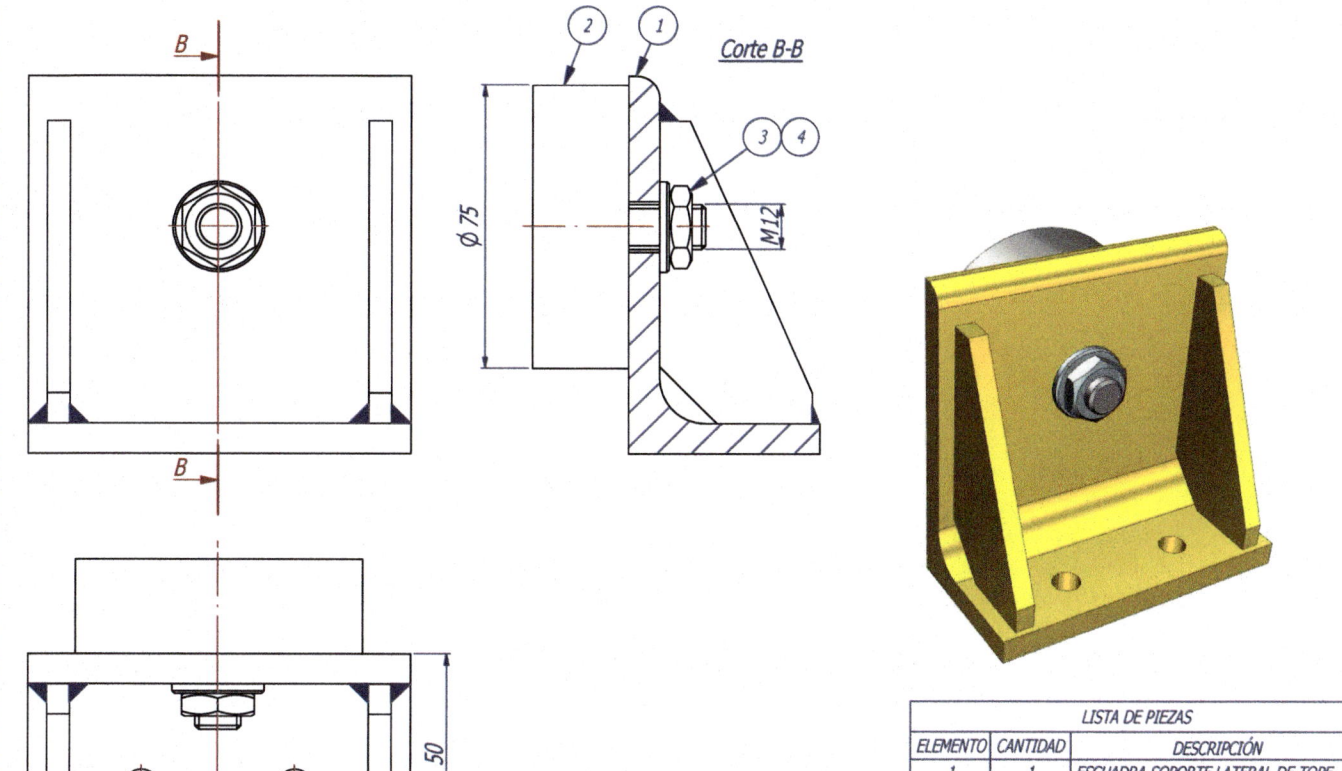

LISTA DE PIEZAS

ELEMENTO	CANTIDAD	DESCRIPCIÓN
1	1	HORQUILLA ABATIBLE
2	1	EJE Ø 12 x 56
3	2	SEPARADOR
4	1	PIE BASE CON RÓTULA M14 x 70
5	2	TUERCA HEXAGONAL M14
6	2	ANILLO ELÁSTICO EJE Ø 12 x 1

Corte B-B

LISTA DE PIEZAS

ELEMENTO	CANTIDAD	DESCRIPCIÓN
1	1	ESCUADRA SOPORTE LATERAL DE TOPE
2	1	TOPE ANTIVIBRANTE
3	1	TUERCA HEXAGONAL M12
4	1	ARANDELA PLANA M12

PARA SABER MÁS
Contenido adicional en: www.marcombo.info

ALUMNO		GRUPO		NÚMERO	CALIFICACIÓN

Grabar número de pieza
Matar aristas
Radios no acotados R = 1
UNE-EN ISO 5456-2

CANTIDAD	MATERIAL	TRATAMIENTO

Marcombo
Tecnología, Ciencia y Formación
Proyectos

Tolerancia general: UNE-EN 22768-1
Soldadura: UNE-EN ISO 13920

Peso: | RAL:

Escala:
1:2

Conjunto topes laterales y pies de apoyo
MESA SIMPLE TIJERA

709-06

Revisión: 00

Este plano es confidencial y no puede copiarse ni divulgarse sin un permiso escrito. *This drawing is confidential and must not be copied or disclosed without written consent.*

EJERCICIOS

1.- Dibujar el plano acotado de cada una de las piezas no comerciales.
2.- Indicar material y signos de mecanizado, así como tolerancias geométricas en las piezas.

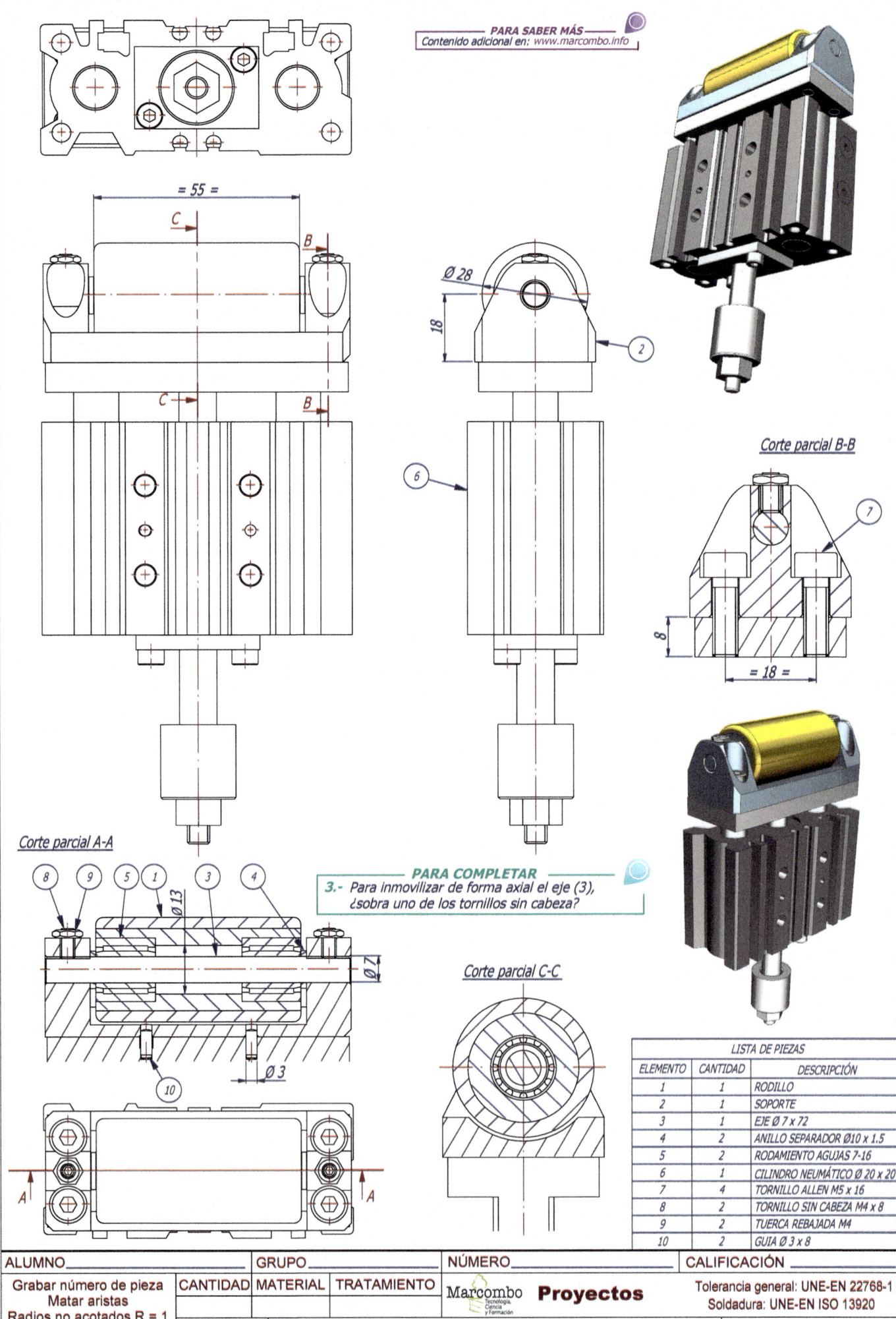

PARA SABER MÁS
Contenido adicional en: *www.marcombo.info*

= 55 =

Ø 28

18

Corte parcial B-B

= 18 =

8

Ø 13

Ø 7

Corte parcial A-A

PARA COMPLETAR
3.- Para inmovilizar de forma axial el eje (3),
¿sobra uno de los tornillos sin cabeza?

Ø 3

Corte parcial C-C

LISTA DE PIEZAS		
ELEMENTO	CANTIDAD	DESCRIPCIÓN
1	1	RODILLO
2	1	SOPORTE
3	1	EJE Ø 7 x 72
4	2	ANILLO SEPARADOR Ø10 x 1.5
5	2	RODAMIENTO AGUJAS 7-16
6	1	CILINDRO NEUMÁTICO Ø 20 x 20
7	4	TORNILLO ALLEN M5 x 16
8	2	TORNILLO SIN CABEZA M4 x 8
9	2	TUERCA REBAJADA M4
10	2	GUIA Ø 3 x 8

ALUMNO		GRUPO			NÚMERO		CALIFICACIÓN	

Grabar número de pieza Matar aristas Radios no acotados R = 1 UNE-EN ISO 5456-2	CANTIDAD	MATERIAL	TRATAMIENTO	Marcombo Tecnología, Ciencia y Formación	**Proyectos**	Tolerancia general: UNE-EN 22768-1 Soldadura: UNE-EN ISO 13920

Escala: Conjunto pisador de panel
RANURADORA DE PANELES

709-07

Peso: RAL: Revisión: 00

709.07

Este plano es confidencial y no puede copiarse ni divulgarse sin un permiso escrito. *This drawing is confidential and must not be copied or disclosed without written consent.*

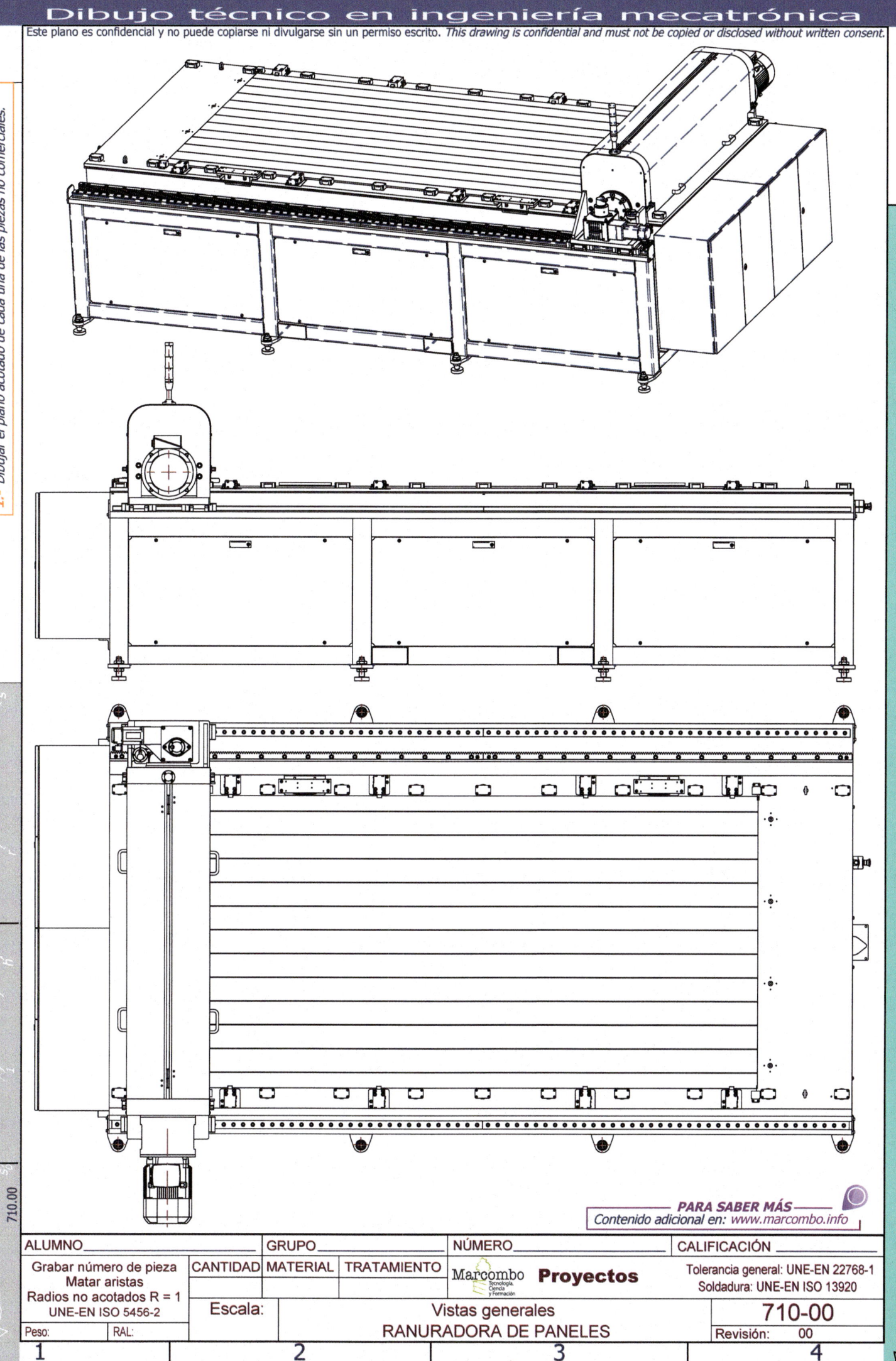

710.00

PARA SABER MÁS
Contenido adicional en: www.marcombo.info

ALUMNO		GRUPO			NÚMERO		CALIFICACIÓN
Grabar número de pieza Matar aristas Radios no acotados R = 1 UNE-EN ISO 5456-2	CANTIDAD	MATERIAL	TRATAMIENTO	Marcombo Tecnología, Ciencia y Formación	**Proyectos**		Tolerancia general: UNE-EN 22768-1 Soldadura: UNE-EN ISO 13920
Peso:	RAL:	Escala:		Vistas generales RANURADORA DE PANELES			710-00 Revisión: 00

Dibujo de proyectos

Este plano es confidencial y no puede copiarse ni divulgarse sin un permiso escrito. *This drawing is confidential and must not be copied or disclosed without written consent.*

EJERCICIOS

1.- Dibujar el plano acotado de cada una de las piezas no comerciales.

PARA SABER MÁS

Contenido adicional en: www.marcombo.info

Corte A-A

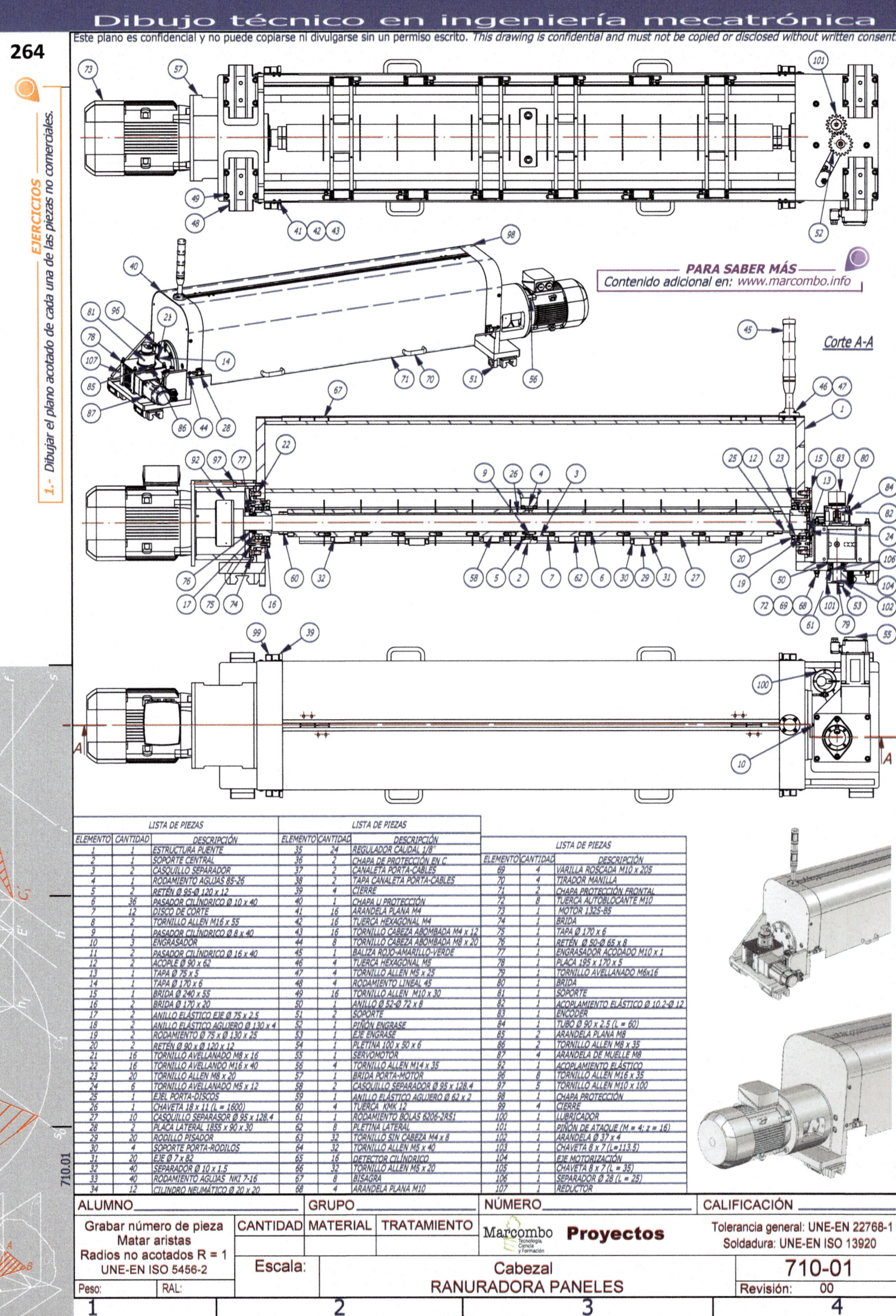

LISTA DE PIEZAS		
ELEMENTO	CANTIDAD	DESCRIPCIÓN
1	1	ESTRUCTURA PUENTE
2	1	SOPORTE CENTRAL
3	2	CASQUILLO SEPARADOR
4	1	RODAMIENTO AGUJAS 85-26
5	2	RETÉN Ø 95-Ø 120 x 12
6	36	PASADOR CILÍNDRICO Ø 10 x 40
7	12	DISCO DE CORTE
8	2	TORNILLO ALLEN M16 x 55
9	1	PASADOR CILÍNDRICO Ø 8 x 40
10	3	ENGRASADOR
11	2	PASADOR CILÍNDRICO Ø 16 x 40
12	2	ACOPLE Ø 90 x 62
13	1	TAPA Ø 75 x 5
14	1	TAPA Ø 170 x 6
15	1	BRIDA Ø 240 x 55
16	2	BRIDA Ø 170 x 20
17	2	ANILLO ELÁSTICO EJE Ø 75 x 2,5
18	1	ANILLO ELÁSTICO AGUJERO Ø 130 x 4
19	2	RODAMIENTO Ø 75 x Ø 130 x 25
20	2	RETÉN Ø 90 x Ø 120 x 12
21	16	TORNILLO AVELLANADO M8 x 16
22	16	TORNILLO AVELLANADO M16 x 40
23	20	TORNILLO ALLEN M8 x 20
24	6	TORNILLO AVELLANADO M5 x 12
25	1	EJE L PORTA-DISCOS
26	1	CHAVETA 18 x 11 (L = 1600)
27	10	CASQUILLO SEPARADOR Ø 95 x 128,4
28	2	PLACA LATERAL 1855 x 90 x 30
29	2	RODILLO PISADOR
30	4	SOPORTE PORTA-RODILOS
31	20	EJE Ø 7 x 82
32	40	SEPARADOR Ø 10 x 1,5
33	40	RODAMIENTO AGUJAS NKI 7-16
34	12	CILINDRO NEUMÁTICO Ø 20 x 20

LISTA DE PIEZAS		
ELEMENTO	CANTIDAD	DESCRIPCIÓN
35	24	REGULADOR CAUDAL 1/8"
36	2	CHAPA DE PROTECCIÓN EN C
37	2	CANALETA PORTA-CABLES
38	2	TAPA CANALETA PORTA-CABLES
39	1	CIERRE
40	1	CHAPA U PROTECCIÓN
41	16	ARANDELA PLANA M4
42	16	TUERCA HEXAGONAL M4
43	16	TORNILLO CABEZA ABOMBADA M4 x 12
44	8	TORNILLO CABEZA ABOMBADA M8 x 20
45	1	BALIZA ROJO-AMARILLO-VERDE
46	4	TUERCA HEXAGONAL M5
47	4	TORNILLO ALLEN M5 x 25
48	4	RODAMIENTO LINEAL 45
49	16	TORNILLO ALLEN M10 x 30
50	1	ANILLO Ø 52-Ø 72 x 8
51	2	SOPORTE
52	1	PIÑON ENGRASE
53	1	EJE ENGRASE
54	1	PLETINA 100 x 50 x 6
55	1	SERVOMOTOR
56	4	TORNILLO ALLEN M14 x 35
57	1	BRIDA PORTA-MOTOR
58	2	CASQUILLO SEPARADOR Ø 95 x 128,4
59	1	ANILLO ELÁSTICO AGUJERO Ø 62 x 2
60	4	TUERCA KMK 12
61	2	RODAMIENTO BOLAS 6206-2RS1
62	8	PLETINA LATERAL
63	32	TORNILLO SIN CABEZA M4 x 8
64	32	TORNILLO ALLEN M5 x 40
65	16	DETECTOR CILÍNDRICO
66	32	TORNILLO ALLEN M5 x 20
67	8	BISAGRA
68	4	ARANDELA PLANA M10

LISTA DE PIEZAS		
ELEMENTO	CANTIDAD	DESCRIPCIÓN
69	4	VARILLA ROSCADA M10 x 205
70	4	TIRADOR MANILLA
71	2	CHAPA PROTECCIÓN FRONTAL
72	8	TUERCA AUTOBLOCANTE M10
73	1	MOTOR 132S-B5
74	1	BRIDA
75	1	TAPA Ø 170 x 6
76	1	RETÉN Ø 50-Ø 65 x 8
77	1	ENGRASADOR ACODADO M10 x 1
78	1	PLACA 195 x 170 x 5
79	1	TORNILLO AVELLANADO M6x16
80	1	BRIDA
81	1	SOPORTE
82	1	ACOPLAMIENTO ELÁSTICO Ø 10,2-Ø 12
83	1	ENCODER
84	1	TUBO Ø 90 x 2,5 (L = 60)
85	2	ARANDELA PLANA M8
86	2	TORNILLO ALLEN M8 x 35
87	4	ARANDELA DE MUELLE M8
92	1	ACOPLAMIENTO ELÁSTICO
96	3	TORNILLO ALLEN M16 x 35
97	5	TORNILLO ALLEN M10 x 100
98	1	CHAPA PROTECCIÓN
99	4	CIERRE
100	1	LUBRICADOR
101	1	PIÑON DE ATAQUE (M = 4; z = 16)
102	1	ARANDELA Ø 37 x 4
103	1	CHAVETA 8 x 7 (L=113,5)
104	1	EJE MOTORIZACIÓN
105	1	CHAVETA 8 x 7 (L = 35)
106	1	SEPARADOR Ø 28 (L = 25)
107	1	REDUCTOR

ALUMNO		GRUPO		NÚMERO		CALIFICACIÓN	

Grabar número de pieza
Matar aristas
Radios no acotados R = 1
UNE-EN ISO 5456-2

CANTIDAD	MATERIAL	TRATAMIENTO

Marcombo
Tecnología, Ciencia y Formación

Proyectos

Tolerancia general: UNE-EN 22768-1
Soldadura: UNE-EN ISO 13920

Escala:

Peso: | RAL:

Cabezal
RANURADORA PANELES

710-01

Revisión: | 00

Dibujo de proyectos

Este plano es confidencial y no puede copiarse ni divulgarse sin un permiso escrito. *This drawing is confidential and must not be copied or disclosed without written consent.*

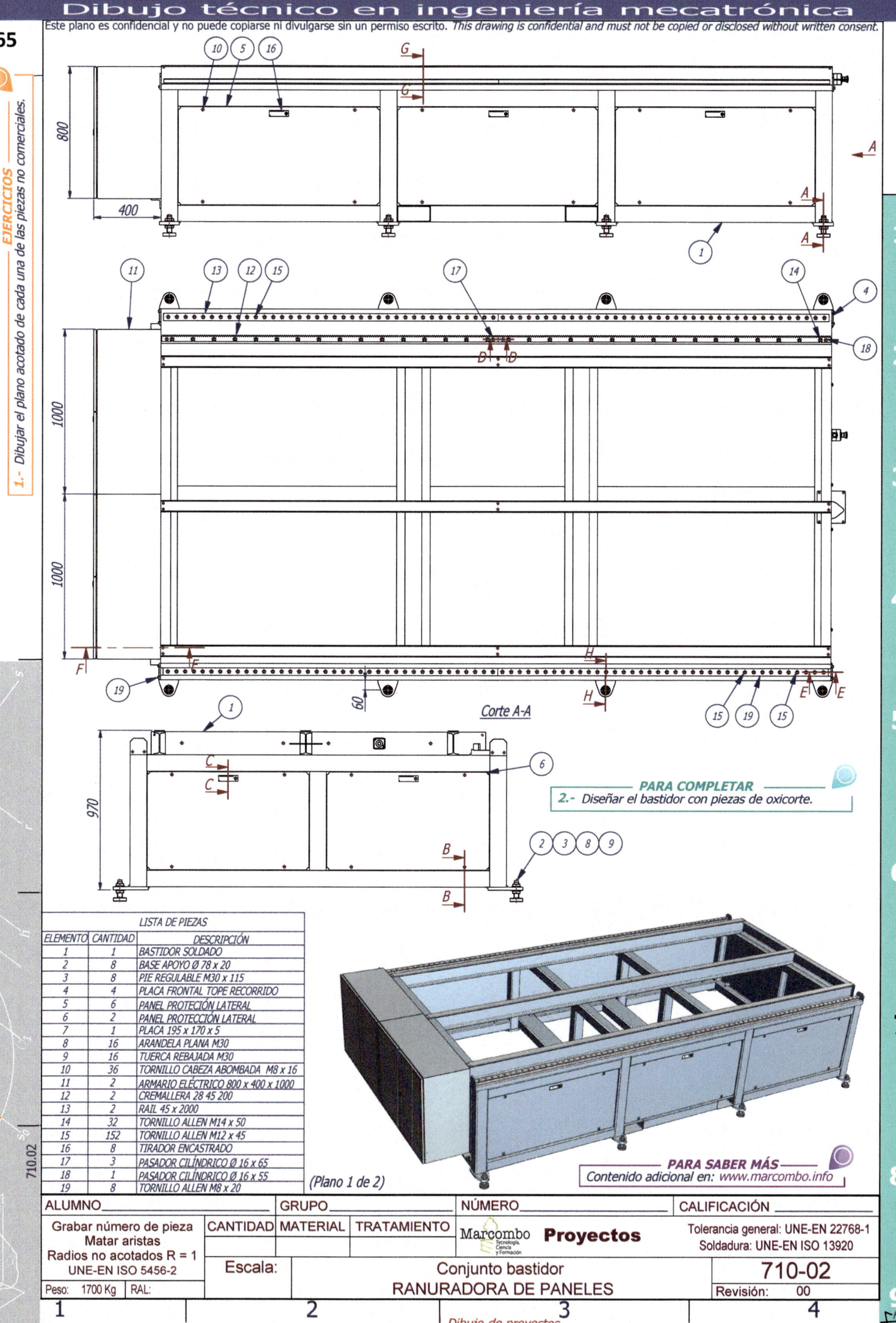

EJERCICIOS

1.- Dibujar el plano acotado de cada una de las piezas no comerciales.

Corte A-A

PARA COMPLETAR

2.- Diseñar el bastidor con piezas de oxicorte.

LISTA DE PIEZAS

ELEMENTO	CANTIDAD	DESCRIPCIÓN
1	1	BASTIDOR SOLDADO
2	8	BASE APOYO Ø 78 x 20
3	8	PIE REGULABLE M30 x 115
4	4	PLACA FRONTAL TOPE RECORRIDO
5	6	PANEL PROTECIÓN LATERAL
6	2	PANEL PROTECCIÓN LATERAL
7	1	PLACA 195 x 170 x 5
8	16	ARANDELA PLANA M30
9	16	TUERCA REBAJADA M30
10	36	TORNILLO CABEZA ABOMBADA M8 x 16
11	2	ARMARIO ELÉCTRICO 800 x 400 x 1000
12	2	CREMALLERA 28 45 200
13	2	RAIL 45 x 2000
14	32	TORNILLO ALLEN M14 x 50
15	152	TORNILLO ALLEN M12 x 45
16	8	TIRADOR ENCASTRADO
17	3	PASADOR CILÍNDRICO Ø 16 x 65
18	1	PASADOR CILÍNDRICO Ø 16 x 55
19	8	TORNILLO ALLEN M8 x 20

(Plano 1 de 2)

PARA SABER MÁS

Contenido adicional en: www.marcombo.info

ALUMNO_____		GRUPO_____		NÚMERO_____		CALIFICACIÓN _____

| Grabar número de pieza Matar aristas Radios no acotados R = 1 UNE-EN ISO 5456-2 | CANTIDAD | MATERIAL | TRATAMIENTO | Marcombo Tecnología, Ciencia y Formación | **Proyectos** | Tolerancia general: UNE-EN 22768-1 Soldadura: UNE-EN ISO 13920 |

| Peso: 1700 Kg | RAL: | Escala: | Conjunto bastidor RANURADORA DE PANELES | 710-02 Revisión: 00 |

Este plano es confidencial y no puede copiarse ni divulgarse sin un permiso escrito. *This drawing is confidential and must not be copied or disclosed without written consent.*

EJERCICIOS

1.- Dibujar el plano acotado de cada una de las piezas no comerciales.

Corte parcial A-A

Corte parcial B-B

Corte parcial C-C

Corte parcial D-D

Corte E-E

Corte parcial G

Corte H-H

Corte F-F

Armario eléctrico

(Plano 2 de 2)

LISTA DE PIEZAS

ELEMENTO	CANTIDAD	DESCRIPCIÓN
1	8	PLACA APOYO
2	8	PERFIL 100 x 100 x 5
3	10	PERFIL 100 x 100 x 5
4	6	PERFIL 100 x 100 x 5
5	32	TACO AMARRE PANELES LATERALES
6	2	PERFIL 200 x 100 x 5
7	3	PERFIL 100 x 100 x 5
8	4	PERFIL 100 x 100 x 5
9	3	PERFIL IPE 140
10	4	PERFIL UPN-140
11	2	PERFIL L 40 x 40 x 4
13	1	LLANTA 4030 x 40 x 2
14	1	LLANTA 4030 x 75 x 2
15	1	BARRA RECTANGULAR 100 x 40
16	1	PLACA 210 x 40
17	2	PERFIL 100 x 100 x 5
18	3	PERFIL L 60 x 60 x 8
19	3	LLANTA

PARA SABER MÁS
Contenido adicional en: www.marcombo.info

ALUMNO	GRUPO			NÚMERO	CALIFICACIÓN

Grabar número de pieza
Matar aristas
Radios no acotados R = 1
UNE-EN ISO 5456-2

CANTIDAD	MATERIAL	TRATAMIENTO

Marcombo
Tecnología, Ciencia y Formación
Proyectos

Tolerancia general: UNE-EN 22768-1
Soldadura: UNE-EN ISO 13920

Escala: 1:5

Detalles bastidor
RANURADORA DE PANELES

710-03

Peso: 1700 kg   RAL:

Revisión: 00

Dibujo de proyectos

Este plano es confidencial y no puede copiarse ni divulgarse sin un permiso escrito. *This drawing is confidential and must not be copied or disclosed without written consent.*

LISTA DE PIEZAS

ELEMENTO	CANTIDAD	DESCRIPCIÓN
1	1	TUBO Ø 90 x 2.5 (L = 60)
2	1	BRIDA
3	1	SOPORTE
4	1	TORNILLO AVELLANADO M6x16
5	1	ENCODER
6	1	ACOPLAMIENTO ELÁSTICO
7	2	ARANDELA PLANA M8
8	2	TORNILLO ALLEN M8 x 35
9	4	ARANDELA DE MUELLE M8
10	4	TORNILLO ALLEN M8 x 20
11	1	PLACA 195 x 170 x 5
12	8	TUERCA AUTOBLOCANTE M10
13	4	VARILLA ROSCADA M10 x 205
14	4	ARANDELA PLANA M10
15	1	PIÑÓN DE ATAQUE (M = 4; z = 16)
16	1	ARANDELA Ø 37 x 4
17	1	CHAVETA 8 x 7 (L=113.5)
18	1	EJE MOTORIZACIÓN
19	1	CHAVETA 8 x 7 (L = 35)
20	1	SEPARADOR Ø 28 (L = 25)
21	1	REDUCTOR
22	1	SERVOMOTOR

PARA COMPLETAR

2.- *Optimizar el amarre del motor al cabezal para que el conjunto tenga el menor número de piezas posible.*

PARA SABER MÁS

Contenido adicional en: www.marcombo.info

ALUMNO	GRUPO	NÚMERO	CALIFICACIÓN

| Grabar número de pieza Matar aristas Radios no acotados R = 1 UNE-EN ISO 5456-2 | CANTIDAD | MATERIAL | TRATAMIENTO | Marcombo Tecnología, Ciencia y Formación | **Proyectos** | Tolerancia general: UNE-EN 22768-1 Soldadura: UNE-EN ISO 13920 |

| Escala: | | Conjunto motor avance del carro **RANURADORA DE PANELES** | **710-04** |
| Peso: | RAL: | | Revisión: 00 |

710.04

Este plano es confidencial y no puede copiarse ni divulgarse sin un permiso escrito. *This drawing is confidential and must not be copied or disclosed without written consent.*

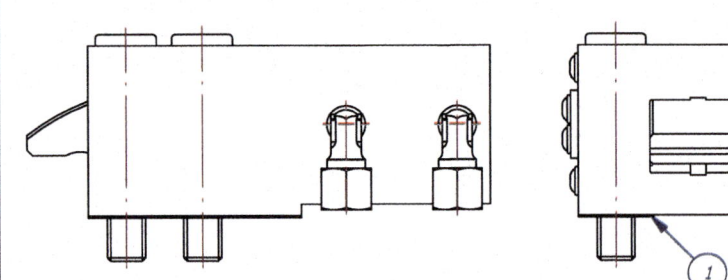
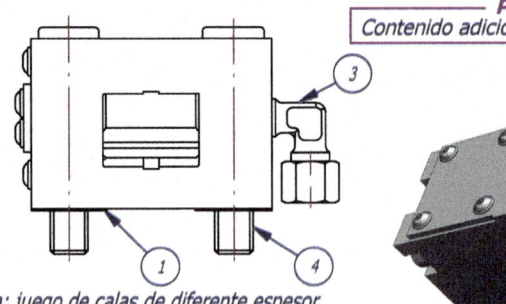

Nota: juego de calas de diferente espesor.

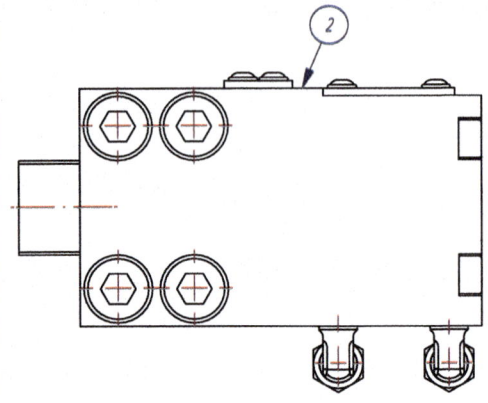

LISTA DE PIEZAS

ELEMENTO	CANTIDAD	DESCRIPCIÓN
1	2	CALA 56 x 20 x 0.5
2	1	CUÑA SUJECIÓN HIDRÁULICA
3	2	RACOR
4	4	TORNILLO ALLEN M10 x 50

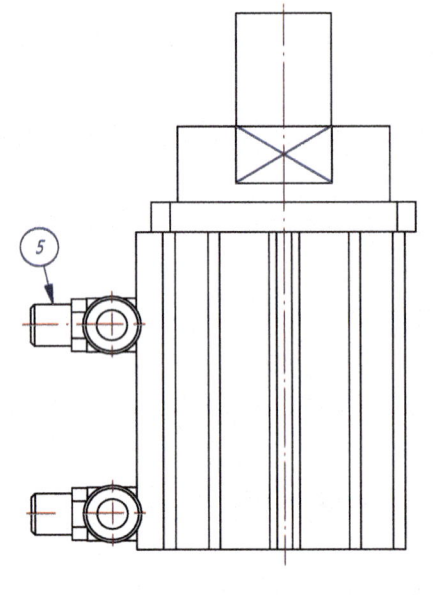

Tornillo fijación detector

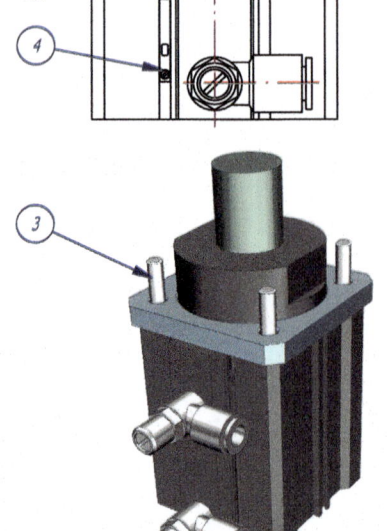
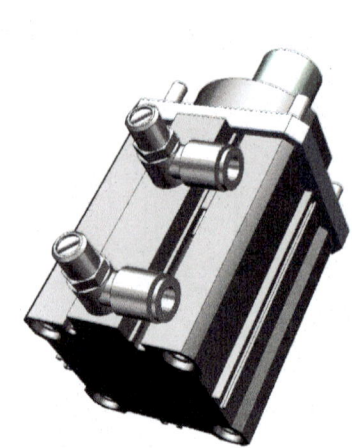

= 70 =

LISTA DE PIEZAS

ELEMENTO	CANTIDAD	DESCRIPCIÓN
1	1	SEPARADOR
2	1	CIINDRO NEUMÁTICO Ø 50 x 30
3	4	TORNILLO ALLEN M6 x 100
4	2	DETECTOR CILÍNDRICO
5	2	REGULADOR DE CAUDAL 1/8"

(texto lateral izquierdo) 1.- Dibujar el plano acotado de cada una de las piezas no comerciales. **EJERCICIOS**

710.05

ALUMNO		GRUPO		NÚMERO	CALIFICACIÓN
Grabar número de pieza Matar aristas Radios no acotados R = 1 UNE-EN ISO 5456-2	CANTIDAD	MATERIAL	TRATAMIENTO	**Marcombo** Tecnología, Ciencia y Formación **Proyectos**	Tolerancia general: UNE-EN 22768-1 Soldadura: UNE-EN ISO 13920
Peso:	RAL:	Escala: **1:2**		Tope panel y pisado lateral **RANURADORA DE PANELES**	**710-05**
					Revisión: 00

Dibujo de proyectos

1   2   3   4

Este plano es confidencial y no puede copiarse ni divulgarse sin un permiso escrito. *This drawing is confidential and must not be copied or disclosed without written consent.*

Corte A-A

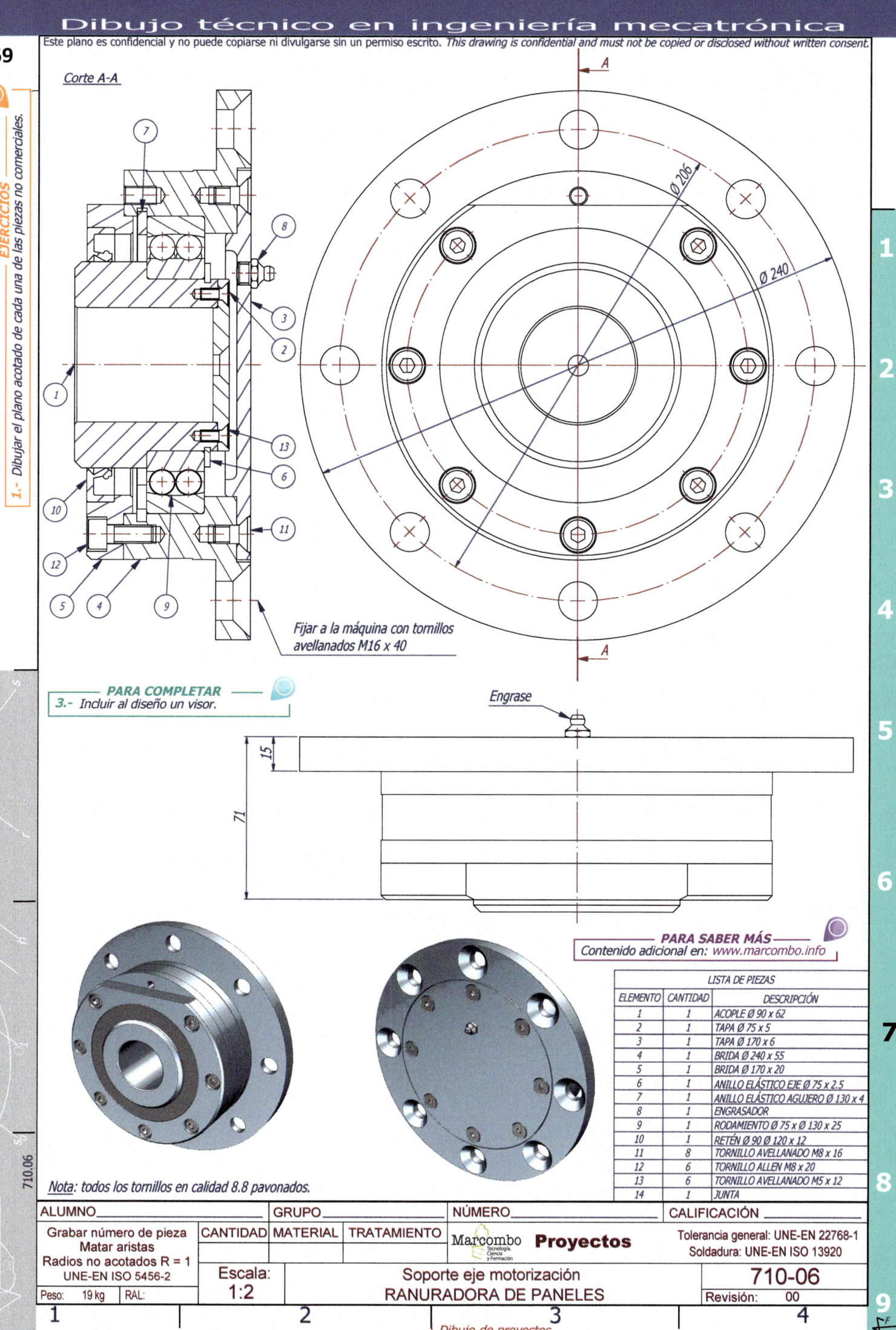

Fijar a la máquina con tornillos avellanados M16 x 40

PARA COMPLETAR
3.- Incluir al diseño un visor.

Engrase

15
71

PARA SABER MÁS
Contenido adicional en: www.marcombo.info

Nota: todos los tornillos en calidad 8.8 pavonados.

		LISTA DE PIEZAS
ELEMENTO	CANTIDAD	DESCRIPCIÓN
1	1	ACOPLE Ø 90 x 62
2	1	TAPA Ø 75 x 5
3	1	TAPA Ø 170 x 6
4	1	BRIDA Ø 240 x 55
5	1	BRIDA Ø 170 x 20
6	1	ANILLO ELÁSTICO EJE Ø 75 x 2,5
7	1	ANILLO ELÁSTICO AGUJERO Ø 130 x 4
8	1	ENGRASADOR
9	1	RODAMIENTO Ø 75 x Ø 130 x 25
10	1	RETÉN Ø 90 Ø 120 x 12
11	8	TORNILLO AVELLANADO M8 x 16
12	6	TORNILLO ALLEN M8 x 20
13	6	TORNILLO AVELLANADO M5 x 12
14	1	JUNTA

ALUMNO___ GRUPO___ NÚMERO___ CALIFICACIÓN___

Grabar número de pieza
Matar aristas
Radios no acotados R = 1
UNE-EN ISO 5456-2

CANTIDAD | MATERIAL | TRATAMIENTO

Marcombo **Proyectos**

Tolerancia general: UNE-EN 22768-1
Soldadura: UNE-EN ISO 13920

Escala: 1:2
Soporte eje motorización
RANURADORA DE PANELES
710-06
Peso: 19 kg | RAL:
Revisión: 00

Dibujo de proyectos

EJERCICIOS

1.- Dibujar el plano acotado de cada una de las piezas no comerciales.

33

6

2

40

Corte A-A

4 7 2

3

Haz

5

1

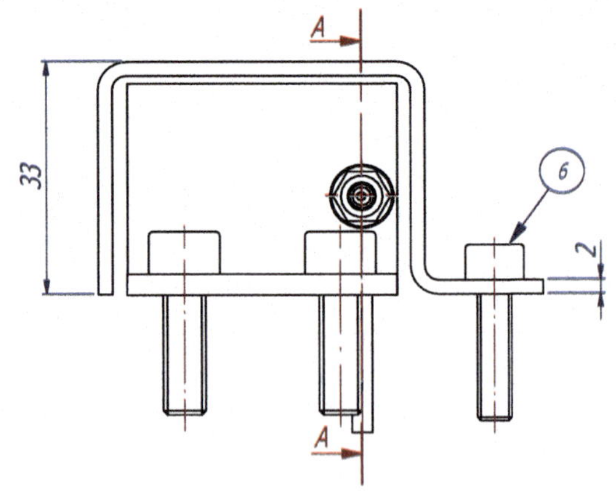

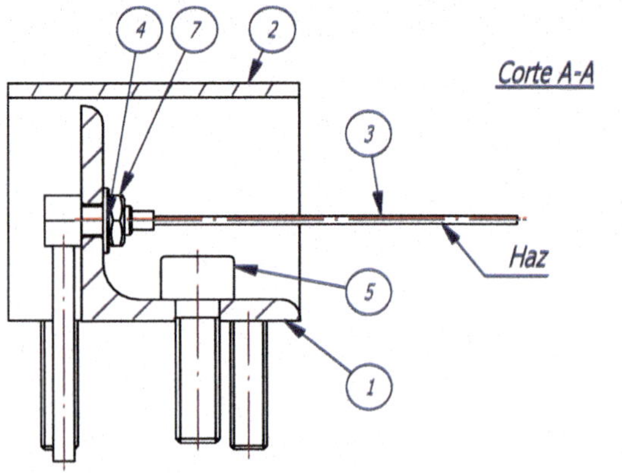

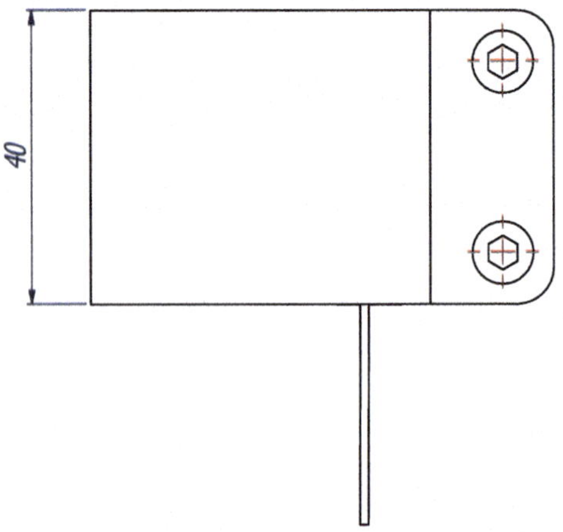

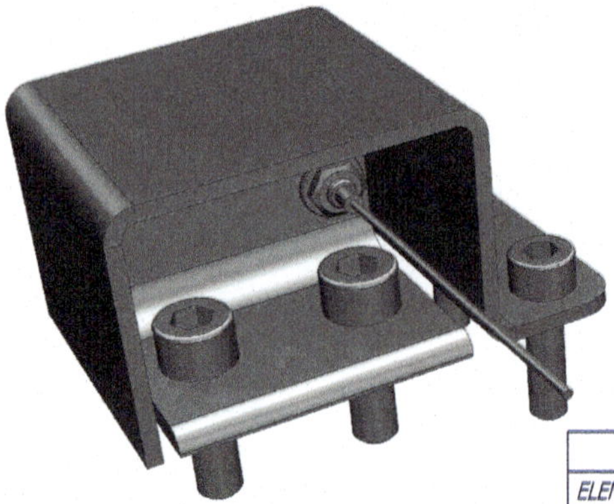

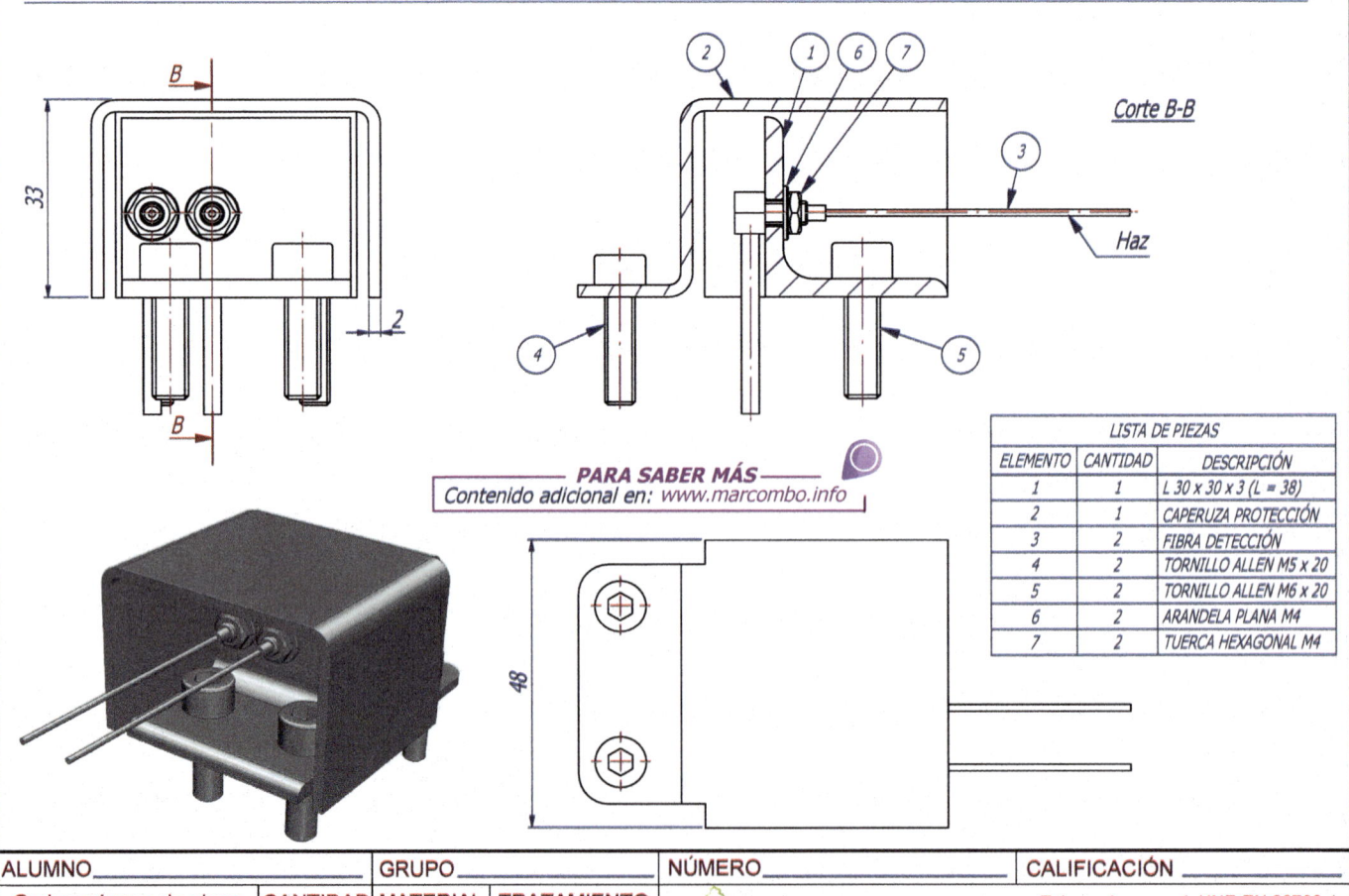

LISTA DE PIEZAS

ELEMENTO	CANTIDAD	DESCRIPCIÓN
1	1	L 30 x 30 x 3 (L = 38)
2	1	CAPERUZA PROTECCIÓN
3	1	FIBRA DETECCIÓN
4	1	ARANDELA PLANA M4
5	2	TORNILLO ALLEN M6 x 20
6	2	TORNILLO ALLEN M5 x 20
7	1	TUERCA HEXAGONAL M4

B

33

2

B

Corte B-B

2 1 6 7

3

Haz

4

5

─── PARA SABER MÁS ───
Contenido adicional en: www.marcombo.info

48

LISTA DE PIEZAS

ELEMENTO	CANTIDAD	DESCRIPCIÓN
1	1	L 30 x 30 x 3 (L = 38)
2	1	CAPERUZA PROTECCIÓN
3	2	FIBRA DETECCIÓN
4	2	TORNILLO ALLEN M5 x 20
5	2	TORNILLO ALLEN M6 x 20
6	2	ARANDELA PLANA M4
7	2	TUERCA HEXAGONAL M4

710.07

ALUMNO		GRUPO		NÚMERO		CALIFICACIÓN	

| Grabar número de pieza
Matar aristas
Radios no acotados R = 1
UNE-EN ISO 5456-2 | CANTIDAD | MATERIAL | TRATAMIENTO | **Marcombo** Tecnología, Ciencia y Formación | **Proyectos** | Tolerancia general: UNE-EN 22768-1
Soldadura: UNE-EN ISO 13920 | |

Escala:

Detalle fibras
RANURADORA DE PANELES

710-07

| Peso: | RAL: | | Revisión: | 00 |

Dibujo de proyectos

1   2   3   4

EJERCICIOS

1.- Dibujar el plano acotado de cada una de las piezas no comerciales.

Corte A-A

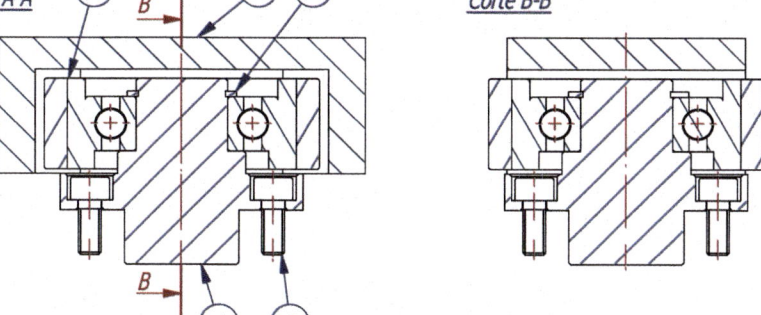

Corte B-B

PARA SABER MÁS

Contenido adicional en: *www.marcombo.info*

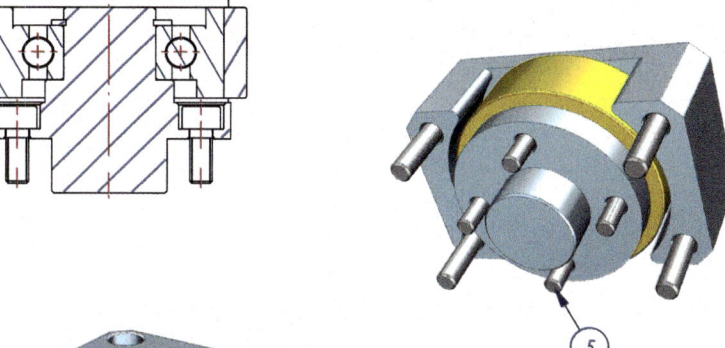

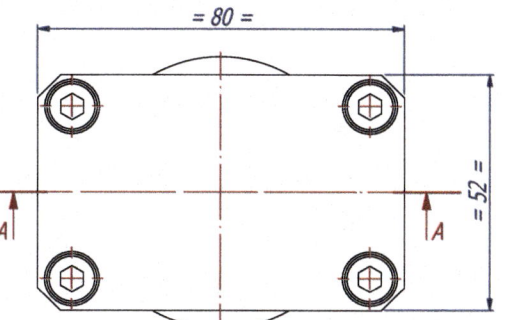

= 80 =

= 52 =

LISTA DE PIEZAS

ELEMENTO	CANTIDAD	DESCRIPCIÓN
1	1	EJE SOPORTE
2	1	SOPORTE
3	1	ANILLO ELÁSTICO EJE Ø 20 x 1.2
4	1	RUEDA 6001
5	4	TORNILLO ALLEN M6 x 30
6	4	TORNILLO ALLEN M5 x 12

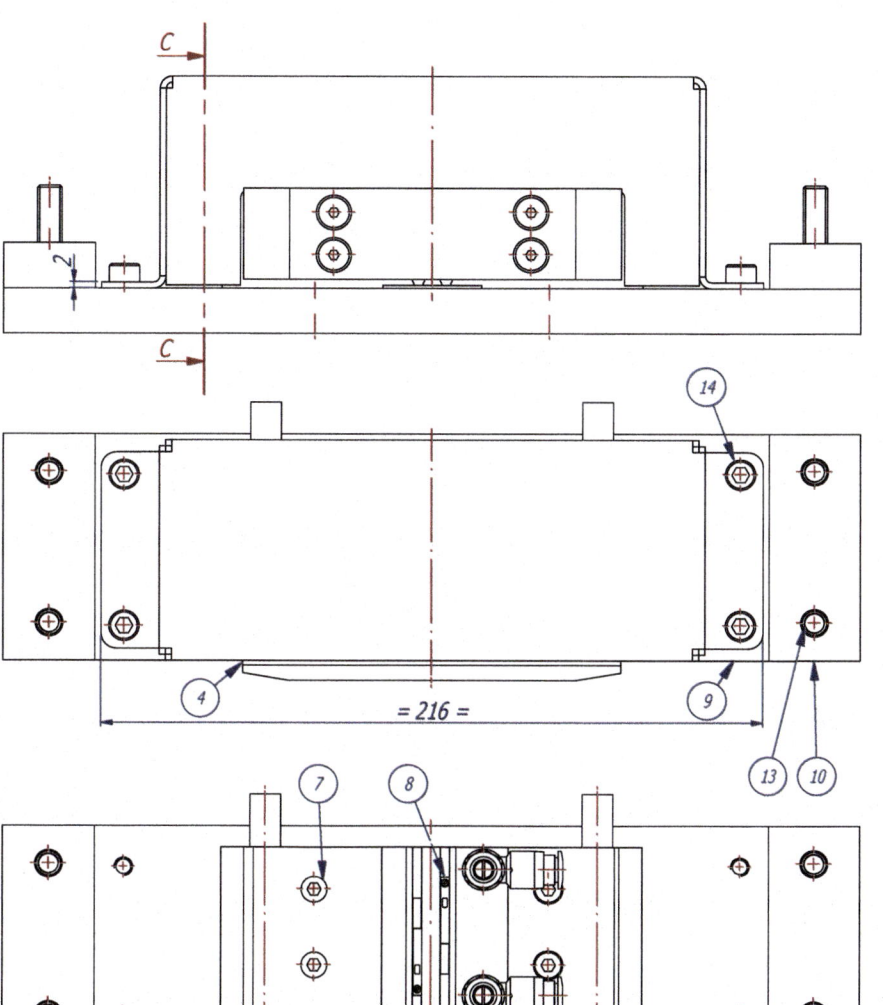

Corte C-C

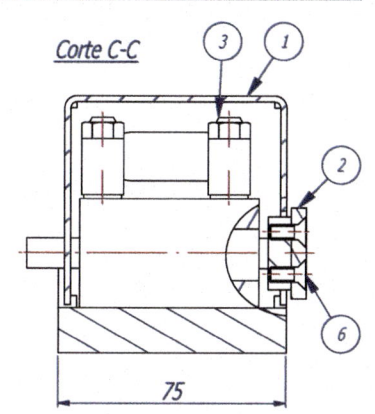

75

= 216 =

Conjunto en perspectiva sin protección

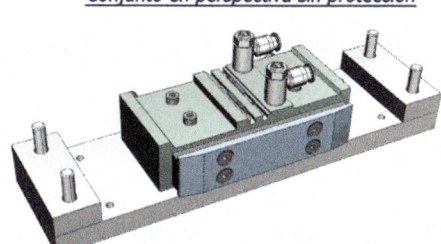

LISTA DE PIEZAS

ELEMENTO	CANTIDAD	DESCRIPCIÓN
1	1	CAPERUZA PROTECCIÓN
2	1	EMPUJADOR
3	2	REGULADOR CAUDAL 1/8"
4	1	CILINDRO NEUMÁTICO Ø 20 x 10
6	4	TORNILLO AVELLANADO M5 x 12
7	4	TORNILLO ALLEN M5 x 45
8	2	DETECTOR CILÍNDRICO
9	1	PLACA 280 x 75 x 25
10	2	TACO 75 x 30 x 15
13	4	TORNILLO ALLEN M8 x 40
14	4	TORNILLO ALLEN M6 x 16

ALUMNO_____ GRUPO_____ NÚMERO_____ CALIFICACIÓN _____

Grabar número de pieza Matar aristas Radios no acotados R = 1 UNE-EN ISO 5456-2	CANTIDAD	MATERIAL	TRATAMIENTO	Marcombo Tecnología, Ciencia y Formación	**Proyectos**	Tolerancia general: UNE-EN 22768-1 Soldadura: UNE-EN ISO 13920	
	Escala:			Ruedas de guiado y posicionador lateral		**710-08**	
Peso:	RAL:			RANURADORA DE PANELES		Revisión:	00

Dibujo de proyectos

EJERCICIOS

1.- Dibujar el plano acotado de cada una de las piezas no comerciales.

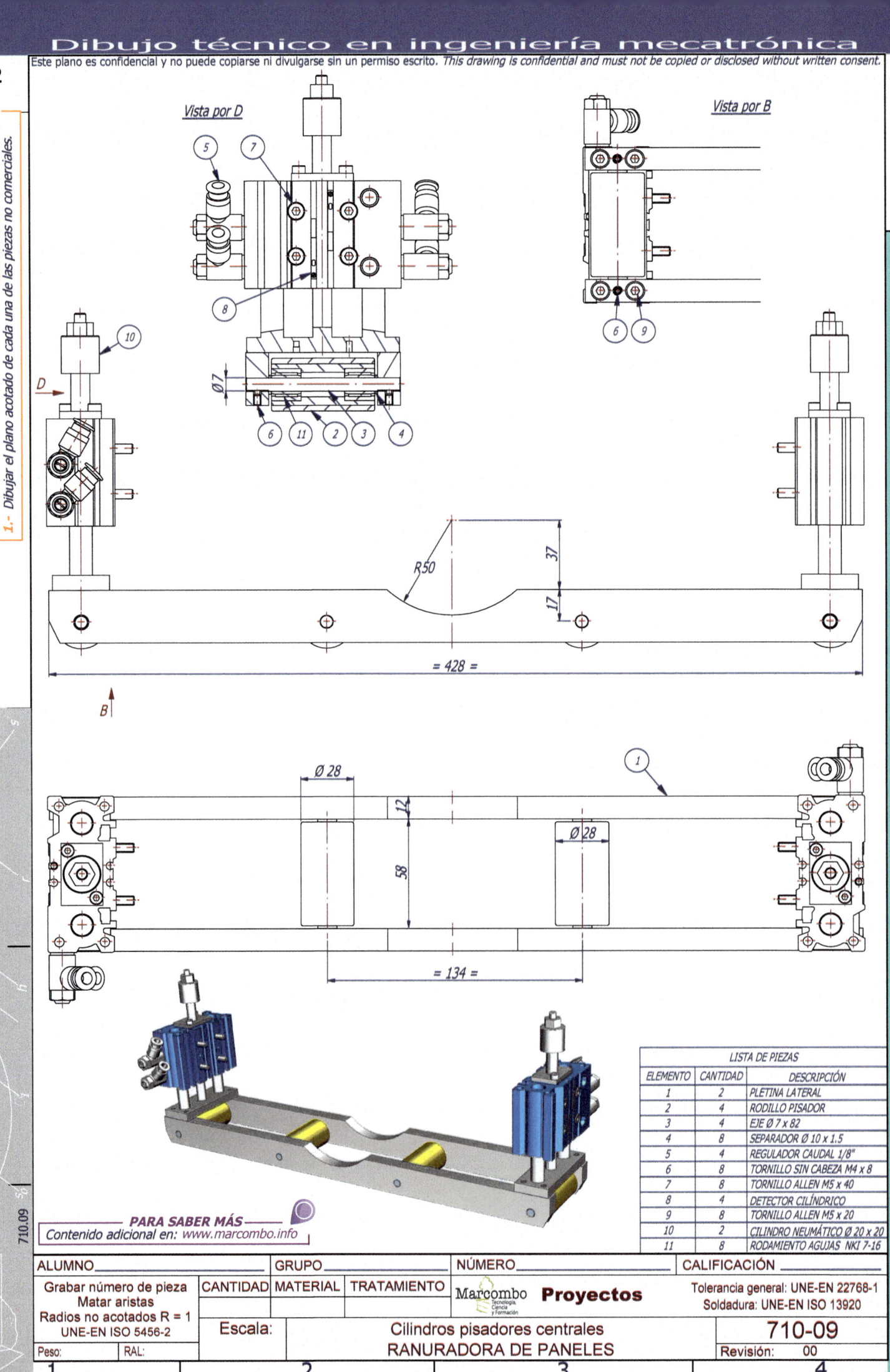

Vista por D

Vista por B

Ø7

R50

37

17

= 428 =

Ø 28

Ø 28

12

58

= 134 =

LISTA DE PIEZAS		
ELEMENTO	CANTIDAD	DESCRIPCIÓN
1	2	PLETINA LATERAL
2	4	RODILLO PISADOR
3	4	EJE Ø 7 x 82
4	8	SEPARADOR Ø 10 x 1.5
5	4	REGULADOR CAUDAL 1/8"
6	8	TORNILLO SIN CABEZA M4 x 8
7	8	TORNILLO ALLEN M5 x 40
8	4	DETECTOR CILÍNDRICO
9	8	TORNILLO ALLEN M5 x 20
10	2	CILINDRO NEUMÁTICO Ø 20 x 20
11	8	RODAMIENTO AGUJAS NKI 7-16

PARA SABER MÁS
Contenido adicional en: www.marcombo.info

ALUMNO		GRUPO			NÚMERO		CALIFICACIÓN	
Grabar número de pieza Matar aristas Radios no acotados R = 1 UNE-EN ISO 5456-2	CANTIDAD	MATERIAL	TRATAMIENTO		**Marcombo** Tecnología, Ciencia y Formación **Proyectos**		Tolerancia general: UNE-EN 22768-1 Soldadura: UNE-EN ISO 13920	
	Escala:		Cilindros pisadores centrales **RANURADORA DE PANELES**				**710-09**	
Peso:	RAL:						Revisión:	00

Dibujo de proyectos

710.09

1   2   3   4

Este plano es confidencial y no puede copiarse ni divulgarse sin un permiso escrito. *This drawing is confidential and must not be copied or disclosed without written consent.*

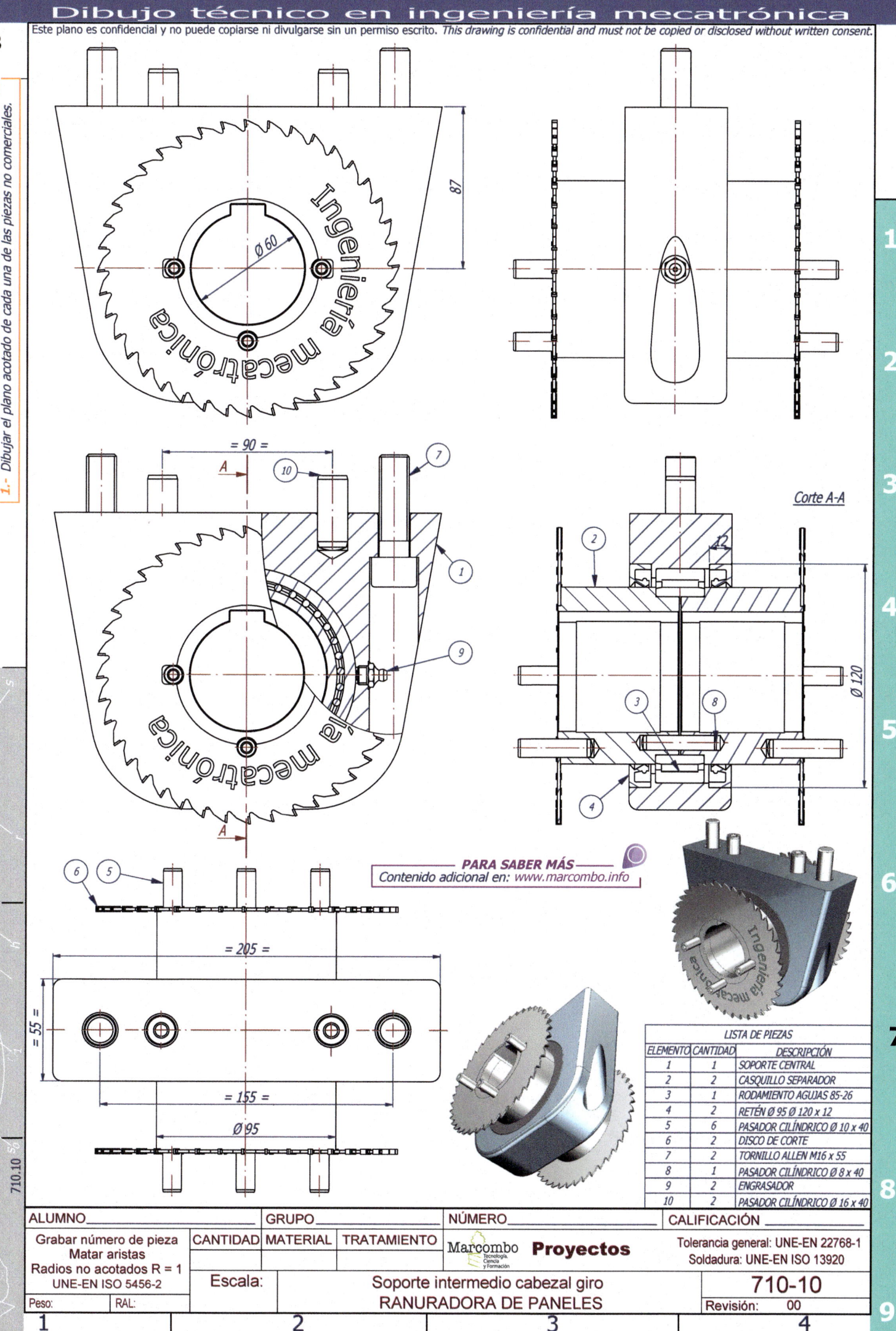

Ø 60

Ingeniería mecatrónica

87

= 90 =

A

10

7

1

9

Corte A-A

2

12

Ø 120

3

8

4

A

6   5

= 205 =

= 55 =

= 155 =

Ø 95

PARA SABER MÁS
Contenido adicional en: www.marcombo.info

LISTA DE PIEZAS		
ELEMENTO	CANTIDAD	DESCRIPCIÓN
1	1	SOPORTE CENTRAL
2	2	CASQUILLO SEPARADOR
3	1	RODAMIENTO AGUJAS 85-26
4	2	RETÉN Ø 95 Ø 120 x 12
5	6	PASADOR CILÍNDRICO Ø 10 x 40
6	2	DISCO DE CORTE
7	2	TORNILLO ALLEN M16 x 55
8	1	PASADOR CILÍNDRICO Ø 8 x 40
9	2	ENGRASADOR
10	2	PASADOR CILÍNDRICO Ø 16 x 40

ALUMNO_____		GRUPO_____			NÚMERO_____	CALIFICACIÓN_____
Grabar número de pieza Matar aristas Radios no acotados R = 1 UNE-EN ISO 5456-2	CANTIDAD	MATERIAL	TRATAMIENTO	Marcombo Tecnología, Ciencia y Formación	**Proyectos**	Tolerancia general: UNE-EN 22768-1 Soldadura: UNE-EN ISO 13920
Peso:	RAL:	Escala:		Soporte intermedio cabezal giro RANURADORA DE PANELES		**710-10** Revisión: 00

710.10

Dibujo de proyectos

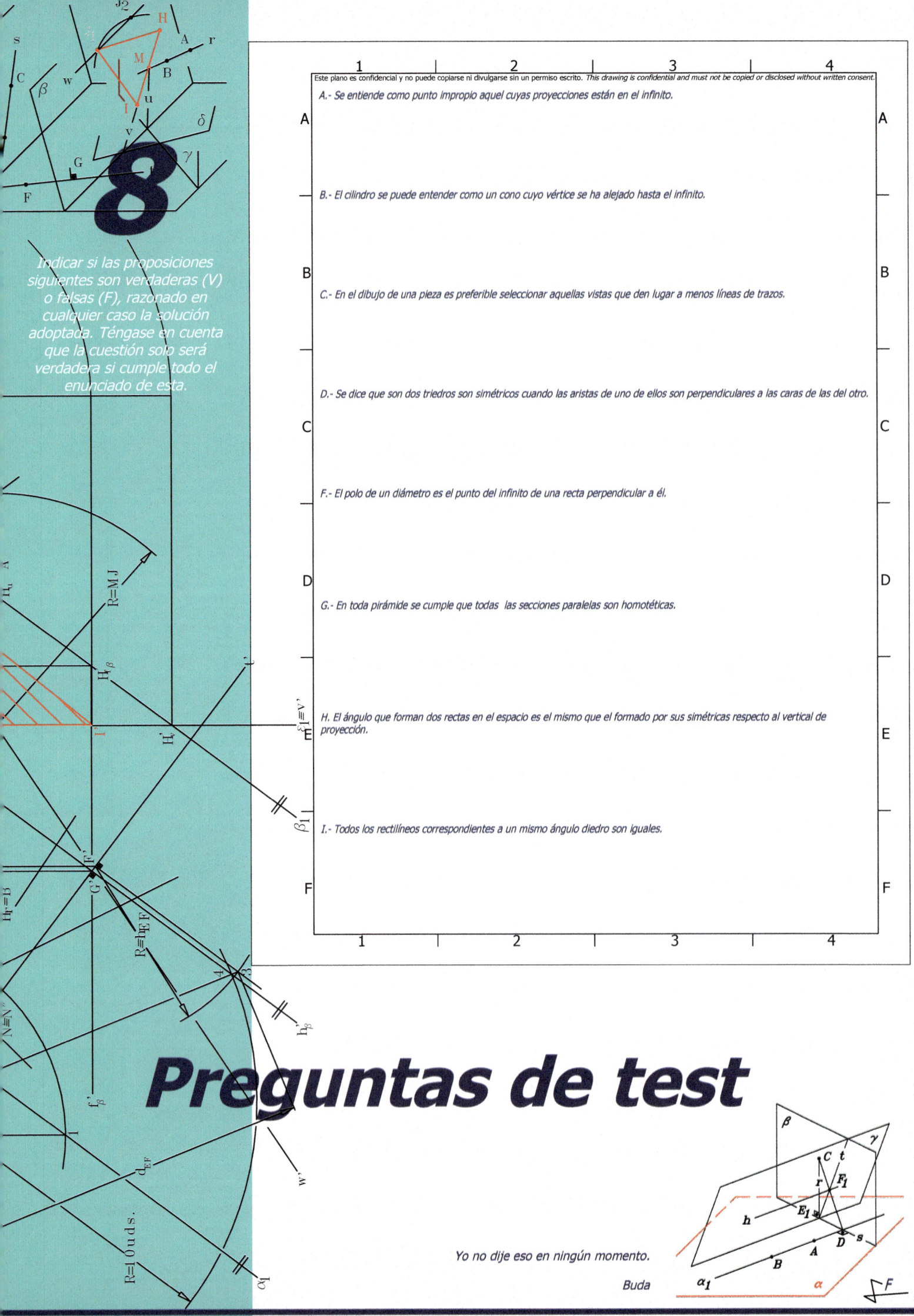

Indicar si las proposiciones siguientes son verdaderas (V) o falsas (F), razonado en cualquier caso la solución adoptada. Téngase en cuenta que la cuestión solo será verdadera si cumple todo el enunciado de esta.

A.- Se entiende como punto impropio aquel cuyas proyecciones están en el infinito.

B.- El cilindro se puede entender como un cono cuyo vértice se ha alejado hasta el infinito.

C.- En el dibujo de una pieza es preferible seleccionar aquellas vistas que den lugar a menos líneas de trazos.

D.- Se dice que son dos triedros son simétricos cuando las aristas de uno de ellos son perpendiculares a las caras de las del otro.

F.- El polo de un diámetro es el punto del infinito de una recta perpendicular a él.

G.- En toda pirámide se cumple que todas las secciones paralelas son homotéticas.

H. El ángulo que forman dos rectas en el espacio es el mismo que el formado por sus simétricas respecto al vertical de proyección.

I.- Todos los rectilíneos correspondientes a un mismo ángulo diedro son iguales.

Preguntas de test

Yo no dije eso en ningún momento.

Buda

Este plano es confidencial y no puede copiarse ni divulgarse sin un permiso escrito. *This drawing is confidential and must not be copied or disclosed without written consent.*

1.- Las piezas de materiales transparentes se representan como si fueran opacas. _____

2.- Las uniones a tope de líneas de trazos forman siempre ángulos completos. _____

3.- Los planos alfa y beta son perpendiculares. _____

$\beta_1 \equiv \beta_2$

$\alpha_1 \equiv \alpha_2$ ———————— $\alpha_1 \equiv \alpha_2$

N_β

$\beta_1 \equiv \beta_2$

4.- Independientemente del "perfil izquierdo" que tomemos, el alzado será en ambos casos iguales. _____

5.- El corte A-A es el representado en c). _____

6.- El corte A-A es el representado en b). _____

7.- El corte A-A es el representado en a). _____

8.- El corte A-A es el representado en d). _____

a)

b)

c)

d)

9.- Si dos rectas están situadas en planos perpendiculares, dichas rectas son perpendiculares. _____

10.- El plano polar del centro de una esfera, se puede imaginar como una esfera de radio infinito. _____

A
C
O
P
D
B

1				10	NOMBRE	GRUPO	NÚMERO	FECHA	CURSO	CALIFICACIÓN
Test (enunciados)										

Indicar si las proposiciones siguientes son verdaderas (V) o falsas (F), razonando en cualquier caso la solución adoptada. Téngase en cuenta que la cuestión solo será verdadera si cumple todo el enunciado de esta

ESCUELA:

801.00

Test

PARA COMPLETAR

1.- Croquis de los test de geometría propuestos en el sistema diédrico.
2.- Explicación detallada de dichos croquis.

11.- El paralelismo es "invariante proyectiva" de la proyección paralela.

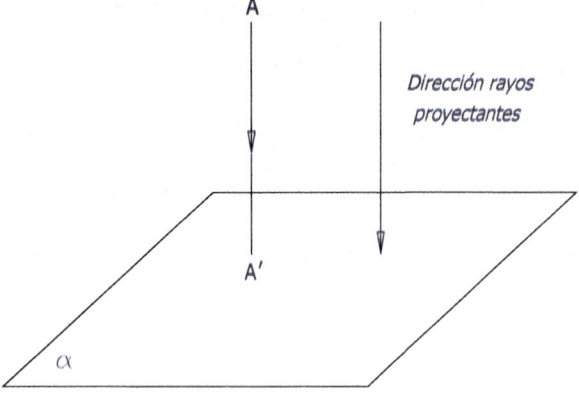

Dirección rayos proyectantes

(Proyección cilíndrica ortogonal)

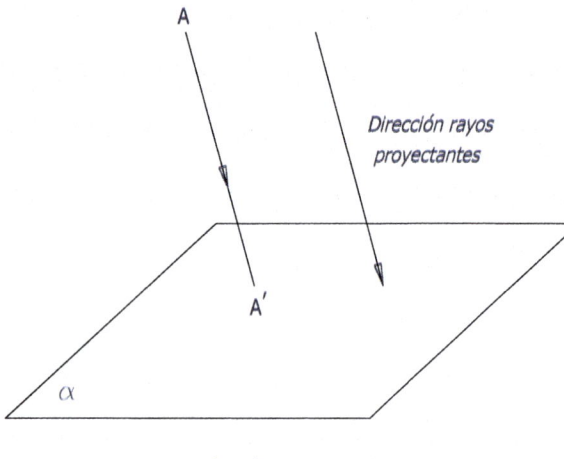

Dirección rayos proyectantes

(Proyección cilíndrica oblicua)

12.- La simetría de la pieza no implica necesariamente que todos los taladros sean iguales.

13.- La simetría de la pieza solo implica que lo sean dos a dos.

14.- Las cuestiones anteriores solo serán verdaderas para el caso de que en planta el "perfil exterior" sea circular.

15.- Independientemente del perfil exterior que presente la planta, todos los taladros serán iguales.

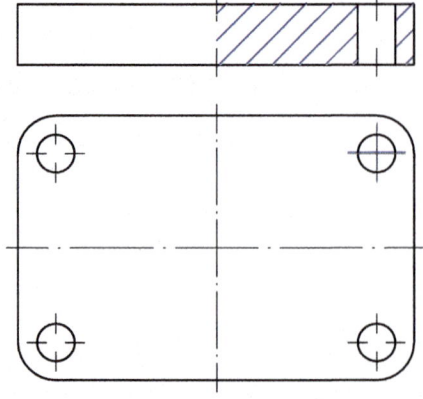

16.- Se entiende por sección la proyección de la intersección del plano con el objeto.

17.- El ángulo que forman dos rectas es igual al que forman sus homónimas.

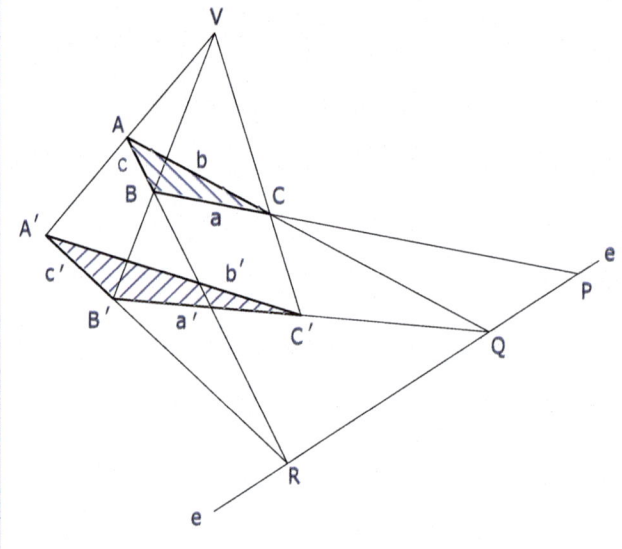

a''≡b'' —————————————————————————— a''≡b''

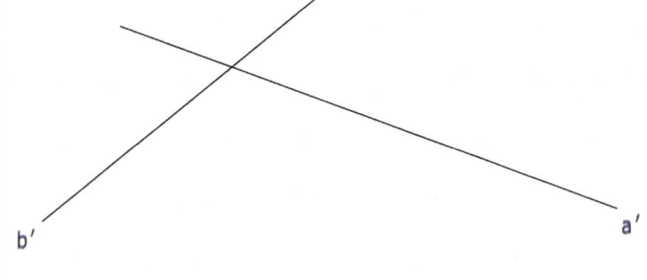

b'   a'

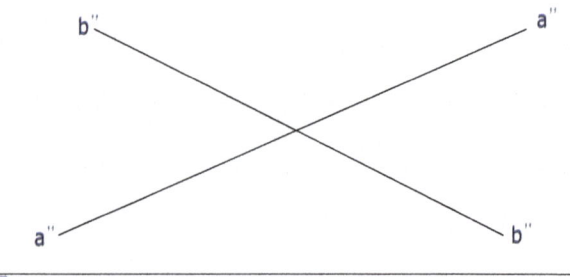

b''   a''

a''   b''

a'≡b' —————————————————————————— a'≡b'

11					17	NOMBRE	GRUPO	NÚMERO	FECHA	CURSO	CALIFICACIÓN
Test (enunciados)											

Indicar si las proposiciones siguientes son verdaderas (V) o falsas (F), razonado en cualquier caso la solución adoptada. Téngase en cuenta que la cuestión solo será verdadera si cumple todo el enunciado de esta.

ESCUELA:

1	2	3	4

Test

PARA COMPLETAR
1.- Croquis de los test de geometría propuestos en el sistema diédrico.
2.- Explicación detallada de dichos croquis.

18.- *Una recta y un plano que no le contenga, determinan siempre un plano.*

_____

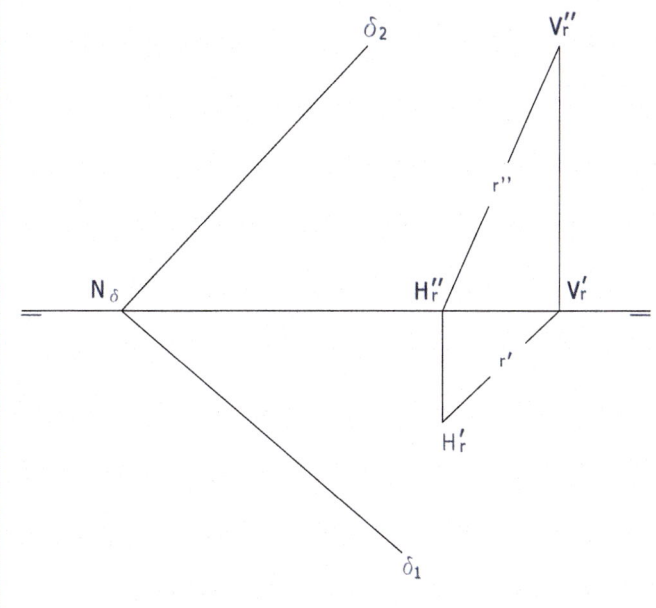

20.- *Un segmento que dibujado a escala 1:4 mide 28 mm, a escala 3:5 medirá 82 mm.*

_____

21.- *Para poder representar en el plano del dibujo objetos tridimensionales, se "abate" siempre el P.H. sobre el P.V.*

_____

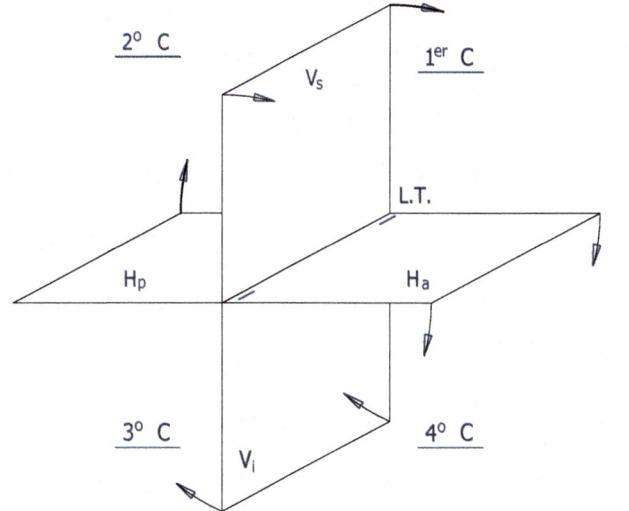

19.- *En el sistema de proyección del primer diedro el plano de proyección se interpone entre el vértice de proyección —impropio— y el objeto a definir.*

_____

A) *"Abatimiento" del P.H. sobre el P.V.*

A) <u>Primer diedro</u>

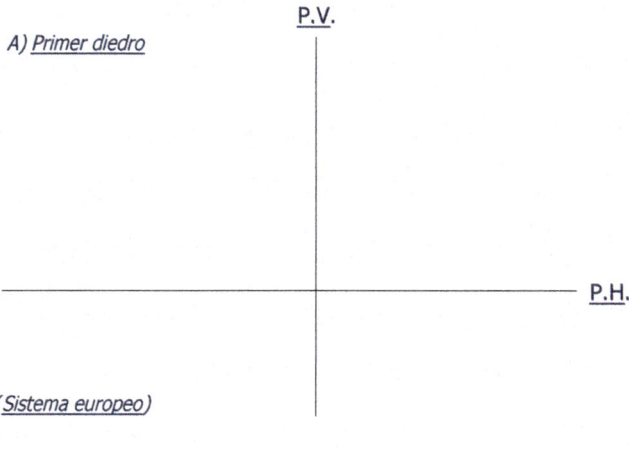

(*Sistema europeo*)

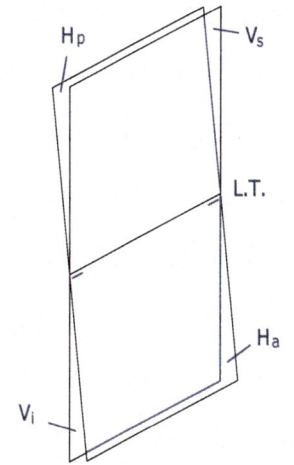

B) <u>Segundo diedro</u>

B) *"Abatimiento" del P.V. sobre el P.H.*

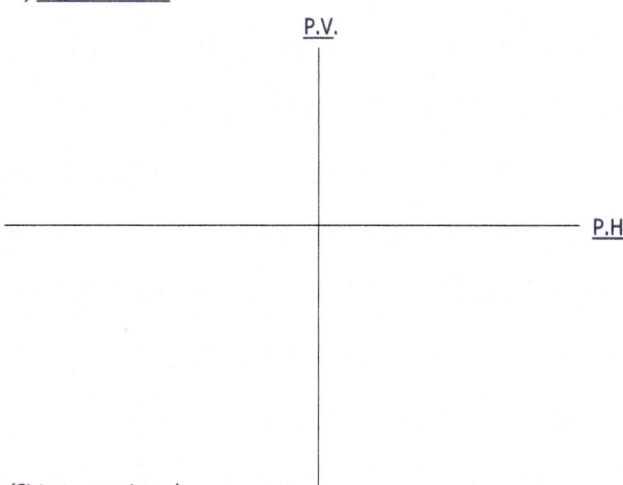

(*Sistema americano*)

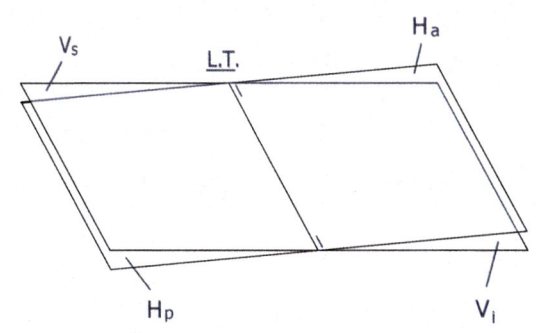

V_s = Plano vertical superior
V_i = Plano vertical inferior
H_a = Plano horizontal anterior
H_p = Plano horizontal posterior

18					21	NOMBRE	GRUPO	NÚMERO	FECHA	CURSO	CALIFICACIÓN
Test (enunciados)											

Indicar si las proposiciones siguientes son verdaderas (V) o falsas (F), razonado en cualquier caso la solución adoptada. Téngase en cuenta que la cuestión solo será verdadera si cumple todo el enunciado de esta.

ESCUELA:

PARA COMPLETAR
1.- Croquis de los test de geometría propuestos en el sistema diédrico.
2.- Explicación detallada de dichos croquis.

22.- Todo plano paralelo al plano horizontal de proyección corta a todo plano cuyas trazas se confunden dividiendo en cuatro diedros rectos. Es decir, formando entre sí 90°.

_____

A) Caso general

α_2
β_2 ———— β_2
α_1

B) Caso particular

α_2
β_2 ———— β_2
α_1

23.- El punto donde la normal r corta al plano alfa equidista a los planos de proyección.

_____

r'' α_2
r'
α_1

24.- Si los planos alfa y beta se cortan según la recta i se puede afirmar que: α_2 y β_1 se cortan en un punto impropio.

_____

25.- La l.m.p. del plano alfa respecto al plano beta es perpendicular a la recta i.

_____

$i'' \equiv \beta_2$
$i' \equiv \alpha_1$

26.- Si las rectas de "máxima pendiente" y de "máxima inclinación" de un plano dado son paralelas, las trazas de dicho plano deben estar en prolongación.

_____

27.- Los planos alfa y beta son perpendiculares.

_____

$\alpha_1 \equiv \alpha_2$ $\beta_1 \equiv \beta_2$
$\beta_1 \equiv \beta_2$ $\alpha_1 \equiv \alpha_2$

22				27	NOMBRE	GRUPO	NÚMERO	FECHA	ESCALA	CALIFICACIÓN
Test (enunciados)										

Indicar si las proposiciones siguientes son verdaderas (V) o falsas (F), razonando en cualquier caso la solución adoptada. Téngase en cuenta que la cuestión solo será verdadera si cumple todo el enunciado de esta.

ESCUELA:

1	2	3	4

804.00

Este plano es confidencial y no puede copiarse ni divulgarse sin un permiso escrito. *This drawing is confidential and must not be copied or disclosed without written consent.*

28.- El tetraedro tiene cuatro planos diagonales. _____
_____

29.- En todo tetraedro se cumple que los seis planos bisectores se cortan en
un punto. _____
_____

30.- En todo tetraedro, si dos pares de aristas son perpendiculares, también
lo son las otras dos aristas, siendo concurrentes las cuatro alturas.
_____

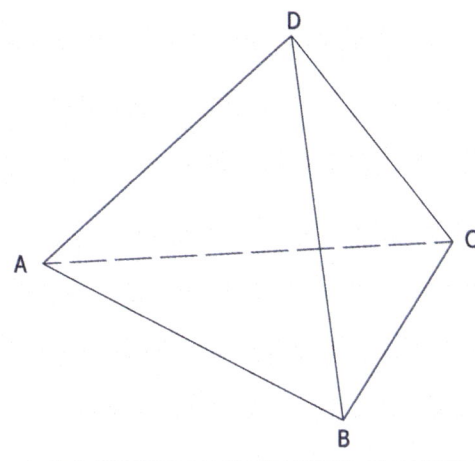

31.- El dibujo de la figura es correcto. _____

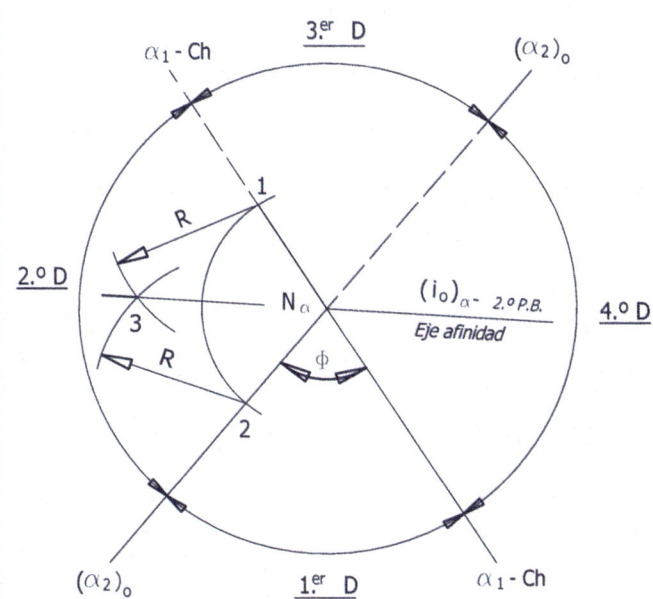

32.- La recta r pertenece al plano alfa. _____

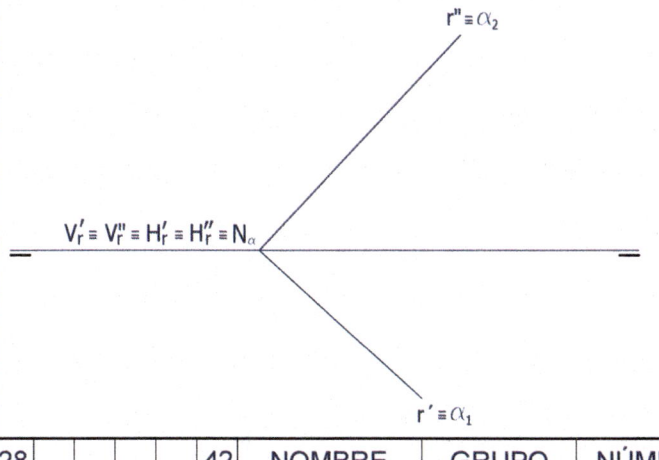

33.- El centro de curvatura de la línea de cota es siempre el vértice del ángulo,
señalándose especialmente.
_____

34.- No es admisible que una línea llena vaya a traves de una superficie rayada, ni que la superficie de corte quede limitada por una línea de trazos.
_____

35.- Está demostrado que la "capacidad portante" de una rosca disminuye
con reducciones de la altura teórica. _____
_____

36.- En todo engranaje cilíndrico-recto se cumple que la "envolvente" es un
"perfil de evolvente". _____

37.- Toda recta perpendicular al plano alfa forma los mismos ángulos con los
planos de proyección. _____

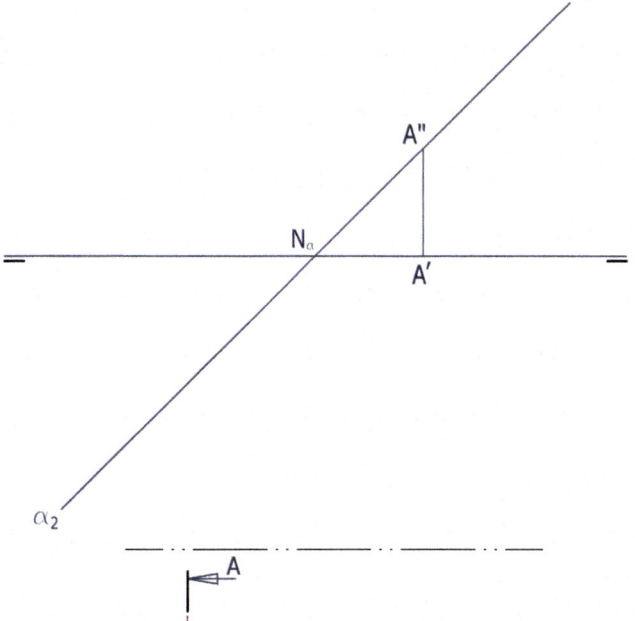

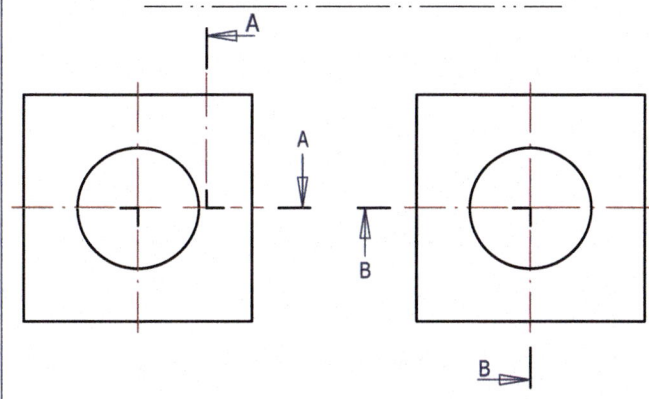

38.- El corte A-A es preferible al corte B-B. _____
_____

39.- Si el plano secante –corte A-A– quiebra en el eje de la circunferencia
(antes de entrar en ella), creará una arista ficticia. _____
_____

40.- En el caso de que dicha arista exista, esta se representará con línea continua
gruesa.
_____

41.- En el corte B-B coinciden eje del taladro y arista "ficticia", dibujándose
ésta última.
_____

42.- El corte B-B es preferible al corte A-A. _____

28				42	NOMBRE	GRUPO	NÚMERO	FECHA	ESCALA	CALIFICACIÓN
Test (enunciados)										

Indicar si las proposiciones siguientes son verdaderas (V) o falsas (F), razonando
en cualquier caso la solución adoptada. Téngase en cuenta que la cuestión solo
será verdadera si cumple todo el enunciado de esta

ESCUELA:

Test

PARA COMPLETAR
1.- Croquis de los test de geometría propuestos en el sistema diédrico.
2.- Explicación detallada de dichos croquis.

43.- Los planos alfa y beta se cortan según una recta de perfil.

46.- La "l.m.p." de alfa respecto al plano beta es perpendicular a la recta de intersección de ambos.

44.- Los planos alfa y beta se cortan según una recta de perfil si las trazas de dichos planos son colineales.

47.- La "l.m.p." del plano alfa y la "l.m.i." del plano beta son coplanarias.

45.- La recta r pertenece al plano alfa.

48.- Los planos alfa y beta son paralelos.

43				48	NOMBRE	GRUPO	NÚMERO	FECHA	CURSO	CALIFICACIÓN
Test (enunciados)										

Indicar si las proposiciones siguientes son verdaderas (V) o falsas (F), razonando en cualquier caso la solución adoptada. Téngase en cuenta que la cuestión solo será verdadera si cumple todo el enunciado de esta

ESCUELA:

1   2   3   4

Test

281

PARA COMPLETAR
Croquis de los test de geometría propuestos en el sistema diédrico.
Explicación detallada de dichos croquis.
1.-
2.-

49. - El octaedro regular es un poliedro cuyos vértices son extremos de tres segmentos iguales, cada uno de los cuales es perpendicular al plano que forman los otros dos.

———

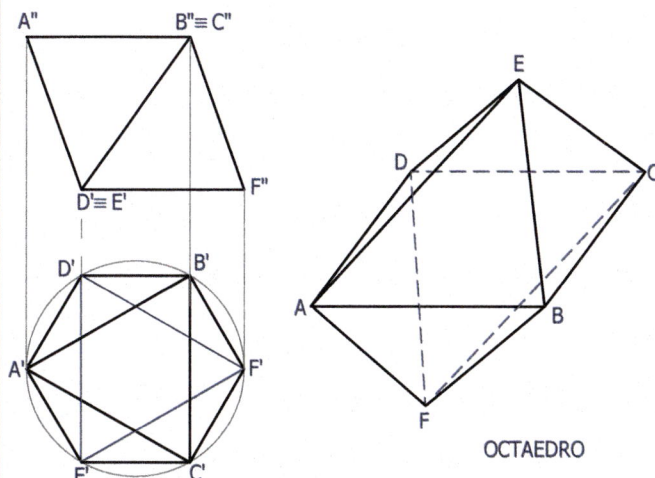

OCTAEDRO

50.- Las secciones principales de todos los poliedros regulares convexos son semejantes.

———

51.-Toda recta corta a dos planos perpendiculares entre sí sumando respecto a estos un ángulo recto. ¿Son perpendiculares alfa y beta? ———

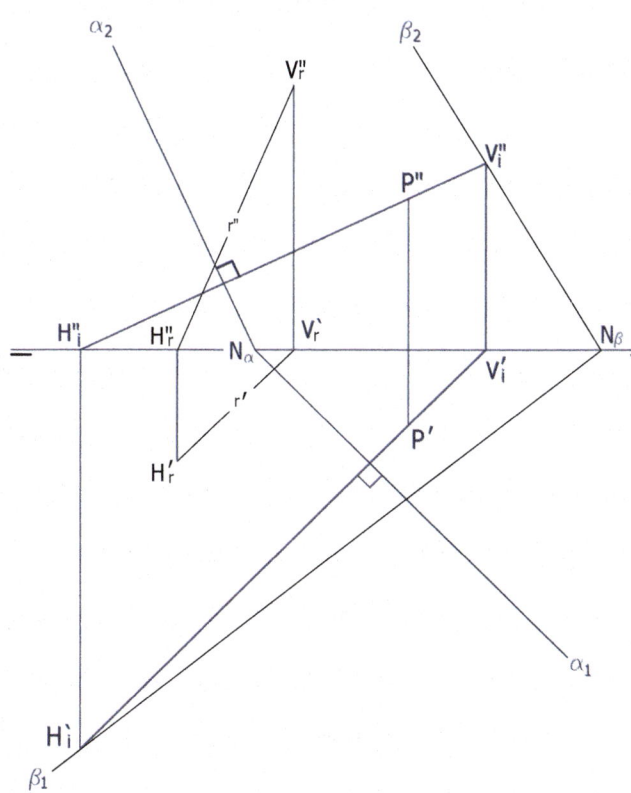

52.- Cuando dos planos son perpendiculares y uno de ellos lo es a uno de los de proyección, las trazas de los planos sobre este son perpendiculares.

———

53.- Las proyecciones del mismo nombre de todas las rectas contenidas en un mismo plano solamente pueden ser concurrentes.

———

54.- Se puede afirmar sin confusión que la recta de intersección entre los planos alfa y beta (sin pasar al 2.º P.B.) es una recta cuyas proyecciones son coincidentes con β_1.

———

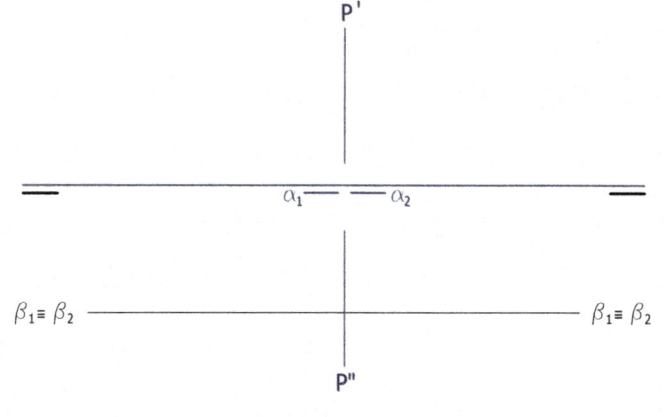

55.- La "l.m.p." del plano alfa trazada por el punto A forma con la "l.m.p" por dicho punto el mismo ángulo, con independencia del ángulo que las trazas del plano formen con la L.T.

———

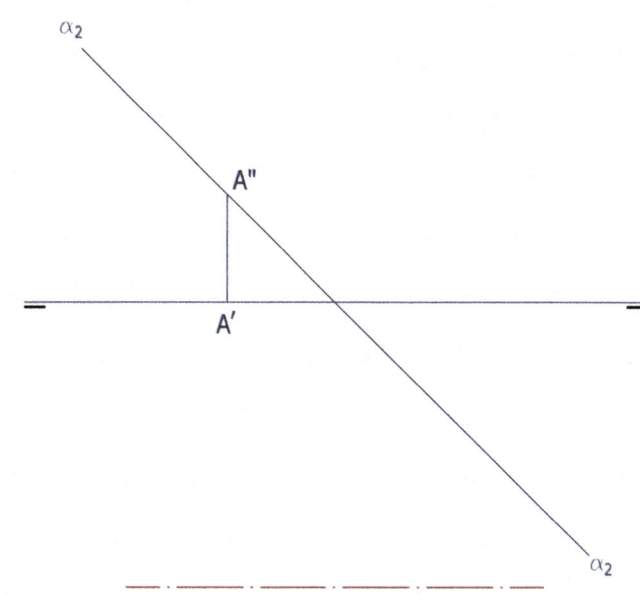

56.- Mediante un solo cambio de plano se puede transformar un plano cualquiera en otro que pase por la L.T.

———

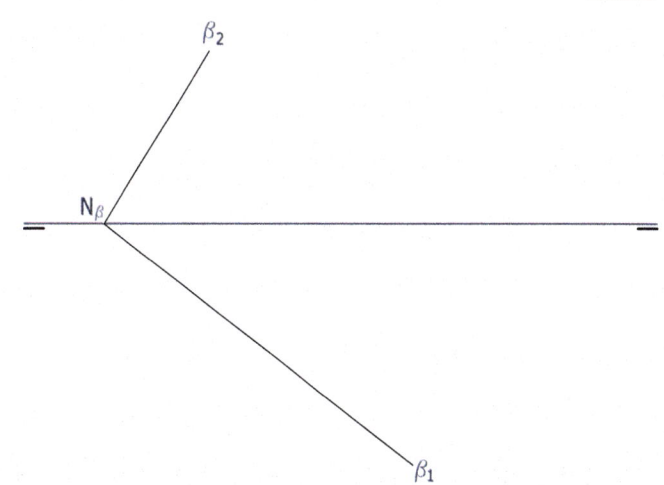

49						56	NOMBRE	GRUPO	NÚMERO	FECHA	CURSO	CALIFICACIÓN
Test (enunciados)												

Indicar si las proposiciones siguientes son verdaderas (V) o falsas (F), razonando en cualquier caso la solución adoptada. Téngase en cuenta que la cuestión solo será verdadera si cumple todo el enunciado de esta.

ESCUELA:

1	2	3	4

Este plano es confidencial y no puede copiarse ni divulgarse sin un permiso escrito. *This drawing is confidential and must not be copied or disclosed without written consent.*

57.- Si los lados de un ángulo plano son normales a las caras del diedro que forman los planos beta y gamma, el ángulo agudo que forman esos lados mide el ángulo agudo del rectilíneo del diedro que forman dichos planos.

58.- Toda perpendicular n al plano alfa forma con los planos beta y gamma ángulos complementarios a los que forma el plano alfa con los planos beta y gamma.

59.- La razón que forman las trazas horizontales de los planos alfa y gamma es la misma que la formada por estos planos en el espacio.

57				59	NOMBRE	GRUPO	NÚMERO	FECHA	CURSO	CALIFICACIÓN
Test (enunciados)										

Indicar si las proposiciones siguientes son verdaderas (V) o falsas (F), razonando en cualquier caso la solución adoptada. Téngase en cuenta que la cuestión solo será verdadera si cumple todo el enunciado de esta

ESCUELA:

808.00

283

PARA COMPLETAR
1.- Croquis de los test de geometría propuestos en el sistema diédrico.
2.- Explicación detallada de dichos croquis.

60.- Si las proyecciones de dos rectas sobre un plano cualquiera son paralelas, dichas rectas son necesariamente paralelas en el espacio. _____

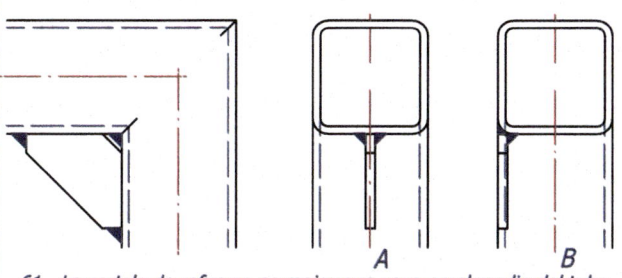

61.- La cartela de refuerzo es mejor que vaya en el medio del tubo. _____

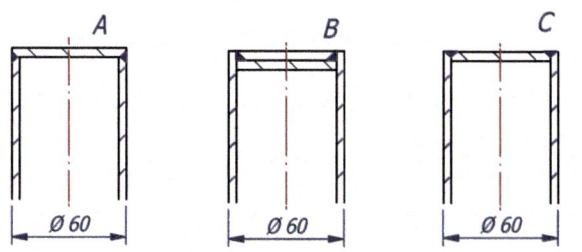

62.- La tapa de cierre en una estructura soldada es preferible hacerla según la figura A. _____

En el sistema diédrico se cumple:

63.- El eje de afinidad puede llegar a ser perpendicular a la L.T. _____

64.- En todo plano se cumple que la dirección de la homología afín es perpendicular a la L.T. _____

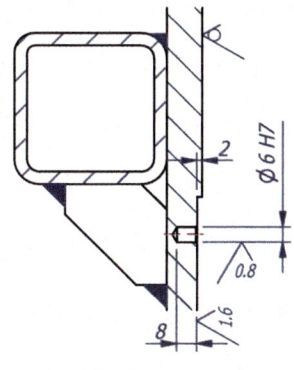

65.- Siempre que sea posible, los agujeros de guiado es preferible hacerlos pasantes. _____

66.- Las cartelas de unión tienen necesariamente que estar achaflanadas para evitar concentración de tensiones. _____

67.- En toda construcción soldada hay que estabilizar la pieza para quitar tensiones.

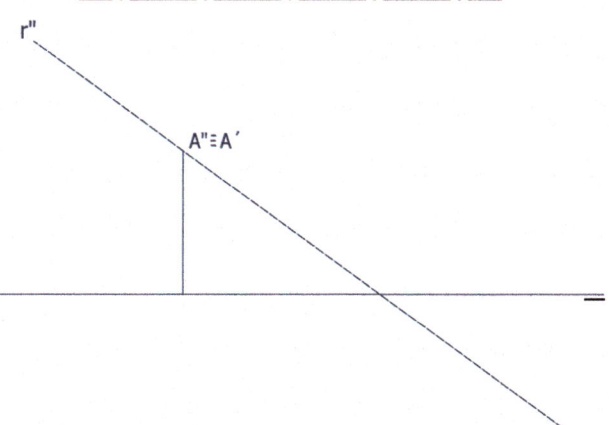

68.- Toda recta cuyas proyecciones estén en prolongación pasará solamente por dos diedros. _____

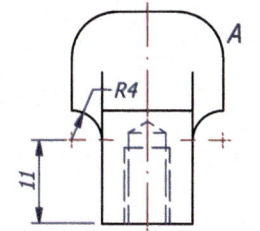
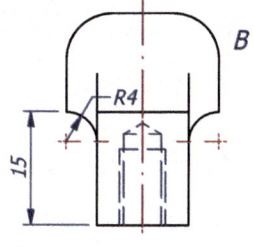

69.- La acotación correcta es la de la figura A. _____

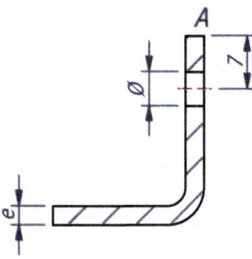
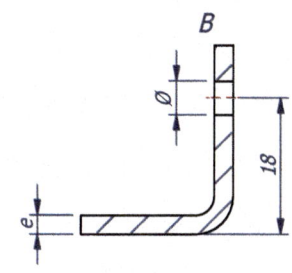

70.- La acotación de la situación del agujero es mejor según la figura A. _____

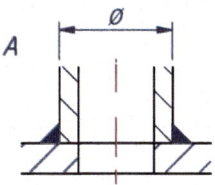
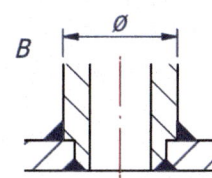

71.- La unión por soldadura de las dos piezas es mejor según la figura A. _____

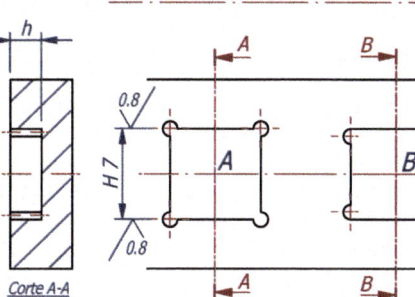
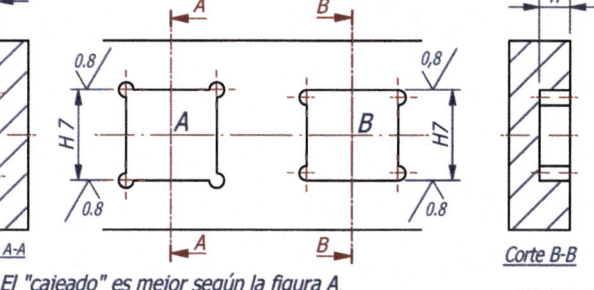

72.- El "cajeado" es mejor según la figura A. _____

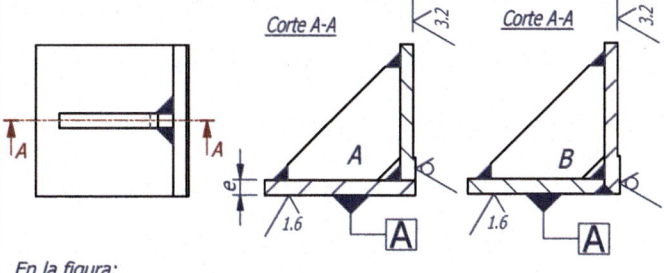

En la figura:

73.- Es preferible el mecanizado de la figura B. _____

74.- Usaremos indistintamente un mecanizado u otro. _____

75.- Los agujeros de guía pasantes muy profundos se diseñan según la figura A. _____

60				75	NOMBRE	GRUPO	NÚMERO	FECHA	CURSO	CALIFICACIÓN
Test (enunciados)										

Indicar si las proposiciones siguientes son verdaderas (V) o falsas (F), razonando en cualquier caso la solución adoptada. Téngase en cuenta que la cuestión solo será verdadera si cumple todo el enunciado de esta.

ESCUELA:

PARA COMPLETAR

1.- Croquis de los test de geometría propuestos en el sistema diédrico.
2.- Explicación detallada de dichos croquis.

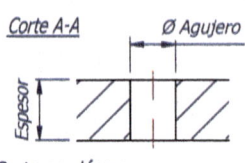

76. En el montaje de rodamientos, es preferible el montaje de la figura B.

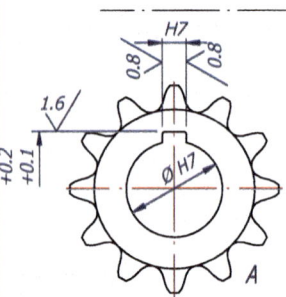
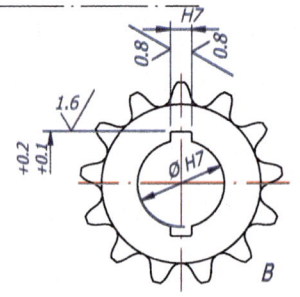

Corte por láser:

77. El corte será óptimo si el espesor es mayor que el diámetro a obtener.

78. Si el espesor es mayor al diámetro a cortar, es preferible hacer una cruz de marcado y taladrar posteriormente (figura B).

79. El chavetero debe coincidir con el "alma" de un diente.

80. Cuando por razones de diseño tengamos que colocar dos chavetas en una misma pieza, estarán necesariamente a 180º entre sí. (figura B).

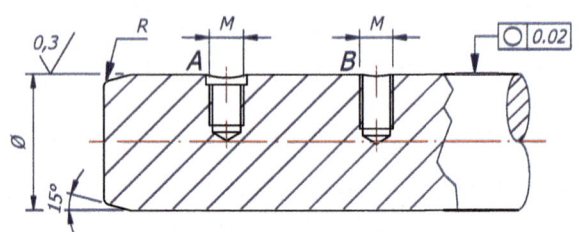

81. La forma B de hacer el agujero es mejor que la A.

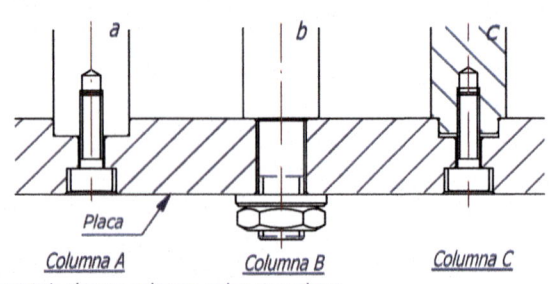

En montaje de una columna sobre una placa:

82.- El montaje A es el más adecuado.

83. Siempre que tengamos sitio, es preferible realizar el diseño de la columna B respecto a la C.

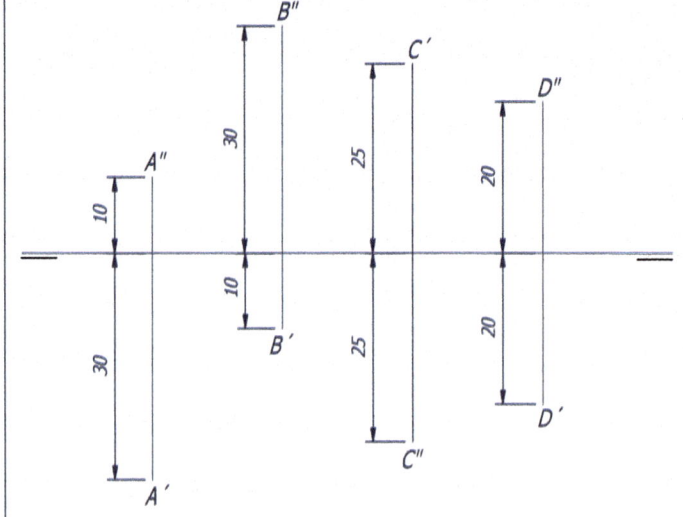

84. El punto B es el punto más alejado de la L.T.

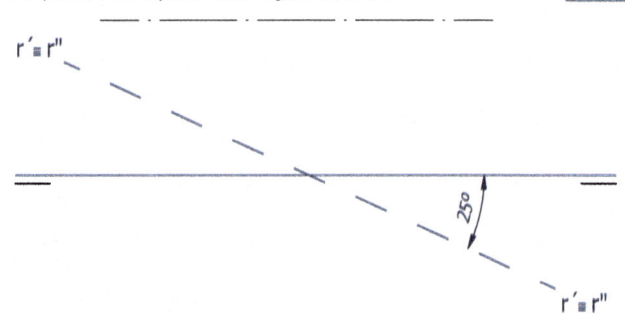

85. Si la recta r es la l.m.i. de un plano alfa dicho plano tiene sus trazas en prolongación.

Corte A-A
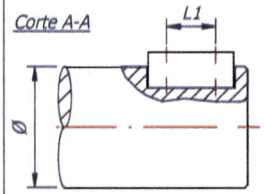

Corte B-B
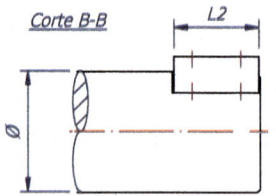

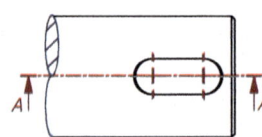
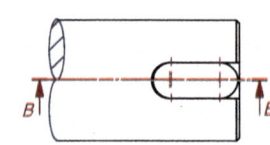

86. Es preferible el diseño A-A respecto al B-B.

87. La cota L1 es más precisa que L2.

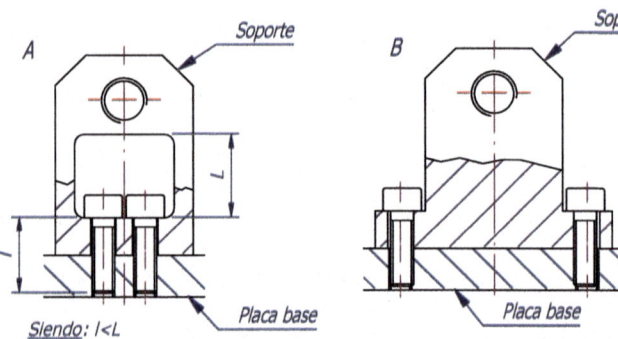

Siendo: l<L

88. El diseño A se realizará preferentemente.

89. El diseño B es más caro de fabricar que el A.

90. Indistintamente podemos usar uno u otro diseño.

76					90	NOMBRE	GRUPO	NÚMERO	FECHA	CURSO	CALIFICACIÓN
Test (enunciados)											
Indicar si las proposiciones siguientes son verdaderas (V) o falsas (F), razonando en cualquier caso la solución adoptada. Téngase en cuenta que la cuestión solo será verdadera si cumple todo el enunciado de esta							ESCUELA:				

1   2   3   4

Test

Este plano es confidencial y no puede copiarse ni divulgarse sin un permiso escrito. *This drawing is confidential and must not be copied or disclosed without written consent.*

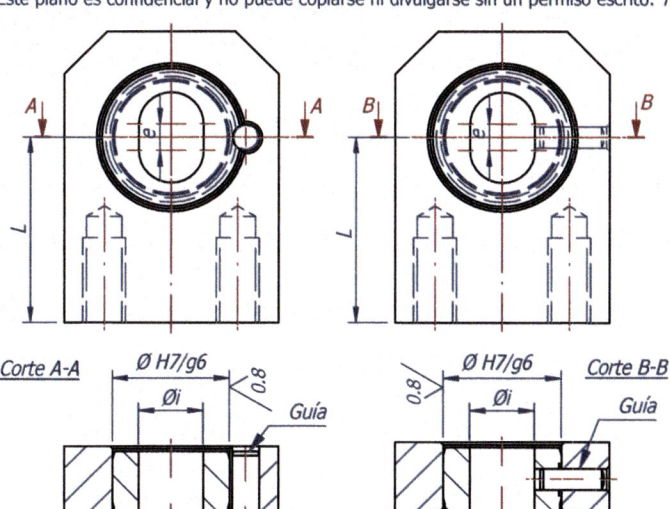

Corte A-A   Ø H7/g6   Ø H7/g6   Corte B-B

Guía   Guía

Casquillo   Casquillo

91.- La fijación de la posición del casquillo es mejor con el diseño B. ____

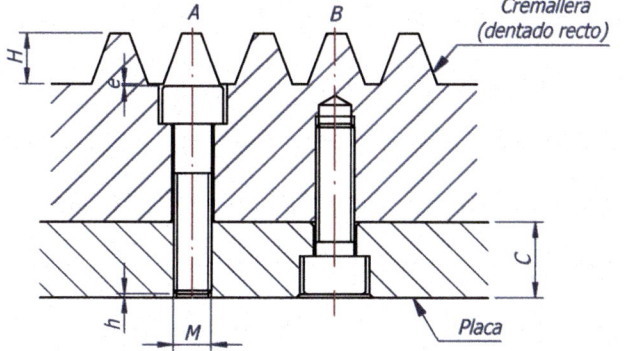

Cremallera (dentado recto)

Placa

92.- El amarre de una cremallera es mejor según el diseño B. ____

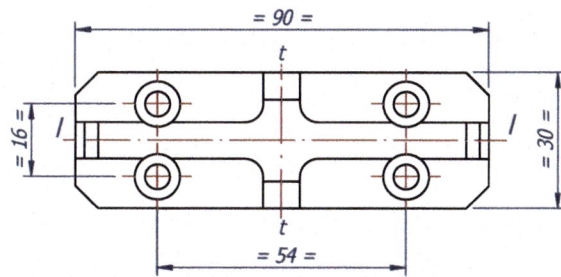

93.- En todas las vistas de una pieza, los ejes de simetría longitudinal (l-l) y transversal (t-t) de esta deben dibujarse. ____

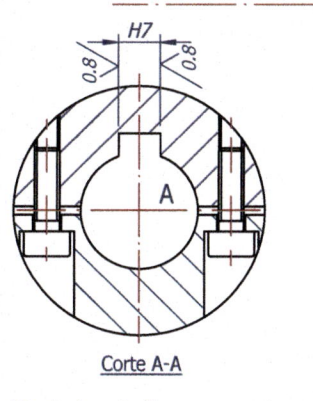

Corte A-A   Corte B-B

94.- Ambos diseños son correctos. ____
95.- Sólo el diseño A es correcto. ____
96.- Es preferible sustituir el chavetero por una unidad cónica de fijación. ____

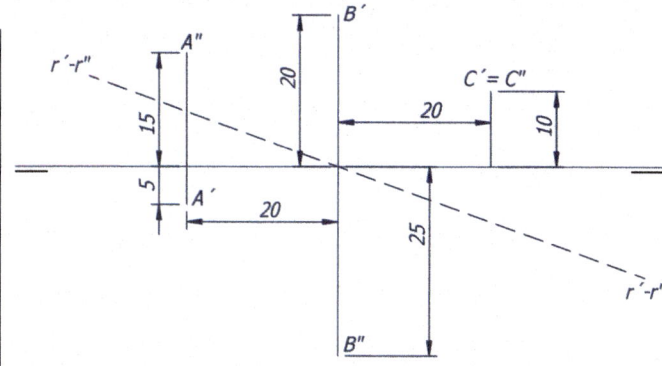

97.- De los puntos A, B y C, el punto B es el más alejado a la recta r. ____

98.- El lado AB es menor al lado BC. ____

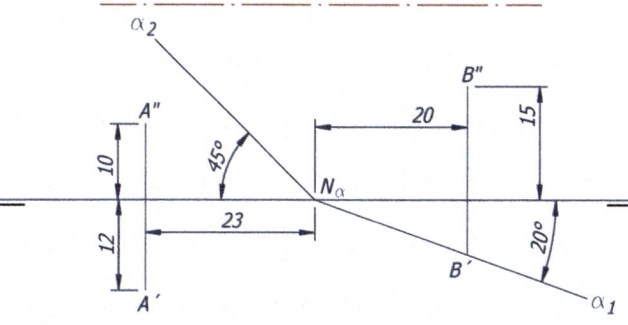

99.- La distancia del punto A al plano alfa es menor que la del punto B al vertical de proyección. ____

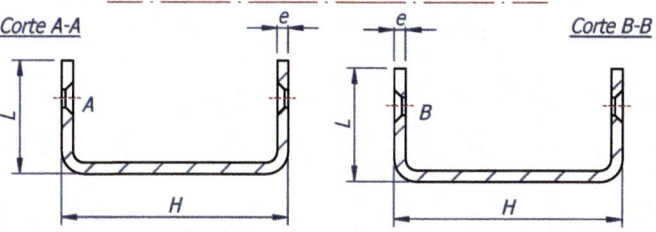

Corte A-A   Corte B-B

Desarrollo de piezas de chapa:
100.- Usaremos preferiblemente el diseño de la chapa soporte A. ____

101.- En cualquier caso, se debe cumplir que H sea mayor que L. ____

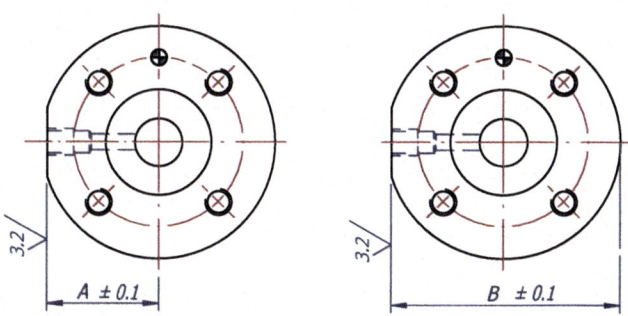

$A \pm 0.1$ $B \pm 0.1$

102.- Ambas acotaciones son correctos. ____

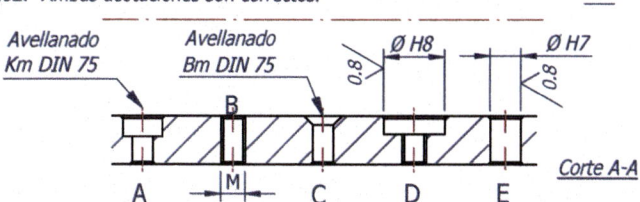

Avellanado Km DIN 75   Avellanado Bm DIN 75   Ø H8   Ø H7

A   M   C   D   E   Corte A-A

El corte A-A representa una parte de la sección de la placa base de una máquina:
103.- Si todos los avellanados están en la misma cara, la tabla de agujeros se puede hacer indistintamente en la planta superior o inferior. ____
104.- Elegiremos la que genere un menor número de líneas de trazos. ____

91			104	NOMBRE	GRUPO	NÚMERO	FECHA	CURSO	CALIFICACIÓN
Test (enunciados)									
Indicar si las proposiciones siguientes son verdaderas (V) o falsas (F), razonando en cualquier caso la solución adoptada. Téngase en cuenta que la cuestión solo será verdadera si cumple todo el enunciado de esta					ESCUELA:				

1   2   3   4

Test

Este plano es confidencial y no puede copiarse ni divulgarse sin un permiso escrito. *This drawing is confidential and must not be copied or disclosed without written consent.*

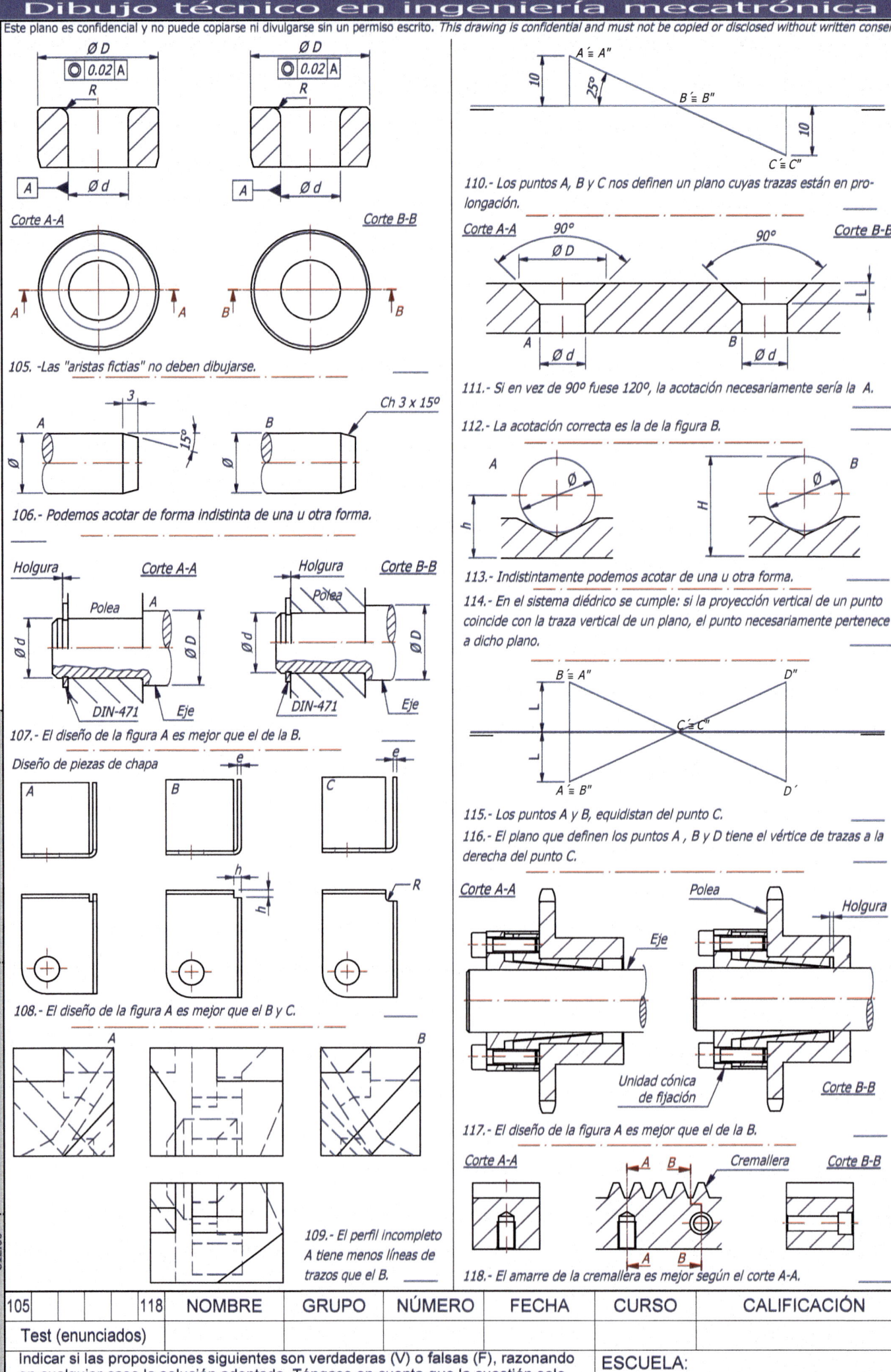

Corte A-A   Corte B-B

105. -Las "aristas ficticias" no deben dibujarse.

Ch 3 x 15º

106.- Podemos acotar de forma indistinta de una u otra forma.

Holgura   Corte A-A   Holgura   Corte B-B

Polea   Polea

DIN-471   Eje   DIN-471   Eje

107.- El diseño de la figura A es mejor que el de la B.

Diseño de piezas de chapa

A   B   C

108.- El diseño de la figura A es mejor que el B y C.

A   B

109.- El perfil incompleto A tiene menos líneas de trazos que el B.

110.- Los puntos A, B y C nos definen un plano cuyas trazas están en prolongación.

Corte A-A   90º   90º   Corte B-B

ØD

Ød   Ød

111.- Si en vez de 90º fuese 120º, la acotación necesariamente sería la A.

112.- La acotación correcta es la de la figura B.

A   B

113.- Indistintamente podemos acotar de una u otra forma.

114.- En el sistema diédrico se cumple: si la proyección vertical de un punto coincide con la traza vertical de un plano, el punto necesariamente pertenece a dicho plano.

115.- Los puntos A y B, equidistan del punto C.

116.- El plano que definen los puntos A , B y D tiene el vértice de trazas a la derecha del punto C.

Corte A-A   Polea   Holgura

Eje

Unidad cónica de fijación   Corte B-B

117.- El diseño de la figura A es mejor que el de la B.

Corte A-A   A   B   Cremallera   Corte B-B

A   B

118.- El amarre de la cremallera es mejor según el corte A-A.

105				118	NOMBRE	GRUPO	NÚMERO	FECHA	CURSO	CALIFICACIÓN
Test (enunciados)										

Indicar si las proposiciones siguientes son verdaderas (V) o falsas (F), razonando en cualquier caso la solución adoptada. Téngase en cuenta que la cuestión solo será verdadera si cumple todo el enunciado de esta

ESCUELA:

812.00

287

PARA COMPLETAR
1.- Croquis de los test de geometría propuestos en el sistema diédrico.
2.- Explicación detallada de dichos croquis.

49. - El octaedro regular es un poliedro cuyos vértices son extremos de tres segmentos iguales, cada uno de los cuales es perpendicular al plano que forman los otros dos.

_____

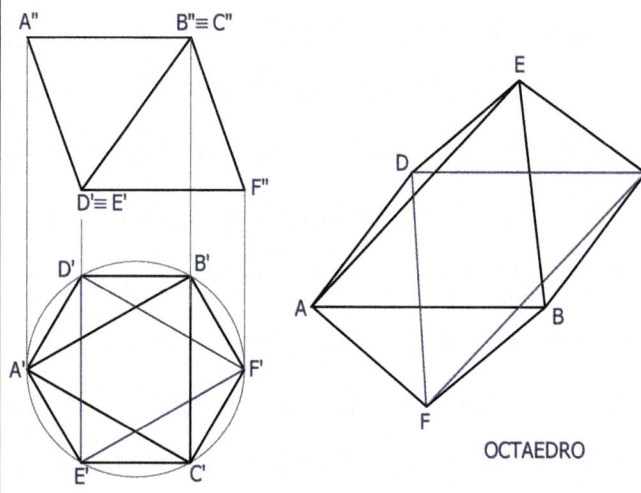

OCTAEDRO

50.- Las secciones principales de todos los poliedros regulares convexos son semejantes.

_____

51.-Toda recta corta a dos planos perpendiculares entre sí sumando respecto a estos un ángulo recto. ¿Son perpendiculares alfa y beta? _____

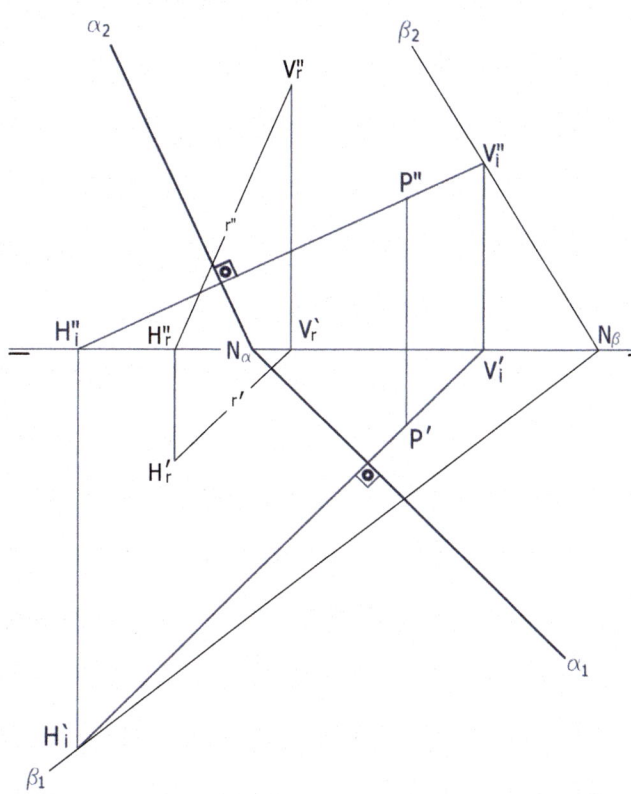

52.- Cuando dos planos son perpendiculares y uno de ellos lo es a uno de los de proyección, las trazas de los planos sobre este son perpendiculares.

_____

53.- Las proyecciones del mismo nombre de todas las rectas contenidas en un mismo plano solamente pueden ser concurrentes.

_____

54.- Se puede afirmar sin confusión que la recta de intersección entre los planos alfa y beta (sin pasar al 2º P.B.) es una recta cuyas proyecciones son coincidentes con β_1.

_____

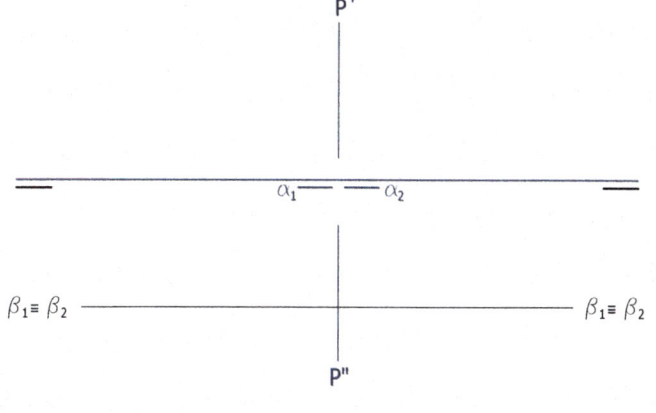

55.- La "l.m.p." del plano alfa trazada por el punto A forma con la "l.m.p" por dicho punto el mismo ángulo. Con independencia del ángulo que las trazas del plano formen con la L.T.

_____

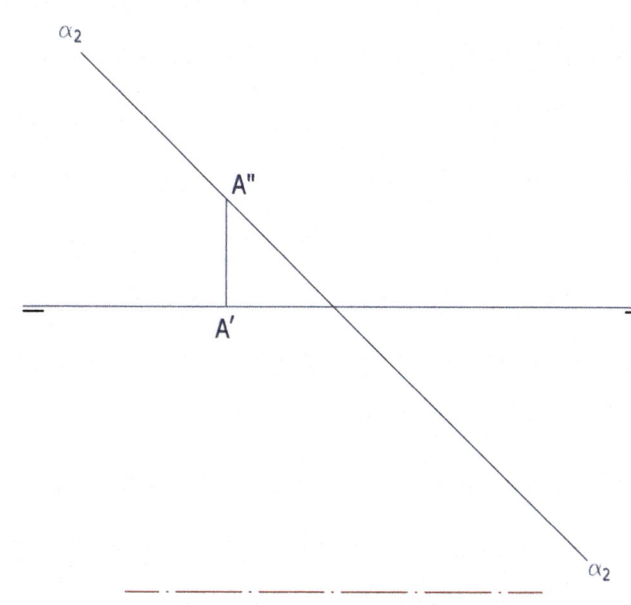

56.- Mediante un solo cambio de plano se puede transformar un plano cualquiera en otro que pase por la L.T.

_____

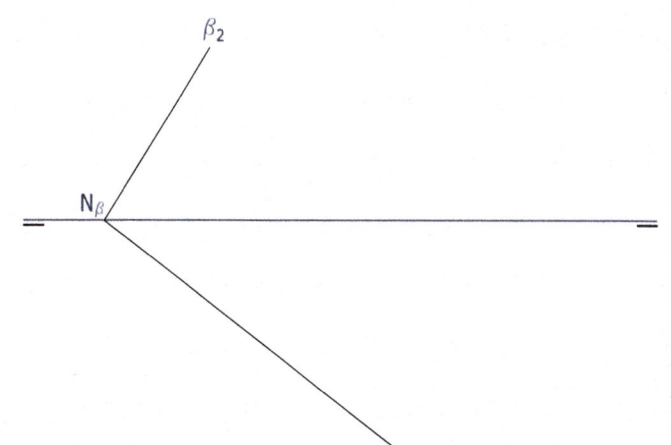

49				56	NOMBRE	GRUPO	NÚMERO	FECHA	CURSO	CALIFICACIÓN
Test (enunciados)										

Indicar si las proposiciones siguientes son verdaderas (V) o falsas (F), razonando en cualquier caso la solución adoptada. Téngase en cuenta que la cuestión solo será verdadera si cumple todo el enunciado de esta.

ESCUELA:

| 1 | 2 | 3 | 4 |

Este plano es confidencial y no puede copiarse ni divulgarse sin un permiso escrito. *This drawing is confidential and must not be copied or disclosed without written consent.*

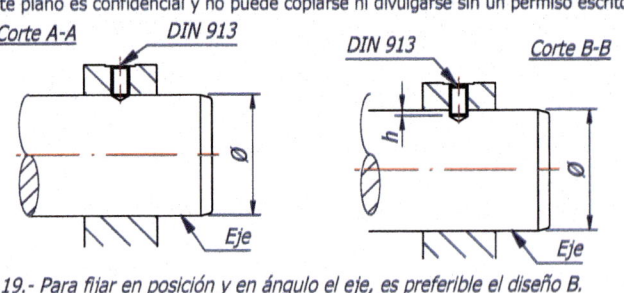

119.- Para fijar en posición y en ángulo el eje, es preferible el diseño B.

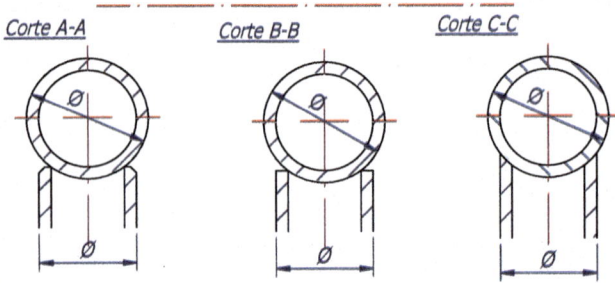

120.- Para soldar dos tubos el diseño más correcto es el B.

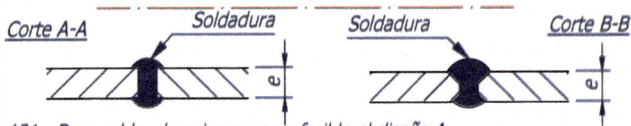

121.- Para soldar dos piezas es preferible el diseño A.

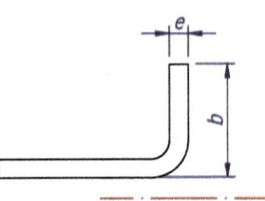

122.- El corte por láser del tubo 1 es más correcto según el diseño A.

123.- La pestaña mínima (b) en piezas plegadas debe ser mayor a 3 veces el espesor de esta.

124.- La pestaña mínima (b) en piezas plegadas depende del material.

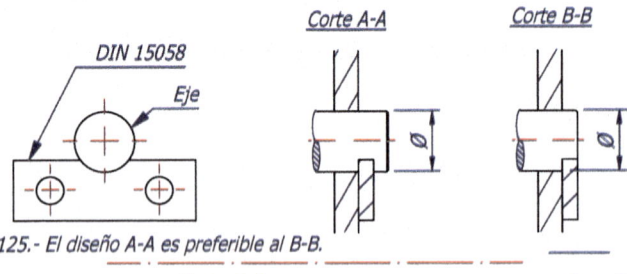

125.- El diseño A-A es preferible al B-B.

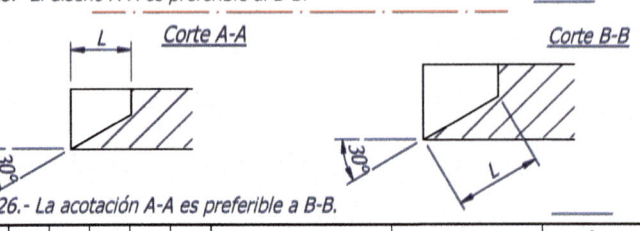

126.- La acotación A-A es preferible a B-B.

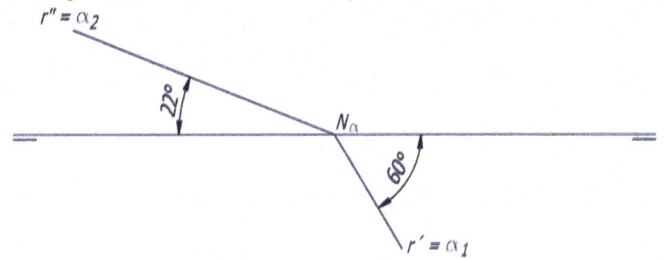

127.- La recta r y el plano alfa se cortan en un punto cuya cota es mayor que el alejamiento.

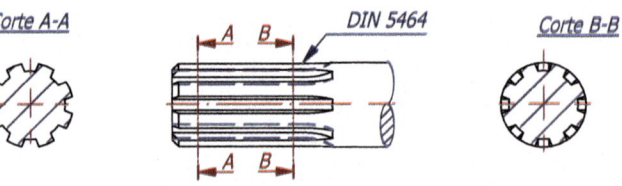

128.- Es preferible hacer el corte A-A al B-B en el eje "nervado" de la figura.

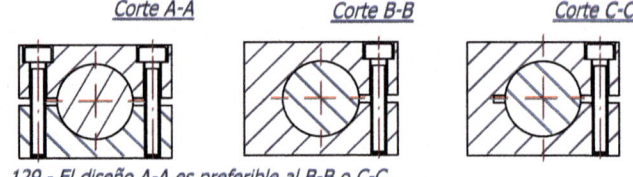

129.- El diseño A-A es preferible al B-B o C-C.

130.- El diseño B-B es preferible al C-C.

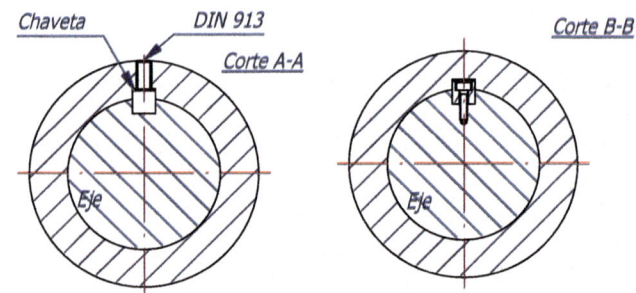

131.- Para fijar la chaveta longitudinalmente es mejor el diseño B-B.

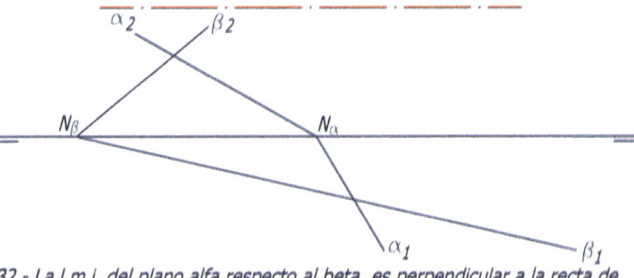

132.- La l.m.i. del plano alfa respecto al beta, es perpendicular a la recta de intersección de ambos.

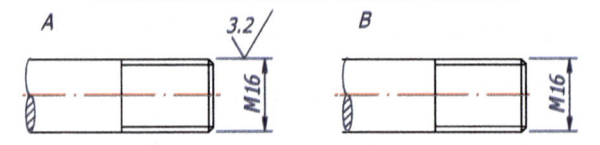

133.- En las superficies "roscadas" no hace falta indicar signos de mecanizado.

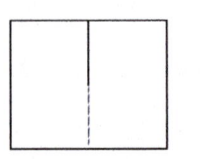

134.- No es admisible que una línea continua llena continúe con una línea de trazos.

135.- La vista solo será válida si la línea de trazos no se dibuja.

119				135	NOMBRE	GRUPO	NÚMERO	FECHA	CURSO	CALIFICACIÓN
Test (enunciados)										

Indicar si las proposiciones siguientes son verdaderas (V) o falsas (F), razonando en cualquier caso la solución adoptada. Téngase en cuenta que la cuestión solo será verdadera si cumple todo el enunciado de esta.

ESCUELA:

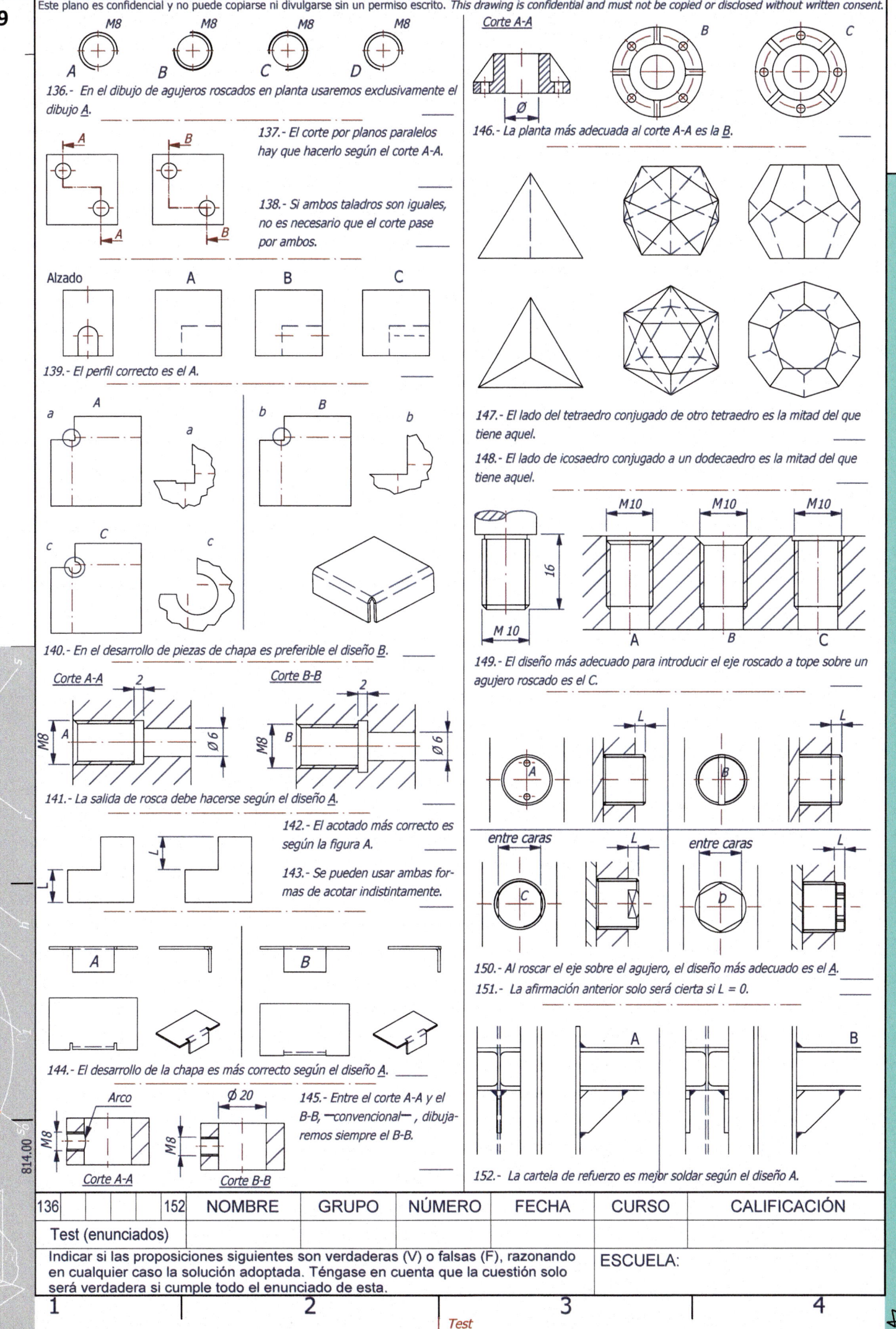

136.- En el dibujo de agujeros roscados en planta usaremos exclusivamente el dibujo A.

137.- El corte por planos paralelos hay que hacerlo según el corte A-A.

138.- Si ambos taladros son iguales, no es necesario que el corte pase por ambos.

Alzado   A   B   C

139.- El perfil correcto es el A.

140.- En el desarrollo de piezas de chapa es preferible el diseño B.

Corte A-A   Corte B-B

141.- La salida de rosca debe hacerse según el diseño A.

142.- El acotado más correcto es según la figura A.

143.- Se pueden usar ambas formas de acotar indistintamente.

144.- El desarrollo de la chapa es más correcto según el diseño A.

Arco   Ø 20   145.- Entre el corte A-A y el B-B, —convencional—, dibujaremos siempre el B-B.

Corte A-A   Corte B-B

Corte A-A

146.- La planta más adecuada al corte A-A es la B.

147.- El lado del tetraedro conjugado de otro tetraedro es la mitad del que tiene aquel.

148.- El lado de icosaedro conjugado a un dodecaedro es la mitad del que tiene aquel.

149.- El diseño más adecuado para introducir el eje roscado a tope sobre un agujero roscado es el C.

150.- Al roscar el eje sobre el agujero, el diseño más adecuado es el A.

151.- La afirmación anterior solo será cierta si $L = 0$.

152.- La cartela de refuerzo es mejor soldar según el diseño A.

136				152	NOMBRE	GRUPO	NÚMERO	FECHA	CURSO	CALIFICACIÓN
Test (enunciados)										

Indicar si las proposiciones siguientes son verdaderas (V) o falsas (F), razonando en cualquier caso la solución adoptada. Téngase en cuenta que la cuestión solo será verdadera si cumple todo el enunciado de esta.

ESCUELA:

Test

Este plano es confidencial y no puede copiarse ni divulgarse sin un permiso escrito. This drawing is confidential and must not be copied or disclosed without written consent

153.- Una recta y un plano que no le contenga determinan un punto.

154. El mayor número de vistas normales que se pueden obtener de un objeto es seis.

155.- Cualquier superficie plana limitada por un cierto número de lados, aparecerá en cualquier vista, con el mismo número de lados.

156.- En el sistema de proyección del primer diedro, el plano de proyección se interpone entre el vértice de proyección –impropio– y el objeto a definir.

157. Todo plano paralelo al horizontal de proyección corta   a todo plano cuyas trazas estén confundidas dividiendo al espacio en cuatro diedros rectos, es decir, de $90°$.

158.- En todo ángulo poliédrico el número de diedros que pueden obtenerse coincide con el número de caras distintas que tiene este.

159.- Un cilindro circular oblicuo, no es parte componente   de un elíptico recto.

160.- Los ángulos de una pieza se modifican de acuerdo con la escala a la que se dibuja este.

161.- Independientemente de la escala empleada, el valor nominal de la cota es siempre el mismo.

162.- Las cotas interiores del agujero de una pieza deben referirse a una vista en sección, nunca a las líneas ocultas.

163.- La línea de cota que indica un radio, ha de acabar en   la línea de contorno.

164.- Un arco de $180°$ se acotará siempre por su diámetro.

165.- En una pieza con dos ejes de simetría, basta indicar uno solo.

166.- El cajetín puede situarse en cualquier ángulo del plano.

167.- Un corte representa la superficie y parte de la pieza situada detrás del plano de corte.

168.- En los cortes, siempre que existan líneas ocultas, se representarán mediante trazo discontinuo.

169.- Un corte solo afecta a la vista donde dicho corte viene representado y nunca a las otras vistas.

170.- Un corte sólo afecta a la vista donde dicho corte viene representado y nunca a las otras vistas.

171.- Las secciones abatidas se representan con línea continua fina.

172.- Las líneas que producen los planos de corte –por cambio de dirección– no se dibujan.

173.- Cuando el plano de corte coincide con superficies planas de la pieza, estas deben ir "rayadas".

174.- Cuando la pieza tiene elementos uniformemente repa- rtidos, como agujeros o nervios, se suponen girados hasta que coincidan con un solo plano de corte.

175.- La chaveta aprieta en dirección tangencial, mientras que la lengüeta lo hace en dirección radial.

176.- La excéntrica es una leva que no gira alrededor de su punto central.

177.- Las levas pueden transformar el movimiento rectilíneo en circular, pero nunca a la inversa.

178.- La línea geométrica que engendra un punto de una circunferencia cuando va girando sobre otra se llama hipocicloide.

179.- Si el número de ruedas intermedias es impar, el sentido de giro de las ruedas extremas es inverso.

180.- El centro de curvatura de la línea de cota es siempre el vértice de ángulo, señalándose especialmente.

181.- No es admisible que una línea llena vaya a través de una superficie rayada ni que la superficie de corte quede limitada por una línea de trazos.

182.- Un cilindro recto circular se transforma por planos paralelos, -oblicuos respecto al eje de este-, en un cilindro elíptico oblicuo.

183.- Los ejes de simetría –transversales al eje longitudinal de la pieza– deben indicarse.

184.- Un cilindro circular oblicuo, no es parte componente de un elíptico recto.

185.- Dos pares de puntos "inversos", –alineados– son "concíclicos".

153				185	NOMBRE	GRUPO	NÚMERO	FECHA	CURSO	CALIFICACIÓN
Test (enunciados)										

Indicar si las proposiciones siguientes son verdaderas (V) o falsas (F), razonando en cualquier caso la solución adoptada. Téngase en cuenta que la cuestión solo será verdadera si cumple todo el enunciado de esta.

ESCUELA:

1	2	3	4

Este plano es confidencial y no puede copiarse ni divulgarse sin un permiso escrito. *This drawing is confidential and must not be copied or disclosed without written consent.*

186.- La "dimensión real equivalente" de un segmento de 27 mm dibujado a escala 5:4 es 21.6 mm. ☐

187.- Si un corte no se designa, tampoco deberá indicarse, y viceversa. ☐

188.- Independientemente del número de entradas que tenga una rosca, el avance y el paso son siempre iguales. ☐

189.- La dirección de la visual y el plano de corte son siempre ortogonales. ☐

190.- El paso de una rosca que tiene 20 hilos por pulgada es 1.37 mm. ☐

191.- La "capacidad portante de una rosca" disminuye de forma apreciable con reducciones ligeras de la "altura teórica". ☐

192.- La relación entre las líneas gruesa y fina será, como mínimo, de tres a uno. ☐

193.- Al realizar una proyección, es independiente la denominación particular del plano sobre el que se proyecta. ☐

194.- La única figura geométrica que no tiene ningún ángulo recto es el oblicuángulo. ☐

195.- Un triángulo autopolar respecto a una cónica se proyecta según un triedro autopolar respecto al cono. ☐

816.00

186				195	NOMBRE	GRUPO	NÚMERO	FECHA	CURSO	CALIFICACIÓN
Test (enunciados)										

Indicar si las proposiciones siguientes son verdaderas (V) o falsas (F), razonando en cualquier caso la solución adoptada. Téngase en cuenta que la cuestión solo será verdadera si cumple todo el enunciado de esta

ESCUELA:

| 1 | 2 | 3 | 4 |

Test

196.- Se llaman puntos límites a los homólogos respecto al punto impropio. ☐

197.- El dibujo isométrico es siempre algo mayor a la perspectiva isométrica. ☐

198.- Todos los formatos son semejantes entre sí. ☐

199.- El plano secante termina en el plano de simetría perpendicular a la sección solo en el caso de cuerpos simétricos. ☐

200.- El plano secante perpendicular a dos aristas opuestas corta al tetraedro según un cuadrado. ☐

201.- Si el segmento que representa la mínima distancia entre dos rectas que se cruzan es horizontal, al menos una de las rectas dadas debe ser vertical. ☐

202.- Dos planos se dicen secantes si tienen al menos un punto en común. ☐

203.- Las secciones principales de todos los poliedros regulares convexos son semejantes. ☐

204.- Las proyecciones del mismo nombre de todas las rectas contenidas en un mismo plano o son paralelas, o son concirrentes. ☐

205.- Mediante un solo cambio de plano se puede transformar un plano cualquiera en otro que pase por la L.T. ☐

PARA COMPLETAR
1.- Croquis de los test de geometría propuestos en el sistema diédrico.
2.- Explicación detallada de dichos croquis.

196				205	NOMBRE	GRUPO	NÚMERO	FECHA	CURSO	CALIFICACIÓN
Test (enunciados)										

Indicar si las proposiciones siguientes son verdaderas (V) o falsas (F), razonando en cualquier caso la solución adoptada. Téngase en cuenta que la cuestión solo será verdadera si cumple todo el enunciado de esta

ESCUELA:

1   2   3   4

Test

PARA COMPLETAR

1.- Croquis de los test de geometría propuestos en el sistema diédrico.
2.- Explicación detallada de dichos croquis.

206.- El lado del pentágono regular convexo es segmento aúreo de su diagonal. ☐

207.- Cada lado de un triángulo es menor que la suma de los otros dos y menor que su diferencia. ☐

208.- En un triángulo rectángulo, la altura sobre la hipotenusa es media proporcional entre los dos segmentos que la divide. ☐

209.- El ángulo exterior de un triángulo es igual a la suma de los dos interiores adyacentes a él. ☐

210.- En todo tetraedro regular se cumple que concurren las cuatro alturas. ☐

211.- Si un plano corta a una recta, cortará también a cualquier paralela a dicha recta. ☐

212.- Si dos rectas son paralelas, todo plano que contiene a una de ellas será paralelo a la otra. ☐

213.- En todo triedro isósceles se cumple que a ángulos diedros iguales corresponden caras iguales. ☐

214.- El ángulo agudo de la cara de un diedro es el ángulo agudo del rectilíneo del diedro. ☐

215.- Toda recta que corta a un plano corta a todo plano paralelo a él. ☐

206				215	NOMBRE	GRUPO	NÚMERO	FECHA	CURSO	CALIFICACIÓN
Test (enunciados)										
Indicar si las proposiciones siguientes son verdaderas (V) o falsas (F), razonando en cualquier caso la solución adoptada. Téngase en cuenta que la cuestión solo será verdadera si cumple todo el enunciado de esta									ESCUELA:	

1	2	3	4

Test

294

PARA COMPLETAR
1.- Croquis de los test de geometría propuestos en el sistema diédrico.
2.- Explicación detallada de dichos croquis.

216.- En el sistema diédrico, las proyecciones de un "punto impropio" están en prolongación. □

217.- Si la cota es mayor que el alejamiento, el punto pertenece al segundo diedro. □

218.- En el sistema diédrico, el observador se sitúa siempre en un "punto impropio". □

219.- En el sistema diédrico, la vertical de un ángulo no puede verse nunca en verdadera magnitud. □

220.- El plano de corte dado a una pieza, no debe coincidir con ninguna de sus caras exteriores. □

221.- Un tornillo de calidad 8.8 tiene mayor carga a rotura —en el límite elástico— que otro de calidad 5.8. □

222.- Una sección nunca puede hacerse por un plano curvo —si la pieza es de revolución—. □

223.- Si dos rectas se cruzan en el espacio, la distancia entre ambas es fija. □

224.- El radio de plegado de una chapa debe ser mayor al espesor que tenga esta. □

225.- En una unión atornillada, el tornillo puede soportar un mayor esfuerzo "a cortante" que la tuerca. □

216				225	NOMBRE	GRUPO	NÚMERO	FECHA	CURSO	CALIFICACIÓN
Test (enunciados)										

Indicar si las proposiciones siguientes son verdaderas (V) o falsas (F), razonando en cualquier caso la solución adoptada. Téngase en cuenta que la cuestión solo será verdadera si cumple todo el enunciado de esta

ESCUELA:

1   2   3   4

Test

226.- Detalle eje nervado

Eje nervado
Estriado
Eje nervado
0.8
Ø 40 H11
Ø 32 H7
= 20 H8 =
0.8
Estriado

Ø 40 H11
0.8
Ø 32 H7
0.8

(A)   (B)

227.- Acotación agujero avellanado

Corte A-A   = 90° =
Corte B-B   = 90° =
a
Ø

(A)   (B)

228.- Manguito sujeción tubo

1
2
1
2

(A)   (B)

229.- Fijación de una guía

Corte C-C   (A)
Corte D-D   (B)
Ø 15 H7
0.8
15
Ø 50
Ø 15 H7
0.8
15
Ø 50

229.- Horquilla

Corte F-F   (A)
Corte G-G   (B)
Ø 8 H7
R2
Ø 8 H7

230.- Ajustes y tolerancias

A.- Ø 40 H7/g6

B.- Ø 40 G7/h6

231.- Rótula

(A)
20
(B)
20

232.- Las piezas de aluminio:

A.- Se "anodizan".

B. Se "pavonan".

233.- A igualdad de diámetros:

A.- El eje nervado puede transmitir mayor "par de giro" que un eje con anillo cónico de fijación.

B.- Un rodamiento radial soporta mayor carga axial que otro de contacto angular.

234.- Es preferible utilizar tornillos:

A.- "Zincados" y de cabeza hexagonal.

B.- "Pavonados" y de cabeza cilíndrica.

234.- Adaptador

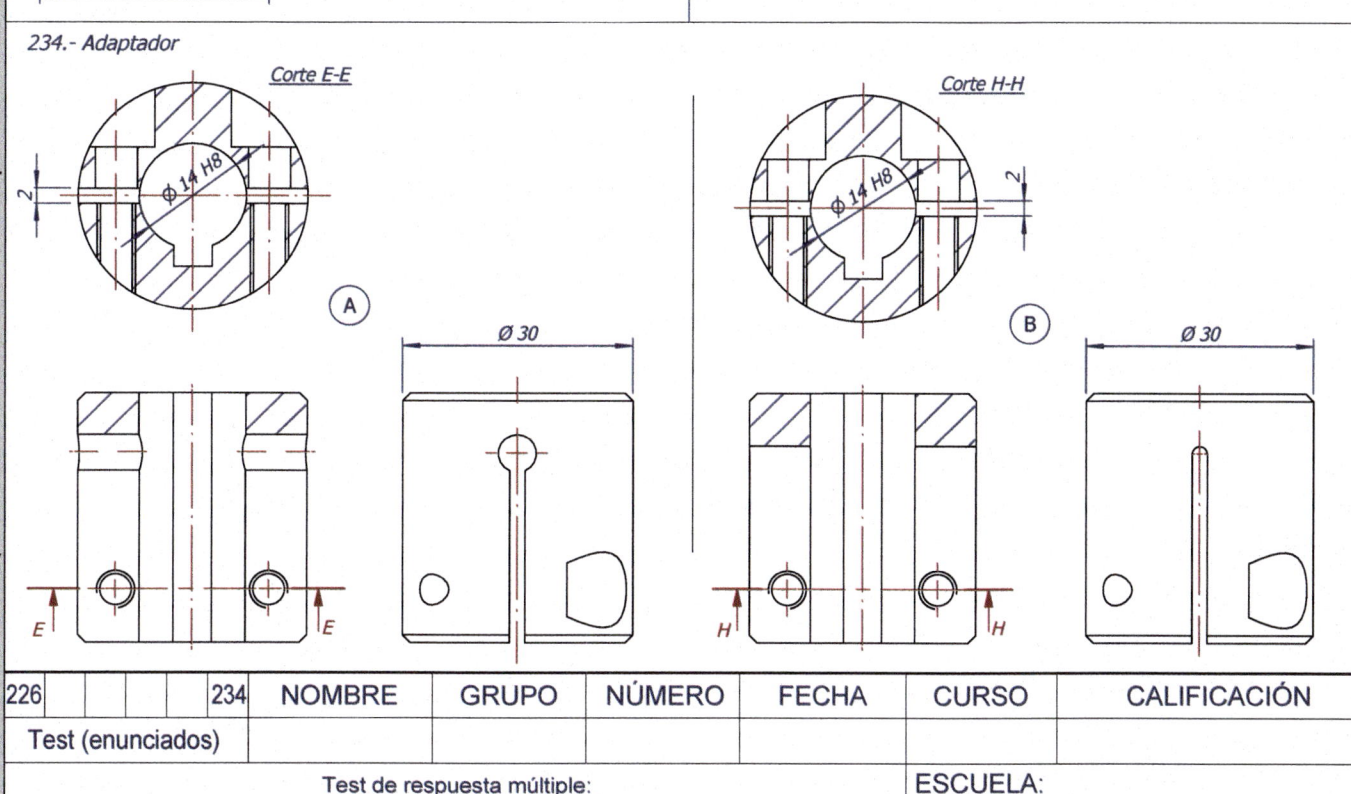

Corte E-E
Ø 14 H8
2
Ø 30
E   E

Corte H-H
Ø 14 H8
2
Ø 30
H   H

226				234	NOMBRE	GRUPO	NÚMERO	FECHA	CURSO	CALIFICACIÓN
Test (enunciados)										
Test de respuesta múltiple: A, B, ambas respuestas o ninguna de ellas								ESCUELA:		

9

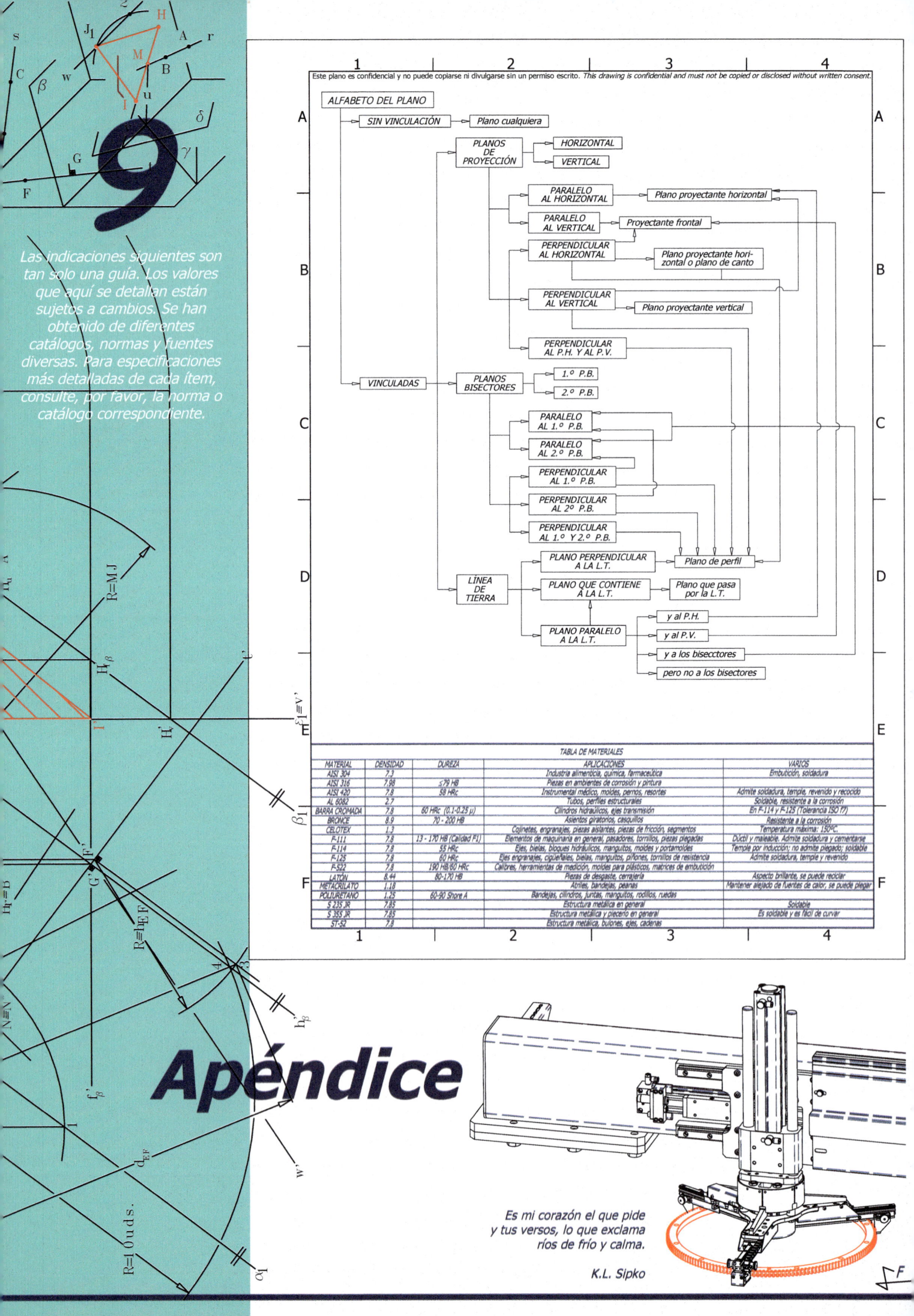

Las indicaciones siguientes son tan solo una guía. Los valores que aquí se detallan están sujetos a cambios. Se han obtenido de diferentes catálogos, normas y fuentes diversas. Para especificaciones más detalladas de cada ítem, consulte, por favor, la norma o catálogo correspondiente.

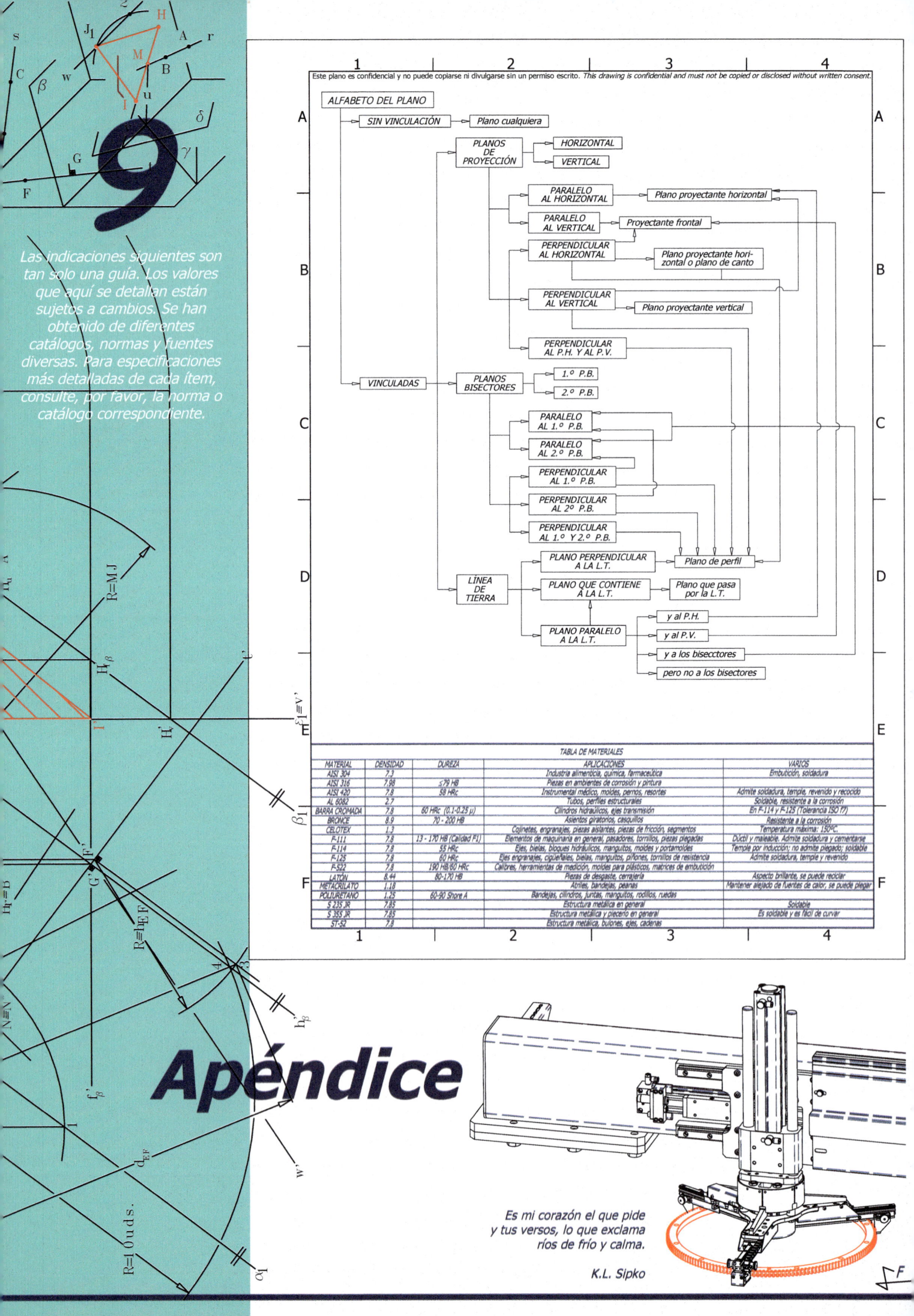

ALFABETO DEL PLANO

- SIN VINCULACIÓN → Plano cualquiera
- PLANOS DE PROYECCIÓN → HORIZONTAL / VERTICAL
  - PARALELO AL HORIZONTAL → Plano proyectante horizontal
  - PARALELO AL VERTICAL → Proyectante frontal
  - PERPENDICULAR AL HORIZONTAL → Plano proyectante horizontal o plano de canto
  - PERPENDICULAR AL VERTICAL → Plano proyectante vertical
  - PERPENDICULAR AL P.H. Y AL P.V.
- VINCULADAS
  - PLANOS BISECTORES → 1.º P.B. / 2.º P.B.
  - PARALELO AL 1.º P.B.
  - PARALELO AL 2.º P.B.
  - PERPENDICULAR AL 1.º P.B.
  - PERPENDICULAR AL 2º P.B.
  - PERPENDICULAR AL 1.º Y 2.º P.B.
  - LÍNEA DE TIERRA
    - PLANO PERPENDICULAR A LA L.T. → Plano de perfil
    - PLANO QUE CONTIENE A LA L.T. → Plano que pasa por la L.T.
    - PLANO PARALELO A LA L.T. → y al P.H. / y al P.V. / y a los bisectores / pero no a los bisectores

TABLA DE MATERIALES

MATERIAL	DENSIDAD	DUREZA	APLICACIONES	VARIOS
AISI 304	7,9		Industria alimenticia, química, farmacéutica	Embutición, soldadura
AISI 316	7,98	≤79 HB	Piezas en ambientes de corrosión y pintura	
AISI 420	7,8	58 HRc	Instrumental médico, moldes, pernos, resortes	Admite soldadura, temple, revenido y recocido
AL 6082	2,7		Tubos, perfiles estructurales	Soldable, resistente a la corrosión
BARRA CROMADA	7,8	60 HRc (0,1-0,25 μ)	Cilindros hidráulicos, ejes transmisión	En F-114 y F-125 (Tolerancia ISO f7)
BRONCE	8,9	70 - 200 HB	Asientos giratorios, casquillos	Resistente a la corrosión
CELOTEX	1,3		Cojinetes, engranajes, piezas aislantes, piezas de fricción, segmentos	Temperatura máxima: 150ºC.
F-111	7,8	13 - 170 HB (Calidad F1)	Elementos de maquinaria en general, pasadores, tornillos, piezas plegadas	Dúctil y maleable. Admite soldadura y cementarse
F-114	7,8	55 HRc	Ejes, bielas, bloques hidráulicos, manguitos, moldes y portamoldes	Temple por inducción; no admite plegado; soldable
F-125	7,8	60 HRc	Ejes engranajes, cigüeñales, bielas, manguitos, piñones, tornillos de resistencia	Admite soldadura, temple y revenido
F-522	7,8	190 HB/60 HRc	Calibres, herramientas de medición, moldes para plásticos, matrices de embutición	
LATÓN	8,44	80-170 HB	Piezas de desgaste, cerrajería	Aspecto brillante, se puede reciclar
METACRILATO	1,18		Atriles, bandejas, peanas	Mantener alejado de fuentes de calor; se puede plegar
POLIURETANO	1,25	60-90 Shore A	Bandejas, cilindros, juntas, manguitos, rodillos, ruedas	
S 235 JR	7,85		Estructura metálica en general	Soldable
S 355 JR	7,85		Estructura metálica y piecerío en general	Es soldable y es fácil de curvar
ST-52	7,8		Estructura metálica, bulones, ejes, cadenas	

Apéndice

Es mi corazón el que pide
y tus versos, lo que exclama
ríos de frío y calma.

K.L. Sipko

297

Se denominan problemas directos a aquellos en los cuales la incógnita buscada es la verdadera magnitud del ángulo.

ÁNGULOS: PROBLEMAS DIRECTOS

RECTA-RECTA

POSICIONES RELATIVAS

se cortan → posición general → en un punto que no está en la L.T. → caso general → por abatimientos

posición particular → en un punto de la L.T. → otros métodos → por cambios de plano

se cruzan → se reduce al primer caso sin más que trazar por un punto cualquiera una recta paralela a la otra; el ángulo que formen estas dos, será igual al buscado

son paralelas → ángulo nulo

son coincidentes

RECTA-PLANO → DEFINICIÓN → es el ángulo que forma la recta con su proyección ortogonal sobre el plano

caso particular → en el caso de que la proyección fuera un punto, el ángulo sería recto

en posición y magnitud

en magnitud → se halla el ángulo complementario al ángulo buscado y que es el que forma la recta dada con la perpendicular al plano dado

POSICIONES RELATIVAS

se cortan → bajo un ángulo cualquiera

ortogonalmente → recta y plano perpendiculares

son paralelas → ángulo nulo

son coincidentes

CASOS PARTICULARES

recta → por abatimientos

plano → P.H. o P.V. → abatiendo el plano proyectante horizontal o vertical que contiene la recta, respectivamente

girar la recta hasta hacerla coincidir con el P.V. o el P.H., respectivamente

PLANO-PLANO → DEFINICIÓN → es el ángulo que forma la línea de máxima pendiente de uno de ellos respecto al otro

en posición y magnitud → se halla el ángulo que forman dos rectas, una perteneciente a cada plano y perpendiculares a la recta de intersección de ambos

en magnitud → se halla el ángulo suplementario al ángulo buscado y que es el que forman dos restas perpendiculares a los planos dados cortándose en un punto

otros métodos → por cambios de plano

POSICIONES RELATIVAS

se cortan → bajo un angulo cualquiera

ortogonalmente → planos perpendiculares

son paralelas → ángulo nulo

son coincidentes

CASOS PARTICULARES

P.H. → método general → abatir la l.m.p. del plano dado sobre el P.H.

otros métodos → por giros

P.V. → método general → abatir la l.m.i. del plano dado sobre el P.V.

Notas:

Marcombo
Técnica, Ciencia y Formación

901.00

1				Sistema diédrico o de Monge: ángulos (problemas directos)	MEMORÁNDUM
	Ángulos				Sistema diédrico o de Monge

Las trazas de todo plano se cortan según un mismo punto de la línea de tierra.

TIPO DE PLANO	TIPO DE SOLUCIÓN	TRAZAS		VÉRTICE DE TRAZAS
		HORIZONTAL	VERTICAL	
CUALQUIERA	Indeterminadas	Cualquiera	Cualquiera	Propio
PLANOS PROYECTANTES	Plano proyectante horizontal	Cualquiera	Perpendicular a la L.T.	Propio
	Plano proyectante vertical	Perpendicular a la L.T.	Cualquiera	
	De perfil (perpendicuar al H. y V.)	Confundidas en una, perpendicular a la L.T.		
PARALELO A LOS DE PROYECCIÓN	Horizontal — Por encima del P.H.	No tiene	Paralela a la L.T.	No tiene
	Horizontal — Coincide con el P.H.		Se confunde con la L.T.	
	Horizontal — Por debajo del P.H.		Paralela a la L.T.	
	Vertical — Por delante del P.V.	Paralela a la L.T.	No tiene	No tiene
	Vertical — Coincide con el P.V.	Se confunde con la L.T.	No tiene	
	Vertical — Por detrás del P.V.	Paralela a la L.T.	No tiene	
PERPENDICULAR A LOS BISECTORES	Perpendicular al primer P.B.	Simétrica a la vertical respecto a la L.T.	Simétrica a la horizontal respecto a la L.T.	Propio
	Perpendicular al segundo P.B.	Coincide con la vertical formando un ángulo cualquiera con la L.T.	Coincide con la horizontal formando un ángulo cualquiera con la L.T.	Propio
	Perpendicular al primer y al segundo P.B.	Coincide con la vertical formando un ángulo de 90º a la L.T.	Coincide con la horizontal formando un ángulo de 90º con la L.T.	Propio
PARALELOS A LOS BISECTORES	Primer P.B. — Por encima	// y equidistante a la vertical respecto a la L.T.	// y equidistante a la horizontal respecto a la L.T.	Propio
	Primer P.B. — Por debajo			
	Segundo P.B. — Por encima	// y equidistante a la vertical respecto a la L.T.	// y equidistante a la horizontal respecto a la L.T.	Propio
	Segundo P.B. — Por debajo			
PARALELO A LA L.T. PERO NO A LOS BISECTORES	2.º ,1.º ,4.º cuadrante	Paralela a L.T. (vista)	Paralela a L.T. (vista)	Impropio
	1.º ,2.º ,3.º cuadrante	Paralela a L.T. (vista)	Paralela a L.T. (vista)	
	2.º ,3.º ,4.º cuadrante	Paralela a L.T. (vista)	Paralela a L.T. (oculta)	
	3.º ,4.º ,1.º cuadrante	Paralela a L.T. (vista)	Paralela a L.T. (oculta)	
PLANOS QUE PASAN POR LA L.T.	Bajo un ángulo cualquiera	Tiene sus dos trazas confundidas en una sola coincidente con la L.T.		Impropio
	Primer y segundo P.B.			
PLANO DE PERFIL	$P.V._2$	Confundidas en una, perpendicular a a L.T.		Propio

Notas:

Marcombo
Técnica, Ciencia y Formación

2
Alfabeto del plano

Sistema diédrico o de Monge: alfabeto del plano II

MEMORÁNDUM
Sistema diédrico o de Monge

1   2   3   4

Apéndice (sistema diédrico)

EJERCICIOS

1.- *Pregunta:* dos planos o dos rectas ¿son paralelas si no se cortan entre sí?

903.00

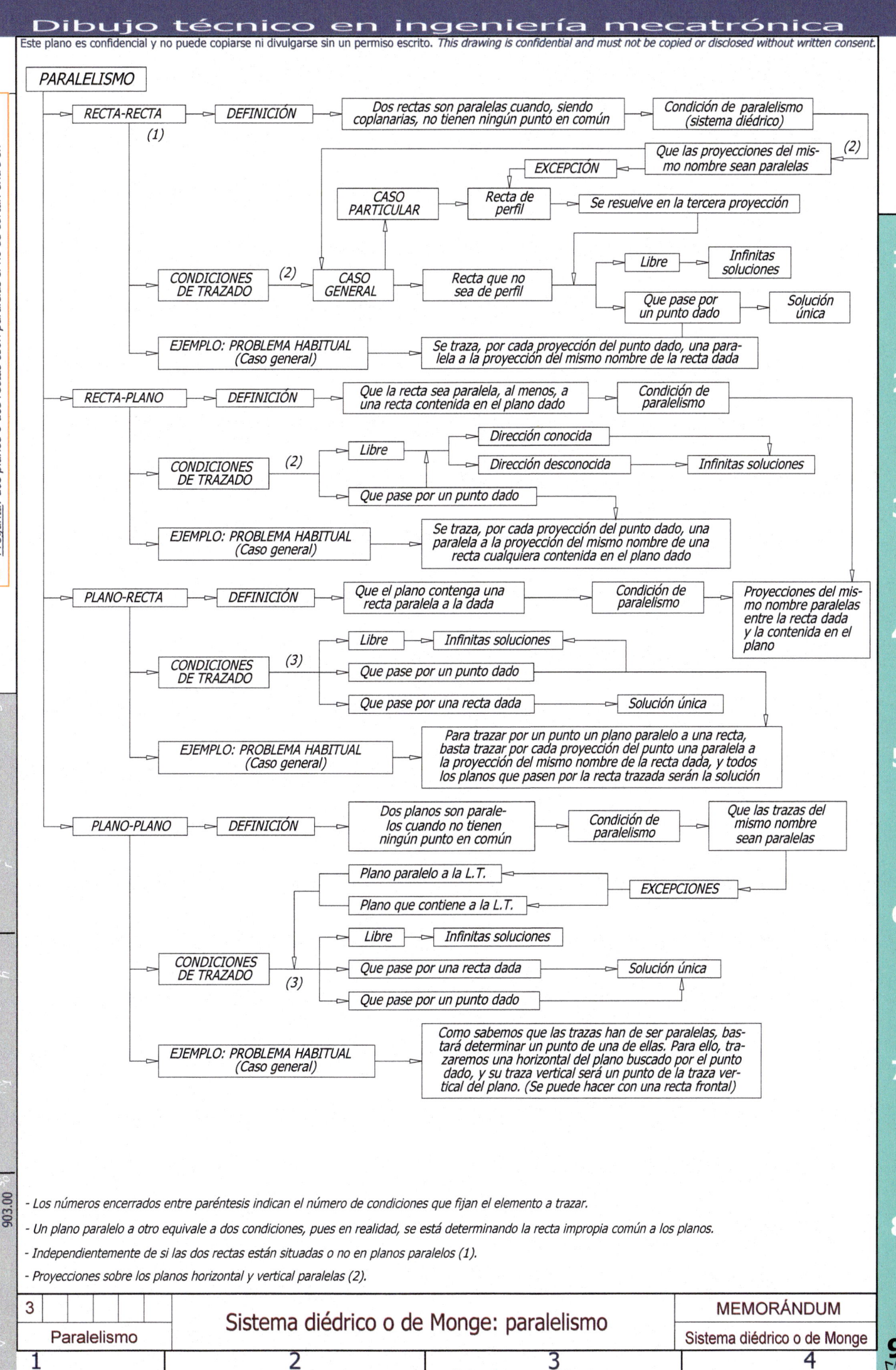

PARALELISMO

RECTA-RECTA (1) → **DEFINICIÓN** → Dos rectas son paralelas cuando, siendo coplanarias, no tienen ningún punto en común → Condición de paralelismo (sistema diédrico) → Que las proyecciones del mismo nombre sean paralelas (2)

EXCEPCIÓN → CASO PARTICULAR → Recta de perfil → Se resuelve en la tercera proyección

CONDICIONES DE TRAZADO (2) → CASO GENERAL → Recta que no sea de perfil → Libre → Infinitas soluciones / Que pase por un punto dado → Solución única

EJEMPLO: PROBLEMA HABITUAL (Caso general) → Se traza, por cada proyección del punto dado, una paralela a la proyección del mismo nombre de la recta dada

RECTA-PLANO → **DEFINICIÓN** → Que la recta sea paralela, al menos, a una recta contenida en el plano dado → Condición de paralelismo

CONDICIONES DE TRAZADO (2) → Libre → Dirección conocida / Dirección desconocida → Infinitas soluciones / Que pase por un punto dado

EJEMPLO: PROBLEMA HABITUAL (Caso general) → Se traza, por cada proyección del punto dado, una paralela a la proyección del mismo nombre de una recta cualquiera contenida en el plano dado

PLANO-RECTA → **DEFINICIÓN** → Que el plano contenga una recta paralela a la dada → Condición de paralelismo → Proyecciones del mismo nombre paralelas entre la recta dada y la contenida en el plano

CONDICIONES DE TRAZADO (3) → Libre → Infinitas soluciones / Que pase por un punto dado / Que pase por una recta dada → Solución única

EJEMPLO: PROBLEMA HABITUAL (Caso general) → Para trazar por un punto un plano paralelo a una recta, basta trazar por cada proyección del punto una paralela a la proyección del mismo nombre de la recta dada, y todos los planos que pasen por la recta trazada serán la solución

PLANO-PLANO → **DEFINICIÓN** → Dos planos son paralelos cuando no tienen ningún punto en común → Condición de paralelismo → Que las trazas del mismo nombre sean paralelas

Plano paralelo a la L.T. / Plano que contiene a la L.T. ← **EXCEPCIONES**

CONDICIONES DE TRAZADO (3) → Libre → Infinitas soluciones / Que pase por una recta dada → Solución única / Que pase por un punto dado

EJEMPLO: PROBLEMA HABITUAL (Caso general) → Como sabemos que las trazas han de ser paralelas, bastará determinar un punto de una de ellas. Para ello, trazaremos una horizontal del plano buscado por el punto dado, y su traza vertical será un punto de la traza vertical del plano. (Se puede hacer con una recta frontal)

- Los números encerrados entre paréntesis indican el número de condiciones que fijan el elemento a trazar.

- Un plano paralelo a otro equivale a dos condiciones, pues en realidad, se está determinando la recta impropia común a los planos.

- Independientemente de si las dos rectas están situadas o no en planos paralelos (1).

- Proyecciones sobre los planos horizontal y vertical paralelas (2).

3		
Paralelismo	**Sistema diédrico o de Monge: paralelismo**	**MEMORÁNDUM**
		Sistema diédrico o de Monge

1   2   3   4

Apéndice (sistema diédrico)

9

1 2 3 4 5 6 7 8 9

ACABADOS SUPERFICIALES

Acabados superficiales			
Aluminio		Acero	
Acabado	Anodizado	Pavonado	Zincado
Tipo	Normal	Duro	
Espesor capa (µm)	10 a 20	20 a 30	1 a 2	8 a 12

ACOTACIÓN. REDONDEOS Y CHAFLANES

- Radios recomendados: **1**, 1.2, **1.6**, 2, **2.5**, 3, **4**, 5, **6**, 8, **10**, 12, **16**, 18, **20**, 22 (valores recomendados en negrita).

AGUJEROS Y EJES CUADRADOS

- Lado **H11/h11**: 4, 5, 5.5, 6, 7, 8, 9, 10, 11, 12, 13, 14, 16, 17, 19, 22, 24, 27, 30, 32, 36, 41, 46, 50, 55

AGUJEROS PARA GUÍAS

- Siempre que sea posible, hacer agujeros pasantes en vez de ciegos.
- Utilizar guías de Ø 6 o superior para facilitar la extracción.

Agujeros para guías	
Tolerancia de posición	± 0.01 mm
Tolerancia respecto a las caras de referencia	± 0.02
Tolerancia de mecanizado	H7

AGUJEROS PASANTES PARA ROSCAS

Agujeros pasantes para roscas			
Serie	Fina	Media	Basta
Tolerancia	H12	H13	H14
Métrica	M12, M14	M16, M24	M27
Holgura nominal en mm	1	2	3

AGUJEROS PREVIOS PARA ROSCAS

Diámetro previo en mm para roscas de paso normal			
M3 a M16		M18 a M48	
Rosca	Ø previo	Rosca	Ø previo
M3 x 0.5	2.5	M18 x 0.8	15.5
M4 x 0.7	3.3	M20 x 2.5	17.5
M5 x 0.8	4.2	M22 x 2.5	19.5
M6 x 1	5	M24 x 3	21
M8 x 1.25	6.75	M27 x 3	24
M10 x 1.5	8.5	M30 x 3.5	26.5
M12 x 1.75	10.25	M36 x 4	32
M14 x 2	12	M42 x 4.5	37.5
M16 x 2	14	M48 x 5	43

AGUJEROS DE OBTURACIÓN

- Tolerancia de redondez: **0.05 mm**
- Rugosidad: **10 a 30 µm**
- Tolerancia del agujero: **+ 0.12 mm**

AJUSTES MÁS EMPLEADOS

- Precisión: **H7/g6** (ajuste libre justo)
- Elementos desmontables: **H8/f7**

ALAMBRES

- Diámetros: 0.6, 0.7, 0.8, 1, 1.1, 1.3, 1.5, 1.8, 2, 2.2, 2.4, 2.7, 3

ANILLOS ELÁSTICOS

Anillo de seguridad para ejes (DIN-471)			
Diámetro ranura	Ø menores a 65 mm	Ø mayores a 65 mm	
	h11	h12	
Dureza en HRC	hasta Ø 47	Ø 48 a Ø 200	Ø 200 a Ø 300
	47 a 54	44 a 51	40 a 47)

Anillo de seguridad para agujeros (DIN-472)			
Diámetro ranura	Ø menor a 19 mm	Ø mayor a 19	
	h11	h12	
Dureza en HRC	hasta Ø 47	Ø 48 a Ø 200	Ø 200 a Ø 300
	47 a 54	44 a 51	40 a 47)

ANODIZADO NORMAL

Anodizado normal	
Tipo de ambiente	Capa (µm)
Marítimo o industrial con desgaste	25
Interiores con rozamiento y sin desgaste	20
Exterior con limpieza frecuente, sin desgaste	15
Interior sin desgaste	5

ANODIZADO DURO

- Dureza: se alcanzan valores superiores a **43 HRC.**
- Espesor capa: se puede alcanzar de **30 a 80** µm, en aplicaciones normales, pudiéndose alcanzar hasta **100 µm.**
- Aplicaciones: superficies que tienen que hacer frente a un desgaste extremo; exigencias mecánicas (cilindros, válvulas, poleas, rodillos, discos de freno, bobinas, raíles, cojinetes, etc.); exigencias de corrosión (válvulas, grifería, etc.); exigencias térmicas (escudo térmico, modelos de fundición); exigencias dieléctricas (placas de calculadoras, carretes, etc.).

ARANDELAS PLANAS

Arandelas planas (dimensiones y tolerancias)	
Métrica	**M3, M4, M5, M6, M7, M8, M10, M12**
	M14, M16, M18, M20, M22, M24, M27
	M30, M33, M36, M39, M42, M45, M48, M50
Ø interior	**H13, H14, H15**
Ø exterior	**h14, h15, h16**
Espesor	**± 0.05 a ± 1.6**
Ángulo bisel	**30º a 45º**

BANCADAS Y PLACAS BASE

Notas varias a indicar en los planos: estabilizar, granallar y pintar con imprimación.

Bancadas y placas base	
Acabado	$R_a = 6.3$
Diámetro máximo para agujeros a montaje	Ø 40 mm
Tolerancias para el punteado de agujeros roscados y pasantes	± 0.1 mm
Tolerancias con agujeros para guías (**H7**)	± 0.01 mm

BARRA CROMADA Y RECTIFICADA

- Diámetros: 8, 10, 12, 14, 15, 16, 17, 18, 20, 22, 24, 25, 26, 28, 30, 32, 34, 35, 36, 38, 40, 42, 44, 45, 48, 50, 55, 56, 60, 65, 75, 80, 85, 90, 95, 100, 105, 110, 115, 120, 125, 130, 140, 150, 160.

Barra cromada y rectificada		
Acabado capa de cromo	$25 \pm 5\ R_a$	
Capa de cromo duro	Ø menor a 18	Ø mayor a 18
	$15\ \mu \pm 3\ \mu$	$15\ \mu \pm 3\ \mu$
Concentricidad capa	± 5 µ	
Dureza	65 HRC	
Material	F-114 y F-125	
Tolerancia	f7	
Rectilineidad	0.5/1000	
Rugosidad acabado superficial	$0.3\ R_a$	

BARRA PERFORADA

Barra perforada (diámetro exterior en mm)			
Ø 30 a 57		Ø 60 a 85	
Ø	Espesor	Ø	Espesor
30	5	60	10
31.8	8.8	60.3	5, 6.3, 7.5, 8.8, 10, 12.5, 16
32	3.5, 6, 8	63.5	6.3, 8, 10, 12.5, 14.2, 16
36	4, 5.5, 8, 10	65	10
38	6.3	70	5, 10, 12.5
40	4, 6, 7.5, 10	71	7.5, 13, 15.5, 16.5, 17.5
42.4	6.3, 8	75	7.5, 9.5, 7.5, 12.5, 15, 17.5
45	6.5, 8.5, 12.5	76.1	5, 6.3, 8, 10, 12.5, 16, 20
50	5, 7, 9, 10	80	6.5, 8.5, 10, 12, 15, 17.5, 20
56	8, 10, 14	82.5	5, 6.5, 8, 10, 11, 12.5, 16, 20
57	5, 8, 10, 12.5	85	7.5, 9, 10, 12, 15, 17.5, 20

BROCAS

Ø	Pared (mm)	Ø	Pared (mm)
Brocas (agujero estándar: H8 a H12)			
30	5	60.3	5, 6.3, 7.5, 8.8, 10, 12.5, 14.2, 16
31.8	8.8	65	10
32	3.5, 6, 8	70	5, 10, 12.5
36	4. 5.5, 8, 10	71	7.5, 13, 15.5, 16.5, 17.5
38	6.3	75	7.5, 9.5, 7.5, 12.5, 15, 17,5
40	4, 6, 7.5, 10	76.1	5, 6,3, 8, 10, 12,5, 12.5, 14,2, 16, 20
42.4	6.3, 8	80	6.5, 8.5, 10, 12, 15, 17.5, 20
45	6.5, 8.5, 12.5	81.5	17.2, 19.6, 22.3
50	5, 7, 9, 10, 12.5	82.5	5, 6.5, 8, 10, 11, 12.5, 14.2, 16, 20
56	8, 10, 14	85	7.5, 9, 10, 12, 15, 17.5, 20, 22.5
57	5, 8, 10, 12.5	85.4	20.6
60	10	86.5	17.2, 19.6, 22.3

CADENAS DE RODILLOS (DIN 8187 Y DIN 8188)

Cadenas de rodillo (DIN 8187 y 8188)

Piñones: 45 a 55 HRC

Paso		Distancia entre centros (mm)
Pulgadas	mm	
3/8''	9.525	450
1/2''	12.70	600
5/8''	15.875	750
1''	25.4	1000
1 1/2''	31.75	1350

CÁNCAMOS

Tamaño (capacidad de trabajo en toneladas)

M6	0.07	M14	0.34	M24	1.8	M36	5.1
M8	0.14	M16	0.7	M27	2.5	M42	7
M10	0.23	M20	1.2	M30	3.6	M45	8
M12	0.34	M22	1.5	M33	4.3	M48	8.6

CASQUILLOS DE BRONCE

Casquillos de bronce: tolerancias		
Diámetro interior	G7	
Diámetro exterior	s7	
Longitud	j13	
Excentricidad	Hasta Ø 35	De 35 a 50
	70 µm	100 µm
Rugosidad del alojamiento	$R_z = 10$	
Diámetro y chaflán de entrada		
Diámetro del agujero	Menor de 30	30 a 80 / Más de 180
Chaflán de entrada	0.8 ± 0.3	1.8 ± 0.8 / 2.5 ± 1

CASQUILLO GUÍA BROCA

Casquillo guía broca		
Material	F-155	
Dureza	60 ± 2 HRC	
Tratamiento	Cementado y templado	
Tolerancia	Diámetro interior	Diámetro exterior
	F7	n6

CHAPAS

Chapas					
Espesor	Tolerancia	Espesor	Tolerancia	Espesor	Tolerancia
0.5	± 0.08	0.9	± 0.13	2	± 0.18
0.7	± 0.1	1	± 0.13	2.5	± 0.23
0.8	± 0.13	1.6	± 0.05	3	± 0.25

CHAPA AZUL

Chapas (templabilidad: 64 a 65 HRC)					
Espesor	Tolerancia	Espesor	Tolerancia	Espesor	Tolerancia
0.3	± 0.03	1.2	± 0.06	5	
0.4	± 0.04	1.5	± 0.07	5.5	± 0.15
0.5	± 0.04	2		6	
0.6		2.5		8	
0.7	± 0.05	3	± 0.09	9	
0.8		3.5		10	± 0.4
0.9		4	± 0.11	12	
1	± 0.06	4.5		15	

CHAPA GALVANIZADA

- Espesor: 0.3, 0.35, 0.4, 1, 0.55, 0.7, 0.9, 1.25, 1.6, 2

CHAPA LAGRIMADA

Chapa lagrimada (formato estándar: 2000 x 1000 mm)					
Grueso / espesor lágrima o resalte					
Grueso	Espesor	Grueso	Espesor	Grueso	Espesor
3	5	6	8	10	12
4	6	7	9	12	14
5	7	8	10	16	18
5.5	7.5	9	11	20	22
Materiales	S 235 JR, AISI-304, AISI-304L y AISI-316				

CHAPAS: PLEGADO

Chapas: cálculo de la fibra neutra			
Radio interior de doblado (espesor chapa e en mm)			
Radio	Espesor	Radio	Espesor
0.2	0.347 e	3	0.465 e
0.5	0.387 e	4	0.47 e
1	0.421 e	5	0.478 e
2	0.451 e	10	0.487 e

CHAVETAS PARALELAS

Chavetas paralelas DIN 6885 A			
Material	F-114, AISI-316		
Tolerancia	Anchura	Altura	
	h9	h9 (cuadrada)	h11 (rectangular)
Resistencia mínima a la tracción		600 N/mm^2	
Longitud	6 a 28	32 a 80	50 a 400
Tolerancia	- 0.2	- 0.3	- 0.5
Dimensiones			
Cuadrada	2 x 2, 3 x 3, 4 x 4, 5 x 5, 6 x 6, 7 x 7, 8 x 8, 9 x 9		
Rectangular	5 x 3, 6 x 4, 6 x 5, 8 x 4, 6 x 6, 7 x 7, 8 x 5, 8 x 7		

CHAVETEROS

Chaveteros			
Ajuste	A presión	Ligero	Deslizante
Eje	P9	N9	H8
Rueda	P9	J9	D10
Anchura b para eje y cubo	P9	J9	
Profundidad: t_1 (eje) o t_2 (cubo)	Hasta 3	De 3 a 10	Más de 10
	Y + 0.1	Y + 0.2	Y + 0.3
Profundidad del chavetero	0.1 a 0.3 mm		
Bordes	Redondeados		
Longitud	0.5 mm más larga que la chaveta		
Tolerancias profundidad	de 0.1 a 0.3 mm		

COLUMNAS

Columnas (barra templada con rodamientos lineales)	
Concentricidad	0.02 mm
Tolerancia entre agujeros para el entre columnas	± 0.01 mm

2 | Índice

Pautas y tolerancias de diseño

MEMORÁNDUM

Pautas diseño

Pautas diseño maquinaria

1   2   3   4

9

CORREAS

Longitud primitiva entre centros (tolerancia)			
127 a 254	0.2	**763 a 1016**	0.33
255 a 381	0.23	**1017 a 1270**	0.38
382 a 508	0.25	**1271 a 1524**	0.41
509 a 762	0.3	**1525 a 1778**	0.43

CORONAS DE ORIENTACIÓN

Coronas de orientación: fijación y tolerancias			
Tornillos	Calidad: **10.9**, 8.8, 12.9		
Tolerancia	Ø	Altura	Centrado (eje)	Centrado (agujero)
	Js 13	**± 1**	**f9**	**H9**

CORTE POR AGUA

Corte por agua (espesor máximo a cortar en mm)			
Acero	90	**Titanio**	90
Inoxidable	80	**Composite**	60
Aluminio	100	**Vidrio**	50

CORTE POR HILO

- Materiales: acero, inoxidable, aluminio, cobre, latón, titanio.
- Tolerancia de corte: **± 0.02.**

CORTE POR LÁSER

Corte por láser (espesor máximo a cortar en mm)			
Acero	20	**Titanio**	6
Inoxidable	10	**Composite**	10
Aluminio	15	**Plástico**	25
Radios redondeo de acuerdo		0.2 mm	
Separación mínima de las figuras		Igual al espesor	

- Norma práctica: el diámetro del agujero a cortar debe ser mayor al espesor de la placa.

CORTE POR OXICORTE

- Indicar en el plano: espesor, cantidad, código y peso de la pieza.
- **St-37** o **S235JR** en cartelas y piezas de poca responsabilidad.

Corte por oxicorte en función del material	
Material	Espesor
St-44 / S275JR	6, 8, 10, 12, 14, 15, 16, 18, 20, 22, 25, 30, 32
	35, 40, 45, 50, 55, 60, 65, 70, 75, 80, 90, 100
St-52 / S355J2G3	6, 8, 10, 12, 15, 16, 18, 20, 25, 30
	35, 40, 45, 50, 55, 60, 65, 70, 75, 80
St-52 / S355JR	85, 90, 95, 100, 110, 120, 130
	140, 150, 160, 180, 200, 220, 250

Procedimiento	Agua	Láser	Plasma
Material no metálico	Sí	No	No
Endurecimiento material	No	Sí	Sí
Formación rebaba	Reducida	Sí	Sí
Pérdida material	Poca	Alto	Sí
Tolerancias (mm)	0.1 - 0.3	0.1	0.2 - 0.5
Espesor máximo	305	25	80
Deformación material	No	Sí	Sí

CREMALLERAS ESTÁNDAR DENTADO RECTO

Cremalleras estándar (longitudes: 250, 500 y 2000 mm)					
Módulos: 1, 2, 3, 3.5, 4, 5 y 6. F111. Calibrado **h11**					
Material (**C45**)		Ángulo presión: 20º		Acabado: natural	
Módulo	A x B (mm)	Paso	Módulo	A x B (mm)	Paso
1	10 x 10	3.14	4	22 x 22	12.57
	15 x 15			25 x 25	
1.5	17 x 17	4.71		30 x 30	
2	20 x 20	6.28		40 x 40	
2.5	25 x 25	7.85	5	50 x 50	15.71
3	30 x 30	9.42	6	60 x 60	18.85

CREMALLERAS DENTADO RECTO DE PRECISIÓN

Cremalleras de precisión		
Material	Tratamiento	Error en el paso
F-114	Bonificado	0.01 mm
F-114	Bonificado y templado por inducción (**HRC 52**)	0.03 mm
F154	Cementado y templado (**58 a 62 HRC**)	0.03 mm
Tolerancias «cajeado» sección transversal		
H7/j6	Mecanismos con movimientos muy precisos	
H10/h10	Cremalleras de poca importancia	

CREMALLERA DENTADO HELICOIDAL

Cremalleras dentado helicoidal (longitudes: 500, 1000 y 2000 mm)		
Módulos: 1, 1.5, 2, 2.5, 3, 4, 5, 6, 8, 10, 12		
Tolerancia de corte montaje en continuo: **0.05 mm**		
Material	Tratamiento	Error en el paso
C45E	Templados por inducción (**56 a 60 HRC**)	0.008 mm

CROMADO

Cromado (duro o gris)					
Duro		Gris			
Dureza	**70 HRC**	Dureza	**65 HRC**	Acabado	**Gris mate**
Capa	**5 a 500 μm**	Capa	**1 a 3 μm**	Tipo	**Antiadherente**

GRANALLADO

- Granalla de acero de **0.14** a **0.42 mm** a **60 HRC**.

DETECTORES INDUCTIVOS

Detectores inductivos: distancia detección en mm			
Tamaño	Distancia	Tamaño	Distancia
M4	0.6, 1	**M12**	2, 6, 8, 10
M5	0.8, 1.5, 2.5	**M18**	5, 8, 10, 12, 20
M8	1.5, 2, 2.5, 3, 4, 6	**M30**	10, 15, 20, 22, 40
Material (Factor de corrección)			
Acero	1	**Bronce**	0.4
Aluminio	0.9	**Latón**	0.5
Cobre	0.4	**Inoxidable**	0.85
Distancia mínima entre detectores			
Más de un detector		**1 a 1.5** veces el diámetro del detector	
Detectores enfrentados		**2** veces el diámetro	

DUREZA (BRINELL)

Material (valor típico en HB)			
Acero blando	125	**Cobre**	80
Acero para herramientas	500	**Madera**	1 a 7
Aluminio	110	**Vidrio**	482

ELECCIÓN DE AJUSTES

- Elegir la menor precisión posible que garantice un correcto funcionamiento.
- Calidad del eje de uno o dos grados inferior a la del agujero (ejemplos: **H8/h7** y **H8/h6**).

EJES

- Diámetros normalizados: 10, 12, 15, 17, 20, 25, 30, 35, 40, 45, 50, 55, 60, 70, 80, 90, 100, 110, 125, 140, 160, 180, 200

Ø del eje (agujeros roscados recomendados en la cara de refrentado)					
8	M3	**14**	M4, M5, M6	**24, 25**	M8, M10, M12
10	M3, M4	**15, 16**	M5, M6, M8	**30, 32, 40**	M10, M12, M16
12	M4, M5	**18, 20**	M6, M8, M10	**50**	M12, M16, M20

EJE ESTRIADO

- Diámetros: 14, 16, 20, 22, 25, 28, 32, 38, 48

3

Índice

Pautas y tolerancias de diseño

MEMORÁNDUM

Pautas diseño

1   2   3   4

Pautas diseño maquinaria

ENGRANAJES

- Módulo normal (en mm): 0.5, 0.55, 0.6, 0.7, 0.8, 0.875, **1**, 1.125, **1.25**, 1.375, **1.5**, 1.75, **2**, 2.25, **2.5**, 2.75, **3**, 3.25, 3.5, 3.75, **4**, 4.5, **5**, 5.5, **6**, 6.5, 7, **8**, 9, **10**, 11, **12**, 14, **16**, 18, 20

- Datos a consignar en los dibujos:
  - Recto: módulo normal, número de dientes, ángulo de presión, diámetro primitivo, diámetro exterior, paso circular, medida entre dientes Y.
  - Helicoidal: módulo normal, número de dientes, ángulo de presión, diámetro primitivo, diámetro exterior, paso circular, medida entre dientes Y, paso aparente, altura del diente, módulo aparente, paso normal, paso helicoidal, ángulo de inclinación, sentido de la hélice.
  - Engranaje cónico de dientes rectos: módulo normal, número de dientes del piñón, ángulo de presión, diámetro primitivo y exterior, ángulo entre ejes, ángulo primitivo, ángulo exterior, altura del diente, paso normal, número de dientes de la rueda, relación de transmisión.
  - Tornillo sin fin y corona: módulo normal, cremallera tipo, número de entradas, diámetro primitivo, distancia entre ejes, ángulo de la hélice, número de dientes de la rueda conjugada.

ENTRE-CARAS

Entre-caras para tornillos de cabeza hexagonal									
M4	M5	M6	M8	M10	M12	M14	M16	M20	M30
7	8	10	13	17	19	22	24	30	46

ESCALAS

- Ampliación: 100:1, 50:1, 20:1, 10:1, 5:1, 2:1
- Natural: 1:1
- Reducción: 1:2, 1:5, 1:10, 1:20, 1:50, 1:100, 1:200, 1:500, 1:1000, 1:2000, 1:5000, 1:20 000

ESCARIADO

Escariado: dimensiones			
Escariado (Ø)	Acero	Inoxidable	Aluminio
1 a 10	$\emptyset_{final}$ - 0.2	$\emptyset_{final}$ - 0.2	$\emptyset_{final}$ - 0.3
11 a 20	$\emptyset_{final}$ - 0.3	$\emptyset_{final}$ - 0.3	$\emptyset_{final}$ - 0.4
21 a 30	$\emptyset_{final}$ - 0.4	$\emptyset_{final}$ - 0.4	$\emptyset_{final}$ - 0.45
Más de 30	$\emptyset_{final}$ - 0.5	$\emptyset_{final}$ - 0.5	$\emptyset_{final}$ - 0.6

Escariado: tolerancias	
Agujeros de precisión	H7
Rectitud del agujero previo	Inferior a 0.05 mm
Ángulo de entrada máximo en superficies inclinadas	5º

ESLIGAS

Color (carga máxima de utilización en kg)							
Violeta	1000	Amarillo	3000	Rojo	5000	Azul	8000
Verde	2000	Gris	4000	Marrón	6000	Naranja	10 000

GALVANIZADO

Espesor de la pieza en mm (valor mínimo en µm)							
Menos de 1.5	35	1.5 a 3	45	3 a 6	55	Más de 6	70

HUSILLOS TRAPECIALES

Tamaño (paso en mm)					
10	2, 3	26	5	55	9
12	3	28			
14	3	30	3, 4, 5, 6	60	6, 7, 9
	4	32	6	70	10
16		35	3, 4, 5, 6, 8	80	
18	4	36	6	90	12
20		40	3, 4, 5, 6, 7, 8, 10	95	16
22	5	44	7	100	12, 16
24		45	8	120	14, 16
25	3, 5	50	3, 4, 5, 6, 8, 10	140	14

INDICACIONES VARIAS EN LOS PLANOS

Tratamientos: indicaciones en los planos	
Superficial	Se indica con línea de trazo y punto
Estampación	Indicar donde debe hacerse (línea con trazo continuo grueso)
Temple	Si toda la pieza ha de ser templada, se indicará en el cajetín
	Temple parcial (línea paralela de trazo y punto)

INSERTOS ROSCADOS

Insertos roscados				
Longitud nominal del filete	3.6	4.8	5.8	6.8
Calidad tornillo	4.6	5.6	6.6	6.9
Longitud nominal	1.5 Ø nominal	Ø nominal	2.5 Ø nominal	
Espesor pared mínima	0.375 x diámetro exterior de la terraja			

JUNTAS TÓRICAS

- Prever chaflanes de entrada, eliminar rebajas y virutas, no utilizar lubricantes con aditivos sólidos.
- Rugosidad chaflanes de entrada: **de 6.3 µm a 0.8 µm.**

Chaflán a 15º	Chaflán a 20º	Diámetro junta tórica
2.5	1.5	Menor a 1.8
3	2	Menor a 2.65
3.5	2,5	Menor a 3.55
4.5	3.5	Menor a 5.3
5	4	Menor a 7
6	4,5	Menor a 7

MOLDES

Material (valor de contracción orientativo)			
Aluminio	0.5 a 1	Fundición blanca	1.2 a 2
Aleaciones de aluminio	1 a 2.3	Fundición gris	0.5 a 1.2
Aleaciones de zinc	1 a 1.5	Bronce	0.8 a 2
Acero moldeado	1.5 a 2	Latón	0.8 a 1.8

MUELLES: ACOTACIÓN

Muelles: datos a acotar en los dibujos			
Tipo	Compresión	Tracción	Torsión
Número de espiras útiles: N	N		
Número de espiras totales: N_0	N_0		
Longitud del resorte: L	L		
Ángulo del resorte: φ			φ
Sentido de la hélice: S	S		
Material: M	M		

MUELLES DE PLATILLO

- Eje guía rectificado y endurecido (cementación con una dureza mínima de **55 HRC** y una profundidad de **0.8 mm**).
- Dureza de las superficies de apoyo: **43 a 44 HRC.**

NITRURACIÓN

Nitruración	
Aplicaciones	Piezas de desgaste (matrices, moldes, correderas, postizos)
Capa	0.2 a 0.4 mm

PARES APRIETE TORNILLOS

Diámetro nominal (par de apriete recomendado en N x m)									
M1	0.0195	M1.1	0.027	M1.2	0.037	M1.4	0.058		
M1.6	0.086	M1.8	0.128	M2	0.176	M2.5	0.36		
M3	0.63	M3.5	1	M4	1.5	M5	3		
M6	5.2	M7	8.4	M8	12.5	M10	24.5		
M12	42	M14	68	M16	105	M18	146		
M20	204	M22	282	M24	360	M27	520		
M30	700	M33	960	M36	1240	M39	1600		
M42	2000	M45	2500	M48	2950	M52	3400		
M56	4800	M60	5900	M64	7200	M68	8800		

PAUTAS DISEÑO

- **Alimentación**

Pautas de diseño: máquinas de alimentación	
Radio mínimo	**3 mm**
Elementos de unión, rodamientos y juntas tóricas	**Evitar en lo posible**
Tuercas	**Ciegas**
Rugosidad en zona de salpicaduras	**Menor a 0.3 μm**
Superficies en contacto con el producto	**0.4 a 0.8 μm**
Materiales	**AISI-304, AISI-316**

- **Corte por plasma**
  - Aceros dulces de hasta **30 mm** de espesor.

- **Perfiles de aluminio**
  - Paredes de espesor uniforme.

- **Piezas fresadas**
  - Preferible superficies de fresado plano.
  - Prever el radio de la herramienta.

- **Piezas de láser**

Espesor a cortar en piezas de láser		
Material	Espesor máximo	Espesor óptimo
Acero	**20 a 25**	**0.2 a 10**
Inoxidable	**12**	**0.2 a 8**

Calidad del corte varía en función del espesor		
	Espesor	Precisión
Tolerancia	**0.5 mm**	**± 0.05 mm**
	8 mm	**± 0.1 mm**

- **Piezas torneadas**
  - Dar formas simples.
  - Evitar ranuras y formas interiores.
  - Prever zonas de sujeción y/o apoyo en los extremos.
  - Evitar cambios bruscos de diámetros.
  - Tolerancia más fina solo donde sea necesario.

- **Piezas de plástico**
  - Evitar las aristas vivas en los mecanizados interiores.
  - No utilizar terrajas ni machos de roscar.
  - Mantener regular los espesores de la pieza.
  - Situar el punto de inyección en la parte gruesa de la pieza.
  - Ángulo de desmoldeo: inclinación mínima de un grado.
  - Radios:
    * interiores mayor a la mitad del espesor de pared.
    * exteriores mayor a vez y media el espesor de pared.
  - Nervios de refuerzo: con ángulos de desmoldeo adecuado.
  - Agujeros: pasantes, para que el molde sea más sencillo.

- **Piezas rectificadas**
  - Dejar sobre medida en las zonas que tienen que ir rectificadas.
  - Prever la salida de la herramienta.

- **Piezas soldadas**
  - Evitar cargas de flexión transformándolas en compresión o corte.
  - Evitar cargas no centradas así como soldar en zonas críticas.
  - Preparar los bordes convenientemente.
  - Evitar la simultaneidad de soldaduras.
  - Proteger las zonas mecanizadas y/o tratadas.
  - Dejar material extra en zonas a mecanizar.
  - Prever dilataciones y contracciones del material.

PÍNULAS

Pínulas	A	B	C	D	E
Material	Inoxidable				
Diámetro bola	12	14	15	20	25
Diámetro vástago	10 mm				
Longitud total	39.5 ∓ 1	42 ∓ 1	43 ∓ 1	49∓1	54.5 ∓ 1
Agujero roscado	M4				
Concentricidad	0.3 mm				

RETENES

Retenes				
		Dureza	Rugosidad (μm)	Tolerancia
Eje	**ISO h11**	**55 HRC**	**0.2 a 0.8**	**h8, h11**
Cajera	**ISO H8**	**56 HRC**	**1.6**	**H8, H9, H11**

RODAMIENTOS

Rodamientos: tolerancias de montaje (más usuales)				
Tipo de ajuste			Tolerancia	
			Eje	Cajera
J7/j6	Con algo de apriete en eje o agujero		k6, g6, h6	K6
H7/h6	En rodamientos pequeños			

RODAMIENTOS LINEALES A BOLAS

- *Tolerancias de montaje: h6 (eje) y H6 o H7 (alojamiento).*

Rodamientos lineales a bolas: patín								
Tamaño	**15**	**20**	**25**	**30**	**35**	**45**	**55**	**65**
Altura del resalte (mm)	4	5	5	5	6	8	10	10
Radio (máximo)	0.5	0.5	1	1	1	1	1.5	1.5

Rodamientos lineales a bolas: raíl								
Tamaño	**15**	**20**	**25**	**30**	**35**	**45**	**55**	**65**
Altura del resalte (mm)	25	3.5	5	5	6	7.5	10	10
Radio (máximo)	0.5	0.5	1	1	1	1	1.5	1.5

RODILLOS DE LEVAS

- Pautas de diseño:
  - Espárrago perpendicular a la superficie de montaje.
  - Prever el orificio de lubricación fuera del margen de carga.
  - El chaflán de entrada debe ser menor de **0.5 mm a 45°**.

Rodillos de levas		
Diámetro alojamiento	Bulón	Excéntrica
H7	**h7**	**h9**

ROSCAS

- Paso normal: resiste mejor la fatiga (uniones en general).
- Paso fino: mayor resistencia a la tracción, menor tendencia a aflojarse y se pueden hacer reglajes más precisos.

Tornillos: profundidad roscada mínima (en mm)							
Material	**M6**	**M8**	**M10**	**M12**	**M16**	**M20**	**M24**
Acero	10	12	15	20	25	30	35
Fundición	12	15	20	25	30	40	45

RÓTULAS RADIALES

Ajustes para ejes		
Eje	Superficie de contacto	
Ajuste	Acero/acero (bronce)	Acero/PTFE
Suave	**f8, h6, h7**	**g6, h6**
Forzado	**m6, n6**	**k6**

Ajustes para alojamientos		
Alojamiento	Superficie de contacto	
Ajuste	Acero/acero (bronce)	Acero/PTFE
Suave	**H6, H7**	**H7**
Forzado	**J7, M7**	**K7**

RUGOSIDAD SUPERFICIAL

Rugosidad superficial					
Oxicorte	**50**	Láser	**1.6 a 6.3**	Taladrado	**6.3 a 3.2**
Aserrado	**3.2 a 25**	Erosión	**0.8 a 1.6**	Torneado	**6.3 a 0.8**
Cizalla	**12.5 a 25**	Fresado	**1.6 a 6.3**	Rectificado	**1.6 a 0.4**

TRANTORQUE

Trantorque		
Material (eje o cubo)	Tolerancia	Rugosidad
Módulo elástico $E \geq 170\ kN/mm^2$	**± 0.08**	$R_a \leq 3.2\ \mu m$

5		Pautas y tolerancias de diseño	MEMORÁNDUM
Índex			Pautas diseño

305

TOLERANCIAS DE POSICIÓN

Tolerancias de posición en guías, taladros y roscas		
Guías (de 6 mm mínimo de diámetro)	Taladros	Roscas
± 0.01 (R_a = 1.6)	± 0.1 mm	

TOLERANCIAS: TORNILLOS Y TUERCAS

Tolerancia entre tornillo y tuerca		
Entre caras	Entre aristas	Espesor
h12	Mayor a 1.2 del entre-caras mínimo	h13

TROQUELES: PAUTAS DE DISEÑO

Troqueles pautas de diseño	
Aristas vivas	Redondeadas
Diámetro de los agujeros perforados	Mayor al espesor del material
Distancia de un agujero al siguiente	1.5 a 2 veces el espesor del material
Espaciamiento entre agujeros	Mínimo dos veces el espesor del material

TROQUELES: TOLERANCIAS

Troqueles: tolerancias			
	Punzón	Columna	Corredera
Guía punzón	G7/h6		
Placa intermedia	D7/h6		
Porta-punzón	D7/h6		
Casquillos		H7	
Cajeras			H10/d8

TROQUELES: MATERIALES

Troqueles: materiales	
Corredera, sufridera y guías de banda	F-522
Punzones y matrices	2379
	Equivalente a 60 o 62 HRC
Pisador	Fundición de baja resistencia
Guías para punzones	F-522, F-114 (sulfinizado)
Resto de piezas	F-114

TUBO LAPEADO

Tubo lapeado		
Material	Tolerancia	Rugosidad
St-52	H8, H9	0.15 a 0.25 en la superficie interior

UNIDADES CÓNICAS DE FIJACIÓN

Datos partida: potencia, velocidad y par máximo a transmitir				
	Eje	Moyú	Concentricidad	Rugosidad
Tolerancias	h8, h11	H8, H11	0.02 a 0.04	16 μm

VARILLA ROSCADA (MÉTRICA)

Barra roscada	
Tamaño	M3, M4, M5, M6, M8, M10, M12, M14, M16, M18
	M20, M22, M24, M27, M30, M33, M36, M39, M42, M45